Volkswirtschaftslehre in Problemen

Lehrbuch zur Einführung in die Volkswirtschaftslehre und zur Einübung ihrer Denktechnik

von

Hubert Reip

ab der 14. Auflage unter Mitarbeit von
Wolfgang Ulshöfer

14., überarbeitete und erweiterte Auflage

W0196047

2000

Verlag Gehlen · Bad Homburg vor der Höhe

Gehlenbuch 00022

... weil aus Papier mit bis zu 50% Altpapieranteil,
Rest aus chlorfrei gebleichten (TCF) Primärfasern.

Angaben über die Verfasser:

Diplom-Volkswirt **Hubert Reip,** Professor und ständiger Vertreter des Direktors am Seminar für Schulpädagogik (berufliche Schulen) in Stuttgart a. D.

Dipl.-Kaufmann **Wolfgang Ulshöfer** ist Studienrat, Fachleiter an der Robert-Franck-Schule Ludwigsburg und Lehrbeauftragter am Staatlichen Seminar für Schulpädagogik (berufliche Schulen) in Stuttgart

Verlag Gehlen GmbH & Co.KG
Daimlerstraße 12 · 61352 Bad Homburg vor der Höhe
Internet: http://www.gehlen.de
E-Mail: info@gehlen.de

Dieses Werk folgt der reformierten Rechtschreibung und Zeichensetzung. Ausnahmen bilden Texte, bei denen künstlerische, philologische oder lizenzrechtliche Gründe einer Änderung entgegenstehen.

Abbildungen: Erich Schmidt Verlag – Zahlenbilder, Berlin; GLOBUS Infografik, Hamburg; Wolfgang Müller, Bad Homburg vor der Höhe

ISBN 3-441-**00022**-6

© Verlag Gehlen · Bad Homburg vor der Höhe
Herstellung: Media-Print taunusdruck · Bad Homburg vor der Höhe

Vorwort zur 14. Auflage

Die 14. Auflage wurde sachlich überarbeitet und didaktisch weiterentwickelt. Alle statistischen Angaben wurden aktualisiert. Als Folge der Einführung der 3. Stufe der Europäischen Wirtschafts- und Währungsunion musste der Abschnitt Geld- und Währungspolitik völlig neu gefasst werden.

Die aus dem Aufbau jedes Themenkreises erkennbare didaktische Konzeption des Buches ist unverändert geblieben:

Einführendes Problem

Jedem Themenkreis ist ein „Einführendes Problem" vorangestellt. Es liefert mit Leitfragen Denkanstöße zur Erschließung des jeweiligen Kapitels.

Ein sich anschließendes Strukturbild zeigt wichtige thematische Verbindungen innerhalb des Themenkreises und Vernetzungen mit Inhalten anderer Kapitel. Damit wird es dem Lernenden erleichtert, das Thema in einen volkswirtschaftlichen Gesamtzusammenhang einzuordnen.

Information

Umfangreiches Quellenmaterial (Statistiken, Auszüge aus Sachverständigengutachten, Textpassagen usw.) gewährleistet Aktualitäts- und Realitätsbezug. Zahlreiche Abbildungen veranschaulichen schwierige Zusammenhänge. Das in den Informationen enthaltene Grundwissen, das zur Lösung und Beurteilung volkswirtschaftlicher Probleme benötigt wird, ist zur besseren Merkfähigkeit im Text farbig unterlegt.

Aufgaben und Probleme

Didaktisch gestufte Lehraufgaben können zur problem- und entscheidungsorientierten Erarbeitung des strukturierten Grundwissens verwendet werden, aber auch zur Anwendung, Sicherung und Vertiefung des Gelernten.

Besonders gekennzeichnete Aufgaben zur PC-Anwendung ermöglichen die Durchführung „ökonomischer Experimente". Mit einem Tabellenkalkulationsprogramm (z. B. Excel) können im Rahmen einer Simulation unterschiedliche Ausgangsgrößen variiert und dabei volkswirtschaftliche Beziehungsgefüge selbstständig entdeckt, erarbeitet und grafisch aufbereitet werden.

Neu wurden zur verstärkten Förderung der Fach-, Methoden- und Sozialkompetenz in der 14. Auflage im Anschluss an ausgewählte Kapitel des Lehrbuchs aktuelle und praxisbezogene Problemstellungen aufgenommen, die den Einsatz unterschiedlicher handlungsorientierter Unterrichtsformen wie z. B. Projektmethode, Fallstudie, Rollenspiel und Zukunftswerkstatt vorsehen. Damit soll Unterricht mit einem hohen Maß an selbstorganisiertem und selbstverantwortetem Lernen ermöglicht werden.

Zur Wiederholung des Grundwissens

Mit den Wiederholungsfragen wird systematisch das gesamte Grundwissen an Begriffen und Regeln abgefragt, das zur Bewältigung der in den jeweiligen Themenkreisen aufgezeigten Probleme notwendig ist.

Die Verfasser sind für kritische Anregungen zur Verbesserung und Weiterentwicklung des Werkes dankbar und wünschen viel Erfolg bei der Arbeit mit diesem Buch.

 = Zur Bearbeitung der Aufgabe ist der PC-Einsatz notwendig oder empfehlenswert.

Die Verfasser

Grundsätzliches zur Benutzung dieses Buches

Die Volkswirtschaftslehre ist keine Anhäufung abfragbarer Begriffe. Sie ist eine Denktechnik zur Analyse von Problemen, die sich aus dem Wirtschaften von Menschen in sozialen Gebilden ergeben. Diese Denktechnik ist einzuüben wie eine Sprache, wenn sie zur Lösung volkswirtschaftlicher Probleme zur Verfügung stehen soll.

In diesem Buch steht deshalb die Anwendung dieser Denktechnik im Vordergrund. Begriffe verlieren dadurch nicht an Wert, wenn sie als Denkeinheiten angesehen werden, in denen Eigenschaften und Zusammenhänge von Gegenständen erfasst sind. Denktechnik der Volkswirtschaftslehre zu üben heißt, sie zur Problemlösung einzusetzen und die Ergebnisse zu überprüfen. Deshalb muss dieses Buch problemorientiert sein. Aufgaben und Probleme und die dazu gehörenden Fragen, Denkhinweise und Arbeitsanweisungen sind bewusst so gestuft, dass sie systematisch helfen, einen Erkenntnisfortgang zu gewinnen. Wird in der Volkswirtschaftslehre an zu komplexe Probleme zu früh herangegangen, so besteht die Gefahr, dass der Anfänger ohne Kenntnis der notwendigen Techniken und ohne das notwendige Vorwissen an eine Aufgabe herangeht, für die, um sie zu bewältigen, bereits das gesamte System einer theoretischen Volkswirtschaftslehre bekannt sein sollte. Wegen der allgemeinen Interdependenz der Erscheinungen in der Volkswirtschaftslehre ist das ohne gezielte Problemauswahl geradezu die Regel.

Die Stufung der Probleme soll es möglich machen, von der Auseinandersetzung mit den Problemen auszugehen, in geschilderten Situationen die Probleme erst herauszufinden, im Lösungsversuch die Schwierigkeiten zu erfahren und so theoretische Zusammenhänge zu entdecken oder politische Lösungen zu finden, statt sie nach einem Lehrbuchtext zu lernen. In einem solchen Lernprozess kann der Lehrbuchtext der Bestätigung der eigenen Ergebnisse oder als Nachschlagewerk für benötigte Informationen dienen.

Das Buch hat seinen Zweck erreicht, wenn es dem Benutzer neben den elementaren Techniken der Volkswirtschaftslehre etwas von der für einen Volkwirt notwendigen Haltung vermittelt hat; er muss sich einerseits engagiert und tief in ein Problem versenken und andererseits bei der Analyse die eigenen Emotionen zurückdrängen können; so vermag er zu einem objektiven Urteil zu gelangen. Es müsste darüber hinaus immer und überall spürbar geblieben sein, dass sich die Volkswirtschaftslehre nicht mit leblosen Gegenständen oder Einrichtungen beschäftigt, sondern in ihrem Mittelpunkt der Mensch steht, der nicht nur ein wirtschaftendes Wesen ist.

Der Verfasser

Inhaltsverzeichnis

1   Das ökonomische Grundproblem: Die Knappheit der Ressourcen 13

1.1   Die Bedürfnisse des Menschen 14
1.1.1   Bedürfnisse als Antriebskräfte für das menschliche Verhalten 14
1.1.2   Einteilung der Bedürfnisse nach der Bedeutung für das menschliche Verhalten 14
1.1.3   Individual- und Kollektivbedürfnisse 15
1.1.4   Vernünftige und unvernünftige Bedürfnisse 16
1.1.5   Bedarf und Nachfrage 17

1.2   Die Produktionsfaktoren 17
1.2.1   Die Einteilung der Produktionsfaktoren 17
1.2.2   Die Bedeutung der Ausstattung eines Wirtschaftsraums mit Produktionsfaktoren 19

1.3   Die Allokation der Produktionsfaktoren 21
1.3.1   Die unbegrenzten menschlichen Bedürfnisse 21
1.3.2   Darstellung von Wahlentscheidungen in der Wirtschaft mithilfe der Produktionsmöglich-
         keitenkurve 21
1.3.3   Alternativkosten (Opportunity Costs, Opportunitätskosten) 23

         Aufgaben und Probleme/Zur Wiederholung des Grundwissens 23

2   Grundfragen jeder Wirtschaftsordnung 27

2.1   Übersicht über die Grundentscheidungen gesellschaftlichen Wirtschaftens 28

2.2   Welche Güter sollen produziert werden und in welchen Mengen? 29
2.2.1   Die Arten der Güter 29
2.2.2   Das Entscheidungsproblem 31

2.3   Mit welchen Methoden sollen die Güter produziert werden? 32
2.3.1   Das ökonomische Prinzip 32
2.3.2   Die Kombination der Produktionsfaktoren 33
2.3.3   Exkurs: Mathematisch-grafische Bestimmung der Minimalkostenkombination 34

2.4   An wen sollen die in der Volkswirtschaft produzierten Güter verteilt werden? 36

2.5   Elemente jeder Wirtschaftsordnung 36
2.5.1   Begriff der Wirtschaftsordnung 36
2.5.2   Gesellschaftspolitische Leitidee 37
2.5.3   Festlegung der Wirtschaftspläne 37
2.5.4   Eigentum an den Produktionsmitteln 37
2.5.5   Rolle des Staates 37

         Aufgaben und Probleme/Zur Wiederholung des Grundwissens 38

3   Der Wirtschaftsprozess 41

3.1   Der Mensch im Wirtschaftsprozess 42

3.2   Einzelwirtschaften in der Volkswirtschaft 43

3.3   Der Wirtschaftskreislauf 44
3.3.1   Hauptströme des Wirtschaftskreislaufs 44
3.3.2   Unternehmen und Haushalte im Wirtschaftskreislauf einer stationären Wirtschaft 45
3.3.3   Der Staat im Wirtschaftskreislauf 46

3.4 Arbeitsteilung 48

3.4.1 Prinzip und Erscheinungsformen der Arbeitsteilung 48
3.4.2 Wirtschaftliche Gründe für die Arbeitsteilung 50
3.4.3 Nachteile der Arbeitsteilung 52

3.5 Kapitalbildung und Investition 52

3.5.1 Der Kapitalbildungsprozess in der Volkswirtschaft 52
3.5.2 Arten der Investition 54

Aufgaben und Probleme/Zur Wiederholung des Grundwissens 56

4 Nachfrage am Gütermarkt 60

4.1 Gegenstand und Fragestellung der Nachfragetheorie des Haushalts 60

4.2 Die Maximierung des Nutzens 61

4.2.1 Messbarkeit des Nutzens 61
4.2.2 Das Haushaltsoptimum 63

4.3 Die Abhängigkeit der individuellen Nachfrage des Haushalts vom Preis ... 64

4.3.1 Die Abhängigkeit vom Preis des nachgefragten Gutes 64
4.3.2 Die Abhängigkeit der individuellen Nachfrage des Haushalts von dem Preis der anderen Güter .. 66

4.4 Die Abhängigkeit der individuellen Nachfrage eines Haushalts vom Einkommen und Vermögen des Haushalts 66

4.5 Die Wirkung einer Änderung der Bedürfnisstruktur auf die individuelle Nachfrage eines Haushalts nach einem Gut 67

4.6 Die Marktnachfrage (Gesamtnachfrage) 67

4.7 Verschiebungen der Gesamtnachfragekurve 69

4.8 Die Elastizität der Nachfrage 69

4.8.1 Die Bedeutung der Preiselastizität der Nachfrage 69
4.8.2 Die Messung der direkten Preiselastizität der Nachfrage 70
4.8.3 Andere Arten der Nachfrageelastizität 73

4.9 Exkurs: Grafische Darstellung des Nachfrageverhaltens am Gütermarkt ... 74

4.9.1 Nutzenerwägungen des Haushalts 74
4.9.2 Eingrenzung der Entscheidungsmöglichkeiten des Haushalts durch Einkommen und Güterpreise 76
4.9.3 Ableitung der Nachfragekurve 78

Aufgaben und Probleme/Zur Wiederholung des Grundwissens 80

5 Angebot am Gütermarkt 85

5.1 Annahmen der Angebotstheorie 86

5.1.1 Gewinnmaximierung als Unternehmensziel 86
5.1.2 Vollkommene Konkurrenz 87

5.2 Lineare Produktionsfunktion (Typ B) 87

5.3 Produktionsfunktion mit veränderlichem Grenzertrag (Typ A) 89

5.4 Kostenfunktion und Angebotsfunktion eines Unternehmens mit einer Produktionsfunktion von Typ B (lineare Produktionsfunktion) 91

5.4.1 Ableitung der Kostenkurve aus der Produktionsfunktion 91
5.4.2 Die Kostenkurve unter Berücksichtigung fixer Kosten 92
5.4.3 Das Angebot eines Unternehmens mit linearem Kostenverlauf 94

5.5 **Exkurs: Kostenfunktion und Angebotsmenge eines Unternehmens mit einer Produktionsfunktion von Typ A** 95
5.5.1 Ableitung der Grenzkostenkurve aus der Grenzertragskurve 95
5.5.2 Gesamtkosten, durchschnittliche Gesamtkosten und Grenzkosten 95
5.5.3 Das Angebot eines Unternehmens mit einer Produktionsfunktion von Typ A 97

5.6 **Das Gesamtangebot (Marktangebot)** 100
5.6.1 Ableitung des Gesamtangebots für ein Gut 100
5.6.2 Die Angebotselastizität 101

5.7 **Veränderungen der Angebotskurve** 102
5.7.1 Auswirkung einer Veränderung der Faktorpreise 102
5.7.2 Auswirkung einer Veränderung der Produktionstechnik 103
5.7.3 Wirkung einer Veränderung der Zahl der Anbieter 105

Aufgaben und Probleme/Zur Wiederholung des Grundwissens 105

6 **Preisbildung bei vollkommenem Wettbewerb** 112

6.1 **Der Markt und seine Funktion** 113

6.2 **Einteilung der Märkte** 114
6.2.1 Einteilung nach dem Grad der Zentralisierung 114
6.2.2 Einteilung nach den Güterarten 115
6.2.3 Einteilung nach der Art der Marktteilnehmer 115
6.2.4 Einteilung nach der Vollkommenheit der Marktbedingungen 116

6.3 **Das Modell des vollkommenen Wettbewerbs** 116

6.4 **Der Prozess der Preisbildung** 117
6.4.1 Die Bildung des Gleichgewichtspreises 117
6.4.2 Der Anpassungsprozess bei der Preisbildung 119
6.4.3 Die Änderung von Angebots- und Nachfrageplänen und ihre Wirkung auf den Preis . . . 120
6.4.4 Die Dynamik des Marktes 121

Aufgaben und Probleme/Zur Wiederholung des Grundwissens 122

7 **Die Preisbildung bei unvollkommenem Wettbewerb** 126

7.1 **Die Märkte in der Realität** 127

7.2 **Das Monopol** 127
7.2.1 Das Erlösmaximum des Monopolisten 127
7.2.2 Das Gewinnmaximum des Monopolisten 128
7.2.3 Preisdifferenzierung des Monopols auf dem unvollkommenen Markt 130
7.2.4 Arten des Monopols 132

7.3 **Das Polypol auf dem unvollkommenen Markt** 132
7.3.1 Der monopolistische Bereich beim unvollkommenen Wettbewerb 132
7.3.2 Preisbildung beim Polypol auf dem unvollkommenen Markt 133

7.4 **Das Oligopol** 134
7.4.1 Die Preis-Absatzfunktion des Oligopols und sein Verhalten auf dem Markt 134
7.4.2 Preisbildung beim Oligopol 135

Aufgaben und Probleme/Zur Wiederholung des Grundwissens 137

8 **Idealtypen der Wirtschaftsordnung** 142

8.1 **Zentrale oder dezentrale Planung** 142

8.2 **Geistige Grundlagen der Wirtschaftsordnung** 143
8.2.1 Der Liberalismus 144
8.2.2 Der Sozialismus 144

© Verlag Gehlen

8.3   **Die freie Marktwirtschaft** 145

8.3.1   Das Lenkungssystem der freien Marktwirtschaft 145
8.3.2   Der Ordnungsrahmen der freien Marktwirtschaft 148

8.4   **Das Versagen des Wirtschaftsliberalismus** 149

8.5   **Die Zentralverwaltungswirtschaft** 150

8.5.1   Das Lenkungssystem der Zentralverwaltungswirtschaft 150
8.5.2   Der Ordnungsrahmen der Zentralverwaltungswirtschaft 154

        Aufgaben und Probleme/Zur Wiederholung des Grundwissens 156

9   *Soziale Marktwirtschaft in der Bundesrepublik Deutschland* 158

9.1   **Leitidee und Grundsätze** 159

9.1.1   Der neoliberale Einfluss 159
9.1.2   Der Einfluss von Keynes 160

9.2   **Ziele der Wirtschaftspolitik in der Sozialen Marktwirtschaft** 160

9.3   **Träger der Wirtschaftspolitik in der Sozialen Marktwirtschaft** 162

9.4   **Mittel der Wirtschaftspolitik in der Sozialen Marktwirtschaft** 163

9.4.1   Beeinflussung des Preismechanismus 164
9.4.2   Globalsteuerung 165
9.4.3   Ordnungspolitik in der Bundesrepublik Deutschland 166

9.5   **Wettbewerbspolitik in der Bundesrepublik Deutschland** 168

9.5.1   Kooperation und Konzentration in der Wirtschaft 168
9.5.2   Das Gesetz gegen Wettbewerbsbeschränkung (GWB) 170

9.6   **Verbraucherschutz und Verbraucheraufklärung** 172

9.7   **Sozialpolitik** 173

9.8   **Umweltschutzpolitik** 174

9.8.1   Die Umweltsituation 174
9.8.2   Aufgaben und Prinzipien der Umweltschutzpolitik 174
9.8.3   Instrumente der Umweltschutzpolitik 176

        Aufgaben und Probleme/Zur Wiederholung des Grundwissens 176

        Fallstudie: Volks- und betriebswirtschaftliche Auswirkungen von Unternehmens-
                     verbindungen am Beispiel der Fusion von Daimler-Benz und Chrysler 181

10   *Sozialistische Wirtschaftsordnungen* 187

10.1   **Merkmale und Formen sozialistischer Wirtschaftsordnungen** 188

10.2   **Die sozialistische Planwirtschaft am Beispiel der ehemaligen DDR** 189

10.2.1   Das Lenkungssystem der sozialistischen Planwirtschaft 189
10.2.2   Der Ordnungsrahmen der sozialistischen Planwirtschaft 190
10.2.3   Das Versagen der sozialistischen Planwirtschaft 191

10.3   **Die sozialistische Marktwirtschaft** 191

10.4   **Vergleich und Kritik von Wirtschaftsordnungen** 193

        Aufgaben und Probleme/Zur Wiederholung des Grundwissens 194

11   **Gesamtwirtschaftliches Rechnungswesen** 196

11.1   **Aufgaben eines gesamtwirtschaftlichen Rechnungswesens** 197

11.2   **Wirtschaftskreislauf und kontenmäßige volkswirtschaftliche Gesamtrechnung (am Beispiel einer stationären Wirtschaft ohne ökonomische Aktivität des Staates und ohne Außenhandel)** 197

11.3   **Der Kreislauf einer evolutorischen Wirtschaft** 198

11.3.1   Grafische Darstellung des Kreislaufs einer evolutorischen Wirtschaft (ohne ökonomische Aktivität des Staates und ohne Außenhandel) 198
11.3.2   Die Darstellung des Kreislaufs einer evolutorischen Wirtschaft (ohne ökonomische Aktivität des Staates und ohne Außenhandel) mithilfe von Gleichungen 199
11.3.3   Die Gleichheit von Sparen und Investieren 200

11.4   **Das Kontensystem des gesamtwirtschaftlichen Rechnungswesens** 201

11.5   **Die kontenmäßige Erfassung der Produktion** 203

11.5.1   Das Produktionskonto des Sektors Unternehmen 203
11.5.2   Das Produktionskonto des Sektors Staat 206
11.5.3   Produktionsleistungen des Sektors private Haushalte 206
11.5.4   Das Nationale Produktionskonto 206

11.6   **Die kontenmäßige Erfassung der Einkommensverwendung** 207

11.6.1   Das Einkommenskonto des Unternehmenssektors 207
11.6.2   Das Einkommenskonto des Sektors Staat 208
11.6.3   Das Einkommenskonto des privaten Haushalts 209
11.6.4   Das Nationale Einkommenskonto 209

11.7   **Die kontenmäßige Erfassung der Vermögensänderung** 210

11.7.1   Das Vermögensänderungskonto des Sektors Unternehmen 210
11.7.2   Das Vermögensänderungskonto des Sektors Staat 210
11.7.3   Das Vermögensänderungskonto des Sektors private Haushalte 210
11.7.4   Das Nationale Vermögensänderungskonto 211

11.8   **Der Sektor Ausland in der volkswirtschaftlichen Gesamtrechnung** 211

11.9   **Das Kontensystem der volkswirtschaftlichen Gesamtrechnung für die Bundesrepublik Deutschland** 213

     Aufgaben und Probleme/Zur Wiederholung des Grundwissens 213

12   **Sozialprodukt und Volkseinkommen** 217

12.1   **Der Begriff des Sozialprodukts** 217

12.1.1   Güter- und Einkommensströme als Grundlage für die Berechnung des Sozialprodukts 217
12.1.2   Inlandsprodukt und Sozialprodukt 218

12.2   **Feststellung des Sozialprodukts aus dem Nationalen Produktionskonto** 219

12.3   **Nominales und reales Sozialprodukt** 222

12.4   **Entstehungs-, Verteilungs- und Verwendungsrechnung** 223

12.4.1   Die Entstehungsrechnung 223
12.4.2   Die Verteilungsrechnung 224
12.4.3   Die Verwendungsrechnung 225

12.5   **Kritik am Sozialprodukt als gesamtwirtschaftliche Messgröße** 225

12.5.1   Ermittlungsprobleme bei der Berechnung des Sozialprodukts 225
12.5.2   Soziale Indikatoren als Messzahlen für den Wohlstand 227

     Aufgaben und Probleme/Zur Wiederholung des Grundwissens 229

13   Geld und Geldschöpfung 233

13.1   Die Entwicklung des Geldwesens 233

13.1.1   Das allgemeine Tauschgut 233
13.1.2   Die staatliche Ordnung des Geldwesens 235
13.1.3   Vom Bargeld zum Buchgeld 236

13.2   Das Bankensystem 238

13.2.1   Zentralbank und Geschäftsbanken 238
13.2.2   Das System der Europäischen Zentralbanken (ESZB) 239
13.2.3   Die Europäische Zentralbank (EZB) 239
13.2.4   Die Deutsche Bundesbank 240

13.3   Geldfunktionen und Geldmenge 242

13.3.1   Geldfunktionen 242
13.3.2   Geldmenge 242

13.4   Währungssysteme (Geldsysteme) 244

13.4.1   Gebundene Währungen 244
13.4.2   Freie Währung 245

13.5   Geldschöpfung 246

13.5.1   Die Zentralbank im Prozess der Geldschöpfung 246
13.5.2   Geldschöpfung einer einzelnen Geschäftsbank 248
13.5.3   Geldschöpfung im Geschäftsbankensystem 250

Aufgaben und Probleme/Zur Wiederholung des Grundwissens 252

14   Inflation und Geldpolitik 257

14.1   Die Messung des Geldwerts 258

14.1.1   Geldwert und Preisniveau 258
14.1.2   Preisindizes 259

14.2   Geldwert und Reallohn 261

14.3   Erscheinungsbild einer Inflation 261

14.3.1   Inflation und Deflation 261
14.3.2   Arten der Inflation 262

14.4   Ursachen der Inflation 262

14.4.1   Monetäre Inflationstheorien 263
14.4.2   Die Nachfragesoginflation (Demand-Pull-Inflation) 264
14.4.3   Angebotsdrucktheorie 265
14.4.4   Beziehungen zwischen den Inflationstheorien 265

14.5   Geldpolitik im Europäischen System der Zentralbanken (ESZB) 266

14.5.1   Ziele und Orientierungspunkte der Geldpolitik 266
14.5.2   Zuständigkeiten für die Geldpolitik im Europäischen System der Zentralbanken (ESZB) 267
14.5.3   Mittel der Geldpolitik 267
14.5.4   Offenmarktpolitik 268
14.5.5   Mindestreservepolitik 271
14.5.6   Ständige Fazilitäten 271

Aufgaben und Probleme/Zur Wiederholung des Grundwissens 272

Vernetzungsdiagramm: Vernetztes Denken am Beispiel der Wirkungsweise des
Leitzinsinstrumentariums der Europäischen Zentralbank 277

15   **Außenwirtschaftliche Beziehungen** 282

15.1   **Bedeutung des Außenhandels** 282

15.2   **Außenhandel bei absolutem Kostenvorteil** 284
15.2.1   Die Wirkung des absoluten Kostenvorteils 284
15.2.2   Einfluss der Terms of Trade 284

15.3   **Außenhandel bei komparativem Kostenvorteil** 286
15.3.1   Die Wirkung des komparativen Kostenvorteils 286
15.3.2   Terms of Trade und Nutzengewinn durch den Außenhandel 287

15.4   **Die Zahlungsbilanz** 288
15.4.1   Begriff und Zweck 288
15.4.2   Hauptgruppen der Zahlungsbilanz 288
15.4.3   Die Teilbilanzen der Zahlungsbilanz 290
15.4.4   Die Erfassung außenwirtschaftlicher Vorgänge auf Konten 291
15.4.5   Zahlungsbilanz und außenwirtschaftliches Gleichgewicht 292

15.5   **Wechselkurse und ihre Wirkung auf den Außenhandel** 292
15.5.1   Die Bedeutung der Wechselkurse für den Außenhandel 292
15.5.2   Das System fester Wechselkurse 294
15.5.3   Das System freier Wechselkurse 296
       Aufgaben und Probleme/Zur Wiederholung des Grundwissens 298

16   **Internationale Verträge und Organisationen zur Regelung außenwirtschaftlicher Beziehungen** 302

16.1   **Weltwährungsordnung** 303
16.1.1   Der Internationale Währungsfonds 303
16.1.2   Die Europäische Wirtschafts- und Währungsunion 305

16.2   **Welthandelsordnung** 309
16.2.1   Welthandelsorganisation (WTO) 309
16.2.2   Die Europäische Union 311
       Aufgaben und Probleme/Zur Wiederholung des Grundwissens 315

17   **Das gesamtwirtschaftliche Gleichgewicht bei Voll- und Unterbeschäftigung** 317

17.1   **Erwerbspersonen und Beschäftigte** 318

17.2   **Arbeitslosigkeit als ökonomisches und soziales Problem** 318

17.3   **Gleichgewicht auf dem Arbeitsmarkt** 319
17.3.1   Vollbeschäftigung 319
17.3.2   Gleichgewicht der Beschäftigung 320

17.4   **Arten der Arbeitslosigkeit** 321

17.5   **Die klassische Beschäftigungstheorie** 322

17.6   **Die Beschäftigungstheorie des J.M. Keynes** 324

17.7   **Die Konsum- und die Sparfunktion als Bestimmungsgründe der Beschäftigung** 327
17.7.1   Die Konsumfunktion 327
17.7.2   Die Sparfunktion 328
17.7.3   Die Investitionsfunktion 328

17.8   **Gleichgewicht bei Vollbeschäftigung und bei Unterbeschäftigung** 330
17.8.1   Die Bedingungen des Gleichgewichts der Beschäftigung 330
17.8.2   Der Anpassungsprozess zum Gleichgewicht der Beschäftigung ... 330
17.8.3   Inflatorische und deflatorische Lücke 331

17.9   **Der Multiplikator** 332

17.10   **Der Akzelerator** 334
       Aufgaben und Probleme/Zur Wiederholung des Grundwissens 335

       Zukunftswerkstatt: „Zukunft ohne Arbeitslosigkeit – Utopie oder machbare Vision" 339

18   Konjunktur und Wachstum 344

18.1   Schwankungen wirtschaftlicher Aktivität 345

18.2   Phasen und Indikatoren des Konjunkturverlaufs 346

18.3   Ursachen konjktureller Schwankungen 348
18.3.1   Endogene und exogene Theorie 348
18.3.2   Rein monetäre Konjunkturtheorie 348
18.3.3   Überinvestitionstheorien 349
18.3.4   Unterkonsumtionstheorien 350

18.4   Konjunkturpolitik 350
18.4.1   Grundpositionen der Konjunkturpolitik 350
18.4.2   Fiskalismus 351
18.4.3   Das Gesetz zur Förderung der Stabilität und des Wachstums 352
18.4.4   Monetarismus 353

18.5   Wachstum der Wirtschaft 354
18.5.1   Messung des Wachstums 354
18.5.2   Einflussgrößen auf das wirtschaftliche Wachstum 356
18.5.3   Ein Modell wirtschaftlichen Wachstums 357

18.6   Die Wirkungen des Wachstums auf das Gleichgewicht der Natur 360
18.6.1   Die Umweltgefahren 360
18.6.2   Gefahren einer intensiveren Bodennutzung 361
18.6.3   Die Erschöpfung der Ressourcen 361

18.7   Lösungsstrategien 362

Aufgaben und Probleme/Zur Wiederholung des Grundwissens 365

Rollenspiel: Angebots- und nachfrageorientierte Wirtschaftspolitik 366

19   Einkommensverteilung 369

19.1   Die gesellschaftliche Entstehung des verteilungsfähigen Produkts 371

19.2   Die Darstellung der Einkommensverteilung in einer Volkswirtschaft 372
19.2.1   Die personelle Einkommensverteilung 372
19.2.2   Funktionelle Einkommensverteilung 373

19.3   Leitbilder für eine gerechte Einkommensverteilung 374
19.3.1   Das Leistungsprinzip 374
19.3.2   Das Bedürfnisprinzip 375
19.3.3   Das Gleichheitsprinzip 376

19.4   Lohnbildung auf dem Arbeitsmarkt 376
19.4.1   Der Arbeitsmarkt 376
19.4.2   Lohngrenze aus der Sicht eines einzelnen Unternehmens 377
19.4.3   Lohngrenze bei Verhandlungen zwischen einem Arbeitgeberverband und der Gewerkschaft 377

19.5   Verteilungspolitik 378
19.5.1   Mittel der Verteilungspolitik 378
19.5.2   Lohnpolitik der Gewerkschaften 379
19.5.3   Steuer- und Sozialpolitik 380
19.5.4   Vermögenspolitik 381

Aufgaben und Probleme/Zur Wiederholung des Grundwissens 381

*Projekt: Wirtschaftsmacht Erdöl - Ein fächerübergreifendes Projekt zur aktuellen
und zukünftigen Bedeutung des Erdöls als Rohstoff und Energieträger* 383

Sachwortverzeichnis 386
Personenverzeichnis 390

1 Das ökonomische Grundproblem: Die Knappheit der Ressourcen

Die Werbung verführt zum Konsum

In der kapitalistischen Wirtschaft verführt die Werbung zum Konsum. Unter dem Einfluss der Werbung werden die Menschen unaufhörlich gezwungen, Bedürfnisse zu befriedigen, die unnatürlich sind und ohne den Einfluss der Werbung gar nicht bestehen würden. Die Bemühungen der Werbung sind ausschließlich darauf gerichtet, private materielle Bedürfnisse zu befriedigen. Sie bewirkt damit, dass die höheren, nichtmateriellen Stufen menschlicher Bedürfnisse vernachlässigt werden.

„Blödsinnig, diese Werbung"

Quelle: Informationen zur politischen Bildung. Heft 173. Bonn 1990. S. 12.

Die Werbung kann nur unmündige Bürger zum Konsum verführen

In unserer Gesellschaft besteht die Freiheit der Meinungsäußerung und der Information. Wer sich als aufgeklärter und kritischer Bürger manipuliert fühlt, entschuldigt nur seine eigene Urteilsschwäche.

- *Welchen Einfluss übt die Werbung auf die Bedürfnisse der Verbraucher aus? Interpretieren Sie in diesem Zusammenhang die oben stehende Karikatur.*

- *Welche Bedürfnisse sind nach Ihrer Ansicht „natürlich", welche „unnatürlich"?*

- *Welche Gefahren für Mensch und Natur sehen Sie in einer einseitig an der Befriedigung von materiellen Bedürfnissen orientierten Gesellschaft?*

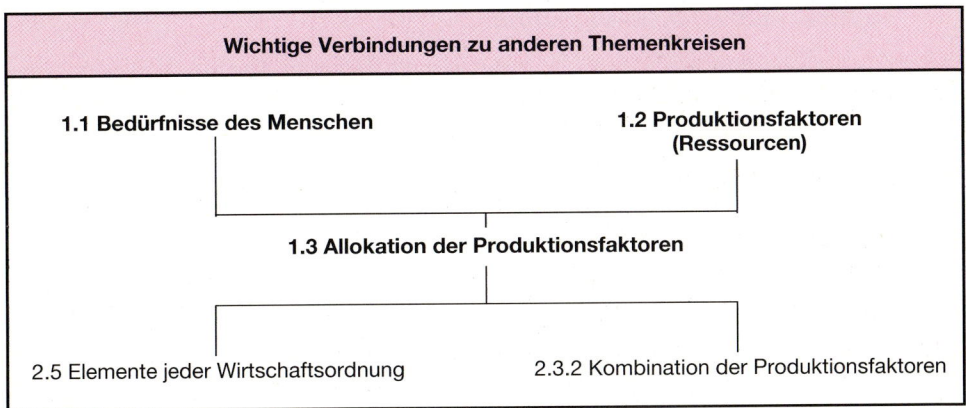

Abbildung 1.0.1

1.1 Die Bedürfnisse des Menschen

1.1.1 Bedürfnisse als Antriebskräfte für das menschliche Verhalten

Jede wirtschaftliche Tätigkeit ist auf das Endziel gerichtet, Bedürfnisse zu befriedigen, d. h. dem Menschen Konsum zu ermöglichen. Die Bedürfnisse setzen die **Ziele,** die durch wirtschaftliche Tätigkeit erreicht werden sollen. Das starke Streben des Menschen, seine Bedürfnisse zu befriedigen, ist **Antriebskraft** für seine wirtschaftliche Tätigkeit. Die Bedürfnisse sind damit Motor und Steuerung für jede wirtschaftliche Tätigkeit.

> Bedürfnis ist das Gefühl eines Mangels, verbunden mit dem Streben, ihn zu beseitigen.

In der Wirtschaftswissenschaft wird unterstellt, dass die Bedürfnisse der Menschen unersättlich (unbegrenzt) sind. Natürlich kann es sein, dass ein Mensch trotz steigendem Einkommen ein bestimmtes Gut, z. B. Brot, nicht vermehrt nachfragt, weil sein Bedarf an Brot gedeckt ist. Heinrich Gossen[1] hat die Gesetzmäßigkeit entdeckt **(Gossen'sches Gesetz),** dass mit zunehmender Versorgung mit einem Gut die Intensität der Befriedigung abnimmt und zuletzt sogar Widerwillen eintritt. Mit der Feststellung der Unersättlichkeit der menschlichen Bedürfnisse soll nicht behauptet werden, dass die Bedürfnisse des Menschen absolut grenzenlos sind; gemeint ist, dass ganz allgemein das Verlangen des Menschen nach Gütern größer ist als die zur Befriedigung dieses Verlangens zur Verfügung stehenden Mittel. Das zwingt den Menschen zu Überlegungen, wie er die knappen Mittel auf die verschiedenen Bedürfnisse aufteilen soll, welche Bedürfnisse für ihn dringender sind und welche ihm weniger dringlich erscheinen. Die Knappheit zwingt den Menschen zum Wirtschaften.

1.1.2 Einteilung der Bedürfnisse nach der Bedeutung für das menschliche Verhalten

Es gibt verschiedene Versuche, die Bedürfnisse systematisch zu ordnen. Abraham Maslow[2] hat eine Rangordnung der menschlichen Bedürfnisse nach ihrer Bedeutsamkeit für das menschliche Verhalten aufgestellt. Auf der untersten Ebene befinden sich die **physiologischen (körperlichen) Bedürfnisse.** Dazu zählt z. B. das Verlangen nach Nahrung, Obdach und Ruhe. Die nächste Ebene betrifft das **Verlangen nach Sicherheit,** das ist der Schutz vor Bedrohung und Beraubung, der Schutz vor Krankheit und vor Verlust des Arbeitsplatzes. Auf der nächsthöheren Ebene richtet sich das Bedürfnis nach **Zugehörigkeit und Liebe** auf die Beziehung zum Mitmenschen, auf Freundschaft und Familie. Weiter aufsteigende Ebenen betreffen das Bedürfnis nach **Wertschätzung** durch andere und das Bedürfnis nach **Selbstverwirklichung.** Das Verlangen nach Selbstverwirklichung bezieht sich auf die Entfaltungsmöglichkeiten für die Anlagen der eigenen Persönlichkeit.

[1] Gossen, Hermann Heinrich, 1810–1859, preußischer Beamter.
[2] Maslow, Abrahahm, 1908–1970, amerikanischer Sozialpsychologe.

Diese von Maslow aufgestellte Randordnung wird häufig in Form einer Pyramide dargestellt und als **Bedürfnispyramide** oder **Bedürfnishierarchie** bezeichnet. Die Hierarchie (das Prinzip der Über- bzw. Unterordnung) besteht darin, dass die Bedürfnisse einer bestimmten Ebene erst dann für den Menschen bedeutsam werden, wenn die Bedürfnisse der darunter liegenden Ebene ganz oder doch weitgehend befriedigt sind. Da-

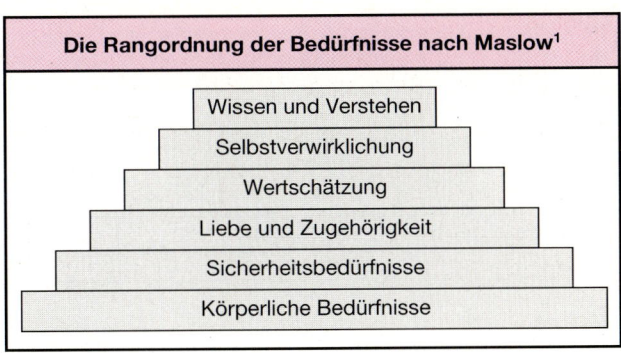

Abbildung 1.1.1

nach tritt z. B. das Bedürfnis nach Sicherheit bei Menschen erst dann stärker hervor, wenn Hunger und Durst gestillt sind.

Diese Gliederung der Bedürfnisse legt offen, dass die Lebensqualität des Menschen nicht mit Sicherheit dann verbessert wird, wenn das Ausmaß der Versorgung mit produzierten Gütern zunimmt. Die höheren Ebenen der menschlichen Bedürfnisse können oft mit von der Wirtschaft produzierten Sachgütern und Dienstleistungen gar nicht befriedigt werden.

Wenig ergiebig ist die Unterteilung in Existenz-, Kultur- und Luxusbedürfnisse. Zu den **Existenzbedürfnissen** sollen all die Bedürfnisse gerechnet werden, die aus dem menschlichen Selbsterhaltungstrieb entstehen. **Kulturbedürfnisse** gehen über das physiologische und soziale Existenzminimum hinaus, werden aber von der Gesellschaft nach dem Stand der Sitte und Kultur noch als normal empfunden. Was über die Kulturbedürfnisse hinausgeht, soll zu den **Luxusbedürfnissen** gehören. Da jeder Mensch seine eigene Bedürfnisskala hat, ist eine Zuordnung von Bedürfnissen nach dieser Gruppierung eine subjektive Entscheidung. Der eine ernährt und kleidet sich lieber einfach, um sich eine Urlaubsreise leisten zu können, der andere hält eine Urlaubsreise für nicht so dringlich. Außerdem wird an verschiedenen Orten, zu verschiedenen Zeiten und in verschiedenen Gesellschaftsschichten unterschiedlich empfunden, was zur „normalen Lebenshaltung" gehört. Rundfunkempfang galt vor 70 Jahren als Luxus, heute wird er als Existenzbedürfnis angesehen.

1.1.3 Individual- und Kollektivbedürfnisse

Bedürfnisse werden immer von Individuen empfunden. Doch nicht alle Bedürfnisse können einzeln befriedigt werden, oder es ist zumindest nicht immer zweckmäßig. Deshalb werden z. B. die Güter zur Befriedigung von Bedürfnissen aus dem Bereich der Gesundheit, Ausbildung und Rechtssicherheit häufig durch Kollektive (Staat, Gemeinde, Verbände) zur Verfügung gestellt.

Kollektivbedürfnisse

Es ist nicht zweckmäßig und den meisten Menschen gar nicht möglich,
- Privatlehrer für ihre Kinder zu halten,
- das Trinkwasser laufend zu untersuchen,
- eine Privatpolizei zu beschäftigen.

Politische Entscheidungen über Kollektivbedürfnisse

In politischen Gremien (z. B. im Landtag) wird entschieden
- wie viel Lehrer eingestellt werden,
- wie groß die Klassen sind,
- wie viel Stunden Berufsschulunterricht je Woche erteilt werden sollen.

Es kann nicht jeder Schüler nach seinen ganz persönlichen Bedürfnissen entscheiden.

---

[1] Abraham H. Maslow, Motivation und Persönlichkeit, Hamburg 1981, S. 62–79.

Bei kollektiver Befriedigung von Bedürfnissen ist dem Einzelnen die Entscheidungsmöglichkeit über die Dringlichkeit der Bedürfnisse genommen und auf eine politische Instanz übertragen.

Vom Staat oder einem seiner Organe zur Verfügung gestellte Güter werden als **öffentliche Güter** bezeichnet.

Einteilung der Bedürfnisse		
Nach der Bedeutung für das menschliche Verhalten	**Nach der Dringlichkeit**	**Nach der Art der Befriedigung**
Wissen und Verstehen Selbstverwirklichung Wertschätzung Liebe und Zugehörigkeit Sicherheitsbedürfnisse Körperliche Bedürfnisse	Luxusbedürfnisse Kulturbedürfnisse Existenzbedürfnisse	Individuelle Bedürfnisse Kollektive Bedürfnisse

Abbildung 1.1.2

1.1.4 Vernünftige und unvernünftige Bedürfnisse

Darüber, welche Bedürfnisse vernünftig (rational, natürlich) und welche unvernünftig (irrational, unnatürlich) sind, streiten die Menschen schon immer. Bereits im klassischen Altertum gab es Verbote für das, was man damals als übertriebenen Luxus ansah. Seit dem Mittelalter bis ins 18. Jahrhundert wurden die **Staatsbürger in Stände eingeteilt.** Für jeden Stand wurde bis ins Einzelne bestimmt, welche Kleidung als angemessen gelten sollte. Dies geschah auch aus Eifersucht bevorzugter Stände, die sich damit ihre Vorzugsstellung sichern wollten.

In der sozialistischen Wirtschaftstheorie wird die Meinung vertreten, dass es Bedürfnisse gibt, die dem **Wesen des Menschen** nicht entsprechen und damit unnatürlich (künstlich, irrational) sind. Diese Unterscheidung soll dann für alle Menschen ohne Unterscheidung von Klassen und Ständen gelten. In der sozialistischen Planwirtschaft werden Güter zur Befriedigung solcher Bedürfnisse auf Anordnung der zentralen Planbehörde gar nicht hergestellt.

Eine bäuerliche Kleiderordnung um 1150

„Dem Bauer ist nach dem Recht nur Schwarz und Grau zu tragen erlaubt. Gere (keilförmige Verzierungen des Gewandes) darf er nur an der Seite tragen; rindlederne Schuhe sind genug; für das Hemd sieben Ellen und für die Kniehose Tuch aus Rupfen."

Kaiserchronik des Pfaffen Konrad

Natürliche Bedürfnisse – Unnatürliche Bedürfnisse

„Wer immer erklärt, dass einige Bedürfnisse künstlich und nicht der Befriedigung wert seien, der hat die Pflicht, die Kriterien zu nennen, die er bei der Abgrenzung gegenüber den ‚echten' angewandt hat, und um dies zu leisten, muss er über eine Theorie der menschlichen Natur verfügen, die erklärt, auf was der Mensch ein echtes Anrecht hat oder was seine Entwicklung fördert. Eine solche Entscheidung kann nicht anders als willkürlich und rein persönlich sein."

Leszek Kolakowski

Nicht ohne Grund wird heute die Frage gestellt, ob die Menschen in den westlichen Industrieländern ihre Bedürfnisse bereits so hochgeschraubt haben, dass sie nur noch bei rücksichtsloser Ausbeutung der **Naturvorkommen dieser Erde** befriedigt werden können. Dann würde die lebende Generation auf Kosten künftiger Generationen sich in verantwortungsloser Weise einen höheren Lebensstandard schaffen.

Ist es noch zu verantworten, sich einfach darauf zu verlassen, dass die Wissenschaft schon noch Ersatzstoffe und Techniken finden wird, um durch Abbau erschöpfte Naturstoffe zu ersetzen?

Ein Planet wird geplündert

„Wer heute noch der Steigerung der Ansprüche das Wort redet, der arbeitet nicht nur auf eine Katastrophe, sondern auf die größtmögliche Katastrophe hin. Ihn kann man nur als blinden Fanatiker bezeichnen, dessen Fanatismus zum Tode führt. Seine Ratschläge laufen im Grunde darauf hinaus, dass wir uns wie Tierpopulationen verhalten sollen. Wenn eine Tierpopulation günstige Lebensbedingungen vorfindet, dann vermehrt sie sich hemmungslos und frisst bedenkenlos bis zu dem Punkt, wo die Gegenkräfte sie überwältigen und weit unter dem Normalzustand dezimieren."

H. Gruhl, Ein Planet wird geplündert.

Wer nicht an unbegrenzte Möglichkeiten der Technik glaubt, für den gibt es Grenzen für die vernünftigen Bedürfnisse der Menschen.

1.1.5 Bedarf und Nachfrage

Als **Bedarf** bezeichnet man die Güter, auf die sich die Wünsche der Verbraucher zur Befriedigung ihrer Bedürfnisse richten. Zur Befriedigung des Verlangens nach Nahrung, das zu den körperlichen Bedürfnissen zählt, richtet sich z. B. das Begehren eines bestimmten Menschen u. a. auf Schwarzbrot und Wurst. Sein Verlangen nach Wissen und Verstehen soll z. B. mit einem Buch befriedigt werden. Das Buch und die Güter Schwarzbrot und Wurst gehören zum Bedarf dieses Menschen. Der Bedarf ergibt sich aus der Konkretisierung von Bedürfnissen.

Nachfrage ist der Teil des Bedarfs, der durch einen Kaufentschluss am Markt wirksam wird. Zur Nachfrage kann nur der Teil des Bedarfs werden, für dessen Beschaffung Kaufkraft vorhanden ist.

1.2 Die Produktionsfaktoren
1.2.1 Die Einteilung der Produktionsfaktoren

Als Gut werden alle Mittel bezeichnet (Sachgüter und Dienstleistungen), die zur Befriedigung menschlicher Bedürfnisse geeignet sind. In der Natur finden wir selten Güter vor, die ohne Be- oder Verarbeitung zu verwenden sind. Konsumreife Güter entstehen aus Naturstoffen meist erst in einem langen Produktionsprozess. Wir können diesen volkswirtschaftlichen Produktionsprozess zurückverfolgen und die Güter danach einteilen, wie weit sie vom konsumreifen Gut entfernt sind. Unmittelbar dem menschlichen Bedürfnis dienende Güter nennt man Güter erster Ordnung.

Verfolgt man eine Produktionskette zurück bis zu den Gütern, die selbst nicht mehr herstellbar sind, dann erhält man als Ergebnis die letzten Faktoren der Produktion.

Dabei erkennen wir, dass die Arbeit und die Stoffe und Kräfte der Natur als ursprüngliche Produktionsfaktoren am Anfang des volkswirtschaftlichen Produktionsprozesses stehen. Eine moderne Produktion ist kaum noch denkbar, in der neben den ursprünglichen Produktionsfaktoren Natur und Arbeit nicht auch produzierte Produktionsmittel eingesetzt werden. Unter produzierten Produktionsmitteln versteht man Produktionsgüter, die selbst wieder unter Einsatz der ursprünglichen Produktionsfaktoren Natur und Arbeit hergestellt wurden. Die produzierten Produktionsmittel werden auch als **Sach- und Realkapital** bezeichnet und als dritter Produktionsfaktor berücksichtigt.

Ursprüngliche Produktionsfaktoren sind zur Produktion notwendige Güter, die selbst nicht mehr herstellbar sind.

Beispiel für einen Produktionsweg			
Gut 1. Ordnung	Brot		
Güter 2. Ordnung	Mehl	Arbeit	Backofen	Der Brotteig wird vom Bäcker aus Mehl hergestellt und im Backofen gebacken.
Güter 3. Ordnung	Korn	Arbeit	Getreidemühle	Wir verfolgen die Herstellung des Mehls: Korn wird in Getreidemühlen zu Mehl gemahlen.
Güter 4. Ordnung	Boden, Regen, Sonne	Arbeit	landwirtschaftliche Maschinen, Düngemittel, Saatgut	Wir verfolgen die Herstellung des Korns: Der Bauer sät und erntet auf seinem Boden mithilfe landwirtschaftlicher Maschinen.
Produktionsfaktoren	**Natur**	**Arbeit**	**Kapital**	Natur und Arbeit sind nicht weiter zu unterteilen, sie können nicht produziert werden. Natur und Arbeit sind **ursprüngliche Produktionsfaktoren.** Kapital ist Ergebnis menschlicher Produktion und deshalb ein **abgeleiteter Produktionsfaktor.**

Abbildung 1.2.1

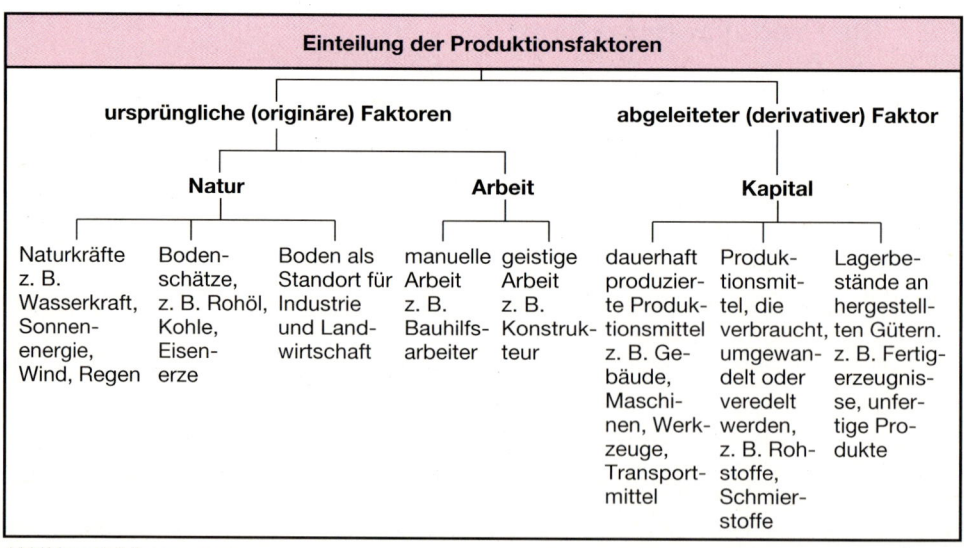

Abbildung 1.2.2

Unter **Arbeit** wird jede menschliche Tätigkeit verstanden, mit der der Mensch aktiv auf die Natur einwirkt, um die Naturstoffe seinen Bedürfnissen anzupassen. Gemeint ist hier sowohl die manuelle wie die geistige Arbeit.

Der Produktionsfaktor Kapital ist ein abgeleiteter Faktor, weil er unter Einsatz der ursprünglichen Produktionsfaktoren Natur und Arbeit hergestellt wird.

Im **betriebswirtschaftlichen Sinn** bezeichnet Kapital die Herkunft der Mittel zur Beschaffung der Vermögensgegenstände. Zum **Eigenkapital** zählen die Mittel, die dem Unternehmen von den Unternehmenseignern ohne zeitliche Begrenzung überlassen worden sind. Fremdkapital stammt von Kreditgebern.

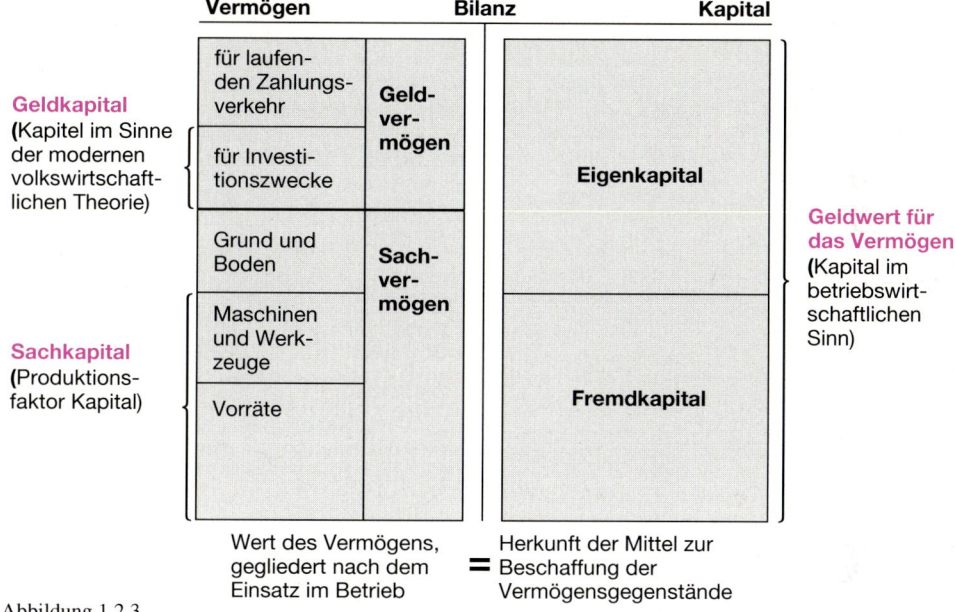

Abbildung 1.2.3

1.2.2 Die Bedeutung der Ausstattung eines Wirtschaftsraums mit Produktionsfaktoren

Der Wohlstand einer Volkswirtschaft hängt von den ihr zur Verfügung stehenden Ressourcen (im weitesten Sinne verstanden) ab.

Unter Ressourcen versteht man im weitesten Sinne die Bestände einer Volkswirtschaft an Produktionsfaktoren (Arbeit, Boden, Kapital). Im engeren Sinne sind damit nur die Bestände an Rohstoffen und Energieträgern gemeint.

In den Industrieländern ist der je Kopf der Bevölkerung zur Verfügung stehende Raum nicht mehr von gleicher Bedeutung wie in solchen Ländern, bei denen die landwirtschaftliche Produktion den überwiegenden Anteil am volkswirtschaftlichen Gesamtprodukt ausmacht. Industrieländer müssen mit qualifizierter Facharbeit, hohem ingenieurwissenschaftlichen Stand und unter Anwendung ihrer Erfahrung in der Organisation der industriellen Produktion (**Know-how**) Industrieprodukte herstellen und auf den Weltmärkten gegen Rohstoffe und Ernährungsgüter eintauschen.

Der Reichtum der Industrieländer beruht außer auf dem hohen Ausbildungsstand ihrer Bevölkerung auch auf der guten Ausstattung dieser Volkswirtschaften mit dauerhaften produzierten Produktionsmitteln (Maschinen, Werkzeuge, Transportmittel).

Gesamtwirtschaftliches Produktionspotenzial in der Bundesrepublik Deutschland

Jahr	Produktions-potenzial (Mrd. EUR) (siehe dazu auch S. 22)	Auslastungs-grad des Produktions-potenzials (Bruttoin-landsprodukt in % des Produktions-potenzials)
1988	1 227,4	95,6
1989	1 261,5	96,6
1990	1 307,4	98,6
1991	1 357,6	99,7
1992	1 409,1	97,8
1993	1 438,6	93,8
1994	1 470,2	93,7
1995	1 493,9	93,0
1996	1 519,7	92,4
1997	1 542,2	93,1
1998	1 567,9	94,2

Quelle: Jahresgutachten 1998/99 des Sachverständigenrats zur Begutachtung der gesamtwirtschaftlichen Entwicklung, Tabelle A 1

Kapitalstock (Bruttoanlagevermögen) und Kapitalintensität in der Bundesrepublik Deutschland (Mrd. EUR, in Preisen von 1991)

Gesamtwirtschaft (ohne Wohnungsbau)

Jahr	1970	1980	1990	1994
Kapital stock	1 629,4	2 430,7	3 154,2	3 515,8

Nach Branchen (1994)

	Kapital-stock in Mrd. EUR	Kapital-stock je Erwerbs-tätigen (Kapital-intensi-tät) in 1000 EUR
Verarbeitendes Gewerbe	808,6	101,7
Handel	271,4	69,0
Verkehr, Nachrich-tenübermittlung	401,2	250,4
Kreditinstitute, Versicherungen	136,6	155,7

Quelle: Institut der Deutschen Wirtschaft Köln, Zahlen zur gesamtwirtschaftlichen Entwicklung in der Bundesrepublik Deutschland, 1998, Tabelle 31

Tabelle 1.2.2

Ein funktionierender internationaler Handel ermöglicht es, die ungleiche Ausstattung von Wirtschaftsregionen mit Produktionsfaktoren auszugleichen. Landwirtschaftlich strukturierte Volkswirtschaften, die nur wenige oder gar nur ein Produkt auf dem Weltmarkt bringen, sind vom Funktionieren des Welthandels ebenso abhängig wie Industrienationen ohne Rohstoffvorkommen. Chile bezieht z. B. 78 % seiner Exporterlöse durch die Ausfuhr von Kupfer.

Der Reichtum vieler Industrieländer ist abhängig von den Rohstofflieferungen aus Entwicklungsländern mit viel niedrigerem Lebensstandard. **Die Bundesrepublik Deutschland ist ein solches rohstoffarmes Industrieland.**

Die Erfahrungen mit der internationalen Arbeitsteilung haben gezeigt, dass damit für alle beteiligten Länder erhebliche wirtschaftliche Vorteile verbunden sein können. Es ist allerdings auch nicht zu übersehen, dass mit der internationalen Arbeitsteilung entstehende wirtschaftliche und politische Abhängigkeiten zu schwerwiegenden Problemen führen können.

Importabhängigkeit der Bundesrepublik Deutschland bei ausgewählten Rohstoffen					
Rohstoff	**Haupt-verwendung**	**Import-anteil**	**Rohstoff**	**Haupt verwendung**	**Import-anteil**
Aluminium	Flugzeugbau	100 %	Mangan	Stahl,	
Asbest	Bremsen,			Kurbelwellen	100 %
	Kupplungen	100 %	Molybdän	Edelstahl	100 %
Blei	Batterien	87 %	Nickel	Stahl,	
Chrom	Edelstahl	100 %		Küchengeräte	100 %
Eisenerz	Schiffe,		Silber	Fotochemie,	
	Autos	93 %		Silberwaren	98 %
Erdöl	Energie-		Tantal	Spezialstähle	100 %
	erzeugung	96 %	Titan	Flugzeugbau	100 %
Kobalt	Turbinen,		Vanadium	Baustahl	100 %
	Computer	100 %	Wolfram	Elektrotechnik	100 %
Kupfer	Kabel,		Zink	Messing, Draht	68 %
	Kessel	99 %	Zinnerz	Bleche, Dosen	100 %

1.3 Die Allokation der Produktionsfaktoren

1.3.1 Die unbegrenzten menschlichen Bedürfnisse

Die Wirtschaft ist eine vom Menschen geschaffene Einrichtung mit der Aufgabe, menschliches Leben materiell zu erhalten und zu sichern. Diese Aufgabe stellte sich zu allen Zeiten und an allen Orten. Der Grund liegt darin, dass uns die Natur nur begrenzt Mittel (Ressourcen) zur Befriedigung der menschlichen Bedürfnisse zur Verfügung stellt. Nicht nur die Naturstoffe sind knapp, auch die menschliche Kraft zu ihrer Beschaffung und Bearbeitung ist begrenzt. Deshalb muss der Mensch planend vorgehen, um die Befriedigung seiner Bedürfnisse zu sichern.

> Das grundlegende, alle Gesellschaftsordnungen betreffende ökonomische Problem ergibt sich daraus, dass die Bedürfnisse des Menschen größer sind als die zur Verfügung stehenden Ressourcen.

Mit dieser Feststellung unterstellt die Wirtschaftswissenschaft, dass die Bedürfnisse der Menschen unbegrenzt sind. Sie bezieht sich nicht auf einen Einzelmenschen, sondern auf die Menschen einer Wirtschaftsgesellschaft insgesamt. Die Erfahrung, dass immer wieder außergewöhnliche Menschen ein Leben in Bedürfnislosigkeit führen, widerspricht also nicht dieser Feststellung. Auch soll damit nicht ausgesagt werden, dass in einer ständigen Steigerung der Bedürfnisse ein erstrebenswertes Verhalten zu sehen sei. Es handelt sich um die Feststellung von beobachteten Fakten, nicht um eine von Menschen anzustrebende Norm des Verhaltens. Mit solchen Annahmen über das Verhalten von Menschen muss die Wirtschaftswissenschaft ständig arbeiten. Für die Analyse wirtschaftlicher Erscheinungen und Prozesse sind solche Annahmen notwendig und auch nützlich, solange die überwiegende Mehrheit der beobachteten sozialen Gruppe sich entsprechend der Annahme verhält. Solche Annahmen müssen mit statistischen Methoden immer wieder überprüft werden.

1.3.2 Darstellung von Wahlentscheidungen in der Wirtschaft mithilfe der Produktionsmöglichkeitenkurve

Aus der Knappheit der Ressourcen ergibt sich das Problem, wie die zur Verfügung stehenden Ressourcen am zweckmäßigsten zur Befriedigung der in dieser Volkswirtschaft existierenden Bedürfnisse eingesetzt werden.

Die Zuordnung der Ressourcen (Produktionsfaktoren) auf alternative Verwendungen wird als Allokation bezeichnet.

Die mit der **Allokation** der Produktionsfaktoren verbundenen Entscheidungen sind in allen gesellschaftlichen Systemen Hauptgegenstand der Wirtschaftswissenschaft.

Wahlentscheidungen, die bei der Allokation der Produktionsfaktoren zu treffen sind, können mithilfe der **Produktionsmöglichkeitenkurve** dargestellt werden.

Die nebenstehende Abbildung zeigt eine solche Produktionsmöglichkeitenkurve. Gegenstand der Darstellung ist die Wahlentscheidung zwischen der Herstellung von öffentlichen Gütern (z.B. Krankenhäuser, Panzer) und der Herstellung von privaten Gütern (z.B. Wohnungen, Autos). Die Grafik zeigt, dass die Volkswirtschaft, bei voller Auslastung ihres **Produktionspotenzials,** 100 Einheiten öffentlicher Güter oder 110 Einheiten privater Güter herstellen kann. Das gesamte Produktionsergebnis einer Volkswirtschaft wird als Output bezeichnet (s. auch S. 203).

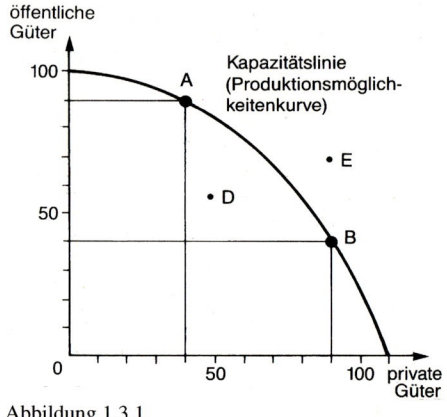

Abbildung 1.3.1

Unter dem Produktionspotenzial einer Volkswirtschaft versteht man den in dieser Volkswirtschaft bei voller Auslastung des Arbeitsvolumens und des sachlichen Produktivvermögens erreichbaren Output.

Die Entscheidung darüber, wie die Produktionsfaktoren auf die Produktion der beiden Gütergruppen zu verteilen ist, wird zwischen den Extremen liegen müssen. Punkt A zeigt eine Kombinationsmöglichkeit der Produktion von 90 Einheiten für den öffentlichen und 40 Einheiten für den privaten Bedarf. Punkt B zeigt eine andere mögliche Kombination von nur 40 Einheiten für den öffentlichen, dafür aber 90 Einheiten für den privaten Bedarf. Es ist also offensichtlich unmöglich, mit den im Augenblick zur Verfügung stehenden Ressourcen 90 Einheiten für den öffentlichen Bedarf und gleichzeitig 90 Einheiten für den privaten Bedarf zu produzieren.

Die Punkte der Kurve zeigen die Kombinationen von öffentlichen und privaten Gütern, die mit den gegenwärtig zur Verfügung stehenden Mitteln maximal erzeugt werden können und zwischen denen die Entscheidung getroffen werden muss. Es ist die **Produktionsmöglichkeitenkurve,** auch **Transformationskurve** oder **Kapazitätslinie** genannt.

Die Produktionsmöglichkeitenkurve (Kapazitätslinie) bezeichnet alle Mengenkombinationen zweier Güter (x und y), die von einer Volkswirtschaft bei gegebener Faktorausstattung und gegebenem Stand der Technik maximal hergestellt werden können.

Punkt D in Abbildung 1.3.1 gibt eine Kombination der beiden Gütergruppen an, bei deren Produktion nicht alle Produktionsfaktoren der Volkswirtschaft genutzt werden. Eine Steigerung der Produktion von öffentlichen Gütern ist hier möglich, ohne die Produktion von privaten Gütern einzuschränken. Ebenso ist eine Vergrößerung der Produktion von privaten Gütern möglich, ohne die Produktion von öffentlichen Gütern einzuschränken.

Die durch Punkt E dargestellte Kombination von Gütern kann nicht hergestellt werden. Dafür reicht das Produktionspotenzial der Volkswirtschaft nicht aus.

1.3.3 Alternativkosten (Opportunity Costs, Opportunitätskosten)

In einer vollbeschäftigten Wirtschaft lässt sich eine bessere Versorgung mit öffentlichen Gütern nur durch Verzicht auf private Güter ermöglichen. Sollen mehr Krankenhäuser gebaut werden, dann können weniger Wohnungen erstellt werden. Kann man mit den Ressourcen, die für den Bau eines Krankenhauses eingesetzt werden müssen, 60 Dreizimmerwohnungen erstellen, dann können die Kosten für den Bau eines Krankenhauses ausgedrückt werden mit 60 Dreizimmerwohnungen, auf deren Erstellung verzichtet werden muss, um ein Krankenhaus bauen und einrichten zu können. Die 60 Dreizimmerwohnungen sind die Alternativkosten (Opportunity Costs) für die Erstellung eines Krankenhauses.

> Alternativkosten (Opportunity Costs, Opportunitätskosten) sind die zur Erzeugung eines Gutes aufgewendeten Kosten, gemessen am Verzicht auf das sonst alternativ erzeugbare Gut.

Die Opportunitätskosten sind an der Produktionsmöglichkeitenkurve zu erkennen. Wir gehen aus von der Gütermengenkombination des Punktes A auf der Transformationskurve mit der Güterkombination 2 Einheiten des Gutes y und 5 Einheiten des Gutes x. Soll übergegangen werden zu der Güterkombination, die von Punkt B dargestellt wird, dann muss für die zusätzliche Produktion von 2 Einheiten des Gutes y auf 4 Einheiten des Gutes x verzichtet werden. Bezogen auf die Mehrproduktion einer Einheit des Gutes y muss demnach auf 2 Einheiten des Gutes x verzichtet werden. Die Grenzrate der Transformation für das Gut y ergibt sich als Quotient Δ x : Δ y und beträgt 2.

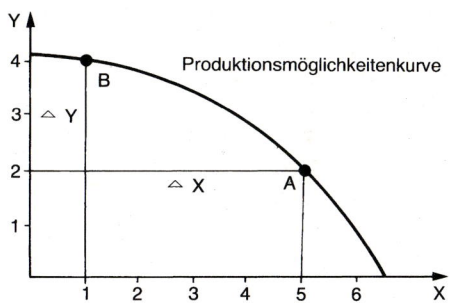

Abb. 1.3.2

> Die Grenzrate der Transformation gibt an, auf wie viel Einheiten eines Gutes (x) verzichtet werden muss, um eine Einheit eines anderen Gutes (y) zu gewinnen.

Die Grenzrate der Transformation gibt die **Opportunity Costs** für eine Einheit des Gutes y an, ausgedrückt in Einheiten des Gutes x.

■■■ AUFGABEN UND PROBLEME

1.1 *Natürliche und unnatürliche Bedürfnisse*

Lesen Sie den unten stehenden Textauszug aus dem Informationsmaterial des Ärztlichen Arbeitskreises Rauchen und Gesundheit.

● Halten Sie die Schlussfolgerung, die daraus gezogen wird, für gerechtfertigt?

> **Tabakwarenreklame in der Öffentlichkeit ist verfassungswidrig**
>
> Von Prof. Dr. med. F. Schmidt[1]
>
> Es sei an dieser Stelle darauf verzichtet, das erdrückende wissenschaftliche Beweismaterial für die schwerwiegenden Auswirkungen des Rauchens auf die Volksgesundheit zu wiederholen. Hingewiesen sei auf den amerikanischen Bericht Smoking and Health und 8 Ergänzungsbände dazu, die bisher veröffentlicht wurden.

[1] Prof. Dr. med. F. Schmidt, Leiter der Forschungsstelle für Präventive Onkologie des Klinikums Mannheim der Universität Heidelberg, in: Fortschritt Medizin, 97. Jahrgang (1979), Nr. 9. S. 424.

Als Kronzeuge Nr. 1 sei die Bundesregierung selbst aufgerufen. In ihrer offiziellen Stellungnahme „Auswirkungen des Zigarettenrauchens"[1] hat die Bundesregierung u. a. festgestellt: „Rauchen ist absolut gesundheitsschädlich. Es gibt keinen Toleranzbereich. Denn auch für diejenigen, die täglich nur 1– 5 Zigaretten rauchen, sind gesundheitliche Einbußen festgestellt worden. Unterschiede zwischen den einzelnen Tabakerzeugnissen sind nur gradueller Art und bestimmen Zeitpunkt und Ausmaß der Schädigung, ebenso wie der Umfang des Konsums von Zigaretten.

Aus der Verpflichtung der Bundesregierung, Schaden vom Deutschen Volk fernzuhalten, ergibt sich demnach zwangsläufig die Verpflichtung, mit allen rechtsstaatlichen Mitteln auf eine Senkung des Zigarettenkonsums hinzuwirken."

Schlussfolgerung

Wenn Rauchen gesundheitsschädlich ist, dann hat die Bundesregierung die Produktion von Tabakwaren und den Handel damit zu verbieten, um Schaden vom Volke abzuwenden. Zumindest müsste sie in einem ersten Schritt die Reklame für Tabakwaren verbieten.

1.2 *Stufenleiter der Bedürfnisse*

Der amerikanische Sozialpsychologe Maslow stellte eine Stufenleiter der menschlichen Bedürfnisse fest, die auch die Hierarchie der Bedürfnisse bezeichnet und in Form einer Pyramide dargestellt wird. Dabei folgen auf die erste Stufe der körperlichen Bedürfnisse die Bedürfnisstufen Sicherheit, Liebe und Zugehörigkeit, Wertschätzung, Selbstverwirklichung und Wissen und Verstehen. Diese Bedürfnishierarchie beruht auf der Annahme, dass die Bedürfnisse einer unteren Bedürfnisgruppe ausreichend, wenn auch nicht völlig gestillt sein müssen, bevor die Bedürfnisse einer höheren Stufe so vorherrschend werden, dass sie das Verhalten des Menschen maßgebend steuern.

In einem Unternehmen finden für die Leistungsmotivierung und die Führung der Mitarbeiter die unten aufgezählten Gesichtspunkte Berücksichtigung.

● Stellen Sie für jeden der im Folgenden aufgezählten Gesichtspunkte fest, welcher Bedürfnisgruppe (nach Maslow) er zuzuordnen ist.

Betriebliche Altersversorgung - Gewährung von Aufstiegsmöglichkeiten - Gestaltung des Arbeitsplatzes - Verleihung von Titeln - Zuteilung von Weisungsbefugnis - Maßnahmen zur Förderung einer harmonischen Betriebsgemeinschaft - Maßnahmen der betrieblichen Weiterbildung - innerbetriebliche Mitbestimmung - Pflege eines kooperativen Führungsstils.

1.3 *Bedeutung des Bestandes an Produktionsfaktoren (Ressourcen) für eine Volkswirtschaft*

Eine internationale Arbeitsgemeinschaft hat für Regionen der Dritten Welt die Zahl der Personen berechnet, die sich (in Kalorien gerechnet) aus der eigenen landwirtschaftlichen Produktion dieses Raumes ausreichend ernähren ließe. Für diese Untersuchung wurden jeweils mehrere Staaten zu einem Wirtschaftsraum zusammengefasst. Das Ergebnis der Berechnungen wird als „Bevölkerungstragfähigkeit" bezeichnet.

Es wurden drei Alternativrechnungen durchgeführt. Für die **Berechnung 1** wurde ein niedriger Technologie-Input bei der landwirtschaftlichen Produktion angenommen (Handarbeit, keine Mineraldüngung, keine Schädlingsbekämpfung). Grundlage für die **Berechnung 2** war ein mittlerer Technologie-Einsatz (verbessertes Handwerkszeug, etwas Mineraldünger und Schädlingsbekämpfung). Volle Mechanisierung, intensiver Einsatz chemischer Dünger und Schädlingsbekämpfung wurde bei der **3. Berechnung** unterstellt. Diesen drei alternativen Berechnungen wurde die für das Jahr 2000 geschätzte Bevölkerung gegenübergestellt. Um die Berechnungen einfacher grafisch darstellen zu können, wurden alle Zahlen auf Personen je ha landwirtschaftlicher Nutzfläche bezogen.

[1] Auswirkungen des Zigarettenrauchens, Drucksache 7/20070 des deutschen Bundestages.

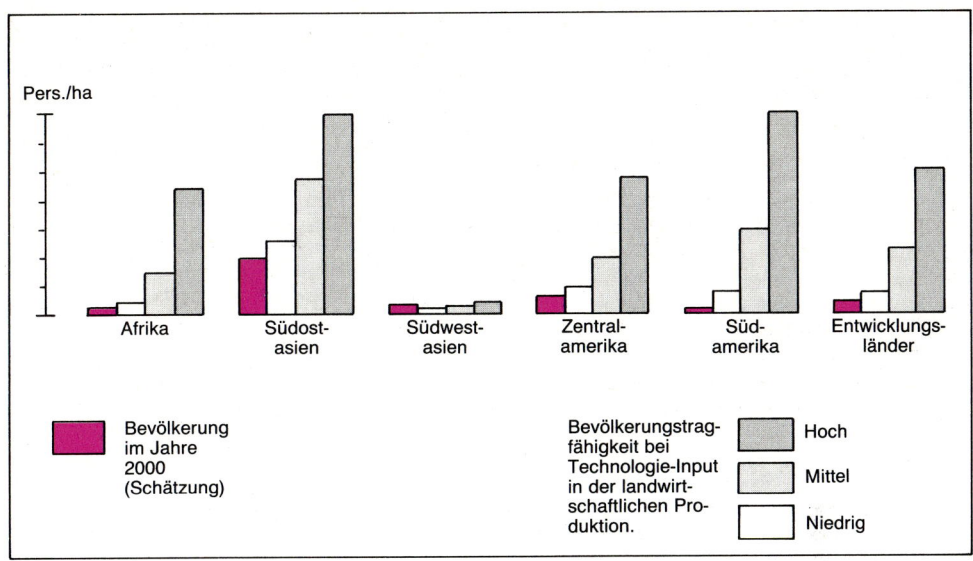

Pers./ha

Afrika | Südost-asien | Südwest-asien | Zentral-amerika | Süd-amerika | Entwicklungs-länder

Bevölkerung im Jahre 2000 (Schätzung)

Bevölkerungstragfähigkeit bei Technologie-Input in der landwirtschaftlichen Produktion.

Hoch

Mittel

Niedrig

Abb. 1.3.3

- 1. Welche Region kann nach dieser Einschätzung im Jahr 2000 nur unter höchstem Technologieeinsatz aus eigener landwirtschaftlicher Produktion seine Bevölkerung ernähren?
- 2. Warum würde ein nach diesem Muster berechneter Tragfähigkeitswert die reale Bevölkerungsfähigkeit (Tragfähigkeitskapazität) des Raumes der Bundesrepublik Deutschland nicht zum Ausdruck bringen?
- 3. Gibt es Ihrer Ansicht nach für die Bundesrepublik Deutschland überhaupt Grenzen der Bevölkerungstragfähigkeit?

1.4   *Produktionsmöglichkeitenkurve - Grenzrate der Transformation (Opportunity Costs)*

In einer Volkswirtschaft können bei Auslastung des gesamten Produktionspotenzials die in der nebenstehenden Tabelle ausgewiesenen Gütermengenkombinationen hergestellt werden.

- 1. Zeichnen Sie die Produktionsmöglichkeitenkurve!
- 2. Berechnen Sie die Grenzrate der Transformation, wenn statt bisher 50 jetzt 90 Einheiten öffentlicher Güter produziert werden sollen.

Bruttoproduktion	
private Güter	öffentliche Güter
100	0
80	50
60	90
40	120
20	140
0	150

- 3. Berechnen Sie die Opportunity Costs, wenn statt bisher 90 jetzt 120 Einheiten öffentlicher Güter erzeugt werden sollen.
- 4. In dieser Volkswirtschaft werden gegenwärtig 90 Einheiten öffentlicher Güter und 40 Einheiten privater Güter hergestellt. Urteilen Sie, ob in dieser Situation die Aussage gilt:

  Soll die Produktion von privaten Gütern vergrößert werden, dann setzt dies einen Verzicht auf die Produktion von öffentlichen Gütern voraus.
- 5. Welche Gründe kann es dafür geben, wenn sich die Produktionsmöglichkeitenkurve nach rechts verschiebt?

ZUR WIEDERHOLUNG DES GRUNDWISSENS

1. Maslow hat 6 Stufen der Bedürfnisse festgestellt. Stellen Sie diese Stufen der Bedürfnisse dar!
2. Wie werden die Bedürfnisse nach ihrer Dringlichkeit eingeteilt?
3. Wie werden die Bedürfnisse nach der Art ihrer Befriedigung eingeteilt?
4. Was versteht man unter öffentlichen Gütern?
5. Zählen Sie die Produktionsfaktoren auf!
6. Wie unterscheiden sich ursprüngliche und abgeleitete Produktionsfaktoren?
7. Was zählt zu dem Produktionsfaktor Kapital?
8. Was versteht man unter der Allokation der Produktionsfaktoren?
9. Definieren Sie den Begriff Produktionspotenzial!
10. Was bezeichnet man als die Ressourcen einer Volkswirtschaft?
11. Was versteht man unter einer Produktionsmöglichkeitenkurve (Kapazitätslinie, Transformationskurve)?
12. Definieren Sie die Begriffe Grenzrate der Transformation und Opportunity Costs!

2 *Grundfragen jeder Wirtschaftsordnung*

Von 1968–1974 fiel in der südafrikanischen Sahel-Zone kaum ein Tropfen Regen. In dem Dorf Iférouane waren die Brunnen zur Bewässerung der Felder versiegt, auf denen Gemüse, Kartoffeln, Tomaten und Zwiebeln angebaut wurden. Die Viehherden fielen der Dürre zum Opfer. Die Menschen mussten fliehen. Viele kamen dabei um. Deutsche Fachleute arbeiteten ein Programm aus, um die Menschen vom Regen unabhängig zu machen und ihnen die Rückkehr in ihre Heimat zu ermöglichen. Mithilfe der Einwohner wurde es in die Tat umgesetzt. Es wurde ein 120 Meter langer und rund zwei Meter hoher Staudamm gebaut, der ein Flussbett abriegelt. In der Regenzeit von Juni bis September wird hier jetzt das Regenwasser gespeichert, das von einem 14 km entfernten 2000 Meter hohen Gebirgsmassiv abfließt.

Der Staudamm wurde ohne Einsatz moderner technischer Mittel gebaut. Die Einwohner benutzten als Hilfsmittel nur Hacke und Schaufel. Zur Erdbewegung wurden einige Transportloren verwendet, die in einer Eisenfabrik des Ruhrgebiets ausrangiert und nach Iférouane gebracht worden waren. Sie wurden mit Menschenkraft auf ebenfalls ausrangierten Eisenbahnschienen geschoben.

Bis Ende 1975 arbeiteten an dem Projekt 1000 Menschen. Danach wurden an mehreren Stellen des Landes ähnliche Projekte geschaffen, z. B. indem man im Straßenbau auf Planierraupen und Bagger verzichtete.

- *Ist es aus wirtschaftlicher und sozialer Sicht vertretbar, in solchen Situationen auf den Einsatz moderner technischer Hilfsmittel zu verzichten und den Menschen die schwere körperliche Arbeit zuzumuten?*

- *Wer soll diese Entscheidung treffen?*

- *Lässt sich der Verzicht auf moderne technische Hilfsmittel mit dem Erklärungsmodell vereinbaren, das in der Volkswirtschaftslehre zur Darstellung der Kombination der Produktionsfaktoren verwendet wird?*

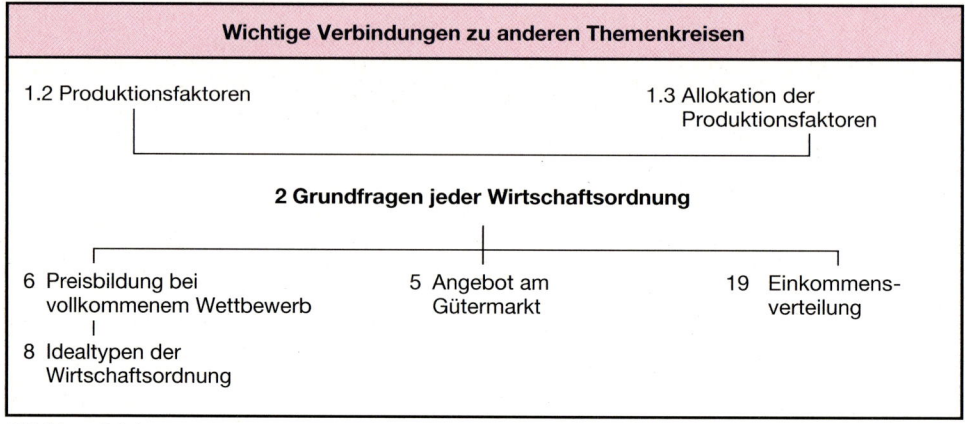

Wichtige Verbindungen zu anderen Themenkreisen

1.2 Produktionsfaktoren   1.3 Allokation der
                                                               Produktionsfaktoren

2 Grundfragen jeder Wirtschaftsordnung

6 Preisbildung bei   5 Angebot am   19 Einkommens-
   vollkommenem Wettbewerb   Gütermarkt   verteilung

8 Idealtypen der
   Wirtschaftsordnung

Abbildung 2.0.1

![INFORMATION]

2.1 Übersicht über die Grundentscheidungen gesellschaftlichen Wirtschaftens

Ein Kennzeichen moderner Volkswirtschaften ist die weitgehende Arbeitsteilung. Zehntausende Betriebe teilen sich die Aufgabe, den individuellen Bedarf von Millionen von Haushalten zu befriedigen. Die arbeitsteilige Zusammenarbeit der Betriebe in der Volkswirtschaft muss organisiert werden.

Es gibt keine Hauswirtschaften mehr, die sich selbst versorgen. Wir sind darauf angewiesen, dass die Produkte unserer Arbeit von anderen nachgefragt werden und dass wir im Tausch dagegen Güter erhalten, die wir zur Befriedigung unserer individuellen Bedürfnisse begehren. Es ist nicht leicht, den durch die Arbeitsteilung notwendig gewordenen Austausch der Güter zufrieden stellend zu organisieren.

Im Grunde waren es immer schon die gleichen Aufgaben, die bei der Lenkung einer Wirtschaft zu bewältigen waren; die Arbeitsteilung hat die Lösung der Lenkungsaufgaben nur erheblich schwieriger gemacht.

Entscheidungen des wirtschaftenden Robinson

Der allein wirtschaftende Robinson hatte die folgenden Entscheidungen zu treffen:

1. Was soll produziert werden?

Soll auf dem mit einfachen Mitteln mühsam vorbereiteten Boden Getreide oder sollen Kartoffeln angebaut werden?

2. Mit welchen Methoden soll produziert werden?

Robinson musste sich entscheiden, ob er ein Boot bauen sollte, um zum Fischfang aufs Meer hinauszufahren, oder ob er die für den Bootsbau aufzuwendende Zeit einsparen und nur vom Meeresufer aus fischen sollte.

Erst als Robinson seinen Gefährten Freitag gefunden hatte, entstand eine **Wirtschaftsgesellschaft.** Eine weitere Grundentscheidung kam damit hinzu:

3. Welchen Anteil soll jeder an den produzierten Gütern erhalten?

Soll jeder den gleichen Anteil an der Kartoffelernte erhalten oder steht Robinson aufgrund seiner „besonderen Leistung" ein größerer Anteil zu?

Und wer bestimmt darüber, was, wie und für wen produziert werden soll?

Grundentscheidungen gesellschaftlichen Wirtschaftens:

1. Welche Güter sollen produziert werden und in welchen Mengen?
2. Mit welchen Methoden sollen diese Güter produziert werden?
3. An wenn sollen die produzierten Güter verteilt werden?

Kurz zusammengefasst: In jeder Volkswirtschaft muss entschieden werden, **was, wie** und **für wen** produziert werden soll.

An diesem Entscheidungsprozess können der einzelne Verbraucher, Unternehmen, die Gewerkschaften, Parteien, Parlamente und Regierungsstellen beteiligt sein. Wirtschaftssysteme unterscheiden sich wesentlich dadurch, wer und mit welchem Gewicht bei diesem Entscheidungsprozess mitwirkt. In der Marktwirtschaft bestimmt ein System von Märkten und Preisen, was, wie und für wen produziert werden soll. In kollektivistisch orientierten Volkswirtschaften wird über diese Frage von einer zentralen Regierungsstelle entschieden, die auch die Kontrolle über die Ressourcen dieser Volkswirtschaft übernommen hat.

2.2 Welche Güter sollen produziert werden und in welchen Mengen?

2.2.1 Die Arten der Güter

▶ *Freie und wirtschaftliche Güter*

Die Nachfrage nach Waren und Dienstleistungen, mit denen die Menschen ihre Bedürfnisse befriedigen, ist insgesamt gesehen größer als der angebotene Vorrat. Nachgefragte Waren und Dienstleistungen werden in der Wirtschaftswissenschaft als Güter bezeichnet.

Güter sind alle Mittel, die der Befriedigung menschlicher Bedürfnisse dienen.

Die meisten Güter sind knapp. Sie stehen nicht wie im Schlaraffenland unbegrenzt und ohne Mühe aufzuwenden zur Verfügung. Güter, die nur begrenzt zur Verfügung stehen, unter Aufwand produziert werden und deshalb auch einen Preis haben, werden **wirtschaftliche Güter** genannt.

Stehen Güter unbegrenzt zur Verfügung, dann werden sie als **freie Güter** bezeichnet. Da zu ihrer Bereitstellung keine Aufwendungen gemacht werden müssen, haben sie auch keinen Preis. Die Erfahrung zeigt, dass mit Gütern, die nichts kosten, auch nicht sorgsam umgegangen wird.

Freie Güter

Luft ist im Allgemeinen ein freies Gut. Für den Bergmann ist Luft kein freies Gut, weil Aufwendungen gemacht werden müssen, um Luft mithilfe von Belüftungsanlagen in die Stollen zu bringen.

Wirtschaftliche Güter

Rund 500 Millionen Jahre waren nötig, um rund 500 Milliarden Tonnen Erdöl zu bilden. Bisher wurden davon 44,5 Milliarden Tonnen ausgebeutet: Das ist der Ertrag von $44\frac{1}{4}$ Millionen Jahren.

H. Gruhl, Ein Planet wird geplündert.

Güter sind kaum einmal unerschöpflich vorhanden. Die Rohstoffvorräte erschöpfen sich durch Abbau. Güter müssen mit Arbeitsaufwand gewonnen und be- oder verarbeitet werden. Sie sind das Ergebnis eines Produktionsvorgangs.

Unter Produktion verstehen wir die Herstellung und Bereitstellung von Gütern zur Bedarfsdeckung.

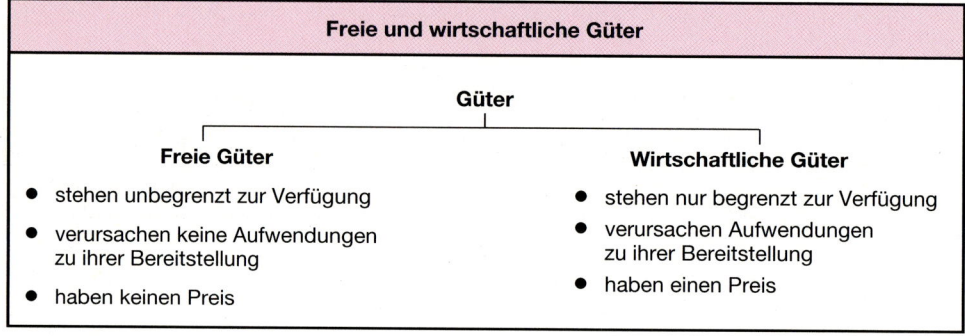

Freie und wirtschaftliche Güter

Güter

Freie Güter	Wirtschaftliche Güter
• stehen unbegrenzt zur Verfügung	• stehen nur begrenzt zur Verfügung
• verursachen keine Aufwendungen zu ihrer Bereitstellung	• verursachen Aufwendungen zu ihrer Bereitstellung
• haben keinen Preis	• haben einen Preis

Abbildung 2.2.1

▶ *Einteilung der wirtschaftlichen Güter*

Der Befriedigung menschlicher Bedürfnisse dienen materielle und immaterielle Güter. Materielle Güter (körperliche Güter) bezeichnen wir als Sachgüter oder Sachleistungen, immaterielle Güter als Dienste oder Dienstleistungen.

Materielle Güter: Lebensmittel, Rohstoffe, Maschinen, Musikinstrumente.
Immaterielle Güter: Leistungen eines Arztes, Leistungen eines Friseurs.

Konsumgüter können die Bedürfnisse von Verbrauchern unmittelbar befriedigen.
Produktionsgüter werden zur Herstellung anderer Güter eingesetzt.
Verbrauchsgüter verwandeln sich bei ihrer Verwendung oder gehen dabei unter.
Gebrauchsgüter unterliegen einer längeren Abnutzung.

Gebrauchs- und Verbrauchsgüter gibt es sowohl bei den Konsum- als auch bei den Produktionsgütern. Das **Konsumgut** Anzug ist ebenso ein Gebrauchsgut wie das **Produktionsgut** Bohrmaschine. Die **Gebrauchsgüter** unter den Produktionsgütern werden auch als Investitionsgüter bezeichnet. Das Konsumgut Brot ist ebenso ein **Verbrauchsgut** wie das Produktionsgut Kohle.

Unter den **Dienstleistungen** gibt es solche, die der Produktion, und solche, die dem Konsum dienen. Die Dienstleistung eines Musikers dient z. B. dem Konsum, der Transport von Werkzeugmaschinen durch die Bahn der Produktion.

Ob ein Gut ein Konsumgut oder ein Produktionsgut ist, wird nicht etwa durch eine besondere physische Eigenschaft des Gutes bestimmt, sondern allein von der tatsächlichen Verwendung. Ein Auto ist ein Konsumgut, wenn es für eine Urlaubsfahrt verwendet wird. Wird es von einem Handelsvertreter zum Besuch seiner Kunden benutzt, dann ist es ein Produktionsgut.

Einteilung der wirtschaftlichen Güter					
Sachgüter				Dienstleistungen	
Konsumgüter		Produktionsgüter		Dienst-leistungen für den Konsum	Dienst-leistungen für die Produktion
Gebrauchs-güter	Verbrauchs-güter	Gebrauchs-güter (Investitions-güter)	Verbrauchs-güter		
Beispiele:					
Fernsehgerät	Butter	Lastwagen	Benzin	Heilmassage	Dienstleistung eines Auto-mechanikers

Tabelle 2.2.1

2.2.2 Das Entscheidungsproblem

Das Entscheidungsproblem, welche Güter produziert werden sollen, ergibt sich unmittelbar aus der Knappheit der Ressourcen. Könnten wir gleichzeitig mehr Krankenhäuser und mehr Einfamilien-häuser, mehr Werkzeugmaschinen und mehr Segeljachten, mehr Düsenjäger und mehr Personen-kraftwagen produzieren, dann würde sich die Frage gar nicht stellen. Tatsächlich aber kann in einer vollbeschäftigten Volkswirtschaft von einem Gut nur mehr produziert werden, wenn die Produktion eines anderen Gutes eingeschränkt wird (s. 1.3). Dabei ist Voraussetzung, dass die Produktionsfak-toren alternativ für verschiedene Zwecke eingesetzt werden können.

In der Volkswirtschaft muss z. B. entschieden werden, in welchem Umfang der Kalorienbedarf der Bevölkerung auf pflanzlicher Grundlage und in welchem Ausmaß auf dem Umweg über die Viehmast mit Fleisch befriedigt werden soll. Da-bei ist zu beachten, dass mit der gleichen Ein-satzmenge produktiver Kräfte, z. B. bei der Pro-duktion von Weizen oder Mais, ein viel größerer Kalorienwert das Ergebnis ist als bei der Um-wegproduktion über den Tiermagen. Wird der Kalorienbedarf stärker auf pflanzlicher Grundla-ge gedeckt, dann kann in der Volkswirtschaft bei Einsatz der gleichen Menge an Produktionsfak-toren der Gesamtwert der erzeugten Kalorien er-höht werden oder aber die frei werdenden Pro-duktionsfaktoren können zur Herstellung ande-rer Güter verwendet werden.

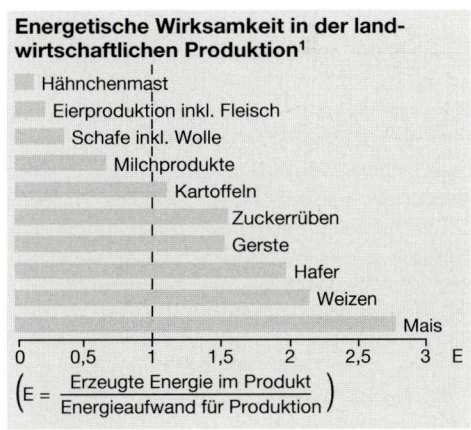

Abbildung 2.2.2

[1] Quelle: Argumente, Tier-, Natur- und Umweltschutz im modernen Landbau, Hrsg.: Deutscher Bauernverband e. V.

Hat eine zentrale Stelle darüber zu entscheiden, wie der Kalorienbedarf gedeckt werden soll, dann muss sie zunächst eine Vorstellung davon gewinnen, wie der Gesamtnutzen in der Volkswirtschaft sich verändert, wenn die Getreideproduktion erhöht wird. Zwar werden bei der Produktion von Getreide Produktivkräfte eingespart, aber viele Menschen essen lieber Schweinefleisch als vegetarische Gerichte. In der Marktwirtschaft wird allein von den kaufkräftigen Nachfragern bestimmt, ob und wie viel Schweinefleisch angeboten wird.

2.3 Mit welchen Methoden sollen die Güter produziert werden?

2.3.1 Das ökonomische Prinzip

Technisch gesehen gibt es für die Produktion eines bestimmten Gutes fast immer mehrere Möglichkeiten. Sojabohnen z. B. können auf einer geringen Bodenfläche unter hohem Einsatz von Düngemitteln, Arbeit und landwirtschaftlichen Maschinen produziert werden; es wäre aber auch möglich, die Produktion von Sojabohnen auf einer relativ großen Bodenfläche unter geringem Einsatz von Düngemitteln, Arbeit und landwirtschaftlichen Maschinen durchzuführen. Das Gleiche gilt für die industrielle Produktion. Ein Bücherschrank kann in handwerklicher Technik unter relativ hohem Einsatz des Faktors Arbeit und mit geringem Einsatz von Maschinen (arbeitsintensiv) hergestellt werden oder aber in einer industriell organisierten Möbelfabrik am Fließband mit relativ großem Maschineneinsatz und unter Einsparung des Faktors Arbeit (kapitalintensiv). Wegen der Knappheit der Ressourcen ist es ein Gebot vernünftigen Handelns, dass das technische Verfahren gewählt wird, das den geringsten Einsatz von Produktionsfaktoren erfordert. Das dem Gebot vernünftigen Handelns entsprechende Prinzip wird **Wirtschaftlichkeitsprinzip** oder **ökonomisches Prinzip,** aber auch **Rationalprinzip** genannt. Es wird als Maximal- oder Minimalprinzip angewendet.

> Das Rationalprinzip ist erfüllt, wenn mit gegebenen Mitteln der größtmögliche Nutzen erzielt wird (Maximalprinzip) oder wenn ein bestimmter Nutzen mit dem geringsten Einsatz von Mitteln erreicht wird (Minimalprinzip).

Das ökonomische Prinzip gilt für die Produktion von Gütern in Betrieben ebenso wie für den Verbrauch von Gütern in Haushalten. Es gilt in jeder Wirtschaftsordnung. Wirtschaftliches Handeln geschieht, indem man z. B. mit der Einsparung von Rohstoffen nach dem Minimalprinzip handelt oder bei Erhöhung des Produktionsergebnisses durch Verbesserung des Produktionsverfahrens nach dem Maximalprinzip.

Das Wirtschaftlichkeitsprinzip (Minimalprinzip) im Sprichwort:

„Man soll nicht mit Kanonen auf Spatzen schießen."

Wirtschaftliches Handeln und Ethik

Da „wirtschaftliches Handeln" von den Motiven des Handelns unabhängig ist, so sind Ethik und Wirtschaft nicht Größen derselben Art. Man kann einerseits aus wirtschaftlichen Motiven und doch z. B. aus Ungeschick nicht „wirtschaftlich" handeln, andererseits kann man ganz aus altruistischen Motiven handeln und doch „wirtschaftlich" verfahren. Wenn man z. B. jemand aus dem Wasser zieht, so ist das im Allgemeinen sicher altruistisch gehandelt. Und doch lassen sich auf den Vorgang gewisse wirtschaftliche Grundsätze anwenden: Man schwimmt auf dem kürzesten Weg auf den Betreffenden zu, erfasst ihn in der zweckmäßigsten Weise und versucht ihn so schnell wie möglich, mit dem geringsten Kraftaufwand als möglich, wieder an Land zu bringen.

Schumpeter[1], Joseph, Wesen und Hauptinhalt der theoretischen Nationalökonomie, Berlin 1970; unveränderter Nachdruck der 1908 erschienenen 1. Auflage.

---

1 Schumpeter, Joseph Alois, 1883–1950. Bedeutender österreichischer Nationalökonom. Lebte seit 1932 in den USA.

Das ökonomische Prinzip gilt nicht nur im Bereich der Wirtschaft. Es ist ein allgemeiner Grundsatz vernünftigen Handelns. Wissenschaftler versuchen, ihre Forschungsergebnisse in ökonomischer Weise zu erreichen. Sportler wollen auf der Grundlage ihrer physischen und psychischen Anlagen zur bestmöglichen Leistung kommen. Selbst die Hilfeleistung für einen in Not geratenen Menschen erfolgt vernünftigerweise unter Beachtung des Wirtschaftlichkeitsprinzip.

2.3.2 Die Kombination der Produktionsfaktoren

Können zur Produktion einer bestimmten Menge eines Gutes die Produktionsfaktoren nur in einem festen Verhältnis zueinander eingesetzt werden, dann gibt es für die Kombination der Produktionsfaktoren zur Herstellung einer bestimmten Menge keine sinnvolle Alternative. Wenn die Produktionsfaktoren nicht gegenseitig ersetzbar sind, dann bringt der Mehreinsatz nur eines Produktionsfaktors überhaupt keinen zusätzlichen Ertrag.

> **Limitationale Produktionsfaktoren**
>
> In einer Tuchfabrik bedient ein Arbeiter vier Webstühle. Dies ist technisch bedingt. Dieser Arbeiter kann nicht durch einen anderen Faktor ersetzt werden. Einen fünften Webstuhl kann er nicht gleichzeitig bedienen. Für die Produktionsfaktoren besteht Limitationalität.

> Die Ersetzung eines Produktionsfaktors durch einen anderen wird als Substitution[1] eines Produktionsfaktors bezeichnet.

Besteht keine Substitutionsmöglichkeit der Produktionsfaktoren, dann sind die Produktionsfaktoren **limitational.**

Oft kann bei der Erstellung einer bestimmten Produktionsmenge ein Faktor ganz oder teilweise durch einen anderen Faktor substituiert werden. Die Produktionsfaktoren sind **substitutional.** Dann entsteht das Problem der optimalen Kombination der Produktionsfaktoren.

Das nebenstehende Beispiel soll einen Substitutionsvorgang verdeutlichen. Lagerarbeiten sollen z. B. so durchgeführt werden, dass ein Lagerarbeiter mit einem **Handkarren** durch das Lager fährt. Die Güter werden von ihm aufgeladen, der Wagen wird von seiner Kraft gezogen und von ihm gelenkt, die Güter werden auch von ihm wieder abgeladen und aufgestapelt. Wird statt des einfachen Handwagens ein **Hubkarren** eingesetzt, dann muss der Arbeiter den Wagen nur noch lenken und die Güter stapeln. Beim Einsatz eines **Gabelstaplers** hat der Arbeiter nur noch das Gerät zu steuern.

Ersatz von Handarbeit durch Maschinenarbeit:

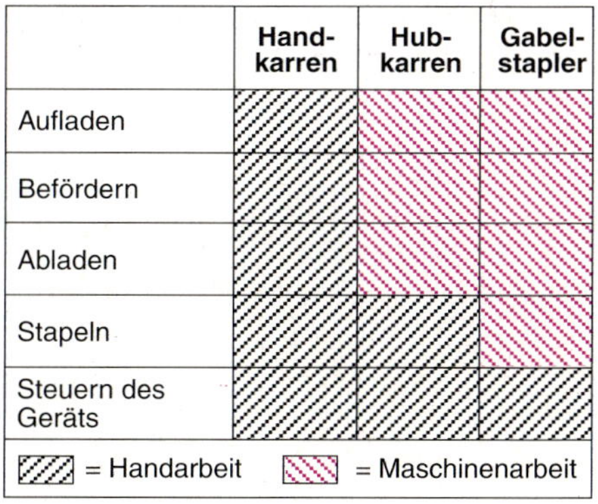

	Hand-karren	Hub-karren	Gabel-stapler
Aufladen			
Befördern			
Abladen			
Stapeln			
Steuern des Geräts			

= Handarbeit   = Maschinenarbeit

Abbildung 2.3.1

Das Rationalprinzip fordert, dass mit größtmöglicher Wirtschaftlichkeit produziert, d. h. dass mit knappen Gütern sparsam umgegangen wird. Das Rationalprinzip gilt auch bei der Kombination der Produktionsfaktoren.

---

[1] to substitute = an die Stelle setzen oder treten.

> Produktionsfaktoren sollen so kombiniert werden, dass mit den knappen Produktionsfaktoren sparsam umgegangen wird.

Entscheiden in der Marktwirtschaft selbstständige Unternehmen ohne staatliche Anweisungen über die Kombination der Produktionsfaktoren, dann wählen sie die Kombination, die die geringsten Kosten verursacht. Mit dieser Kombination erzielen sie bei gegebenen Marktpreisen für die hergestellten Produkte auch den größtmöglichen Gewinn. Wenn die Preise der Produktionsfaktoren ihre relative Knappheit zum Ausdruck bringen, dann führt diese Entscheidung der Unternehmer zur Einsparung des Produktionsfaktors, der in der Volkswirtschaft am knappsten ist. Die Entscheidung bringt damit nicht nur dem Unternehmer Vorteile, sie ist auch aus gesamtwirtschaftlicher Sicht richtig.

> Die Minimalkostenkombination ist diejenige Kombination der Produktionsfaktoren, mit der eine bestimmte Produktionsmenge mit geringsten Kosten hergestellt werden kann.

Steigt der Preis eines Produktionsfaktors und ändern sich die Preise der anderen Produktionsfaktoren nicht, dann hat dies Einfluss auf die Minimalkostenkombination der Produktionsfaktoren. Wenn der Unternehmer die neu entstandene Relation der Faktorpreise für dauerhaft hält, wird angeregt, den teurer gewordenen Faktor durch den relativ billiger gewordenen Faktor zu ersetzen. Steigt also der Preis des Faktors Arbeit (Lohn) stärker als der Preis für den Produktionsfaktor Kapital, dann entsteht die Tendenz, den teurer gewordenen Produktionsfaktor Arbeit durch den Produktionsfaktor Kapital zu ersetzen. Dadurch kann zwar kostengünstiger produziert werden, u. U. verlieren aber Arbeitnehmer ihren Arbeitsplatz. Freigesetzte Arbeitnehmer müssen wieder in den Beschäftigungsprozess eingegliedert werden. Wenn sie nicht im selben Unternehmen an anderer Stelle wieder beschäftigt werden können, sind sie gezwungen, einen Arbeitsplatz in einem anderen Unternehmen zu suchen.

> Die Kombination der Produktionsfaktoren ist nicht nur ein wirtschaftliches, sondern auch ein soziales Problem.

2.3.3 Exkurs: Mathematisch-grafische Bestimmung der Minimalkostenkombination

▶ Mathematische Bestimmung der Minimalkostenkombination

Abbildung 2.3.2 stellt den Vorgang der Substitution des Produktionsfaktors Boden durch den Produktionsfaktor Arbeit dar.

Ein Landwirt kann einen Ertrag von 100 dz Getreide mit verschiedenen Kombinationen von Arbeit und Boden herstellen.

Punkt 1 in Abbildung 2.3.2 zeigt, dass 100 dz Getreide mit 10 Einheiten Boden und 30 Einheiten Arbeit hergestellt werden können. Der gleiche Ertrag kann mit der Kombination von 90 Einheiten Arbeit und 2 Einheiten Boden hergestellt werden. Diese Kombination der Faktoren wird durch Punkt 2 dargestellt.

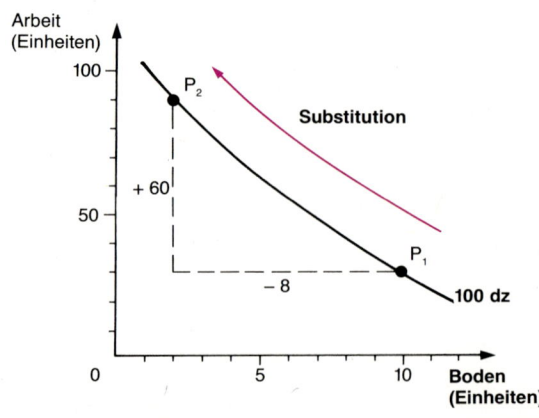

Abbildung 2.3.2

Zwischen den Punkten 1 und 2 sind noch viele Kombinationen möglich, die alle 100 dz Ertrag bringen. Wenn wir alle Punkte miteinander verbinden, die eine Faktorkombination mit 100 dz Getreide kennzeichnen, dann erhalten wir eine Isoquante.

> Die Isoquante ist eine Kurve, deren einzelne Punkte alle Kombinationsmöglichkeiten von Produktionsfaktoren darstellen, die einen gleichen mengenmäßigen Ertrag bringen.

In unserem Beispiel können 8 Einheiten Boden eingespart werden, wenn dafür 60 Einheiten Arbeit zusätzlich eingesetzt werden. Daran lässt sich die Grenzrate der Substitution erkennen.

> Die Grenzrate der Substitution ist die Menge des ersten Produktionsfaktors, deren Abgang den Zugang einer Mengeneinheit des zweiten Faktors so ausgleicht, dass der Ertrag sich nicht ändert.
>
> $$\text{Grenzrate der Substitution} = \frac{\text{Abnahme des zu ersetzenden Faktors}}{\text{Zunahme des ersetzenden Faktors}}$$

Ob die Substitution von Boden durch Arbeit zu einer größeren Wirtschaftlichkeit führt, das kann der Landwirt allein aus dem Verhältnis der physischen Einheiten nicht erkennen. Das Substitutionsverhältnis der Faktoren, wie es durch die Isoquante ausgedrückt wird, ist rein technisch und nicht wirtschaftlich bestimmt.

Ein Unternehmer ersetzt so lange einen Faktor durch den anderen, solange ihm das eine Kostenersparnis bringt. Er hört auf zu substituieren, wenn die Kostenersparnis beim ersten Faktor gleich dem Kostenzuwachs beim zweiten Faktor ist. Aufgrund dieser Erkenntnis können wir die kostengünstigste Kombination der Produktionsfaktoren feststellen. Dabei bezeichnen wir den Zuwachs oder die Abnahme des mengenmäßigen Einsatzes eines Faktors mit dem Zeichen Δ (Differenz), den mengenmäßigen Einsatz der Faktoren mit v und die Preise der Faktoren mit q. Dann wird offensichtlich so lange substituiert, bis folgende Situation erreicht ist:

$$\Delta v_1 \cdot q_1 = \Delta v_2 \cdot q_2$$
$$\frac{\Delta v_1}{\Delta v_2} = \frac{q_2}{q_1}$$

Das Verhältnis $\dfrac{\Delta v_1}{\Delta v_2}$ haben wir oben als Grenzrate der Substitution definiert. Daraus ergibt sich:

> Die Minimalkostenkombination der Produktionsfaktoren ist erreicht, wenn die Grenzrate der Substitution der Produktionsfaktoren gleich ist dem umgekehrten Verhältnis der Preise der Produktionsfaktoren.

Die Grenzrate der Substitution ändert sich, wenn die Produktivität einer der Faktoren durch eine Weiterentwicklung der Technik größer wird. Also ändert sich die optimale Kombination der Produktionsfaktoren bei einer Änderung des Entwicklungsstandes der Technik und bei einer Änderung der Marktpreise der Produktionsfaktoren.

▶ *Grafische Bestimmung der Minimalkostenkombination*

Nehmen wir an, wir hätten den Geldbetrag von 1 000,00 EUR zur Beschaffung der Produktionsfaktoren zur Verfügung. Dann könnten wir ihn ganz zur Beschaffung des Faktors 1 aufwenden. Bei einem Preis von 250,00 EUR je Einheit könnten wir damit 4 Einheiten des Faktors 1 beschaffen. Würden wir den Geldbetrag ausschließlich zur Beschaffung des Faktors 2 mit einem Preis von 166,67 EUR je Einheit benutzen, dann könnten wir 6 Einheiten des Faktors 2 beschaffen. Zwischen diesen beiden extremen Punkten gibt es noch viele Kombinationen der Produktionsfaktoren, die alle für den gleichen Betrag von 1 000,00 EUR zu erhalten sind.

Zeichnen wir diese Punkte in ein Koordinatensystem ein und verbinden diese Punkte, dann ergibt sich eine Gerade.

> Die Isokostenlinie ist eine Gerade, deren einzelne Punkte alle Kombinationsmöglichkeiten zweier Produktionsfaktoren darstellen, die gleich hohe Kosten verursachen.

In Abbildung 2.3.3 sind drei Isokostenlinien eingezeichnet. Wir erkennen, dass wir mit 1 000,00 EUR Einsatz 100 dz offensichtlich nicht herstellen können. Keine Faktorkombination, die 1 000,00 EUR Kosten verursacht, liegt auf der Isoquante für 100 dz.

Bei Kosten von 1 500,00 EUR gibt es eine Faktorkombination, die die Produktion von 100 dz möglich macht. Wenden wir 2 000,00 EUR auf, dann gibt es zwei mögliche

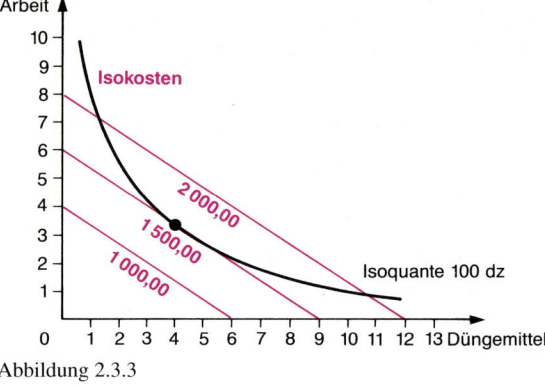

Abbildung 2.3.3

Kombinationen. Natürlich wählen wir die Kombination, die nur 1 500,00 EUR Kosten notwendig macht.

> Die Gesamtkosten der Produktion haben dort ihr Minimum, wo die Isokostenlinie die Isoquante berührt.

Jede Isokostenlinie, die eine Isoquante schneidet, verursacht höhere Kosten als notwendig.

2.4 An wen sollen die in der Volkswirtschaft produzierten Güter verteilt werden?

In jeder Wirtschaftsordnung muss ein Verteilungsverfahren geschaffen werden, das die in der Volkswirtschaft produzierten Güter auf Gruppen und Individuen aufteilt. Dieses Verteilungsverfahren muss der in der Gesellschaft herrschenden Vorstellung von einer gerechten Verteilung entsprechen. In Volkswirtschaften verschiedener politischer Systeme kann man feststellen, dass einige Verbraucher einen größeren Anteil vom Gesamtprodukt der Volkswirtschaft erhalten als andere. Das liegt daran, dass die eine Gruppe ein höheres Einkommen hat als die andere. Die Gruppe mit höherem Einkommen kann sich mehr Güter kaufen als die Gruppe mit geringerem Einkommen. Diese Antwort ist aber sehr vordergründig. Dahinter steht die Frage: Wie kommt es dazu, dass die eine Gruppe ein höheres Einkommen hat als die andere? Sind die in der Volkswirtschaft festzustellenden Einkommensabstufungen gerecht?

Dies sind Kernfragen der Volkswirtschaftslehre, seit es eine wissenschaftliche Volkswirtschaftslehre gibt. Sie sind Gegenstand der Theorie von der Einkommensverteilung (s. Themenkreis 19).

2.5 Elemente jeder Wirtschaftsordnung
2.5.1 Begriff der Wirtschaftsordnung

Zur Bewältigung der ökonomischen Grundprobleme müssen Einzelwirtschaften zusammenwirken. Dafür muss ein Ordnungsrahmen vorgegeben sein, der die Spielregeln für das Zusammenwirken dauerhaft festlegt. Diese Spielregeln bestehen aus einem System von Grundsätzen und Regelungen für wirtschaftliches Handeln.

Es gehört zu den Aufgaben **staatlicher Wirtschaftspolitik,** diese Spielregeln festzulegen. Ein großer Teil dieser Regelungen ist in Gesetzen festgeschrieben, z. B. im Gesetz gegen Wettbewerbsbeschränkung oder im Gesetz gegen den unlauteren Wettbewerb. Die das Wirtschaftsleben regelnden rechtlichen Normen werden als **Wirtschaftsverfassung** bezeichnet. Die Wirtschaftsordnung umfasst jedoch mehr als nur die rechtlichen Regelungen.

> Die Wirtschaftsordnung ist die Gesamtheit aller Rahmenbedingungen, innerhalb derer der Wirtschaftsprozess abläuft.

2.5.2 Gesellschaftspolitische Leitidee

Da die Wirtschaftsordnung nur ein Teil der allgemeinen Gesellschaftsordnung ist, besteht ein wesentliches Element der Wirtschaftsordnung in der **herrschenden gesellschaftspolitischen Leitidee.** Als extreme Pole stehen sich hier das Individualprinzip und das Kollektivprinzip gegenüber. Das **Individualprinzip** anerkennt die freie Entfaltung des Einzelnen als oberstes Ideal. Dem Einzelnen wird ein Schutzrecht gegen die Machtansprüche des Staates zuerkannt, aber auch gegen die Machtansprüche anderer Mächte wie z. B. der Kirche oder der Tradition. Nach dem **Kollektivprinzip** wird der Einzelne vor allem und zuerst als ein Glied der Gemeinschaft gesehen: Das Individuum ist nur ein der Gemeinschaft untergeordnetes und dienendes Glied. Mit der Entscheidung zwischen Individual- und Kollektivprinzip wird die Wirtschaftsordnung bereits entscheidend geprägt.

2.5.3 Festlegung der Wirtschaftspläne

Ein weiteres wesentliches Element der Wirtschaftsordnung besteht in der **Festlegung, wer die Wirtschaftspläne aufstellt** und wie die Einzelwirtschaftspläne aufeinander abgestimmt werden. Der Geisteshaltung des Individualismus entspricht es, dass die Wirtschaftspläne frei und selbstständig von den Unternehmen und den Haushalten aufgestellt werden und die Koordination der Einzelpläne durch den Preismechanismus auf dem Markt frei von staatlichem Eingriff geschieht. Dem Kollektivprinzip entspricht es, dass von einer Zentralstelle ein Gesamtplan aufgestellt wird, in dem alle Entscheidungen enthalten sind, die in einer individualistisch orientierten Wirtschaftsordnung von den einzelnen Unternehmen und Haushalten getroffen werden.

2.5.4 Eigentum an den Produktionsmitteln

In einer individualistisch orientierten Wirtschaft muss Privateigentum an den Produktionsmitteln bestehen, weil nur dann die Unternehmen Entscheidungsfreiheit haben. Zu einer kollektivistisch orientierten Wirtschaft passt es, dass das **Eigentum an den Produktionsmitteln** in die Hände der Zentralstelle gelegt ist, die den Wirtschafts-Gesamtplan aufstellt.

2.5.5 Rolle des Staates

In beiden extremen Polen der denkbaren Wirtschaftsordnungen unterscheidet sich die **Rolle des Staates** grundsätzlich. In einer am Individualprinzip orientierten Wirtschaftsordnung beschränkt sich die Rolle des Staates darauf, Recht zu setzen und mit diesem Recht die Freiheit des Bürgers zu schützen. In einer kollektivistisch orientierten Wirtschaftsordnung mit total zentraler Planung wird nach Anweisung produziert und auf Zuteilung konsumiert. Produktion nach eigener Zielvorstellung und freier Güteraustausch sind nicht möglich. In einer solchen zentral gelenkten Wirtschaft kann es keinen Dauerrahmen geben, innerhalb dem der Einzelne frei wählen kann. Die Planbehörde muss in jedem Augenblick das Recht haben, ohne Bindung an vorher festgelegte Normen eingreifen zu können, um die Verwirklichung des Wirtschaftsplans zu sichern. In einer solchen Wirtschaftsordnung wird der Staat allmächtig.

Elemente jeder Wirtschaftsordnung		
Herrschende gesellschaftspolitische Leitidee	**Individualismus**	**Kollektivismus**
Aufstellung der Wirtschaftspläne und Koordination der Einzelpläne	Dezentrale Planaufstellung durch Unternehmen und Haushalte Abstimmung der Einzelpläne über den Preismechanismus	Einheitlicher Gesamtplan einer Zentralstelle
Form des Eigentums an den Produktionsmitteln	Privateigentum an den Produktionsmitteln	Gemeineigentum an den Produktionsmitteln
Rolle des Staates	Rechtsetzung nur zum Schutze der Freiheit des Bürgers (Nachtwächterstaat)	Der Staat wird allmächtig.

Tabelle 2.5.1

Aus unseren Überlegungen zu den Elementen der Wirtschaftsordnung sind zwei Modelle hervorgegangen: das einer extrem individualistisch orientierten **reinen (freien) Marktwirtschaft** und das einer kollektivistisch orientierten **Zentralverwaltungswirtschaft.** Da die beiden Modelle Grundtypen aller denkbaren Wirtschaftsordnungen darstellen, sind sie geeignete Maßstäbe, um Wirtschaftsordnungen der Realität zu beurteilen, und nützliche Orientierungspunkte für alle, die eine ideale Wirtschaftsordnung konstruieren wollen.

AUFGABEN UND PROBLEME

2.1   *Arten der Güter*

● 1. Entscheiden Sie in den folgenden Fällen, um welche Art von Gütern es sich handelt. Beachten Sie dabei die in der amtlichen Statistik angewandte Regel, dass alle Güter zu den Konsumgütern gerechnet werden, die sich im Besitz von privaten Haushalten befinden.

Zur Lösung können Sie eine Tabelle mit der folgenden Kopfspalte benutzen, indem Sie die Güter in die entsprechende Spalte eintragen:

Sachgüter		Dienstleistungen	
Konsumgüter	**Produktionsgüter**	für den **Konsum**	für die **Produktion**

Zuzuordnende Güter
Wurst im Vorrat einer privaten Haushaltung – Mehl im Vorrat eines Bäckers – Reparatur einer elektrischen Schreibmaschine im Besitz eines Reisebüros – Waschmaschine im Besitz einer privaten Haushaltung - Kreissäge im Besitz eines Schreinerbetriebs – Dienstleistung eines Friseurs an einer privaten Kundin – Waschautomat im Besitz eines gewerblichen Wäschereibetriebs – Bleche im Vorrat einer Automobilfabrik – Reparatur einer Waschmaschine im Besitz einer privaten Haushaltung – privat genutztes Einfamilienhaus – Heizöl im Vorrat einer privaten Haushaltung – Transport einer Werkzeugmaschine zu einem Industrieunternehmen.

2. Private Haushalte sind nicht nur Orte der Bedürfnisbefriedigung, in privaten Haushaltungen wird auch produziert.

● Welche Sachgüter und Dienstleistungen sind anders als bei Aufgabe 1 zuzuordnen, wenn dies berücksichtig wird?

2.2   *Wirtschaftlichkeit und Gewinn*

● Beurteilen Sie den nebenstehenden Auszug aus einem Zeitungsartikel, in dem der Jahresabschluss eines kommunalen Straßenbahnbetriebs besprochen wird!

> **Straßenbahn macht wieder Verlust**
>
> Auch in diesem Jahr hat der Straßenbahnbetrieb unserer Stadt, genauso wie im vergangenen Jahr, mit Verlust abgeschlossen. Das beweist wieder einmal, dass öffentliche Betriebe nicht in der Lage sind, wirtschaftlich zu arbeiten.

2.3   *Kombination der Produktionsfaktoren: Wirkung von Preisänderungen auf den Faktoreinsatz (rechnerische Lösung)*

Ein Unternehmen stellt Langlaufskier jeweils in einer Serie von 2000 Paar her. Infolge einer Lohnerhöhung durch einen neuen Tarifabschluss steht das Unternehmen vor der Frage, ob verstärkter Maschineneinsatz sinnvoll ist.

	Vor der Lohnerhöhung	**Nach** der Lohnerhöhung	
		ohne verstärkten Maschineneinsatz	**mit** verstärktem Maschineneinsatz
Materialkosten	20 000,00 EUR	20 000,00 EUR	20 000,00 EUR
Arbeitsstunden	3 000	3 000	500
Stundenlohn	20,00 EUR	25,00 EUR	25,00 EUR
Maschinenabhängige Kosten	40 000,00 EUR	40 000,00 EUR	100 000,00 EUR

● Überprüfen Sie rechnerisch, ob die Lohnerhöhung für das Unternehmen Anlass gibt, das Produktionsverfahren zu ändern!

2.4   *Kombination der Produktionsfafktoren: Wirkung von Preisänderungen und Änderungen des Standes der Technik auf den Faktoreinsatz (grafische Lösung)*

1. 30 t eines landwirtschaftlichen Produktes können mit folgenden Faktorkombinationen hergestellt werden (der dritte Faktor bleibt unverändert):

Faktor 1 (Einheiten)	10,0	8,0	6,0	5,0	4,5
Faktor 2 (Einheiten)	2,0	3,0	5,0	8,0	13,0

Der Preis für den Faktor 1 beträgt je Einheit 120 EUR, für den Faktor 2 je Einheit 72 EUR.

● Stellen Sie grafisch mithilfe einer Isoquante und einer Isokostenlinie die Minimalkostenkombination der beiden Faktoren fest und kontrollieren Sie das Ergebnis rechnerisch!

2. Der Preis des Faktors 2 steigt auf 160 EUR.

● Stellen Sie grafisch fest, welche Kombination der Faktoren 1 und 2 bei dem veränderten Preisverhältnis bei der Herstellung von 30 t die geringsten Kosten verursacht, und kontrollieren Sie das gefundene Ergebnis rechnerisch!

3. Eine neue Erfindung ändert die Voraussetzung für die Planung des Unternehmers. 30 t können jetzt mit folgenden Kombinationen der Faktoren 1 und 2 hergestellt werden:

Faktor 1 (Einheiten)	10,0	8,0	6,0	5,0	4,5
Faktor 2 (Einheiten)	1,0	1,5	2,5	4,0	6,5

Die Preise der Faktoren bleiben unverändert (Faktor 1 je Einheit 120 EUR, Faktor 2 je Einheit 160 EUR).

● Wie reagiert der Unternehmer? Begründung!

(Die Begründung kann auch grafisch anhand von Isoquanten und Isokostenlinien gegeben werden.)

2.5 *Grundaufgaben jeder Wirtschaftsordnung*

Im Folgenden werden 9 wirtschaftliche Entscheidungen (a–i) beschrieben.

● Stellen Sie für jede der beschriebenen Entscheidungen fest, welche der 3 Grundentscheidungen betroffen sind:

1. Was soll produziert werden?
2. Wie soll produziert werden?
3. Für wen soll produziert werden?

Begründen Sie Ihre Zuordnung!

a) Wegen der Neuansiedlung eines Industriebetriebs sind die Mietpreise in diesem Raum erheblich gestiegen. Der Eigentümer eines baureifen Grundstücks beschließt deshalb, ein Mehrfamilienhaus zu erstellen.

b) In einem Unternehmen wird entschieden, dass ein Verpackungsautomat angeschafft werden soll, der die Arbeit von 8 Packerinnen übernehmen kann.

c) Die ÖTV steht in Tarifverhandlungen. Die öffentlichen Arbeitgeber bieten 2,5 % Lohnerhöhung, die Gewerkschaften fordern einen Abschluss von 3 %.

d) In einem Industrieunternehmen wird der Arbeitsumfang, der einem Arbeiter am Montageband zugewiesen ist, von 6 Minuten auf 3 Minuten reduziert; zum Ausgleich wird die Anzahl der am Band stehenden Arbeiter verdoppelt.

e) Ein Unternehmen beschließt, eine neuartige Disc-Bildplatte auf den Markt zu bringen.

f) Nachdem bekannt geworden ist, dass ein großes Automobilunternehmen seine gesamte Verwaltung in ein neu zu erstellendes Verwaltungszentrum konzentriert, setzt ein Wohnungseigentümer, der eine gerade fertig zu stellende Wohnung zu vermieten hat, den Mietpreis um 10 % höher an als ursprünglich geplant.

g) Im Bundestag wird entschieden, dass die Altersrenten der Sozialversicherung um 3 % erhöht werden.

h) In einem Unternehmen wird entschieden, dass bei der Herstellung eines Produkts statt bisher ein Kupferring künftig ein Plastikring als Unterlegscheibe verwendet werden soll.

i) Im Bundestag wird der Haushaltsansatz für die Verteidigungsausgaben um 5 % erhöht.

■■■■ ZUR WIEDERHOLUNG DES GRUNDWISSENS

1. Welche Grundprobleme müssen in jeder Wirtschaftsordnung gelöst werden?
2. In welche Gruppen werden die Güter eingeteilt?
3. Wie unterscheiden sich Konsumgüter und Produktionsgüter?
4. Wie unterscheiden sich Gebrauchs- und Verbrauchsgüter?
5. Formulieren Sie das ökonomische Prinzip!
6. Wie unterscheiden sich limitationale von substituierbaren Produktionsfaktoren?
7. Was versteht man unter einer Minimalkostenkombination der Produktionsfaktoren?
8. Erläutern Sie, warum die Kombination der Produktionsfaktoren nicht nur ein wirtschaftliches, sondern auch ein soziales Problem ist!
9. Definieren Sie den Begriff der Isoquante!
10. Definieren Sie die Grenzrate der Substitution!
11. Definieren Sie den Begriff der Isokostenlinie!
12. Welche Bedingung muss für die Grenzrate der Substitution gegeben sein, damit die Minimalkostenkombination besteht?
13. Wie lässt sich mithilfe der Isoquante und der Isokostenlinie die Minimalkostenkombination feststellen?
14. Aus welchen Elementen besteht jede Wirtschaftsordnung?
15. Wie unterscheiden sich Wirtschaftsordnungen mit kollektivistischer Leitidee von Wirtschaftsordnungen mit individualistischer Leitidee?

3 *Der Wirtschaftsprozess*

Der Teufelskreis der Armut[1]

In den Entwicklungsländern wächst die Bevölkerung von Jahr zu Jahr. Immer mehr Leute sind ohne Arbeit. Sie fristen ein Leben in Armut. Um nicht ständig ärmer und rückständiger zu werden, bleibt den Entwicklungsländern nur ein Ausweg: Kapitalbildung. Aber es gibt zu wenig gespartes Geld in diesen Ländern.

Ohne Ersparnisse ist Kapitalbildung nicht möglich. Kaum einer hat Geld, um z. B. Werkzeuge und Geräte für eine Kraftfahrzeugwerkstatt anzuschaffen oder Maschinen und Gebäude für eine Fabrik, oder einen Traktor und einen Pflug für die Landwirtschaft. Die Regierung kann auch keine Fabriken bauen, weil sie nur geringe Steuereinnahmen hat. Sie muss auch darauf verzichten, Schulen und Krankenhäuser zu bauen, obwohl immer mehr Menschen geboren werden.

Ohne Unterstützung von außen schaffen es die Entwicklungsländer nicht, die sofort notwendigen Investitionen durchzuführen.

- *Welche Wirkung wird von der Erhöhung des Kapitalbestandes in den ökonomisch unterentwickelten Ländern erwartet?*

- *Sind zur Kapitalbildung tatsächlich Ersparnisse notwendig?*

- *Warum können die ökonomisch unterentwickelten Länder ohne Hilfe von außen das Kapital nicht bilden?*

- *Warum ist es nicht sicher, dass die Kreditgewährung durch Industrieländer zu günstigen Bedingungen allein schon hilft, die ökonomische Unterentwicklung zu überwinden?*

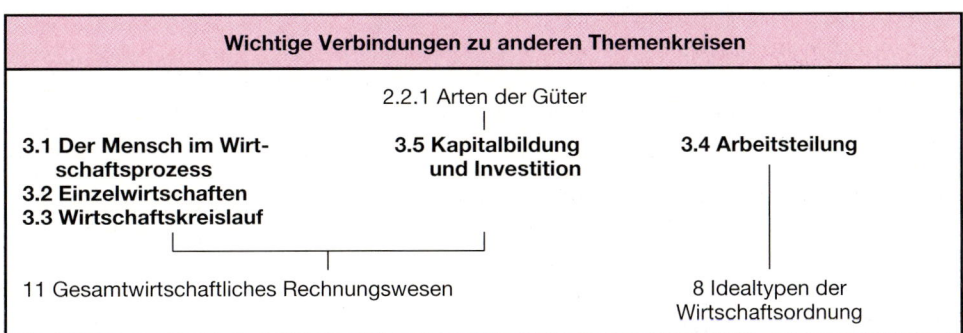

Abbildung 3.0.1

---

[1] Text frei nach: Durch Partnerschaft Probleme lösen, herausgegeben vom Bundesministerium für wirtschaftliche Zusammenarbeit (Begleitheft), S. 22f.

3.1 Der Mensch im Wirtschaftsprozess

Kein Mensch stellt heute mehr all die Dinge selbst her, die er benötigt. Die Produktion erfolgt in Arbeitsteilung. Menschen spezialisieren sich auf bestimmte berufliche Tätigkeiten, Betriebe auf die Herstellung bestimmter Erzeugnisse. Erst der Austausch der Güter ermöglicht die Bedürfnisbefriedigung. Die wirtschaftliche Tätigkeit des Einzelnen spielt sich nicht mehr allein in dem Spannungsfeld Mensch – Natur ab. Um Güter zu beschaffen, kämpft der Mensch nicht mehr allein mit der Natur, sondern auch mit anderen Gliedern der Wirtschaftsgesellschaft. Wir unterscheiden deshalb in der Volkswirtschaftslehre zwei Betrachtungsweisen.

Die **naturalökonomische** Betrachtungsweise untersucht den Kampf des einzelnen Menschen oder der ganzen Wirtschaftsgesellschaft mit der Natur. Naturalökonomisch ist z. B. die Betrachtungsweise, wenn untersucht wird, ob sich der Ertrag je Hektar eingesetzten Bodens ändert, wenn ein Doppelzentner Düngemittel zusätzlich eingesetzt wird.

Die **sozialökonomische** Betrachtungsweise untersucht die Beziehungen der Menschen untereinander, die sich beim Wirtschaften ergeben. Sozialökonomisch ist z. B. die Betrachtungsweise, wenn die Frage gestellt wird, wie sich eine Lohnerhöhung für die Arbeiter der Metallindustrie um 5 % in der Wirtschaft auswirkt.

Die wirtschaftliche Tätigkeit ist das Mittel, durch welches der Mensch die äußere Natur seinen Bedürfnissen dienstbar macht. Er soll der Herr der Wirtschaft sein, der sie nach seinen Zielen ausrichtet.

Der Mensch darf niemals Objekt oder Werkzeug, er muss Mittelpunkt und Beherrscher der Wirtschaft sein.

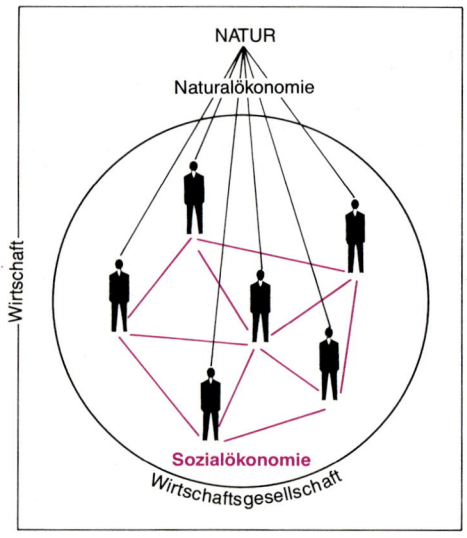

Abbildung 3.1.1

Auch in der Wirtschaft gilt: „Der Mensch ist das Maß aller Dinge."

In den Wirtschaftsprozess ist der Mensch als Verbraucher, Produzent und Staatsbürger eingegliedert. Alle Menschen sind **Verbraucher.** Sie kaufen Güter und entscheiden dabei darüber, wie sie die ihnen zur Verfügung stehende Zeit und ihr Geld verwenden, um die größtmögliche Bedürfnisbefriedigung zu erlangen.

Die meisten Menschen sind auch **Produzenten.** Alle Beschäftigten tragen mit ihrer Arbeit zur Produktion von Gütern bei. Sie erhalten für ihre produktive Tätigkeit als Arbeitnehmer Lohn, oder Gewinn, wenn sie als Unternehmer tätig sind. Dieses Einkommen ermöglicht es ihnen, Nachfrage nach Gütern auszuüben.

Als **Staatsbürger** ist der Mensch betroffen von Entscheidungen, die von der staatlichen Hoheitsgewalt ausgehen. Werden z. B. die Steuern erhöht, dann sinkt das Nettoeinkommen und der Betrag wird geringer, der für die Nachfrage zur Verfügung steht. Andererseits hat er staatsbürgerliche Rechte, z. B. das Wahlrecht, mit denen er im gewissen Umfang auf Entscheidungen der Politiker und damit auf das Wirtschaftsgeschehen Einfluss nehmen kann.

3.2 Einzelwirtschaften in der Volkswirtschaft

Der Wirtschaftsprozess einer Volkswirtschaft besteht aus einer verwirrenden Vielfalt von Vorgängen. Er ist das Ergebnis unzähliger Entscheidungen von Millionen Menschen. Um die Wirtschaftsprozesse leichter durchschaubar zu machen, werden bei volkswirtschaftlichen Analysen die folgenden Entscheidungseinheiten unterschieden, die auch als „Einzelwirtschaften" bezeichnet werden: der Haushalt, das Unternehmen und der Staat.

Das Unternehmen ist eine selbstständig planende und entscheidende Wirtschaftseinheit mit eigener Rechtspersönlichkeit, in der Güter produziert und gegen Entgelt verkauft werden.

Die Begriffe **„Unternehmen"** und **„Betrieb"** werden in der Wirtschaftswissenschaft nicht einheitlich verwendet. Hier wird das Unternehmen als das Entscheidungszentrum angesehen, dem mehrere Betriebe untergeordnet sein können. Im Unternehmen werden die Entscheidungen getroffen, orientiert an den wirtschaftlichen Oberzielen, wie z. B. dem der Rentabilität. Der Betrieb übernimmt die technische Durchführung der Produktion. Der Betrieb hat weder eigene Rechtspersönlichkeit noch disponiert er selbstständig. Die Produktion erfolgt auf Rechnung und Gefahr des Unternehmens.

Als Haushalt im Sinne der Wirtschaftstheorie bezeichnet man eine private Wirtschaftseinheit, in der die Entscheidungen über den Güterverbrauch getroffen werden.

Zu den privaten Haushalten rechnen in der volkswirtschaftlichen Statistik auch alle privaten Organisationen ohne Erwerbscharakter, also z. B. Kirchen, politische Parteien, Gewerkschaften, Sportvereine.

Die Aufteilung in die Wirtschaftseinheiten Unternehmen und Haushalt ist keine personelle, sondern eine funktionelle. In der Regel ist eine Person sowohl im Sektor Unternehmen als auch im Sektor Haushalt tätig. Als Arbeitnehmer wirkt sie im Sektor Unternehmen, als Verbraucher im Sektor Haushalt am Wirtschaftsgeschehen mit. Ein Rentner z. B. ist nur im Sektor Haushalt beteiligt.

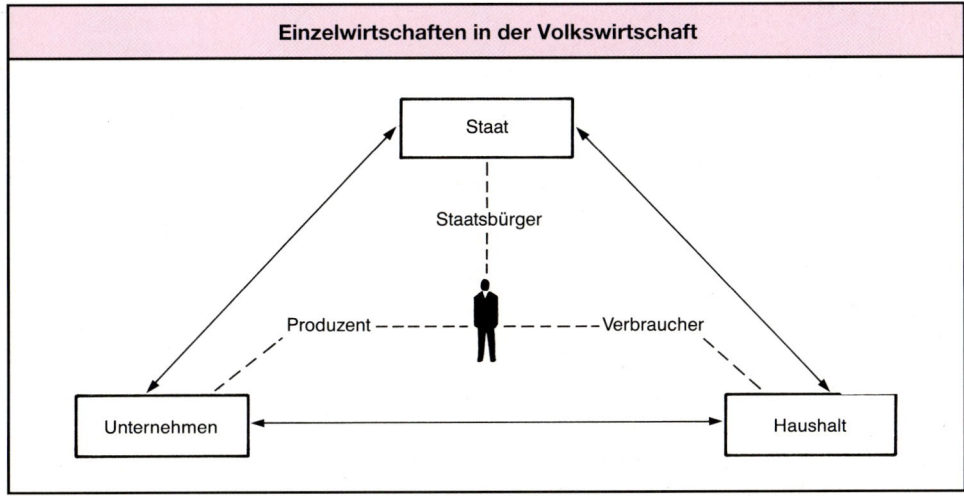

Abbildung 3.2.1

Zu dem Sektor Staat rechnen die Haushalte des Bundes, der Länder und der Gemeinden sowie die Haushalte der Sozialversicherungsträger.

> Als Staat bezeichnet man in der Volkswirtschaftslehre die Zusammenfassung aller öffentlichen Haushalte.

Die öffentlichen Haushalte finanzieren sich vor allem durch Zwangsabgaben (Steuern und Gebühren). Güter, die sie produzieren, stellen sie in der Regel ohne direkte Gegenleistung den anderen Wirtschaftseinheiten zur Verfügung.

Das Neuartige, das durch die Verflechtung dieser Einzelwirtschaften entsteht, ist die **Volkswirtschaft.**

3.3 Der Wirtschaftskreislauf

3.3.1 Hauptströme des Wirtschaftskreislaufs

In der arbeitsteiligen Wirtschaft werden nicht Güter gegen Güter getauscht. Die privaten Haushalte erhalten von den Unternehmen für ihre Leistungen Geldeinkommen, die sie wiederum für den Kauf von Sachgütern und Dienstleistungen verwenden. Dem Güterstrom fließt ein Geldstrom entgegen.

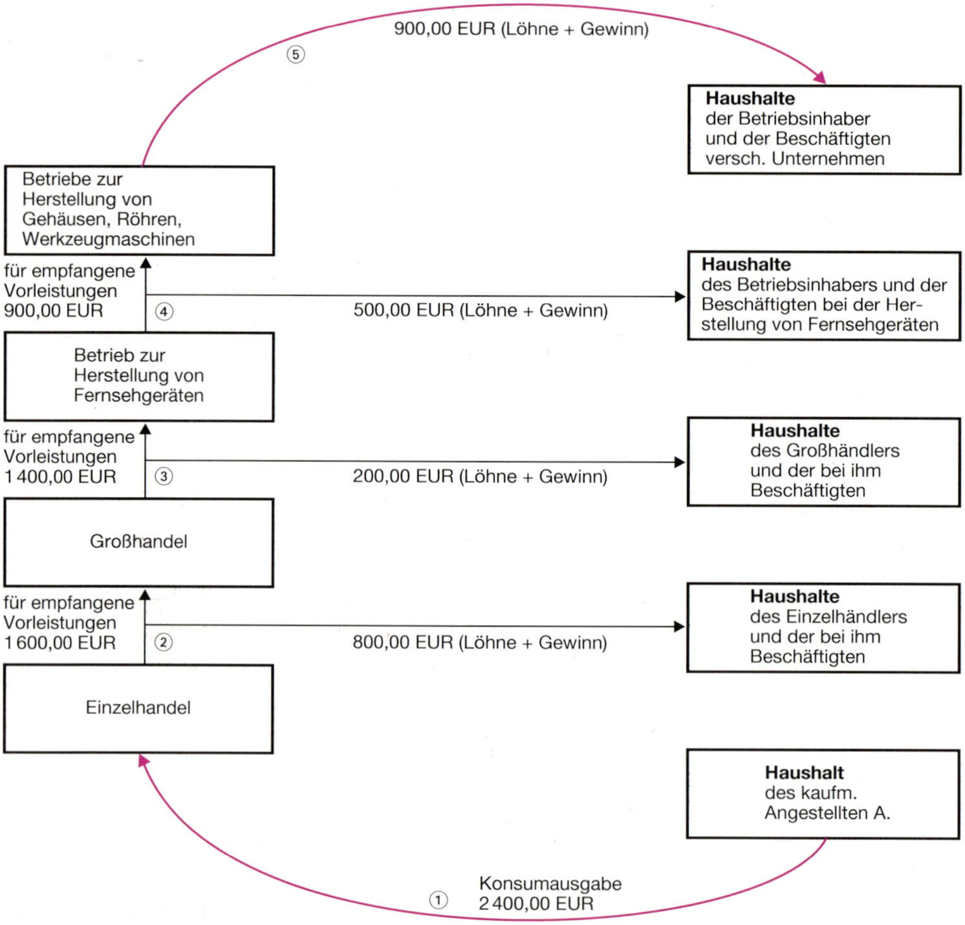

900,00 EUR (Löhne + Gewinn)
⑤

Haushalte
der Betriebsinhaber
und der Beschäftigten
versch. Unternehmen

Betriebe zur
Herstellung von
Gehäusen, Röhren,
Werkzeugmaschinen

für empfangene
Vorleistungen
900,00 EUR   ④   500,00 EUR (Löhne + Gewinn)

Haushalte
des Betriebsinhabers und der
Beschäftigten bei der Herstellung von Fernsehgeräten

Betrieb zur
Herstellung von
Fernsehgeräten

für empfangene
Vorleistungen
1 400,00 EUR   ③   200,00 EUR (Löhne + Gewinn)

Haushalte
des Großhändlers
und der bei ihm
Beschäftigten

Großhandel

für empfangene
Vorleistungen
1 600,00 EUR   ②   800,00 EUR (Löhne + Gewinn)

Haushalte
des Einzelhändlers
und der bei ihm
Beschäftigten

Einzelhandel

Haushalt
des kaufm.
Angestellten A.

Konsumausgabe
①
2 400,00 EUR

Abbildung 3.3.1

Da die Produktion eines Gutes heute so erfolgt, dass das Produkt von der Rohstoffgewinnung bis zur Fertigstellung viele Betriebe durchläuft, entsteht in der Volkswirtschft ein verschlungenes System von Güter- und Geldströmen.

Die Hauptströme dieses verwirrenden Systems werden erkennbar, wenn wir den Güter- und den Geldstrom beobachten, den eine Konsumausgabe von 2 400,00 EUR für ein Farbfernsehgerät in Bewegung setzt (siehe Abbildung 3.3.1).

Im Wirtschaftskreislauf werden die Ausgaben von Wirtschaftssubjekten zu Einnahmen anderer Wirtschaftssubjekte. Auf jeder Produktionsstufe wird die Differenz zwischen den Einnahmen und den zu bezahlenden Vorleistungen in Form von Löhnen oder Gewinn zu Einkommen. Dies geschieht auf den verschiedenen Produktionsstufen so lange, bis die gesamte ursprüngliche Einnahme wieder zu Einkommen geworden ist.

> In einer arbeitsteiligen Wirtschaft durchlaufen die Güter auf ihrem Weg zum Verbraucher in einem Reifungsprozess viele Unternehmungen.
> Dem Geldstrom fließt ein Güterstrom entgegen. Das Geld kreist in der Wirtschaft.

Fasst man in einer grafischen Darstellung alle Unternehmen und alle Haushalte zu je einem Sektor zusammen, dann lässt sich der Kreislauf der für ein Farbfernsehgerät ausgegebenen 2 400,00 EUR stark vereinfacht wie in Abbildung 3.3.2 darstellen.

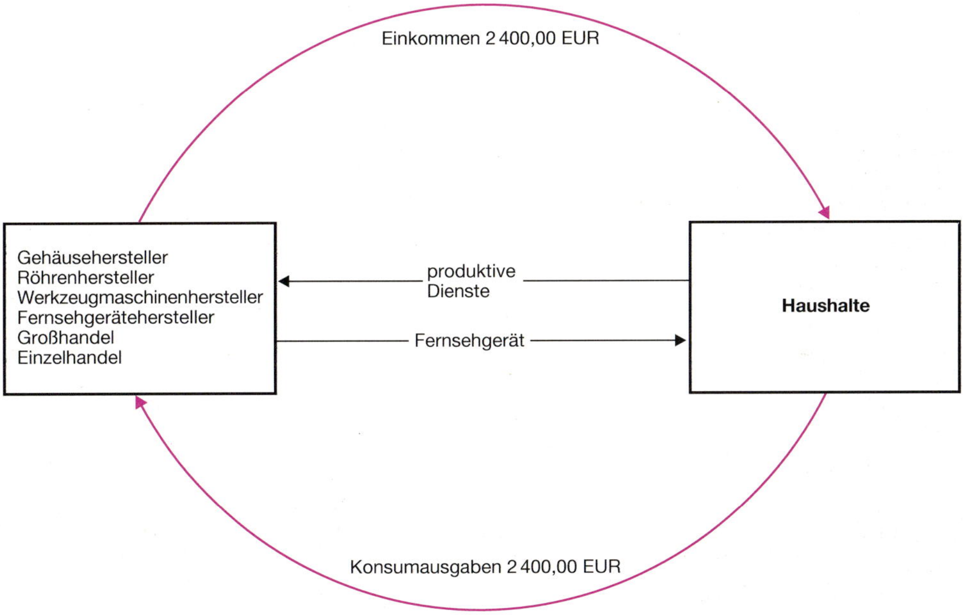

Einkommen 2 400,00 EUR

| Gehäusehersteller
Röhrenhersteller
Werkzeugmaschinenhersteller
Fernsehgerätehersteller
Großhandel
Einzelhandel | ← produktive Dienste ←
 → Fernsehgerät → | **Haushalte** |

Konsumausgaben 2 400,00 EUR

Abbildung 3.3.2

3.3.2 Unternehmen und Haushalte im Wirtschaftskreislauf einer stationären Wirtschaft

In der Darstellung des gesamtwirtschaftlichen Kreislaufs sind zwei Hauptströme zu erkennen: der Geldstrom und der Güterstrom. Von den Unternehmen geht ein **Güterstrom** auf die Haushalte zu. Von den Haushalten fließt ein **Geldstrom** zu den Unternehmen, mit dem die Haushalte die gelieferten Güter bezahlen. Die Haushalte erhalten das Geld zur Bezahlung der Güter als Einkommen für ihre Tätigkeit in den Unternehmen.

Im Wirtschaftskreislauf fließt jedem Güterstrom ein wertgleicher Geldstrom entgegen. Zur Vereinfachung kann man auf die Darstellung des Güterstroms verzichten.

In dem nebenstehenden Bild wurden, wie das üblich ist, die Konsumausgaben mit C und das Einkommen mit Y bezeichnet. Es stellt eine Wirtschaft dar, in der die Haushalte ihr gesamtes Geld für den Konsum ausgeben. Die Haushalte sparen nicht. Die Unternehmen investieren nur in dem Umfang, in dem sie die Abnutzung der Anlagen ausgleichen, d. h. die Nettoinvestition beträgt 0. Finanziert werden die Ersatzinvestitionen aus den Abschreibungsrückflüssen. Lagerbestände werden keine gebildet. Die Wirtschaft ist stationär.

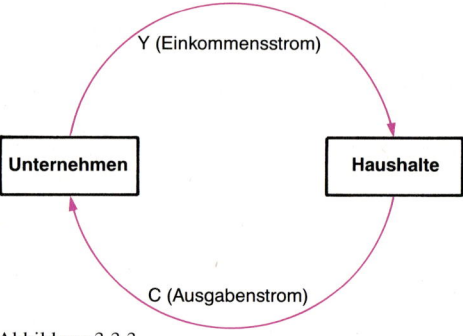

Abbildung 3.3.3

> In einer stationären Wirtschaft bleiben alle wichtigen ökonomischen Größen im Zeitablauf unverändert, es gibt keine Nettoinvestition und kein Sparen.
> Produktionsprozess und Verbrauch wiederholen sich unverändert.

Mithilfe der Symbole Y für das Einkommen und C für die Konsumausgaben lässt sich der Kreislauf einer stationären Wirtschaft auch in Form einer Gleichung darstellen.

> In einer stationären Wirtschaft gilt die Gleichung Y = C

Einerseits zeigt die Gleichung die Verwendung des Einkommens. Die Haushalte geben ihr gesamtes Einkommen für Konsumgüter aus. Andererseits zeigt sie die Zusammensetzung des Produktionsergebnisses, bei dessen Erstellung Einkommen entsteht. Die gesamte Produktion besteht aus Konsumgütern.

Da es in der stationären Wirtschaft keine Nettoinvestition gibt, entwickelt sich die Wirtschaft nicht weiter. **Die stationäre Wirtschaft ist eine Wirtschaft ohne Wachstum.**

3.3.3 Der Staat im Wirtschaftskreislauf

Der Staat hat aus seinen Beziehungen zu Unternehmen und Haushalten Einnahmen und Ausgaben. **Einnahmen** bezieht der Staat vor allem aus Steuern. Die **direkten Steuern** werden von den Haushalten aus den bei der Produktion erzielten Einkommen an den Staat abgeführt (z. B. Lohnsteuer und Sozialversicherungsbeiträge).

> Bei direkten Steuern wird die Steuerlast vom Steuerschuldner getragen.

Die **indirekten Steuern** werden nicht von den Haushalten, sondern von den Unternehmen an das Finanzamt gezahlt. Die Mineralölsteuer wird z. B. von den Tankstellenbesitzern vereinnahmt, aber unmittelbar an das Finanzamt abgeführt. Der Tankstellenbesitzer kassiert die Mineralölsteuer für das Finanzamt, sie zählt nicht zu seinen Einkommen. Er zieht sie bei der Berechnung des Gewinns von seinem Einkommen ab. Belastet mit dieser Steuer ist der Verbraucher. Der Verbraucher zahlt diese Steuer nicht direkt an das Finanzamt, sondern indirekt über den Tankstellenbesitzer. Die Mehrwertsteuer, alle Verbrauchssteuern, wie z. B. die Tabaksteuer, die Biersteuer und die Zölle, sind solche indirekten Steuern. In Abbildung 3.3.4 führt der Strom der indirekten Steuern von den Unternehmen zum Staat.

Indirekte Steuern werden von den Unternehmen durch Preisaufschlag erhoben und an das Finanzamt abgeführt. Die Steuer wird nicht von den Unternehmen getragen.

Der Staat betreibt auch selbst wirtschaftende Unternehmen (öffentliche Unternehmen) und bezieht daraus Einkommen. Die Gemeinden besitzen z. B. Versorgungs- und Verkehrsunternehmen (Gas- und Wasserwerke, Straßenbahnbetriebe), Bundesländer besitzen Elektrizitätswerke.

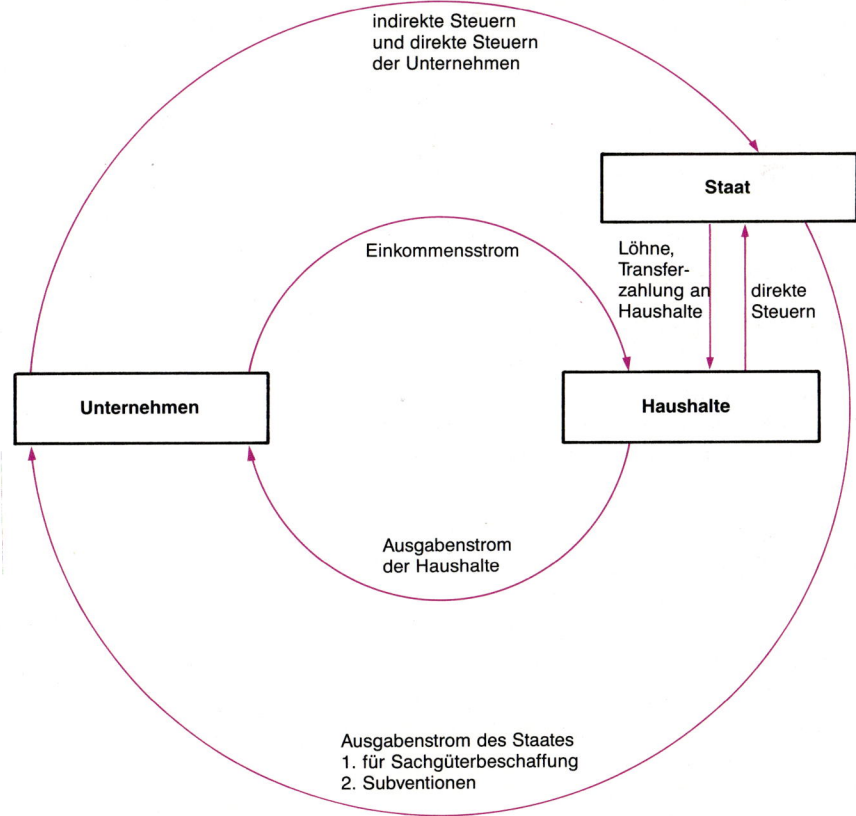

Abbildung 3.3.4

Unter den **Ausgaben des Staates** machen die Löhne und Gehälter für Angestellte und Beamte einen wesentlichen Posten aus. Damit werden z. B. die Lehrer, Richter und Polizeibeamten, die Ärzte und Krankenschwestern in den Krankenhäusern und die Beamten und Angestellte in den Verwaltungen des Bundes, der Länder, der Gemeinden und der Sozialversicherungsträger bezahlt. Für diese Ausgaben erhält der Staat als Gegenleistung eine Dienstleistung seiner Arbeitnehmer. In Abbildung 3.3.4 führt dieser Ausgabenstrom vom Staat zu den Haushalten.

Der Staat kauft nicht nur Dienstleistungen, sondern auch Sachgüter. Für ein Investitionsgut gibt der Staat z.B. dann Geld aus, wenn er eine Schule bauen lässt, für ein Konsumgut, wenn Benzin für ein Polizeifahrzeug beschafft wird. Der entsprechende Ausgabenstrom fließt in Abbildung 3.3.4 vom Staat zu den Unternehmen.

Der Staat macht auch Ausgaben, für die er keine Gegenleistung erhält. Er zahlt z.B. Sozialrenten und Pensionen oder er zahlt Subventionen an Unternehmen. Mit Subventionen kann z.B. der Schiffsbau gegen billigere ausländische Konkurrenz geschützt werden. Solche Ausgaben des Staates werden als **Transferzahlungen** bezeichnet.

Renten und Pensionen ersetzen Arbeitseinkommen und fließen deshalb in unserer Darstellung des volkswirtschaftlichen Kreislaufs (Abbildung 3.3.4) den Haushalten zu.[1]

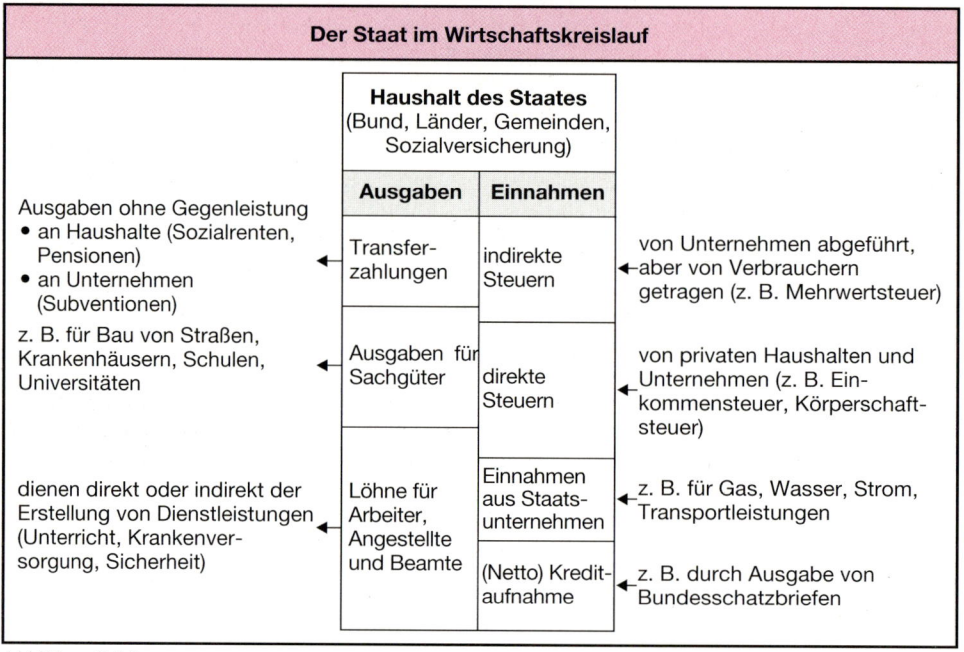

Abbildung 3.3.5

3.4 Arbeitsteilung

3.4.1 Prinzip und Erscheinungsformen der Arbeitsteilung

Wir alle benutzen und verbrauchen Güter, die wir selbst nicht herzustellen verstehen. Wir wissen noch, auf welchen Knopf an einem Fernsehgerät gedrückt werden muss, damit das Bild erscheint, und wo der Ton zu regulieren ist. Doch nur wenige können das Prinzip des Farbfernsehens erläutern, und niemand kann ein Farbfernsehgerät allein herstellen. Selbst Güter, die technisch gar nicht sehr kompliziert sind, können die meisten Menschen nicht mehr produzieren: Wer kann sich noch einen Anzug selbst schneidern? Viele könnten sich nicht einmal ihr tägliches Brot backen. Das liegt daran, dass wir in Arbeitsteilung produzieren.

> Unter Arbeitsteilung verstehen wir die Auflösung einer Arbeitsleistung in Teilverrichtungen, die auf verschiedene Personen, Betriebe oder Gebiete verteilt sind.

[1] „Wirtschafskreislauf unter Berücksichtigung des Außenhandels" s. S. 211ff.

Durch die Arbeitsteilung sind die Menschen einer Wirtschaftsgesellschaft in starkem Maße voneinander abhängig geworden. Wir leben durch unsere Mitmenschen, sie durch uns. Das durch die Arbeitsteilung entstandene Netz gegenseitiger Abhängigkeiten und Zusammenwirken ökonomischer Größen wird als **Interdependenz** bezeichnet. Wer sich auf Maurerarbeiten spezialisiert, tut dies nur, weil er weiß, dass er für seine Arbeitsleistung als Maurer Güter eintauschen kann, die er benötigt. Die Arbeitsteilung macht es erforderlich, dass ein System des Ausgleichs geschaffen wird: Die Arbeit muss mit Geld bezahlt werden, der Austausch von Gütern und Leistungen muss auf Märkten erfolgen, und es muss Gesetze geben, die diesen Austausch regeln.

▶ *Arbeitsteilung zwischen Menschen*

Schon die uralte Aufteilung der Arbeit zwischen Mann und Frau ist eine Form der Arbeitsteilung zwischen Menschen. Es folgt die **Spezialisierung auf Berufe** mit immer weiter gehender Spezialisierung. Das Brot wird nicht mehr im Haushalt von der Frau gebacken; ein eigener Beruf des Bäckers hat sich herausgebildet. Holz verarbeitende Arbeiten werden nicht mehr im Haushalt ausgeführt, sondern Tischlern überlassen. Aus dem Beruf des Tischlers entwickelt sich durch Spezialisierung der Bau-, der Möbel-, der Modelltischler und der Drechsler. Es entstehen geistige Berufe, wie der des Ingenieurs, des Rechtsanwalts oder des Arztes. Es kommt zur Trennung zwischen körperlicher und geistiger Arbeit.

In den Betrieben wird die Arbeitsteilung als **Arbeitszerlegung** durchgeführt. Als Folge der Arbeitszerlegung in den Betrieben entfallen auf eine Person im Betrieb nur noch kleine, ständig zu wiederholende Einzelverrichtungen, die meist an einem Fließband zu erledigen sind.

▶ *Arbeitsteilung zwischen Betrieben*

Betriebe spezialisieren sich auf einen Abschnitt aus dem Produktionsprozess eines Gutes. Automobilfabriken beziehen das Blech für die Karosserie, die Reifen und die Batterien von Vorlieferanten. Den Vertrieb der fertigen Automobile übernehmen selbstständige Handelsunternehmen. In der arbeitsteiligen Wirtschaft sind an der Herstellung und dem Vertrieb eines Gutes meist viele Betriebe beteiligt.

Verfolgen wir den Weg, den ein Produkt im Produktionsprozess zurücklegt, vom fertigen Produkt zurück bis zu den Produktionsfaktoren, dann stehen die Dienstleistungsbetriebe dem Verbraucher am nächsten, die Urproduktion ist vom Verbraucher am weitesten entfernt.

Diese **überbetriebliche Arbeitsteilung** wird auch als **volkswirtschaftliche Arbeitsteilung** bezeichnet.

Urproduktionsbetriebe gewinnen die Güter unmittelbar aus der Natur.

Das **verarbeitende Gewerbe** formt die Erzeugnisse um oder verarbeitet sie weiter. Es werden Produktionsgüter oder Konsumgüter hergestellt.

Dienstleistungsbetriebe bringen die Güter zum Verbraucher weiter oder leisten andere Dienste.

Volkswirtschaftliche Arbeitsteilung

	horizontale Arbeitsteilung	
vertikale Arbeitsteilung	**Urproduktion**	Landwirtschaft, Forstwirtschaft, Fischerei, Bergbau
	Verarbeitung	Maschinen- und Fahrzeugbau, Elektrotechnik, Textilgewerbe, Nahrungs- und Genussmittelgewerbe usw.
	Dienstleistungen	Groß- und Einzelhandel, Eisenbahn, Schifffahrt, Kreditinstitute, Versicherungen, Wohnungsvermietung usw.

Tabelle 3.4.1

▶ *Arbeitsteilung zwischen Volkswirtschaften*

Die Bundesrepublik Deutschland ist ein rohstoffarmes Industrieland. Bestimmte Rohstoffe kommen nicht oder nicht ausreichend vor (z. B. Erdöl, Kautschuk, Zinn, Kupfer). Sie müssen eingeführt werden. Um die Einfuhr bezahlen zu können, muss die Bundesrepublik Deutschland Güter exportieren. Die Bundesrepublik Deutschland ist auf Außenhandel und auf internationale Arbeitsteilung angewiesen. **Als internationale Arbeitsteilung bezeichnet man die Arbeitsteilung zwischen Volkswirtschaften verschiedener Länder.**

Die Vorteile der internationalen Arbeitsteilung beruhen auf den Kostenunterschieden in der Güterherstellung. Sie sind von Land zu Land unterschiedlich, bedingt durch Klima, Rohstoffvorkommen, Stand der technischen Entwicklung, Höhe der Lohnkosten usw.

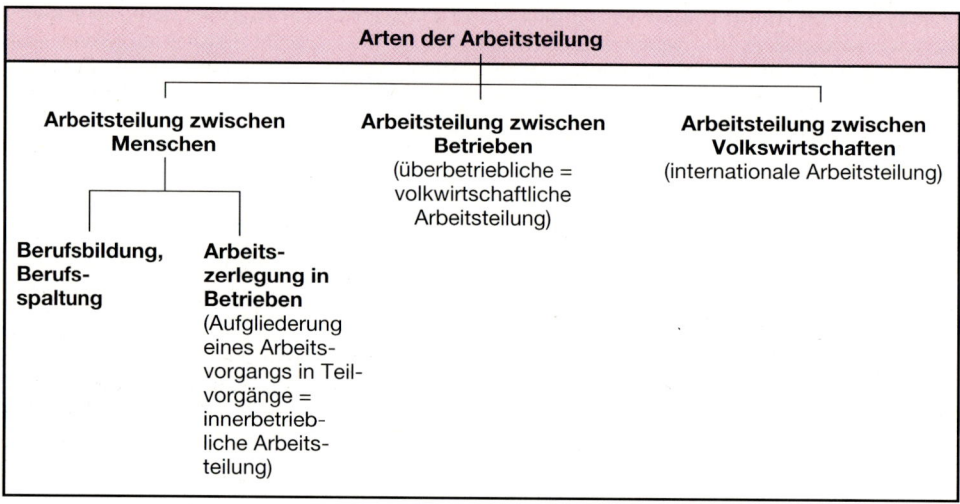

Abbildung 3.4.1

3.4.2 *Wirtschaftliche Gründe für die Arbeitsteilung*

Die entscheidenden Anregungen zur Einführung der betrieblichen Arbeitsteilung gab der amerikanische Ingenieur Frederick W. Taylor[1] mit der Veröffentlichung seiner Vorstellung über eine „Wissenschaftliche Betriebsführung". Danach sollen alle Arbeitsgänge im Betrieb mit genauen Zeit- und Bewegungsstudien erfasst werden. Es soll festgestellt werden, wie eine Arbeit mit geringstem Kraft- und Zeitaufwand durchgeführt werden kann. Aufgrund dieser Arbeitsstudien kann das günstigste Arbeitsverfahren bestimmt und in genauen Arbeitsanweisungen festgelegt werden.

Der amerikanische Automobilhersteller Henry Ford[2] war einer der Ersten, der diese Ideen in die Tat umsetzte. Er beschreibt den Erfolg einer Arbeitszerlegung am Beispiel der Montage einer Kolbenstange:

---

[1] Taylor, Frederick W., 1856–1915, amerikanischer Ingenieur

[2] Ford, Henry, 1863–1947, amerikanischer Großindustrieller, erfolgreicher Konstrukteur und Geschäftsmann, Philosoph und optimistischer Weltverbesserer

„So war es mit der Montage der Kolbenstange. Selbst nach dem alten System nahm der Vorgang nur drei Minuten in Anspruch – schien also gar keiner besonderen Beachtung wert. Es standen dafür zwei Bänke mit insgesamt achtundzwanzig Mann zur Verfügung: In einem neunstündigen Arbeitsgang setzen sie, alles in allem, 175 Kolbenstangen zusammen – das heißt, sie brauchen genau drei Minuten, fünf Sekunden pro Stück. Eine Kontrolle gab es nicht, und viele Kolbenstangen mussten vor der Motormontage als unbrauchbar zurückgewiesen werden. Der ganze Vorgang ist überaus einfach. Der Arbeiter zog den Stift aus dem Kolben heraus, ölte ihn, schob die Stange an ihre Stelle und den Stift durch Stange und Kolben hindurch, zog die eine Schraube an und die andere auf, und die Sache war erledigt. Der Vorarbeiter unterzog den ganzen Vorgang einer genauen Untersuchung, vermochte aber nicht zu entdecken, weshalb er ganze drei Minuten beanspruchte. Er analysierte daher die verschiedenen Bewegungen mit einer Stoppuhr und fand, dass bei einem neunstündigen Arbeitstag vier Stunden mit dem Hinundhergehen vergingen. Die Arbeiter gingen nicht etwa fort, aber sie mussten sich hin und her bewegen, um ihr Material heranzuholen und das fertige Stück beiseite zu schieben. Während des ganzen Vorgangs hatte jeder Arbeiter acht verschiedene Handgriffe zu verrichten. Der Vorarbeiter entwarf einen neuen Plan, indem er den ganzen Vorgang in drei Verrichtungen zerlegt, brachte an der Bank einen Schlitten an, stellte drei Mann an jeder Seite auf und einen Aufseher an das eine Ende. Statt dass ein Mann sämtliche Handgriffe tat, verrichtete er jetzt nur den dritten Teil, – nur so viel, als möglich war, ohne sich hin und her zu bewegen. Die Arbeitsgruppe wurde von achtundzwanzig auf vierzehn herabgesetzt. Die Rekordleistung der achtundzwanzig Mann waren 175 Stück pro Tag gewesen. Heute bringen sieben Mann bei achtstündiger Arbeitszeit 2600 Stück pro Tag heraus."

(Ford, Henry, Erfolg im Leben. München 1963)

Die Wirkung der Arbeitsteilung kann durch die Berechnung der Produktivität der Arbeit nachgewiesen werden.

$$\text{Produktivität} = \frac{\text{Ertrag}}{\text{bestimmender Faktor}}$$

Bei der Berechnung der Arbeitsproduktivität beziehen wir den Ertrag allein auf den Faktor Arbeit, ohne den Einsatz anderer Faktoren zu berücksichtigen.

> Die Arbeitsteilung erhöht die Produktivität der Arbeit.

Ein historisches Beispiel:
Die Wirkung einer Arbeitszerlegung (Montage einer Kolbenstange)

Vor der Arbeitszerlegung:

28 Mann haben in einem neunstündigen Arbeitstag 175 Stück zusammengebaut. 1 Mann montierte in einer Stunde

$$\frac{175}{9 \times 28} = 0{,}69 \text{ Kolbenstangen.}$$

Nach der Arbeitszerlegung:

1 Mann montiert in einer Stunde

$$\frac{2\,600}{7 \times 8} = 46{,}43 \text{ Kolbenstangen.}$$

Infolge der Arbeitszerlegung ist die Arbeitsproduktivität fast um das 70fache gestiegen.

(Nach einem Bericht von Henry Ford, in „Erfolg im Leben", München 1963)

Die **Wirkung der Arbeitsteilung** auf die Arbeitsproduktivität hat verschiedene Gründe:

● Die Eignung des Arbeitenden für bestimmte Tätigkeiten kann berücksichtigt werden.

● Durch die Beschränkung auf wenige Tätigkeiten steigt die Geschicklichkeit der Arbeitenden.

● Wege zwischen verschiedenen Arbeitsplätzen und Umstellungszeiten an Maschinen können vermieden werden.

● Arbeitssparende und arbeitserleichternde Maschinen können konstruiert und eingesetzt werden.

● Bei der internationalen Arbeitsteilung wird nutzbar gemacht, dass Regionen für die Produktion bestimmter Güter unterschiedlich geeignet sein können.

Die Arbeitsteilung ist eine wesentliche Ursache für den Lebensstandard, den sich breite Kreise der Bevölkerung in den Industrieländern leisten können. Selten wird die Wirkung des Kapitaleinsatzes auf die Arbeitsproduktivität unterschätzt, oft aber die Wirkung der Arbeitsteilung.

3.4.3 Nachteile der Arbeitsteilung

Der Industriearbeiter erfüllt nur noch eine kleine Teilverrichtung in einem komplizierten Produktionsprozess. Er übersieht den Produktionsprozess als Ganzes nicht mehr und ist über die wirtschaftlichen Bedingungen der Produktion nicht mehr umfassend informiert. Das Endprodukt verschwindet aus seinem Gesichtskreis und aus seiner Verantwortung. Der Gesamtzusammenhang ist für ihn so undurchschaubar geworden, dass er sich wie ein winziges und dazu noch unwichtiges Rädchen in einer Maschine vorkommen kann. Der arbeitende Mensch verliert die **Beziehung zum Produkt seiner Arbeit.** Hinzu kommen weitere Nachteile. Die Arbeit wird zur **gedankenlosen Monotonie.** Arbeitsteilige Arbeit kann zu **einseitigen Belastungen** des Arbeitenden und zu gesundheitlichen Schäden führen. Durch die bei Arbeitsteilung **straffe Arbeitsorganisation** werden Freiheit und Selbstständigkeit der Arbeitsgestaltung eingeengt.

Die Arbeit ist für den Industriearbeiter häufig nur noch Mittel, um Geld zu verdienen. Der Arbeiter wird dann unglücklich, denn er hat das Grundbedürfnis, eine für ihn erkennbar sinnvolle Arbeit zu leisten. Das Tier kämpft nur um seine biologische Selbsterhaltung. Der Mensch will sich in seiner Arbeit verwirklichen. Lohnempfang allein genügt nicht, um diese Bedürfnisse zu befriedigen.

> In der arbeitsteiligen Wirtschaft befriedigt die Arbeit häufig nicht mehr das Grundbedürfnis des Menschen nach einer selbstbestimmten, schöpferischen Tätigkeit.

Zur Überwindung der Nachteile der Arbeitsteilung und zur Humanisierung der Arbeitsorganisation fordern die Arbeitnehmer und ihre Organisationen, die Arbeit so zu gestalten, dass die Arbeit selbst der Befriedigung menschlicher Grundbedürfnisse dient. Dabei werden folgende **Anforderungen an die Arbeit** gestellt:

- Die einem Arbeitnehmer übertragene Arbeitsaufgabe soll so umfassend sein, dass sich ein auszuführender Handgriff oder eine Einzeltätigkeit an einem Arbeitstag nicht allzu oft wiederholt.
- Die einem Arbeitnehmer gestellte Arbeitsaufgabe soll so viel Geschick, Kenntnisse oder Anstrengungen fordern, dass sie dem Arbeitnehmer Anerkennung bringt.
- Der Arbeitsplatz soll so gestaltet sein, dass der Arbeitnehmer die Nützlichkeit seiner Tätigkeit erkennen kann.

3.5 Kapitalbildung und Investition

3.5.1 Der Kapitalbildungsprozess in der Volkswirtschaft

Es wäre unzweckmäßig, lediglich mit den naturgegebenen Werkzeugen des Menschen, den Händen und Füßen, die Stoffe der Natur zu gewinnen und zu bearbeiten. Oft ist es auch gar nicht möglich. Ohne Bohrturm kann kein Erdöl gefördert werden. Deshalb müssen Umwege bei der Produktion von Konsumgütern gemacht werden. Im Wirtschaftsprozess arbeitet die überwiegende Zahl der Menschen gar nicht mehr unmittelbar an Gütern für den Endverbrauch.

In jeder Wirtschaftsperiode werden z. B. Maschinen, Geräte und Transportmittel hergestellt, mit denen erst in Zukunft Konsumgüter hergestellt werden sollen. Diese dauerhaften produzierten Produktionsmittel rechnen zum Realkapital. Der Produktionsumweg wird gemacht, weil der Einsatz dauerhafter Produktionsmittel dem Menschen die Arbeit bei der Herstellung von Konsumgütern erleichtert und ihre Wirksamkeit erhöht.

> Durch den Einsatz dauerhafter produzierter Produktionsmittel wird die Arbeitsproduktivität erhöht.

Bis ein Konsumgut dem Verbraucher auf dem Markt angeboten wird, durchläuft es in der arbeitsteiligen Volkswirtschaft meist einen langen Produktionsweg. In allen Betrieben, die ein Konsumgut auf seinem Produktionsweg durchläuft, lagern deshalb nicht nur Roh-, Hilfs- und Betriebsstoffe, die für den Produktionsbeitrag dieses Betriebes zur Herstellung des Konsumgutes benötigt werden, sondern auch Zwischenprodukte, die von im Produktionsprozess vorgelagerten Betrieben übernommen wurden oder an nachfolgende Betriebe abgegeben werden. Diese Lagerbestände der Unternehmen an nichtdauerhaften Produktionsmitteln, die im Produktionsprozess verbraucht, umgewandelt oder veredelt werden, zählen ebenfalls zum Realkapital, genauso wie die Bestände an Fertigerzeugnissen. Durch die Erhöhung der Bestände an dauerhaften produzierten Produktionsmitteln und an Vorräten in den Unternehmen einer Volkswirtschaft erfolgt in einer Volkswirtschaft eine Kapitalbildung (Investition).

> Als Investition bezeichnet man den Teil der volkswirtschaftlichen Gesamtproduktion, der nicht verbraucht worden ist.

Die Erhöhung des **Sachgüterbestandes von privaten Haushalten** wird bei der Berechnung der volkswirtschaftlichen Investitionen nicht berücksichtigt, weil die Anschaffung langlebiger Gebrauchsgüter in voller Höhe als Konsum angesehen wird. Von der Statistik werden auch einige bedeutsame Erhöhungen des Sachgüterbestandes öffentlicher Haushalte bei der Berechnung der volkswirtschaftlichen Investitionen nicht mit einbezogen, z. B. der Bau von Kasernen.

Wer heute mit der Produktion von dauerhaften Produktionsmitteln oder von Zwischenprodukten beschäftigt ist, die erst noch zu Konsumgütern weiterverarbeitet werden müssen, arbeitet heute für den Konsum von morgen. Dahinter steht die Entscheidung, heute auf einen möglichen Konsum zugunsten der Zukunft zu verzichten. Da die Investition einer Volkswirtschaft aus dem Teil der Gesamtproduktion besteht, der nicht verbraucht worden ist, setzen Investitionen Verzicht auf Konsum voraus. Konsumverzicht wird als Sparen bezeichnet.

> **Konsumgüter oder Investitionsgüter** (Produktionsgüter):
>
> „Aus ein und demselben Ei kann man nicht ein Spiegelei und ein Küken bekommen."
>
> (Russisches Sprichwort)

Aufteilung der Bruttoproduktion	
Konsum	Investition

Abbildung 3.5.1

> Voraussetzung für jede Kapitalbildung ist der Verzicht auf einen gegenwärtig möglichen Konsum.

Es ist ein schwieriges Problem, in einer Volkswirtschaft den zur Kapitalbildung notwendigen Warteprozess zu organisieren: Wer soll vorläufig auf Konsum verzichten, in welcher Höhe und wie lange? In einer modernen, arbeitsteiligen Industriegesellschaft, in der als allgemeines Tauschmittel Geld verwendet wird, ist das nicht mehr so einfach zu lösen wie von Robinson.

> **Die Investitionen des Robinson Crusoe:**
>
> Robinson Crusoe, der nach einem Schiffsunglück auf einer unbewohnten Insel lebt, macht einen Produktionsumweg, wenn er ein Netz knüpft, statt in dieser Zeit Fische mit der Hand zu fangen. Sobald er aber mithilfe des Netzes fischen kann, wird der Ertrag einer Arbeitsstunde sehr viel größer sein als früher. Robinson investierte. Er bildete Kapital (Netz = Realkapital). Voraussetzung dafür war, dass er zeitweise auf das Fischen verzichtete und damit weniger Nahrungsmittel zur Verfügung hatte.

Die Finanzierung der Kapitalbildung (Investitionen) erfolgt in der Geldwirtschaft durch

- freiwilliges Sparen
  - im Haushalt,
  - im Betrieb. Gewinne werden zur Selbstfinanzierung von Investitionen zurückbehalten.
- erzwungenes Sparen, z. B. über Steuern und Sozialversicherungsbeiträge.
- Abschreibungen, deren Gegenwert zum Ersatz abgenutzter dauerhafter Produktionsmittel (z. B. Maschinen, Transportmittel) verwendet wird.

3.5.2 Arten der Investitionen

Für differenzierte Betrachtungen des Investitionsvorgangs wird der Begriff der Investition weiter unterteilt.

Der Investitionsbegriff umfasst sowohl die Ausstattung einer Volkswirtschaft mit dauerhaften Produktionsmitteln als auch die Lagerbestände der Unternehmen. Da die Veränderung der Ausstattung einer Volkswirtschaft mit Produktionsanlagen eine ganz andere Bedeutung hat als die Veränderung der Lagerbestände, die auch auf Absatzschwierigkeiten der Unternehmen zurückzuführen sein kann, werden die Investitionen in Anlage- und Vorratsinvestitionen unterteilt.

> **Brutto-Anlageinvestition** ist die Summe der in einer Volkswirtschaft in einer Wirtschaftsperiode hergestellten dauerhaften Produktionsmittel.
>
> **Vorratsinvestition (Lagerinvestition)** ist eine Erhöhung der volkswirtschaftlichen Lagerbestände an nicht dauerhaften Produktionsmitteln und eigenen Erzeugnissen.

Der Bestand der dauerhaften Produktionsmittel ist einer ständigen Abnutzung unterworfen. Soweit Investitionen nur dem Ersatz der abgenutzten Produktionsmittel dienen, erfolgt dadurch keine Vergrößerung des für das Produktionspotenzial einer Volkswirtschaft so entscheidenden Bestandes an Investitionsgütern. Deshalb wird zwischen Ersatz-Anlageinvestitionen (Re-Investitionen) und Neu-Anlageinvestitionen (Erweiterungsinvestitionen) unterschieden.

> **Neu-Anlageinvestition (Erweiterungsinvestition)** ist der Zuwachs an dauerhaften Produktionsmitteln.
>
> Als **Ersatz-Anlageinvestition (Re-Investition)** wird der Ersatz der verbrauchten dauerhaften Produktionsmittel bezeichnet.

Mit **Bruttoinvestitionen** bezeichnet man den gesamten Zugang von Anlagen und Vorräten **(Gesamtheit aller Investitionen)**. Zieht man von den Bruttoinvestitionen die **nutzungsbedingten Abschreibungen** ab, erhält man die **Nettoinvestition.** Die Nettoinvestitionen geben rechnerisch in EUR an, in welcher Höhe das gesamte Sachvermögen zugenommen hat. Dabei geht man von der Annahme aus, dass rechnerisch ein Teil der Bruttoinvestitionen zum Ausgleich der durch Abschreibungen erfassten Abnutzung der Anlagen dient **(Ersatzinvestitionen).**

Berechnung der Nettoinvestition

Ausgangslage:
Vermögenszugänge

Anlagen	100 000,00 EUR
Vorräte	30 000,00 EUR
Abschreibungen	20 000,00 EUR

Berechnungsmethode 1:

Bruttoanlageinvestition	100 000,00 EUR
+ Lagerinvestition	30 000,00 EUR
Bruttoinvestition	130 000,00 EUR
– Abschreibungen	20 000,00 EUR
Nettoinvestition	110 000,00 EUR

Berechnungsmethode 2:

Bruttoanlageinvestition	100 000,00 EUR
– Abschreibungen	20 000,00 EUR
Nettoanlageinvestition	80 000,00 EUR
+ Vorratsinvestition	30 000,00 EUR
Nettoinvestition	110 000,00 EUR

Bruttoinvestition − Ersatzinvestition = **Nettoinvestition**

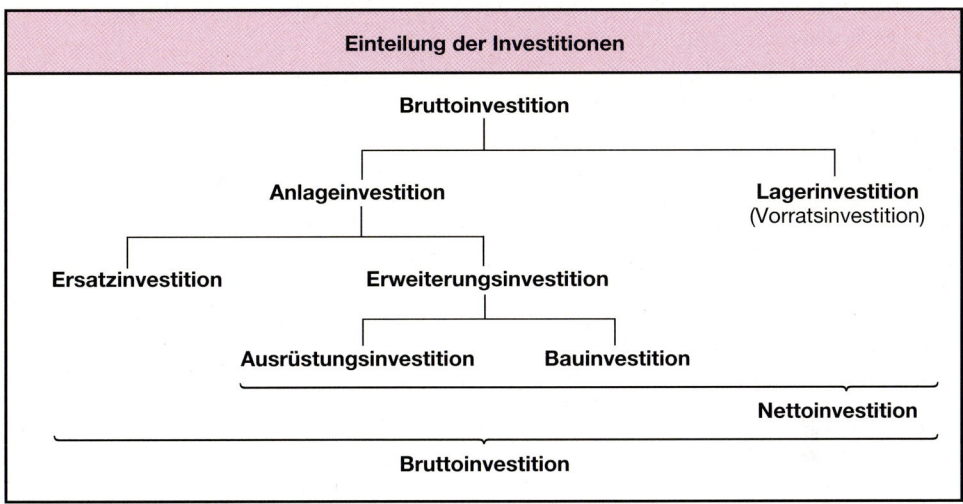

Abbildung 3.5.2

Zu den **Ausrüstungsinvestitionen** gehören Maschinen, Anlagen, Fahrzeuge usw., zu den **Bauinvestitionen** Wohn- und Verwaltungsbauten, Straßen, Dämme, Wasserwege usw.

In der zusammenfassenden Darstellung oben wurde davon ausgegangen, dass die Anlageinvestitionen größer sind als die Summe der Abschreibungen. Ist die Anlageinvestition kleiner als die Summe der Abschreibung, dann decken die Ersatzinvestitionen nicht mehr den entstandenen Verschleiß. Der Produktionsapparat der Volkswirtschaft wird verkleinert. Es erfolgt eine **Desinvestition.**

Bruttoinvestitionen in der Bundesrepublik Deutschland (früheres Bundesgebiet) (in Preisen von 1991, Mrd. EUR)					
Jahr	Bruttoinvestition	Anlageinvestition	davon		Vorratsveränderung
			Ausrüstungen	Bauten	
1950	62,0	53,4	13,9	39,5	8,6
1960	148,6	136,7	38,9	97,9	11,9
1970	220,5	206,5	71,7	134,8	14,0
1980	239,3	232,7	87,5	145,3	6,5
1990	280,7	272,2	123,2	149,0	8,5
1997	368,0	338,8	138,1	200,7	29,1

Quelle: Statistisches Jahrbuch für die Bundesrepublik Deutschland, 1998, Tabelle 24.7, umgerechnet in EUR

AUFGABEN UND PROBLEME

3.1 *Verflechtung zwischen den Einzelwirtschaften einer Volkswirtschaft*

● Nennen Sie Beispiele für ökonomische Vorgänge zwischen den Einzelwirtschaften

 – privater Haushalt und Unternehmen,
 – privater Haushalt und Staat,
 – Unternehmen und Staat.

3.2 *Arbeitsteilung in der Bundesrepublik Deutschland*

In der unten stehenden Statistik werden die Beiträge aller Wirtschaftsbereiche zum Bruttoinlandsprodukt der Bundesrepublik Deutschland ausgewiesen.

● Prüfen Sie für jeden Wirtschaftsbereich, ob er einen Beitrag zu dem Produktionswert eines Einfamilienhauses in Höhe von 250 000,00 EUR (ohne Kaufpreis des Grundstücks) geleistet haben könnte.

Nennen Sie für jeden betroffenen Wirtschaftsbereich mindestens 1 Beispiel für einen möglichen Produktionsbeitrag zum Bau des Einfamilienhauses.

Bruttowertschöpfung nach Wirtschaftsbereichen in der Bundesrepublik Deutschland 1997 (früheres Bundesgebiet) in Preisen von 1991, Mrd. EUR	
Land- und Forstwirtschaft, Fischerei	**24,22**
Produzierendes Gewerbe	**544,28**
Energie- und Wasserversorgung, Bergbau	44,96
Verarbeitendes Gewerbe	413,43
Baugewerbe	86,19
Handel und Verkehr	**236,74**
Dienstleistungsunternehmen	**547,20**
Kreditinstitute, Versicherungsunternehmen	94,68
Wohnungsvermietung	112,89
Sonstige Dienstleistungsunternehmen	339,64
Unternehmen zusammen	**2 444,23**

Quelle: Statistisches Jahrbuch für die Bundesrepublik Deutschland, 1998, Tabelle 24.6.1, umgerechnet in EUR

3.3 *Grafische Darstellung des Wirtschaftskreislaufs einer stationären Wirtschaft unter Berücksichtigung der ökonomischen Aktivitäten des Staates*

In einer Volkswirtschaft erhalten die privaten Haushalte als Gegenleistung für ihre produktiven Dienste ein Einkommen von 500 Geldeinheiten (GE).

Die Unternehmen haben für den Staat indirekte Steuern in Höhe von 75 GE erhoben.

Die privaten Haushalte zahlen aus dem Bruttoeinkommen an den Staat direkte Steuern in Höhe von 100 GE. An Löhnen, Pensionen und Renten fließen den privaten Haushalten vom Staat 120 GE zu. Die privaten Haushalte verwenden ihr gesamtes verfügbares Einkommen für Konsumausgaben.

Der Staat bezieht Sachgüter von den Unternehmen im Wert von 40 GE und zahlt Subventionen an die Unternehmen in Höhe von 15 GE.

● Stellen Sie für diese Volkswirtschaft die Kreislaufbeziehungen zwischen den Sektoren Unternehmen, private Haushalte und Staat grafisch dar! Benennen Sie die dargestellten Geldströme und geben Sie die zugehörigen Werte an!

3.4 *Wirkung der Arbeitsteilung auf die Lebenssituation des Menschen*

● Gibt die folgende Gegenüberstellung ein wahres und vollständiges Bild der Entwicklung der Arbeits- und Lebenssituation der Menschen?

So befriedigend war einmal die Arbeitssituation des Menschen:

Handwerksarbeit im Mittelalter. Die eigene wirtschaftliche Tätigkeit des einzelnen Handwerkers besteht im Wesentlichen in der technischen Bearbeitung und Verarbeitung der Rohstoffe und Halbfabrikate zu Gebrauchsgegenständen, die er in eigener Person vornimmt, ... Damit wird die Eigenart dieser Tätigkeit selbst bestimmt. Was seiner Hände Geschicklichkeit vermag, das ist die Sphäre seines Wirkens, das also als ein unmittelbarer Ausfluss seiner Persönlichkeit erscheint. Und wie es dabei nicht anders sein kann: Das Werk selbst, also das Ergebnis des handwerklichen Wirkens, ist der getreue Ausdruck der Persönlichkeit seines Schöpfers. Handwerkerware ist bei aller Traditionalität des Verfahrens doch immer individuelles Werk. Es trägt ein Stück Seele in die Welt hinaus, weil es ja die Schöpfung eines, wenn auch noch so beschränkten, aber doch lebendigen Menschen bleibt... Von den Leiden und Freuden seines Schöpfers weiß es zu erzählen... Einflüsse mannigfacher Art werden sich immer bemerkbar machen: Jeder Ärger über das Kind, jeder Zank mit der Frau, die tausenderlei Fährnisse des häuslichen Lebens gehen nicht spurlos an dem Werk des Handwerkers vorbei. Er bleibt in den Kreis seines Könnens gebannt: Das aber ist verschieden von Meister zu Meister, verschieden von Tag zu Tag.

Werner Sombart[1]. Der moderne Kapitalismus, München und Leipzig 1916, Band I, 12. Kapitel S. 193 f.

Und so hat der Kapitalismus die Lebenssituation des Menschen verändert:

Eine... Eigentümlichkeit der kapitalistischen Produktion ist die wachsende Arbeitsteilung. Was geschieht mit dem Arbeiter? Um es mit den Worten eines sehr nachdenklichen und gründlichen Beobachters der Industriewelt zu sagen: In der Industrie wird der Einzelne zu einem ökonomischen Atom, das nach der Melodie der atomistischen Betriebsleitung tanzt. Dein Platz ist genau hier, du hat so und so zu sitzen, deine Arme bewegen sich um x Zoll in einem Umkreis mit einem Radius y und die Zeitdauer der Bewegung beträgt ...,000 Minuten. Die Arbeit wird mehr und mehr die Sache gedankenloser Wiederholung, in dem Maße wie die Planer ... und die wissenschaftlichen Manager den Arbeiter zunehmend seines Rechtes berauben, zu denken und sich frei zu bewegen...

Erich Fromm[2] Der moderne Mensch und seine Zukunft, Frankfurt/Main 1960, S. 103, 114 f.

3.5 *Bruttoinvestition, Nettoinvestition in einem Betrieb*

In einem Unternehmen sind die Bilanzen der beiden aufeinander folgenden Jahre 1 und 2 und die Gewinn- und Verlustrechnung des Jahres 2 gegeben (alle Zahlen in Millionen EUR).

● Wie groß ist in diesem Unternehmen im Jahr 2
  – die Bruttoinvestition,
  – die Nettoinvestition?

Aktiva		Bilanz des Jahres 1	Passiva
Anlagen	400	Eigenkapital	650
Vorräte	140		
Kasse	110		
	650		650

---

[1] Sombart, Werner, 1863–1941, deutscher Nationalökonom und Soziologe.

[2] Fromm, Erich, 1900–1980, amerikanischer Psychoanalytiker (geb. in Frankfurt am Main).

Aktiva	Bilanz des Jahres 2		Passiva
Anlagen	430	Eigenkapital	700
Vorräte	140		
Kasse	130		
	700		700

Aufwand	Gewinn und Verlustrechnung des Jahres 2		Ertrag
Löhne	1 200	Umsatzerlös	1 500
Materialverbrauch	225		
Abschreibungen	25		
Gewinn	50		
	1 500		1 500

3.6 *Bruttoinvestition, Nettoinvestition, Neu-Anlageinvestition, Ersatz-Anlageinvestition, Vorrats-investition (Lagerinvestition) in einer Volkswirtschaft*

In einer Volkswirtschaft gibt es zwei Unternehmen. Für sie sind die Bilanzen der beiden auf-einander folgenden Jahre 1 und 2 und die Gewinn- und Verlustrechnung des Jahres 2 gege-ben (alle Zahlen in Millionen EUR).

● Welchen Wert haben in dieser Volkswirtschaft im Jahr 2
  1. die Bruttoinvestition,
  2. die Brutto-Anlageinvestition und die Neu-Anlageinvestition (Erweiterungsinvestition)?

Unternehmen A

Aktiva	Bilanz des Jahres 1		Passiva
Anlagen	800	Eigenkapital	950
Vorräte	100		
Kasse	50		
	950		950

Unternehmen B

Aktiva	Bilanz des Jahres 1		Passiva
Anlagen	400	Eigenkapital	500
Vorräte	90		
Kasse	10		
	500		500

Unternehmen A

Aktiva	Bilanz des Jahres 2		Passiva
Anlagen	830	Eigenkapital	1 000
Vorräte	130		
Kasse	40		
	1 000		1 000

Unternehmen B

Aktiva	Bilanz des Jahres 2		Passiva
Anlagen	410	Eigenkapital	490
Vorräte	70		
Kasse	10		
	490		490

Gewinn- und Verlustrechnung des Jahres 2

Aufwendungen		Erträge	
Löhne	200	Umsatzerlös	400
Material-aufwand	70		
Abschrei-bungen	80		
Gewinn	50		
	400		400

Gewinn- und Verlustrechnung des Jahres 2

Aufwendungen		Erträge	
Löhne	50	Umsatzerlös	150
Material-aufwand	70	Verlust	10
Abschrei-bungen	40		
	160		160

ZUR WIEDERHOLUNG DES GRUNDWISSENS

1. Wie unterscheiden sich die naturalökonomische und die sozialökonomische Betrachtungsweise der Volkswirtschaftslehre?

2. Definieren Sie die Einzelwirtschaften
   - Unternehmen,
   - Haushalt,
   - Staat!

3. Welche Bedingung muss gegeben sein, damit eine Wirtschaft als stationär bezeichnet werden kann?

4. Beschreiben Sie den Wirtschaftskreislauf einer stationären Wirtschaft unter Einbeziehung des Staates!

5. Wie unterscheiden sich direkte und indirekte Steuern?

6. Was versteht man unter Transferzahlungen des Staates?

7. Definieren Sie den Begriff „Subvention"!

8. Welche Erscheinungsformen der Arbeitsteilung kennen Sie?

9. Welche Vor- und Nachteile hat die Arbeitsteilung?

10. Definieren Sie die folgenden Investitionsbegriffe:
    - Bruttoinvestition,
    - Brutto-Anlageinvestition,
    - Vorratsinvestition (Lagerinvestition),
    - Neu-Anlageinvestition,
    - Ersatz-Anlageinvestition,
    - Nettoinvestition.

11. Erläutern Sie, warum jede Investition einen Sparakt voraussetzt!

12. Welche Möglichkeiten zur Finanzierung der Investitionen (Kapitalbildung) gibt es in einer Volkswirtschaft, in der Güteraustausch über das allgemeine Tauschgut Geld erfolgt?

4 Nachfrage am Gütermarkt

In einer Volkswirtschaft soll die Tabaksteuer erhöht werden. Mit dieser Maßnahme sollen einerseits gesundheitspolitische Ziele verfolgt werden; man erwartet, dass wegen der Erhöhung der Preise für Tabakwaren weniger geraucht wird. Andererseits werden mit der Erhöhung der Tabaksteuer fiskalische Zwecke verfolgt. Der Staat will sich zusätzliche Einnahmen verschaffen.

- *Welche Reaktion der Nachfrager auf die Steuererhöhung ist zu erwarten?*

- *Welche anderen Faktoren können neben einer Preiserhöhung Einfluss auf die Nachfrage nach Tabakwaren haben?*

- *Welchen Einfluss wird die Steuererhöhung auf die Erlöse der Tabakwarenindustrie haben?*

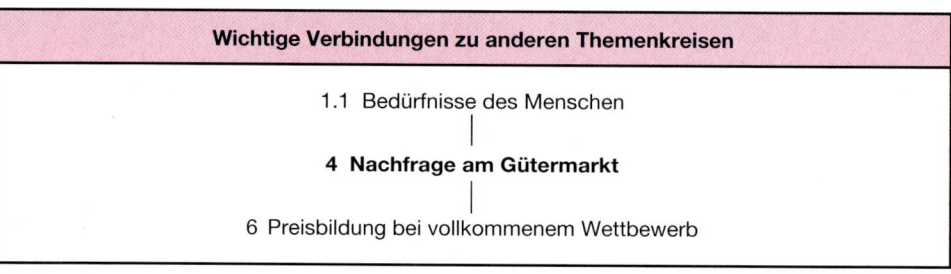

Wichtige Verbindungen zu anderen Themenkreisen

1.1 Bedürfnisse des Menschen

|

4 Nachfrage am Gütermarkt

|

6 Preisbildung bei vollkommenem Wettbewerb

Abbildung 4.0.1

4.1 Gegenstand und Fragestellung der Nachfragetheorie des Haushalts

Die Nachfragetheorie des Haushalts beschäftigt sich damit, wie sich die Haushalte in der arbeitsteiligen Wirtschaft als Nachfrager nach Gütern und als Anbieter von Faktorleistungen verhalten. Gegenstand der Nachfragetheorie des Haushalts sind die privaten Haushalte, also sowohl Arbeitnehmer- wie Unternehmerhaushalte; sie beschäftigt sich nicht mit dem Nachfrageverhalten öffentlicher Haushalte.

Bei der Untersuchung des Verbraucherverhaltens wird von folgenden **Annahmen** ausgegangen:

- Jeder Verbraucher ist bestrebt, sein Einkommen so zu verwenden, dass er damit den für ihn größtmöglichen Nutzen erreicht.

- Das Nachfrageverhalten der Verbraucher wird von folgenden Daten beeinflusst:
    - Preis des nachgefragten Gutes,
    - Preis anderer Güter,
    - Einkommen und Vermögen des Verbrauchers,
    - Bedürfnisstruktur des Verbrauchers.

4.2 Die Maximierung des Nutzens

4.2.1 Messbarkeit des Nutzens

Als Nutzen bezeichnet man den Zustand der Bedürfnisbefriedigung, den ein Verbraucher durch die Verwendung von Gütern erreicht. Es gibt keine Maßeinheit, mit der man Nutzen so ausdrücken könnte, dass man damit Rechenoperationen ausführen oder das Ausmaß der Bedürfnisbefriedigung zweier Personen vergleichen könnte. Kein Verbraucher kann angeben, dass ihm eine Gefriertruhe z.B. 3,574-mal so viel Nutzen bringt wie ein Fernsehgerät. Die Intensität des Nutzens ist nicht messbar. Die Messung der Intensität des Nutzens wird auch als kardinale Nutzenmessung bezeichnet.

> Kardinale Nutzenfeststellungen sollen die Intensität des Nutzens angeben, den ein Gut oder eine Güterkombination gewährt.

Dem Verbraucher ist es jedoch durchaus möglich, aus zwei Güterkombinationen die auszuwählen, die ihm nach seiner eigenen Einschätzung den größeren Nutzen bringt. Man kann die ausgewählten Güterbündel in der Reihenfolge der Auswahl mit Rangzahlen belegen. Diese Rangzahlen geben dann an, dass das Güterbündel mit der Rangzahl 1 einem bestimmten Verbraucher einen höheren Nutzen bringt als das Güterbündel mit der Rangzahl 2. Daraus entsteht eine Rangordnung, die Einblicke in die Präferenzordnung des Verbrauchers gibt.

Beispiel für die Wahlentscheidung eines Haushalts
(zwischen 2 Güterbündeln)

4 kg Erdbeeren, 5 kg Kirschen >
2 kg Erdbeeren, 6 kg Kirschen

> = wird vorgezogen

Daraus ergibt sich folgende Rangordnung:

Rangzahl	Inhalt des Güterbündels
1	4 kg Erdbeeren, 5 kg Kirschen
2	2 kg Erdbeeren, 6 kg Kirschen

> Eine Präferenzordnung ist die Ordnung von Güterkombinationen nach ihrer Wertschätzung durch den Verbraucher.

Zum Beispiel oben: Das Güterbündel mit der Rangzahl 1 wird von einem Verbraucher gegenüber dem Güterbündel mit der Rangzahl 2 vorgezogen. Mit dieser Feststellung wird noch nicht erkennbar, in welchem Umfang der Nutzen größer ist, den das Güterbündel 1 dem Verbraucher gegenüber dem Güterbündel 2 bringt, d.h. über die Intensität des Nutzens wurde keine Aussage gemacht. Die Nutzenmessung war ordinal, nicht kardinal.

> Ordinale Nutzenfeststellungen geben eine Ordnungsreihenfolge an, machen aber keine Aussagen über die Intensität des Nutzens.

Der Nutzen hängt jedoch nicht allein von bestimmten Eigenschaften des Gutes ab. Ein Gut kann ganz unterschiedlichen Nutzen stiften, ohne dass es die geringste Veränderung erfährt, je nachdem in welcher Situation sich der Verbraucher befindet. Es ist eine Erfahrungstatsache, dass die Verbraucher mit zunehmender Versorgung mit einem Gut zusätzlichen Einheiten dieses Gutes immer weniger Nutzen zumessen. Der Zuwachs am Gesamtnutzen, der durch eine fortlaufende Erhöhung des Konsums eines Gutes um eine Einheit erreicht wird, d.h. der **Grenznutzen,** wird kleiner.

> Grenznutzen ist diejenige Veränderung des Gesamtnutzens, die eintritt, wenn bei gegebener Gü-
> terkombination der Konsum eines Gutes um eine Einheit erhöht wird.

In der Wirtschaftstheorie wird die Einheit des Gutes, dessen Einsatz zur Beobachtung des Grenznutzens verändert wird, so klein wie möglich angesetzt, bei Anwendung mathematischer Methoden
sogar unendlich klein (infinitesimal).

Die Erkenntnis, dass mit fortlaufend zunehmendem Konsum eines Gutes der Nutzen der zuletzt ver-
brauchten Einheit dieses Gutes abnimmt, wird als „Gossen'sches Gesetz"[1] bezeichnet.

> Der Grenznutzen eines Gutes nimmt mit zunehmender Bedürfnisbefriedigung ab, bis Sättigung des
> Bedürfnisses eintritt und weiterer Verbrauch Widerwillen hervorruft (1. Gossen'sches Gesetz).

Unterstellen wir zum Zwecke der Veranschaulichung, dass der Nutzen kardinal gemessen werden
kann (was tatsächlich nicht der Fall ist), dann kann der im Text oben dargestellte Zusammenhang in
folgenden Bildern dargestellt werden:

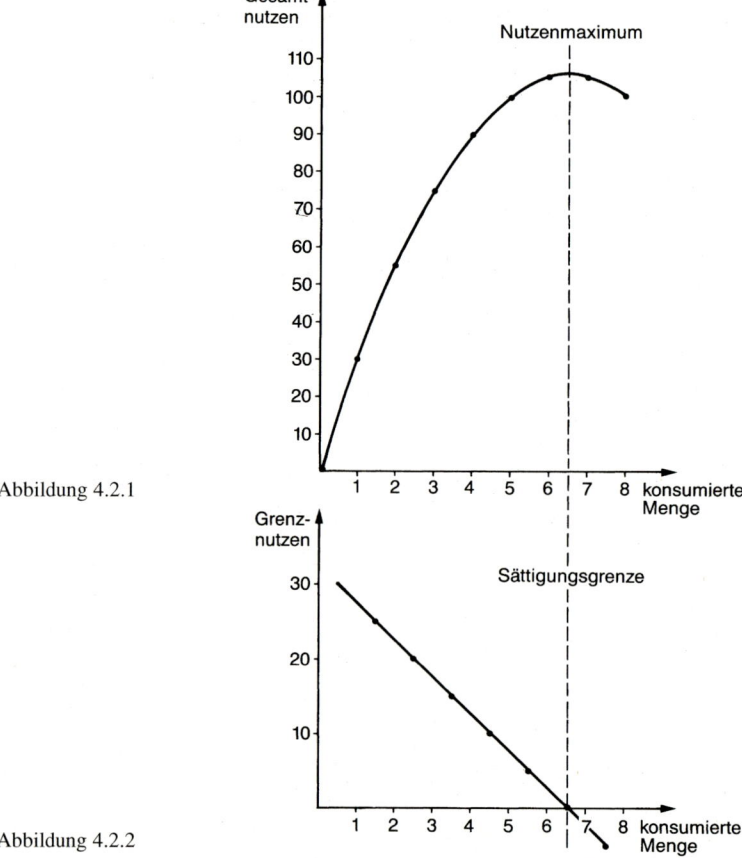

Abbildung 4.2.1

Abbildung 4.2.2

---

[1] Gossen, Hermann Heinrich 1810–1858, preußischer Beamter.

Zum Verlauf des Gesamtnutzens:

Unter Gesamtnutzen verstehen wir die Summe aller Nutzenempfindungen eines Verbrauchers. Unterstellen wir, dass der Gesamtnutzen kardinal messbar sei, dann ergibt er sich für eine bestimmte Versorgungslage eines Verbrauchers aus der Summe aller Grenznutzen.

Zum Verlauf des Grenznutzens:

Vergrößert ein Verbraucher den Konsum eines bestimmten Gutes fortlaufend um 1 Einheit, dann nimmt der Grenznutzen dieses Gutes ab.

Sinkender Grenznutzen zeigt an, dass der Gesamtnutzen mit zunehmender Bedürfnisbefriedigung mit einem bestimmten Gut zwar zunimmt, die Zuwachsraten aber fortlaufend kleiner werden. Wird der Grenznutzen negativ, dann ist die Sättigung erreicht; mit zunehmendem Konsum würde der Gesamtnutzen sogar abnehmen, z. B. wenn ein Essen mit zu viel Salz zubereitet wurde.

Zusammenhang der Entwicklung von Gesamtnutzen und Grenznutzen		
Konsumierte Menge des Gutes	Gesamt-nutzen	Grenz-nutzen
0	0	
1	30	30
2	55	25
3	75	20
4	90	15
5	100	10
6	105	5
7	105	0
8	100	– 5

4.2.2 Das Haushaltsoptimum

Die zentrale Frage der Haushaltstheorie lautet: Wie lange soll ein Haushalt, der sein Nutzenmaximum anstrebt, den Konsum eines bestimmten Gutes ausdehnen, bevor er seine Mittel zur Nachfrage für ein anderes Gut verwendet? Oder: Mit welcher Güterkombination erreicht der Haushalt sein Haushaltsoptimum?

> Das Haushaltsoptimum (Haushaltsgleichgewicht) ist die Güterkombination, die ein Haushalt bei gegebener Konsumsumme und gegebenen Güterpreisen nachfragt, wenn er das Nutzenmaximum zu erreichen versucht.

Die Frage wäre theoretisch leicht zu beantworten, wenn alle Güter den gleichen Preis hätten. Der Haushalt sollte dann die Nachfrage nach einem Gut A so lange ausdehnen, bis der Grenznutzen der letzten Einheit des Gutes A so groß ist wie der Grenznutzen der ersten Einheit des Gutes B. Würde er noch eine weitere Einheit des Gutes A konsumieren, wenn der Grenznutzen für diese letzte Einheit des Gutes A schon kleiner geworden ist als der Grenznutzen einer zusätzlichen Einheit des Gutes B, dann würde der Gesamtnutzen zwar auch noch steigen, aber geringer als durch den Konsum einer zusätzlichen Einheit des Gutes B. Das Ergebnis dieser Überlegungen ist im 2. Gossen'schen Gesetz festgehalten:

> Das Maximum an Bedürfnisbefriedigung ist erreicht, wenn die Grenznutzen der zuletzt beschafften Teilmengen der Güter gleich sind (2. Gossen'sches Gesetz).

Die Analyse der von einem Haushalt getroffenen Entscheidung ist etwas schwieriger, wenn die Preise der Güter nicht gleich sind. Die nebenstehende Tabelle zeigt: Wenn der Konsument mit 2 Einheiten des Gutes A versorgt ist, dann bringt ihm die 3. Einheit des Gutes A nur einen Grenznutzen von

60, die erste Einheit des Gutes B aber einen Grenznutzen von 70. Wären die Preise für die beiden Güter gleich hoch, dann würde sich bei rationalem Verhalten der Konsument nach der 2. Einheit des Gutes A für die 1. Einheit des Gutes B entscheiden. Der Gesamtnutzen steigt dann um 70; mit der 3. Einheit des Gutes A würde der Gesamtnutzen nur um 60 steigen.

Für die Beschaffung der 1. Einheit des Gutes B muss der Verbraucher auf dem Markt den Preis von 4 Geldeinheiten aufwenden. Mit Gut B hat er je Geldeinheit also einen Nutzengewinn von 70:4 = 17,5. Für die Beschaffung der 3. Einheit des Gutes A müssen 2 Geldeinheiten aufge-

Mengen-einheiten	Gut A Preis: 2 GE	Gut B Preis: 4 GE
	Grenznutzen	
1	80	70
2	70	65
3	60	60
4	50	55
5	40	50
6	30	45
7	20	40
8	10	35

GE = Geldeinheiten

wendet werden. Mit Gut A wird vom Verbraucher je Geldeinheit ein Nutzengewinn von 60:2 = 30 erreicht. Der Verbraucher wird die 3. Einheit des Gutes A wählen.

Wir erkennen: Neben dem Grenznutzen hat das Preisverhältnis der Güter Einfluss auf die Güterkombination des Haushaltsoptimums. Ein rational wirtschaftender Verbraucher wird im Rahmen seiner finanziellen Möglichkeiten so lange fortfahren, die Nachfrage nach einem bestimmten Gut und den Konsum dieses Gutes zu vergrößern, bis der Grenznutzen je dafür aufgewendeter Geldeinheit gleich groß ist wie der Grenznutzen je Geldeinheit, den er bei Kauf eines anderen Gutes erreichen könnte.

Das Haushaltsoptimum ist unter folgender Bedingung gegeben:

$$\frac{\text{Grenznutzen des Gutes A}}{\text{Preis des Gutes A}} = \frac{\text{Grenznutzen des Gutes B}}{\text{Preis des Gutes B}}$$

Hätte der Haushalt sein Haushaltsoptimum erreicht und würde z. B. der Preis des Gutes A sinken, dann würde sich der Grenznutzen erhöhen, der mit Gut A für eine Geldeinheit erreichbar ist. Dies würde den Verbraucher veranlassen, so lange mehr Mengeneinheiten des Gutes A zu kaufen, bis das Haushaltsoptimum (Haushaltsgleichgewicht) wieder erreicht ist. So lässt sich mit der Theorie vom Haushaltsgleichgewicht das Nachfrageverhalten des Verbrauchers auf dem Markt erklären.

4.3 Die Abhängigkeit der individuellen Nachfrage des Haushalts vom Preis

4.3.1 Die Abhängigkeit vom Preis des nachgefragten Gutes

In fast allen Fällen nimmt die Nachfrage nach einem Gut zu, wenn der Preis für dieses Gut sinkt, und nimmt ab, wenn der Preis für dieses Gut steigt. In der nebenstehenden Tabelle wird dieser Sachverhalt am Beispiel des Gutes Kirschen mit angenommenen Zahlen dargestellt.

Die Tabelle zeigt die Planungsvorstellungen eines bestimmten Haushalts an einem bestimmten Tag, z. B. am 23. Juli. Am 24. Juli können dem Verhalten des Haushalts am Markt schon wieder

Nachfrage nach Kirschen	
Preis je kg (in EUR)	nachgefragte Menge (kg)
5,00	1,0
4,50	1,5
4,00	2,0
3,50	3,0
3,00	4,0

andere Vorstellungen zugrunde liegen, z. B. weil sich das Einkommen des Haushalts oder der Preis für ein anderes Gut geändert hat, das in den Erwägungen des Verbrauchers mit dem Kauf von Kirschen in Konkurrenz steht (z. B. Birnen). Die Nachfragemengen, die der Haushalt bei den alternativen Preisen zu kaufen plant, beziehen sich auf einen Zeitraum, in unserem Beispiel auf eine Woche.

Die Tabelle stellt den funktionalen Zusammenhang zwischen der von einem Haushalt nachgefragten Menge an Kirschen und dem Preis dar. Übertragen wir jede in der Tabelle ausgewiesene Kombination von Preis und Nachfragemenge in ein Koordinatensystem und verbinden die Punkte, dann entsteht eine Nachfragekurve. Dabei ist es üblich, den Preis auf der vertikalen Achse und die Menge auf der horizontalen Achse aufzutragen.

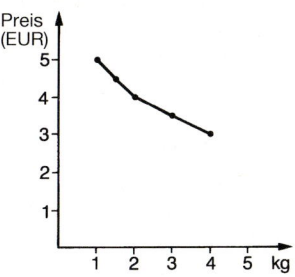

Abbildung 4.3.1

> Die individuelle Nachfragekurve zeigt den Zusammenhang zwischen dem Preis eines Gutes und der Menge des Gutes, die ein Haushalt bei diesem Preis in einer Zeiteinheit nachzufragen plant.

Diese Darstellung ist in der Volkswirtschaftslehre üblich. Wir würden zwischen den bereits dargestellten Punkten noch weitere finden, wenn die in ihrer Wirkung auf die Nachfrage zu untersuchenden Preisänderungen, statt wie hier jeweils auf 0,50 EUR, auf kleinere Abstände festgelegt würden.

Solche kleinen Stufen von Preisänderungen anzunehmen ist aber nur sinnvoll, wenn der Preisunterschied nicht so klein wird, dass die Verbraucher gar nicht mehr reagieren. Wenn der Preis eines Autos von 25 000,00 EUR auf 24 900,000 EUR gesenkt würde, dann wäre kaum eine Reaktion der Autokäufer auf diese Preisänderung zu erwarten. Eine solche Preisdifferenz liegt unter dem **Schwellenwert der Fühlbarkeit.** Deshalb müssten zwischen den einzelnen Punkten, mit denen die Absatzmenge bei einem bestimmten Preis dargestellt wird, eigentlich Sprünge liegen, die diesem Schwellenwert der Fühlbarkeit entsprechen. Der Einfachheit halber werden in der Volkswirtschaftslehre stetige Funktionen unterstellt und die Punkte verbunden. Das geschieht zur Vereinfachung, nicht aber, um eine Präzision vorzugeben, die gar nicht zu leisten ist.

In der Regel sinkt die Nachfrage mit steigendem Preis. Es sind aber auch Situationen denkbar, in denen die Nachfrage mit steigendem Preis größer wird. Dieser paradoxe Fall lässt sich an einem Beispiel erklären: Wenn ein Grundnahrungsmittel, z. B. Brot oder Kartoffel, teurer wird, kann es für einen Haushalt mit niedrigem Einkommen sinnvoll sein, den Konsum von Fleisch und Gemüse einzuschränken und seinen Hunger mit Kartoffeln oder Brot zu stillen. Um satt zu werden, kann sich der Haushalt eine bessere Ernährung nicht mehr leisten. Eine solche Situation wird als **Giffen-Fall**[1] bezeichnet.

Tatsächlich hängt die Nachfragemenge nicht allein vom Preis des nachgefragten Gutes ab, wie dies die Nachfragekurve darstellt. Da es aber sehr viel schwieriger wäre, Einsicht in die komplizierten Zusammenhänge zu gewinnen, wenn wir alle Einflussfaktoren auf einmal ändern würden, haben wir hier einen Kunstgriff angewendet, der in der Wirtschaftstheorie üblich ist. Wir haben nur den Preis verändert und angenommen, dass alle anderen Einflussfaktoren unverändert bleiben.[2] Den Einfluss der anderen Faktoren untersuchen wir dann genauso in isolierter Betrachtung.

---

[1] Giffen, Robert, 1837–1910, engl. Nationalökonom.

[2] In der Wirtschaftstheorie wird diese Bedingung als **Ceteris-paribus-Klausel** bezeichnet. Die Bezeichnung kommt aus dem Lateinischen und bedeutet wörtlich „unter sonst gleichen Umständen".

4.3.2 Die Abhängigkeit der individuellen Nachfrage des Haushalts vom Preis der anderen Güter

Zwischen der von einem Gut nachgefragten Menge und dem Preis anderer Güter gibt es drei mögliche Beziehungen: Fällt der Preis eines Gutes, dann kann die Nachfragemenge nach einem anderen Gut 1. fallen, 2. steigen oder 3. unverändert bleiben.

1. Wenn als Folge eines Preisrückgangs für das Gut A die Nachfrage nach dem Gut B zurückgeht, dann sind die Güter A und B Substitutionsgüter.

Substitutionsgüter können sich gegenseitig ersetzen.

Substitutionsgüter Taxifahrten und Busfahrten Sinken die Preise für Taxifahrten, dann wird sich ein Verbraucher häufiger Taxifahrten leisten und das öffentliche Verkehrsmittel Bus seltener benutzen.

2. Führt ein Preisrückgang für Gut A dazu, dass die Nachfrage nach Gut B steigt, dann sind die beiden Güter A und B **Komplementärgüter.**

Komplementärgüter Auto und Benzin Sinkt der Preis für Autos, dann kann sich ein Haushalt z. B. einen Zweitwagen leisten und er verbraucht auch mehr Benzin.

Die Verwendung eines Komplementärgutes bedingt zwangsweise die Verwendung eines anderen Gutes und fördert deshalb seinen Absatz.

3. Wenn ein Preisrückgang für das Gut A keine Auswirkungen auf die Nachfrage nach dem Gut B hat, dann bestehen zwischen diesen beiden Gütern keine Beziehungen.

4.4 Die Abhängigkeit der individuellen Nachfrage eines Haushalts vom Einkommen und Vermögen des Haushalts

Steigt das Einkommen eines Haushalts, dann wird er normalerweise auch seine Konsumausgaben erhöhen. Von der Erhöhung der Konsumausgaben werden aber nicht alle Güter gleichmäßig betroffen sein.

Für einige Güter bleibt nach der Einkommenserhöhung die Nachfrage völlig unverändert. Dabei handelt es sich um Güter, deren Bedarf mit dem bisherigen Einkommen bereits völlig gedeckt werden konnte. Es ist z. B. unwahrscheinlich, dass die Nachfrage nach Salz größer wird, wenn das Jahreseinkommen eines Haushalts von 30 000 EUR auf 32 000 EUR steigt.

Güter, die bei einer Erhöhung des Einkommens vermehrt nachgefragt werden (oder bei einem Sinken des Einkommens vermindert), sind **superiore Güter.** Sekt wird für die meisten Haushalte ein superioses Gut sein.

Wird nach einer Einkommenserhöhung ein Gut von einem Haushalt verringert nachgefragt (oder nach einer Einkommenssenkung vermehrt), dann handelt es sich um ein **inferiores Gut.** Diese Güter werden bei steigendem Einkommen durch höherwertige (superiore) Güter ersetzt, z. B. Malzkaffee durch Bohnenkaffee.

Man kann von einem Gut nicht sagen, dass es grundsätzlich ein superiores oder ein inferiores Gut ist. Dies zeigt Abbildung 4.4.1.

Fall 1: Das Gut ist in allen Einkommenssituationen ein superioses Gut.

Fall 2: Das Gut ist bis zu einer bestimmten Einkommenshöhe (Y 1) ein superiores Gut. Bei einer weiteren Erhöhung des Einkommens verändert der Haushalt seine Nachfrage nach diesem Gut nicht mehr.

Fall 3: Bis zur Einkommenshöhe Y 2 ist das Gut ein superiores Gut, dann wird es ein inferiores.

Vermögen kann in Einkommen umgewandelt werden. Deshalb kann ein Vermögen den gleichen Einfluss auf die Nachfrage nach einem Gut haben wie das Einkommen.

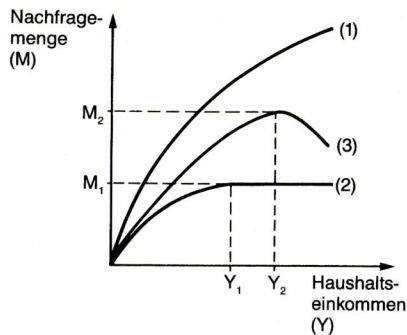

Abbildung 4.4.1

4.5 Die Wirkung einer Änderung der Bedürfnisstruktur auf die individuelle Nachfrage eines Haushalts nach einem Gut

Die Nachfrage eines Haushalts nach einem Gut kann sich ändern, obwohl das Einkommen, der Preis dieses Gutes und der Preis der anderen Güter unverändert blieb. Die Nachfrageänderung ist dann das Ergebnis einer Veränderung der Bedürfnisstruktur des Verbrauchers. Seine Nutzeneinschätzung hat sich für eines oder mehrere Güter geändert. Das ist z. B. der Fall, wenn ein Raucher aus gesundheitlichen Überlegungen das Rauchen einstellt.

4.6 Die Marktnachfrage (Gesamtnachfrage)

Um das Marktgeschehen zu erläutern, benötigen wir die Summe der Nachfragemengen aller Haushalte für ein Gut. Es ist die **Marktnachfrage** oder **Gesamtnachfrage.** Die Marktnachfrage[1] ergibt sich, indem für jeden Preis die Nachfragemengen der einzelnen Haushalte addiert werden. In der Fachsprache der volkswirtschaftlichen Theorie wird diese Zusammenfassung mikroökonomischer Größen zu makroökonomischen Größen als **Aggregation** bezeichnet.

> Unter Marktnachfrage (Gesamtnachfrage) verstehen wir die Nachfrage nach einem Gut auf einem Markt zu alternativen Preisen.

Beispiel für die Aggregation der individuellen Nachfrage von Haushalten zur Marktnachfrage

Rechnerische Aggregation
Wir nehmen an, dass auf dem Markt nur 2 Haushalte als Nachfrager auftreten.

Preis	Mengenmäßige Nachfrage nach Gut A		
	Haushalt 1	Haushalt 2	Marktnachfrage
5	10	0	10
4	20	5	25
3	30	10	40
2	40	15	55
1	50	20	70

[1] Zum Begriff des Marktes siehe 6.1 und 6.2

Grafische Aggregation

Haushalt 1

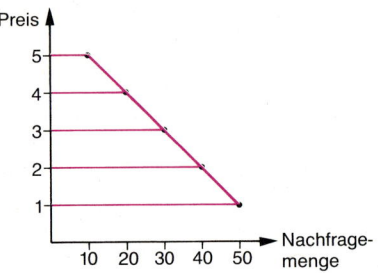

Haushalt 2

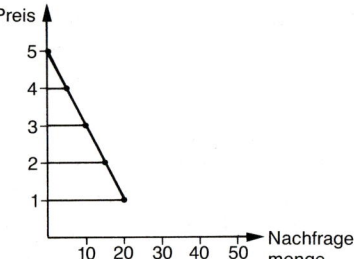

Marktnachfrage

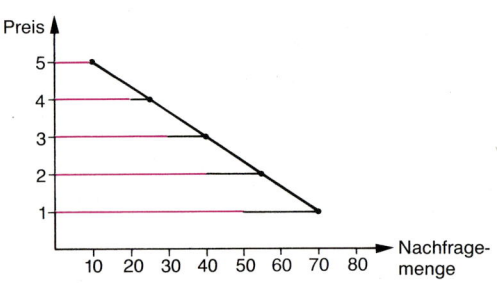

Abbildung 4.6.1

> Die Mikroökonomie hat volkswirtschaftliche Teilgrößen zum Gegenstand.
>
> Die Makroökonomie befasst sich mit volkswirtschaftlichen Gesamtgrößen.

Mikroökonomische Größen (z. B.): die Nachfrage der Reisebusunternehmung Binder nach Dieselkraftstoff, die Nachfrage des Katharinen-Hospitals Stuttgart nach Röntgengeräten.

Makroökonomische Größen (z. B.): die Gesamtnachfrage (Marktnachfrage) nach Dieselkraftstoff in der Bundesrepublik, die Gesamtnachfrage nach Röntgengeräten in der Bundesrepublik, die gesamtwirtschaftliche Nachfrage nach Gütern (gesamtwirtschaftliche Endnachfrage) in der Bundesrepublik.

Gehen wir von der individuellen Nachfragekurve zur Gesamtnachfrage über, dann ist zu beachten, dass sich das Einkommen jetzt auf das Gesamteinkommen bezieht. Bei einer Einkommenserhöhung um (z. B.) durchschnittlich 10 % kann es aber für die Auswirkung auf dem Markt nicht gleichgültig sein, ob alle Einkommen gleichmäßig um 10 % erhöht werden oder ob sich der Gesamtbetrag der Einkommenserhöhung auf die Gruppe der Spitzeneinkommen konzentriert. Auf die Gesamtnachfrage hat somit auch die **Einkommensverteilung** Einfluss.

Abbildung 4.6.2

4.7   Verschiebungen der Gesamtnachfragekurve

Die Gesamtnachfragekurve (Abb. 4.6.1) zeigt, dass bei verschiedenen Preisen von den Verbrauchern verschiedene Mengen nachgefragt werden. Die **Preisänderung** ist die Ursache der Änderung der Nachfragemenge.

Ändert sich die Nachfrage nach einem Gut, weil sich **eine der anderen Einflussgrößen** (z. B. das Einkommen) geändert hat, dann ergibt sich in der grafischen Darstellung eine Verschiebung der Nachfragekurve. Wenn man in der Volkswirtschaftslehre von einer Vergrößerung der Nachfrage spricht, dann meint man den Sachverhalt, der durch eine **Kurvenverschiebung** dargestellt wird, d. h. bei jedem der alternativen Preise ist die Nachfrage größer geworden.

Änderungen des Einkommens als Ursache für Verschiebungen der Nachfragekurve		
Preis	**Nachfragemenge**	
	bisheriges Einkommen (1)	neues Einkommen (2)
10	110	140
20	90	120
30	70	100
40	55	85
50	40	70
60	30	60
70	20	50

In unserem Beispiel:

Bei einem Preis von 10 werden jetzt 140 statt bisher nur 110 nachgefragt; bei einem Preis von 20 werden jetzt 120 statt bisher 90 nachgefragt.

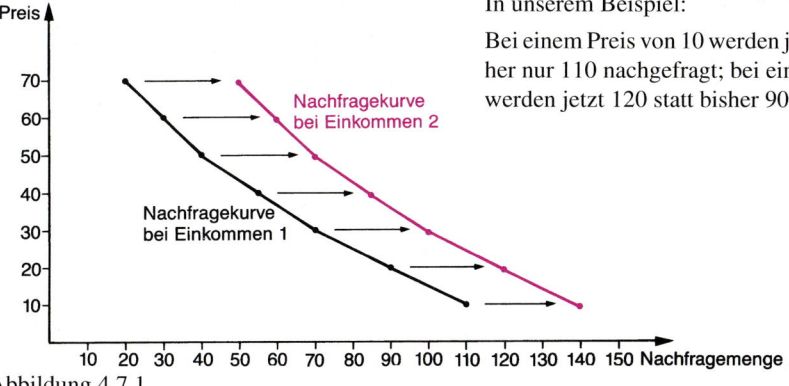

Abbildung 4.7.1

Ursachen für die Verschiebung der Nachfragekurve können (u. a.) sein: Veränderung der Bedürfnisstruktur (das Gut wird höher oder niedriger eingeschätzt), der Einkommenshöhe, die Preise anderer Güter (Substitutions- oder Komplementärgüter), die Zahl der Nachfrager.

4.8   Die Elastizität der Nachfrage

4.8.1   Die Bedeutung der Preiselastizität der Nachfrage

Als Grundlage für Maßnahmen der staatlichen Wirtschaftspolitik ebenso wie für unternehmerische Entscheidungen genügt es oft nicht, eine Vorstellung davon zu haben, dass die nachgefragte Menge eines Gutes grundsätzlich von der Höhe des Preises abhängt. Als Entscheidungsgrundlage ist es wichtig, mit einiger Zuverlässigkeit zu wissen, in welchem **Ausmaß** die Nachfrager auf eine Preisänderung reagieren.

Für die **staatliche Wirtschaftspolitik** hat das Ausmaß der Reaktion der Nachfrage auf Preisänderungen z. B. Bedeutung, wenn in einer Volkswirtschaft die Milchproduktion durch einen staatlich garantierten Festpreis für Butter subventioniert wird, der über dem bisherigen Marktpreis liegt. Die Verbraucher werden dadurch veranlasst, ihre Nachfrage einzuschränken. In welchem Umfang der Staat zur Stützung dieses Preises Finanzmittel zum Aufkauf und zur Einlagerung von Butter aufzuwenden hat, hängt also u. a. davon ab, wie die Nachfrager auf diesen Festpreis reagieren.

Gilt für Butter die Nachfragekurve 1 im unten stehenden Bild 4.8.1, dann wird die Festlegung eines staatlichen Festpreises über dem Marktpreis zu einem relativ großen Rückgang der Nachfrage führen, der durch staatliche Aufkäufe ausgeglichen werden muss. Verhält sich die Nachfrage nach Butter aber so, wie dies die Nachfragekurve 2 darstellt, dann geht die Nachfrage nach Butter aufgrund des staatlichen Festpreises nur geringfügig zurück.

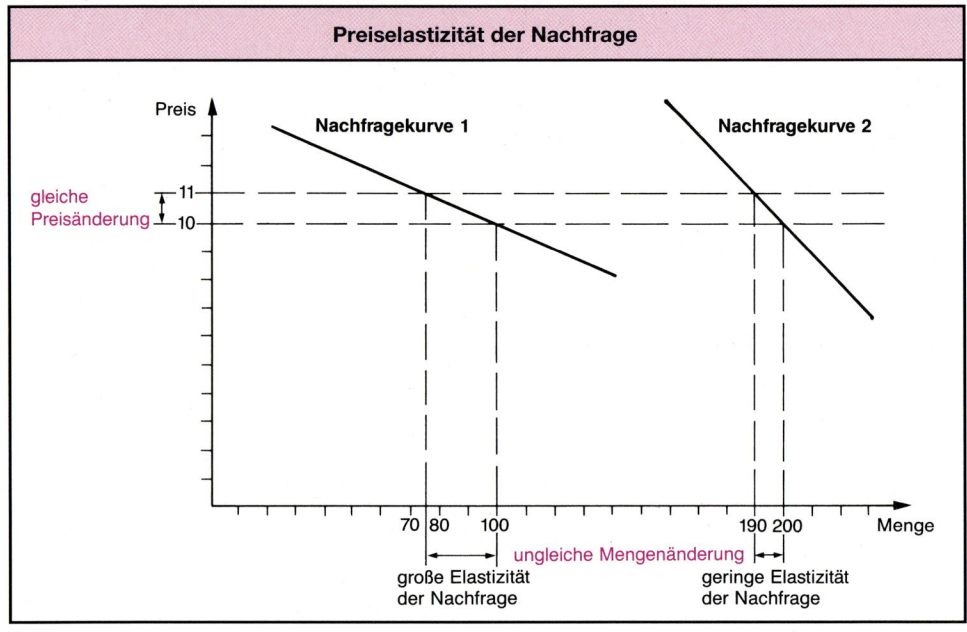

Abbildung 4.8.1

Da die Landwirte aufgrund des erhöhten Festpreises die Milchproduktion ausweiten werden, hängt die Größe des durch den Staat zu finanzierenden Marktüberschusses außerdem noch von dem Ausmaß der Reaktion der Anbieter ab.

Ist in einer Automobilfabrik die **unternehmerische Entscheidung** zu treffen, ob und in welchem Umfang eine Preiserhöhung durchgeführt werden soll, dann ist zu bedenken, wie die Käufer darauf reagieren. Die Nachfragemenge für ein Gut multipliziert mit dem Preis dieses Gutes ergibt die Ausgabensumme der Konsumenten für dieses Gut. Aus der Sicht des Unternehmens entspricht dies der Absatzmenge multipliziert mit dem Preis und ergibt den Erlös des Unternehmens aus diesem Produkt. Die Reaktion der Nachfrager auf eine Preisänderung bestimmt also darüber, ob und in welchem Umfang der Erlös des Unternehmens aufgrund einer Preisänderung steigt oder fällt.

4.8.2 Die Messung der direkten Preiselastizität der Nachfrage

Wird der Preis für einen bestimmten Autotyp von 20 000,00 EUR auf 20 100,00 EUR erhöht, dann wird dies keine spürbaren Auswirkungen auf die Nachfrage haben. Wird der Preis eines Radiogeräts ebenfalls um 50,00 EUR von 200,00 EUR auf 250,00 EUR erhöht, dann wird die Nachfrage stark zurückgehen. Es wäre aber sinnlos, aus dieser Erfahrung die Behauptung abzuleiten, dass die Nachfrager nach Autos geringer auf Preisänderungen reagieren als die Nachfrager nach Radiogeräten. Der Preis des Autos wurde nur um $1/2\,\%$ erhöht, der Preis für das Radiogerät um 25 %. Auf eine Preiserhöhung um 25 % würde auch die Automobilnachfrage kräftig reagieren. Aussagekräftig ist nur die Relation der prozentualen Preisänderung zu der daraus sich ergebenden mengenmäßigen Nachfrageänderung. Aus diesen Überlegungen entwickelte die Wirtschaftstheorie das Instrument der Preiselastizität der Nachfrage.

$$\text{Preiselastizität der Nachfrage (EI}_N\text{)} = \frac{\text{prozentuale Änderung der Nachfragemenge}}{\text{prozentuale Preisänderung}} = \frac{\dfrac{\Delta x \cdot 100}{x}}{\dfrac{\Delta p \cdot 100}{p}} = \frac{\Delta x \cdot p}{\Delta p \cdot x}$$

Dabei bedeuten: p = ursprünglicher Preis, Δ p = Veränderung des Preises, x = ursprüngliche Nachfragemenge, Δ x = Veränderung der Nachfragemenge.[1]

Der Wert der Preiselastizität der Nachfrage kann zwischen 0 und unendlich liegen. Beträgt er 0, reagiert die Nachfrage auf Preisänderungen überhaupt nicht (Bild 4.8.2). Die Nachfrage reagiert **vollkommen unelastisch.**

Ist die Elastizität größer als 0, dann reagiert die Nachfrage auf Preisänderungen. Liegt der Wert der direkten Preiselastizität unter 1, dann ist die prozentuale Preisänderung größer als die dadurch verursachte prozentuale Änderung der Nachfragemenge; man spricht dann von einer **unelastischen Nachfrage.** Ist der Wert der direkten Preiselastizität größer als 1, dann ist die prozentuale Preisänderung kleiner als die prozentuale Änderung der Nachfrage. Die Nachfrage wird als **elastische Nachfrage** bezeichnet. Abbildung 4.8.3 zeigt eine Nachfragekurve mit einer Elastizität von 1 an jeder Stelle der Kurve.

Abbildung 4.8.4 stellt den Grenzfall einer Nachfragekurve mit unendlicher Elastizität dar. Zu einem Preis über dem kritischen Preis p kaufen die Nachfrager nichts. Zum kritischen Preis p kaufen die Nachfrager alles, was sie überhaupt bekommen können. Die Nachfrage ist **vollkommen elastisch.**

Bei normaler Reaktion der Nachfrager (bei superioren Gütern) nimmt die Nachfragemenge ab, wenn der Preis steigt. Wie das Berechnungsbeispiel für Gut A zeigt, ist das **mathematische** Ergebnis der Berechnung der Preiselastizität immer negativ. In der Wirtschaftswis-

Vollkommen unelastische Nachfrage

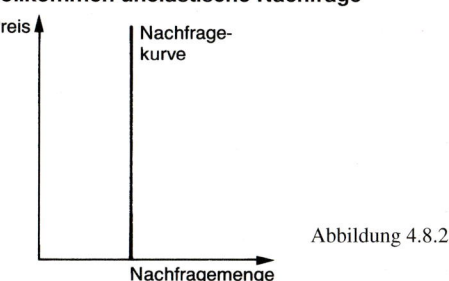

Abbildung 4.8.2

Elastizität der Nachfrage = 1
(an jeder Stelle der Nachfragekurve)

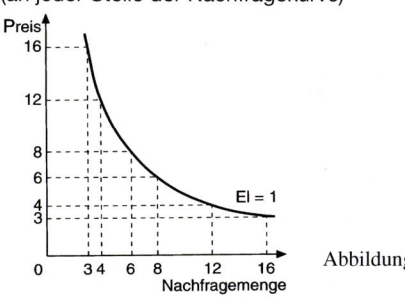

Abbildung 4.8.3

Vollkommen elastische Nachfrage

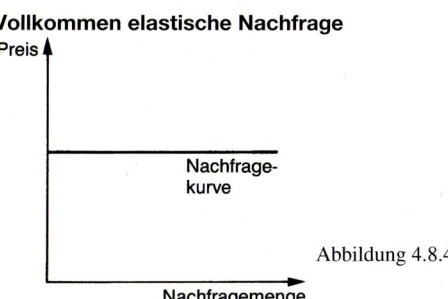

Abbildung 4.8.4

---

[1] Δ, sprich: Delta, Buchstabe des griechischen Alphabets, entspricht dem deutschen D.

senschaft gilt aber die Übereinkunft, dass die **direkte Preiselastizität der Nachfrage** immer als positiver Wert angegeben wird. Sonst hätte ein Gut, bei dem die Verbraucher empfindsamer auf Preisänderungen reagieren (siehe Berechnung für Gut B) einen kleineren Zahlenwert der Elastizität, denn $-1,0$ ist kleiner als $-0,5$. Die Formel zur Berechnung der Preiselastizität der Nachfrage müsste also korrekt wie folgt angegeben werden:

> Elastizität (El. dir.) =
>
> (-1) $\dfrac{\text{prozentuale Änderung der Nachfragemenge}}{\text{prozentuale Preisänderung}}$

Alle anderen Arten von Elastizitäten der Nachfrage werden mit dem Vorzeichen ausgewiesen, das sich aus der Berechnung ergibt.

Wählt man, wie wir das in den Beispielen getan haben, als Bezugspunkt zur Berechnung der prozentualen Abweichungen immer Preis und Absatzmenge, wie sie vor der Preisänderung bestanden, dann erhalten wir unterschiedliche Werte für die Elastizität, je nachdem ob wir von einer Preiserhöhung oder einer Preissenkung ausgehen. Am Beispiel des Gutes A: Gehen wir von einer Preissenkung aus, dann steigt die Nachfrage prozentual um $33^{1}/_{3}\%$ und der Preis sinkt um $33^{1}/_{3}\%$. Als Elastizität ergäbe sich der Wert von 1,0, statt des unter Annahme einer Preiserhöhung für die gleiche Situation berechneten Wertes von 0,5.

Diese Schwäche der Berechnung kann überwunden werden, wenn als Berechnungsgrundlage ein Durchschnittspreis zwischen dem bisherigen Preis (p_1) und dem neuen Preis (p_2) und für die Nachfragemenge ein Durchschnitt zwischen der Absatzmenge bei dem bisherigen Preis (x_1) und dem neuen Preis (x_2) verwendet wird. Aus dieser Berechnung ergibt sich als durchschnittliche Elastizität zwischen den beiden Punkten der Nachfragekurve die **Bogenelastizität.**

> Bogenelastizität =
>
> $\dfrac{\Delta x}{\Delta p} \cdot \dfrac{(p_1 + p_2) \cdot 0,5}{(x_1 + x_2) \cdot 0,5}$

Berechnung einer Preiselastizität der Nachfrage für das Gut A

	Preis	Nachfragemenge
bisher	4	40
jetzt	6	30

Prozentuale Mengenänderung:
-25%
Prozentuale Preisänderung:
$+50\%$
Elastizität $= \dfrac{-25}{+50} = -0,5$

Berechnung einer Preiselastizität der Nachfrage für das Gut B

	Preis	Nachfragemenge
bisher	4	40
jetzt	6	20

Prozentuale Mengenänderung:
-50%
Prozentuale Preisänderung:
$+50\%$
Elastizität $= \dfrac{-50}{+50} = -1,0$

Berechnung der Elastizität des Gutes A als Bogenelastizität

Durchschnitt der Preise:
$(4 + 6) : 2 = 5$
Durchschnitt der Nachfragemengen:
$(40 + 30) : 2 = 35$
El. $= \dfrac{10 \times 5}{2 \times 35} = \dfrac{50}{70} = 0,71$

Ausgewählte Preiselastizitäten der Nachfrage

Kartoffeln	0,68
Rindfleisch	0,50
Schweinefleisch	0,45
Butter	0,70
Milch	0,31
Zucker	0,44
Orangen	0,97
Juwelen	2,6
Autoreifen	0
Ortsgespräche	1,0

Quelle: Woll, Allgemeine Volkswirtschaftslehre, 9. Auflage, S. 114

Der Grenzwert der Bogenelastizität wird als **Punktelastizität** bezeichnet. Die Berechnung der Punktelastizität geht von einer unendlich kleinen Änderung des Preises aus und gilt nur für einen bestimmten Punkt der Nachfragekurve.

Bereiche der Preiselastizität		
	Preiserhöhung	**Preissenkung**
Elastizität < 1	Ausgabensumme des Haushalts steigt	Ausgabensumme des Haushalts sinkt
Elastizität > 1	Ausgabensumme des Haushalts sinkt	Ausgabensumme des Haushalts steigt
Elastizität = 1	Ausgabensumme des Haushalts unverändert	

Abbildung 4.8.5

4.8.3 Andere Arten der Nachfrageelastizität

▶ *Einkommenselastizität der Nachfrage*

Die Nachfrage nach einem Gut hängt nicht nur vom Preis des nachgefragten Gutes und dem Preis anderer Güter, sondern auch vom Einkommen der Haushalte ab. Ein Instrument zur Analyse dieser Abhängigkeit ist die Einkommenselastizität.

$$\text{Einkommenselastizität der Nachfrage} = \frac{\text{prozentuale Änderung der Nachfragemenge}}{\text{prozentuale Einkommensänderung}} = \frac{\Delta x}{\Delta e} \cdot \frac{e}{x}$$

Dabei bedeuten: x = ursprüngliche Nachfragemenge, Δx = Veränderung der Nachfragemenge, e = Einkommen, Δe = Veränderung des Einkommens.

Bei **superioren Gütern** führt eine Erhöhung des Einkommens zu einer Steigerung der Nachfrage. Für die Einkommenselastizität ergibt sich damit ein positiver Wert. Bei **inferioren Gütern** ergibt sich eine negative Einkommenselastizität, weil die Nachfrage nach diesen Gütern mit zunehmendem Einkommen sinkt. Reagiert die Nachfrage nach einem Gut auf eine Einkommensänderung überhaupt nicht, dann hat das Gut eine Einkommenselastizität von 0.

Engel[1] hat im 19. Jahrhundert festgestellt, dass mit steigendem Einkommen die Ausgaben für Grundnahrungsmittel zwar steigen, ihr prozentualer Anteil am Einkommen aber sinkt. Das Gleiche stellte Schwabe[2] für Mietausgaben fest. Die Einkommenselastizität für Grundnahrungsmittel und Wohnraumnutzung ist also kleiner als 1. Diesen Zusammenhang bezeichnet man als das **Schwabe-Engel'sche Gesetz.**

▶ *Preis-Kreuzelastizität/Kreuz-Preiselastizität, indirekte Preiselastizität*

Die Reaktion der Nachfrage nach einem Gut auf eine Preisänderung eines anderen Gutes ist oft von erheblicher Bedeutung. So interessiert es z. B. die Anbieter von Autos der gehobenen Klasse, wie sich die Nachfrage nach den von ihnen hergestellten Autos verändert, wenn der Benzinpreis auf Dauer

---

[1] Engel, Ernst, 1821–1896, Statistiker.

[2] Schwabe, Hermann, 1830–1874, Statistiker.

steigt. Diese Reaktion wird mit der Kreuz-Preiselastizität (indirekten Elastizität = El. ind.) gemessen.[1] Bei der Kreuz-Preiselastizität bezieht sich die Nachfrageänderung nicht auf eine Preisänderung des dazugehörigen Gutes, sondern auf die Preisänderung eines beliebigen anderen Gutes.

$$\text{El.ind.}_A = \frac{\text{prozentuale Änderung der Nachfragemenge für das Gut A}}{\text{prozentuale Preisänderung für das Gut B}} = \frac{\Delta x_A}{\Delta p_B} \cdot \frac{p_B}{x_A}$$

Autos und Gummireifen sind **Komplementärgüter.** Sinkt der Preis für Autos, dann steigt die Nachfrage nach Autos und nach Gummireifen. Preisänderung und Nachfrageänderung haben bei komplementären Gütern umgekehrte Vorzeichen. Die Elastizitätskennziffer der indirekten Preiselastizität der Nachfrage ist bei komplementären Gütern negativ.

Butter und Margarine sind **Substitutionsgüter.** Steigt der Preis für Butter, dann steigt auch die Nachfrage nach Margarine. Preisänderung und Nachfrageänderung haben die gleichen Vorzeichen. Die Elastizitätskennziffer der indirekten Preiselastizität ist bei Substitutionsgütern positiv. Bei Substitutionsgütern ist die Kreuz-Preiselastizität ein Maß für die Intensität der Konkurrenz, die zwischen den beiden Gütern besteht.

Abbildung 4.8.6

4.9 Exkurs: Grafische Darstellung des Nachfrageverhaltens am Gütermarkt

Wir haben unter 4.1.–4.8. das Verhalten der Verbraucher am Gütermarkt rein verbal dargestellt und erläutert. Der leichteren Verständlichkeit wegen mussten wir dabei unter 4.2 die Unterstellung machen, dass der Nutzen kardinal messbar sei, was tatsächlich nicht möglich ist. Dies kann man vermeiden, wenn man zur Darstellung und Erläuterung des Nachfrageverhaltens die in der Wissenschaft übliche grafische Darstellung benutzt.

4.9.1 Nutzenerwägungen des Haushalts

Wir gehen davon aus, dass ein Verbraucher unter zwei Güterbündeln das herausfinden kann, das ihm in seiner besonderen Situation den größten Nutzen bringt. Ein Verbraucher muss z. B. entscheiden, ob ihm die Güterkombination von 2 kg Erdbeeren und 4 kg Kirschen gleich viel, weniger oder mehr wert ist als die Güterkombination von 1 kg Erdbeeren und 5 kg Kirschen. Erscheinen ihm die beiden Güterkombinationen gleich viel wert, dann verhält er sich zu ihnen **indifferent.** Stellt ein Haushalt

---

[1] Die Formel zur Berechnung der indirekten Elastizität lässt sich wie folgt ableiten:

$$\text{El. ind.}_A = \frac{\Delta x_A \cdot 100}{x_A} : \frac{\Delta p_B \cdot 100}{p_B} = \frac{\Delta x_A \cdot 100 \cdot p_B}{x_A \cdot \Delta p_B \cdot 100} = \frac{\Delta x_A \cdot p_B}{\Delta p_B \cdot x_A}$$

durch Wahlentscheidungen zwischen verschiedenen Güterkombinationen eine Rangordnung her, die seiner Nutzeneinschätzung entspricht, dann entsteht eine **Präferenzordnung:**

4 kg Erdbeeren, 5 kg Kirschen > 2   kg Erdbeeren, 6   kg Kirschen
2 kg Erdbeeren, 6 kg Kirschen > 1   kg Erdbeeren, 7   kg Kirschen
1 kg Erdbeeren, 7 kg Kirschen ~ 1,5 kg Erdbeeren, 5,5 kg Kirschen

> wird vorgezogen
~ ist gleichwertig

Im Folgenden gehen wir davon aus, dass jeder Haushalt eine solche Präferenzordnung hat und dass er mit keinem Gut so gesättigt ist, dass für ihn eine zusätzliche Versorgung mit diesem Gut ohne Bedeutung wäre. 2 kg Erdbeeren und 5 kg Kirschen sind ihm also immer lieber als 2 kg Erdbeeren und 4 kg Kirschen; er gewinnt mit der neuen Güterkombination ja 1 kg Kirschen, ohne an Erdbeeren zu verlieren.

Güterkombinationen können in einem Koordinatensystem dargestellt werden. In Abbildung

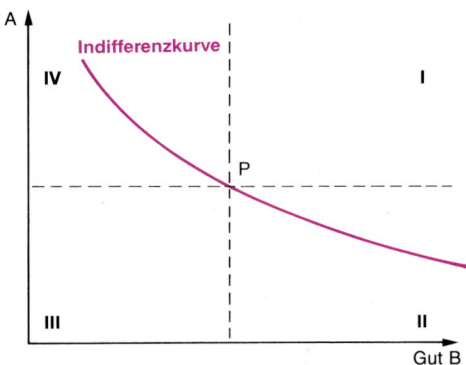

Abbildung 4.9.1

4.9.1 sind Güterkombinationen dargestellt, die von einem Verbraucher als gleichwertig angesehen werden. Die Verbindung dieser Punkte ergibt eine **Indifferenzkurve.**

> Eine Indifferenzkurve ist der geometrische Ort aller Güterkombinationen, die von einem Individuum als gleichwertig angesehen werden.

Wir gehen von Punkt P aus. Das Koordinatensystem haben wir in 4 Bereiche eingeteilt. Die Punkte für gleichwertige Güterkombinationen können nur in den Bereichen II und IV liegen. Im Bereich I können nur die Güterkombinationen liegen, die mindestens von einem Gut mehr als im Punkt P enthalten. Solche Kombinationen können nicht gleichwertig P sein, sondern werden immer vorgezogen. 3 kg Erdbeeren und 4 kg Kirschen zieht der Verbraucher einer Kombination von nur 2 kg Erdbeeren und 4 kg Kirschen vor. Im Bereich III enthalten alle möglichen Kombinationen zumindest von einem Gut weniger als die Kombination P. Diese Kombinationen bringen deshalb nach der Entscheidung des Verbrauchers immer einen geringeren Nutzen als die Kombination im Punkt P. Daraus ergibt sich:

> Indifferenzkurven können sich nicht schneiden.

Indifferenzkurven können sich deshalb nicht schneiden, weil sonst ein Verbraucher zwei Güterbündel als gleich wertvoll einschätzen müsste, obwohl in dem 2. Güterbündel die gleiche Menge des Gutes A wie im Bündel 1 enthalten ist, jedoch mehr von Gut B. Wenn der Verbraucher mit dem Gut B noch nicht gesättigt ist, dann muss er aber das Güterbündel, das vom Gut B die größere Menge enthält, höher einschätzen.

Eine Indifferenzkurve zeigt ein bestimmtes **Versorgungsniveau** (eine bestimmte Versorgungsklasse) an.

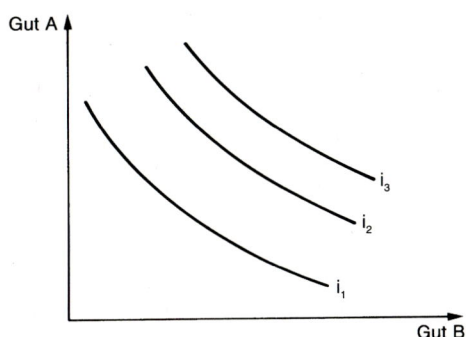

Abbildung 4.9.2

Je weiter die Indifferenzkurve vom Ursprung entfernt ist, umso höher ist das Versorgungsniveau.

Der Abstand der Indifferenzkurven sagt jedoch nichts darüber, um wie viel der Nutzen höher ist.

Die Indifferenzkurve zeigt Güterkombinationen, die der Verbraucher gleich einschätzt. Die Indifferenzkurve zeigt damit auch, dass ein Gut durch ein anderes Gut ersetzt (substituiert) werden kann, ohne dass das Versorgungsniveau geändert wird.

Als Substitution bezeichnet man die Ersetzung eines wirtschaftlichen Gutes durch ein anderes.

Der Substitutionsvorgang ist im Schaubild 4.9.3 dargestellt. Wir ersetzen in unserem Beispiel Erdbeeren durch Kirschen. In Punkt P_1 ist der Haushalt reichlich mit Erdbeeren versorgt. In dieser Situation würde der Haushalt 2 kg Erdbeeren für 1 kg Kirschen abgeben, ohne das als Veränderung des Versorgungsniveaus zu empfinden. In Punkt P_2 ist der Haushalt besser als in Punkt 1 mit Kirschen versorgt. Jetzt würde er nur noch 1,5 kg Erdbeeren für einen Zuwachs an der Versorgung um 1 kg Kirschen geben. In dem Schaubild, das die fortlaufende Substitution von Erdbeeren durch Kirschen

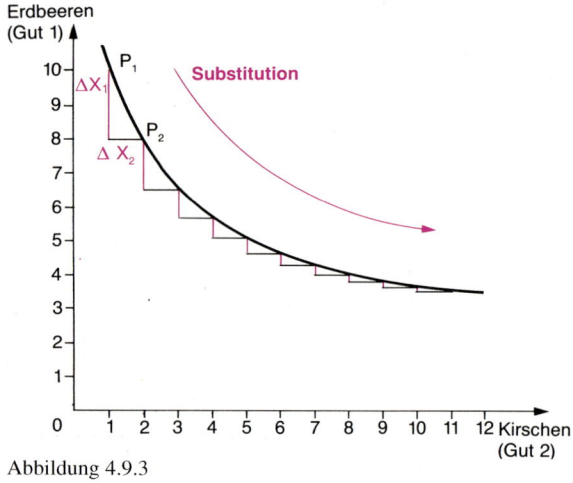

Abbildung 4.9.3

zeigt, werden die Treppenstufen immer niedriger. Die Höhe dieser Stufen zeigt die Grenzrate der Substitution von Erdbeeren durch Kirschen.

Die Grenzrate der Substitution des Gutes 1 durch das Gut 2 ist die Menge des Gutes 1, deren Abgang durch den Zugang von einer Einheit des Gutes 2 gerade so ausgeglichen wird, dass das Versorgungsniveau unverändert bleibt.

$$\text{Grenzrate der Substitution} = \frac{\text{Abnahme des zu ersetzenden Gutes}}{\text{Zunahme des ersetzendes Gutes}} = \frac{\Delta x_1}{\Delta x_2}$$

Die Grenzrate der Substitution ist ein Maß für die Steigung der Indifferenzkurve. Mathematisch wird das Ergebnis umso genauer, je kleiner Δx_2 gewählt wird.

Wenn Güter sich nicht ersetzen können, sondern das eine Gut zwangsläufig die Verwendung des anderen Gutes bedingt, gibt es keine Grenzrate der Substitution (linker Schuh – rechter Schuh; Auto – Gummireifen). Solche Güter nennt man **Komplementärgüter.**

4.9.2 *Eingrenzung der Entscheidungsmöglichkeiten des Haushalts durch Einkommen und Güterpreise*

Die Indifferenzkurven eines Haushalts zeigen die Präferenzordnung der Bedürfnisse. Der Haushalt wird versuchen, mit seinen gegebenen Möglichkeiten die nach seiner Wertschätzung bestmögliche Güterversorgung zu verwirklichen.

Wir nehmen an, der Haushalt gibt sein gesamtes Einkommen aus, d. h. er spart nicht. Die Güter, die er nachfragt, sind nur zu einem bestimmten Preis zu bekommen und der Anteil des Haushalts an der Gesamtnachfrage ist so klein, dass eine Veränderung seiner Nachfrage keine Wirkung auf die Höhe des Preises hat. Gibt der Haushalt sein gesamtes Einkommen (e) nur für ein Gut mit dem Preis p_1 aus, dann können wir die gekaufte Menge des Gutes 1 (x_1) einfach berechnen:

$$x_1 = \frac{e}{p_1}$$

Bei einem Einkommen von 1 000 und einem Güterpreis von 20 können 50 Einheiten des Gutes 1 gekauft werden. Gibt der Haushalt sein gesamtes Einkommen für ein Gut 2 mit dem Preis p_2 aus, dann lässt sich die gekaufte Menge des Gutes 2 in gleicher Weise berechnen:

$$x_2 = \frac{e}{p_2}$$

Mit dem Einkommen von 1 000 können von dem Gut 2 mit dem Preis 25 dann 40 Einheiten gekauft werden. Verteilt der Haushalt sein Einkommen auf die beiden Güter 1 und 2, dann ergeben sich folgende Möglichkeiten, die in einer Bilanzgleichung des Haushalts ausgedrückt werden können:

$$e = p_1 \cdot x_1 + p_2 \cdot x_2$$

Wegen der konstanten Preise der beiden Güter ergibt die Darstellung all der Güterkombinationen, die ein Haushalt mit einem bestimmten Einkommen kaufen kann, eine Gerade.[1] Das Steigungsmaß der Geraden hängt, wie das Schaubild zeigt, ab von dem Verhältnis der Preise der Güter 1 und 2.

> Die Bilanzgerade des Haushalts ist der geometrische Ort aller Güterkombinationen, die ein Haushalt bei einer gegebenen Konsumsumme und gegebenen Güterpreisen maximal erwerben kann.

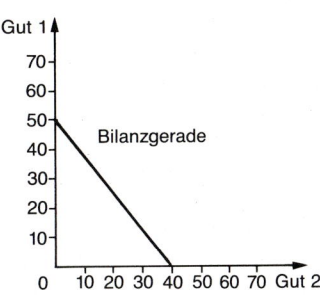

Abbildung 4.9.4

Indifferenzkurven zeigen Bedürfnisstrukturen, Bilanzgeraden zeigen die Realisierbarkeit der Bedürfnisbefriedigung. Mithilfe der Indifferenzkurven und der Bilanzgeraden können wir den Verbrauchsplan des Haushalts grafisch bestimmen. Die Bilanzgerade zeigt die Güterkombinationen an, die aufgrund des Einkommens realisiert werden können. Alle anderen Kombinationen können wir deshalb außer Acht lassen.

Obwohl der Haushalt zwei Güterkombinationen auf der Indifferenzkurve 1 verwirklichen könnte, wird er es nicht tun. Er kann ja auch eine Güterkombination verwirklichen, die auf der Indifferenzkurve 2 liegt und deshalb ein höheres Versorgungsniveau garan-

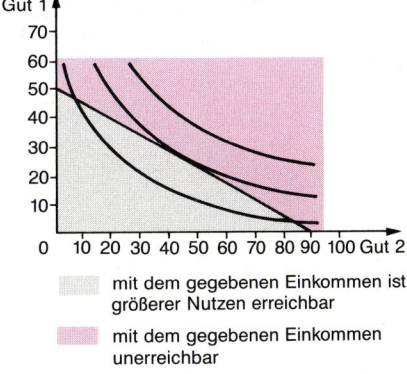

mit dem gegebenen Einkommen ist größerer Nutzen erreichbar

mit dem gegebenen Einkommen unerreichbar

Abbildung 4.9.5

---

[1] Die von einem Haushalt unter den gegebenen Bedingungen kaufbare Menge x des Gutes 1 lässt sich als Funktion der Menge x_2 ausdrücken. Aus der Bilanzgleichung des Haushalts lässt sich ableiten:

$$x_1 = -\frac{p_2}{p_1} + \frac{e}{p_1}$$

tiert. Indifferenzkurven verlaufen konvex, d. h. alle Indifferenzkurven mit höherem Versorgungsniveau als Indifferenzkurve 2, die von der Bilanzgeraden tangiert wird, entfernen sich mit ihrer Krümmung von der Bilanzgeraden. Die Indifferenzkurve mit dem nächst höheren Versorgungsniveau als bei der Indifferenzkurve 2 ist deshalb mit all ihren Punkten noch weiter von der Bilanzgeraden entfernt als die Punkte der Indifferenzkurve 2. Also sind die Punkte auf einem höheren Versorgungsniveau, als durch die Indifferenzkurve 2 angezeigt wird, mit dem gegebenen Einkommen unerreichbar.

Der Tangentialpunkt der Bilanzgeraden an die Indifferenzkurve 2 gibt die Güterkombination an, die der Haushalt nachfragt, der seinen Nutzen maximieren will. Alle rechts davon liegenden Güterkombinationen sind mit dem gegebenen Einkommen nicht erreichbar, alle links davon liegenden Güterkombinationen bringen einen geringeren Nutzen.

> Die optimale Güterkombination im Verbrauchsplan eines Haushalts wird angezeigt von dem Tangentialpunkt der Bilanzgeraden des Haushalts an einer Indifferenzkurve.

Beim Punkt des optimalen Verbrauchsplans sind die Steigung der Bilanzgeraden und die Steigung der Indifferenzkurve gleich groß. Da die Steigung der Indifferenzkurve ausgdrückt wird durch die Grenzrate der Substitution $\frac{\Delta x_1}{\Delta x_2}$ und die Steigung der Bilanzgeraden durch das Verhältnis $-\frac{p_2}{p_1}$, gilt für den Punkt des optimalen Verbrauchsplans, dass dort die Grenzrate der Substitution gleich dem umgekehrten Verhältnis der Güterpreise ist.

4.9.3   Ableitung der Nachfragekurve

Mit der grafischen Methode lässt sich die Abhängigkeit der Nachfrage vom Preis anschaulich zeigen.

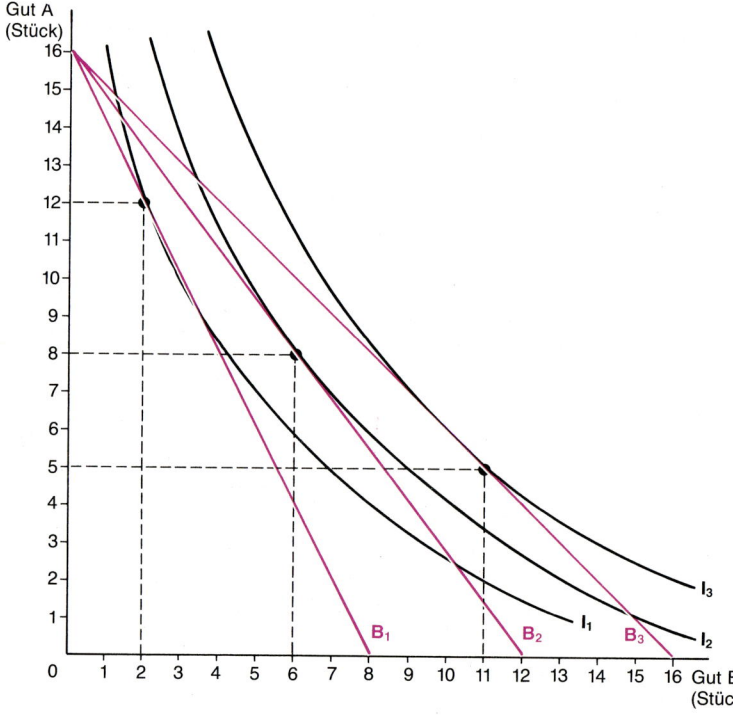

Abbildung 4.9.6

Abbildung 4.9.6 stellt die folgende Situation dar:

Es steht ein **Haushaltseinkommen von 2400 Geldeinheiten** zur Verfügung.

Bilanzgerade 1 (B_1) weist aus, dass für Gut A ein Preis von 150 Geldeinheiten zu zahlen ist (2400 : 16 = 150). Bei Verwendung des gesamten Haushaltseinkommens für Gut A können 16 Stück erworben werden. Der Preis für Gut B beträgt 300 Geldeinheiten. Bei Verwendung des gesamten Geldeinkommens für Gut B können 8 Stück erworben werden.

Bilanzgerade 2 (B_2) stellt die Situation dar, dass der Preis für Gut A unverändert blieb (150 Geldeinheiten), der Preis für Gut B aber auf 200 Geldeinheiten gesunken ist. Bei Verwendung des gesamten Haushaltseinkommens für Gut B können jetzt 12 Stück gekauft werden.

Bilanzgerade 3 (B_3) lässt erkennen, dass der Preis für Gut B weiter auf 150 Geldeinheiten gesunken ist. Mit dem Haushaltseinkommen können jetzt 16 Stück des Gutes B gekauft werden.

Jede Preissenkung für das Gut B ermöglicht es dem Haushalt, eine Indifferenzkurve mit einem höheren Versorgungsniveau zu erreichen. Gut A, dessen Preis unverändert blieb, wird durch das billiger gewordene Gut B ersetzt, von dem mehr als bisher gekauft wird.

Abbildung 4.9.7 stellt die Abhängigkeit der Nachfrage nach dem Gut B von dem Preis dieses Gutes dar. Die Nachfragemengen zu den verschiedenen Preisen sind aus der Abbildung 4.9.6 übernommen.

Preis des Gutes B	nachgefragte Menge des Gutes B
300	2
200	6
150	11

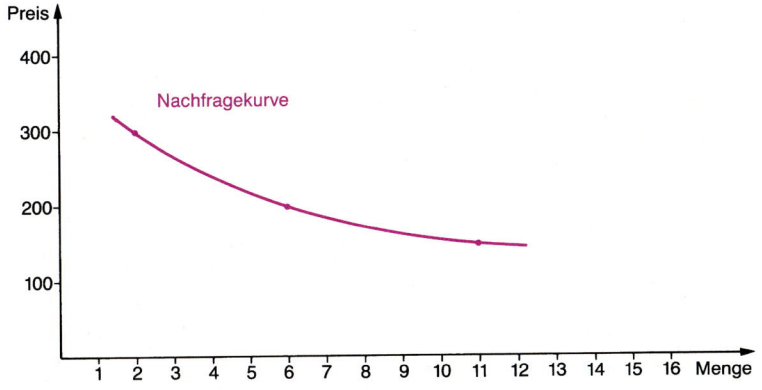

Abbildung 4.9.7

Mithilfe von Indifferenzkurven und Bilanzgeraden lässt sich auch die Abhängigkeit der Nachfrage vom Einkommen darstellen. In unserem Beispiel werden nach einer Einkommenserhöhung beide Güter vermehrt nachgefragt. Es handelt sich also um ein normales (superiores) Gut.

> Die Nachfragekurve ist die grafische Darstellung der Abhängigkeit der Nachfrage eines Gutes vom Preis dieses Gutes.

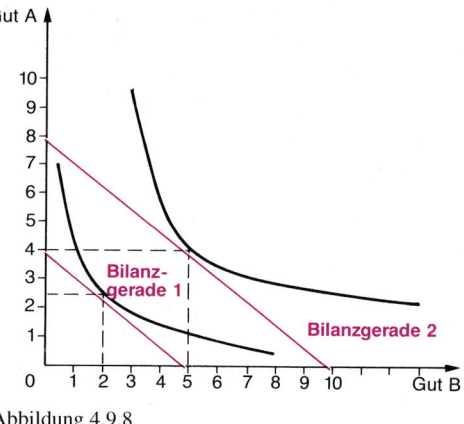

Abbildung 4.9.8

4.1   *Gossen'sches Gesetz – Grenznutzen – kardinale und ordinale Messung des Nutzens*

Eine Wandergruppe wird auf einer Hochgebirgstour in einer Hütte eingeschneit. An Vorräten sind vorhanden: Brot zu 100 g abgepackt, Wurst zu 50 g abgepackt, Zigaretten stückweise. Die Vorräte sollen so verteilt werden, dass der größte Gesamtnutzen entsteht. Man vereinbart folgende Verteilungsregel: Die 3 Güterarten werden jeweils auf einem Güterberg gestapelt. Jedes Mitglied der Gruppe darf an den Güterbergen vorbeigehen und nach eigener Wahl von einem der Güterberge 1 Einheit wegnehmen. Wenn alle vorbeigegangen sind und gewählt haben, kommt der Erste wieder dran. Die folgende Tabelle zeigt, welche Entscheidung A in 12 Wahlgängen getroffen hat:

Wahlentscheidungen des A in 12 Wahlgängen			
Wahlakt Nr.	Brot (100 g)	Wurst (50 g)	Zigaretten (1 Stück)
1	x		
2	x		
3	x		
4		x	
5		x	
6			x
7			x
8			x
9	x		
10		x	
11		x	
12		x	

- 1. Wie würden Sie an Stelle von A auf die Frage antworten: Was bringt Ihnen den größeren Nutzen, 100 g Brot oder 50 g Wurst?
- 2. Entsprechen die Wahlakte des A dem Gossen'schen Gesetz?
- 3. B hatte 10 Wahlgänge und hat dabei die folgenden Entscheidungen getroffen:

Wahlakt Nr.	Brot (100 g)	Wurst (50 g)	Zigaretten (1 Stück)
1	x		
2	x		
3	x		
4			x
5			x
6			x
7			x
8		x	
9		x	
10			x

Die Verteilung, bezogen auf A und B, war offensichtlich ungleich: A hatte 12, B nur 10 Wahlgänge. A hat deshalb die 50 g Wurst, die er im 12. Wahlgang gewählt hat, zurückgegeben. B darf einen 11. Wahlgang durchführen und wählt Zigaretten. Der auf den Güterbergen jetzt noch vorhandene Rest verbleibt dem Bergführer als allgemeine Notreserve.

- Ist der Gesamtnutzen der Wandergruppe durch diese Umverteilung nachweisbar erhöht worden? Begründung!

4.2   *Problem der Nutzenmessung – kardinale und ordinale Nutzenmessung – Gesamtnutzen, Grenznutzen*

A. C. Pigou[1] vertritt in seinem 1920 veröffentlichten Buch „Economics of Welfare" folgende Auffassung:

1. Es ist Aufgabe staatlicher Wirtschaftspolitik, Gesamtnutzen in einer Volkswirtschaft zu maximieren.
2. Die Höhe des gesamten Nutzens in einer Volkswirtschaft hängt zum einen von der Größe des gesellschaftlichen Gesamtprodukts ab. Je größer das Gesamtprodukt, umso größer ist der Gesamtnutzen in einer Volkswirtschaft.
3. Es ist aber nicht so, dass ein möglichst großes Gesamtprodukt auch den größtmöglichen Gesamtnutzen sichert. Auch die Verteilung des Gesamtprodukts ist zu beachten.
4. Die staatliche Politik muss davon ausgehen, dass mit zunehmender Befriedigung mit einem Gut der Grenznutzen (der mit einer weiteren Gütereinheit zu gewinnende Nutzen) abnimmt.
5. Wenn der Staat von dem höheren Einkommen etwas wegnimmt und es auf niedrigere Einkommen verteilt, dann steigt der Gesamtnutzen.
6. Der größtmögliche Gesamtnutzen in einer Volkswirtschaft ist nachweisbar dann erreicht, wenn alle Einkommen gleich sind.

- Nehmen Sie zu den einzelnen Sätzen dieses Textes Stellung!

[1] Pigou, Arthur Cecil, 1877–1959, britischer Volkswirt.

4.3   *Gewöhnliche und außergewöhnliche Nachfragekurve (Giffeneffekt)*

Im Jahre 1848 erhöhte eine Hungersnot in Irland die Kartoffelpreise sehr stark. Trotzdem haben arme Familien mehr statt weniger Kartoffeln verbraucht.

- Wie ist diese außergewöhnliche Reaktion zu erklären?
- Wie werden reichere Familien auf die Erhöhung der Kartoffelpreise reagiert haben?

4.4   *Veränderung der Gesamtnachfrage - Substitutions- und Komplementärgüter*

Die nebenstehende Grafik zeigt, dass sich die Nachfragekurve für das Gut x vom Zeitpunkt 1 zum Zeitpunkt 2 verändert hat.

- Welche der folgenden Gründe könnten diese Nachfrageverschiebung verursacht haben? Begründung!

  ① Die Anbieter des Gutes x haben einen erfolgreichen Werbefeldzug durchgeführt.

  ② Die Einkommen der Verbraucher haben sich erhöht. (Die Einkommenselastizität für das Gut x ist positiv).

  ③ Der Preis eines Substitutionsgutes wurde gesenkt.

  ④ Der Preis eines Komplementärgutes wurde erhöht.

  ⑤ Die Anzahl der Verbraucher hat zugenommen.

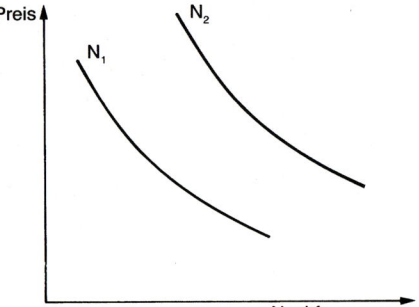

Abbildung 4.9.9

4.5   *Beziehung zwischen der Preiselastizität der Nachfrage und dem betrieblichen Gesamterlös*

- 1. Berechnen Sie die Preiselastizität der Nachfrage (als Bogenelastizität) in den Fällen a, b und c!

	Preis	Nachfrage
a)	44 52	57 51
b)	150 170	75 65
c)	135 145	72,5 67,6

- 2. Wie verändert sich der Gesamterlös in den Fällen a–d?

	Preiselastizität der Nachfrage	Veränderung des Preises
a)	0,8	steigt
b)	2,0	fällt
c)	1,4	steigt
d)	0,6	fällt

4.6 *Bilanzgerade - Indifferenzkurve - optimaler Verbrauchsplan des Haushalts*

1. In einer Volkswirtschaft stehen nur die Güter A und B zur Verfügung. Gut A kostet je Einheit 100 EUR, Gut B 40 EUR. Der Verbraucher hat ein Einkommen von 1 000 EUR und gibt sein gesamtes Einkommen für die beiden Güter aus.

- a) Wie viel Einheiten des Gutes A könnte der Verbraucher kaufen, wenn er sein gesamtes Einkommen für Gut A verwenden würde?
- b) Wie viel Einheiten des Gutes B könnte der Verbraucher kaufen, wenn er sein gesamtes Einkommen für Gut B verwenden würde?
- c) Zeichnen Sie in ein Koordinatensystem alle Güterkombinationen von A und B ein, die der Verbraucher für sein Einkommen von 1 000 EUR kaufen kann!
- 2. Warum muss die Darstellung aller Güterkombinationen, die der Verbraucher für sein Einkommen kaufen kann, eine Gerade sein?

3. Der Verbraucher hat folgende Indifferenzentscheidungen getroffen:

Gut A	11	8	6	5
Gut B	2	5	13	25

- a) Zeichnen Sie die Indifferenzkurve in das bei Aufgabe 1 c) erstellte Koordinatensystem!
- b) Stellen Sie mithilfe der Bilanzgeraden und der Indifferenzkurve fest, welche Güterkombinationen der Verbraucher tatsächlich kauft!
- c) Kontrollieren Sie rechnerisch, ob die unter 3 b) grafisch ermittelte Gütermenge tatsächlich für 1 000 EUR zu kaufen ist!

4.7 *Beziehungen zwischen Nachfragemenge und Preis (Ableitung der Nachfragekurve mithilfe von Bilanzgeraden und Indifferenzkurven)*

Die unten stehende Grafik zeigt 3 Bilanzgeraden (B_1, B_2, B_3). Die Änderungen der Bilanzgeraden sind durch Preisänderungen verursacht, die Konsumsumme blieb unverändert. Die Indifferenzkurven unterscheiden sich durch die Höhe des Versorgungsniveaus.

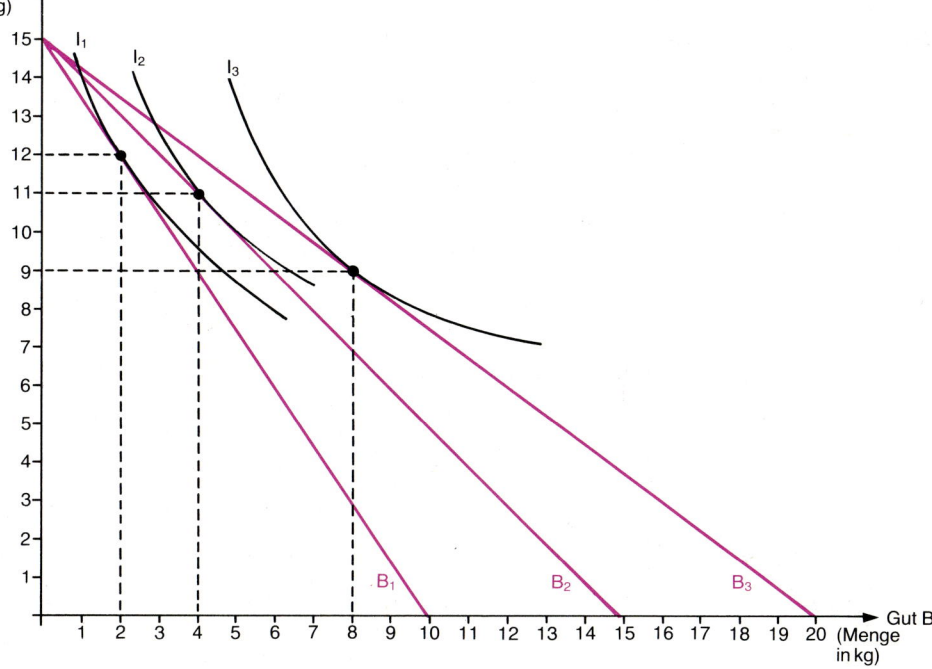

1. Bei der Bilanzgeraden 1 ist ein Preis für das Gut B von 12 EUR je kg berücksichtigt.

● Wie groß ist die Konsumsumme des Verbrauchers, die von Bilanzgerade 1 dargestellt wird?

● 2. Welcher Preis für das Gut A liegt der Bilanzgeraden 1 zugrunde?

● 3. Welche Mengen der Güter A und B kauft der Verbraucher in der von der Bilanzgeraden 1 dargestellten Situation?

● 4. Welcher Preis für die Güter A und B liegt der Bilanzgeraden 2 zugrunde? (Die Konsumsumme ist unverändert so groß wie bei Bilanzgerade 1)

● 5. Welche Mengen der Güter A und B kauft der Verbraucher in der von der Bilanzgeraden 2 dargestellten Situation?

● 6. Welcher Preis für die Güter A und B liegt der Bilanzgeraden 3 zugrunde? (Die Konsumsumme blieb unverändert)

● 7. Welche Mengen der Güter A und B kauft der Verbraucher in der von der Bilanzgeraden 3 dargestellten Situation?

● 8. Zeichnen Sie die Nachfragekurve des Verbrauchers für das Gut B!

■■■■ *ZUR WIEDERHOLUNG DES GRUNDWISSENS*

1. Wie unterscheiden sich kardinale und ordinale Nutzenmessungen?

2. Definieren Sie den Begriff Grenznutzen!

3. Welcher Zusammenhang besteht zwischen Gesamtnutzen und Grenznutzen?

4. Formulieren Sie das erste und das zweite Gossen'sche Gesetz!

5. Was versteht man unter dem Haushaltsoptimum?

6. Welche Bedingungen müssen gegeben sein, wenn das Haushaltsoptimum (Haushaltsgleichgewicht) erreicht ist?

7. Wie verläuft die Nachfragekurve für ein Gut im Normalfall, wie im so genannten Giffen-Fall?

8. Wie wirkt eine Preiserhöhung für ein Gut auf die Nachfrage nach einem Komplementärgut, wie auf die Nachfrage eines Substitutionsgutes?

9. Wie reagiert bei einer Erhöhung des Einkommens die Nachfrage nach superioren Gütern, wie die nach inferioren Gütern?

10. Was versteht man unter Marktnachfrage?

11. Welches können die Ursachen von Verschiebungen von Nachfragekurven sein?

12. Was sagt die direkte Preiselastizität aus und wie wird sie berechnet?

13. Wie wird die Kreuzpreiselastizität berechnet?

14. Stellen Sie die Aussage des Schwabe-Engel'schen Gesetzes mithilfe des Begriffs der Einkommenselastizität dar!

15. Definieren Sie die Begriffe Indifferenzkurve und Grenzrate der Substitution!

16. Was ist eine Bilanzgerade des Haushalts?

17. Wie kann man das Haushaltsoptimum mithilfe von Indifferenzkurven und Bilanzgeraden darstellen?

18. Wie lässt sich mithilfe von Indifferenzkurven und Bilanzgeraden die Abhängigkeit der Nachfrage vom Einkommen darstellen?

5 Angebot am Gütermarkt

Eine chemische Fabrik betreibt zur Erprobung ihrer Düngemittel und Schädlingsbekämpfungsmittel ein eigenes Versuchsgut. Zur Erprobung eines neuen Düngemittels führt sie zwei Versuche durch:

Versuch 1:

Ein Gebiet gleich guten Bodens wird in 12 genau gleich große Versuchsfelder aufgeteilt, die alle mit dem gleichen Arbeits- und Maschinenaufwand bearbeitet werden. Nur der Mengeneinsatz des neuen Düngemittels ist unterschiedlich. Die unten stehende Tabelle zeigt das Ergebnis des Versuchs 1.

- *Wie unterscheiden sich die Ertragsfunktionen (Gesamtertrag, Grenzertrag, Durchschnittsertrag) der beiden Versuche?*

- *Wie ist es zu erklären, dass es bei Versuch 1 und Versuch 2 zu unterschiedlichen Verlaufsformen des Ertrags kommt?*

- *Wie unterscheiden sich die Kostenfunktionen (Gesamtkosten, durchschnittliche Gesamtkosten, Grenzkosten), die sich aus den Ergebnissen der Versuche 1 und 2 ableiten lassen?*

- *Welche der beiden Ertragsfunktionen (Versuchsergebnis 1 oder Versuchsergebnis 2) gilt Ihrer Ansicht nach in der industriellen Produktion?*

Versuchs-feld Nr.	Einsatz an Düngemitteln in kg	Ertrag (Getreide in dz)
1	1	1
2	2	3
3	3	6
4	4	10
5	5	15
6	6	21
7	7	26
8	8	30
9	9	33
10	10	35
11	11	36
12	12	35

Ergebnisse des Versuchs 2 siehe S. 86

Versuch 2:

Die chemische Fabrik hat bei ihrem 2. Versuch 6 Felder von unterschiedlicher Größe bebaut und mit unterschiedlichen Mengen des neuen Düngemittels gedüngt. Die nebenstehende Tabelle zeigt die Bedingungen und Ergebnisse des Versuchs.

Größe der bebauten Fläche in qm	Einsatz an Arbeits- stunden	Einsatz an Düngemitteln in kg	Gesamtertrag in dz
1 500	10	1	20
3 000	20	2	40
4 500	30	3	60
6 000	40	4	80
7 500	50	5	100
9 000	60	6	120

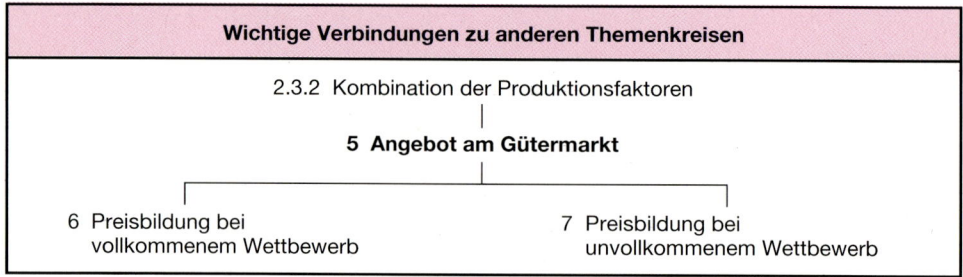

Abbildung 5.0.1

■■■■■ *INFORMATION*

5.1 Annahmen der Angebotstheorie
5.1.1 Gewinnmaximierung als Unternehmensziel

So wie die Nachfrage nach Gütern auf dem Markt von dem Verhalten der Nachfrager abhängt, so wird das Güterangebot auf dem Markt von dem Verhalten der Anbieter bestimmt. Wenn wir hier das Verhalten der anbietenden Unternehmen auf dem Markt untersuchen, machen wir zwei Annahmen:

1. Alle anbietenden Unternehmen erstreben als vorrangiges Ziel die Maximierung des Gewinns.
2. Die Unternehmen bieten auf einem Markt mit vollkommener Konkurrenz an.

Wir unterstellen das **Streben nach Gewinnmaximierung,** weil wir annehmen, dass es das weitaus am häufigsten vorkommende Motiv für das Anbieten von Gütern auf dem Markt ist. Es wird angenommen, dass andere Motive, z. B. humanitäre Gründe, so selten vorkommen, dass das Güterangebot auf dem Markt davon nicht entscheidend bestimmt wird. Eine Theorie ist keine fotografische Wiedergabe der Wirklichkeit mit allen Einzelheiten. Ob eine Theorie mit den ihr zugrunde liegenden Annahmen „richtig" ist, hängt allein davon ab, ob sie geeignet ist, die Erscheinungen der Wirklichkeit zutreffend zu erklären und vorherzusagen.

Der **Gewinn** (G) eines Unternehmens ergibt sich als Differenz zwischen dem Erlös für die verkaufte Produktion und den bei der Produktion der abgesetzten Menge (x) entstandenen Gesamtkosten (totale Kosten, TK). Der **Erlös** ist das Produkt aus der abgesetzten Menge und dem für 1 Einheit des Produkts erzielten Preis (p).

$$G = (p \cdot x) - TK$$

Die **Kosten** hängen von dem Preis ab, den das Unternehmen für die bei der Produktion eingesetzten Produktionsfaktoren auf dem Faktormarkt zu zahlen hat. Die Wirksamkeit der Produktionsfaktoren kann durch eine Weiterentwicklung der Technik erhöht werden; wenn eine Maschine, die einen Anschaffungswert von 10 000,00 EUR hat, durch eine konstruktive Verbesserung statt bisher 2 000 Stück/Std. jetzt 3 000 Stück/Std. herstellen kann, dann sinken die Kosten je hergestelltem Stück. Auch durch eine Verbesserung der Organisation der Fertigung können Kosten eingespart werden. Die auf einem Markt angebotene Menge eines Gutes hängt deshalb nicht nur vom Preis des angebotenen Gutes und den Preisen der benötigten Produktionsfaktoren, sondern auch vom Stand der Technik und der Organisation des Produktionsprozesses ab.

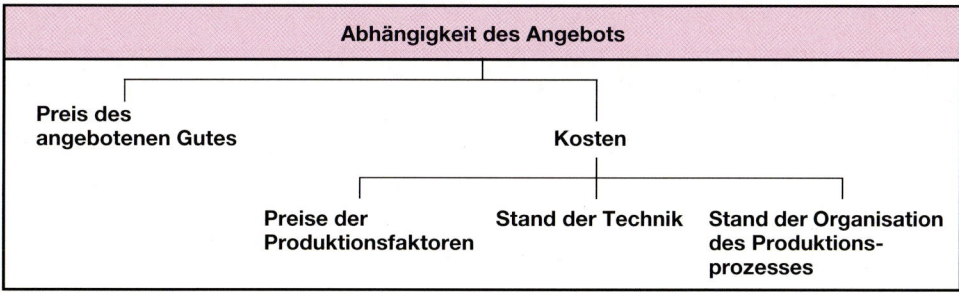

Abbildung 5.1.1

5.1.2 Vollkommene Konkurrenz

Die Annahme, dass das Unternehmen auf einem Markt mit **vollkommener Konkurrenz (vollkommenem Wettbewerb)** anbietet, bestimmt ganz wesentlich das **Verhalten des Unternehmens auf dem Markt.** In dieser Situation hat das Unternehmen keinen Einfluss auf den Marktpreis, weil sein Marktanteil so gering ist, dass eine Veränderung seiner Angebotsmenge ohne Einfluss auf den Marktpreis bleibt. Bei vollkommener Konkurrenz ist der Marktpreis für das Unternehmen ein **Datum** (s. 6.3). In der Wirtschaftswissenschaft bezeichnet man als Daten Gegebenheiten, die kurzfristig nicht beeinflusst werden können. In dieser Situation muss das Unternehmen den Marktpreis hinnehmen und kann den Gewinn nur durch eine Veränderung der Absatzmenge vergrößern.

In der Situation vollkommenen Wettbewerbs ist das Unternehmen Mengenanpasser.

5.2 Lineare Produktionsfunktion (Typ B)

Einem Unternehmen, das seine Produktionsmenge vergrößern will, stehen grundsätzlich zwei Wege offen: Es kann den Einsatz aller schon bisher eingesetzten Produktionsfaktoren gleichmäßig erhöhen und damit das Verhältnis des Faktoreinsatzes erhalten. Wenn die Produktionsfaktoren limitational sind, d. h. nicht substituierbar, gibt es technisch gar keine andere Möglichkeit. Der vermehrte Einsatz nur eines Faktors oder einer Teilgruppe von Faktoren wäre dann völlig wirkungslos. Häufig besteht aber technisch die Möglichkeit, die Produktionsmenge dadurch zu erhöhen, dass nur einer der Produktionsfaktoren vermehrt eingesetzt wird und die Einsatzmenge der anderen Produktionsfaktoren dabei unverändert bleibt. Die Produktionsfaktoren sind **substitutional** oder komplementär. Dann ist im Unternehmen nach **wirtschaftlichen Gesichtspunkten** zu entscheiden, in welchem Verhältnis die Produktionsfaktoren eingesetzt werden sollen (s. dazu auch 2.3.2, S. 33f).

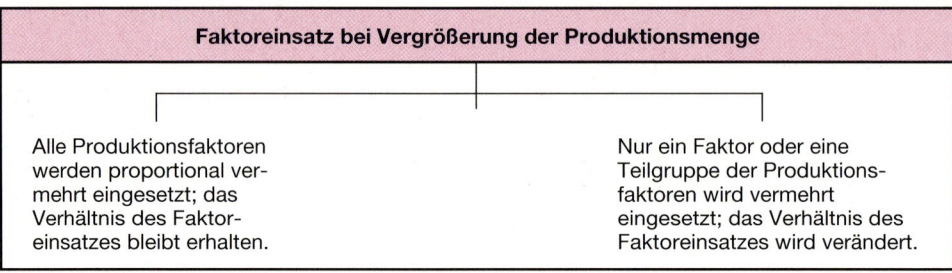

Faktoreinsatz bei Vergrößerung der Produktionsmenge

| Alle Produktionsfaktoren werden proportional vermehrt eingesetzt; das Verhältnis des Faktoreinsatzes bleibt erhalten. | Nur ein Faktor oder eine Teilgruppe der Produktionsfaktoren wird vermehrt eingesetzt; das Verhältnis des Faktoreinsatzes wird verändert. |

Abbildung 5.2.1

Ein Unternehmen, das die Produktionsfaktoren schon bisher in optimaler Kombination eingesetzt hatte, wird natürlich versuchen, die Proportion des Faktoreinsatzes zu erhalten und alle Faktoren vermehrt einzusetzen. Es gibt jedoch Situationen, in denen dies nicht möglich oder nicht sinnvoll ist:

● Ein Produktionsfaktor muss bei Vergrößerung der Produktionsmenge konstant gehalten werden, wenn er **nicht in genügendem Umfang vorhanden** ist. Wenn der gesamte landwirtschaftlich nutzbare Boden bereits genutzt wird, kann eine Produktionserhöhung nur durch erhöhten Einsatz von Arbeit und Düngemitteln auf einer unverändert großen Bodenfläche durchgeführt werden.

● Ein Produktionsfaktor muss in gleich bleibender Menge eingesetzt werden, wenn er **in der zur Produktionsanpassung zur Verfügung stehenden Zeit nicht beschafft werden kann,** z. B. wenn für eine benötigte Verpackungsmaschine eine Lieferzeit von 12 Monaten besteht. Diese Situation besteht nur kurzfristig. Langfristig wird auch der zunächst konstant gehaltene Faktor vermehrt eingesetzt werden.

● Ein Unternehmen wird auch einen verfügbaren und in der Zeit der Produktionsanpassung zu beschaffenden Faktor nicht vermehrt einsetzen, wenn die **Produktionserhöhung wahrscheinlich nur vorübergehend ist** und die Beschaffung eines dauerhaften Produktionsfaktors für eine zeitlich begrenzte Nutzung in diesem Fall nicht sinnvoll ist.

Kurzfristige Produktionsanpassung

Eine Automobilfabrik, die einen Sonderauftrag zur Lieferung von Pkw an die Bundeswehr erhält, wird deshalb keine neue Fertigungsbänder einrichten, auch wenn dies zeitlich möglich wäre. Sie wird versuchen, den Auftrag ohne zusätzliche Investitionen durch Überstunden, eine Erhöhung der Bandgeschwindigkeit oder ähnliche Maßnahmen abzuwickeln.

Geht ein Unternehmen bei der Vergrößerung seiner Produktionsmenge so vor, dass es alle Produktionsfaktoren vermehrt einsetzt und die Proportion des Faktoreinsatzes unverändert lässt, dann wird auch die Produktionsmenge (der Gesamtertrag) proportional steigen.

Als Gesamtertrag wird in der volkswirtschaftlichen Produktionstheorie die von einer Unternehmung in einer Periode erzeugte Produktionsmenge bezeichnet.

Wird der Einsatz jedes einzelnen Produktionsfaktors um 100 % erhöht, dann steigt auch der

Entwicklung des Gesamtertrags bei proportionaler Vermehrung aller eingesetzten Produktionsfaktoren

variable Produktionsfaktoren			Gesamtertrag
v_1	v_2	v_3	E
1	4	5	2
2	8	10	4
3	12	15	6
4	16	20	8
5	20	25	10

Gesamtertrag um 100 %. Die grafische Darstellung der Abhängigkeit des Gesamtertrags von der Faktoreinsatzmenge zeigt einen linearen Verlauf und stellt eine Produktionsfunktion dar.

> Die Beziehung zwischen dem mengenmäßigen Einsatz aller verwendeten Produktionsfaktoren und dem Ertrag nennt man Produktionsfunktion.

Eine Produktionsfunktion mit linearem Verlauf des Gesamtertrags ist eine **Produktionsfunktion vom Typ B.**

Die nebenstehende Tabelle weist aus, dass der Einsatz der Produktionsfaktoren jeweils um ein „Faktorbündel" von einer Einheit des Faktors v_1, vier Einheiten des Faktors v_2 und fünf Einheiten des Faktors v_3 erhöht wurde. Der zusätzliche Einsatz des immer gleichen Faktorbündels brachte immer den gleich großen Mehrertrag von zwei Einheiten. Der Grenzertrag ist konstant.

> Grenzertrag ist der Zuwachs am Gesamtertrag bei Vermehrung des variablen Faktors um 1 Einheit.

Der Grenzertrag ist ein Maßstab für das Steigungsmaß der Gesamtertragskurve. Ist der Grenzertrag konstant, dann ist das Steigungsmaß der Gesamtertragskurve konstant, d. h. die Gesamtertragskurve verläuft linear.

Bei linearem Verlauf des Gesamtertrags (Produktionsfunktion Typ B) ist auch der Durchschnittsertrag bei jeder Produktionsmenge gleich groß.[1]

> Der Durchschnittsertrag ist das Verhältnis der Ausbringungsmenge zur Einsatzmenge eines Produktionsfaktors.

Grenzertrag und Durchschnittsertrag bei einer Produktionsfunktion von Typ B

Anzahl der eingesetzten Faktorbündel	Geamtertrag E	Grenzertrag GE	Durchschnittsertrag DE
1	2		2
		2	
2	4		2
		2	
3	6		2
		2	
4	8		2
		2	
5	10		2

Tabelle 5.2.1

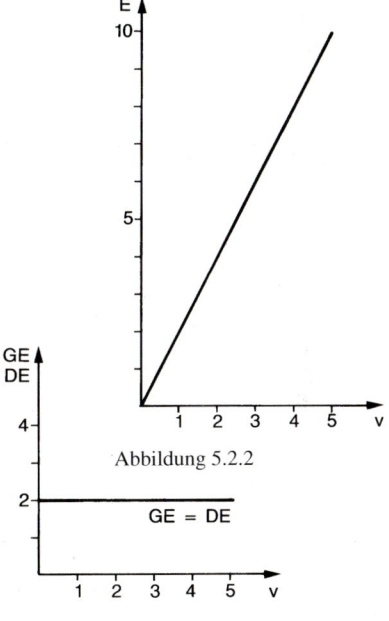

Abbildung 5.2.2

GE = DE

Abbildung 5.2.3

5.3 *Produktionsfunktion mit veränderlichem Grenzertrag (Typ A)*

Soll die Produktionsmenge eines Produktes erhöht werden, indem nur ein Produktionsfaktor oder eine Teilgruppe von Produktionsfaktoren vermehrt eingesetzt wird, die Einsatzmenge der anderen Produktionsfaktoren aber unverändert bleibt, dann ist kein linearer Ertragsverlauf zu erwarten.

---

[1] Dies gilt in allen Situationen, in denen ohne Faktoreinsatz kein Ertrag erzielt werden kann, d. h. die Gesamtertragskurve aus dem Nullpunkt kommt.

Die nebenstehende Tabelle zeigt, dass der Grenzertrag bis zum Einsatz von 5 Einheiten des variablen Faktors v_1 steigt, dann aber zu sinken beginnt. Das liegt daran, dass durch den fortlaufend vermehrten Einsatz des variablen Faktors zunächst eine Annäherung an das günstigste mengenmäßige Verhältnis für den Einsatz der Produktionsfaktoren erfolgte; werden 6 Einheiten des variablen Faktors eingesetzt, dann ist die günstigste mengenmäßige Kombination überschritten, der variable Faktor ist dann übermäßig eingesetzt. Schließlich wird der Grenzertrag negativ, d. h. der Gesamtertrag nimmt sogar ab.

Diese hier beobachtete Gesetzmäßigkeit wird als **Ertragsgesetz** bezeichnet. Es besagt:

Entwicklung des Gesamtertrags bei Vermehrung nur eines Produktionsfaktors und Konstanz aller übrigen

Menge der eingesetzten Produktionsfaktoren			Gesamt-ertrag	Grenz-ertrag	Durch-schnitts-ertrag
v_1	v_2	v_3	E	GE	DE
1	3	6	1		1,0
				2	
2	3	6	3		1,5
				3	
3	3	6	6		2,0
				4	
4	3	6	10		2,5
				5	
5	3	6	15		3,0
				4	
6	3	6	19		3,16
				3	
7	3	6	22		3,14
				2	
8	3	6	24		3,0
				1	
9	3	6	25		2,77
				− 1	
10	3	6	24		2,4

Tabelle 5.3.1

Vermehren wir eine Teilgruppe von Produktionsfaktoren bei mengenmäßiger Konstanz aller übrigen, dann nimmt der Grenzertrag bis zu einem bestimmten Punkt zu und dann ab.

Steigt der Grenzertrag, dann zeigt das, dass der Gesamtertrag schneller ansteigt als die Vermehrung des variablen Faktors erfolgt. Die Gesamtertragskurve verläuft **progressiv**.

Sinkt der Grenzertrag, dann steigt die Gesamtertragskurve schwächer als die Vermehrung des variablen Faktors an. Die Gesamtertragskurve verläuft **degressiv**.

Die sich daraus ergebende Produktionsfunktion mit S-förmigem Verlauf wird kurz als **Produktionsfunktion vom Typ A** gekennzeichnet.

Im Falle einer Produktionsfunktion vom Typ A steigt auch der Durchschnittsertrag zunächst. Der Durch-

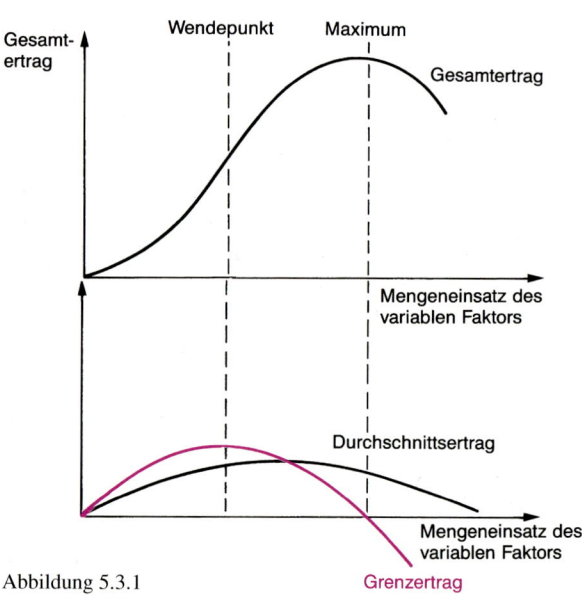

Abbildung 5.3.1

schnittsertrag nimmt zu, so lange der Grenzertrag größer ist als der Durchschnittsertrag. Der Durchschnittsertrag nimmt ab, wenn der Grenzertrag kleiner ist als der Durchschnittsertrag.

> Die Grenzertragskurve schneidet die Durchschnittsertragskurve in ihrem Maximum.

Phasen der Produktionsfunktion vom Typ A			
Gesamtertrag (E)	progressiv steigend	degressiv steigend		fallend
Grenzertrag (GE)	positiv steigend	positiv fallend GE > DE	positiv fallend GE < DE	negativ fallend
Durchschnitts-ertrag (DE)	positiv steigend	positiv steigend	positiv fallend	positiv fallend

Abbildung 5.3.2

5.4 Kostenfunktion und Angebotsmenge eines Unternehmens mit einer Produktionsfunktion vom Typ B (lineare Produktionsfunktion)

5.4.1 Ableitung der Kostenkurve aus der Produktionsfunktion

Für die Entscheidung, welche Produktionsmenge den maximalen Gewinn erwarten lässt, benötigt man im Unternehmen Informationen über den für das Produkt zu erzielenden Preis und über den Verlauf der Kostenfunktion.

> Eine Kostenfunktion ist die Beziehung zwischen der mengenmäßigen Ausbringung und dem Kostenverlauf.

Die Kostenfunktion kann aus der Produktionsfunktion abgeleitet werden.

Die **Produktionsfunktion** sagt aus, in welchem Ausmaß sich bei Variation des Faktoreinsatzes die Ausbringungsmenge ändert. Diese Aussage kann man umkehren, indem man beobachtet, wie sich bei Variation der Ausbringungsmenge die Einsatzmenge des variablen Faktors ändert. Das Ergebnis dieser Fragestellung ist eine **Faktoreinsatzfunktion.** Sie zeigt die Abhängigkeit der einzusetzenden Faktormenge von der Veränderung der Produktionsmenge. Die bei der Herstellung einer bestimmten Produktionsmenge anfallenden **Gesamtkosten** erhält man, indem man die zur Produktion benötigte Menge an Produktionsfaktoren mit ihren Preisen multipliziert.

Produktionsfunktion		
Faktor-einsatz v	Produktions-menge E	Grenz-ertrag GE
1	2	
		2
3	6	
		2
4	8	
		2
5	10	

In der Tabelle zu Abbildung 5.4.1 wird am Beispiel einer Produktionsfunktion vom Typ B die Ableitung einer Kostenfunktion aus der Produktionsfunktion dargestellt. Sie geschieht in zwei Stufen:

1. Aus der gegebenen Produktionsfunktion wird die **Faktoreinsatzfunktion** abgeleitet.

2. Die Faktormengen der Faktoreinsatzfunktion werden mit den Preisen der Produktionsfaktoren multipliziert. Das ergibt die **Kostenfunktion.**

In unserem Beispiel vergrößert das Unternehmen die Produktionsmenge, indem es alle Produktionsfaktoren (v_1, v_2 und v_3) vermehrt einsetzt und dabei das Einsatzverhältnis unverändert lässt. Zusätzlich eingesetzt wird immer ein Faktorbündel (v) von einer Mengeneinheit des Faktors 1, vier Mengeneinheiten des Faktors 2 und fünf Mengeneinheiten des Faktors 3. Jedes zusätzlich eingesetzte Bündel an Produktionsfaktoren bringt immer den gleichen mengenmäßigen Mehrertrag (Grenzertrag) von zwei Mengeneinheiten. Es handelt sich um eine Produktionsfunktion vom Typ B. Die Gesamtertragskurve verläuft linear.

Zur zusätzlichen Produktion 1 Produkteinheit werden gleich bleibend 1:2 = 0,5 Einheiten des Faktorbündels benötigt. Die Faktoreinsatzkurve verläuft ebenso linear wie die ihr zugrunde liegende Produktionsfunktion vom Typ B.

Die Preise der Produktionsfaktoren betragen unverändert (für je eine Mengeneinheit) des Produktionsfaktors 100 Geldeinheiten für Faktor 1, 75 Geldeinheiten für Faktor 2 und 40 Geldeinheiten für Faktor 3. Das Faktorenbündel kostet demnach 600 Geldeinheiten. Zur Mehrproduktion einer Produkteinheit werden stets 0,5 Einheiten des Faktorenbündels benötigt, die zusätzlich 300 Geldeinheiten Kosten verursachen. Auch die Gesamtkostenkurve (Totalkosten, TK) steigt linear.

Faktoreinsatzkurve

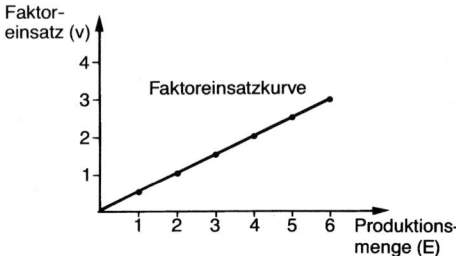

Abbildung 5.4.1

Kostenfunktion			
Produktions-menge E	Faktor-einsatz v	Gesamt-kosten TK	Grenz-kosten GK
1	0,5	300,00	
			300,00
2	1,0	600,00	
			300,00
3	1,5	900,00	
			300,00
4	2,0	1 200,00	
			300,00
5	2,5	1 500,00	
			300,00
6	3,0	1 800,00	

Kostenfunktion

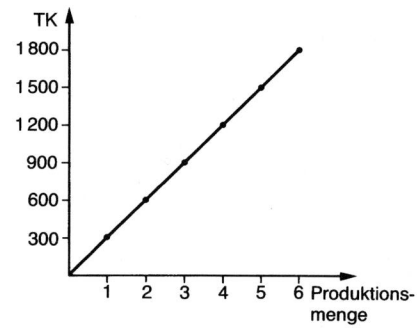

Abbildung 5.4.2

5.4.2 Die Kostenkurve unter Berücksichtigung fixer Kosten

In jedem Unternehmen fallen Kosten an, die in keinem Zusammenhang zur Produktionsmenge stehen: Die Ladenmiete eines Einzelhändlers ist unabhängig vom Umsatz, den er in den Räumen erzielt; der Lastwagen im Besitz eines Speditionsunternehmens unterliegt einem Verschleiß und veraltet, auch wenn er wenig oder gar nicht genutzt wird. Diese Kosten (totale fixe Kosten, TFK) sind fix bezogen auf die Produktionsmenge.

> Der fixe Anteil an den Gesamtkosten (totale fixe Kosten, TFK) bleibt bei einer Veränderung der Produktionsmenge unverändert.
>
> Der variable Anteil an den Gesamtkosten (totale variable Kosten, TVK) ändert sich mit der Produktionsmenge.

Fixe Kosten haben keinen Einfluss auf die Verlaufsform der Gesamtkostenkurve. Auch bei Berücksichtigung fixer Kosten verläuft eine Gesamtkostenfunktion, die aus einer Produktionsfunktion des Typs B abgeleitet ist, linear. Die Grenzkosten, die das Steigungsmaß der Gesamtkostenkurve anzeigen, bleiben konstant und sind gleich den durchschnittlichen variablen Kosten (DVK).

Produktions- menge	gesamte (totale) fixe Kosten	gesamte (totale) variable Kosten	Gesamt- kosten (Total- kosten)	durch- schnittliche Gesamt- (Total)-Kosten
x	TFK	TVK	TK	DTK
1	400,00	100,00	500,00	500,00
2	400,00	200,00	600,00	300,00
3	400,00	300,00	700,00	233,33
4	400,00	400,00	800,00	200,00
5	400,00	500,00	900,00	180,00

Tabelle 5.4.2

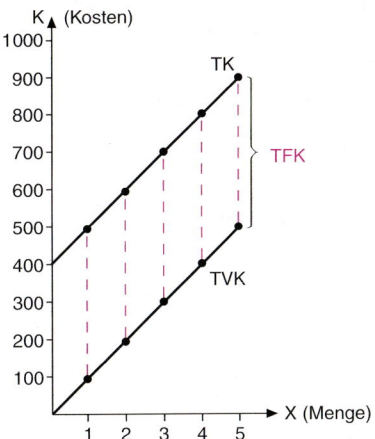

> Die Verlaufsform der Gesamtkosten wird allein von den variablen Kosten bestimmt.

Bei zunehmender Produktionsmenge sinken die durchschnittlichen Gesamtkosten unter dem Einfluss der fixen Kosten.

> Durchschnittliche Gesamtkosten (DTK) sind die auf eine Leistungseinheit entfallenden Kosten.

Vergrößern wir die Produktionsmenge, dann wird der Anteil, den ein Stück an den fixen Kosten zu tragen hat, immer kleiner. Die durchschnittlichen Gesamtkosten (DTK) sinken deshalb, wenn die variablen Kosten je Stück (DVK) konstant bleiben (Gesetz der Massenproduktion).

Auch durch Massenproduktion kann die Senkung der durchschnittlichen Gesamtkosten nicht unendlich weitergehen. Der Anteil der Fixkosten je Stück mag noch so klein werden, die durchschnittlichen Gesamtkosten liegen immer etwas über den variablen Kosten je Stück.

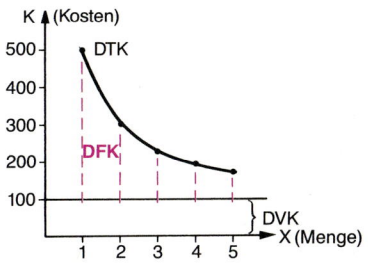

5.4.3 Das Angebot eines Unternehmens mit linearem Kostenverlauf

Um die Angebotskurve des Unternehmens auf dem Markt abzuleiten, wählen wir eine Situation, von der angenommen wird, dass sie für die industrielle Fertigung typisch ist: Alle Faktoren stehen ausreichend zur Verfügung. In dem Zeitraum, in dem die Produktionsanpassung durchgeführt werden soll, können die benötigten Faktoren auch beschafft werden. Im Unternehmen geht man davon aus, dass die Produktionsanpassung auf Dauer erfolgen soll. Daraus ergibt sich, dass wir von einer Produktionsfunktion vom Typ B ausgehen. Außerdem unterstellen wir, dass fixe Kosten anfallen. Es sei daran erinnert, dass wir außerdem voraussetzen, dass das Unternehmen versucht, seinen Gewinn zu maximieren, und auf einem Markt mit vollkommener Konkurrenz anbietet.

Bei der Festlegung der Angebotsmenge berücksichtigt das Unternehmen die Kostenentwicklung und den erzielbaren Marktpreis. Da fixe Kosten anfielen, muss das Unternehmen einen gewissen Mindestabsatz erzielen, damit die Produktion nicht Verlust bringt.

Die Produktionsmenge, bei der die Kosten vom Erlös gedeckt werden und das Unternehmen mit zunehmender Produktionsmenge Gewinn zu erzielen beginnt, wird als **Nutzschwelle** (Gewinnschwelle, Break-even-Point) bezeichnet.

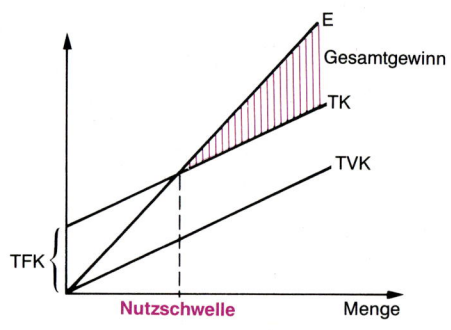

Abbildung 5.4.5

> Die Nutzschwelle ist die Produktionsmenge, ab der der Erlös die Kosten deckt und das Unternehmen bei zunehmender Produktionsmenge Gewinn zu erzielen beginnt. Bei proportionalem Verlauf der Gesamtkosten werden von der Nutzschwelle ab der Gesamtgewinn und der Stückgewinn immer größer.

Das Angebot des Unternehmens beginnt bei der Nutzschwelle. Nach Überschreiten der Nutzschwelle wird das Unternehmen mit linearer Kostenfunktion **die Menge anbieten, die es bei voller Auslastung seiner Kapazität herstellen kann.**

> Unter Kapazität versteht man das Leistungsvermögen eines Betriebes in einem bestimmten Zeitraum, gemessen an der Produktionsmenge. Den Grad der Ausnutzung der Kapazität drückt man in Prozent aus und bezeichnet ihn als Beschäftigungsgrad.

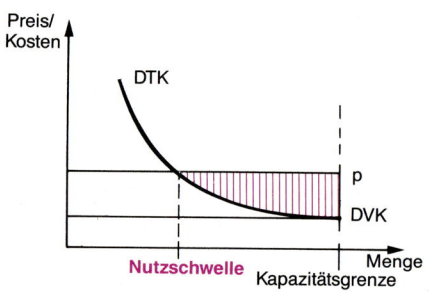

Abbildung 5.4.6

Steigen die Gesamtkosten eines Unternehmens linear, dann verläuft die Angebotskurve des Unternehmens im Abstand der Kapazität parallel zur Preisachse. Das individuelle Angebot des Unternehmens ist in Bezug auf den Preis vollkommen unelastisch.[2]

---

[1] Der Break-even-Point berechnet sich wie folgt:

$$E = K; \; p \cdot m = DVK \cdot x + TFK; \; TFK = m \cdot (p - DVK); \; x = \frac{TFK}{p - DVK}$$

E = Erlös; x = Produktionsmenge; TFK = Fixe Kosten insgesamt; DVK = durchschnittliche variable Kosten

[2] Kurzfristig bietet das Unternehmen auch an, wenn nur die durchschnittlichen variablen Kosten gedeckt sind. Die Angebotskurve beginnt dann schon in Höhe der durchschnittlichen variablen Kosten. Zur Begründung siehe 5.5.3.

5.5 Exkurs: Kostenfunktion und Angebotsmenge eines Unternehmens mit einer Produktionsfunktion vom Typ A

5.5.1 Ableitung der Grenzkostenkurve aus der Grenzertragskurve

Ist eine **Produktionsfunktion vom Typ A** gegeben[1], dann steigt der Grenzertrag zunächst und sinkt dann. Der Gesamtertrag steigt in der 1. Phase schneller als die Vermehrung des variablen Faktors erfolgt. Die Gesamtertragskurve verläuft progressiv (überproportional).

In der 2. Phase steigt der Gesamtertrag schwächer als der Einsatz des variablen Faktors. Die Gesamtertragskurve verläuft degressiv (unterproportional).

Der Grenzertrag gibt Auskunft auf die Frage: Wie viel Mehrertrag bringt der zusätzliche Einsatz 1 Einheit des variablen Produktionsfaktors? Wir können die Fragestellung umdrehen: Wie viel Einheiten des variablen Produktionsfaktors werden zusätzlich benötigt (Δ v), um 1 Einheit des Produktes zusätzlich zu erzeugen (Δ v), um 1 Einheit des Produktes zusätzlich zu erzeugen (Δ E)? Da wir den Einsatz von Gütern oder Dienstleistungen zum Zwecke der Leistungserstellung als Kosten bezeichnen, stellt

das Verhältnis $\dfrac{\Delta v}{\Delta E}$ die Grenzkosten dar.

> Die Grenzkosten sind die Kosten, die bei Vermehrung der Produktionsmenge um 1 Einheit entstehen.

Wir erkennen: Die Grenzkosten verlaufen spiegelbildlich zum Grenzertrag; mathematisch ausgedrückt: Grenzertrag und Grenzkosten sind reziproke Werte.

Da die Grenzkosten das Steigungsmaß der Gesamtkostenkurve darstellen, ergibt sich daraus: Liegt eine Produktionsfunktion vom Typ A zugrunde, dann steigen die Gesamtkosten zunächst degressiv und dann progressiv.

> Die Gesamtkostenkurve verläuft spiegelbildlich zur Gesamtertragskurve.

Faktoreinsatz v	Gesamtertrag E	Grenzertrag GE	Grenzkosten GK
1	1		
		2	0,5
2	3		
		3	0,33
3	6		
		4	0,25
4	10		
		5	0,20
5	15		
		4	0,25
6	19		
		3	0,33
7	22		
		2	0,5
8	24		

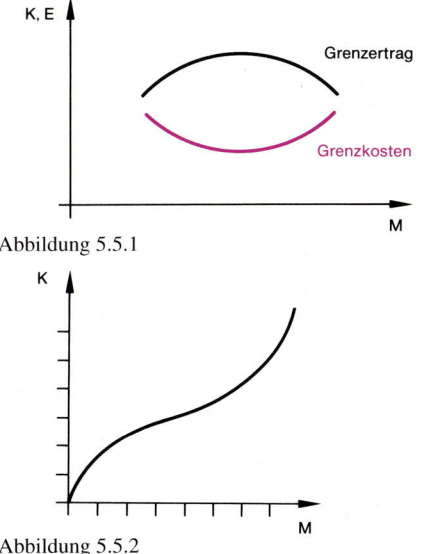

Abbildung 5.5.1

Abbildung 5.5.2

5.5.2 Gesamtkosten, durchschnittliche Gesamtkosten und Grenzkosten

Die Gesamtkosten (totale Kosten) der Produktionsmenge x setzen sich zusammen aus den totalen fixen Kosten und den totalen variablen Kosten. Das wird durch die Gleichung TK (x) = TFK (x) + TVK (x) ausgedrückt. Aus den Gesamtkosten lassen sich die Durchschnittskosten errechnen, indem man die Gesamtkosten durch die Produktionsmenge teilt.

[1] s. 5.3 S. 89ff.

$$DTK\ (x) = \frac{TFK}{x} + \frac{TVK}{x} \text{ oder } DTK\ (x) = DFK + DVK$$

Liegt der Kostenfunktion eine Produktionsfunktion vom Typ A zugrunde, dann fallen bei einer Vergrößerung der Produktionsmenge die durchschnittlichen variablen Kosten (DVK) zunächst und steigen dann wieder. Berücksichtigen wir bei dieser Kostenfunktion auch noch die Wirkung fixer Kosten, dann beobachten wir mehrere Phasen der Kostenentwicklung.

1. Phase

Die durchschnittlichen variablen Kosten (DVK) sinken, die durchschnittlichen fixen Kosten (DFK) sinken ebenfalls. Da beide Kräfte in die gleiche Richtung wirken, sinken auch die durchschnittlichen Gesamtkosten (DTK).

2. Phase

Die durchschnittlichen variablen Kosten (DVK) steigen, die durchschnittlichen fixen Kosten (DFK) sinken. So lange der Fixkostenanteil je Stück stärker sinkt als die durchschnittlichen variablen Kosten steigen, so lange sinken die durchschnittlichen Gesamtkosten.

Mit dem tiefsten Punkt der durchschnittlichen Gesamtkosten wird das Betriebsoptimum erreicht.

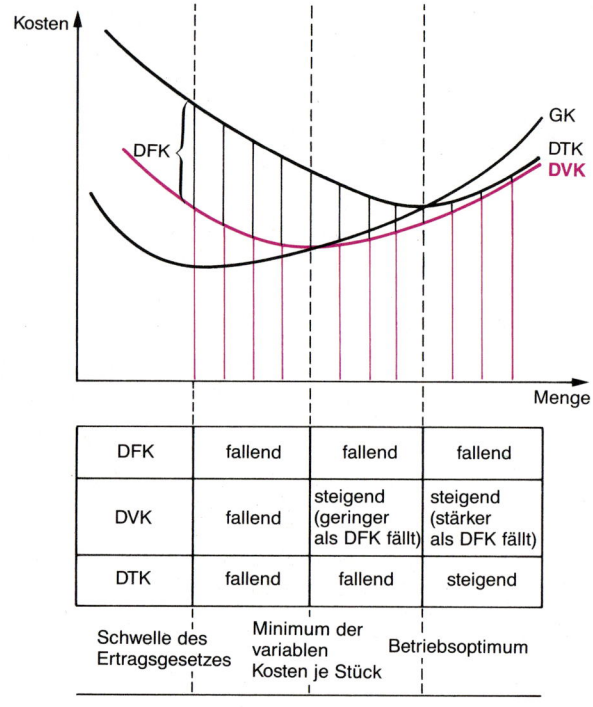

DFK	fallend	fallend	fallend
DVK	fallend	steigend (geringer als DFK fällt)	steigend (stärker als DFK fällt)
DTK	fallend	fallend	steigend

Schwelle des Ertragsgesetzes — Minimum der variablen Kosten je Stück — Betriebsoptimum

Abbildung 5.5.3

Das Minimum der durchschnittlichen Gesamtkosten wird Betriebsoptimum genannt.

Bei der Produktionsmenge des Betriebsoptimums ist die Wirtschaftlichkeit am größten.

3. Phase

Die durchschnittlichen variablen Kosten steigen stärker als die durchschnittlichen fixen Kosten sinken. Die durchschnittlichen Gesamtkosten steigen.

Ist die Kostenkurve von einer Produktionsfunktion vom Typ A abgeleitet und werden auch fixe Kosten berücksichtigt, dann sind die durchschnittlichen Gesamtkosten das Ergebnis zweier wirkender Kräfte. Die durchschnittlichen fixen Kosten und die durchschnittlichen variablen Kosten wirken auf den Verlauf der durchschnittlichen Gesamtkosten so, wie Wind und Strömung auf den Kurs eines Segelschiffes miteinander oder gegeneinander Einfluss nehmen können.

Zwischen dem Verlauf der Grenzkosten und dem der durchschnittlichen Gesamtkosten besteht folgender Zusammenhang:

Sind die Grenzkosten größer als die durchschnittlichen Gesamtkosten (DTK), dann steigen die durchschnittlichen Gesamtkosten.

Sind die Grenzkosten kleiner als die durchschnittlichen Gesamtkosten (DTK), dann sinken die durchschnittlichen Gesamtkosten.

Daraus ergibt sich, dass die Grenzkostenkurve die Kurve der durchschnittlichen Gesamtkosten in ihrem tiefsten Punkt, dem Betriebsoptimum, schneidet.

Bei der Beziehung zwischen dem Durchschnittsertrag und dem Grenzertrag besteht der gleiche logische Zusammenhang wie zwischen den durchschnittlichen Gesamtkosten und den Grenzkosten. Die Grenzertragskurve schneidet die Kurve des Durchschnittsertrags in ihrem höchsten Punkt.

Jede Grenzkurve schneidet die dazugehörige Durchschnittskurve in ihrem Extrempunkt.

5.5.3 Das Angebot eines Unternehmens mit einer Produktionsfunktion vom Typ A

▶ *Langfristige Preisuntergrenze*

Bei einem Kostenverlauf nach der Produktionsfunktion vom Typ A steigen die Gesamtkosten zunächst degressiv und dann progressiv. Dass die Gesamtkosten in einer zweiten Phase progressiv steigen bewirkt, dass die Gesamtkosten nach der Nutzschwelle noch einmal über den Gesamterlös hinaus steigen. Es gibt dann nicht nur eine **Nutzenschwelle,** sondern auch eine **Nutzengrenze.**

Die Nutzengrenze ist die Produktionsmenge, bei der das Unternehmen bei zunehmender Produktionsmenge Verlust zu erzielen beginnt.

Der größtmögliche Stückgewinn wird dann erzielt, wenn die durchschnittlichen Gesamtkosten am niedrigsten sind. Dann ist die Differenz zwischen dem Preis und den Stückkosten am größten.

Der größtmögliche Stückgewinn wird im Betriebsoptimum erzielt.

Bei S-förmigem Verlauf der Gesamtkosten steigt der Gewinn mit der Vergrößerung der Produktions- und Absatzmenge nicht beständig weiter. Der größtmögliche Gesamtgewinn wird dann erreicht, wenn die Differenz zwischen dem Erlös und den Gesamtkosten am größten ist. Diese Produktionsmenge ist größer als die im Betriebsoptimum.

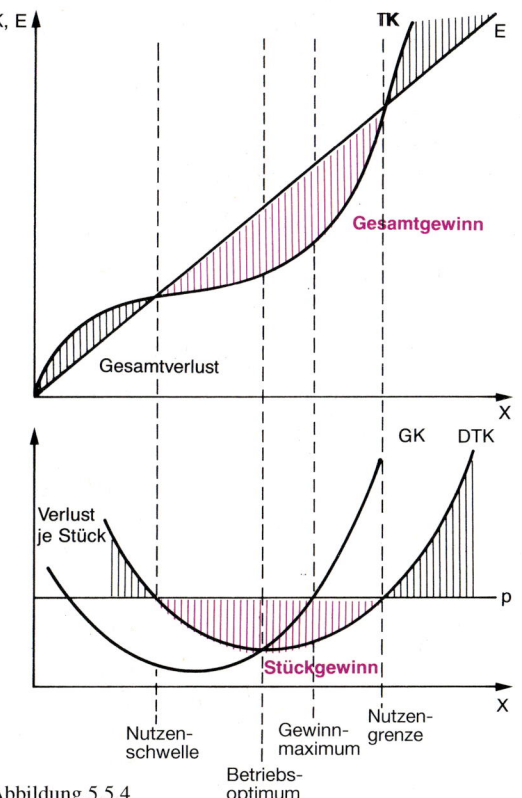

Abbildung 5.5.4

Den Grund, warum das Gewinnmaximum bei einer größeren Produktionsmenge als im Betriebsoptimum liegt, soll die folgende Tabelle zeigen:

x	TK	TDK	GK	p	E	GE	Stück-gewinn	Gesamt-gewinn
10	120	12	–	20	200	–	8	80
11	134	12,18	14	20	220	20	7,82	86
12	155	12,92	21	20	240	20	7,08	85

Obwohl bei der Produktionsmenge (x) 11 das Betriebsoptimum bereits überschritten ist und der Stückgewinn fällt, nimmt der Gesamtgewinn bei einer Veränderung der Produktionsmenge von 10 auf 11 noch von 80 auf 86 zu. Das liegt daran, dass das 11. Stück zusätzliche Kosten (GK) von 14 verursacht, aber einen Grenzerlös (GE) von 20 erbringt. Die Differenz von 6 ergibt die Zunahme am Gesamtgewinn. Werden 12 statt 11 Stück produziert, dann entstehen Grenzkosten von 21, aber nur ein Grenzerlös von 20. Das vermindert den Gesamtgewinn um 1.

Bei S-förmigem Kostenverlauf (Produktionsfunktion Typ A) gilt:

> Das Gewinnmaximum ist bei der Produktionsmenge erreicht, bei der die Grenzkosten so groß sind wie der Grenzerlös. Die Grenzkostenkurve ist die Angebotskurve der Unternehmung, wenn der Unternehmer den Marktpreis nicht beeinflussen kann.

Bei langfristiger Betrachtung beginnt die Angebotskurve im Betriebsoptimum. Bei einem Preis unter dem Betriebsoptimum entsteht ja Verlust.

Ein Unternehmen, das so viel anbietet, dass die Grenzkosten gleich dem Preis sind, erzielt in der gegebenen Situation den größtmöglichen Gewinn. Wenn dieser größtmögliche Gewinn das vorrangige Wirtschaftsziel der Unternehmung ist, dann bleibt kein Anlass für die Unternehmung, die Wirtschaftspläne zu ändern. Das Gleichgewicht der Unternehmung ist erreicht.

> Eine Unternehmung befindet sich im Gleichgewicht, wenn durch eine Veränderung des Wirtschaftsplanes der Gewinn nicht mehr erhöht bzw. der Verlust nicht mehr vermindert werden kann.

▶ *Kurzfristige Preisuntergrenze*

Befindet sich ein Unternehmen im Gleichgewicht und sinkt dann der Marktpreis, dann wird das Unternehmen seine Angebotsmenge verändern. Es wird die Angebotsmenge wählen, bei der die Grenzkosten so groß sind wie der gesunkene Marktpreis.

Sinkt der **Preis unter die durchschnittlichen Gesamtkosten** im Betriebsoptimum, dann gibt es keine Produktionsmenge, bei der die entstehenden Kosten geringer oder auch nur gleich groß sind wie der zu erzielende Erlös. Das Unternehmen erzielt bei allen denkbaren Produktionsmengen Verlust. Wie das Unternehmen reagiert, hängt von der Marktsituation ab.

Wenn zu erwarten ist, dass die **Preise in absehbarer Zeit wieder steigen,** dann wird das Unternehmen auf alle Fälle zumindest die Produktionsbereitschaft aufrechterhalten wollen. Bei einer vorübergehenden Stillegung der Produktion wären die fixen Kosten als Kosten der Betriebsbereitschaft zu tragen. Es ist deshalb günstiger, auch noch zu einem Preis anzubieten, der unter den durchschnittlichen Stückkosten liegt, als vorübergehend die Produktion einzustellen. Das gilt, so lange der Preis nicht unter die variablen Kosten je Stück sinkt. So lange der Preis über den durchschnittlichen variablen Kosten liegt, wird mit dem Preis ein **Deckungsbeitrag** zu den fixen Kosten erzielt. Der entstehende Verlust ist geringer, als wenn die Produktionsbereitschaft aufrechterhalten wird, die fixen Kosten damit anfallen, aber nicht produziert wird.

In dieser Situation kann nur kurzfristig ein Gleichgewichtszustand bestehen.

> Sinkt der Preis vorübergehend unter die durchschnittlichen Gesamtkosten, dann bietet der Unternehmer weiter an, wenn der Preis die durchschnittlichen variablen Kosten deckt. Die Angebotskurve beginnt dann im niedrigsten Punkt der durchschnittlichen variablen Kosten und verläuft entlang der Grenzkostenkurve.

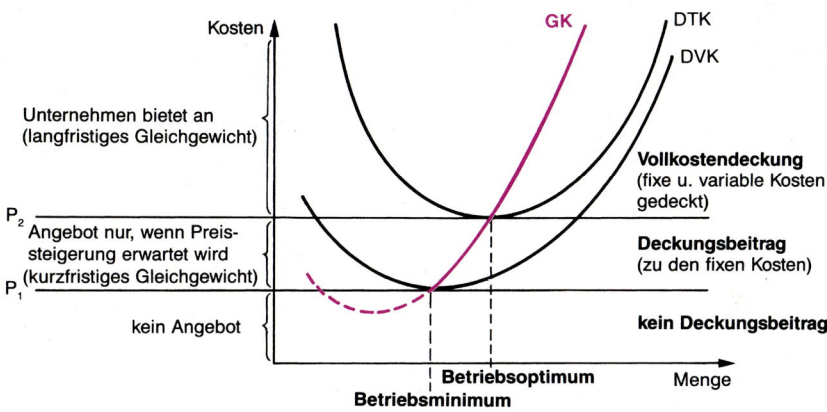

Abbildung 5.5.5

Deckt der Preis auch nicht mehr die durchschnittlichen variablen Kosten, dann ist es unter Rentabilitätsgesichtspunkten nicht einmal dann sinnvoll, die Produktion aufrechtzuerhalten, wenn in kurzer Frist wieder eine Preiserhöhung erwartet wird. Zu den fixen Kosten als Kosten der Betriebsbereitschaft müssten dann noch Anteile an den variablen Kosten vom Unternehmen getragen werden, da sie bei dem gegebenen Marktpreis vom Erlös nicht in voller Höhe gedeckt werden. Die an den variablen Kosten zu tragenden Anteile sind aber vermeidbar, wenn die Produktion eingestellt und lediglich die Betriebsbereitschaft erhalten wird. Deshalb ist der Tiefstpunkt der durchschnittlichen variablen Kosten **(Betriebsminimum)** auch der niedrigste Preis, der auf einem Markt mit Wettbewerb denkbar ist. Bei einem Preis, der unter dem Betriebsminimum liegt, gibt es für das Unternehmen keinen Gleichgewichtszustand.

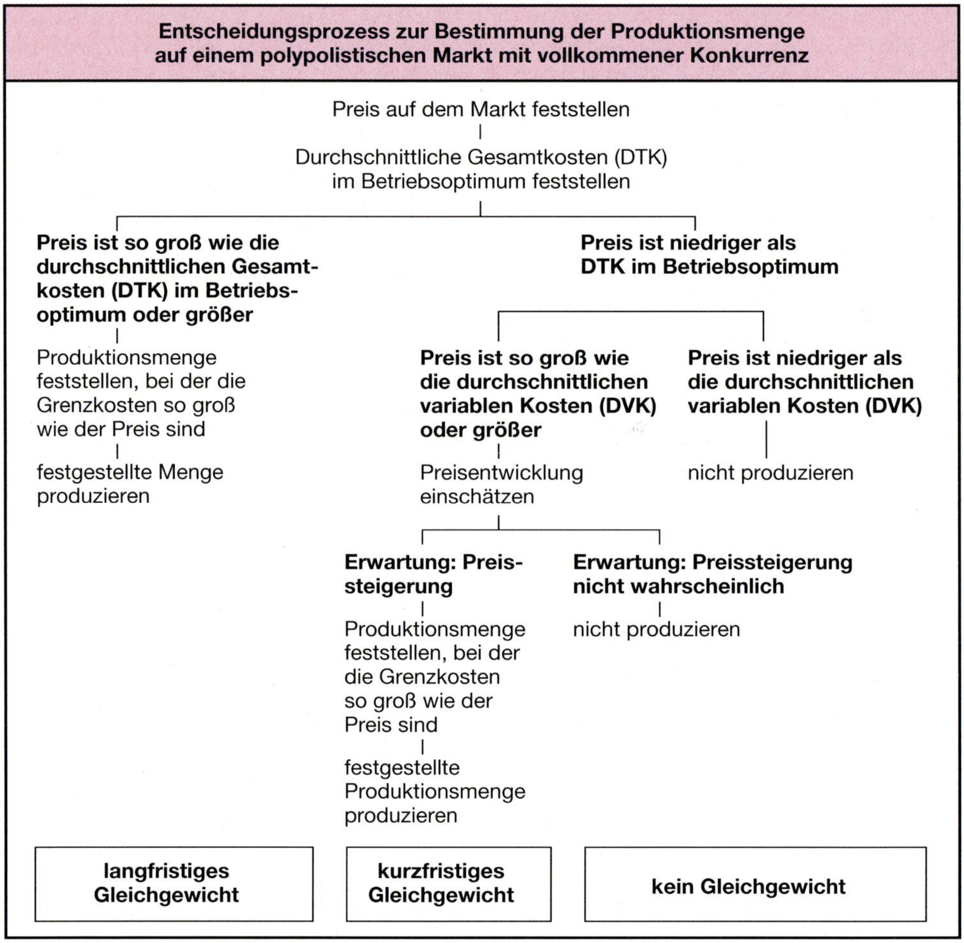

**Entscheidungsprozess zur Bestimmung der Produktionsmenge
auf einem polypolistischen Markt mit vollkommener Konkurrenz**

Preis auf dem Markt feststellen

Durchschnittliche Gesamtkosten (DTK)
im Betriebsoptimum feststellen

Preis ist so groß wie die durchschnittlichen Gesamtkosten (DTK) im Betriebsoptimum oder größer

Produktionsmenge feststellen, bei der die Grenzkosten so groß wie der Preis sind

festgestellte Menge produzieren

Preis ist niedriger als DTK im Betriebsoptimum

Preis ist so groß wie die durchschnittlichen variablen Kosten (DVK) oder größer

Preisentwicklung einschätzen

Preis ist niedriger als die durchschnittlichen variablen Kosten (DVK)

nicht produzieren

Erwartung: Preissteigerung

Produktionsmenge feststellen, bei der die Grenzkosten so groß wie der Preis sind

festgestellte Produktionsmenge produzieren

Erwartung: Preissteigerung nicht wahrscheinlich

nicht produzieren

langfristiges Gleichgewicht	**kurzfristiges Gleichgewicht**	**kein Gleichgewicht**

Abbildung 5.5.6

5.6 Das Gesamtangebot (Marktangebot)

5.6.1 Ableitung des Gesamtangebots für ein Gut

Wird ein Gut auf einem Markt von verschiedenen Unternehmen angeboten, dann haben die Unternehmen wahrscheinlich auch unterschiedliche durchschnittliche Gesamtkosten. Ein Unternehmen kann niedrigere durchschnittliche Gesamtkosten als ein anderes haben, weil es modernere Produktionsmethoden anwendet, eine bessere Organisation besitzt oder auch, weil es auf günstigere Einkaufsquellen zurückgreifen kann. Die Gesamtangebotskurve eines Gutes auf einem Markt (Marktangebot) ergibt sich aus der Zusammenfassung der individuellen Angebotskurven der Anbieter auf diesem Markt.

Unter Marktangebot verstehen wir das Gesamtangebot für ein Gut auf einem Markt zu alternativen Preisen.

Je größer die Zahl der bei Preisänderungen hinzukommenden Unternehmen, umso mehr verschwindet die treppenartige Gestalt der Angebotskurve, umso kontinuierlicher wird sie. Erhöht sich der Marktpreis, dann wird das Marktangebot größer. Die Marktangebotskurve steigt von links nach rechts.

| p | Anbieter | | | Gesamt-angebot |
	A	B	C	
p_1	2	–	–	2
p_2	4	4	–	8
p_3	4	4	3	11

Die Ableitung der Gesamtangebotskurve aus der individuellen Angebotskurve beweist, dass das Marktangebot abhängig ist von der Kostensituation der Unternehmen.

Die Steigung der Gesamtangebotskurve hängt ab von dem Steigungsmaß der Grenzkosten in den Unternehmen. Je steiler die Grenzkostenkurven, umso steiler verläuft auch die Gesamtangebotskurve; je flacher die Grenzkostenkurven, umso flacher verläuft auch die Gesamtangebotskurve.

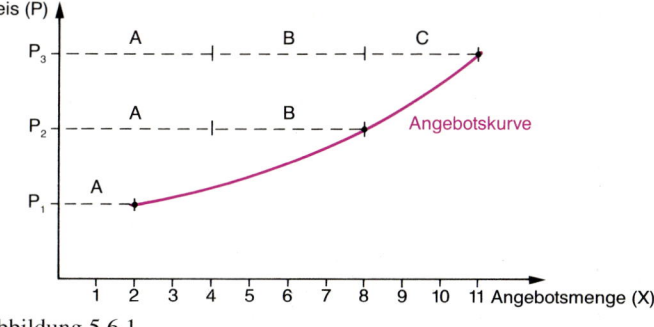

Abbildung 5.6.1

Auch wenn das Angebot eines Gutes nicht einer laufenden Produktion, sondern einem gegebenen Vorrat entnommen wird (z. B. Grundstücke, Wertpapiere, Lizenzen), verläuft die Angebotskurve von links unten nach rechts oben. Jeder einzelne Besitzer eines solchen Gutes hat eine individuelle Preisuntergrenze, die erreicht sein muss, damit er das Gut abgibt, d. h. anbietet. Je höher der Preis für einen qm baureifen Bodens steigt, umso mehr Preisuntergrenzen verschiedener Bodenbesitzer werden erreicht und umso größer wird das Angebot sein.

5.6.2 Die Angebotselastizität

Die Reaktion des Gesamtangebots auf Preisänderungen kann mit der **Preiselastizität des Angebots** ausgedrückt werden. Es gilt die allgemeine Formel zur Berechnung der Preiselastizität:[1]

$$El._A = \frac{\Delta x}{\Delta p} \cdot \frac{p}{x}$$

Bedeutung der Symbole: $El._A$ = Angebotselastizität; x = ursprüngliche Angebotsmenge; p = ursprünglicher Preis; Δp = Veränderung des Preises; Δx = Veränderung der Angebotsmenge.

In Abbildung 5.6.2 wird eine Angebotskurve dargestellt, bei der die Angebotsmenge bei Preisänderungen von den Anbietern nicht verändert wird. **Die Angebotselastizität beträgt 0.** Dieser Fall wird dann gegeben sein, wenn die Anbieter über die Produktmenge nicht frei entscheiden können. Beispiel: Landwirte bieten das Ernteergebnis eines nicht lagerfähigen Produktes (Erdbeeren) an.

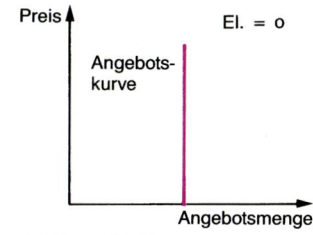

Abbildung 5.6.2

[1] Zur Preiselastizität allgemein und zur Ableitung der Formel siehe 4.8.2.

Abbildung 5.6.3 stellt dar, dass die **Angebots-elastizität** beim Preis P_1 **unendlich groß** ist. Unter dem Preis von P_1 erfolgt kein Angebot; aber eine geringe Preiserhöhung über P_1 bewirkt, dass die Anbieter alles anbieten, was sie unter den gegebenen Produktionsmöglichkeiten herstellen oder aus Vorrat abgeben können.

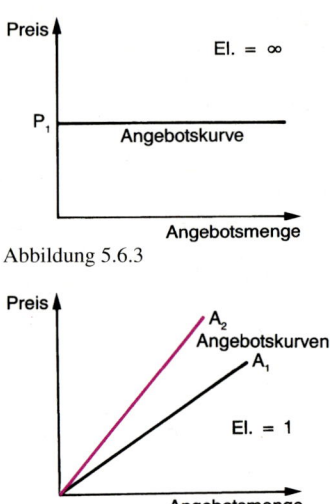

Abbildung 5.6.3

Abbildung 5.6.4 zeigt zwei Angebotskurven, die beide die **Elastizität von 1** aufweisen; das bedeutet, dass die aufgrund einer Preisänderung sich ergebende prozentuale Mengenänderung des Angebots genau so groß sein wird wie die verursachende prozentuale Preisänderung.

Abbildung 5.6.4

Jede lineare Angebotskurve, die durch den Ursprung des Koordinatensystems verläuft (oder sich bis zum Ursprung verlängern lässt), hat die Angebotselastizität von 1, auch wenn die Kurven ein unterschiedliches Steigungsmaß haben. Das Steigungsmaß einer Angebotskurve ist kein Maßstab für die Angebotselastizität. Das Steigungsmaß einer Angebotskurve zeigt die Höhe der **absoluten Veränderung,** mit der Elastizität soll die **prozentuale Veränderung** gemessen werden.

5.7 Veränderungen der Angebotskurve

5.7.1 Auswirkung einer Veränderung der Faktorpreise

Die Angebotskurve für ein Gut gibt an, welche Menge dieses Gutes die Anbieter bei gegebenen Bedingungen in einem bestimmten Zeitraum anzubieten bereit sind. Ändern sich diese Bedingungen, dann ändert sich auch die Angebotskurve. Zu den wesentlichen Bedingungen gehören vor allem der Preis der Produktionsfaktoren, die angewandte Produktionstechnik und die Zahl der Anbieter auf dem Markt.

Steigen die Preise für die Produktionsfaktoren, dann sind die durchschnittlichen Gesamtkosten (DTK) bei jeder Produktionsmenge nach der Preiserhöhung (Zeitpunkt 2) höher als vor der Preiserhöhung (Zeitpunkt 1).

Hat die Unternehmung konstante Grenzkosten, d. h. gilt für die Unternehmung eine Produktionsfunktion vom Typ B, dann wird das Gewinnmaximum weiterhin bei der Kapazitätsgrenze erreicht.

Kostenerhöhung infolge Preiserhöhung für die Produktionsfaktoren (Produktionsfunktion Typ B)

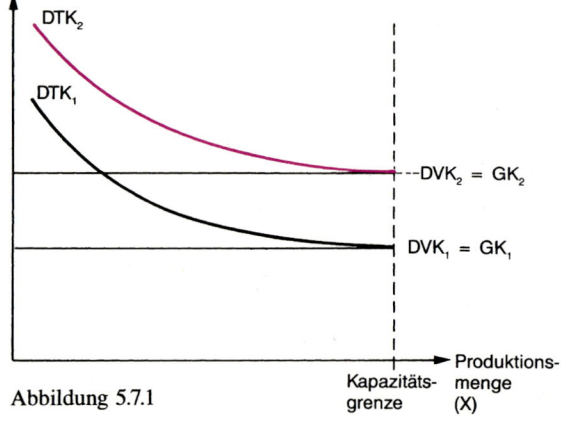

Abbildung 5.7.1

Gilt für das Unternehmen eine Produktionsfunktion von Typ A, dann verschiebt sich die Grenzkostenkurve (GK) bei einer **Preiserhöhung für die Produktionsfaktoren** nach links. Das Gewinnmaximum wird bei einer kleineren Angebotsmenge erreicht. Diese Auswirkung tritt bei allen auf dem Markt anbietenden Unternehmen ein; deshalb verringert sich bei einer Preiserhöhung für die Produktionsfaktoren das Marktangebot, es sei denn, auch der Preis des Produktes steigt.

Sinkt der Preis der Produktionsfaktoren, dann wird sich die Angebotskurve nach rechts verschieben.

Kostenerhöhung infolge Preiserhöhung für die Produktionsfaktoren (Produktionsfunktion Typ A)

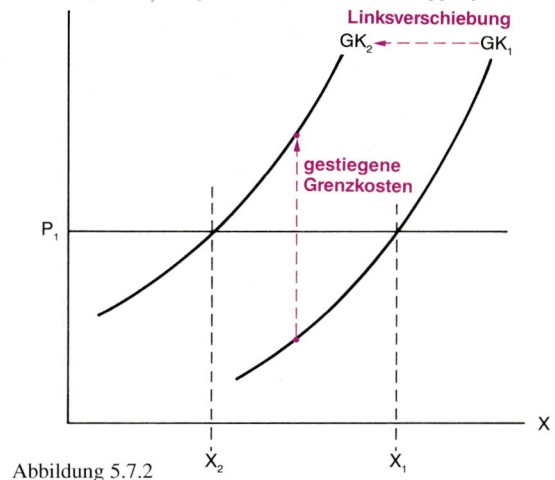

Abbildung 5.7.2

Eine Verschiebung der Angebotskurve nach rechts bedeutet, dass das Marktangebot bei jedem Preis größer ist als vorher. Eine Verschiebung der Angebotskurve nach links bedeutet, dass das Marktangebot bei jedem Preis kleiner ist als vorher.

5.7.2   Auswirkung einer Veränderung der Produktionstechnik

Auch eine **Veränderung der Produktionstechnik** wirkt sich auf die Kosten aus und bewirkt eine Verschiebung der Angebotskurve.

Ein Unternehmen, das bisher ein **arbeitsintensives Produktionsverfahren** angewendet hat, stellt auf ein **anlageintensives Produktionsverfahren** um. Als Folge der Investition steigen die fixen Kosten (z. B. Abschreibungen, Zinsen), die variablen Kosten für die zusätzliche Produktion einer Einheit des Gutes nehmen ab.

Wirkung des Übergangs von einem arbeitsintensiven zu einem anlageintensiven Produktionsverfahren

arbeitsintensives
Produktionsverfahren
(Verfahren 1)

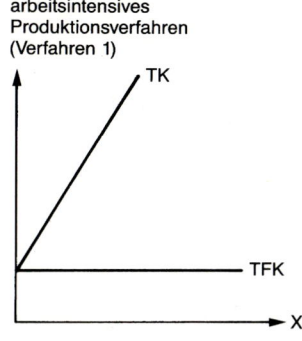

Abbildung 5.7.3

anlageintensives
Produktionsverfahren
(Verfahren 2)

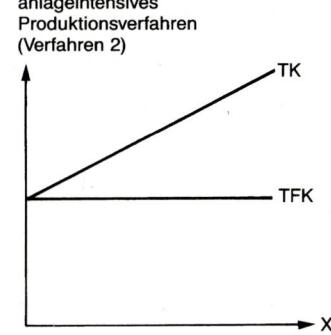

Abbildung 5.7.4

Gilt für die Unternehmung eine lineare Kostenfunktion (Produktionsfunktion Typ B), dann sinken die Grenzkosten, die in diesem Fall gleich sind den durchschnittlichen Gesamtkosten. Das Gewinnmaximum liegt weiterhin bei der Kapazitätsgrenze. Nur wenn mit dem Übergang von einer arbeitsintensiven zu einer anlageintensiven Produktionstechnik die Kapazität der Unternehmung vergrößert wird, vergrößert sich auch die Angebotsmenge.

Unternehmen mit linearer Kostenfunktion

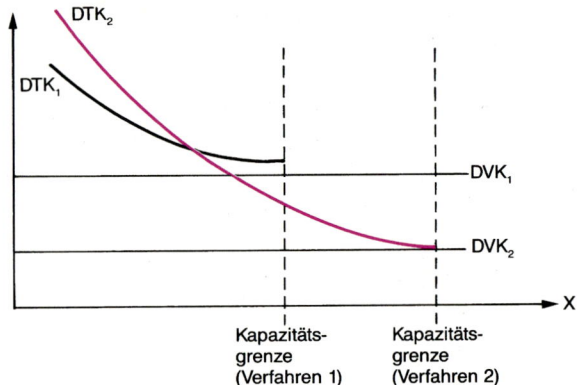

Abbildung 5.7.5

Verändern sich in der Unternehmung die Grenzkosten mit der Produktionsmenge (Produktionsfunktion Typ A), dann wird die Grenzkostenkurve durch den Übergang zu einem anlageintensiven Produktionsverfahren nach rechts verschoben und damit auch die Angebotskurve (s. Abb. 5.7.6).

Unternehmen mit S-förmiger Kostenfunktion

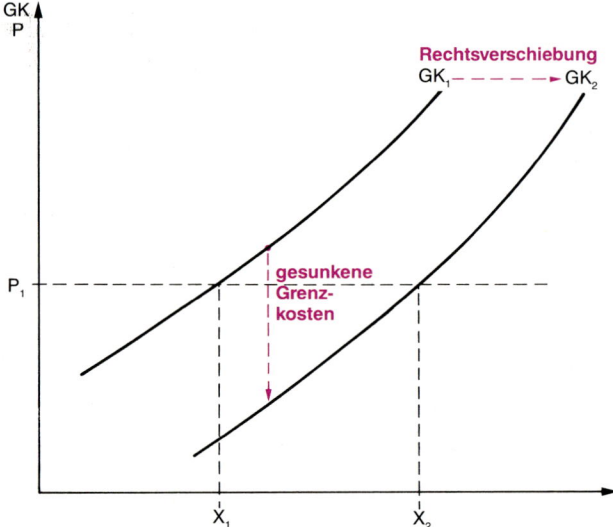

Abbildung 5.7.6

Der Übergang zu einem anlageintensiven Produktionsverfahren führt in der Regel zu einer Vergrößerung des Marktangebots.

5.7.3 Wirkung einer Veränderung der Zahl der Anbieter

Auch eine Veränderung der Zahl der Anbieter führt zu einer Verschiebung der Angebotskurve. Die Angebotskurve verschiebt sich nach rechts, wenn die Zahl der Anbieter zunimmt, sie verschiebt sich nach links, wenn die Zahl der Anbieter abnimmt.

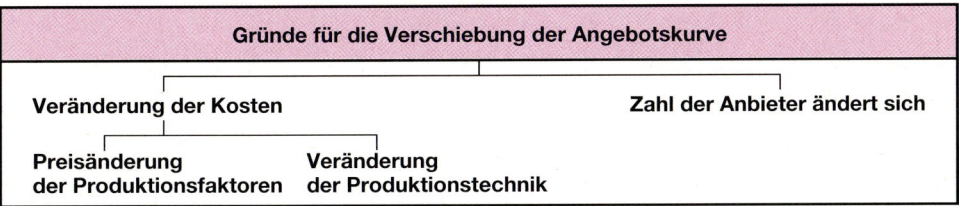

Abbildung 5.7.7

AUFGABEN UND PROBLEME

5.1   *Unterscheidung der Produktionsfunktionen von Typ A und Typ B*

● Überprüfen Sie die unten grafisch dargestellten betrieblichen Kostensituationen darauf, ob eine Produktionsfunktion von Typ A oder von Typ B zugrunde liegt!

(TK = Gesamtkosten; TVK = gesamte variable Kosten; TFK = gesamte fixe Kosten; DTK = durchschnittliche Gesamtkosten; DVK = durchschnittliche variable Kosten; x = Produktionsmenge)

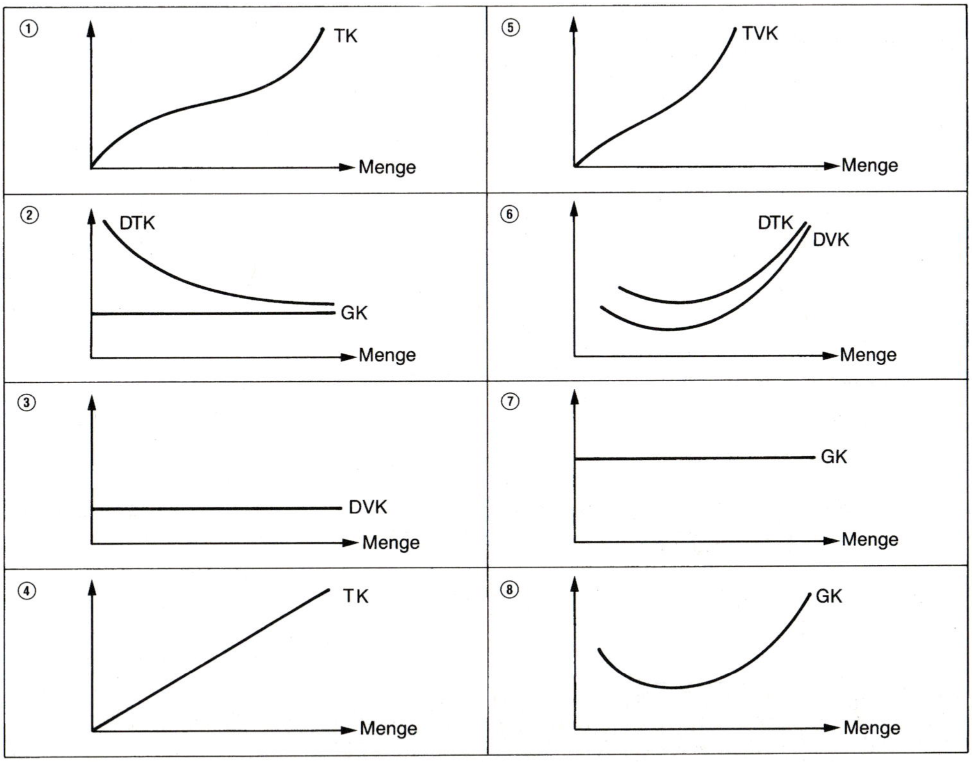

① TK (Menge)	⑤ TVK (Menge)
② DTK / GK (Menge)	⑥ DTK / DVK (Menge)
③ DVK (Menge)	⑦ GK (Menge)
④ TK (Menge)	⑧ GK (Menge)

Abbildung 5.7.8

5.2 *Zusammenhang zwischen dem Verlauf der Grenzkosten und der Gesamtkosten*

- 1. Wie verlaufen die Grenzkosten, wenn die Gesamtkosten

   a) progressiv,
   b) proportional,
   c) degressiv verlaufen?

- 2. Wie verlaufen die Gesamtkosten, wenn die Grenzkosten

   a) fallen,
   b) steigen,
   c) konstant bleiben?

5.3 *Zusammenhang zwischen dem Verlauf der Grenzkosten und der durchschnittlichen Gesamtkosten*

- Welche Aussagen sind richtig?

   ① Die durchschnittlichen Gesamtkosten können nur dann sinken, wenn auch die Grenzkosten sinken.

   ② Solange die durchschnittlichen Gesamtkosten größer sind als die Grenzkosten, so lange steigen die durchschnittlichen Gesamtkosten.

   ③ Sind die Grenzkosten kleiner als die durchschnittlichen Gesamtkosten, dann sinken die durchschnittlichen Gesamtkosten.

   ④ Steigen die Grenzkosten, dann steigen auch die durchschnittlichen Gesamtkosten.

   ⑤ Sind die Grenzkosten größer als die durchschnittlichen Gesamtkosten, dann sinken die durchschnittlichen Gesamtkosten.

   ⑥ Sind die Grenzkosten größer als die durchschnittlichen Gesamtkosten, dann steigen die durchschnittlichen Gesamtkosten.

   ⑦ Die Grenzkostenkurve schneidet die dazugehörige Kurve der durchschnittlichen Gesamtkosten in deren Minimum.

5.4 *Angebot eines Unternehmens mit linearer Produktionsfunktion (Typ B)*

Ein Unternehmen stellt nur ein Produkt her. Bei Auslastung seiner gesamten Kapazität kann es davon 20 000 Stück produzieren. Im Unternehmen entstehen fixe Kosten in Höhe von 500 000,00 EUR. Die durchschnittlichen variablen Kosten betragen konstant 10,00 EUR.

- 1. Das Unternehmen hat bisher an der Kapazitätsgrenze produziert. Für das Produkt war ein Marktpreis von 50,00 EUR zu erzielen.

- Wie groß war (in EUR) der Erfolg des Unternehmens?

- 2. Mit wie viel % muss das Unternehmen seine Kapazität mindestens auslasten, damit kein Verlust entsteht?

- 3. Der Marktpreis sinkt auf 33,00 EUR. Zu diesem Preis können unverändert 20 000 Stück abgesetzt werden. Die Unternehmensleitung erwartet, dass der Preis in absehbarer Zeit wieder steigen wird.

- Entscheiden Sie: Soll das Unternehmen die Produktion vorübergehend einstellen und abwarten, bis der Preis wieder gestiegen ist?

- 4. Von welchem Marktpreis ab wird das Unternehmen die Produktion einstellen, auch wenn in kurzer Frist wieder eine Erhöhung des Marktpreises erwartet wird?

5.5 *Das Marktangebot (auf der Grundlage linearer Produktionsfunktionen)*

Auf einem Markt mit vollkommener Konkurrenz bieten drei Unternehmen ein Produkt unter den Bedingungen des vollkommenen Wettbewerbs an. Die Kostensituation der Unternehmen ist in der folgenden Tabelle dargestellt:

Produk-tionsmenge	Unternehmen A			Unternehmen B			Unternehmen C		
	TKF	TVK	TK	TKF	TVK	TK	TKF	TVK	TK
1	100	20	120	120	15	135	140	10	150
2	100	40	140	120	30	150	140	20	160
3	100	60	160	120	45	165	140	30	170
4	100	80	180	120	60	180	140	40	180
5	100	100	200	120	75	195	140	50	190
6	100	120	220	120	90	210	140	60	200
7	100	140	240	120	105	225	140	70	210
8	Kapazitätsgrenze			120	120	240	140	80	220
9				Kapazitätsgrenze			140	90	230
10							140	100	240
							Kapazitätsgrenze		

TFK = fixe Kosten insgesamt (total); TVK = variable Kosten insgesamt; TK = Gesamtkosten.

- 1. Stellen Sie das langfristige Marktangebot für das von den drei Unternehmen hergestellte Gut fest und zeichnen Sie die Angebotskurve!
- 2. Wie weit darf der Marktpreis vorübergehend sinken, bevor alle drei Unternehmen das Angebot völlig einstellen?
- 3. Wie ändert sich das Marktangebot, wenn Unternehmen C ein neues Produktionsverfahren einführt, mit dem die totalen fixen Kosten auf 160 steigen, die durchschnittlichen variablen Kosten aber auf 5 sinken?

5.6 *Kritische Kostenpunkte und das Angebot eines Unternehmens mit einer Produktionsfunktion vom Typ A*

Ein Unternehmen stellt ein Imprägnierungsmittel für Holz her. Das Rezept ist allgemein bekannt, frei verwendbar und wird in gleicher Weise von vielen Unternehmen benutzt. Es wird in einfachen Blechkanistern an Großabnehmer geliefert. Das Unternehmen hat einen so geringen Marktanteil, dass es den auf dem Markt gegebenen Marktpreis von 26,00 EUR für einen 10-Liter-Kanister akzeptieren muss. Würde es nur einen geringfügig höheren Preis verlangen, dann würde es den gesamten Absatz verlieren.

Aus der Kostenanalyse des Unternehmens sind folgende Zahlen bekannt:

Produktionsmenge (in 1 000 Kanister) x	durchschnittliche Gesamtkosten DTK	Grenzkosten GK
1	50,00	20,00
2	32,50	15,00
3	25,67	12,00
4	22,50	13,00
5	21,20	16,00
6	21,00	20,00
7	21,57	25,00
8	22,75	31,00
9	25,17	44,50
10	29,15	65,00

- 1. Von welcher Produktionsmenge ab erzielt das Unternehmen Gewinn, von welcher Produktionsmenge ab beginnt es Verlust zu erzielen?
- 2. a) Bei welcher Produktionsmenge liegt das Betriebsoptimum?
- b) Bei welchem Preis liegt das Gewinnmaximum?
- 3. Welcher der folgenden Sätze lässt sich mit den in der Tabelle oben dargestellten Zahlen als richtig beweisen?
  - ① Bei Vermehrung der Produktionsmenge nimmt der Gewinn so lange zu, solange die durchschnittlichen Gesamtkosten kleiner sind als der Grenzerlös.
  - ② Bei Vermehrung der Produktionsmenge nimmt der Gewinn so lange zu, solange die Grenzkosten kleiner sind als die durchschnittlichen Stückkosten.
  - ③ Bei Vermehrung der Produktionsmenge nimmt der Grenzerlös so lange zu, solange die Grenzkosten kleiner sind als die durchschnittlichen Stückkosten.

5.7 *Marktangebot auf einem Markt mit vollkommenem Wettbewerb auf der Grundlage von Produktionsfunktionen des Typs A*

In einer Volkswirtschaft stellen die Unternehmen A, B und C das gleiche Gut her. Die Kostensituationen der Unternehmen sind in der Tabelle unten dargestellt. Keines der Unternehmen kann den Marktpreis durch sein Verhalten beeinflussen.

Produk-tionsmenge	Unternehmen A			Unternehmen B			Unternehmen C		
	TK	DTK	GK	TK	DTK	GK	TK	DTK	GK
0	10	–	–	20	–	–	50	–	–
1	12	12,0	2	24	24,0	4	53	53,0	3
2	13	6,5	1	27	13,5	3	55	27,5	2
3	15	5,0	2	31	10,33	4	56	18,67	1
4	18	4,5	3	36	9,00	5	58	14,5	2
5	22	4,4	4	42	8,4	6	61	12,2	3
6	27	4,5	5	49	8,17	7	65	10,83	4
7	33	4,71	6	57	8,14	8	70	10,0	5
8	40	5,0	7	66	8,25	9	76	9,5	6
9	48	5,33	8	76	8,44	10	83	9,22	7
10	57	5,7	9	87	8,7	11	91	9,1	8
11	67	6,09	10	99	9,0	12	100	9,09	9
12	78	6,50	11	112	9,33	13	110	9,17	10
13	90	6,92	12	126	9,69	14	121	9,31	11
14	103	7,36	13	141	10,07	15	133	9,5	12
15	117	7,8	14	157	10,47	16	146	9,73	13
16	132	8,25	15	174	10,87	17	160	10,0	14
17	148	8,71	16	Kapazitätsgrenze			175	10,93	15
18	165	9,17	17				191	11,23	16
19	Kapazitätsgrenze						208	11,56	17
20							Kapazitätsgrenze		

- 1. Warum bietet das Unternehmen A bei einem Marktpreis von 3 nicht die Menge 4 an, obwohl bei dieser Produktionsmenge die Grenzkosten so groß sind wie der Marktpreis?

- 2. Welche Menge bietet das Unternehmen A, welche das Unternehmen B und welche das Unternehmen C an bei den Preisen 1, 2, 3 usw. bis 17? Wie groß ist bei diesen Preisen das Marktangebot?

- 3. Bei einem Preis von 10 werden auf dem Markt 32 Einheiten hergestellt.

- a) Wie groß sind die Kosten, die zur Herstellung dieser Produktmenge in den drei Unternehmen insgesamt entstehen?

- b) Überprüfen Sie, ob in einer Volkswirtschaft ohne freie Unternehmen eine staatliche Planungszentrale in der gegebenen Kostensituation die Möglichkeit hätte, durch eine andere Verteilung der 32 Produkteinheiten auf die drei Unternehmen die Gesamtkosten für die Herstellung zu senken!

5.8 *Angebot der Unternehmung bei linearem Kostenverlauf*

In einem Betrieb der Metallindustrie wird ein kleines Geräteteil hergestellt. Da es sich um ein Ein-Produkt-Unternehmen handelt, lässt sich die Kosten-/Leistungsrechnung relativ einfach unter Zugrundelegung der folgenden Daten erstellen:

1. Maximale Produktionsmenge   10 000 Stück
variable (proportionale) Stückkosten (DVK)   5,00 EUR
gesamte fixe Kosten (TFK)   4 000,00 EUR
Verkaufspreis je Stück (p)   7,00 EUR

- Erstellen Sie auf der Grundlage dieser Daten eine Übersicht der Kosten-Erlös-Situation des Unternehmens! Stellen Sie die Kosten- und Erlösfunktion grafisch dar, wenn Ihnen ein entsprechendes Programm zur Verfügung steht!

  (X = Produktionsmenge, TFK = gesamte Fixkosten, TVK = gesamte variable Kosten, TK = gesamte Kosten, GK = Grenzkosten, TDK = gesamte durchschnittliche Kosten (durchschnittliche Stückkosten), E = Erlös, G/V = Gewinn/Verlust.)

- 2. Wie hoch muss in dieser Situation der Marktpreis mindestens sein, damit das Unternehmen anbietet, und welche Menge bietet das Unternehmen bei diesem Mindestpreis an?

- 3. Begründen Sie, warum es in diesem Fall keine Nutzengrenze gibt!

- 4. Wie ändert sich die Produktionsmenge, bei der die Nutzenschwelle liegt, und die tatsächlich angebotene Menge, wenn sich bei Konstanz der fixen Kosten die variablen Kosten je Stück (DVK) wie folgt ändern:

  a) 6,00 EUR
  b) 7,00 EUR
  c) 4,00 EUR
  d) 3,00 EUR

  Halten Sie die Ergebnisse dieses Experiments in einer Ergebnistabelle nach dem folgenden Muster fest:

Muster für die Ergebnistabelle:

TVK	DVK	Nutzenschwelle (in Mengeneinheiten)	angebotene Menge
4 000,00	5,00		
4 000,00	6,00		
4 000,00	7,00		
4 000,00	4,00		
4 000,00	3,00		
5 000,00	5,00		
6 000,00	5,00		
3 000,00	5,00		
2 000,00	5,00		

- 5. Wie ändert sich die Produktionsmenge, bei der die Nutzenschwelle liegt, und die tatsächlich angebotene Menge, wenn sich bei unveränderten variablen Kosten je Stück die fixen Kosten insgesamt (TFK) wie folgt ändern:

    a) 5 000,00 EUR
    b) 6 000,00 EUR
    c) 3 000,00 EUR
    d) 2 000,00 EUR

    Halten Sie die Ergebnisse in der Ergebnistabelle (s. 4.) fest.

- 6. Welche Aussagen lassen sich aus den bei 4. und 5. gemachten Beobachtungen über den Einfluss der Kosten auf das Angebot eines Unternehmens ableiten, für das eine lineare Kostenfunktion gilt?

- 7. a) Stellen Sie eine Vermutung auf, wie sich die Produktionsmenge, bei der die Nutzenschwelle liegt, verändert, wenn die fixen Kosten 0 betragen (DVK = 5, Preis = 7). Begründen Sie Ihre Vermutung!
    b) Überprüfen Sie Ihre Vermutung unter Benutzung der bereits aufgebauten Tabelle!

- 8. Die folgende Aussage ist falsch, weil auf eine wesentliche Voraussetzung (Prämisse) nicht hingewiesen wird. Eine Regel, die nur unter bestimmten Voraussetzungen gilt, wird unzulässig verallgemeinert.

    Behauptungssatz

    „Ohne fixe Kosten gibt es keine Nutzenschwelle. Sind die variablen Stückkosten niedriger als der zu erlösende Marktpreis, dann arbeitet der Betrieb bei jeder Produktionsmenge mit Gewinn. Liegen die variablen Kosten je Stück über dem zu erlösenden Marktpreis, dann arbeitet der Betrieb bei jeder Produktionsmenge mit Verlust."

- Weisen Sie nach und begründen Sie, dass die mit dem Behauptungssatz wiedergegebene Regel in dieser Form nicht allgemein gültig ist.

    Der Nachweis kann z. B. mithilfe eines geeigneten PC-Programms in der Weise erbracht werden, dass in der Spalte TFK der Wert 0 (für alle Produktionsmengen) eingegeben wird und in der Spalte TVK die folgende Formel für den Verlauf der gesamten variablen Kosten: $(x - 4\,500)^2 : 1\,000 + 6{,}2\,x$

ZUR WIEDERHOLUNG DES GRUNDWISSENS

1. Welche Annahmen liegen der Theorie des Angebots zugrunde?
2. Von welchen Einflussgrößen hängt das Angebot auf einem Gütermarkt ab?
3. Nennen Sie Situationen, in denen es nicht möglich und nicht sinnvoll ist, zur Vergrößerung der Produktionsmenge alle Produktionsfaktoren vermehrt einzusetzen!
4. Was versteht man in der volkswirtschaftlichen Produktionstheorie unter Gesamtertrag?
5. Was ist eine Produktionsfunktion?
6. Definieren Sie die Begriffe Grenzertrag und Durchschnittsertrag!
7. Wie unterscheidet sich der Verlauf der Produktionsfunktionen von Typ A und Typ B?
8. Beschreiben Sie die Phasen der Produktionsfunktion von Typ A!
9. Was versteht man unter einer Kostenfunktion?
10. Welche Kostengruppe bestimmt über die Verlaufsform der Gesamtkostenkurve?
11. Definieren Sie die Begriffe Grenzkosten und durchschnittliche Gesamtkosten!
12. Definieren Sie den Begriff Nutzenschwelle!
13. Was versteht man unter Kapazität, was unter dem Beschäftigungsgrad eines Unternehmens?
14. Beschreiben Sie den Verlauf der Gesamtkosten, der Grenzkosten und der durchschnittlichen Gesamtkosten einer Kostenfunktion, die aus einer Produktionsfunktion von Typ A abgeleitet wurde!
15. Was versteht man unter dem Betriebsoptimum, was unter dem Betriebsminimum eines Unternehmens und welche Bedeutung haben diese kritischen Kostenpunkte für das Angebot des Unternehmens?

16. Erläutern Sie das Verhältnis der Grenzkosten zu den durchschnittlichen Gesamtkosten!

17. Welche Menge bietet ein Unternehmen mit linearer Kostenfunktion an, wenn der Marktpreis
    a) über den durchschnittlichen Gesamtkosten,
    b) zwischen den durchschnittlichen Gesamtkosten und den durchschnittlichen variablen Kosten,
    c) unterhalb der durchschnittlichen variablen Kosten liegt?

18. Mit welcher Regel wird die Angebotsmenge eines Unternehmens bestimmt, deren Kostenfunktion aus einer Produktionsfunktion von Typ A abgeleitet ist?

19. Was versteht man unter einem Marktangebot?

20. Erläutern Sie den Zusammenhang zwischen der Grenzkostenkurve und der Angebotskurve eines Unternehmens!

21. Nach welcher Formel wird die Preiselastizität des Angebots berechnet?

22. Was sagt die Verschiebung einer Angebotskurve nach links oder rechts aus? Nennen Sie die Gründe für eine Verschiebung der Angebotskurve!

6 Preisbildung bei vollkommenem Wettbewerb

■■■■ EINFÜHRENDES PROBLEM

An einer Warenbörse erhält der Makler folgende Aufträge:

Kaufaufträge

Käufer	Menge (t)	Preisober- grenze (EUR)
A	30	30,00
B	10	50,00
C	20	60,00
D	40	90,00

- Welchen Preis legt der Makler fest?

- Reicht das Börsenmodell aus, um die Preisbildung an den Märkten des täglichen Lebens zu erklären?

Verkaufsaufträge

Verkäufer	Menge (t)	Mindest- preis (EUR)
E	20	90,00
F	10	60,00
G	30	50,00
H	40	30,00

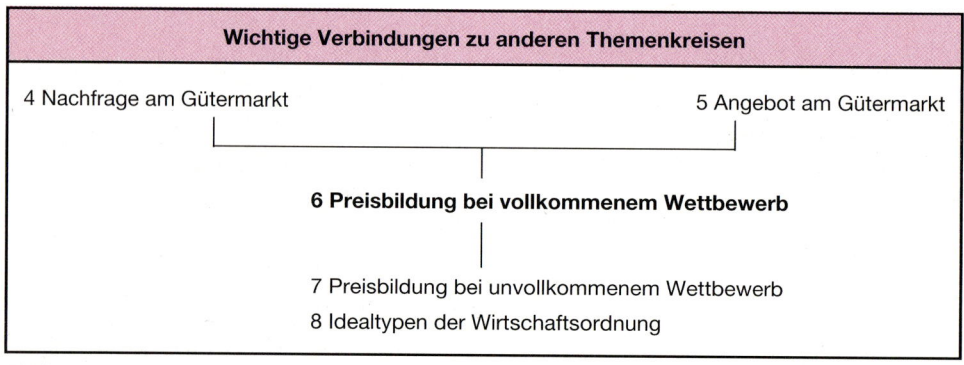

Wichtige Verbindungen zu anderen Themenkreisen

4 Nachfrage am Gütermarkt   5 Angebot am Gütermarkt

6 Preisbildung bei vollkommenem Wettbewerb

7 Preisbildung bei unvollkommenem Wettbewerb

8 Idealtypen der Wirtschaftsordnung

Abbildung 6.0.1

6.1 Der Markt und seine Funktion

In einer marktwirtschaftlichen Ordnung haben die Wirtschaftssubjekte Handlungsfreiheit:

– Die Anbieter bestimmen frei und selbstständig, was sie produzieren wollen.

– Die Nachfrager bestimmen frei und selbstständig, was sie nachfragen und verbrauchen wollen.

Es wäre deshalb ein großer Zufall, wenn die Angebots- mit den Nachfrageplänen übereinstimmen würden. Das Verhältnis von Angebot und Nachfrage wird erkennbar, sobald Angebot und Nachfrage auf dem Markt zusammentreffen.

> Der Markt ist der Ort, an dem Angebot und Nachfrage zusammentreffen.

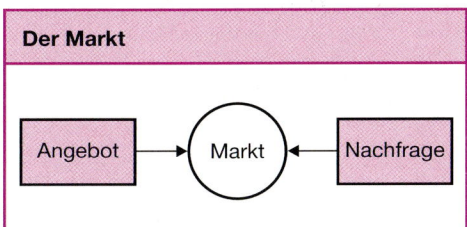

Der Markt

Angebot → Markt ← Nachfrage

Abbildung 6.1.1

In der ursprünglichen Form des Marktes trafen sich Käufer und Verkäufer zu einer bestimmten Zeit an einem bestimmten Ort, wie das z. B. auf den Wochenmärkten der Kleinstädte heute noch geschieht. Der Markt ist unmittelbar sichtbar.

Doch auch dann wenn wir uns in einer Großstadt in eines der vielen Schuhgeschäfte begeben, um ein Paar Schuhe zu kaufen, befinden wir uns auf einem Markt. Wir müssen in Gedanken das gesamte Angebot an Schuhen und die gesamte Nachfrage nach Schuhen in dieser Stadt zusammenfassen, um ein Bild des Schuhmarktes zu erhalten.

Noch schwerer vorzustellen ist etwa der Markt für Rotationsdruckmaschinen. Wir müssen die Hersteller, die miteinander konkurrieren, in der ganzen Welt suchen, ebenso die Nachfrager. Der

---

Ausschnitt aus dem Schuhmarkt Stuttgart:

Verbraucher:
1 Mio. Einwohner des Großraums Stuttgart

Anbieter:
s. Auszug aus dem Branchenadressbuch

Schuhwaren

Großhandel

■ *Stuttgart (07 11x)*

Ast K. Liststr. 5 . . . . .60 27 07
Holiday-Schuh GmbH
  1 Königstr. 33 . . . . .22 00 70
Lösche J.
  Brh Hugo-Eckener-Str. 11 . . .70 18 20
Seutter L. 31 Mähdachstr. 54 . .83 82 92

Außerbez. Empfehlung

■ *Ulm, Donau (07 31x)*

Schuh Weber KG
79 Ulm-Söflingen, Postf. 43 29
Riedweg 37, F (07 31) **38 20 86**
Telex: 07-12 326

Einzelhandel

■ *Stuttgart (07 11x)*

ABC-Schuhe
  Fil Cannstatter Str. 121 . . . . .58 16 86

ALBECK
Schuhhaus am Schloßplatz
7 Stuttgart , Königstr. 20
Fernsprecher 29 18 95

Albert F. 71 Böckelstr. 13   **47 17 29**
Alfa Schuhhandelsges. mbh & Co. KG
  1 Forststr. 71 . . . . .61 85 94
Alter 40 Sachsenstr. 24 . . . . .87 58 73
Altschüler R. GmbH
  1 Königstr. 51 . . . . .29 69 81
Bacic D. 1 Böblinger Str. 139 . .60 06 22
Bally Deutschland GmbH
  1 Königstr. 21 . . . . .29 22 29
Bauer C.
  75 Kirchheimer Str. 37 . . . . .47 93 77

Bauer, Philipp
Schuhgeschäft, Sportartikel
60 Biberacher Str. 24 42 23 12

Bayer J. Illerstr. 23 . . . . .59 29 30
Bletzinger J. KG
  1 Marktplatz 14 . . . . .24 52 66
Blumhardt F.
  1 Tübinger Str. 22 . . . . .60 51 63
Blumhardt W.B.S.
  1 Tübinger Str. 82 . . . . .60 21 80
Bothner M. Illerstr. 9 . . . . .59 21 91

BRECKLE, Schuhhaus
Inh. Hillmann   53 03 31
50 Veitstr. 13   **<53 66 63>**

Brenner A. Fil Birkenweg 2 . . . .58 24 67
Breuning O Pla Uhlbergstr. 12 . .77 12 73
Briem, Walter Hermann
  Brh Hauptstr. 12   **70 29 28**

Bürkle O Fil Fellbacher Str. 5 . .51 21 21
Dautel F. 60 Ulmer Str. 345 . . . .42 90 65

Markt ist kein bestimmter Ort mehr, an dem sich Anbieter und Nachfrager treffen. **Der Markt ist das Ergebnis einer rein gedanklichen Zusammenfassung aller Tauschbeziehungen im Hinblick auf bestimmte Güter.**

Auf dem Markt treten sich unterschiedliche Interessen gegenüber. Der Unternehmer möchte so viel wie möglich verdienen, die Nachfrager möchten so billig wie möglich kaufen. Die Koordination dieser Interessen erfolgt auf dem Markt über die Preise.

> Der Markt hat die Funktion, die Pläne der Anbieter und der Nachfrager über den Preis zum Ausgleich zu bringen. Der Markt ist der Ort der Preisbildung.

6.2 Einteilung der Märkte

6.2.1 Einteilung nach dem Grad der Zentralisierung

Auch heute noch gibt es Märkte, die unmittelbar sichtbar sind. Es sind zentralisierte Märkte.

> Ein Markt ist zentralisiert, wenn sich Käufer und Verkäufer zu einem festgelegten Zeitpunkt an einem bestimmten Marktort treffen.

Zentralisierte Märkte gibt es heute vor allem in Form von Börsen (Warenbörsen und Wertpapierbörsen) oder als Auktionen, z. B. von Obst, Gemüse und Blumen. Über zentral organisierte Märkte wird von den Medien berichtet, z. B. von den Zeitungen. Sie veröffentlichen Preise (Kurse) und Umsätze.

An den **Warenbörsen** werden u. a. Metalle, Getreide und Rohzucker gehandelt. An den **Wertpapierbörsen** werden hauptsächlich Aktien und Schuldverschreibungen (Anleihen) gehandelt. In der Bundesrepublik Deutschland gibt es Wertpapierbörsen in Frankfurt am Main, Düsseldorf, Hamburg, München, Hannover, Stuttgart, Berlin und Bremen. An der Frankfurter Börse werden 45 % der Börsengeschäfte der Bundesrepublik abgewickelt. Amtliche **Devisenbörsen** existieren seit Einführung des Euro nicht mehr. Stattdessen stellen die Bankensektoren eigene Devisenkurse fest (z. B. Sparkassen und Genossenschaftsbanken nach dem EuroFX-System).

Fast alle zentralisierten Märkte sind so organisiert, dass sich das Zusammenspiel von Angebot und Nachfrage nach bestimmten, festgelegten Regeln richtet. An der Wertpapierbörse z. B. nehmen Makler Angebots- und Nachfrageaufträge entgegen und stellen den Gleichgewichtspreis fest.

Das Wirtschaftsgeschehen spielt sich überwiegend auf nicht zentralisierten Märkten ab. Nicht zentralisierte Märkte sind für Anbieter und Nachfrager meist sehr unübersichtlich.

Börsenberichte
Rohstoffmarkt 26. März 1999

Gold	282,00 $ je Feinunze (= 31,1 Gramm)
Silber	5,07 $ je Feinunze
Platin	368,00 $ je Feinunze

Frankfurter Wertpapierbörse

	Dividenden	Kassakurse 26. März 99 jeweils in Euro	Vortagesschluss
Adidas-Sal.	0,84	80,30	81,50
Allianz	0,97	282,00	288,50
BASF	1,02	33,80	34,50
Deutsche Bank	0,92	50,00	50,20
Deutsche Telekom	0,61	37,10	37,80
Henkel VA	0,74	68,20	68,60
Lufthansa	0,46	20,20	19,97
Siemens	0,77	59,30	60,40
Volkswagen	0,61	61,20	58,40

Devisenkurse

1 Euro entspricht Kassa Geld/Kassa Brief			Banknoten Ankauf/Verkauf in DM		
US-$	1,0779	1,0839	1 US-$	1,0779	1,0839
brit. £	0,6747	0,6787	1 brit. £	2,83	3,04
can. $	1,6198	1,6318	1 can. $	1,12	1,28
sfr	1,5931	1,5971	100 sfr	120,20	124,80
dkr	7,4113	7,4531	100 dkr	25,10	27,54
nkr	8,3447	8,3927	100 nkr	21,68	24,75
skr	8,9111	8,9591	100 skr	20,47	23,19
TRL	388,369	395,369	1 000 TRL	0,002	0,008
Dr*)	321,8000	327,8000	100 Dr	0,54	0,70
Shekel	4,2878	4,3878	100 Schekel	35,89	58,38
Yen	130,6600	131,1400	100 Yen	1,47	1,59
Tsch.Kr	37,7400	38,5400	100 Tsch.Kr	4,66	5,43
Forint	251,1000	256,300	100 Forint	0,62	0,89
Aus. $	1,7080	1,7280	1 Aus. $	1,07	1,23
NZ $	2,0230	2,0470	1 NZ $	0,85	1,08
Rand	6,5850	6,8250	1 Rand	0,21	0,36

Daten von der Landesbank Baden-Württemberg.

6.2.2 Einteilung nach den Güterarten

Die Märkte können eingeteilt werden nach den Gütern, die Gegenstand von Angebot und Nachfrage sind. Dabei rechnen zu den Gütern nicht nur Sachgüter, sondern auch Dienstleistungen, wie z. B. die des Friseurs oder des Rechtsanwalts, Nutzungen, wie z. B. die Wohnraumnutzung, und Wertpapiere, wie z. B. Aktien.

> Bei einer Einteilung der Märkte nach Güterarten werden üblicherweise unterschieden: Warenmarkt – Geld- und Kapitalmarkt – Grundstücksmarkt – Arbeitsmarkt.

Auf dem **Warenmarkt** werden Sachgüter gehandelt. Der Warenmarkt kann unterteilt werden in den Markt für Produktionsgüter und den Markt für Konsumgüter.

Gegenstand des **Grundstücksmarktes** sind unbebaute und bebaute Grundstücke.

Auf dem **Geldmarkt** werden kurzfristige, auf dem **Kapitalmarkt** langfristige Geldmittel gehandelt, d. h. es werden lang- und kurzfristige Kredite gewährt.

Auf dem **Arbeitsmarkt** treffen die Nachfrage nach Arbeitskräften und das Angebot von Arbeitskräften aufeinander.

Um bei einer Marktbeobachtung brauchbare Ergebnisse zu erhalten, muss man das gehandelte Gut durch Unterteilung so scharf wie möglich von anderen Gütern differenzieren und auch das Marktgebiet häufig sehr klein wählen. Den Getränkemarkt kann man z. B. weiter unterteilen in den Markt für alkoholische Getränke und den Markt für alkoholfreie Getränke, den Markt für alkoholische Getränke wiederum in den Markt für Bier und den Markt für Wein. Die Verhältnisse auf dem Markt für Wein können in Freiburg ganz anders sein als in Karlsruhe. Man kann also einen Weinmarkt für Karlsruhe und einen Weinmarkt für Freiburg unterscheiden.

Wie weit man einen Markt sachlich und räumlich unterteilen sollte, hängt allein davon ab, wie weit die Unterteilung für die durchzuführende Untersuchung zweckmäßig ist oder nicht. Als Ergebnis dieser sachlichen und räumlichen Abgrenzung ergibt sich der **relevante Markt.**

6.2.3 Einteilung nach der Zahl der Marktteilnehmer

Die Preisbildung auf dem Markt vollzieht sich völlig anders, je nachdem ob es auf einem Markt nur einen oder viele Anbieter gibt. Je größer die Zahl der Anbieter, umso größer ist der zu erwartende Konkurrenzkampf. Wer einziger Anbieter auf dem Markt ist, verhält sich anders, als wenn er viele Konkurrenten hat. Um Annahmen über das wahrscheinliche Verhalten der Marktteilnehmer machen zu können, werden die Märkte in einem Marktformenschema nach der Zahl der Marktteilnehmer untergliedert.

Gliedern wir die Angebots- wie die Nachfrageseite dreifach, dann ergibt sich folgendes Marktformenschema:

Marktformen			
Anbieter \ Nachfrager	viele	wenige	einer
viele	zweiseitiges Polypol	Nachfrage-Oligopol	Nachfrage-Monopol
wenige	Angebots-Oligopol	zweiseitiges Oligopol	beschränktes Nachfrage-Monopol
einer	Angebots-Monopol	beschränktes Angebots-Monopol	zweiseitiges Monopol

Tabelle 6.2.1

> Das Monopol ist eine Marktform, bei der sich das Angebot auf einen Anbieter und/oder die Nachfrage auf einen Nachfrager konzentriert.
>
> Beim Oligopol treten auf dem Markt nur wenige große Anbieter und/oder wenige große Nachfrager auf.
>
> Beim Polypol sind auf der Seite des Angebots und auf der Seite der Nachfrager viele relativ kleine Marktteilnehmer vorhanden.

6.2.4 Einteilung nach der Vollkommenheit der Marktbedingungen

Die Preisbildung auf dem Markt ist von der Vollkommenheit der Marktbedingungen abhängig. Wir unterscheiden:

– den **vollkommenen Markt** und
– den **unvollkommenen Markt.**

> Ein **vollkommener Markt** muss folgende Bedingungen erfüllen:
>
> 1. Die angebotenen Güter müssen **homogen (gleichartig) sein;** d. h. auch, dass **keine Präferenzen** (Vorzüge) für Anbieter und Nachfrager bestehen dürfen.
> 2. Es muss **Markttransparenz** (Durchsichtigkeit) gegeben sein.

Räumliche Präferenzen bestehen z. B. dann, wenn einer der Anbieter seinen Sitz näher dem Verbraucher hat und damit Transportkosten erspart werden können oder ein Verbraucher lieber im nächstgelegenen Lebensmittelgeschäft einkauft, um sich Wege zu sparen. Der vollkommene Markt ist ein Punktmarkt.

Persönliche Präferenzen können aufgrund langjähriger Geschäftsbeziehungen oder der Freundlichkeit des Personals bestehen.

Sachliche Präferenzen ergeben sich aus dem Gut selbst. Pralinen können wegen ihrer Verpackung bevorzugt werden, ein Waschmittel aufgrund einer aufwendigen Werbung. Gibt es räumliche, persönliche oder sachliche Präferenzen, dann werden auf dem Markt **heterogene Güter** angeboten, der Markt ist nicht vollkommen.

Markttransparenz bedeutet, dass das Marktgeschehen für Anbieter und Nachfrager durchsichtig ist. Der Markt ist vollkommen durchsichtig, wenn die Anbieter die Nachfragekurve und die Nachfrager die Angebotskurve kennen.

Auf dem durchsichtigen Markt müssen Anbieter und Nachfrager über Art und Qualität der auf dem Markt angebotenen Güter und die Zahl der Marktteilnehmer so Bescheid wissen, dass jedes Unternehmen seinen gesamten Absatz verliert, das seinen Preis über den der anderen anbietenden Unternehmen anhebt.

6.3 Das Modell des vollkommenen Wettbewerbs

Den Preisbildungsvorgang auf dem Markt zu beobachten, macht allergrößte Schwierigkeiten. Die Bilder der Märkte sind zu vielfältig, die Vorgänge zu verwirrend. Deshalb wird versucht, unter einer modellmäßigen Vereinfachung das Bild des Marktes klar und die Vorgänge und Tendenzen auf dem Markt erkennbar zu machen. Dies geschieht in dem Modell des **vollkommenen Wettbewerbs.** Dieses Modell wird auch als **vollkommene (vollständige) Konkurrenz** oder als **polypolistische Konkurrenz** bezeichnet.

> Vollkommener Wettbewerb liegt vor, wenn auf einem vollkommenen Markt die Marktform des Polypols gegeben ist.

Bei diesem Modell wird angenommen, dass auf dem Markt weder sachliche noch räumliche oder zeitliche Präferenzen vorliegen und dass der Markt durchsichtig ist. Hinzu kommt die Annahme, dass die Zahl der Anbieter auf dem Markt so groß ist, dass eine Veränderung der Angebotsmenge durch einen der vielen Anbieter sich auf den Preis nicht auswirkt, d. h. dass die Marktform des Polypols gegeben ist.

Vollkommener Wettbewerb		
Markt ohne Präferenzen	durchsichtiger Markt	Marktform des Polypols
	vollkommener Markt	

Abbildung 6.3.1

6.4 Der Prozess der Preisbildung
6.4.1 Die Bildung des Gleichgewichtspreises

Um die Preisbildung auf dem Markt zu beobachten, wollen wir uns auf einen Markt begeben, auf dem weder räumliche noch persönliche oder sachliche Präferenzen bestehen, Markttransparenz gegeben ist und viele Anbieter miteinander konkurrieren.

Situation an einem Markttag an der süddeutschen Butter- und Käsebörse in Kempten

An der süddeutschen Butter- und Käsebörse in Kempten wird u. a. „Deutsche Markenbutter" gehandelt. „Deutsche Markenbutter" hat die folgenden Qualitätsmerkmale: Eiweißgehalt 2 %, Wassergehalt 16 %, Fettgehalt 82 %. Ein Makler nimmt von den Käufern Kaufaufträge und von den Verkäufern Verkaufsaufträge entgegen. Die Käufer nennen die Höchstpreise, die sie zu zahlen bereit sind und die Menge, die sie zu diesem Preis erwerben. Die Verkäufer geben die Mindestpreise an, die sie erzielen wollen und die Menge, die sie zu diesem Marktpreis anbieten. An einem Börsentag liegen dem Makler 4 Kaufaufträge und 4 Verkaufsaufträge vor.

Nachfrage			Angebot		
Käufer	Höchstpreis je kg in EUR	nachgefragte Menge in kg	Verkäufer	Mindestpreis je kg in EUR	angebotene Menge in kg
A	3,60	500	E	3,00	750
B	3,60	500	F	3,30	1 000
C	3,30	750	G	3,60	500
D	3,00	1 000	H	3,90	250

Der Makler erstellt aus den Kauf- und Verkaufsaufträgen die folgende Übersicht:

Preis	Nachfrage in kg					Angebot in kg				
	A	B	C	D	insgesamt	E	F	G	H	insgesamt
3,00	500	500	750	1 000	2 750	750	0	0	0	750
3,30	500	500	750	0	1 750	750	1 000	0	0	1 750
3,60	500	500	0	0	1 000	750	1 000	500	0	2 250
3,90	500	0	0	0	500	750	1 000	500	250	2 500

Aus diesen Angaben berechnet der Makler den Preis für „Deutsche Markenbutter" für diesen Börsentag. Er kann nicht 3,90 EUR als Preis festlegen, weil bei diesem Preis ein Angebot von 2 500 kg auf dem Markt ist, aber nur 500 kg abgesetzt werden können. Der Preis von 3,00 EUR wäre zu niedrig, weil bei diesem Preis eine Nachfrage von 2 750 kg besteht, aber nur 750 kg zu diesem Preis angeboten werden. Der Makler wird an diesem Börsentag den Preis von 3,30 EUR für 1 kg „Deutsche Markenbutter" festlegen. Bei diesem Preis planen die Anbieter 1 750 kg anzubieten und die Nachfrager 1 750 kg abzunehmen. Es ist der Gleichgewichtspreis.

> Beim Gleichgewichtspreis sind die geplanten Angebots- und Nachfragemengen auf einem Markt gleich.

Das Bild 6.4.1 zeigt, dass bei einem Preis von 3,00 EUR nur E bereit ist, anzubieten. Bei einem Preis von 3,30 EUR bietet auch F an. Das Marktangebot steigt um 1 000 kg auf 1 750 kg. Bei einem Preis von 3,60 EUR kommt noch G, bei einem Preis von 3,90 EUR auch noch H als Anbieter hinzu.

Je höher der Butterpreis, umso größer das Marktangebot an Butter.

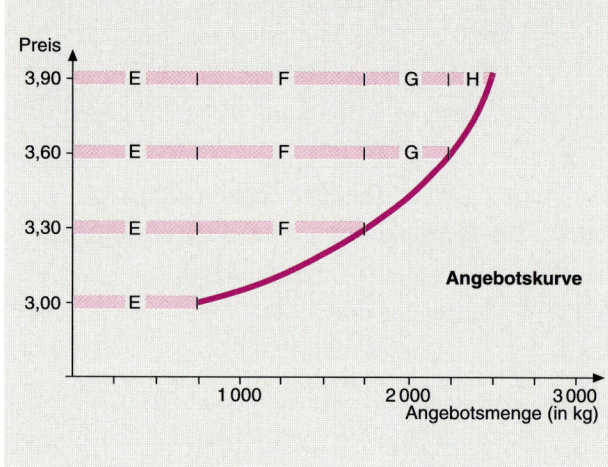

Abbildung 6.4.1

Bei einem Preis von 3,00 EUR würden A, B, C und D insgesamt 2 750 kg nachfragen. Bei dem Preis von 3,30 EUR fragt D nicht mehr nach. Die Nachfrage sinkt von 2 750 kg um 1 000 kg auf 1 750 kg. Beim Preis von 3,60 EUR scheidet C, beim Preis von 3,90 EUR dann auch B als Nachfrager aus.

Je höher der Butterpreis, umso geringer ist die Nachfrage nach Butter.

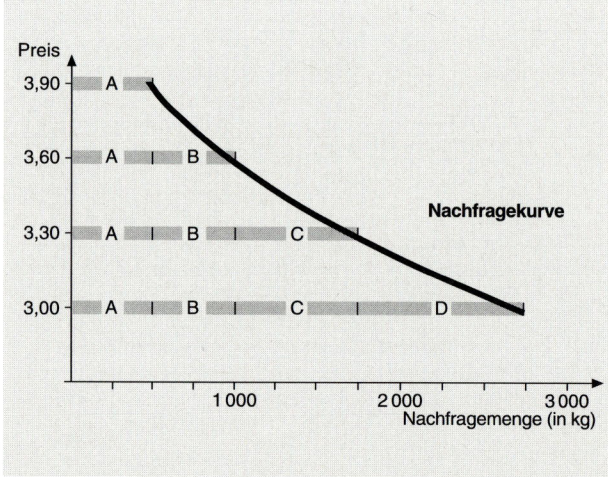

Abbildung 6.4.2

Bei dem durch den Schnittpunkt der Angebots- und der Nachfragekurve bestimmten Preis planen die Nachfrager die gleiche Menge nachzufragen, die von den Anbietern bei diesem Preis angeboten wird.

> Der Schnittpunkt der Angebots- und der Nachfragekurve kennzeichnet den Gleichgewichtspreis.

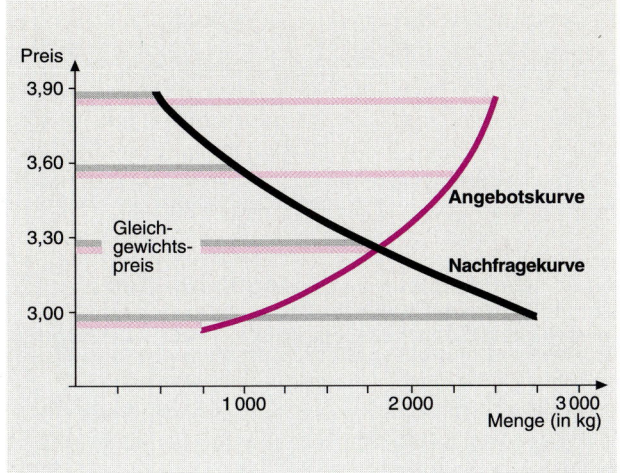

Abbildung 6.4.3

6.4.2 Der Anpassungsprozess bei der Preisbildung

Nur in ganz seltenen Fällen ist ein Markt so durchsichtig, dass die Angebots- und die Nachfragepläne gegenseitig bekannt sind. Deshalb ist nicht jeder Preis, der sich auf dem Markt bildet, ein Gleichgewichtspreis. Meist sind aber wenigstens die Preise bekannt, die auf dem Markt gefordert werden. Dann kann auf dem Markt ein Prozess in Gang kommen, der zum Gleichgewichtspreis führt.

Liegt auf einem Markt die erste Preisforderung der Anbieter über dem Gleichgewichtspreis, wie z. B. in Abbildung 6.4.4 bei P_1 = 80,00 EUR, können die Anbieter weniger absetzen als geplant. Sie wollen bei diesem Preis 350 Stück absetzen, die Nachfrager kaufen zu diesem Preis aber nur 100 Stück. Es entsteht eine Nachfragelücke von 250 Stück. Die Nachfragelücke zwingt die Anbieter, den Preis zu senken.

Bei P_2 ist das Überangebot schon kleiner. Erst wenn der Gleichgewichtspreis erreicht ist, besteht für keinen Anbieter mehr ein Grund zur Preissenkung.

Der Pfeil zeigt, wie sich in einem Anpassungsprozess der Preis allmählich dem Gleichgewichtspreis nähert. Auf dem Markt erhalten Anbieter und Nachfrager durch erkennbare **Nachfragelücken** (A > N) und **Angebotslücken** (N > A) Informationen über die Angebots- und Nachfragepläne.

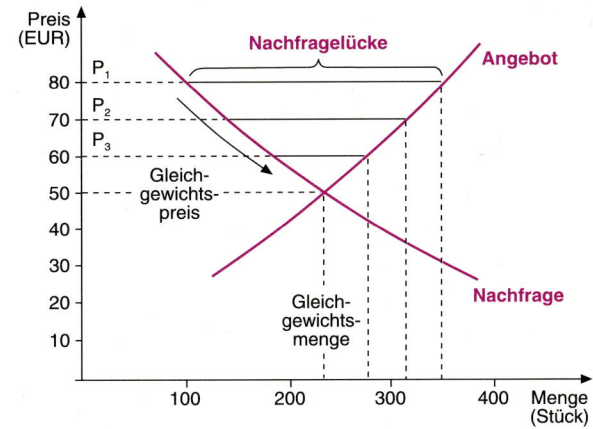

Abbildung 6.4.4

Auf einem nicht vollkommen durchsichtigen Markt führt die Beobachtung von Angebots- und Nachfragelücken durch die Marktteilnehmer zur allmählichen Entschleierung des Marktes. Anbieter und Nachfrager reagieren auf Angebots- und Nachfragelücken so, dass ein Anpassungsprozess in Bewegung kommt, der den Marktpreis ständig in Richtung des Gleichgewichtspreises in Bewegung setzt.

Für das Funktionieren der Märkte ist es wichtig, dass der Markt nicht völlig undurchsichtig ist und die Marktteilnehmer zumindest über die Marktpreise informiert sind.

6.4.3 Die Änderung von Angebots- und Nachfrageplänen und ihre Wirkung auf den Preis

Wir haben den Preisbildungsprozess auf dem polypolistischen Markt bisher unter der Voraussetzung betrachtet, dass Anbieter und Nachfrager ihre Wirtschaftspläne nicht verändern. Das entspricht natürlich nicht der Realität. Auf jedem Wochenmarkt nimmt z. B. das Angebot von Kirschen vom Zeitpunkt des ersten Angebots an im Laufe der Ernteperiode zu. Dadurch wird der bisherige Gleichgewichtszustand verändert.

In Abbildung 6.4.5 nehmen wir zur Vereinfachung an, die Nachfrager würden ihre Pläne nicht ändern. Die Angebotskurve A_1 gilt für den ersten Markttag. Der sich beim Preis P_1 ergebende Gewinn veranlasst einige Anbieter, am nächsten Tag mehr anzubieten. Die Kurve A_2 gilt für den zweiten Markttag und die Kurve A_3 für den dritten Markttag. Der Gleichgewichtspreis ist von P_1 auf P_3 gesunken, die Gleichgewichtsmenge von M_1 auf M_3 gestiegen.

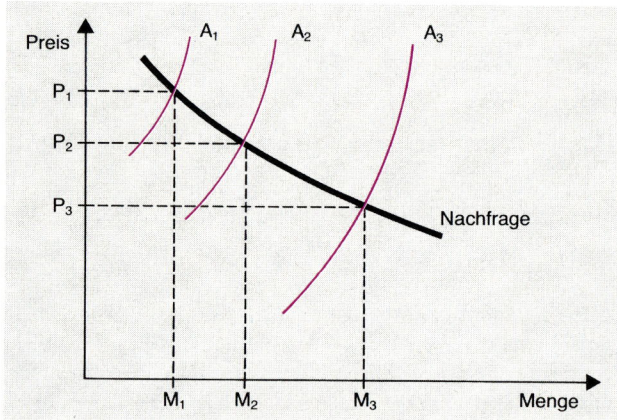

Abbildung 6.4.5

Abbildung 6.4.6 zeigt: Der Gleichgewichtspreis würde ebenso sinken, wenn bei unverändertem Angebot die Nachfrage zurückginge. Die Gleichgewichtsmenge würde dann kleiner.

Aus den Beispielen können wir auch ableiten, wie sich der Gleichgewichtspreis verändert, wenn das Angebot sinkt oder die Nachfrage steigt.

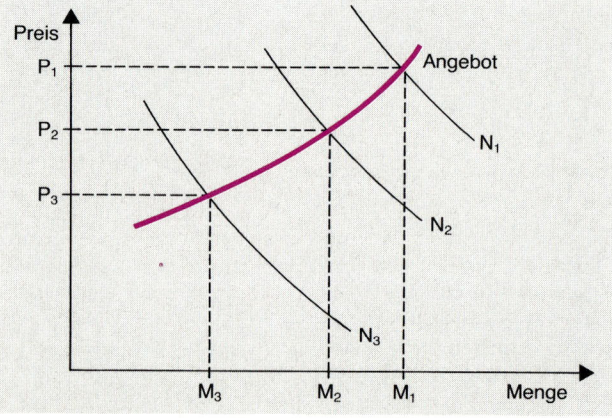

Abbildung 6.4.6

Bei vollkommenem Wettbewerb	
– **steigt der Gleichgewichtspreis**	– **sinkt der Gleichgewichtspreis**
• wenn das Angebot bei unveränderter Nachfrage sinkt,	• wenn das Angebot bei unveränderter Nachfrage steigt,
• wenn die Nachfrage bei unverändertem Angebot steigt,	• wenn die Nachfrage bei unverändertem Angebot sinkt,
• wenn beide Ursachen zusammenwirken.	• wenn beide Ursachen zusammenwirken.

6.4.4 Die Dynamik des Marktes

Auf einem Markt besteht Gleichgewicht, wenn die geplante Angebotsmenge so groß ist wie die geplante Nachfragemenge. In dieser Situation des Marktgleichgewichts können die anbietenden Unternehmen in ganz unterschiedlicher wirtschaftlicher Lage sein; Stückgewinne und Gesamtgewinne können weit auseinander liegen. Für schon bisher auf dem Markt anbietende Unternehmen ist ein überdurchschnittlicher Gewinn Anreiz, die Produktion durch Erweiterung der Kapazität zu vergrößern. Wenn mit dem eingesetzten Kapital auf anderen Märkten ein größerer Gewinn erzielt werden kann, dann werden Unternehmen den nicht gewinnbringenden Markt verlassen. Diese Kapazitätsanpassungen erfordern Zeit. Deshalb ist eine Betrachtung, die Investitionen und Desinvestitionen berücksichtigt, eine **langfristige** Betrachtung. Unsere Betrachtung war **kurzfristig,** solange wir nur Angebotsveränderungen aus unveränderten Kapazitäten berücksichtigten.

Wir wollen eine solche langfristige Betrachtung durchführen. Dabei unterstellen wir, dass für die auf dem Markt anbietenden Unternehmen Produktionsfunktionen vom Typ B gelten, d. h. dass die Gesamtkosten linear verlaufen und die Grenzkosten konstant sind. Wenn der Preis mindestens die durchschnittlichen totalen Kosten deckt, bietet das Unternehmen die Menge an, die es bei voller Auslastung seiner Kapazität produzieren kann.

Auf einem Markt bieten die Unternehmen A, B und C an. A erstellt seine Angebotsmenge zu durchschnittlichen totalen Kosten von 30, B hat durchschnittliche totale Kosten von 40, C von 60. Unternehmen A bietet 40, B 30 und C 20 Mengeneinheiten an. Es ergibt sich ein Gleichgewichtspreis von 60 und eine Gleichgewichtsmenge von 90. Die roten Rechtecke zeigen für jedes Unternehmen den von ihm erzielten Gewinn. Betrieb C bleibt ohne Gewinn.

Kurzfristige Gleichgewichtssituation auf dem Weg zum langfristigen Gleichgewicht
Situation 1

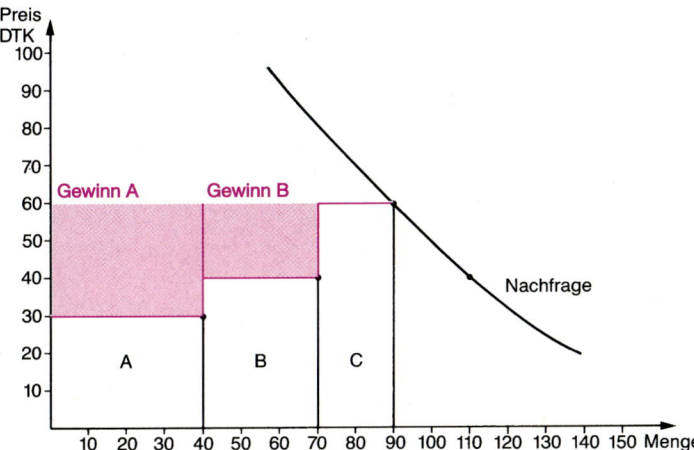

Abbildung 6.4.7

In langfristiger Betrachtung werden die im Bild erkennbaren Kostenunterschiede und die sich dar-aus ergebenden Gewinnvorteile nicht bestehen. Die Unternehmen mit weniger günstigen Kostenver-hältnissen werden die Unterschiede erkennen und ihre eigene Fertigung rationalisieren. Deshalb zeigt der Gleichgewichtspreis von 60 (Abbildung 6.4.7) einen Zustand an, bei dem nur kurzfristig Gleich-gewicht von Angebot und Nachfrage besteht. In unserem Beispiel sind die Kräfte des Marktes noch nicht zur Ruhe gekommen. Der Markt ist noch voller Dynamik, es besteht noch eine Tendenz zu Ver-änderungen.

Situation 2

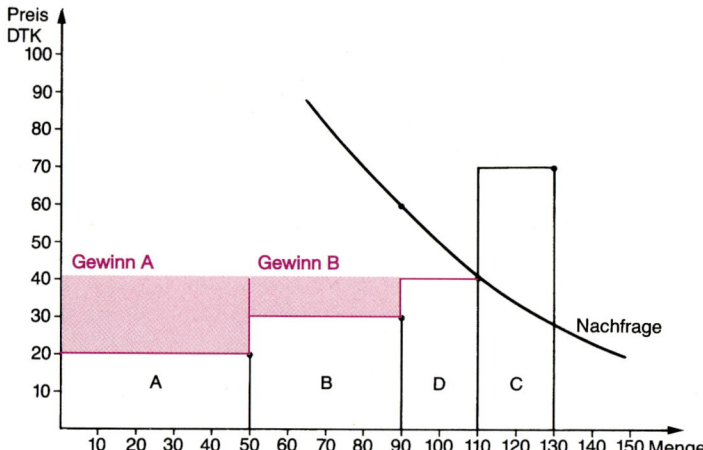

Abbildung 6.4.8

Abbildung 6.4.8 zeigt eine Situation, in der es allen Unternehmen außer C gelungen ist, die Kosten zu senken. A hat die Produktion um 10 erweitert. Außerdem bietet auf dem Markt zusätzlich Unter-nehmen D an, dessen Kostensituation besser ist als die des schon bisher anbietenden Unternehmens C. Da die Marktnachfrage unverändert geblieben ist, sinkt der Preis auf 60, die Gleichgewichtsmen-ge steigt auf 110.

> Bei vollkommenem Wettbewerb tendiert der Gleichgewichtspreis langfristig zum Minimum der durchschnittlichen totalen Kosten des Anbieters, der am kostengünstigsten produziert.

█████ *AUFGABEN UND PROBLEME*

6.1   *Unterscheidung vollkommener und unvollkommener Märkte*

● Wird in den folgenden Fällen auf einem vollkommenen oder einem unvollkommenen Markt angeboten? Begründung!

   1. Benzin durch Tankstellen,
   2. Bier in Gaststätten,
   3. Kautschuk auf der Warenbörse in London,
   4. Neuer Pkw Audi TT durch Werkshändler.

6.2   *Gleichgewichtspreis, Anpassungsprozess bei der Preisbildung*

Auf dem Wochenmarkt einer Kleinstadt werden die ersten Erdbeeren des Jahres angeboten. Es sind etwa ein Dutzend Anbieter und Hunderte von Nachfragern, die sich gegenüberste-

hen. Wir nehmen an, wir würden die Menge des Angebots und die der Nachfrage bei den verschiedenen Preisen kennen.

Preis je kg in EUR	Angebot in Zentner	Nachfrage in Zentner
2,00	10	25
2,25	10	15
2,50	10	10
3,00	10	5

● 1. Stellen Sie in einem Koordinatensystem die Abhängigkeit des Angebots und der Nachfrage vom Preis dar!

● 2. Wie lässt sich das Verhalten der Anbieter erklären, zum bestmöglichen Preis die vorrätigen 10 Zentner abzusetzen?

   3. Die Anbieter versuchen es mit dem Preis, der letztes Jahr für die ersten Erdbeeren gezahlt wurde, und verlangen 3,00 EUR je kg.

●   a) Wie merken die Anbieter, dass der Preis von 3,00 EUR kein Gleichgewichtspreis ist, der Angebot und Nachfrage zum Ausgleich bringt?

●   b) Wie würden Sie als Anbieter reagieren?

● 4. Warum dauert es in unserem Beispiel des Erdbeermarktes einige Zeit, bis der Gleichgewichtspreis erreicht ist?

● 5. Warum könnte es auf dem Erdbeermarkt unseres Beispiels sogar verschiedene Preise für Erdbeeren geben?

6.3   *Zusammenhang von Preis und Kosten*

Wir nehmen an: Auf einem vollkommen Markt sind die Voraussetzungen des Polypols gegeben. In unserem Modell gehen wir der Übersichtlichkeit wegen nur von zwei Unternehmen aus. In den Unternehmen besteht folgende Kostensituation:

Produktionsmenge	Kostensituation in den Unternehmen A und B					
	Unternehmen A			Unternehmen B		
	Gesamtkosten	durchschn. Stückkosten	Grenzkosten	Gesamtkosten	durchschn. Stückkosten	Grenzkosten
1	54	54,0		22	22,0	
2	57	28,5	3	33	16,5	11
3	59	19,7	2	43	14,3	10
4	60	15,0	1	52	13,0	9
5	62	12,4	2	60	12,0	8
6	65	10,8	3	69	11,5	9
7	69	9,9	4	79	11,3	10
8	74	9,3	5	90	11,25	11
9	80	8,9	6	102	11,3	12
10	87	8,7	7	115	11,5	13
11	95	8,6	8	129	11,7	14
12	104	8,7	9	144	12,0	15
13	114	8,8	10	Kapazitätsgrenze		
14	125	8,9	11			
15	137	9,1	12			
16	150	9,4	13			
17	164	9,6	14			
18	179	9,9	15			
19	195	10,3	16			
	Kapazitätsgrenze					

Auf dem Markt besteht folgende Nachfragesituation:

Preis	6	7	8	9	10	11	12	13	14	15
Menge	30	29	28	27	26	25	24	23	22	21

- Erstellen Sie eine Tabelle nach dem folgenden Muster:

Preis	Angebot			Nachfrage
	Unternehmen A	Unternehmen B	insgesamt	
6				30
.				.
.				.
15				21

- 2. Bestimmen Sie den Gleichgewichtspreis und die Gleichgewichtsmenge auf diesem Markt!
- 3. Untersuchen Sie am Beispiel der Kosten- und Erlössituation der Unternehmen A und B: Welcher Zusammenhang besteht zwischen den durchschnittlichen Stückkosten und dem Marktpreis?

6.4 *Aussagen von Angebots- und Nachfragekurven*

Jede der unten aufgeführten Aussagen a-f wird präzise von nur einem der Bilder 1-4 dargestellt.

- Stellen Sie für jede Aussage fest, zu welchem Bild sie gehört!

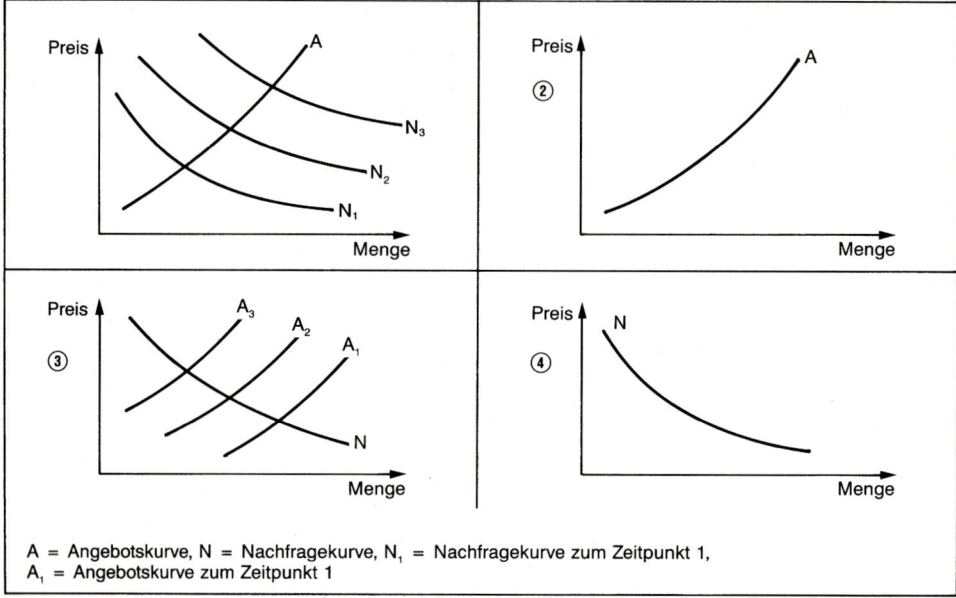

A = Angebotskurve, N = Nachfragekurve, N_1 = Nachfragekurve zum Zeitpunkt 1,
A_1 = Angebotskurve zum Zeitpunkt 1

Abbildung 6.4.9

Aussagen

- a) Bezogen auf einen bestimmten Zeitpunkt wird zu einem höheren Preis weniger nachgefragt als zu einem niedrigeren.
- b) Steigt im Lauf der Zeit die Nachfrage bei unverändertem Angebot, dann steigt der Preis.
- c) Bezogen auf einen bestimmten Zeitpunkt wird zu einem höheren Preis mehr angeboten als zu einem niedrigeren.

d) Bezogen auf einen bestimmten Zeitpunkt wird zu einem niedrigeren Preis mehr nachgefragt als zu einem höheren.

e) Sinkt im Lauf der Zeit das Angebot bei unveränderter Nachfrage, dann steigt der Preis.

f) Bezogen auf einen bestimmten Zeitpunkt wird zu einem niedrigeren Preis weniger angeboten als zu einem höheren.

6.5 Wirtschaftstheoretische Modelle und ihre Anwendung

In dem unten stehenden Text von E. Glaser wird ein Denkfehler beschrieben, der Volkswirten häufig vorgeworfen und als „Modell-Platonismus" bezeichnet wird.

● Prüfen Sie: Wird dieser Denkfehler begangen, wenn versucht wird, den Preisbildungsvorgang für Erdbeeren auf dem Gemüse-Wochenmarkt einer Kleinstadt mit dem Modell der Preisbildung auf dem vollkommenen Markt zu erklären?

Das Modell in der wissenschaftlichen Forschung

„Eine ähnliche Rolle wie Analogien spielen Modelle, die man heranzieht, um sich Sachverhalte aus wissenschaftlichen Forschungen anschaulich vorzustellen, ja sogar anschaulicher, als sie sonst dargeboten werden. Doch auch hierbei muss man sich klar vor Augen führen, dass Modelle nur Hilfskonstruktionen darstellen, außer sie sind echte Nachbildungen von Gegenständen anschaulicher Natur, wie es etwa bei einem Herz- oder Hirnmodell der Fall ist. Doch selbst solche Modelle sind schematisiert und kommen in der idealtypischen Form, die in ihnen realisiert ist, in der Wirklichkeit kaum vor.

Wenn man Atome malt wie kleine Planetensysteme, wobei der Kern der Sonne entspricht, die um ihn laufenden Elektronen jedoch den Planeten, so sind solche Atommodelle, wie schon vorhin erläutert wurde, nur als Gleichnis aufzufassen. Dass diese Einstellung manchen Modellen gegenüber nicht immer vorhanden ist, kann aus den Abhandlungen über den so genannten „Modell-Platonismus" herausgelesen werden, einen Begriff, den Hans Albert geprägt hat.

... Man tut so, als ob das Modell an sich, gleichsam als platonische Idee dessen, was es darzustellen hat, existiere. Bei der Gestaltung eines solchen Modells setzt man wohl Bedingungen, die – sprachlich formuliert – eine Einleitung notwendig machen mit der Redensart: „Unter der Annahme, dass...". Sehr bald jedoch wird bei der Verwendung eines solchen Modells die Einschränkung, die man sich auferlegt hat, fallen gelassen und so operiert, als ob das Modell auch ohne derartige Einschränkungen für die Beschreibung von bestimmten Zuständen benutzbar wäre. Bei der Verwendung solcher Modelle im Sinne des „Modell-Platonismus" benehmen sich die Wissenschaftler und Popularisatoren gleichsam wie die Leute am römischen Kaiserhof, von denen Titus schreibt, dass sie zuerst üble Gerüchte in Umlauf setzen, so später aber an sie glaubten."

Quelle: Glaser, Ernst: Kann die Wissenschaft verständlich sein? Wien–Düsseldorf, 1. Auflage 1964, S. 155ff.

▬▬▬ ZUR WIEDERHOLUNG DES GRUNDWISSENS

1. Was bezeichnet man als Markt?
2. Welche Funktionen hat der Markt?
3. Nennen Sie Beispiele für zentralisierte Märkte!
4. Wie kann man Märkte nach den Güterarten einteilen?
5. Wie kann man Märkte nach der Zahl der Marktteilnehmer einteilen?
6. Welche Anforderungen muss ein Markt erfüllen, damit er als vollkommen bezeichnet werden kann?
7. Welche Voraussetzungen müssen vorliegen, damit auf einem Markt vollkommener Wettbewerb vorliegt?
8. Wann ist ein Marktpreis ein Gleichgewichtspreis?
9. Schildern Sie den Anpassungsprozess, der sich auf einem Markt einstellt, wenn der tatsächliche Marktpreis nicht dem Gleichgewichtspreis entspricht!
10. In welchen Fällen steigt der Gleichgewichtspreis bei vollkommenem Wettbewerb?
11. In welchen Fällen sinkt der Gleichgewichtspreis bei vollkommenem Wettbewerb?
12. Begründen Sie, warum bei vollkommenem Wettbewerb der Gleichgewichtspreis langfristig zum Minimum der durchschnittlichen totalen Kosten hin tendiert!

7 Die Preisbildung bei unvollkommenem Wettbewerb

EINFÜHRENDES PROBLEM

In einer Volkswirtschaft hat es eine Rekordernte an Weizen gegeben. Tausende von Landwirten versuchen, den Weizen abzusetzen. Auf dem Markt besteht folgende Situation:

Preis (EUR je t)	120	110	100	90	80	70	60	50	40	30	20	10
Gesamtnachfrage (Tsd. t)	200	800	1400	1800	2200	2600	3000	3200	3400	3600	3800	4000
Gesamtangebot (Tsd. t)	4000	4000	4000	4000	4000	4000	3900	3800	3700	3600	3000	2400

Dem Interessenverband der Landwirte ist es gelungen, alle Weizenanbieter zu einer Interessengemeinschaft zusammenzuschließen. In einer Presseveröffentlichung wurde der Zusammenschluss als Notmaßnahme zur Bewältigung einer durch Überproduktion verursachten Krise dargestellt. Im Aktionsprogramm des Verbandes wird die Herausnahme der Überschüsse aus dem Markt vorgesehen. Diese Überschüsse sollen vernichtet werden. Entscheidungsgrundlage für die Aktionen des Interessenverbandes ist die Schätzung der Preis-Absatzfunktion (siehe oben). Die Kosten der Vernichtung sind so unerheblich, dass sie nicht berücksichtigt werden müssen.

● *Welcher Gleichgewichtspreis ergibt sich unter der Bedingung vollkommenen Wettbewerbs?*

● *Welche Mengen Weizen muss der Interessenverband aus dem Markt nehmen und vernichten, damit die vereinigten Landwirte aus der Ernte den größtmöglichen Gewinn erzielen?*

● *Beurteilen Sie diese Maßnahme!*

Wichtige Verbindungen zu anderen Themenkreisen
6 Preisbildung bei vollkommenem Wettbewerb
|
7 Preisbildung bei unvollkommenem Wettbewerb
|
8 Idealtypen der Wirtschaftsordnung
9 Soziale Marktwirtschaft in der Bundesrepublik Deutschland

Abbildung 7.0.1

7.1 Die Märkte in der Realität

Wenn auf einem Markt die Anbieter sich in ihren Leistungen überbieten müssen, um ihre Produkte abzusetzen, besteht die denkbar günstigste Marktsituation für die Verbraucher. Der Wettbewerb ist meist dann besonders hart, wenn auf einem Markt viele Unternehmen das gleiche Produkt anbieten. Die Unternehmen müssen sich dann mit dem Preis begnügen, der sich auf dem Markt bildet. Werden die Kosten nicht gedeckt, die dem Unternehmen bei der Produktion des angebotenen Gutes entstehen, wird das Unternehmen die Produktion einstellen. Das Unternehmen hat nicht die Macht, den Preis zu ändern.

Würde das Unternehmen einen Preis verlangen, der auch nur geringfügig über dem Marktpreis liegt, würden alle seine Kunden bei der Konkurrenz kaufen. Ergäbe sich auf dem Markt für einige Zeit ein Preis, der bei den Unternehmen einen überdurchschnittlichen Gewinn entstehen ließe, würde das Angebot vergrößert. Nicht nur die Unternehmer, die auf dem Markt bereits anbieten, würden zur Vergrößerung des Angebots beitragen. Andere Unternehmen kämen hinzu, angeregt durch den überdurchschnittlichen Gewinn.

Wenn auf allen Märkten einer Volkswirtschaft die Situation der vollständigen Konkurrenz bestehen würde, könnte das Steuerungssystem der Marktwirtschaft in idealer Weise funktionieren. Tatsächlich aber bestehen diese Voraussetzungen oft nicht.

In der Realität besteht auf den Märkten unvollkommener Wettbewerb, weil:

– **die Märkte undurchsichtig sind,**
– **die Marktform des Monopols oder des Oligopols besteht,**
– **Präferenzen bestehen.**

Meist treffen alle diese Gründe zusammen.

7.2 Das Monopol

7.2.1 Das Erlösmaximum des Monopolisten

Der Monopolist ist einziger Anbieter des Produkts auf dem Markt. Er steht mit seinem Angebot der gesamten Nachfrage gegenüber. In der Regel steigt die Marktnachfrage mit sinkendem Preis. Das bedeutet für das Monopolunternehmen, dass es zu einem niedrigeren Preis mehr verkaufen kann und dass der Marktpreis sinkt, wenn das Unternehmen sein Angebot erhöht. Der Monopolist kann den Preis festlegen, dann muss er die Absatzmenge hinnehmen, die zu diesem Preis möglich ist. Legt das Monopolunternehmen die Absatzmenge fest, dann muss es den Preis hinnehmen, der sich bei dieser Angebotsmenge auf dem Markt ergibt. **Der Monopolist hat nicht die Freiheit, sowohl den Preis als auch die Absatzmenge festzulegen.**

Bietet das Monopolunternehmen zu einem Preis von 3 an, dann kann es 100 Produkteinheiten absetzen und einen Gesamterlös von 300 erzielen. Senkt es seinen Preis auf 2,99, kann es 101 Produkteinheiten verkaufen und erzielt einen Gesamterlös von 301,99. Obwohl das Monopolunternehmen für die zusätzlich verkaufte 101. Einheit den Marktpreis von nur 2,99 erhalten hat, erzielte es trotzdem nur einen Grenzerlös von 1,99. Das liegt daran, dass der herabgesetzte Preis von 2,99 auch für die 100 Produkteinheiten gilt, die bisher zum Preis von 3 verkauft worden sind.

Situation eines Monopolisten				
p	x	E (p · x)	DE	GE
3	100	300	3	
				1,99
2,99	101	301,99	2,99	
				– 0,99
2,96	102	301,00	2,95	

p = Preis; x = Absatzmenge; E = Gesamterlös; DE = Durchschnittserlös; GE = Grenzerlös.

> Steigt der mengenmäßige Absatz eines Monopolunternehmens um 1 Produkteinheit, dann ist der Grenzerlös immer niedriger als der Preis, zu dem die zusätzliche Produkteinheit verkauft wird.

Die Wirkung von Preisveränderungen und der damit verbundenen Absatzänderung hängt von der Elastizität der Marktnachfrage ab. Senkt das Monopolunternehmen den Preis auf 2,96, dann steigt zwar die Absatzmenge auf 102, der Gesamterlös sinkt aber auf 301,00. Das liegt daran, dass die prozentuale Preissenkung größer ist als die prozentuale Absatzsteigerung. Die Preiselastizität der Nachfrage ist < 1, die Nachfrage reagiert unelastisch.

Ist die Marktnachfrage elastisch, dann wird als Folge einer Preissenkung der Gesamterlös des Monopolisten steigen. Ist die Marktnachfrage unelastisch, dann wird als Folge einer Preissenkung der Gesamterlös des Monopolisten sinken.

> Der Monopolist hat nur Marktmacht, wenn die Nachfrage unelastisch ist.

Wenn die abgesetzte Menge keinen Einfluss auf die Produktionskosten hat, ist der Gewinn des Monopolisten bei der Absatzmenge am größten, die den größten Gesamterlös erbringt. Diese Situation kommt in der Realität vor, wenn der Monopolist nicht aus laufender Produktion, sondern aus einem gegebenen Vorrat anbietet.

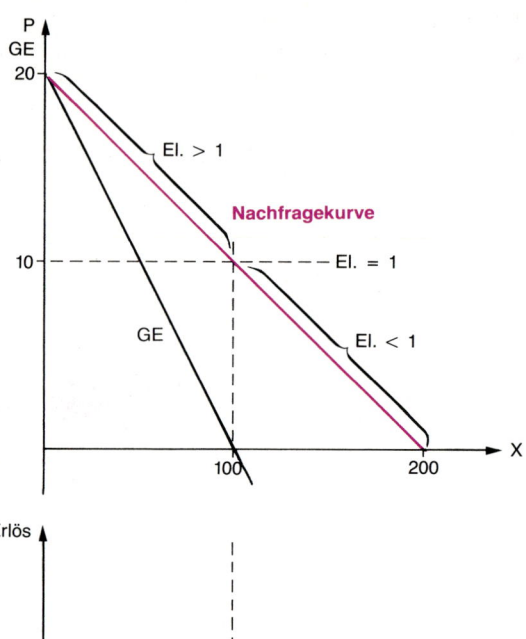

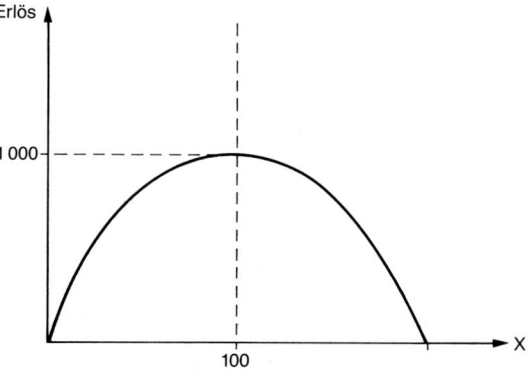

Abbildung 7.2.1

> **Marktsituationen, in denen Kosten keinen Einfluss auf den Monopolpreis haben**
> – Grundstücksmarkt
> – Markt für alte Kunstwerke
> – Angebot in der Landwirtschaft aus einem gegebenen Erntevorrat

7.2.2 Das Gewinnmaximum des Monopolisten

Der Monopolist hat in der Regel neben dem Verlauf des Gesamterlöses auch den Verlauf der Kosten zu berücksichtigen. Sicher wird der Monopolist zu keinem Preis anbieten, bei dem der erzielbare Gesamterlös die Kosten nicht deckt. Die Schnittpunkte der Gesamtkostenkurve mit der Kurve des Umsatzerlöses bezeichnen die Nutzenschwelle und die Nutzengrenze des Monopolisten. Dazwischen liegt der Gewinnbereich mit dem Gewinnmaximum. Ohne Berücksichtigung der Kosten würde das

Monopolunternehmen die Produktion so lange ausweiten, bis das Erlösmaximum erreicht ist. Das wird es in der durch Abbildung 7.2.2 dargestellten Situation nicht tun. Bei den beiden dargestellten Kostenverläufen fallen Erlösmaximum und Gewinnmaximum nicht zusammen.

Erlösfunktion (E) und unterschiedliche Kostenfunktionen (K) im Monopolfall

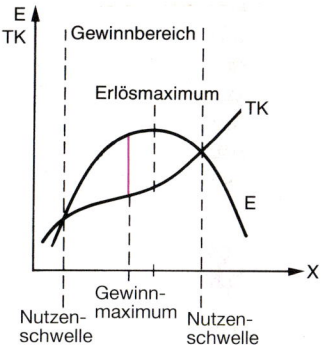

Abbildung 7.2.2a

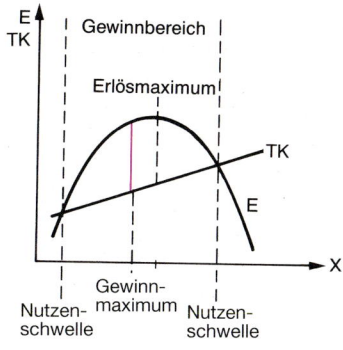

Abbildung 7.2.2b

Nach Überschreiten der Nutzschwelle steigt der Gewinn des Monopolisten, wenn der Gesamterlös schneller ansteigt als die Gesamtkosten. Der Gewinn des Monopolisten sinkt bei einer Vergrößerung der Produktionsmenge, wenn der Gesamterlös langsamer steigt als die Gesamtkosten. Da der **Grenzerlös** Ausdruck für das Steigungsmaß des Gesamterlöses ist und die Grenzkosten das Steigungsmaß der Gesamtkosten anzeigen, ergibt sich daraus, dass der Gewinn des Monopols steigt, wenn der Grenzerlös größer ist als die Grenzkosten. Der Gewinn des Monopolisten sinkt, wenn der Grenzerlös kleiner ist als die Grenzkosten. Das Gewinnmaximum ist erreicht, wenn Grenzkosten und Grenzerlös gleich groß sind.

> Der Monopolist erreicht sein Gewinnmaximum dort, wo die Grenzkosten gleich groß sind wie der Grenzerlös. Der dazugehörige Punkt auf der Nachfragekurve wird auch als der Cournot'sche Punkt bezeichnet.[1]

Diese Gewinnmaximierungsregel des Monopolisten gilt auch für jeden einzelnen Anbieter auf einem Markt mit **vollkommener Konkurrenz.** Da er aber nach den Modellvoraussetzungen für einen vollkommenen Wettbewerb einer vollkommen elastischen Nachfrage gegenübersteht, kann er zu dem gegebenen Marktpreis jede Menge absetzen. Der Grenzerlös ist damit konstant und gleich dem Preis.

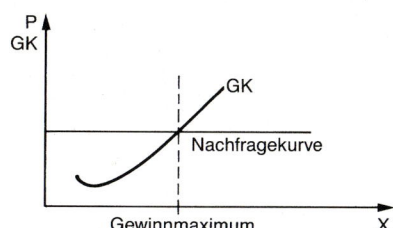

Abbildung 7.2.3

[1] Cournot, Augustin, französischer Volkswirt, 1801–1877

Der Unterschied zwischen der Preisbildung des Polypols auf dem vollkommenen Markt und der des Monopols zeigt sich deutlich, wenn wir annehmen, dass sich alle Anbieter eines polypolistischen Marktes zu einem Unternehmen zusammenschließen. Auf einem polypolistischen Markt ergibt sich die Angebotskurve aus der **Aggregation** (Zusammenfassung) der Grenzkostenkurven aller Anbieter. Der Schnittpunkt der aggregierten Grenzkostenkurve mit der Nachfragekurve in Abbildung 7.2.4 zeigt, dass vor dem Zusammenschluss der Unternehmen ein Marktpreis von 100 besteht. Wenn nach dem Zusammenschluss das neu gegründete Unternehmen alle Betriebsstätten der bisherigen Unternehmen für die Produktion einsetzt, ist die Grenzkostenkurve des neuen Unternehmens gleich der aggregierten Grenzkostenkurve der bisher selbstständigen Unternehmen. Das neue Unternehmen verhält sich auf dem Markt jedoch völlig anders. Das Gleichgewicht des neu entstandenen Monopolunternehmens wird durch den Schnittpunkt der Grenzkostenkurve mit der Grenzerlöskurve bestimmt. Die Angebotsmenge geht von 7 auf 5 zurück, der Preis steigt von 100 auf 140.

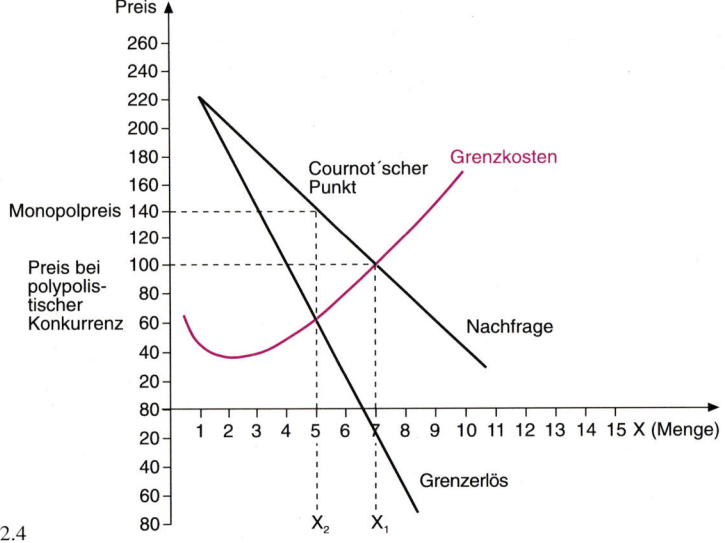

Abbildung 7.2.4

> Das Monopol bietet eine kleinere Menge zu einem höheren Preis an als das Polypol auf dem vollkommenen Markt.

7.2.3 Preisdifferenzierung des Monopols auf dem unvollkommenen Markt

Wir haben bisher unterstellt, dass das Monopol für jede Produkteinheit seines Angebots den gleichen Preis verlangt, gleichgültig, an wen und wohin das Produkt verkauft wird. Kann das Monopol das gleiche Produkt an unterschiedliche Käufergruppen zu unterschiedlichen Preisen verkaufen, dann steigt der Monopolgewinn. Eine solche **Preisdifferenzierung (Preisdiskriminierung)** ist nur auf einem unvollkommenen Markt möglich.

Die Preisdifferenzierung lässt sich hinsichtlich der Person, des Raumes, der Zeit, der Verwendungsart und des Angebotsquantums durchführen.

Beispiele für Preisdifferenzierung

persönliche: Ein Arzt verlangt unterschiedliches Honorar für die gleiche Leistung.

Eine Automobilfirma gibt ihren Werksangehörigen auf Jahreswagen einen Rabatt von 22 %. British Airways fordert für einen Hin- und Rückflug London–Frankfurt unterschiedliche Preise. Der Preis ist niedriger, wenn der Hinflug in London angetreten wird.

räumliche: Für Lieferungen ins Ausland wird ein niedrigerer Preis angesetzt.

zeitliche: Ein Parkhaus fordert nachts niedrigere Gebühren.

qualitative (nach der Verwendung): Ein Elektrizitätswerk liefert Kraftstrom an Industriebetriebe billiger als Strom an Haushalte.

quantitativ: Ein Unternehmen, das Fotokopiergeräte im Leasingverfahren zur Verfügung stellt, fordert für die ersten 3 000 Kopien je Monat 2,4 Cent je Kopie, für jede weitere Kopie nur 1,7 Cent.

Die Deutsche Bahn AG fordert für eine zweite mitreisende Person nur den halben Fahrpreis.

In der nebenstehenden Tabelle wird eine Situation beschrieben, in der das Gewinnmaximum des Monopolisten (der Cournot'sche Punkt) bei einem Preis von 80 und einer Angebotsmenge von 4 liegt. Es wird ein Gewinn von 170 erzielt. Könnte das Monopolunternehmen für jede abgegebene Produkteinheit einen besonderen Preis verlangen, dann würde für 4 Stück ein Gesamterlös von 380 (110 + 100 + 90 + 80) erzielt. Der Gewinn würde von 170 auf 230 (380–150) erhöht. Auch wenn das Unternehmen den Markt nur so teilen könnte, dass es für die ersten zwei verkauften Einheiten den Preis von 100 und für die nächsten zwei Einheiten den Preis von 80 durchsetzen könnte, würde der Gewinn mit 210 (2 · 100 + 2 · 80 – 150) immer noch über dem ohne Preisdifferenzierung erzielten Gewinn von 170 liegen.

Situation eines Monopolisten

p	x	E (p · x)	TK	Gew.
110	1	110	100	10
100	2	200	110	90
90	3	270	120	150
80	4	320	150	170
70	5	350	190	160
60	6	360	240	120
50	7	350	280	70
40	8	320	310	10
30	9	270	320	– 60
20	10	200	340	– 140

Jede Preisdifferenzierung erhöht den Gewinn des Monopolunternehmens.

Die Erhöhung des Gewinns erfolgt dadurch, dass vom Monopolunternehmen „Konsumentenrente" abgeschöpft wird. Ein Konsument, der bereit gewesen wäre, 110 für die Produkteinheit auszugeben, erhält zum Monopolpreis die Produkteinheit zu 80. Er hat eine Konsumentenrente von 30. Infolge der Preisdifferenzierung muss dieser Nachfrager 100 Geldeinheiten für das Produkt zahlen. Die Konsumentenrente sinkt von 30 auf 10. Ein Teil der bisherigen Konsumentenrente wird zu zusätzlichem Gewinn des Monopolisten. Die Abbildungen 7.2.5 a und 7.2.5 b zeigen die Wirkung einer Preisdifferenzierung. Verlangt das Monopolunternehmen den Preis p_1, kann es die Menge x_1 verkaufen und hat einen Erlös von $p_1 · x_1$, der durch das Rechteck 1 dargestellt wird. Das Feld 2 unter der Nachfragekurve zeigt die Konsumentenrente. Betreibt das Unternehmen Preisdifferenzierung und verkauft die Teilmenge x_2 zum Preis p_2 und die restliche Menge $x_1 – x_2$ zum Preis von p_1, dann erzielt

es einen zusätzlichen Erlös. Der durch die Preisdifferenzierung erzielte zusätzliche Erlös wird durch das Rechteck 3 dargestellt. Die Konsumentenrente (bisher Feld 2) wird verringert. Als Konsumentenrente bleiben nur noch die Felder 4 und 5.

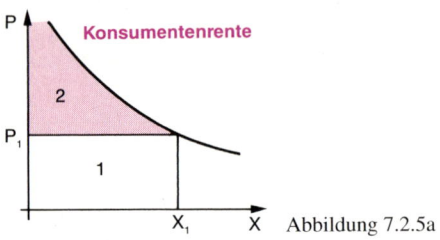 Abbildung 7.2.5a

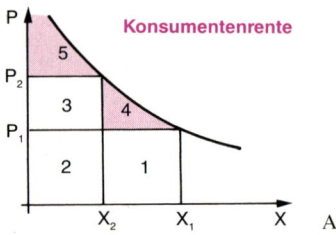 Abbildung 7.2.5b

7.2.4 Arten der Monopole

Reine Monopole sind in der Wirtschaft genauso selten zu finden wie die vollständige Konkurrenz. Meist sind es dann Monopole in öffentlicher Hand (Staat, Gemeinde, öffentlich-rechtliche Körperschaften), z.B. die vielen Versorgungsunternehmen (Gas, Wasser, Elektrizität) der Gemeinden. Sie werden in der Regel nicht mit der Absicht der Gewinnmaximierung betrieben, ihr Marktverhalten entspricht deshalb auch nicht ihrer Marktstellung. Außerdem unterliegen **öffentliche Monopole** einer öffentlichen Kontrolle. Das Bestehen öffentlicher Monopole ist deshalb anders zu beurteilen als das privater Monopole.

> Nach dem Inhaber unterscheidet man öffentliche Monopole und private Monopole, nach der Art der Entstehung Einzel- und Kollektivmonopole.

Kollektivmonopole entstehen dadurch, dass sich Konkurrenten zusammenschließen, um durch Vereinbarungen den Wettbewerb zu beschränken. Ein solches Kollektivmonopol würde z.B. entstehen, wenn mehrere Anbieter auf einem Markt den Preis vereinbaren würden, den sie für ein bestimmtes Produkt verlangen, oder aber, wenn sie sich die Absatzgebiete aufteilen würden; jedes Unternehmen würde dann in dem ihm zugeteilten Absatzgebiet ohne Wettbewerb sein. In der Bundesrepublik Deutschland sind solche Preis- oder Gebietskartelle grundsätzlich verboten!

7.3 Das Polypol auf dem unvollkommenen Markt

7.3.1 Der monopolistische Bereich beim unvollkommenen Wettbewerb

In der Realität ergibt sich häufig die Situation, dass viele Anbieter ähnliche Produkte auf dem Markt anbieten, die sich in der Gunst der Verbraucher aber aus verschiedenen Gründen unterscheiden. Sie werden von den Verbrauchern nicht als identisch angesehen, selbst wenn sie sich nur in der Verpackung oder durch eine Markenbezeichnung unterscheiden. Es bestehen persönliche, sachliche oder räumliche Präferenzen. Der Markt ist unvollkommen.

> **Ein Metzgereibetrieb auf einem unvollkommenen Markt**
>
> Ein Metzger in einer Großstadt hat auch dann noch Abnehmer für eine bestimmte Wurstsorte, wenn er je 500 g 10 Cent mehr verlangt als seine Konkurrenten, obwohl er nur einer unter vielen Anbietern ist. Die Marktform, in der er anbietet, kann also nicht als vollständige Konkurrenz bezeichnet werden. Andererseits verliert der Metzger alle Kunden, wenn er den Preis über eine bestimmte Grenze hinaus erhöht.

Dass er bei einem geringfügig höheren Preis nicht alle Kunden verliert, kann daran liegen, dass die meisten Kunden nicht den etwas weiteren Weg zur Konkurrenz auf sich nehmen wollen, schon gar nicht, um nur die eine Wurstsorte dort einzukaufen. Es mag auch daran liegen, dass die Kunden im modern eingerichteten Ladengeschäft lieber einkaufen, dass die Bedienung freundlicher ist oder auch, dass vielen Kunden seine Wurst besser schmeckt als die der Konkurrenz.

Der Grund kann auch darin liegen, dass die Kunden gar nicht wissen, wie preiswert die Wurst seines Konkurrenten ist. **Der Metzger bietet auf einem unvollkommenen Markt an.**

Auf einem unvollkommenen Markt verliert der Anbieter nicht gleich alle Kunden, wenn er einen etwas höheren Preis als seine Konkurrenten fordert.

Es gibt allerdings eine Obergrenze. Setzt der Anbieter den Preis über dieser Obergrenze fest, dann ist für die Verbraucher der Preisvorteil, den die Konkurrenten bieten, so groß, dass sie in großem Umfang zur Konkurrenz überwechseln. Andererseits kann ein Unternehmen auf einem unvollkommenen Markt nicht alle Kunden dadurch gewinnen, dass es den Preis unter den der Konkurrenz senkt. Sicher ist ein Preis denkbar, der so niedrig liegt, dass alle Nachfrager von der Konkurrenz zu ihm überwechseln. So weit wird das Unternehmen den Preis schon deshalb nicht senken, weil es diese Menge wahrscheinlich nicht produzieren kann.

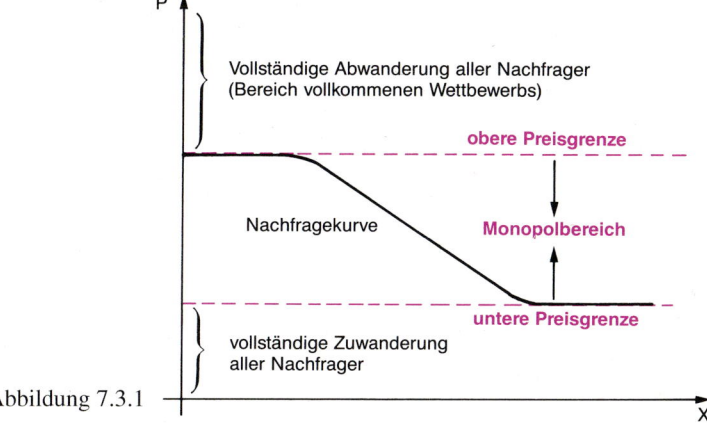

Abbildung 7.3.1

Aus diesen Überlegungen ergibt sich für das Polypol auf dem unvollkommenen Markt eine Preis-Absatzfunktion, wie sie in Abbildung 7.3.1 dargestellt ist. Sie wird auch als **doppelt geknickte Nachfragekurve** bezeichnet. Hier ist der Grenzfall dargestellt, dass nach Überschreiten der oberen Preisgrenze der Absatz des Unternehmens nicht nur stark zurückgeht, sondern gar kein Absatz mehr möglich ist. Das Unternehmen verlässt seinen Präferenzbereich und kommt in den Raum vollkommenen Wettbewerbs. Es steht dann einer vollkommen elastischen Nachfrage gegenüber. Zwischen oberer und unterer Preisgrenze ergibt sich seine Absatzfunktion aus einer fallenden Nachfragekurve. In diesem Bereich kann das Unternehmen auf einem polypolistisch unvollkommenen Markt Absatzpolitik treiben wie ein Monopolist. Der Bereich zwischen oberer und unterer Preisgrenze wird deshalb als **monopolistischer Bereich** bezeichnet.

7.3.2 Preisbildung beim Polypol auf dem unvollkommenen Markt

Im monopolistischen Bereich wird das Unternehmen handeln wie ein Monopolist. Es wird die Menge produzieren, bei der der Grenzerlös gleich den Grenzkosten ist. Grafisch lässt sich das Gewinnmaximum aus dem Schnittpunkt der Grenzerlöskurve mit der Grenzkostenkurve feststellen. Wie beim

Monopol ist der Gleichgewichtspreis höher und die Gleichgewichtsmenge niedriger als beim Polypol auf dem vollkommenen Markt.

> Zwischen oberer und unterer Preisgrenze kann der Anbieter auf dem polypolistisch unvollkommenen Markt sich wie ein Monopolist verhalten.

Wegen des geringen Marktanteils hat der Anbieter auf dem polypolistisch unvollkommenen Markt kurzfristig nicht mit der Reaktion seiner Konkurrenten zu rechnen. Auf lange Sicht werden die entstehenden Monopolgewinne aber neue Unternehmen auf den Markt locken. Das Angebot wird größer und die Gesamtnachfrage verteilt sich auf eine größere Anzahl von Produzenten. Der Gewinn der Unternehmen auf dem polypolistisch unvollkommenen Markt wird durch den Zustrom neuer Anbieter so lange sinken, bis der über das Normalmaß hinausgehende Monopolgewinn verschwunden ist.

7.4 Das Oligopol

7.4.1 Die Preis-Absatzfunktion des Oligopols und sein Verhalten auf dem Markt

Neben dem Polypol auf dem unvollkommenen Markt ist das Oligopol die in der Wirklichkeit am häufigsten vorkommende Marktform. Beim Angebotsoligopol gibt es auf dem Markt nur wenige Anbieter. Diese Situation besteht z.B. auf den Märkten für Waschmittel, für Autos und für Mineralöl. Jeder Oligopolist hat einen so großen Marktanteil, dass er den Marktpreis nicht einfach hinnehmen und als Mengenanpasser reagieren muss. Er kann wie ein Monopolist den Marktpreis beeinflussen.

Im Unterschied zur Situation des Monopolisten ist die Marktnachfragekurve aber nicht seine Preis-Absatzfunktion. Er muss sich die Marktnachfrage mit wenigen, aber mächtigen konkurrierenden Unternehmen teilen. Bei der Preisfestsetzung muss der Oligopolist deshalb nicht nur - wie der Monopolist - die Reaktion der Nachfrager beachten, sondern auch die Reaktion der anderen Anbieter auf eine von ihm vorgenommene Preisänderung.

Wie verhalten sich die Anbieter?		
Marktform	**Marktverhalten**	**zu berücksichtigende Daten**
Polypol	Anpassung	Kosten, gegebener Marktpreis
Monopol	Strategie	Kosten, Reaktion der Nachfrager
Oligopol	Strategie	Kosten, Reaktion der Nachfrager, Reaktion anderer Anbieter

Tabelle 7.4.1

> Ein Verhalten ist oligopolistisch, wenn der Anbieter mit Reaktionen seiner Konkurrenten auf seine eigene Absatzpolitik rechnet und bei seiner Entscheidung berücksichtigt.

Oligopolistische Märkte sind fast ausnahmslos unvollkommene Märkte. Der Markt für Waschmittel ist z.B. nicht erst dann unvollkommen, wenn ein Waschmittel eine bessere Waschkraft hat, sondern auch dann schon, wenn die Markenbezeichnung eines Anbieters wegen intensiver Werbung bekannter ist als die der Konkurrenten. Auf dem unvollkommenen Markt verliert der preiserhöhende Oligopolist nicht alle seine Kunden, auch wenn die Konkurrenz dann billiger anbietet.

Um das Verhalten des Oligopolisten auf dem Markt zu erläutern, gehen wir davon aus, dass auf einem Markt mehrere Oligopolisten ein bestimmtes Produkt zu dem Preis von 50 Geldeinheiten (GE)

anbieten. Der Oligopolist, dessen Verhalten wir beobachten, kann zu diesem Preis 600 Mengenein-heiten (ME) absetzen. Er überlegt, ob er den Preis erhöhen soll. Der Oligopolist hat über die Reaktion seiner Konkurrenten auf seine Preiserhöhung folgende Vorstellung:

- Bei einer Erhöhung seines Preises werden seine Konkurrenten nicht reagieren, weil ihnen die Nachfrage zufällt, die er infolge der Preiserhöhung verliert.

- Bei einer Senkung seines Preises werden alle Konkurrenten den Preis ebenfalls senken, um nicht Marktanteile an ihn zu verlieren.

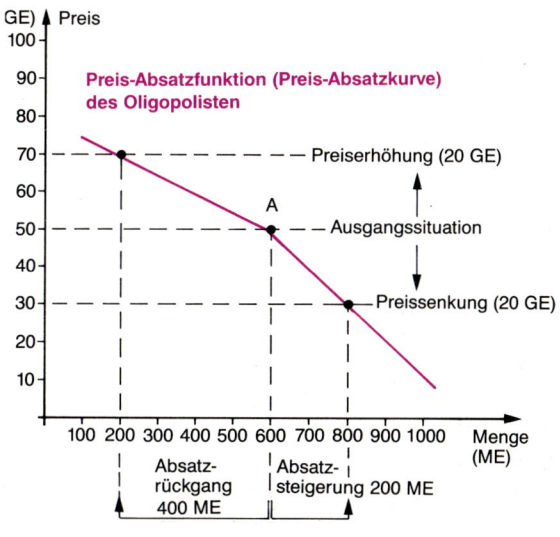

Abbildung 7.4.1

Der Oligopolist hat bei dem bisher auf dem oligopolistischen Markt gegebenen Preis von 50 GE insgesamt 600 ME absetzen können (Punkt A in Abbildung 7.4.1). Erhöht er den Preis um 20 GE auf 70 GE, dann kann er nur noch 200 ME absetzen. Zwar verliert er nicht alle Kunden, obwohl die Konkurrenz das Produkt jetzt billiger anbietet als er, sein Absatz nimmt jedoch prozentual stark (um $66\frac{2}{3}\%$) ab.

Senkt er den Preis um 20 GE auf 30 GE, dann steigt die Absatzmenge auf 800 ME. Die durch die Preissenkung um 20 GE erzielte prozentuale Absatzsteigerung ($33\frac{1}{3}\%$) ist jedoch geringer als der Absatzrückgang, der als Folge einer Preissteigerung um 20 GE eingetreten ist. Die Preis-Absatzfunktion des preiserhöhenden Oligopolisten ist oberhalb der Ausgangssituation A flacher als unterhalb, d.h. die Preiselastizität der Nachfrage ist bei Preiserhöhungen größer als bei Preissenkungen! Dies liegt daran, dass die Konkurrenten bei Preissteigerungen ihren Preis nicht verändern, bei Preissenkungen ihre Preise jedoch anpassen.

> Ein Oligopolist, der eigenständige Preispolitik betreiben will, muss von einer geknickten Preis-Absatzkurve (Preis-Absatzfunktion) ausgehen.

Ursache der geknickten Nachfragekurve ist die Unvollkommenheit des Marktes. Auf einem vollkommenen Markt könnte die Situation nicht eintreten, dass mehrere Oligopolisten auf einem Markt ein vollkommen gleiches Produkt zu unterschiedlichen Preisen anbieten. Dies wird hier jedoch für den Fall angenommen, dass auf einem Markt einer unter den Oligopolisten seinen Preis erhöht.

7.4.2 Preisbildung beim Oligopol

Auch der Oligopolist wendet die allgemeine Regel zur Gewinnmaximierung an und legt den Preis und damit die Absatzmenge so fest, dass Grenzerlös und Grenzkosten gleich groß sind. In dieser Situation besteht Gleichgewicht, weil bei einer Verringerung wie bei einer Vergrößerung der Angebotsmenge der Gewinn sinken würde.

Bei Preissenkungen sinkt der Grenzerlös des Oligopolisten mit einem erheblichen Sprung. Das liegt daran, dass die Preiselastizität bei Preissenkungen geringer ist als bei Preiserhöhungen. Die Grenzerlöskurve des Oligopolisten hat an der Knickstelle der Preis-Absatzfunktion eine Sprungstelle.

▶ Der Bereich der Unbestimmtheit

Die sprunghafte Änderung des Grenzerlöses führt bei der Preisbildung zu einem Bereich der Unbestimmtheit. Gilt für das Unternehmen die Grenzkostenkurve GK_1, dann ist das Unternehmen im Punkt A bei einem Preis von p_1 und einer Angebotsmenge von x_1 im Gleichgewicht. **Steigen die Grenzkosten** auf GK_2, dann besteht keine Veranlassung, die Angebotsmenge oder den Preis zu verändern.

Ändert sich die Marktnachfrage (etwa infolge einer Einkommenserhöhung), dann wirkt sich das auch auf die Preis-Absatzfunktion des Oligopolisten aus. Mit der Preis-Absatzkurve verschiebt sich auch die Grenzerlöskurve (GE). Gehen wir von unveränderten Grenzkosten aus, dann wird die Verschiebung der Preis-Absatzkurve und damit der Grenzerlöskurve dazu führen, dass der Oligopolist die Angebotsmenge erhöht, der Preis aber wird unverändert bleiben.

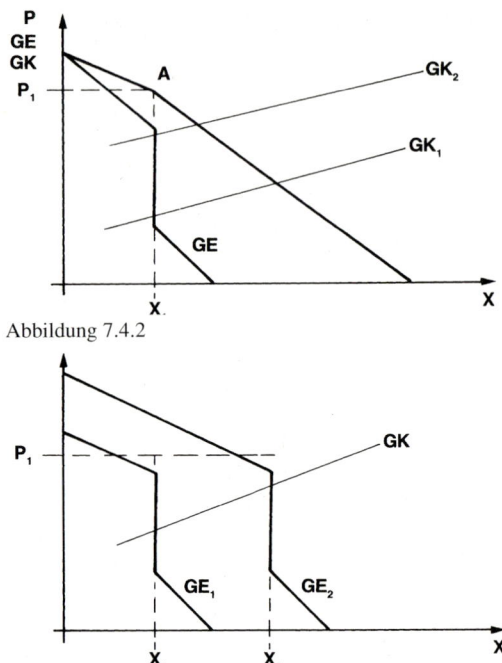

Abbildung 7.4.2

Abbildung 7.4.3

> Der durch den Knick in der Preis-Absatzfunktion hervorgerufene Unbestimmtheitsbereich ist eine Ursache der auf oligopolistischen Märkten zu beobachtenden relativen Preisstabilität.

▶ Friedliches Verhalten statt Preiskampf

Der Versuch eines Oligopolisten, maximalen Gewinn zu erzielen und eine Monopolstellung zu erreichen, ist sehr risikoreich. Das führt meist dazu, dass er in der Preispolitik alles unterlässt, was seine Konkurrenten reizen könnte. Der Oligopolist unterbietet die Preise seiner Konkurrenten nicht. Das bedeutet aber auch, dass er den Preis nicht so hoch ansetzt, dass neue Konkurrenten auf den Markt gelockt werden könnten.

Risiken des Verdrängungswettbewerbs

Im vorigen Jahrhundert konkurrierten zwei schottische Flussfahrtgesellschaften. In dem Verdrängungswettbewerb boten beide Gesellschaften schließlich kostenlose Beförderung an. Damit nicht genug, gab eine der Gesellschaften ihren Passagieren noch eine kostenlose Mahlzeit.

Beide Firmen gingen in Konkurs!

> Auf oligopolistischen Märkten wird meist ein friedliches, abgestimmtes Verhalten unter der Preisführerschaft eines Oligopolisten ausgeübt.

Deshalb bestehen auf oligopolistischen Märkten in der Regel stabile Preise über einen längeren Zeitraum.

Auf die Notwendigkeit von Preiskorrekturen reagieren die Oligopolisten bei friedlichem Verhalten im Gleichschritt. Ein Unternehmen übernimmt die Preisführerschaft, alle anderen orientieren sich an seiner Preisfestlegung und behalten bei der Preisfestlegung den bisherigen Preisabstand bei. Dass sich Konkurrenten absprechen, ist in der Bundesrepublik Deutschland durch das Gesetz gegen Wettbewerbsbeschränkung (Kartellgesetz) verboten.

> Auch bei friedlichem Verhalten ruht der Wettbewerb auf oligopolistischen Märkten nicht völlig. Er wird vor allem mit den Mitteln der Qualitätsverbesserung und der Werbung geführt.

AUFGABEN UND PROBLEME

7.1   *Preisbildung des Monopolisten*

Die Tabelle unten zeigt die Gesamtsituation eines Monopolisten.

● 1. Zeichnen Sie in ein Koordinatensystem
  – die Nachfragekurve, der dieser Monopolist gegenübersteht,
  – die Grenzerlöskurve,
  – die Grenzkostenkurve!

● 2. a) Stellen Sie aus der Tabelle fest, welche Menge der Monopolist anbieten muss, um den größtmöglichen Gewinn zu erzielen!

● b) Welche Beziehungen bestehen im Gewinnmaximum zwischen Grenzerlös und Grenzkosten? Begründung!

● 3. Bestimmen Sie grafisch den Monopolpreis und die Menge, die der Monopolist anbieten muss, um den größtmöglichen Gewinn zu erzielen!

● 4. a) Wie hoch wäre der Preis und welche Menge würde angeboten, wenn sich der Preis in der geschilderten wirtschaftlichen Gesamtsituation, aber unter der Bedingung vollständiger Konkurrenz bilden würde? Begründung!

● b) Um wie viel EUR unterscheidet sich der Gewinn des Monopolisten von dem, der bei vollständiger Konkurrenz insgesamt entstehen würde?

● c) Wie hat der Monopolist die Gewinnsteigerung gegenüber der Situation vollständiger Konkurrenz erreicht?

Menge	Preis (in EUR)	Erlös (in EUR)	Grenz- erlös	Gesamt- kosten	Grenz- kosten	Gewinn
0	160	–	–	100	–	– 100
1	150	150	+ 150	120	20	+ 30
2	140	280	+ 130	135	15	+ 145
3	130	390	+ 110	145	10	+ 245
4	120	480	+ 90	160	15	+ 320
5	110	550	+ 70	180	20	+ 370
6	100	600	+ 50	208	26	+ 394
7	90	630	+ 30	235,99	≈ 30	+ 394,01
8	80	640	+ 10	275	≈ 39	+ 365
9	70	630	– 10	325	50	+ 305
10	60	600	– 30	385	60	+ 215
11	50	550	– 50	455	70	+ 95

7.2   *Preisbildung des Polypols auf dem unvollkommenen Markt*

In einer Volkswirtschaft wird Vitamin C von einer großen Zahl von Anbietern unter den Bedingungen des vollkommenen Marktes angeboten. Einer der zahlreichen Anbieter beginnt damit, Vitamin C auf dem Markt in Form von Tabletten anzubieten, die sich sprudelnd in Wasser auflösen und ein Getränk mit Orangengeschmack ergeben. Die Tabletten werden unter der Markenbezeichnung Cebiamed in Röhrchen mit 50 Tabletten zu je 1 g Vitamin C angeboten. Zur Einführung der Markenbezeichnung hat der Anbieter einen Werbefeldzug durchführen lassen.

Der Hersteller von Cebiamed schätzt aufgrund seiner Markterfahrung ein, wie sich die Nachfrager bei verschiedenen Preisen für Cebiamed verhalten werden, und fasst seine Überlegungen in der folgenden Tabelle zusammen:

Preis für 50-g-Packung in EUR	Absatzmenge von 50-g-Packungen (in Tsd. Stück)	Erlös in Tsd. EUR	Gesamtkosten (in Tsd. EUR)
p	M	E	K
4	15	60	95
5	11	55	51
6	10	60	44
7	9	63	38
8	8	64	33
9	7	63	29
10	6	60	26
11	5	55	24
12	4	48	21
13	0	0	5 Fixkosten

- 1. a) Stellen Sie in einer grafischen Darstellung der für die Problemlösung notwendigen Daten des Unternehmens fest, welchen Preis der Hersteller von Cebiamed in dieser Situation fordern wird!
-    b) Wie ist es zu erklären, dass der Hersteller von Cebiamed einen Preis festlegt, der nicht dem Umsatzmaximum entspricht?
- 2. a) Welcher Preis würde sich ergeben, wenn Cebiamed bei der angegebenen Nachfrage- und Kostensituation statt von einem von vielen Anbietern angeboten würde?
-    b) Wie unterscheidet sich das Verhalten des Anbieters von Cebiamed bei der Preisfindung von dem Verhalten der Anbieter von Ascorbinsäure?[1]
-    c) Warum kann der Anbieter von Cebiamed in dieser besonderen Weise verfahren?

7.3 *Preisbildung des Oligopols auf einem unvollkommenen Markt*

Ein Test der Stiftung Warentest brachte vor Jahren das folgende Ergebnis:[2]

Waschmittel für alle Temperaturbereiche

Markenbezeichnung	**Persil**	**Fakt**	**Dash**	**Tandil**
Hersteller	Henkel KGaA	Henkel KGaA	Procter & Gamble	Aldi
Preis in EUR für 3 kg (1 EUR = 1,95583 DM)	5,11	4,86	5,37	3,07
Kosten für 1 Waschgang (unter Berücksichtigung der Dosierung für Härtegrad 3)	0,42	0,47	0,43	0,29
Test-Qualitätsurteil	**gut**	**zufrieden stellend**	**gut**	**gut**

- Wie ist es zu erklären, dass auf dem Markt für Waschmittel (für alle Temperaturen) für Produkte mit dem Qualitätsurteil „gut" unterschiedliche Preise bestanden und für ein Waschmittel mit dem Test-Urteil „zufrieden stellend" sogar ein höherer Preis bezahlt wurde?

[1] Ascorbinsäure = chemisch reines Vitamin C
[2] Preise des Testberichts in DM. Hier umgerechnet in EUR.

7.4 *Marktformen*

● Entscheiden Sie für jede der unten geschilderten Marktsituationen, welche der folgenden Marktformen vorliegt:

	vollkommener Markt	unvollkommener Markt
Polypol		
Oligopol		
Monopol		

1. Ein Unternehmen besitzt das Patent für ein medizinisch-technisches Gerät, mit dem Nierensteine von Patienten ohne Operation zertrümmert werden können.
2. In einer Kleinstadt gibt es 12 Damenfriseur-Geschäfte.
3. Die Bauunternehmen in einem Marktgebiet können Kies, wie er zum Bauen benötigt wird, von vier Kiesbaggereien beziehen. Präferenzen für einen Lieferer bestehen nicht.
4. Ein Hersteller von Speise-Essig berücksichtigt bei der Preisfestlegung allein die entstehenden Kosten.
5. Nur ein Unternehmen bietet Glühlampen an. Die Glühlampen werden von dem Unternehmen unter der Markenbezeichnung „Luxor" angeboten. Das Unternehmen bietet außerdem qualitativ gleichwertige Glühlampen ohne Markenbezeichnung und in anderer Verpackung zu einem niedrigeren Preis an.
6. Vier Autofirmen bieten Mittelklassewagen verschiedener Typen zwischen 1 200 ccm und 1 800 ccm an.
7. In einem Gemüseanbaugebiet fahren die Bauern das frisch geerntete Gemüse direkt vom Feld in eine Versteigerungshalle. Dort sind die Großhändler versammelt. Die Qualität jeder Wagenladung wird von einem Fachmann klassifiziert und ausgerufen. An der Hallenwand ist für jeden Marktteilnehmer gut sichtbar eine „Versteigerungsuhr" angebracht, deren Zeiger sich bei Versteigerungsbeginn zu drehen beginnt und steigende Preise anzeigt. Jeder Großhändler kann von seinem Sitzplatz in der Halle aus anzeigen, ob er bei dem angezeigten Preis noch mitbietet.
8. Ein Hersteller von Tapeten berücksichtigt bei der Festlegung der Preise seine Kosten, die Reaktion der Nachfrager und die Reaktion der Konkurrenten.
9. Ein Energieversorgungsunternehmen ist der einzige Anbieter von elektrischer Energie in einem Regierungsbezirk.

7.5 *Preisbildung des Monopolisten*

Ein Unternehmen ist der alleinige Anbieter eines Gutes auf dem Markt. Die Absatzmenge dieses Gutes ist bestimmt von der Absatzfunktion $X = 160 - 2 \cdot p$. Dabei ist p der Marktpreis. In dem Unternehmen entstehen fixe Kosten in Höhe von 1 200,00 EUR. Die variablen Kosten je Stück betragen konstant 20 EUR.

● 1. Stellen Sie die Situation des Unternehmens für die Preise 80 – 75 – 70 – 65 usw. bis 0 in einer Arbeitstabelle dar. Es gelten folgende Abkürzungen:

p = Marktpreis

X = Absatzmenge

E = Umsatzerlös

$EI._N$ = direkte Preiselastizität der Nachfrage

$\dfrac{\Delta E}{\Delta X}$ = Grenzerlös

TK = Gesamtkosten

TFK = gesamte (totale) fixe Kosten

TVK = gesamte (totale) variable Kosten

$\dfrac{\Delta TK}{\Delta X}$ = Grenzkosten

G/V = Gewinn/Verlust

- 2. Stellen Sie fest, welcher Zusammenhang zwischen der Preiselastizität der Nachfrage und der Höhe des Umsatzerlöses besteht!

- 3. Welche Menge wird der Monopolist in der gegebenen Situation anbieten?

- 4. Stellen Sie fest, wie das Monopolunternehmen auf folgende Veränderungen gegenüber der Ausgangssituation reagieren würde. Alle anderen Daten bleiben jeweils unverändert.

    a) Die fixen Kosten sinken auf 1 100.

    b) Die fixen Kosten steigen auf 1 300.

    c) Die variablen Kosten je Stück steigen auf 30 (TFK wie in der Ausgangssituation, unverändert 1 200).

    d) Die variablen Kosten je Stück sinken auf 10 (TFK wie in der Ausgangssituation 1 200).

    e) Die Nachfrage verändert sich. Sie bestimmt sich jetzt nach der Gleichung $175 - 2 \cdot p$ (TFK und variable Kosten je Stück wie in der Ausgangssituation 1 200 bzw. 20).

    Fassen Sie die Ergebnisse a) – e) in einer Übersicht zusammen!

Muster für die Ergebnistabelle:

Aufg.	Nachfrage-verhalten	TFK	DVK	Monopolpreis (p)	Angebotsmenge des Monopolisten bei größtmöglichem Monopolgewinn	
					Monopol-menge (x)	Monopol-gewinn (G)
3	Ausgangs-situation (160 – 2p)	1 200				
4a	Ausgangs-situation	1 100				
4b	Ausgangs-situation	1 300				
4c	Ausgangs-situation	1 200				
4d	Ausgangs-situation	1 200				
4e	Erhöhte Nachfrage	1 200				

- 5. Werten Sie die unter a) – e) gemachten Erfahrungen aus: Von welchen Einflussfaktoren hängt die von einem Monopolunternehmen angebotene Menge und damit auch der Monopolpreis ab?

- 6. Nehmen Sie zu der folgenden Behauptung Stellung!

    Für ein Monopolunternehmen besteht kein Anreiz, die Kosten zu senken, da es aufgrund der Monopolsituation die Kosten auf die Käufer seiner Produkte abwälzen kann.

<hr>

ZUR WIEDERHOLUNG DES GRUNDWISSENS

1. Erläutern Sie, warum der Grenzerlös eines Monopolisten bei jeder Produktionsmenge kleiner ist als der Preis!

2. Beschreiben und begründen Sie die Abhängigkeit des Monopolisten von der Preiselastizität der Nachfrage!

3. Formulieren und begründen Sie die Gewinnmaximierungsregel, die für den Monopolisten gilt!

4. Was versteht man unter dem Cournot'schen Punkt?

5. Wie unterscheidet sich die Preisbildung des Polypols auf dem vollkommenen Markt von der des Monopols?

6. Warum ist die Preisdifferenzierung nur auf einem unvollkommenen Markt möglich?

7. Erläutern Sie, warum der Monopolist mit Preisdifferenzierung seinen Gewinn erhöhen kann!

8. Welche Arten der Preisdifferenzierung können unterschieden werden? Nennen Sie je 1 Beispiel!

9. Welche Arten der Monopole sind zu unterscheiden?

10. Beschreiben Sie die Preisbildung auf einem wegen bestehender Präferenzen unvollkommenen Markt!

11. Warum kann die Situation eines Polypols auf dem unvollkommenen Markt zutreffend auch als „monopolistische Konkurrenz" bezeichnet werden?

12. Welche Daten berücksichtigt ein Polypolist auf dem unvollkommenen Markt, welche ein Monopolist und welche ein Oligopolist bei der Bestimmung von Preis und Angebotsmenge?

13. Wie lässt sich erklären, dass Oligopolisten häufig auf eine durch Kostensteigerung verursachte Verschiebung der Grenzkostenkurve nicht reagieren?

14. Erläutern Sie die Situation, dass ein Oligopolist auf eine Verschiebung seiner Preis-Absatzkurve, die von einer Erhöhung der Nachfrage verursacht ist, nicht mit einer Preiserhöhung reagiert!

15. Ruht der Wettbewerb bei friedlichem Verhalten der Oligopolisten völlig? Begründung!

8 Idealtypen der Wirtschaftsordnung

■■■■■ **EINFÜHRENDES PROBLEM**

F. A. Hayek[1], Der Weg zur Knechtschaft, München, 2. Auflage der Neuherausgabe 1971, S. 123:

„Wirtschaftliches Kommando ist nicht nur das Kommando über einen Sektor des menschlichen Lebens, der von den übrigen getrennt werden kann; es ist die Herrschaft über die Mittel für alle unsere Ziele. Wer die alleinige Verfügung über die Mittel hat, muss auch bestimmen, welchen Zielen sie dienen sollen, welche Werte höher, welche niedriger veranschlagt werden müssen, kurz, was die Menschen glauben und wonach sie streben sollen."

● *Wer übt das wirtschaftliche Kommando aus*

  – *in einer freien Marktwirtschaft,*
  – *in einer Zentralverwaltungswirtschaft?*

● *Hat die Entscheidung für eine dieser idealtypischen Wirtschaftsordnungen Auswirkungen auf den Freiheitsbereich des Menschen in der Gesellschaft? Warum?*

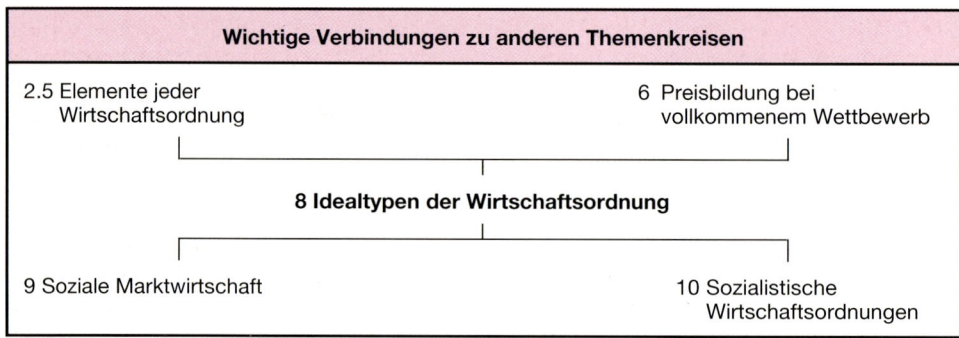

Wichtige Verbindungen zu anderen Themenkreisen

| 2.5 Elemente jeder Wirtschaftsordnung | 6 Preisbildung bei vollkommenem Wettbewerb |

8 Idealtypen der Wirtschaftsordnung

| 9 Soziale Marktwirtschaft | 10 Sozialistische Wirtschaftsordnungen |

Abbildung 8.0.1

■■■■■ **INFORMATION**

8.1 Zentrale oder dezentrale Planung

Für die Lenkung des arbeitsteiligen Wirtschaftsprozesses einer Volkswirtschaft gibt es grundsätzlich zwei Organisationsmodelle:

1. Die Zentralverwaltungswirtschaft

Die Lenkung der Wirtschaft erfolgt durch eine zentrale Planungsstelle. Bei der reinen (totalitären) Zentralverwaltungswirtschaft legt die Planungszentrale die Ziele der Produktion, die Verwendung der (verstaatlichten) Produktionsmittel und die Verteilung der produzierten Güter fest.

[1] Hayek, Friedrich August von, 1899–1992, österreichischer Volkswirt, Prof. in London und Chicago, seit 1962 in Freiburg im Breisgau, 1974 Nobelpreis für Wirtschaftswissenschaften.

2. Die freie Marktwirtschaft

Jedes Unternehmen plant selbstständig Art und Menge der zu produzierenden Güter und bestimmt über die Höhe der Investitionen, jeder Haushalt plant selbstständig seinen Verbrauch. Die Wirtschaftspläne werden dezentral erstellt. Alle wirtschaftenden Personen treten aufgrund freiwilliger Entschlüsse miteinander in vertragliche Beziehungen, um Güter und Dienstleistungen zu kaufen oder zu verkaufen. Der Markt übernimmt die Aufgabe eines Koordinierungsmechanismus und sorgt für die Abstimmung der Einzelpläne.

Idealtypen der Wirtschaftsordnung	
Freie Marktwirtschaft **(dezentrale Planung)**	**Zentralverwaltungswirtschaft** **(zentrale Planung)**
● Unabhängige Unternehmen erstellen Produktionspläne.	● Die zentrale Planungsstelle weist an, was und wie viel zu produzieren ist.
● Jeder Haushalt erstellt unabhängig seinen Verbrauchsplan.	● Die zentrale Planungsstelle verteilt die produzierten Güter auf die Haushalte.
● Der Markt sorgt für die Abstimmung der Pläne.	● Die zentrale Planungsstelle hat die Aufgabe, die Einzelpläne aufeinander abzustimmen.

Abbildung 8.1.1

In Wirklichkeit gibt es nicht nur diese beiden Grundtypen, sondern eine große Vielfalt von Wirtschaftsordnungen. Um die Vielfalt der realen Wirtschaftsordnungen beschreiben und vergleichen zu können, ist es sinnvoll, sich auf diese beiden Grundtypen zu beziehen. Es sind **Idealtypen,** die durch Hervorhebung gewisser Merkmale und durch Weglassen von Besonderheiten realer Wirtschaftsordnungen entstanden sind. **Sie sind Hilfsmittel der Forschung und der Beschreibung realer Wirtschaftsordnungen. Niemand behauptet ihre reale Existenz.**

Die Entscheidung für eine Wirtschaftsordnung bezieht sich nicht nur auf die Wahl zwischen zentraler und dezentraler Wirtschaftslenkung. Damit verbunden ist immer auch die Entscheidung für eine bestimmte Rechtsordnung, da sich ein Lenkungssystem nur mithilfe einer dazu passenden Rechtsordnung verwirklichen lässt. Ohne Vertragsfreiheit kann es z. B. keine Marktwirtschaft geben. Da die Rechtsordnung einen Teil der allgemeinen Staatsordnung darstellt, besteht eine enge Interdependenz zwischen Wirtschaftsordnung und Staatsordnung. Dieser Zusammenhang ist an den idealtypischen Modellen der freien Marktwirtschaft und der Zentralverwaltungswirtschaft besonders deutlich darzustellen.

8.2 Geistige Grundlagen der Wirtschaftsordnungen

Jede Entscheidung für eine Wirtschaftsordnung beruht auf einer Idealvorstellung von der Gestaltung der Gesellschaft. Hinter dem Idealtypus Marktwirtschaft steht das Leitbild des **Liberalismus.** Das idealtypische Modell der Zentralverwaltungswirtschaft ist orientiert an der Leitidee des **Sozialismus.** Auf der Grundlage von Leitbildern kann es zur theoretischen Konstruktion von Wirtschaftsordnungen kommen, bei denen wichtige Beschränkungen der Gestaltungsmöglichkeiten nicht berücksichtigt werden. Dies ist z. B. der Fall, wenn das Idealbild einer Wirtschaftsordnung entworfen wird, für deren Funktionieren ein völlig neuer Mensch vorausgesetzt wird, der jeglichen Egoismus überwunden hat.

8.2.1 Der Liberalismus

Der Liberalismus bezeichnet eine geistige Richtung, die für Freiheit und Unabhängigkeit der Persönlichkeit eintritt. Der Liberalismus lehnt jede innere geistige Gebundenheit ab, d. h. er verlangt für das Individuum Autonomie der Vernunft und volle Selbstständigkeit im Denken und Wollen. Damit verbunden ist die weitgehende Ablehnung äußerer gesellschaftlicher Bindungen, vor allem die Bindung des Individuums an den Staat. Der Liberalismus ist also einerseits ein philosophisches, andererseits ein gesellschaftliches Prinzip. Ausgangspunkt für die Normen- und Wertvorstellungen des Liberalismus ist der Individualismus (s. 2.5.2).

> Der Liberalismus fordert die freie Entfaltung der Persönlichkeit.

Der Siegeszug des Liberalismus in der Wirtschaftspolitik begann im Jahre 1776 mit dem Erscheinen des Buches „An inquiry into the nature and causes of the wealth of nations" von Adam Smith.[1] Die wirtschaftspolitischen Auffassungen von Adam Smith haben ihre Grundlage in seinen philosophischen Ansichten. Nach Smith sind dem Menschen Triebe angeboren, durch welche er Gottes Weltregierungsplan zur Ausführung bringen soll. Der Mensch fördert „den großen Endzweck der Natur" einfach dadurch, dass er nach seinen Trieben handelt. Um die Erreichung dieses „Endzwecks" nicht zu gefährden, muss der Staat auf alle Eingriffe in das Wirtschaftsleben verzichten. Der wirtschaftspolitische Liberalismus fordert die Laissez-faire-Wirtschaft.[2] Adam Smith hat als Erster den Mechanismus einer Laissez-faire-Wirtschaft beschrieben.

> Der wirtschaftspolitische Liberalismus ist der Ansicht, dass das Gemeinwohl am besten gefördert wird, wenn die Menschen auf wirtschaftlichem Gebiet ohne staatliche Eingriffe ihren persönlichen Interessen nachgehen.

Der Liberalismus hatte unbedingtes Vertrauen in die göttliche Weltordnung. Er glaubte, dass eine **„unsichtbare Hand"** das egoistische Erwerbsstreben des Einzelnen doch zur Förderung des Gemeinwohls führe. Nach liberalistischer Auffassung ist die Selbststeuerung der Wirtschaft nicht nur das geeignete Mittel, um den Reichtum einer Nation zu vergrößern, das Ergebnis der Selbststeuerung hielt man auch für sozial gerecht.

Liberale Politik beruht heute nicht mehr auf dem hier beschriebenen Liberalismus. Der Liberalismus hat sich zum **Neoliberalismus** entwickelt und ist zur Leitidee der Sozialen Marktwirtschaft geworden (s. 9.1.1).

8.2.2 Der Sozialismus

Der Sozialismus bezeichnet der Wortbedeutung nach den direkten Gegensatz zum „Individualismus", der die Grundlage für den Wirtschaftsliberalismus abgibt. **Für die Sozialisten ist der Bezugspunkt nicht der Einzelmensch, sondern die Gemeinschaft.** Die Freiheitsrechte des Einzelnen müssen nach Meinung der Sozialisten im Interesse des Gemeinwohls eingeschränkt werden. Ausgangspunkt für die Normen und Wertvorstellungen des Sozialismus ist der Kollektivismus (s. 2.5.2).

---

[1] Smith, Adam, 1723–1790, englischer Volkswirt und Moralphilosoph, Schöpfer des ersten geschlossenen volkswirtschaftlichen Systems.

[2] laissez faire, laissez passer (auch: aller), franz.: lasst machen, lasst gehen, nämlich die Welt wie sie eben geht), angeblich die Antwort des Kaufmanns Legrende auf die Frage Colberts, wie er den Kaufleuten helfen solle.

Eine Volkswirtschaft, in der in gesellschaftlicher Arbeitsteilung viele Betriebe zusammenarbeiten müssen, kann nach sozialistischer Auffassung nur unter einer zentralen Leitung sinnvoll der Befriedigung menschlicher Bedürfnisse dienen. Die Sozialisten fordern eine **„wissenschaftliche Leitung der Gesellschaft"**. Die ökonomische Voraussetzung dafür ist nach sozialistischer Auffassung der Übergang der Produktionsmittel aus Privateigentum in sozialistisches Eigentum.

> Der Sozialismus lehnt den Marktmechanismus als Lenkungsinstrument ab und fordert die Abschaffung des Privateigentums an den Produktionsmitteln.

Der wissenschaftliche Sozialismus beginnt mit Karl Marx.[1] Er veröffentlichte 1847 zusammen mit seinem Freund Friedrich Engels[2] das „Kommunistische Manifest" und 1867 den ersten Band seines Hauptwerks „Das Kapital".

Mit der zentralen Leitung der Wirtschaft wird dem Grundprinzip für die Leitung eines sozialistischen Staates entsprochen, das von den Sozialisten als **„demokratischer Zentralismus"** bezeichnet wird. Mit diesem Prinzip soll das einheitliche Handeln aller Mitglieder einer sozialistischen Gesellschaft und die Durchführung der von der Leitung getroffenen Entscheidungen gesichert werden.

Idealtypische Wirtschaftsordnungen und ihre geistigen Grundlagen		
Idealtypische Wirtschaftsordnung	Freie Marktwirtschaft	Zentralverwaltungswirtschaft
Leitende Vorstellung von der Stellung des Menschen in der Gesellschaft	Individualismus	Kollektivismus
Aus der leitenden Vorstellung entwickeltes gesellschaftliches Prinzip	Liberalismus	Sozialismus

Abbildung 8.2.1

8.3 Die freie Marktwirtschaft

8.3.1 Das Lenkungssystem der freien Marktwirtschaft

Es ist scheinbar leicht einzusehen, wie die Grundaufgaben jeder Wirtschaftslenkung von einer zentralen Planbehörde durch Anweisungen an die Produzenten und Zuteilung der Produktionsergebnisse an die Verbraucher erfüllt werden können. Die **Funktionsweise** einer freien Marktwirtschaft dagegen ist auf den ersten Blick nicht zu durchschauen.

> In der Marktwirtschaft setzt der Staat nur die Regeln für die Tauschvorgänge fest, greift aber in die Vorgänge auf dem Markt nicht ein.

[1] Marx, Karl, 1818–1883, Philosoph und Nationalökonom.
[2] Engels, Friedrich, 1820–1895, neben Marx der führende Theoretiker des Marxismus.

Die Anhänger der Marktwirtschaft vertrauen auf den Preis und glauben, dass er alle Aufgaben lösen kann. Der Preis ist die „unsichtbare Hand", die alles zum Besten lenken wird. Wir wollen untersuchen, wie nach dieser Vorstellung der Preis die Aufgabe der Wirtschaftslenkung bewältigt.

▶ Die Lenkungsfunktion des Preises

Aufgabe 1:
Art und Menge der Güter, die produziert werden sollen, müssen bestimmt werden.

Wenn die Unternehmen ihre Produktionspläne aufstellen, dann sind sie am Eigennutz orientiert: sie wollen einen möglichst großen Gewinn erzielen. Deshalb werden sie solche Güter produzieren, für die (im Verhältnis zu den Kosten) ein hoher Preis zu erzielen ist. Die Unternehmen produzieren die knappen Güter zwar, um den Gewinn zu erhöhen, dienen damit aber dennoch dem Wohle der Gemeinschaft. Die unsichtbare Hand (der Preis) hat es so eingerichtet, dass zwischen dem Eigeninteresse und dem Gesamtinteresse kein Gegensatz besteht. Letztlich haben die Konsumenten über den Preis die Ziele der Produktion bestimmt.

In einer freien Marktwirtschaft werden die Produktionsfaktoren über den Preis zur Produktion von knappen Gütern hingelenkt.

> Der Preis übernimmt in der Marktwirtschaft die Lenkungsfunktion.

▶ Die Planabstimmungsfunktion (Ausgleichsfunktion) des Preises

Aufgabe 2:
Die Pläne der Produzenten und Konsumenten müssen aufeinander abgestimmt werden.

In einer Marktwirtschaft erstellt jeder einzelne Konsument seinen Einkaufsplan souverän. Er orientiert sich dabei an seinem verfügbaren Einkommen, an dem Preis des gewünschten Gutes und an dem Preis von Substitutionsgütern. Ebenso stellt jeder einzelne Produzent autonom seinen Produktionsplan unter Berücksichtigung des erzielbaren Marktpreises und seiner Produktionskosten auf. Es wäre ein reiner Zufall, wenn die Pläne der Konsumenten und Produzenten so übereinstimmen würden, dass auf dem Markt eines Gutes alle Produzenten zu den von ihnen erwarteten Preisen ihre gesamte Produktion absetzen könnten und alle Verbraucher zu dem von ihnen angesetzten Preis die von ihnen geplante Menge erhalten würden. Die Pläne müssen über einen Abstimmungsmechanismus zur Übereinstimmung gebracht werden.

Ist auf einem Markt zu einem bestimmten Preis die Nachfrage größer als das Angebot, dann steigt der Preis. Nachfrager, die zu dem jetzt höheren Preis nicht kaufen wollen, fallen aus. Anbieter kommen hinzu, die zu dem jetzt höheren Preis verkaufen. Dies geschieht so lange, bis ein Preis erreicht ist, bei dem Angebot und Nachfrage auf dem Markt gleich groß sind. Die Pläne der Nachfrager und Anbieter sind dann abgestimmt.

Ist das Angebot zu einem bestimmten Preis größer als die Nachfrage, dann sinkt der Preis. Zu dem niedrigeren Preis wird mehr nachgefragt, aber weniger angeboten. Der Anpassungsprozess geschieht auch hier so lange, bis die Pläne der Anbieter und Nachfrager koordiniert sind.

> Der Preis übernimmt in der Marktwirtschaft die Planabstimmungsfunktion (Ausgleichsfunktion).

▶ Die Signalfunktion des Preises

Aufgabe 3:
Der Grad der Knappheit von Gütern muss Produzenten und Konsumenten sichtbar gemacht werden.

In den Unternehmen muss die Knappheit der Güter bekannt sein, damit sie ihre Produktion auf diese knappen Güter ausrichten und damit dazu beitragen können, die Knappheit zu beseitigen. Unternehmen müssen die Knappheit der Güter

auch deshalb kennen, um bei der Entscheidung über den Einsatz von Gütern in der Produktion knappe Güter durch weniger knappe zu ersetzen. Wenn Kupfer knapper ist als Kunststoff, dann sollte ein Kupferring an einem Fernsehgerät durch einen Kunststoffring ersetzt werden. Dem Verbraucher muss der Grad der Knappheit der Güter bekannt sein, damit er die knappen Güter sparsam verbraucht.

Der Preis der Konsumgüter „signalisiert" den Produzenten und Konsumenten die Knappheit dieser Güter und gibt ihnen Orientierungsdaten für ihr Verhalten.

> Der Preis hat in der Marktwirtschaft Signalfunktion.

▶ Die Anreizfunktion (Erziehungsfunktion) des Preises

Aufgabe 4:
Die wirtschaftenden Menschen müssen am Erfolg des Wirtschaftslebens interessiert werden.

Produzenten und Konsumenten müssen mit knappen Gütern sparsam umgehen. Dafür muss ein Anreiz geschaffen werden.

In der Marktwirtschaft merken es Produzenten und Konsumenten an ihrem Geldbeutel, wenn sie mit knappen Gütern nicht sparsam umgehen. Die Marktwirtschaft arbeitet mit dem Mittel des materiellen Interesses.

Knappe Produktionsgüter sind teurer als weniger knappe. Die Preise der Produktionsgüter gehen als Aufwand in die Erfolgrechnung ein und schmälern den möglichen Gewinn. Der Unternehmer wird aus eigenem Interesse versuchen, sie durch billigere, d. h. weniger knappe zu ersetzen. Dabei handelt er im Gesamtinteresse, obwohl er nur seinen eigenen Vorteil sucht.

Die Konsumenten werden durch zu hohe Preise angereizt, knappe Konsumgüter durch weniger knappe zu substituieren.

> Der Preis übernimmt in der Marktwirtschaft die Anreizfunktion (Erziehungsfunktion).

▶ Die Wechselwirkung von Angebot, Nachfrage und Preis

In der Marktwirtschaft bildet sich der Preis auf dem Markt aus dem Zusammenwirken von Angebot und Nachfrage. Die Darstellung der Preisfunktionen hat gezeigt, dass der Preis wieder auf Angebot und Nachfrage zurückwirkt. **In diesem funktionalen Zusammenwirken von Angebot und Nachfrage besteht das Steuerungsinstrument der Marktwirtschaft.**

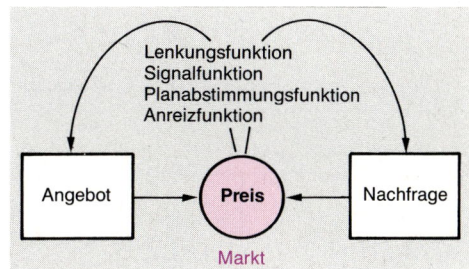

Abbildung 8.3.1

> Die Marktwirtschaft wird durch den Preis gesteuert.

Der Preis kann seine Funktionen in der Marktwirtschaft nur erfüllen, wenn die Anbieter auf den Märkten im Wettbewerb stehen und der Preis sich unbeeinflusst von staatlichen Eingriffen bildet.

8.3.2 Der Ordnungsrahmen der freien Marktwirtschaft

Wesentliche Voraussetzungen für das Funktionieren der Marktwirtschaft müssen vom Gesetzgeber geschaffen werden. Er muss einen **Ordnungsrahmen** schaffen, um die Wirtschaft vor Eingriffen des Staates zu schützen. In der freien Marktwirtschaft beschränkt sich die Rolle des Staates darauf, einen Ordnungsrahmen vorzugeben, der die Freiheit des Bürgers schützt. In das Wirtschaftsgeschehen greift der Staat nicht ein.

Abbildung 8.3.2

- In einer Marktwirtschaft muss **Vertragsfreiheit** bestehen. Jedermann muss das Recht haben, über Lieferungen und Leistungen nach freiem Ermessen Verträge abschließen zu können und die Sicherheit haben, dass ihn der Staat bei der Durchsetzung von Ansprüchen aus diesen Verträgen unterstützt. Ohne Vertragsfreiheit gibt es kein freies Marktgeschehen und damit auch keine Marktwirtschaft.

- **Gewerbefreiheit** muss jedem Unternehmer den Zugang zu den Märkten sichern. Gewerbefreiheit würde z.B. dann nicht bestehen, wenn der Staat sich das Recht vorbehalten würde, bei der Gründung eines Unternehmens zu prüfen, ob zur Gründung des Unternehmens überhaupt ein

Lenkungssystem und Ordnungsrahmen einer Marktwirtschaft

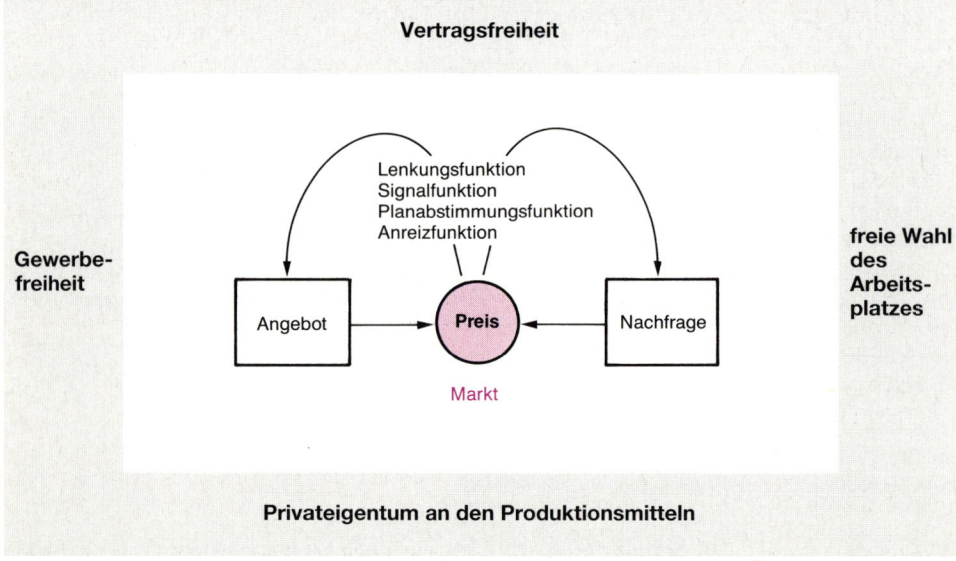

Abbildung 8.3.3

Bedürfnis besteht. Wenn der Zugang zu den Märkten nicht frei ist, dann entstehen Monopole; diese verhindern den in der Marktwirtschaft notwendigen Wettbewerb.

● Der Gewerbefreiheit für den Unternehmer entspricht **freie Wahl des Arbeitsplatzes** für den Arbeitnehmer.

● **In einer Marktwirtschaft sind die Produktionsmittel (Maschinen, Anlagen, Transportmittel, Boden) im Privateigentum.** Nur wenn die Unternehmer Eigentümer der Produktionsmittel sind, haben sie die Entscheidungsfreiheit, die für die Lenkung über den Preis vorausgesetzt wird. Betriebe im Staatseigentum sind in einer Marktwirtschaft nur dann im gewissen Maße erträglich, wenn sie im freien Wettbewerb mit privaten Unternehmen stehen.

Walter Eucken[1] war der Meinung, dass Gemeineigentum an den Produktionsmitteln zwangsläufig mit zentraler Lenkung der Wirtschaft verbunden sein müsse. Heute gibt es Denkmodelle für (sozialistische) Wirtschaftsordnungen, in denen versucht wird, Gemeineigentum an den Produktionsmitteln mit Elementen dezentraler Wirtschaftslenkung zu verbinden.

8.4 Das Versagen des Wirtschaftsliberalismus

Im 19. Jahrhundert begann, von England ausgehend, die Industrialisierung Europas. Im Glauben an die Lehren des Liberalismus griff der Staat in das Wirtschaftsgeschehen nicht ein. Die Wirtschaftsordnung entsprach dem Modell einer freien Marktwirtschaft: Die Produktionsmittel befanden sich in den Händen freier Unternehmer, und das Wirtschaftsgeschehen wurde über den Preismechanismus gesteuert. Schon bald zeigte sich, dass der Glaube der Liberalen an das Wirken der „unsichtbaren Hand Gottes" nicht bestätigt wurde.

– Unternehmen missbrauchten die Vertragsfreiheit und trafen Absprachen, um den Wettbewerb auszuschalten. Die monopolartige Marktstellung führte dazu, dass der Selbststeuerungsmechanismus der Wirtschaft nicht mehr funktionierte.

> In der freien Marktwirtschaft bleibt der Wettbewerb nicht von selbst bestehen.

– Millionen von Kleinbauern, die ihr Land gegen geringe Entschädigung verkaufen mussten, weil sie gegen die Mittel- und Großbetriebe nicht bestehen konnten, zogen in die Fabrikstädte, um Arbeit zu suchen. Wenn sie überhaupt welche fanden, dann mussten sie unter Bedingungen arbeiten, die heute als menschenunwürdig angesehen werden. Sie mussten 16 Stunden arbeiten, und die Entlohnung reichte nicht einmal für eine kärgliche Ernährung ihrer Familie. Selbst 6-jährige Kinder wurden deshalb in die Fabrik geschickt, um mitzuhelfen, den Lebensunterhalt zu sichern.

> In der freien Marktwirtschaft ergeben sich unsoziale Arbeitsbedingungen und eine unsoziale Einkommensverteilung.

– In der zweiten Hälfte des 19. Jahrhunderts erschütterten Krisen mit hohen Arbeitslosenzahlen die Wirtschaft. Zu Beginn des 20. Jahrhunderts brachte die Weltwirtschaftskrise 1929–1933 in den USA 12 Millionen und in Deutschland 6 Millionen Arbeitslose. Die Lehre der Liberalen bestätigte sich nicht, dass in einer freien Marktwirtschaft Arbeitslosigkeit nur kurzfristig bestehen könne, weil der Marktmechanismus für Vollbeschäftigung sorge.

[1] Eucken, Walter, 1891–1950, einer der führenden Volkswirte der so genannten neoliberalen Schule. Hauptwerke: „Grundlagen der Nationalökonomie" und „Grundsätze der Wirtschaftspolitik".

In der freien Marktwirtschaft kann erhebliche Arbeitslosigkeit auf Dauer bestehen.

Aufgrund dieser historischen Erfahrung wird das Bild einer freien Marktwirtschaft, in der Privateigentum an den Produktionsmitteln besteht und die Wirtschaft über den Marktmechanismus gesteuert wird, meist mit der Vorstellung von Massenarmut und Massenarbeitslosigkeit verbunden; nur eine kleine Gruppe von Unternehmern lebt in luxuriösem Wohlstand, weil sie die Arbeitnehmer ausbeuten kann. Eine Wirtschaft, die diesem Bild entspricht, wird als kapitalistisch bezeichnet. Vor allem durch die Kritik von Marx, der die Bedeutung des Begriffs **„Kapitalismus"** geprägt hat, wurde der Staat zum Eingreifen in den Marktmechanismus herausgefordert.

8.5 Die Zentralverwaltungswirtschaft
8.5.1 Das Lenkungssystem der Zentralverwaltungswirtschaft

In einer Zentralverwaltungswirtschaft erfolgt die Lenkung der arbeitsteiligen Wirtschaft durch eine Planungszentrale. Die Planungszentrale legt fest, welche Güter produziert werden sollen und wie viel von jedem Gut. Sie bestimmt auch, was den Verbrauchern an Konsumgütern zusteht. Produzenten und Konsumenten treten sich in der reinen Zentralverwaltungswirtschaft nicht als Käufer und Verkäufer auf dem Markt gegenüber. Die Produzenten liefern ab, die Konsumenten erhalten Zuteilungen.

Die Zentralverwaltungswirtschaft wird häufig auch als Planwirtschaft bezeichnet. Das ist missverständlich. Wirtschaften heißt planen. Es kann deshalb keine Wirtschaft ohne Planung geben. In der Zentralverwaltungsstelle plant eine Zentralstelle, in der Marktwirtschaft erfolgt die Planung dezentral durch viele Produzenten und Konsumenten. Die Marktwirtschaft und die Zentralverwaltungswirtschaft unterscheiden sich dagegen wesentlich durch den Freiheitsraum, den Produzenten und Konsumenten für ihre Entscheidungen haben.

In der Zentralverwaltungswirtschaft handeln Produzenten und Konsumenten auf Anweisung einer Planungsstelle.

Wir wollen untersuchen, wie bei zentraler Planung die vier Grundaufgaben der Wirtschaftslenkung bewältigt werden.

> **Aufgabe 1:**
> Art und Menge der Güter, die produziert werden sollen, müssen bestimmt werden.

Um den Bedarf zu schätzen, wird die Bevölkerung von der Planungszentrale in Normentypen eingeteilt: Frauen und Männer, Kinder, Jugendliche und Erwachsene, Normalarbeiter und Schwerarbeiter. **Die Planungszentrale bestimmt, was jeder Verbrauchertyp erhalten soll, und errechnet dann den Gesamtbedarf der Volkswirtschaft für jedes Gut. Bei diesem Planverfahren können der individuelle Bedarf und der Geschmack kaum noch berücksichtigt werden.** Anzüge und Kleider werden in wenigen Grundmodellen hergestellt und nicht in vielen modischen Variationen, es wird nur wenige Grundmodelle von Wohnzimmerlampen geben und es ist möglich, dass nur ein Typ von Küchenmöbeln in Großserie hergestellt wird.

In der Zentralverwaltungswirtschaft werden die Produktionsziele von einer Planungszentrale festgelegt.

Bei der Festlegung der Produktionsziele kann die Planungszentrale versuchen, die Wünsche der Verbraucher zu erforschen und zu berücksichtigen. Sie muss es aber nicht.

Die Entscheidung über die Produktionsziele ist in der Zentralverwaltungswirtschaft eine politische Entscheidung.

Im Bereich der Zielbestimmung ist typisch für die Zentralverwaltungswirtschaft die Bildung von **Schwerpunkten.** So kann in einer ersten Planperiode die Produktionskraft einer Volkswirtschaft schwerpunktmäßig für den Ausbau der Hüttenindustrie eingesetzt werden, in der zweiten für das Transportwesen, in der dritten für die chemische Industrie und in der vierten für das Bauwesen. Ein als Schwerpunkt gewähltes Ziel geht allen anderen vor und hat die Funktion eines so genannten **„Leitgliedes".**

Der Mechanismus der Marktwirtschaft berücksichtigt dagegen die unterschiedlichen Ziele der Wirtschaftssubjekte und führt zu einer mehr ausgeglichenen Annäherung an unterschiedliche Zielsetzungen.

Viele Menschen, denen sehr viel an der Verfolgung eines bestimmten Zieles liegt, neigen deshalb zu Wirtschaftsordnungen mit zentraler Planung. Sie sehen darin die Möglichkeit, die Verfolgung ihres Ideals unter Einsatz aller gesellschaftlichen Kräfte zu fördern. Doch gerade diese Idealisten werden zu den erbittertsten Gegnern einer zentralen Planung, die nicht den von ihnen angestrebten Zielen absolute Priorität zugestehen würde.

Aufgabe 2:
Der Grad der Knappheit von Gütern muss Produzenten und Konsumenten sichtbar gemacht werden.

Auch in einer Zentralverwaltungswirtschaft sind die Wünsche der Verbraucher größer als die Produktionsmöglichkeiten. Deshalb muss die Knappheit der Güter festgestellt und sichtbar gemacht werden. **Die Planungszentrale ermittelt die Knappheit in Mengenbilanzen.** Das Bild links zeigt die **Planungsbilanz** für das Bedarfsgut Schuhe. Die Planungszentrale hat anerkannt, dass in der Planungsperiode ein Bedarf von 950 000 Paar Schuhen besteht. In der Bilanz ist dieser Bedarf als Versorgungssoll ausgewiesen.

Mengenbilanz für das Bedarfsgut Schuhe

Aufkommen	(in 1000)	Verwendung	
Vorräte	100	Versorgungssoll	950
Anzufordernde		Sollbestand	
Menge 1	1 000	am Ende der	
		Planungsperiode	150
	1 100		1 100

In der Volkswirtschaft sind 100 000 Paar Schuhe vorrätig. Dieser Bestand soll bis zum Ende der Planperiode auf 150 000 Paar Schuhe erhöht werden. Also müssen von dem Sektor Schuhproduktion 1 000 000 Paar Schuhe angefordert werden.

Um diese 1 000 000 Paar Schuhe zu produzieren, werden u. a. Maschinen und Arbeitskräfte, Unterleder, Oberleder, Garne, Nägel, Ösen, Energie, Maschinenöl, Büromaterial usw. benötigt. Für all diese Güter müssen Mengenbilanzen aufgestellt werden.

In unserem Beispiel (s. Bild 8.5.1, S. 153) weiß die Planungsverwaltung aus Erfahrung, dass zur Herstellung von 100 Paar Schuhen 160 dm² Oberleder benötigt werden. Der Faktor zur Berechnung des Bedarfs an Oberleder aus der anzufordernden Schuhmenge beträgt also 1,6. In der Bilanz für Oberleder werden deshalb 1 600 dm² für die Schuhproduktion angefordert[1].

Aus dem Bedarfsplan für Treibriemen werden noch 200 dm² Oberleder angefordert. Da am Ende der Planperiode 300 dm² Oberleder vorrätig sein sollen, müssen von dem Produktionssektor Oberleder 1 800 dm² Oberleder angefordert werden.

---

[1] dm = Dezimeter = 0,1 m

Zur Herstellung von Oberleder werden schwere Häute benötigt. Mit Erfahrungssätzen wird berechnet, wie viel t schwere Häute für 1 800 dm² Oberleder erforderlich sind. Die Tiere wird man aber nicht schlachten, weil schwere Häute benötigt werden; man wird sich für die Abschlachtung von Tieren an dem Fleischbedarfsplan orientieren. Als Nebenprodukt des Schlachtens fallen in unserem Beispiel (s. Bild 8.5.1) nur 230 t schwere Häute an. In der Bilanz für schwere Häute lässt sich deshalb die Fehlmenge von 80 t feststellen (s. Bild 8.5.1). Damit wird die Knappheit dieses Gutes erkennbar.

> Die Knappheit der Güter wird in der Zentralverwaltungswirtschaft als Fehlmenge in Mengenbilanzen sichtbar gemacht.
> Übersicht über den Knappheitsgrad der Güter hat unmittelbar nur die Planbehörde.

Aufgabe 3:
Die Pläne der Produzenten und der Konsumenten müssen aufeinander abgestimmt werden.

Die Planungszentrale muss für den Ausgleich der Fehlmengen in den Mengenbilanzen sorgen. Dafür gibt es grundsätzlich zwei Möglichkeiten:

1. Das Aufkommen wird erhöht,
2. die Anforderungen werden reduziert.

In dem im Bild 8.5.1 dargestellten Beispiel könnte das Inlandsaufkommen durch Erhöhung der Schlachtungen vergrößert werden. Da die Schlachtungen der Fleischversorgung dienen und die schweren Häute fast als Nebenprodukt anzusehen sind, kommt diese Lösung sicher nicht infrage. Das Aufkommen an Rohhäuten könnte auch durch Einfuhr erhöht werden. Dann wäre jedoch daran zu denken, dass die Einfuhr mit Gegenleistungen bezahlt werden muss und sich deshalb Auswirkungen auf einen anderen Plan ergeben.

Von der Verwendungsseite her wäre zu prüfen, ob die Produktion von Schuhen verringert werden kann oder ob die Einsparung an Leder bei einem anderen Gut erfolgen soll, z. B. im Produktionsbereich von Ledertaschen. Es kann auch geprüft werden, ob Leder bei der Produktion von Schuhen oder auch bei anderen Gütern durch ein anderes Gut, z. B. durch Gummi oder Kunststoff, ersetzt werden kann.

> In der Zentralverwaltungswirtschaft wird die Abstimmung der Einzelpläne von der Planungszentrale mit dem Instrument der Mengenbilanzen durchgeführt.

Auch in der Zentralverwaltungswirtschaft wäre der Ausgleich aller Einzelpläne im ersten Entwurf Zufall.

Wir nehmen an, in der in unserem Beispiel dargestellten Wirtschaft (s. Abbildung 8.5.1) sei oberstes Ziel die Erweiterung der Produktionskapazität der Wirtschaft. Deshalb erfolgt der Ausgleich der Fehlmenge im Plan für schwere Häute durch Kürzung der Anforderung von schweren Häuten für das Bedarfsgut Schuhe um 40 t. Der Plan für schwere Häute ist damit ausgeglichen. Es bleiben für die Schuhproduktion noch 240 t schwere Häute im Ansatz; damit können 1 200 dm² Oberleder hergestellt werden. Die Position „anzufordernde Menge" im Plan für Oberleder ändert sich damit auf 1 400 dm², davon 1 200 dm² für Schuhe. Mit diesen 1 200 dm² können nur 750 000 Paar Schuhe hergestellt werden. Deshalb dürfen in der Mengenbilanz für das Bedarfsgut Schuhe unter der Position „anzufordernde Menge" nur 750 000 Paar eingesetzt werden. Wenn die Planbehörde weiterhin davon ausgeht, dass am Ende der Planperiode 150 000 Schuhe vorrätig sein sollen, dann muss das Versorgungssoll auf 700 000 Paar Schuhe reduziert werden.

Ergebnis der Planung: Der Produktionssektor Schuhe erhält ein Produktionssoll von 750 000 Paar Schuhen; die Bevölkerung wird mit 700 000 Paar Schuhen versorgt.

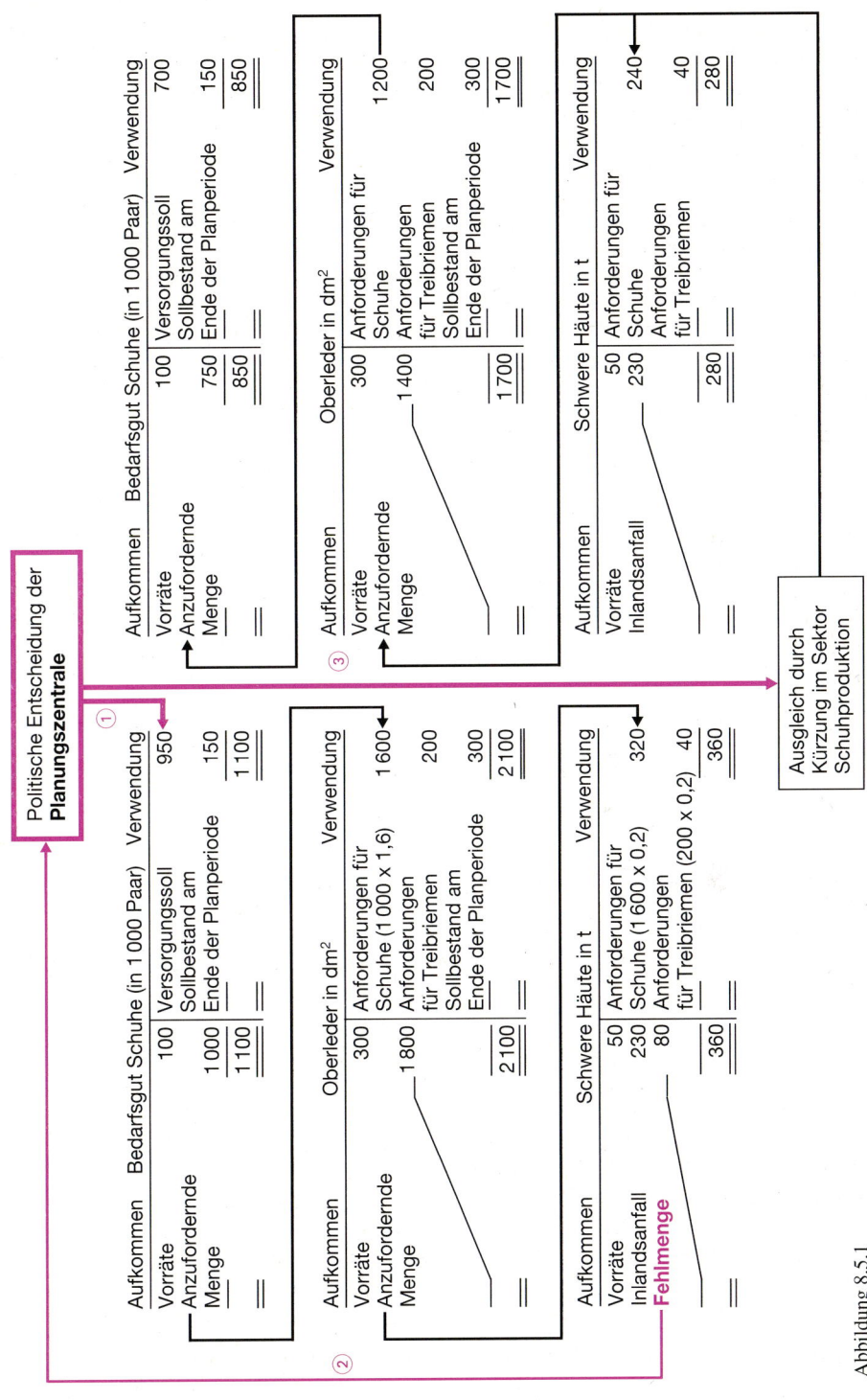

Darstellung einer „Planungsrunde" in einer Zentralverwaltungswirtschft

Abbildung 8.5.1

Nach Ausgleich der Mengenbilanzen ist die Knappheit der Güter auch in den Bilanzen nicht mehr sichtbar.

Aufgabe 4:

Die wirtschaftenden Menschen müssen am Erfolg des Wirtschaftens interessiert werden.

Die Schwierigkeit, ein Plansoll sinnvoll festzulegen

In einem Betrieb werden verschiedene Typen Bagger hergestellt. Da es keinen Marktpreis gibt, sucht die Planungsverwaltung nach einem einheitlichen Nenner und legt das Plansoll nach dem Gewicht fest.

Die Betriebsleitung lässt statt moderner leistungsfähiger Maschinen technisch veraltete herstellen, weil diese ein höheres Gewicht haben. Sie erreicht damit die Übererfüllung des Plansolls und erhält eine Prämie.

Es genügt nicht, dass die Planungszentrale Produktion und Konsum festlegt, sie muss auch dafür sorgen, dass ihre Pläne durchgeführt werden.

Auch in der Zentralverwaltungswirtschaft kann mit materiellen Leistungsanreizen gearbeitet werden. Wenn Betriebe das von der Planungszentrale für sie festgelegte Produktionssoll überschreiten, dann erhalten Betriebsleitung und Arbeiter eine **Prämie**. Es ist aber gar nicht immer leicht, das Plansoll sinnvoll festzulegen.

Der materielle Leistungsanreiz kann auch durch **Ehrungen** ersetzt werden. Betriebsleiter und Arbeiter erhalten Orden und Auszeichnungen verliehen, auf großen Plakaten mit ihrem Bild werden sie als „Held der Arbeit" dargestellt.

Notwendig bleibt trotz allem ein großer Kontrollapparat, der den Plan notfalls auch mit Gewalt durchsetzt. Wegen schuldhafter Nichterfüllung des Produktionsplans kann man auch ins Gefängnis kommen.

8.5.2 Der Ordnungsrahmen der Zentralverwaltungswirtschaft

In einer Zentralverwaltungswirtschaft kann es kein privates Eigentum an den Produktionsmitteln geben. Das Wesen des Eigentums ist das freie Verfügungsrecht über eine Sache. Das freie Verfügungsrecht über Produktionsmittel kann die Planzentrale nicht zugestehen, da seine Verwirklichung sich gegen die Absichten des Planes richten könnte.

Ohne privates Eigentum gibt es keine privaten Unternehmer und damit keine Gewerbefreiheit.

In der Zentralverwaltungswirtschaft kann weder die freie Berufswahl noch die freie Wahl des Arbeitsplatzes garantiert werden. Auch die Arbeitskräfte werden in Planungsbilanzen erfasst und müssen in die Gesamtplanung einbezogen werden. Um die zentralen Pläne zu erfüllen, muss der Staat das Recht haben, Arbeitskräfte auf Arbeitsplätze zuzuweisen.

Die Bedeutung des Eigentums in einer Wirtschaftsordnung:

In einer Marktwirtschaft bewirtschaftet ein Bauer seinen eigenen Boden. Er kann selbst bestimmen, ob er Kartoffeln oder Frühgemüse anbaut.

Diese Entscheidung kann die Planungsverwaltung in einer Zentralverwaltungswirtschaft dem Produzenten nicht zugestehen. Also kann sie auch kein Eigentum an den Produktionsmitteln zulassen.

Die Bedeutung der Gewerbefreiheit in einer Wirtschaftsordnung:

In einer Zentralverwaltungswirtschaft kann sich ein Privatmann nicht einfach einen Lastwagen kaufen und einen Transportbetrieb eröffnen. Er darf gar keine Produktionsmittel besitzen.

Die Planbehörde entscheidet, ob und wann sie einen staatlichen Transportbetrieb eröffnet.

In der total zentralgeleiteten Wirtschaft wird auf Anweisung produziert und nach Zuteilung konsumiert. Produktion nach eigenen Zielvorstellungen und freier Güteraustausch sind nicht möglich. **In der Zentralverwaltungswirtschaft kann es keine uneingeschränkte Vertragsfreiheit geben.**

In der Zentralverwaltungswirtschaft wird der Staat allmächtig.

Ein Staat mit Zentralverwaltungswirtschaft kann keinen rechtlichen Dauerrahmen festlegen, innerhalb dem der Einzelne frei handeln kann. Die Planbehörde muss in jedem Augenblick das Recht haben, ohne Bindung an vorher festgelegte formale Normen eingreifen zu können, um die Verwirklichung des Wirtschaftsplanes zu sichern. Was dem Wohl des Ganzen dient, kann nur von Fall zu Fall bestimmt, aber nicht von vornherein festgelegt werden.

Eine reine Zentralverwaltungswirtschaft ist nirgends verwirklicht, auch nicht in sozialistischen Ländern. Sie ist eine Modellkonstruktion und keine real vorzufindende Wirtschaftsordnung. Nur in Ausnahmesituationen haben sich reale Wirtschaftsordnungen schon diesem Modell genähert: Im 2. Weltkrieg wurde die Kriegswirtschaft in Deutschland fast als reine Zentralverwaltungswirtschaft geführt. Vom Staat wurde die Produktion total zentral gesteuert, die Verbraucher erhielten Bezugscheine für Lebensmittel und Gebrauchsgüter. Selbst der Tausch der mit Bezugschein zugeteilten Güter war verboten. Das Geld hatte so gut wie keine Bedeutung mehr.

Ordnungsrahmen und Lenkungssystem in der Zentralverwaltungswirtschaft

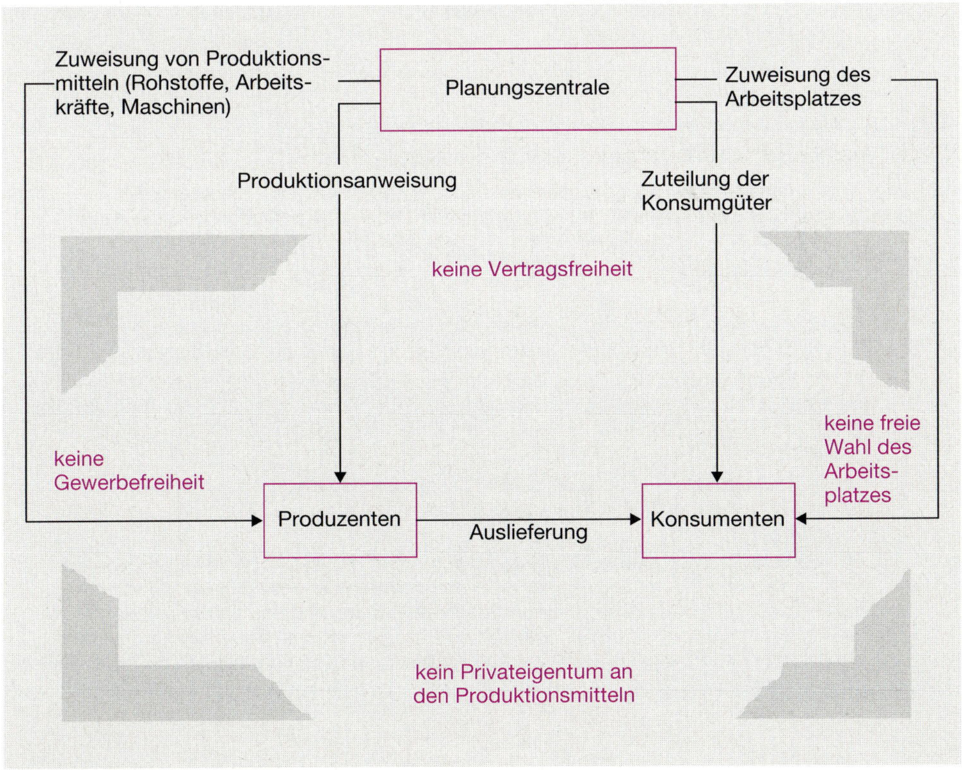

Abbildung 8.5.2

AUFGABEN UND PROBLEME

8.1 *Marktgeschehen und demokratische Wahl*

● Ist Ihrer Ansicht nach der Vergleich des Marktgeschehens mit einer demokratischen Wahl, so wie ihn Schleyer in dem Text unten durchführt, treffend?

Schleyer, Hanns Martin:[1] Das soziale Modell, Stuttgart o. J., S. 86 f.

„Die Marktwirtschaft braucht nicht ‚demokratisiert' zu werden – sie erfüllt vielmehr ihrem Wesen nach die demokratischen Grundforderungen weit besser als jedes andere bekannte und denkbare Wirtschaftssystem: und zwar deswegen, weil der Souverän der Marktwirtschaft in Wirklichkeit nicht ‚die Unternehmerclique', sondern der Konsument ist, also die Gesamtheit der Wirtschaftsbürger – ebenso wie die Wahlbürger der Souverän des demokratischen Staates sind. Das Wirtschaftsvolk herrscht durch die Instrumente des Marktes. Produziert wird für den gewinnbringenden Absatz auf dem Markt – und was dort abgesetzt werden kann, bestimmt der Käufer, keineswegs eine verschworene Gemeinschaft von Managern. Die Unternehmen sind abhängig vom Markt, und dort ist der Verbraucher König. Er disponiert darüber, was erzeugt wird. Dass die Werbung von Industrie und Handel versucht, ihn bei seiner Konsumwahl zu beeinflussen, entspricht im politischen Bereich der Werbung der Parteien um die Stimme des Wahlbürgers – beides ist legitim, und in beiden Fällen gibt es bekanntlich liebsame und unliebsame Überraschungen."

8.2 *Lenkungssysteme idealtypischer Wirtschaftsordnungen*

Bei einem großen Bauvorhaben ist zu prüfen, ob Bauholz durch Stahl ersetzt werden soll.

● 1. Welche Überlegungen müssen in einer Zentralverwaltungswirtschaft von der Planungsbehörde angestellt werden?

● 2. Wie wird dieses Problem in einer Marktwirtschaft gelöst?

8.3 *Ordnungsrahmen idealtypischer Wirtschaftsordnungen*

● Welches der unten kurz dargestellten Gerichtsurteile passt

– nur in eine Marktwirtschaft, nicht aber in eine Zentralverwaltungswirtschaft,
– nur in eine Zentralverwaltungswirtschaft, nicht aber in eine Marktwirtschaft,
– sowohl in eine Zentralverwaltungswirtschaft als auch in eine Marktwirtschaft?

Begründen Sie Ihre Entscheidungen!

Urteil 1: Der Lagerarbeiter M. wurde wegen fortgesetzten Diebstahls und Unterschlagung zu einer Freiheitsstrafe von 8 Monaten verurteilt. Sie wurde auf Bewährung ausgesetzt.

M. hat in den vergangenen 5 Jahren aus einer Baustoffgroßhandlung, bei der er als Lagerarbeiter beschäftigt war, Baumaterialien im Wert von 170 000 EUR herausgeschmuggelt und verkauft. Den Erlös hat er sich mit einem Kraftfahrer geteilt, der ihm bei seinen Aktionen behilflich war.

Urteil 2: Das Kreisgericht hat den Leiter der staatlichen Zoo-Verkaufsstelle „Exotina" zu $3\frac{1}{4}$ Jahren Freiheitsentzug wegen Untreue zum Nachteil von gesellschaftlichem Eigentum verurteilt.

Das Gericht führte in seiner Begründung aus, dass nach dem Urteil eines Experten der Angeklagte selbst unter Zubilligung der höchsten Verlustquote und bei Zugrundelegung von 3 Bruten im Jahr je Zuchtpaar rund 10 Wellensittiche hätte aufziehen müssen. Der Angeklagte hatte jedoch nur 5 bis 6 Junge je Paar gezüchtet. Das Gericht kam zu dem Ergebnis, der Angeklagte habe als Züchter schluderhafte Arbeit geleistet. Dadurch sei ein Fehlbestand von 1 248 Tieren entstanden.

---

[1] Schleyer, Hanns Martin, 1915–1977 (ermordet), dt. Manager, Vorstandsmitglied bei der Daimler-Benz AG; Präsident der Bundesvereinigung der Dt. Arbeitgeberverbände.

Urteil 3: Der Textilfabrikant P. wurde wegen betrügerischen Bankrotts zu einer Freiheitsstrafe von 6 Monaten verurteilt, die zur Bewährung ausgesetzt wurde. P. hat den Antrag auf Eröffnung des Insolvenzverfahrens für seine Firma trotz Überschuldung und Zahlungsunfähigkeit hinausgezögert, um in der Zwischenzeit Vermögensgegenstände aus dem Unternehmen zu entnehmen und dem Zugriff seiner Gläubiger zu entziehen.

8.4   *Leitideen für Wirtschaftsordnungen*

● Welcher der beiden folgenden Leitsätze zeigt eine liberale Grundhaltung, welcher eine sozialistische? Begründung!

1. „Jeder für sich selbst und Gott für uns alle."
2. „Jeder nach seinen Fähigkeiten, jedem nach seinen Bedürfnissen." ·

ZUR WIEDERHOLUNG DES GRUNDWISSENS

1. Stellen Sie die geistigen Grundlagen der freien Marktwirtschaft dar!
2. Erläutern Sie das Wirken der Preisfunktionen in der freien Marktwirtschaft!
3. Beschreiben Sie den Ordnungsrahmen der freien Marktwirtschaft!
4. Welche Rolle hat der Staat in der freien Marktwirtschaft?
5. Stellen Sie die geistigen Grundlagen der Zentralverwaltungswirtschaft dar!
6. Beschreiben Sie das Lenkungssystem der Zentralverwaltungswirtschaft!
7. Beschreiben Sie den Ordnungsrahmen der Zentralverwaltungswirtschaft!
8. Welche Rolle hat der Staat in der Zentralverwaltungswirtschaft?

9 Soziale Marktwirtschaft in der Bundesrepublik Deutschland

Smith, Adam:[1] Der Wohlstand der Nationen, aus dem Englischen übertragen nach der 5. Auflage (1789) von H. C. Recktenwald, München 1974

Gibt man daher alle Systeme der Begünstigung und Beschränkung auf, so stellt sich ganz von selbst das einsichtige und einfache System der natürlichen Freiheit her. Solange der Einzelne nicht die Gesetze verletzt, lässt man ihm völlige Freiheit, damit er das eigene Interesse auf seine Weise verfolgen kann und seinen Erwerbsfleiß und sein Kapital im Wettbewerb mit jedem anderen oder einem anderen Stand entwickeln oder einsetzen kann. Der Herrscher wird dadurch vollständig von seiner Pflicht entbunden, bei deren Ausübung er stets unzähligen Täuschungen ausgesetzt sein muss und deren Erfüllung keine menschliche Weisheit oder Kenntnis jeweils ausrichten könnte, nämlich der Pflicht oder Aufgabe, den Erwerb privater Leute zu überwachen und ihn in Wirtschaftszweige zu lenken, die für das Land am nützlichsten sind. Im System der natürlichen Freiheit hat der Souverän lediglich drei Aufgaben zu erfüllen, die sicherlich von höchster Wichtigkeit sind, aber einfach und dem normalen Verstand zugänglich:

Erstens die Pflicht, das Land gegen Gewalttätigkeit und Angriff anderer unabhängiger Staaten zu schützen,

zweitens die Aufgabe, jedes Mitglied der Gesellschaft soweit wie irgend möglich vor Ungerechtigkeit oder Unterdrückung durch einen Mitbürger in Schutz zu nehmen oder ein zuverlässiges Justizwesen einzurichten

und drittens die Pflicht, bestimmte öffentliche Anstalten und Einrichtungen zu gründen und zu unterhalten, die ein Einzelner oder eine kleine Gruppe aus eigenen Interessen nicht betreiben kann, weil der Gewinn die Kosten niemals decken könnte, obwohl er häufig höher sein mag als die Kosten für das gesamte Gemeinwesen (S. 582)

● *Wie unterscheiden sich die Aufgaben, die A. Smith dem Staat zuweist, von denen, die vom „Gesetz zur Förderung der Stabilität und des Wachstums der Wirtschaft" der Bundesregierung und den Länderregierungen übertragen werden?*

Möller, Alex:[2] Kommentar zum Gesetz zur Förderung der Stabilität und des Wachstums der Wirtschaft, 2. Auflage, Hannover 1969

Bund und Länder sind nach § 1 nicht nur in ihrer Haushaltswirtschaft, sondern bei ihrem gesamten wirtschafts- und finanzpolitischen Verhalten verpflichtet, die Ziele des § 1 zu beachten. Unter **wirtschaftspolitischen Maßnahmen** sind alle Handlungen zu verstehen, die von staatlichen Instanzen mit dem Ziel unternommen werden, entweder die Wirtschaftsordnung festzulegen oder bestimmte ökonomische Größen in bestimmter Richtung und bestimmtem Ausmaß zu beeinflussen. Der gesamte Bereich wirtschaftspolitischen Verhaltens wird üblicherweise in die Ordnungs-, Struktur- und Prozesspolitik eingeteilt. Diese drei wirtschaftspolitischen Aufgabenbereiche – zwischen denen weitgehende Interdependenzen bestehen – sind (nach Schlecht, aaO, S. 112):

1. Durchsetzung und Erhaltung der marktwirtschaftlichen Ordnung, insbesondere Sicherung eines funktionsfähigen Wettbewerbs (Ordnungspolitik);

---

[1] siehe Fußnote S. 149.

[2] Möller, Alex, 1903–1985, dt. Politiker, Mitglied des Präsidiums und des Parteivorstands der SPD von 1958-1973, Bundesminister der Finanzen 1969–1971.

2. Veränderung der infrastrukturellen Ausstattung der Gesamtwirtschft und Gewährung von Anpassungshilfen bei schwerwiegenden sektoralen und regionalen Strukturwandlungen sowie evtl. auch Entwicklungshilfen für so genannte Schlüsselbereiche der gesamtwirtschaftlichen Entwicklung (Strukturpolitik);

3. Sicherung der gesamtwirtschaftlichen Ziele: Preisniveaustabilität, Vollbeschäftigung, außenwirtschaftliches Gleichgewicht und Wachstum bei ausgeglichener Einkommens- und Vermögensverteilung im gesamtwirtschaftlichen Prozessverlauf (Prozesspolitik).

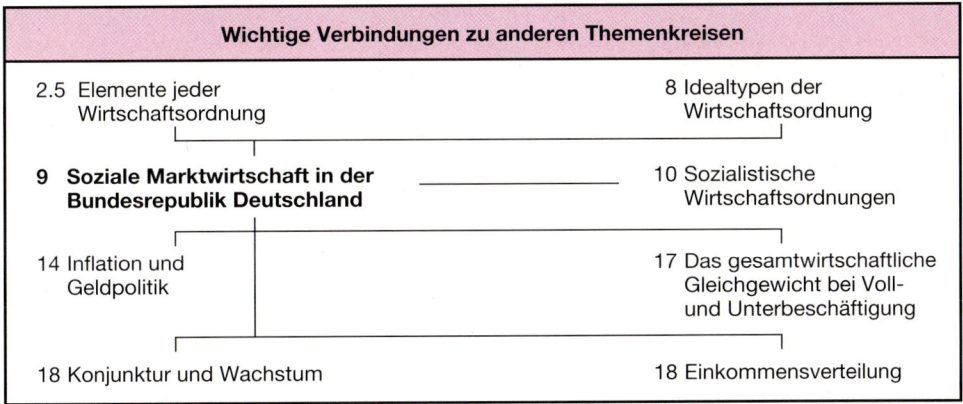

Abbildung 9.0.1

INFORMATION

9.1 Leitidee und Grundsätze

9.1.1 Der neoliberale Einfluss

Die Wirtschaftsordnung der Bundesrepublik Deutschland wird als „Soziale Marktwirtschaft" bezeichnet. Diese Bezeichnung ist im Grundgesetz nicht erwähnt; überhaupt legt sich das Grundgesetz auf eine bestimmte Wirtschaftsordnung nicht fest. Andererseits setzt das Grundgesetz mit den Artikeln 2 (Gewerbefreiheit), 9 (Vereinigungsfreiheit), 12 (freie Berufswahl) und 14 (Garantie des Privateigentums) Bedingungen, die sich nicht mit jeder Wirtschaftsordnung vertragen.

Man darf die Wirtschaftsordnung der Bundesrepublik Deutschland nicht einfach mit dem Begriff der **Sozialen Marktwirtschaft** gleichsetzen. Die Soziale Marktwirtschaft ist eine ordnungspolitische Leitidee mit einem großen Gestaltungsspielraum, der es ermöglicht, flexibel auf zukünftige gesellschaftliche, ökonomische und technische Entwicklungen zu reagieren.

Grundidee der Sozialen Marktwirtschaft ist es, das Prinzip der Marktfreiheit mit dem des sozialen Ausgleichs zu verbinden.

Die Soziale Marktwirtschaft ist geprägt von neoliberalen Gedanken und von Erkenntnissen des englischen Wirtschaftswissenschaftlers Keynes. Die Neoliberalen hatten erkannt, dass

– die Steuerung der Wirtschaft über den Preismechanismus unsoziale Auswirkungen haben kann, wenn der Staat nicht korrigierend eingreift.

– die vom Staat der Wirtschaft gewährte Freiheit dazu missbraucht werden kann, die Konkurrenz zu beseitigen, z. B. durch Absprachen zwischen Unternehmen über Preise und Absatzgebiete.

Aus dieser Erkenntnis heraus fordern die Neoliberalen, dass der Staat in der Sozialen Marktwirtschaft aktiv in das Wirtschaftsgeschehen eingreift.

9.1.2 Der Einfluss von Keynes

Die Neoliberalen vertrauten immer noch darauf, dass der Marktmechanismus die Wirtschaft in idealer Weise steuert, wenn der Staat mit seiner Ordnungspolitik die Voraussetzungen für freie Märkte und Wettbewerb schafft und unsoziale Auswirkungen ausgleicht. In der 1929 beginnenden Weltwirtschaftskrise konnte jedermann die Erfahrung machen, dass der Lenkungsmechanismus des Marktes ohne staatliches Eingreifen nicht immer Vollbeschäftigung herstellt. Die Existenz des Arbeitnehmers und die seiner Familie hängt von Wirtschaftskrisen ab, die er nicht beeinflussen kann. Arbeitslosigkeit ist heute meist gesellschaftlich bedingt; in der Sozialen Marktwirtschaft hat der Staat dafür die Verantwortung zu übernehmen.

> In der Sozialen Marktwirtschaft betreibt der Staat Konjunktur- und Beschäftigungspolitik.

Unter dem Eindruck der Weltwirtschaftskrise hatte der Engländer John Maynard Keynes[1] als Erster theoretisch begründet, warum der Selbstregulierungsmechanismus des Marktes nicht immer zu Vollbeschäftigung führt. Trotzdem war die Soziale Marktwirtschaft, als sie 1948 errichtet wurde, noch überwiegend von neoliberalen Ideen geprägt. In den 60er Jahren setzte sich unter dem Einfluss einer Rezession die Erkenntnis durch, dass der Staat sich nicht mit Ordnungspolitik begnügen kann, sondern sich auch der Beschäftigungspolitik zuwenden muss. In dieser Phase entstand das Gesetz zur Förderung der Stabilität und des Wachstums. Damit hatte die Soziale Marktwirtschaft ihre heutige Prägung gefunden.

> In der Sozialen Marktwirtschaft hat der Staat die Aufgabe,
> – die Einkommensverteilung des Marktes zu korrigieren, wenn das Ergebnis unsozial ist **(Einkommenspolitik),**
> – eine Politik zur Förderung des Wettbewerbs zu treiben **(Wettbewerbspolitik),**
> – für einen hohen Beschäftigungsstand zu sorgen **(Konjunktur- und Beschäftigungspolitik).**

9.2 Ziele der Wirtschaftspolitik in der Sozialen Marktwirtschaft

In der Sozialen Marktwirtschaft überlässt der Staat die Wirtschaft nicht vollkommen der Steuerung über den Marktmechanismus, er greift in den Marktmechanismus ein. Wer in den Marktmechanismus eingreift, muss wissen, was er erreichen will, er muss ein klares Ziel vor Augen haben. Die Theorie der Volkswirtschaftslehre hilft ihm dabei nicht, genauso wenig wie mithilfe der Landkarte und des Kompasses das Reiseland bestimmt wird. Die Theorie der Volkswirtschaftslehre kann nur aufzeigen, welche Wege zur Erreichung eines festgelegten Ziels es gibt und welche Besonderheiten der eine oder andere Weg hat.

---

[1] Keynes, John Maynard, englischer Wirtschaftswissenschaftler, 1883–1946; Professor am Kings College in Cambridge und einer der Direktoren der Bank von England.

Die Wirtschaftsordnung ist ein Teil unserer Gesellschaftsordnung, die Wirtschaftspolitik deshalb ein Teil der Gesellschaftspolitik. Gesellschaftspolitische Ziele beruhen auf einem bestimmten Bild vom Menschen, seiner Natur und der Idealvorstellung vom Zusammenleben in der menschlichen Gesellschaft.

Wirtschaftspolitische Ziele sind Unterziele der Gesellschaftspolitik.

Wirtschaftspolitische Ziele können wir in Verfassungen, in Gesetzestexten und in der Begründung von Gesetzesvorlagen, in Programmen von Parteien ebenso wie in Stellungnahmen von Interessenverbänden finden.

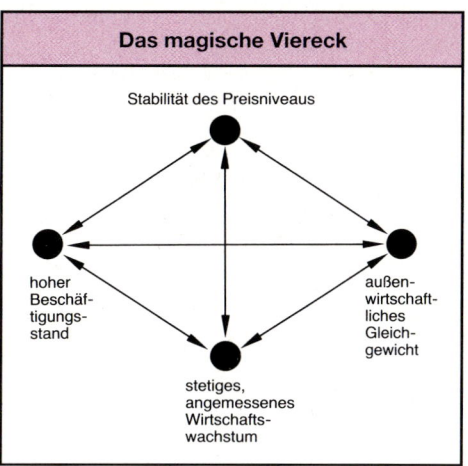

Abbildung 9.2.1

In der Bundesrepublik Deutschland nennt das „Gesetz zur Förderung der Stabilität und des Wachstums der Wirtschaft" als wirtschaftspolitische Ziele:

● Stabilität des Preisniveaus,
● hoher Beschäftigungsstand,
● außenwirtschaftliches Gleichgewicht,
● stetiges, angemessenes Wirtschaftswachstum.

Einigen dieser Ziele kann man sich nur nähern, wenn man sich von anderen entfernt. Die Erfahrung zeigt, dass der Geldwert sinkt, wenn der Staat Volksbeschäftigungspolitik treibt. Diese beiden wirtschaftspolitischen Ziele sind konkurrierende Ziele.

Werden Ziele, die konkurrierend sind, zu einem Zielbündel zusammengefasst, dann spricht man von einem „magischen Vieleck".

Das Zielbündel der **vier** Ziele im Gesetz zur Förderung der Stabilität und des Wachstums der Wirtschaft ist ein magisches Viereck.

Eine sachgerechte Wirtschaftspolitik muss nicht nur klare Ziele vor Augen haben, sie muss auch die Situation der gesamtwirtschaftlichen Entwicklung richtig beurteilen, um die richtigen Mittel und auch die richtige Stärke der einzusetzenden Mittel zu wählen. In der Bundesrepublik Deutschland besteht zur Erleichterung der Urteilsbildung bei allen wirtschaftspolitischen In-

Gesetz über die Bildung eines Sachverständigenrates zur Begutachtung der gesamtwirtschaftlichen Entwicklung

§ 1

(1) Zur periodischen Begutachtung der gesamtwirtschaftlichen Entwicklung in der Bundesrepublik Deutschland und zur Erleichterung der Urteilsbildung bei allen wirtschaftspolitisch verantwortlichen Instanzen sowie in der Öffentlichkeit wird ein Rat von unabhängigen Sachverständigen gebildet.

(2) Der Sachverständigenrat besteht aus fünf Mitgliedern, die über besondere wirtschaftswissenschaftliche Kenntnisse und volkswirtschaftliche Erfahrungen verfügen müssen.

(3) Die Mitglieder des Sachverständigenrates dürfen weder der Regierung oder einer gesetzgebenden Körperschaft des Bundes oder eines Landes noch dem öffentlichen Dienst des Bundes, eines Landes oder einer sonstigen juristischen Person des öffentlichen Rechts, es sei denn als Hochschullehrer oder als Mitarbeiter eines wirtschafts- oder sozialwissenschaftlichen Institutes, angehören. Sie dürfen ferner nicht Repräsentant eines Wirt-

stanzen sowie der Öffentlichkeit ein Rat von unabhängigen Sachverständigen.

Dieser **Sachverständigenrat** besteht aus fünf Mitgliedern, die in der Presse oft als die „fünf Weisen" bezeichnet werden. Seine Mitglieder werden auf Vorschlag der Bundesregierung vom Bundespräsidenten auf 5 Jahre berufen. Der Sachverständigenrat ist verpflichtet, der Bundesregierung jährlich ein Gutachten zu erstatten, in dem die **gesamtwirtschaftliche Lage und die absehbare Entwicklung** dargestellt werden. In dem **Jahresgutachten** soll auch untersucht werden, wie die wirtschaftspolitischen Ziele des magischen Vierecks, Stabilität des Preisniveaus, hoher Beschäftigungsstand, außenwirtschaftliches Gleichgewicht und angemessenes Wachstum, im Rahmen einer marktwirtschaftlichen Ordnung gleichzeitig gewährleistet werden können. In die

schaftsverbandes oder einer Organisation der Arbeitgeber oder Arbeitnehmer sein oder zu diesem in einem ständigen Dienst- oder Geschäftsbesorgungsverhältnis stehen.

§ 2

Der Sachverständigenrat soll in seinen Gutachten die jeweilige gesamtwirtschaftliche Lage und deren absehbare Entwicklung darstellen. Dabei soll er untersuchen, wie im Rahmen der marktwirtschaftlichen Ordnung gleichzeitig Stabilität des Preisniveaus, hoher Beschäftigungsstand und außenwirtschaftliches Gleichgewicht bei stetigem und angemessenem Wachstum gewährleistet werden können. In die Untersuchung sollen auch die Bildung und die Verteilung von Einkommen und Vermögen einbezogen werden.

Untersuchung soll auch die Bildung von Einkommen und Vermögen einbezogen werden. Wirtschaftliche Fehlentwicklungen sollen aufgedeckt und alternative Möglichkeiten aufgezeigt, jedoch sollen keine Empfehlungen für bestimmte wirtschaftspolitische Maßnahmen ausgesprochen werden.

Die Bundesregierung veröffentlicht ihre Zielvorstellungen jährlich im **Jahreswirtschaftsbericht.** Darin macht sie konkrete Angaben, z. B. welche Steigerung des Bruttosozialprodukts erwartet wird, wie sich nach ihrer Vorstellung der Beschäftigungsgrad der Wirtschaft ändern wird, wie sich die Löhne und wie sich der Geldwert ändern werden. Diese von der Bundesregierung veröffentlichten Zielvorstellungen sollen jedoch nicht mit Zwangsmaßnahmen verwirklicht werden! Sie sind lediglich als Orientierungsdaten für die am Wirtschaftsleben teilnehmenden Gruppen gedacht, z. B. für die Gewerkschaften und die Arbeitgeberverbände.

9.3 Träger der Wirtschaftspolitik in der Sozialen Marktwirtschaft

In der Bundesrepublik Deutschland ist der Staat nicht allein Entscheidungsträger der Wirtschaftspolitik. Das Parlament bestimmt in Gesetzen die Spielregeln für die Auseinandersetzung der einzelnen Gruppen in der Gesellschaft. Diese Gruppen haben aber einen eigenen Entscheidungsraum.

> Entscheidungsträger der Wirtschaftspolitik in der Bundesrepublik Deutschland sind nicht nur öffentliche Instanzen, sondern auch private Interessenvertreter.

Öffentlicher Entscheidungsträger sind neben der vom Parlament abhängigen Regierung auch die Deutsche Bundesbank und die Europäische Zentralbank. Sie sind in der so wichtigen Geldpolitik unabhängig von der Bundesregierung. Presse, Fernsehen und andere Publikationsorgane beeinflussen die öffentliche Meinung und wirken deshalb ebenso wie der Sachverständigenrat auf die Meinungsbildung in den Parteien, auf die Gesetzgebung der Parlamente und das Verhalten der Tarifparteien ein; an der Entscheidung haben sie aber keinen Anteil.

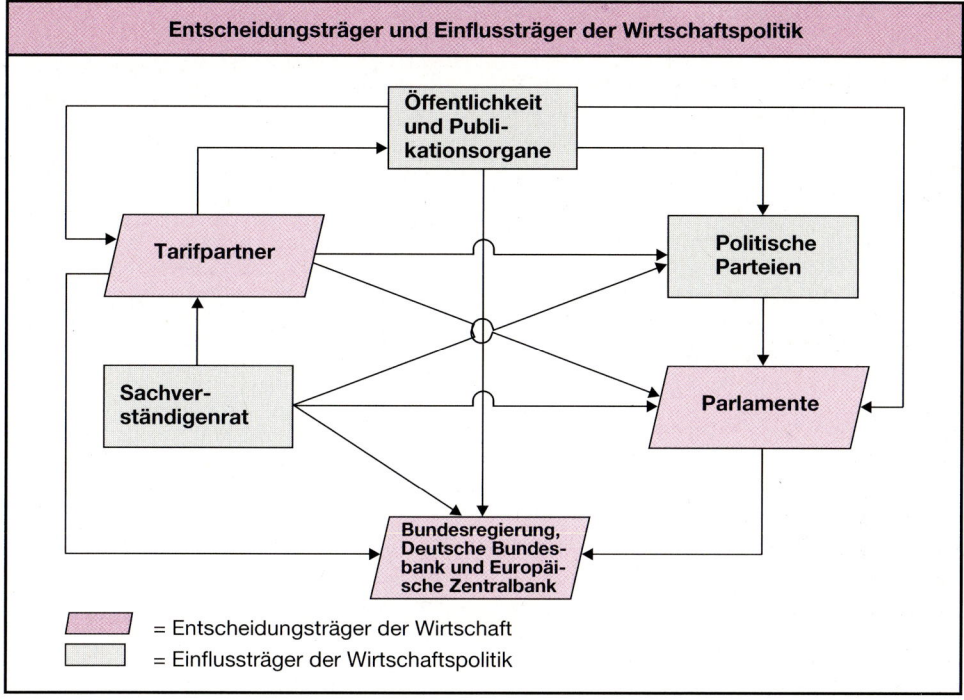

Entscheidungsträger und Einflussträger der Wirtschaftspolitik

Öffentlichkeit und Publikationsorgane

Tarifpartner

Politische Parteien

Sachverständigenrat

Parlamente

Bundesregierung, Deutsche Bundesbank und Europäische Zentralbank

= Entscheidungsträger der Wirtschaft

= Einflussträger der Wirtschaftspolitik

Abbildung 9.3.1

9.4 Mittel der Wirtschaftspolitik in der Sozialen Marktwirtschaft

Die Maßnahmen der Wirtschaftspolitik lassen sich in den beiden Gruppen Ablaufpolitik und Ordnungspolitik zusammenfassen. Die **Ablaufpolitik** (Prozesspolitik) versucht, den Wirtschaftsprozess zielgerecht zu beeinflussen. Zur Ablaufpolitik gehören die Mittel zur Beeinflussung des Preismechanismus und die Globalsteuerung.

Die Aufgabe der **Ordnungspolitik** besteht darin, die Rahmenbedingungen einer Volkswirtschaft zu gestalten. Kernaufgaben der Ordnungspolitik sind die Wettbewerbspolitik und die Strukturpolitik. Die Wettbewerbspolitik hat die Aufgabe, die Funktionsfähigkeit der Märkte zu erhalten. Unter strukturpolitischen Maßnahmen versteht man die gewollte Beeinflussung der Wirtschaftsstruktur (Proportionen von Wirtschaftszweigen, Regionen und Unternehmensgrößen).

Mittel der Wirtschaftspolitik in der Sozialen Marktwirtschaft

Ablaufpolitik

Ordnungspolitik

Beeinflussung des Preismechanismus

Globalsteuerung
(Fiskalpolitik, Geldpolitik)

Abbildung 9.4.1

9.4.1 Beeinflussung des Preismechanismus

Da der Wirtschaftsprozess in der Sozialen Marktwirtschaft grundsätzlich über die Preisfunktionen gesteuert werden soll, dürfen staatliche Eingriffe in den Wirtschaftsprozess die Preisfunktion nicht außer Kraft setzen.

Zahlt der Staat Wohngeld an solche Mieter, die aufgrund ihres Einkommens den Marktpreis für eine angemessene Wohnung nicht aufbringen können, dann ist dies eine **Subvention.** Die Vermieter erhalten eine Mieteinnahme, die dem Marktpreis entspricht. Der Anreiz zum Bau und zur Vermietung von Wohnungen bleibt erhalten.

Die Zuteilung von Wohnungen erfolgt statt über ein staatliches Wohnungsamt über die Preisfunktionen. Die Preisfunktionen wirken weiter, trotzdem stellen sich keine unsozialen Auswirkungen ein. **Subventionen lassen die Preisfunktionen weiter wirken; sie sind marktkonform.**

Die Wirkung eines Höchstpreises

Steigen die Mieten auf dem Wohnungsmarkt so, dass sie für einen Teil der Bevölkerung untragbar sind, dann wird der Staat in einer Sozialen Marktwirtschaft eingreifen. Ein **Höchstpreis für Mieten** würde die Einnahmen der Hauseigentümer schmälern und damit den Anreiz für private Bauherren vermindern, Wohnungen zu bauen und zu vermieten. Die Anreizfunktion des Preises wäre außer Kraft gesetzt. Da der staatliche Höchstpreis für Mieten aus sozialen Gründen unter dem Marktpreis liegen müsste, könnte der Marktpreis auch Angebot und Nachfrage nicht mehr zum Ausgleich bringen. Die Planabstimmungsfunktion des Preises wäre außer Kraft gesetzt. Ein staatliches Wohnungsamt müsste die Preisfunktion ersetzen, die Wohnraumbewirtschaftung müsste eingeführt werden. Ein staatlich festgelegter Höchstpreis setzt die Preisfunktionen außer Kraft. **Der staatlich festgelegte Höchstpreis ist ein marktkonträres Mittel des Eingriffs in den Wirtschaftsprozess.**

Marktkonforme Mittel des Eingriffs in den Wirtschaftsablauf lassen die Preisfunktionen weiter wirken. Marktkonträre Mittel des Eingriffs in den Wirtschaftsablauf setzen die Preisfunktionen außer Kraft.

Neben den **Subventionen** zählen vor allem **Stützungskäufe** sowie **Zoll- und Steuervergünstigungen** zu den marktkonformen Mitteln staatlicher Eingriffe in den Marktmechanismus.

Stützungskäufe werden in der Bundesrepublik Deutschland z. B. durchgeführt, um den Milch produzierenden Landwirten aus sozialpolitischen Gründen ein bestimmtes Mindesteinkommen zu sichern. Auf dem freien Markt wird von einer staatlichen Vorratsstelle Butter aufgekauft, wenn der Preis sonst so weit sinken würde, dass dieses Mindesteinkommen nicht mehr erreicht würde. Der Staat greift ein (interveniert), wenn dieser festgelegte Preis (Interventionspreis) unterschritten würde. Wollte man versuchen, die gleiche Wirkung durch staatliche Festlegung von **Mindestpreisen** zu erreichen, dann würde ein staatlicher Apparat zur Preiskontrolle notwendig. Ein Teil der Preisfunktionen wäre außer Kraft gesetzt. Mindestpreise sind marktkonträr.

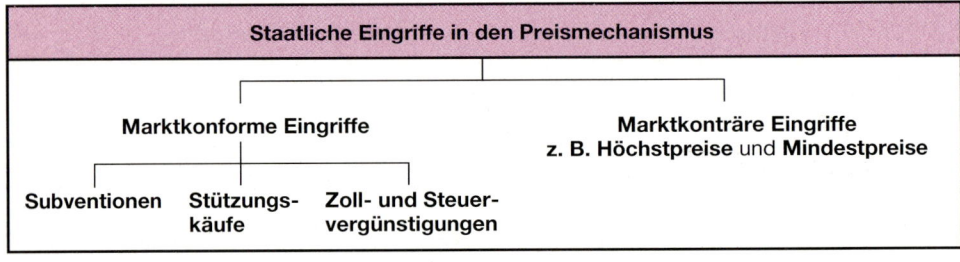

Abbildung 9.4.2

Das marktkonforme Mittel der **Steuervergünstigung** kann man z. B. so einsetzen, dass man zur Förderung von Investitionen die Ausgaben für Investitionen von dem zu versteuernden Einkommen absetzen lässt oder für den sozialen Wohnungsbau höhere Abschreibungssätze zulässt.

Marktkonforme staatliche Eingriffe können den Marktmechanismus so stark beeinflussen, dass es zu Fehlsteuerungen kommt, gerade weil der Marktmechanismus noch voll funktionsfähig geblieben ist. Dann wirken die starken Kräfte des Marktes in die falsche Richtung. Marktkonforme Maßnahmen entsprechen dem Ordnungsmodell der Sozialen Marktwirtschaft. **Das Grundgesetz schreibt aber marktkonforme Maßnahmen nicht vor; nach dem Grundgesetz wären auch marktkonträre Maßnahmen zugelassen.** Das Grundgesetz ist offen für viele denkbare Wirtschaftsordnungen. Die Soziale Marktwirtschaft ist eine der Möglichkeiten, die Forderungen des Grundgesetzes zu verwirklichen.

Marktkonträre Maßnahmen können nur mithilfe eines Kontrollapparats durchgesetzt werden.

> **Ein marktkonformer Eingriff, der zu einer Fehlsteuerung führt.**
>
> Im Rahmen der EU-Agrarpolitik wird der Butterpreis gestützt. In den Lagerhallen der staatlichen Vorratsstellen werden Butterberge gestapelt, da der hohe Milchpreis Anreiz zur Milchproduktion ist. Weil der Preis weit über dem Weltmarktpreis liegt, kann von der Vorratsstelle Butter ins Ausland nur zu „Schleuderpreisen" verkauft werden. Aus diesem Grunde senkte man den Interventionspreis für Butter und erhöhte den für Magermilchpulver. Man wollte damit ein weiteres Anwachsen des Butterberges verhindern und mit dem Magermilchpulver einen Beitrag zur Eiweißversorgung in der Dritten Welt leisten.
>
> Der Markt reagierte so: Die Bauern nahmen weniger Magermilch von den Molkereien zurück, die sie bisher zu Futterzwecken verwendeten. Auch die Futtermittelhersteller wichen auf andere Eiweißträger aus. Der Butterberg wuchs weniger schnell an, dafür gab es dann einen Berg von Magermilchpulver.
>
> Grund der Fehlsteuerung: Aufgrund der staatlichen Stützungskäufe ist der Milchpreis zu hoch.

> In der Sozialen Marktwirtschaft soll es nur marktkonforme Eingriffe in den Marktmechanismus geben. Marktkonforme Eingriffe in den Marktmechanismus garantieren noch nicht, dass der Marktmechanismus auch in die richtige Richtung wirkt.

9.4.2 Globalsteuerung

Aus der Erfahrung heraus, dass der Marktmechanismus nicht immer in der Lage ist, die gesamtwirtschaftlichen Globalziele, z. B. Stabilität des Preisniveaus, Wirtschaftswachstum, Vollbeschäftigung zu erfüllen, entstand die wirtschaftspolitische Konzeption einer globalen Wirtschaftssteuerung. Der Staat greift fallweise (diskretionär) ein, wenn die Erreichung der gesamtwirtschaftlichen Ziele gefährdet erscheint. Dabei wirkt er auf gesamtwirtschaftliche Größen, insbesondere auf die gesamtwirtschaftliche Nachfrage ein. Der Grundgedanke ist, die gesamtwirtschaftliche Nachfrage auf das Niveau zu bringen, das bei Vollauslastung des vorhandenen Produktionspotenzials angeboten werden kann.

> Unter Globalsteuerung versteht man die wirtschaftspolitische Beeinflussung des gesamtwirtschaftlichen Prozessablaufs durch Einwirkung auf volkswirtschaftliche Gesamtgrößen.

Wesentliche Bereiche der Globalsteuerung sind die Geldpolitik (s. 14.5), die Fiskalpolitik (s. 18.4.2), die Einkommenspolitik (s. 19.5) und die Außenwirtschaftspolitik (s. 16).

Für die Wirksamkeit einer globalen Wirtschaftssteuerung gibt es wesentliche Voraussetzungen, die nicht immer gegeben sind:

- Zuverlässige Diagnose und Prognose der wirtschaftlichen Situation.
- Gesicherte Erkenntnisse über den Wirkungsgrad der verfügbaren Instrumente.
- Koordiniertes Vorgehen aller Träger der Wirtschaftspolitik (z. B. zwischen Europäischer Zentralbank und nationaler Wirtschaftspolitik).

Bei der Globalsteuerung erfolgen keine Eingriffe in einzelwirtschaftliche Entscheidungen.

> Die Anwendung direkter Befehle und Kontrollen in der Wirtschaft wird als „Dirigismus" bezeichnet.

Es wäre z. B. eine **dirigistische Maßnahme,** wenn Unternehmer ihre Investitionsvorhaben bei einer staatlichen Stelle melden und genehmigen lassen müssten, oder wenn sie staatliche Investitionsanordnungen ausführen müssten. **Investitionskontrollen** dieser Art passen nicht in eine Soziale Marktwirtschaft. Sie wären aber auch ein ungeeignetes Mittel, um Vollbeschäftigung zu erreichen. Investitionen kann man allenfalls verbieten. Man kann aber keinem frei und selbstständig wirtschaftenden Unternehmen mit Aussicht auf Erfolg vorschreiben, in einem bestimmten Umfang Investitionen durchzuführen. Mit der Investitionskontrolle müsste der Übergang in ein nicht-marktwirtschaftliches System vorgenommen werden.

> Die Soziale Marktwirtschaft unterscheidet sich von anderen Wirtschaftsordnungen nicht durch das Ausmaß der staatlichen Eingriffe in die Wirtschaft, sondern durch die Art der Eingriffe.

9.4.3 Ordnungspolitik in der Bundesrepublik Deutschland
▶ Der Ordnungsrahmen des Grundgesetzes

Eine Sozialen Marktwirtschaft kann nur dann funktionieren, wenn auf den Märkten Wettbewerb herrscht. Wettbewerb, der zur Leistung anreizen und den Wirtschaftsprozess steuern soll, ist nur in einer Volkswirtschaft mit privaten, unabhängig wirtschaftenden Unternehmen denkbar. Der vom Staat zu schaffende Ordnungsrahmen muss deshalb das Privateigentum an den Produktionsmitteln garantieren.

> Den Bürgern der Bundesrepublik Deutschland wird in Art. 14 des Grundgesetzes Privateigentum garantiert.

Die Väter des Grundgesetzes hatten ein bestimmtes Menschenbild vor Augen, aber keine bestimmte Wirtschaftsordnung.

Die Eigentumsgarantie des Grundgesetzes ist deshalb vor allem eine Ausprägung des Grundrechts auf freie Entfaltung der Persönlichkeit. Der Art. 14 des Grundgesetzes ist gleichzeitig eine Absage an eigentumsfeindliche Wirtschaftsordnungen.

Privateigentum verpflichtet. Das Recht, über eine Sache zu verfügen, darf nicht gegen das Allgemeinwohl missbraucht werden.

> **Grundgesetz für die Bundesrepublik Deutschland**
>
> **Art. 14 (Eigentum, Erbrecht, Eigentumsbindung und Enteignung)**
>
> (1) Das Eigentum und das Erbrecht werden gewährleistet. Inhalt und Schranken werden durch die Gesetze bestimmt.
>
> (2) Eigentum verpflichtet. Sein Gebrauch soll zugleich dem Wohle der Allgemeinheit dienen.
>
> (3) Eine Enteignung ist nur zum Wohle der Allgemeinheit zulässig. Sie darf nur durch Gesetze oder aufgrund eines Gesetzes erfolgen, das Art und Ausmaß der Entschädigung regelt. Die Entschädigung ist unter gerechter Abwägung der Interessen der Allgemeinheit der Beteiligten zu bestimmen. Wegen der Höhe der Entschädigung steht im Streitfalle der Rechtsweg vor den ordentlichen Gerichten offen.

Das Bundesverfassungsgericht hat entschieden, dass in Ausnahmefällen auch eine **Enteignung zugunsten eines privaten Unternehmens** zulässig ist, wenn einem solchen Unternehmen aufgrund eines Gesetzes die Erfüllung einer dem Gemeinwohl dienenden Aufgabe zugewiesen und sichergestellt ist, dass es zum Nutzen der Allgemeinheit geführt wird.

Grund und Boden, Naturschätze und Produktionsmittel können nach Art. 15 des Grundgesetzes im **Gemeineigentum** oder andere Formen der Gemeinwirtschaft überführt werden. Zur Gemeinwirtschaftlichkeit gehört, dass oberstes Ziel der Wirtschaftsführung nicht die Maximierung des Gewinns ist, sondern dass das Unternehmen sich mit der Kostendeckung zufrieden gibt. **Art. 15 des Grundgesetzes lässt eine Weiterentwicklung der Sozialen Marktwirtschaft zu; er zeigt die Offenheit des Grundgesetzes in Fragen der Wirtschaftsordnung.**

> **Enteignung zum Wohle der Allgemeinheit**
>
> Ein Grundstückseigentümer darf den Bau einer Straße nicht dadurch verhindern, dass er sich trotz angemessener Entschädigung weigert, das Grundstück für diesen Zweck zur Verfügung zu stellen. Er kann zum Wohle der Allgemeinheit enteignet werden.

> **Grundgesetz für die Bundesrepublik Deutschland**
>
> **Art. 15 (Vergesellschaftung)**
>
> Grund und Boden, Naturschätze und Produktionsmittel können zum Zwecke der Vergesellschaftung durch ein Gesetz, das Art und Ausmaß der Entschädigung regelt, in Gemeineigentum oder in andere Formen der Gemeinwirtschaft überführt werden. Für die Entschädigung gilt Art. 14 Absatz 3 Satz 3 und 4 entsprechend.

Art. 2 des Grundgesetzes sichert den Bürgern der Bundesrepublik Deutschland freie Entfaltungsmöglichkeit zu. Im wirtschaftlichen Bereich ist die **Vertragsfreiheit** Voraussetzung für die freie Entfaltungsmöglichkeit der Persönlichkeit.

Aus der freien Entfaltungsmöglichkeit ergibt sich auch die **Gewerbefreiheit.** In der Bundesrepublik Deutschland hat grundsätzlich jeder das Recht, an jedem Ort und zu jeder Zeit einer wirtschaftlichen Betätigung nachzugehen. Nur wenn die Betriebsanlagen aus Sicherheitsgründen einer Überwachung bedürfen oder im öffentlichen Interesse eine bestimmte Ausbildung oder besondere persönliche Zuverlässigkeit von dem Gewerbetreibenden gefordert werden muss, bedarf die Gründung des Gewerbebetriebs staatlicher Genehmigung.

Zur freien Entfaltungsmöglichkeit gehört auch das Recht der Tarifpartner (Gewerkschaften und Arbeitgeberverbände) auf **Tarifautonomie,** d.h. das Recht, frei von staatlichen Eingriffen Tarifverträge über Arbeitsbedingungen abzuschließen. Das Grundgesetz garantiert den Arbeitnehmern auch die **freie Berufswahl** und die **freie Wahl des Arbeitsplatzes.**

> Mit der Garantie des Privateigentums, der Vertragsfreiheit, der Gewerbefreiheit, der Tarifautonomie und der freien Berufswahl schafft das Grundgesetz für die Bundesrepublik Deutschland einen Ordnungsrahmen, in dem sich eine Soziale Marktwirtschaft entfalten kann.

▶ *Bereiche der Ordnungspolitik in der Bundesrepublik Deutschland*

Mit der Ordnungspolitik gestaltet der Staat den rechtlichen Dauerrahmen, in dem der Wirtschaftsprozess abläuft. In der Sozialen Marktwirtschaft der Bundesrepublik Deutschland gehören zur Ordnungspolitik die Wettbewerbspolitik, der Verbraucherschutz und die Verbraucheraufklärung, die Gestaltung der Arbeits- und Sozialordnung und der Umweltschutz.

Abbildung 9.4.3

9.5 *Wettbewerbspolitik in der Bundesrepublik Deutschland*

9.5.1 *Kooperation und Konzentration in der Wirtschaft*

In der arbeitsteiligen Wirtschaft arbeiten viele Unternehmen zur Erstellung des Sozialprodukts zusammen. In einer Marktwirtschaft werden die Einzelaktivitäten der Unternehmen auf dem Markt vom Preismechanismus koordiniert. Neben dieser unbewussten Zusammenarbeit treffen häufig selbstständige Unternehmen Vereinbarungen untereinander, um ihre Wettbewerbsfähigkeit durch bewusste Kooperation zu verbessern.

> Unter Kooperation versteht man die Zusammenarbeit von rechtlich und wirtschaftlich selbstständigen Unternehmen zur Förderung ihrer Wettbewerbsfähigkeit.

Wirtschaftlicher Zweck der Kooperation können u. a. sein die Steigerung der Leistungs- und Wettbewerbsfähigkeit, die Überwindung von Markteintrittsschranken, der Risikoausgleich, aber auch die Beschränkung des Wettbewerbs oder die Bildung von Marktmacht.

Trotz Kooperation auf Teilgebieten kann zwischen den rechtlich und wirtschaftlich selbstständig bleibenden Unternehmen auf anderen Gebieten ernsthafter Wettbewerb bestehen. Häufig stellt in der Wirtschaftspraxis aber die Kooperation die Vorstufe zur Konzentration dar, mit der die Marktverhältnisse verändert werden. Ein solcher Vorgang der Konzentration der Produktion auf wenige Unternehmer ist in der Sozialen Marktwirtschaft von großer Bedeutung, weil dadurch die Wettbewerbsverhältnisse verändert werden.

Kooperation von rechtlich und wirtschaftlich selbstständigen Unternehmen

Bei der Beschaffung: Die Einkaufsgenossenschaft für das Schreinerhandwerk verbilligt den Einkauf für die selbstständigen Schreinerbetriebe durch Masseneinkauf. Für die Schreinerbetriebe werden die **Kosten gesenkt und dadurch die Wettbewerbsfähigkeit gesteigert.**

In der Produktion: Mehrere Bauunternehmen arbeiten zusammen beim Bau eines Staudammes. Keines der Unternehmen wäre allein in der Lage gewesen, den Auftrag auszuführen. Durch die Kooperation wurden **Markteintrittsschranken überwunden.**

Beim Absatz: Die Einzelhändler im Stadtkern von Mannheim schließen sich zu einer Werbegemeinschaft zusammen. Die **Wettbewerbsfähigkeit wird dadurch gesteigert.**

Zwei Bauunternehmer vereinbaren, wer bei den Ausschreibungen für den Bau einer Städtischen Schwimmhalle das billigste Angebot abgibt. Die Kooperation erfolgt zur **Beschränkung des Wettbewerbs.**

Wettbewerb trotz Kooperation

Zwei Bauunternehmen haben gemeinsam den Auftrag zum Bau eines Staudamms übernommen. Keines der Unternehmen hätte den Bau des Staudamms allein übernehmen können. Trotz dieser Kooperation konkurrieren die beiden Bauunternehmen heftig um den Auftrag zum Ausbau einer Bundesstraße, den jedes Unternehmen allein bewältigen kann.

> Unter Unternehmenskonzentration versteht man die Zusammenballung der Produktion auf wenige oder nur ein Unternehmen.

Unternehmenskonzentration kann durch **Unternehmenszusammenschlüsse** oder durch **internes Unternehmenswachstum** stattfinden. Bei den Unternehmenszusammenschlüssen ist zwischen der Konzernbildung und der Fusion zu unterscheiden. Bei der **Konzernbildung** gibt das angegliederte Unternehmen seine wirtschaftliche Selbstständigkeit auf, behält aber seine rechtliche Selbstständigkeit. Bei der **Fusion** bilden das übernommene und das übernehmende Unternehmen eine rechtliche und wirtschaftliche Einheit. Es entsteht ein Trust.

> Ein Konzern ist ein Zusammenschluss rechtlich selbstständig bleibender Unternehmen unter einer einheitlichen Leitung.
>
> Ein Trust ist das Ergebnis des Zusammenschlusses von Unternehmen, die ihre rechtliche und ihre wirtschaftliche Selbstständigkeit aufgegeben haben.

Konzerne entstehen in der Regel durch kapitalmäßige Verflechtung. Ein Unternehmen erwirbt die Kapitalmehrheit an einem anderen Unternehmen und unterstellt das abhängige Unternehmen seiner Leitung. Ein Konzentrationsprozess kann aber auch dadurch eintreten, dass es einem Unternehmen gelingt, seinen Absatz zu Lasten seiner Konkurrenten auszuweiten. Der Grund kann z. B. darin liegen, dass dieses Unternehmen bessere Leistungen als seine Konkurrenten erbringt, dass es z. B. ein wichtiges Patent besitzt oder aber, dass es mit größerem Werbeeinsatz die Wettbewerbssituation zu seinen Gunsten verändern konnte.

Nach den an dem Konzentrationsvorgang beteiligten Wirtschaftsstufen unterscheidet man zwischen horizontaler und vertikaler Konzentration.

> Bei einem horizontalen Konzentrationsvorgang schließen sich mehrere Unternehmen auf der gleichen Produktionsstufe zusammen.
>
> Bei einem vertikalen Konzentrationsprozess schließen sich vor- und nachgelagerte Produktionsstufen zusammen.

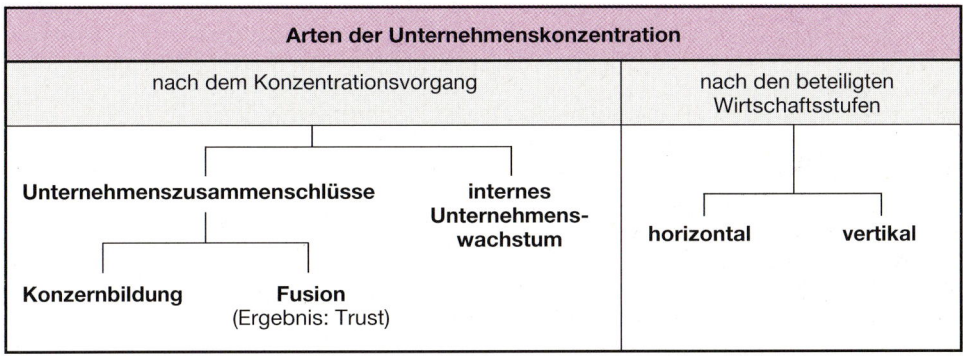

Abbildung 9.5.1

Daneben gibt es Unternehmungszusammenschlüsse, bei denen die Fusionspartner weder horizontal noch vertikal verbunden sind. Schließen sich z. B. ein Baustoffgroßhändler und eine Gesellschaft zur Betreibung einer Tennissporthalle zusammen, dann tritt weder auf dem Baustoffmarkt noch auf dem Markt für Hallensportplätze eine Veränderung der Marktstruktur ein.

Der Anteil der Beschäftigten an der Gesamtzahl der Beschäftigten aller Unternehmen, die auf einem Markt anbieten, oder der Anteil des Umsatzes an dem Gesamtumsatz aller Unternehmen auf einem Markt sind Indikatoren, um den Grad der wirtschaftlichen Konzentration festzustellen.

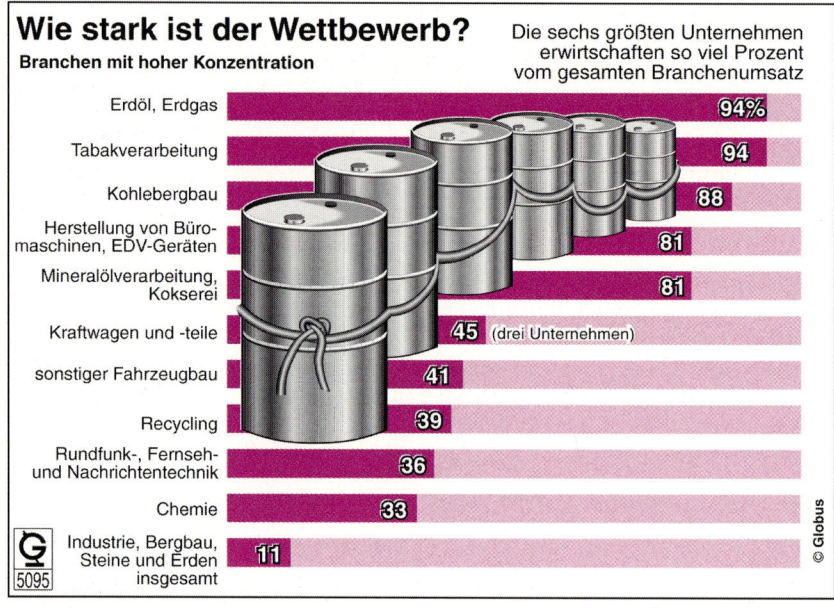

Abbildung 9.5.2

9.5.2 Das Gesetz gegen Wettbewerbsbeschränkung (GWB)

Die Förderung des Wettbewerbs gehört zu den wesentlichen Aufgaben der staatlichen Ordnungspolitik in der Sozialen Marktwirtschaft. Diesem Zweck dient in der Bundesrepublik Deutschland das Gesetz gegen Wettbewerbsbeschränkungen (Kartellgesetz). Das Gesetz soll den Verbraucher davor schützen, dass Unternehmen ihre Marktmacht missbrauchen und ungerechtfertigt hohe Preise verlangen. Hauptinhalte des Gesetzes sind das Kartellverbot, die Fusionskontrolle und die Missbrauchsaufsicht über marktbeherrschende Unternehmen.

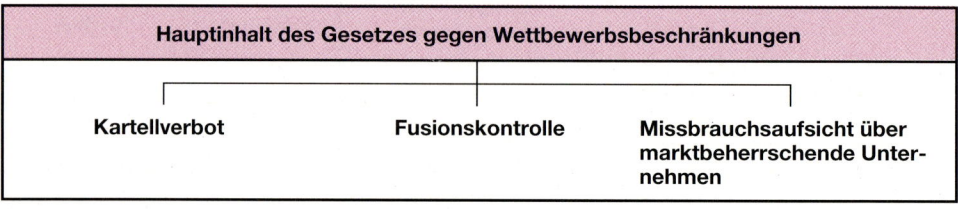

Abbildung 9.5.3

In der Bundesrepublik Deutschland sind Kartelle durch das Gesetz gegen Wettbewerbsbeschränkungen grundsätzlich verboten.

Kartelle und ihre Behandlung im Gesetz gegen Wettbewerbsbeschränkung		
Regelung im Kartellgesetz	**Bezeichnung des Kartells**	**Beispiele**
Verbotene Kartelle (§ 1 GWB)	Preiskartell (§ 1 GWB)	Die Hersteller von Zement verpflichten sich, einen bestimmten Preis für 1 t Zement zu fordern.
	Gebietskartell (§ 1 GWB)	Drei Spezialfirmen des Rohrleitungsbaus für industrielle Anlagen (chemische Industrie, Kraftwerke, Brauereien) vereinbaren, dass jedes Unternehmen sich nur in einem ihm zugewiesenen Gebiet an Ausschreibungen beteiligt und Aufträge annimmt.
	Rabattkartell (§ 2 Abs. 2 GWB)	Hersteller von Elektrogeräten vereinbaren, bei Lieferung an den Einzelhandel 25 % Rabatt zu gewähren, bei Lieferung an den Großhandel weitere 15 %.
Anmeldepflichtige Kartelle (§ 9 GWB) (werden durch Anmeldung ohne Widerspruch der Kartellbehörde wirksam)	Normen- und Typenkartell (§ 2 Abs. 1 GWB)	Hersteller von Verpackungsmaterial vereinbaren, nur noch Dosen in bestimmten Abmessungen herzustellen.
	Konditionenkartell (§ 2 Abs. 2 GWB) (die sich nicht auf Preise oder Preisbestandteile beziehen)	Hersteller von Haushaltsgeräten vereinbaren Lieferbedingungen. Vereinbart wird u. a., dass bei Zahlung innerhalb 14 Tagen 2 % Skonto gewährt wird.
	Spezialisierungskartell (§ 3 GWB)	Zwei Hersteller von Spiralfedern grenzen ihr Herstellungsprogramm so ab, dass der eine nur Federn bis 5 cm Länge herstellt, der andere alle anderen Längen. Beide liefern an ihre Kunden jedoch alle Längen. Die Unternehmen beliefern sich gegenseitig mit den Längen, die sie nicht selber herstellen.
	Mittelstandskartell (§4 GWB) (zur Verbesserung der Wettbewerbsfähigkeit kleiner und mittlerer Unternehmen)	Drei Küchenmöbelhersteller (mittlere und kleinere Unternehmen) vereinbaren, Spanplatten gemeinsam zu beziehen. Zweck ist die Ausnutzung von Mengenrabatt.
Genehmigungspflichtiges Kartell (§ 10 GWB) (Freistellung vom Kartellverbot durch ausdrückliche Genehmigung der Kartellbehörde)	Rationalisierungskartell (§ 5 Abs. 1 GWB) (zur Erhöhung der Wirtschaftlichkeit der beteiligten Unternehmen)	Mehrere Energieversorgungsunternehmen, die auf dem Gebiet der Kernenergie tätig sind, wollen sich gemeinsam an Uranminen beteiligen sowie Vorräte zentral lagern.
	Absatzsyndikat (§ 5 Abs. 2 GWB)	Zwei Hersteller von Spanplatten vereinbaren, zum Vertrieb ihrer Produkte eine GmbH zu gründen, an der sie beide je zur Hälfte beteiligt sind.
	Strukturkrisenkartell (§ 6 GWB)	28 Betonstahlmatten-Hersteller vereinbaren, innerhalb von drei Jahren ihre Kapazitäten um 40 % von 2 Mio. t auf 1,3 Mio. t zu reduzieren. Grund ist ein nachhaltiger Absatzrückgang.

Tabelle 9.5.1

> Ein Kartell ist ein Zusammenschluss von wirtschaftlich und rechtlich selbstständig bleibenden Unternehmungen mit dem Ziel, den Markt zu beeinflussen und den Wettbewerb zu beschränken.

Von dem grundsätzlichen Kartellverbot lässt das Kartellgesetz Ausnahmen zu. Siehe dazu die Übersicht auf S. 171!

> Das Bundeskartellamt kann einen Zusammenschluss von Unternehmen untersagen, wenn zu erwarten ist, dass dadurch eine marktbeherrschende Stellung entsteht.

Der Zusammenschluss von Unternehmen wird auch als Fusion bezeichnet. Von der Kartellbehörde wird die **Zusammenschlusskontrolle (Fusionskontrolle)** durchgeführt, wenn die beteiligten Unternehmen im letzten Geschäftsjahr weltweit einen Umsatzerlös von 1 Mrd. DM und mindestens eines der beteiligten Unternehmen im Inland von mehr als 50 Mio. DM erreicht hat. Der Zusammenschluss ist vor dem Vollzug der Kartellbehörde anzuzeigen. Diese kann den Zusammenschluss verbieten, wenn nicht die Unternehmen nachweisen, dass durch den Zusammenschluss auch Verbesserungen im Wettbewerb eintreten und dass die Verbesserungen die Nachteile der Marktbeherrschung überwiegen (§ 35 f. GWB).

> Marktbeherrschende Unternehmen stehen unter Missbrauchsaufsicht des Bundeskartellamtes.

Marktbeherrschend ist ein Unternehmen, wenn es keinem wesentlichen Wettbewerb mehr ausgesetzt ist. Es wird vermutet, dass ein Unternehmen marktbeherrschend ist, wenn es einen Marktanteil von mindestens einem Drittel hat. Eine Gesamtheit von Unternehmen (zwei oder mehr) darf gem. § 19 GWB einen höheren Marktanteil als $33^{1}/_{3}\%$ haben, bevor Marktbeherrschung vermutet wird. Wenn marktbeherrschende Unternehmen ihre Marktmacht missbrauchen, kann ihnen das Bundeskartellamt dieses untersagen. Es kann Verträge für unwirksam erklären, die auf der Ausnutzung von Marktmacht beruhen.

Die Marktmacht eines Unternehmens kann auch auf finanziellen Verflechtungen mit anderen Unternehmen beruhen, mit denen das Recht und die Möglichkeit zur Einflussnahme auf die Geschäftsführung anderer Unternehmen entstanden ist. Auch Konzerne werden deshalb von der Missbrauchsaufsicht erfasst.

9.6 *Verbraucherschutz und Verbraucheraufklärung*

Die staatliche Verbraucherpolitik hat das Ziel, die Machtstellung des Verbrauchers in der Sozialen Marktwirtschaft zu stärken. Auch die Wettbewerbspolitik ist Verbraucherpolitik. Hinzu kommen Maßnahmen des Verbraucherschutzes und der Verbraucheraufklärung.

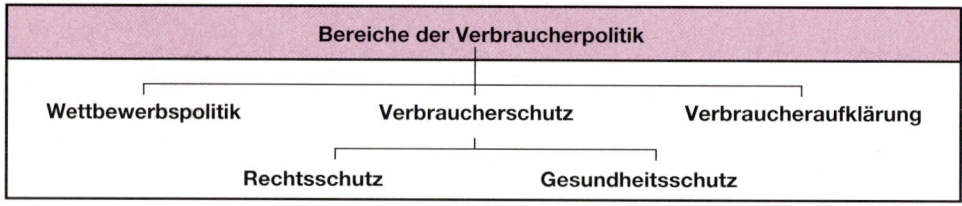

Abbildung 9.6.1

Der **Verbraucherschutz** lässt sich in den Rechtsschutz und den Gesundheitsschutz gliedern. Zum **Rechtsschutz** des Verbrauchers zählen alle Gesetze, die dem Verbraucher eine stärkere Rechtsposition gegenüber dem Anbieter sichern (Gesetz gegen unlauteren Wettbewerb, Abzahlungsgesetz, Gesetz über Allgemeine Geschäftsbedingungen). Dem **Gesundheitsschutz** dienen z. B. das Lebensmittelgesetz mit seinen Vorschriften über die Herstellung, Zusammensetzung und Verpackung von Lebensmitteln und das Arzneimittelgesetz.

Die **Verbraucheraufklärung** dient der Erhöhung der Marktübersicht und vermittelt Kenntnisse über die Wirkungsweise des marktwirtschaftlichen Systems als Voraussetzung für kritisches Verbraucherverhalten. Verbraucheraufklärung erfolgt vor allem durch Verbraucherverbände, Verbraucherzentralen und die „Arbeitsgemeinschaft der Verbraucher". Diese Organisationen stehen den Verbrauchern mit Auskünften zur Verfügung. Sie bemühen sich auch aktiv über Zeitschriften, Funk und Fernsehen um Aufklärung der Verbraucher.

9.7 Sozialpolitik

Die Verteilung des Einkommens erfolgt in einer marktwirtschaftlichen Ordnung in der Regel auf der Grundlage von Leistungen. Nicht alle Menschen sind aber gleichermaßen leistungsfähig. In der Sozialen Marktwirtschaft der Bundesrepublik Deutschland gehört es zu den Aufgaben des Staates, ei-

Sozialbudget[1]						
	1970	1975	1980	1985	1990	1997
	in Mill. EUR					
Sozialausgaben insgesamt	91,6	178,0	245,3	295,9	379,8	642,2
Rentenversicherung	26,7	51,7	72,9	89,6	117,2	196,7
Krankenversicherung	13,1	31,2	46,1	58,5	77,9	125,0
Unfallversicherung	2,2	3,7	5,1	5,9	7,0	10,5
Arbeitsförderung und Arbeitslosenversicherung	2,0	9,3	11,8	20,1	26,5	72,9
Beamtenpensionen	8,1	13,3	16,8	18,9	22,4	31,4
Altershilfe für Landwirte	0,5	1,0	1,4	1,7	2,3	3,4
Entgeltfortzahlung	6,4	9,5	14,4	14,2	19,2	24,1
Kindergeld	1,5	7,5	9,0	7,4	7,5	25,6
Erziehungsgeld	·	·	·	·	2,4	3,6
Kriegsopferversorgung	3,8	5,7	6,9	6,9	6,7	6,3
Wohngeld	0,3	0,9	1,0	1,4	1,5	3,6
Jugendhilfe	1,1	2,2	4,6	5,3	7,3	15,1
Sozialhilfe	1,8	4,7	7,7	11,8	17,3	28,3
Sozialausgaben je Einwohner in EUR	1510	2878	3987	4853	·	7823
Sozialleistungsquote[2]	26,5	33,9	32,5	31,5	29,2	34,4
Finanzierung des Sozialbudgets nach Quellen in %						
Unternehmen	31,1	30,4	31,9	31,8	32,2	27,8
Bund	24,4	24,4	22,4	20,4	18,9	19,5
Länder	13,8	12,1	11,5	10,8	10,2	10,8
Gemeinden	6,4	7,1	7,3	7,7	8,0	8,6
Sozialversicherung	0,3	0,3	0,3	0,3	0,3	0,3
Private Organisationen	0,7	0,7	0,7	0,7	0,7	1,4
Private Haushalte	23,2	24,9	25,9	28,3	29,7	31,6

[1] Ab 2. Halbjahr 1990 einschl. neue Bundesländer ohne Zahlungen der sozialen Einrichtungen untereinander (Verrechnungen).

[2] Sozialausgaben in Prozent des Bruttoinlandsprodukts.

Quelle: Institut der Deutschen Wirtschaft/Köln: Zahlen zur wirtschaftlichen Entwicklung der Bundesrepublik Deutschland, Ausgabe 1998, Tabelle 86 dort nach Bundesministerium für Arbeit und Sozialordnung, umgerechnet in EUR.

Tabelle 9.7.1

ne ausgleichende Sozialpolitik zu betreiben (siehe auch 19.3 und 19.5). Mittel des staatlichen Umverteilungsprozesses von Einkommen und Vermögen sind vor allen Dingen steuerliche Maßnahmen (progressive Besteuerung) und Sozialleistungen (Renten, Mietbeihilfen, Ausbildungsförderungen usw.).

Das Sozialstaatsprinzip (Art. 20 des Grundgesetzes) wird durch zahlreiche gesetzgeberische Maßnahmen verwirklicht, zum Beispiel durch den Kündigungsschutz bei sozial ungerechtfertigten Kündigungen (§ 1 KSchG), durch das Mutterschutzgesetz, das Gesetz über die Lohnfortzahlung im Krankheitsfall, das Bundeskindergeldgesetz usw.

Die **Sozialquote** (Sozialausgaben in % des Bruttosozialprodukts) hat sich von 1960 (22,7 %) bis 1997 auf 34,4 % erhöht!

9.8 Umweltschutzpolitik

9.8.1 Die Umweltsituation

In der Bundesrepublik Deutschland, wie in allen Industrieländern, hat die Umweltbelastung einen globalen Umfang angenommen. In vielen Bereichen scheinen die Belastungsgrenzen des Naturhaushalts bereits überschritten. Die Luft ist bereits erheblich mit Abgasen verschmutzt. Eine der wichtigsten Ursachen ist die Verbrennung fossiler Brennstoffe (Holz, Kohle, Öl und Gas). Dabei entsteht unweigerlich Kohlendioxid (CO_2), das den Treibhauseffekt begünstigt, der zu Klimaveränderungen führen kann. Der Abbau des Ozongehalts in der Stratosphäre bewirkt eine ständige Vergrößerung des Ozonlochs. Damit wird die UV-Bestrahlung intensiver und erhöht die Anfälligkeit des Menschen für bestimmte Hautkrebsarten. In großen Regionen wird ein allmähliches Absterben des Waldes beobachtet. Giftige Schwermetalle, Ölrückstände und die Überdüngung des Bodens gefährden Trinkwasser und Nahrungsmittel. Es wird deutlich: Der Mensch hat sich durch die Anwendung der Technik zum Feind seiner Umgebung entwickelt.

Wir befinden uns mitten in einem Prozess der notwendigen Anpassung der Industriegesellschaft an ökologische Erfordernisse. Der Umweltschutz ist heute nicht nur in der Bundesrepublik Deutschland eine der zentralen wirtschaftspolitischen Aufgaben, er ist zum wichtigen Anliegen der Menschen geworden. Es wird die Frage gestellt, ob die Wirtschaft die Probleme der Umweltzerstörung lösen kann und welche Wirtschaftsordnung dazu am besten geeignet ist.

9.8.2 Aufgaben und Prinzipien der Umweltschutzpolitik

Umweltschutzpolitik ist heute eine allgemein anerkannte Staatsaufgabe. Zu ihr gehört die Formulierung von Umweltzielen und die Durchführung von Maßnahmen zu ihrer Erreichung. Die Umweltschutzpolitik hat zwei grundlegende Probleme zu bewältigen:

- Verhinderung einer Überbelastung der Umwelt (Luft, Wasser, Erdoberfläche) durch Emissionen. Unter Emissionen versteht man gasförmige, flüssige und feste Abfallstoffe.
- Vermeidung der Erschöpfung von Ressourcen.

Träger der Umweltschutzpolitik sind in der Bundesrepublik Deutschland die Bundesregierung und die Bundesländer. Prinzipien der Umweltschutzpolitik können das Verursacherprinzip, das Gemeinlastprinzip oder das Vorsorgeprinzip sein.

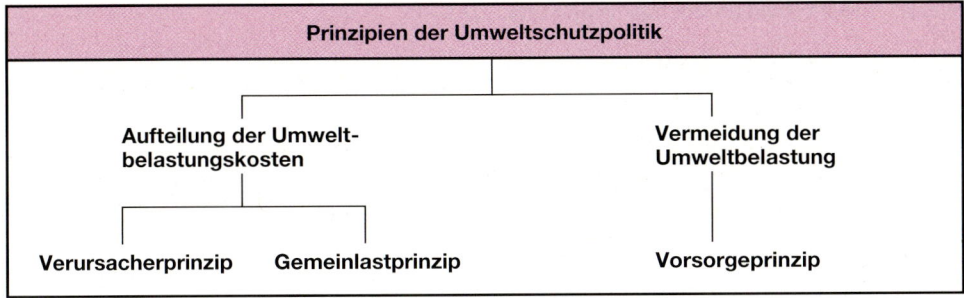

Abbildung 9.8.1

Das **Verursacherprinzip** geht von dem Grundgedanken aus, dass derjenige die Kosten der Vermeidung oder Beseitigung einer Umweltbelastung zu tragen hat, der für ihre Entstehung verantwortlich ist. Das bedeutet nicht in allen Fällen, dass das produzierende Unternehmen die Kosten der Umweltbelastung zu tragen hat. Auch der Verbraucher kann als Verursacher angesehen werden. Bei Anwendung des Verursacherprinzips wird eine marktorientierte Umweltpolitik betrieben. Güter, die in besonderem Maße die Umwelt verschmutzen, werden immer teurer, weil das Unternehmen darauf zu achten hat, dass es über den Preis auch die Kosten des Umweltschutzes ersetzt bekommt. Über die Lenkungsfunktion des Preises wird die Nachfrage auf umweltfreundlichere Produkte gelenkt. In der Praxis hat die Anwendung dieses Prinzips seine Grenzen, weil die Erfassung, Bewertung und Zurechnung der Umweltkosten auf einen Verursacher oft nicht möglich ist.

Der neue Lebensstil

Umweltverantwortung ist auch Sache des Einzelnen und nicht allein Aufgabe der Gesellschaft, der Wirtschaft oder des Staates. Die Lebens- und Verbrauchergewohnheiten, die Standards und Überzeugungen der vielen Einzelnen müssen sich ändern, da sie sonst als „heimlicher Konsens" und Meinungsdruck der anonymen, schweigenden Mehrheit umweltpolitische Realitäten schaffen. Was die große Masse tut, wird nur zu oft auch für den Einzelnen zum Maßstab und zugleich zu einer Möglichkeit, sich der persönlichen Verantwortung zu entziehen.

(Verantwortung wahrnehmen für die Schöpfung, gemeinsame Erklärung des Rates der Evangelischen Kirche in Deutschland und der Deutschen Bischofskonferenz 1985).

Das **Gemeinlastprinzip** macht zur Regel, dass die Kosten von Umweltschäden von der Allgemeinheit in Form höherer Steuern und Abgaben getragen werden sollen. In diesem Fall entsteht für die Verursacher kein Anreiz, das umweltschädigende Verhalten einzustellen. Häufig gibt es aber keine andere Möglichkeit, z. B. wenn die Umweltschäden in der Vergangenheit entstanden sind und der Verursacher gar nicht mehr festgestellt werden kann. Auch die Gewährung von Subventionen oder Steuererleichterungen bei der Vermeidung von Emissionen ist eine Anwendung des Gemeinlastprinzips, da die Kosten der Umweltschutzmaßnahme über den Staatshaushalt auf die Allgemeinheit umgelegt werden. Da Subventionen dem Verschmutzer der Umwelt noch einen Vermögensvorteil schaffen, sollten sie nur in Ausnahmefällen gewährt werden, z. B. wenn sonst Arbeitslosigkeit entstehen würde.

Das **Vorsorgeprinzip** geht von dem Gedanken aus, dass es fast immer billiger und zweckmäßiger ist, Umweltschäden von vornherein zu vermeiden als sie nachträglich zu beseitigen. Zudem lassen sich Umweltschäden nachträglich oft nur schwer korrigieren. Bei Anwendung des Vorsorgeprinzips wird der Schutz und die schonende Inanspruchnahme der Umwelt durch Nutzungsverbote oder Nutzungsbeschränkungen erzwungen.

9.8.3 Instrumente der Umweltschutzpolitik

Der Wirtschaftspolitik stehen grundsätzlich zwei Möglichkeiten offen, um die verschiedenen Umweltbelastungen und -risiken zu beherrschen: **Verbots- und Gebotsregelungen** oder **marktmäßig orientierte Regelungen.**

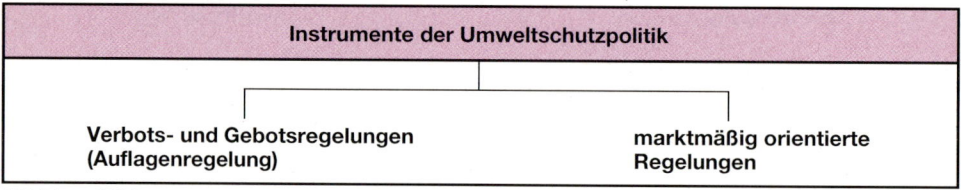

Abbildung 9.8.2

Mit **Verboten** kann z. B. der Einsatz umweltbelastender Produktionsverfahren, die bestimmte Emissionswerte überschreiten, grundsätzlich verboten werden. Mit **Geboten** kann der Einsatz bestimmter Vermeidungs- oder Beseitigungstechniken angeordnet werden. Grundsätzlich haben die Unternehmen alle Maßnahmen zu ergreifen, die nach dem Stand der Technik möglich und die wirtschaftlich vertretbar sind. Mit dieser Auflage erhalten sie eine Genehmigung zur Betreibung der Anlage.

Bei der **marktmäßigen Regelung** werden indirekte Lenkungsinstrumente benutzt. Umweltbelastende Produktionstechniken können mit Abgaben belegt werden, für Investitionen in umweltschonende Produktionstechniken können Finanzierungsanreize gegeben werden. Eine bestimmte Form von Lenkungsabgaben sind die so genannten **Ökosteuern.** Ökosteuern können ausschließlich als Lenkungsinstrument verstanden werden, damit könnte aber auch die Umschichtung der Steuerlast von der Einkommen-/Lohnsteuer zu Umweltsteuern angestrebt werden. Konsequent marktwirtschaftlich ist der Vorschlag, dass der Staat Emissionskontingente festsetzt und darüber Zertifikate ausgibt. Diese **Zertifikate** müssen von den Nutzern auf dem Markt **zu einem Marktpreis erworben** werden und können von ihnen auch wieder verkauft werden. Die Unternehmen werden sich bemühen, die durch die „Steuer" auf die Umweltbelastung erhöhten Kosten zu vermeiden. Der Marktmechanismus soll eine Verringerung der Umweltbelastung bewirken.

Verbots- und Gebotsregelungen haben den Vorteil, dass sie schnell wirksam werden. Diese Instrumente sind deshalb immer dann notwendig, wenn Gefahr im Verzug ist. Sie haben den Nachteil, keine Anreize zur Vermeidung von Umweltbelastungen zu schaffen. Nach erfolgter Genehmigung haben die Unternehmen für die Genehmigungsdauer das Recht, die Anlagen mit den zugelassenen Emissionen zu betreiben. Das, was bei der Genehmigung als Stand der Technik anerkannt wurde, ist auf Dauer festgeschrieben.

Der verstärkte Einsatz **marktwirtschaftlicher Instrumente** würde voraussetzen, dass viele Auflagen wieder abgeschafft werden, um Handlungsspielraum für die Unternehmen zu schaffen. Vor dem Hintergrund der drängenden Umweltprobleme ist dies aber nur schwer durchzusetzen. Auch bleibt die tatsächliche Wirkung auf die Vermeidung von Emissionen unbestimmt.

▬▬ AUFGABEN UND PROBLEME

9.1 *Eingriffe in die Preisbildung am Beispiel des Wohnungsmarktes*

- Untersuchen Sie den folgenden Vorwurf auf seine Berechtigung und beurteilen Sie die Zweckmäßigkeit der vorgeschlagenen Maßnahmen.

Der Wohnungsmarkt in der Bundesrepublik Deutschland

I. Es werden folgende Vorwürfe erhoben:

Wohnungen sind knapp. Deshalb haben die Hausbesitzer Macht. Diese Macht wird von ihnen missbraucht. Sie verlangen wucherische Mieten und bereichern sich.

II. **Es werden folgende Maßnahmen vorgeschlagen:**

1. Überführung aller Wohnungen in Gemeineigentum.

2. Höchstpreise für Mieten je qm Wohnfläche nach Lage und Ausstattung der Wohnung in % des Einkommens.

3. Höchstpreise für Mieten je qm Wohnfläche nach Lage und Ausstattung der Wohnung.

4. Subventionen an einkommensschwache Mieter.

5. Subventionen an Hausbesitzer verbunden mit der Festlegung eines Höchstpreises je qm Wohnfläche nach Lage und Ausstattung der Wohnung.

9.2   *Marktkonforme und marktkonträre Eingriffe in die Preisbildung*

● Welche der aufgezählten Eingriffe in die Wirtschaft sind marktkonform, welche sind marktkonträr? Begründung!

1. Steuerermäßigungen für Bauherren,

2. Mindestpreise für Milch,

3. Aufkauf von Butter durch staatliche Vorratsstellen,

4. Erhebung von Einfuhrzöllen bei der Einfuhr von Filmkameras,

5. Allgemeiner Lohnstopp durch staatliches Gesetz,

6. Vernichtung eines Teils der Getreideernte.

9.3   *Wirtschaftspolitische Ziele in der Bundesrepublik Deutschland*

● 1. Welche wirtschaftspolitischen Ziele sind den folgenden Texten zu entnehmen?

● 2. Ordnen Sie die in den Texten festgestellten wirtschaftspolitischen Ziele ihrer Bedeutung nach jeweils vom Standpunkt eines Arbeitnehmers, eines Unternehmers und eines Arztes im Ruhestand, der eine Rente aus einer privaten Lebensversicherung bezieht!

● 3. Welches dieser wirtschaftspolitischen Ziele wird nach Ihrer Ansicht in der Bundesrepublik Deutschland vorrangig verfolgt? Begründung!

Auszug aus dem **„Grundgesetz für die Bundesrepublik Deutschland"** vom 23. Mai 1949:

Art. 11, Abs. 1:   Alle Deutschen genießen Freizügigkeit im gesamten Bundesgebiet.

Art. 12, Abs. 1:   Alle Deutschen haben das Recht, Beruf, Arbeitsplatz und Ausbildungsstätte frei zu wählen. Die Berufsausübung kann durch Gesetz oder aufgrund eines Gesetzes geregelt werden.

Art. 14, Abs. 1:   Das Eigentum und das Erbrecht werden gewährleistet. Inhalt und Schranken werden durch die Gesetze bestimmt.

Art. 15:   Grund und Boden, Naturschätze und Produktionsmittel können zum Zwecke der Vergesellschaftung durch ein Gesetz, das Art und Ausmaß der Entschädigung regelt, in Gemeineigentum oder in andere Formen der Gemeinwirtschaft überführt werden. Für die Entschädigung gilt Art. 14 Abs. 3 und 4 entsprechend.

Art. 20, Abs. 1:   Die Bundesrepublik Deutschland ist ein demokratischer und sozialer Bundesstaat.

Auszug aus dem **„Gesetz über die Deutsche Bundesbank"** vom 20. Juli 1957:

§ 3:   Die Deutsche Bundesbank ist als Zentralbank der Bundesrepublik Deutschland integraler Bestandteil des Europäischen Systems der Zentralbanken. Sie wirkt an der Erfüllung seiner Aufgaben mit dem vorrangigen Ziel mit, die Preisstabilität zu gewährleisten, und sorgt für die bankmäßige Abwicklung des Zahlungsverkehrs im Inland und mit dem Ausland. Sie nimmt darüber hinaus die ihr nach diesem Gesetz oder anderen Rechtsvorschriften übertragenen Aufgaben wahr.

Auszug aus dem **„Gesetz über die Bildung eines Sachverständigenrates zur Begutachtung der gesamtwirtschaftlichen Entwicklung"** vom 14. August 1963:

§ 2:   Der Sachverständigenrat soll in seinen Gutachten die jeweilige gesamtwirtschaftliche Lage und deren absehbare Entwicklung darstellen. Dabei soll er untersuchen, wie im Rahmen der marktwirtschaftlichen Ordnung gleichzeitig Stabilität des Preisniveaus, hoher Beschäftigungsstand und außenwirtschaftliches Gleichgewicht bei stetigem und angemessenem Wachstum gewährleistet werden können. In die Untersuchung sollen auch die Bildung und die Verteilung von Einkommen und Vermögen einbezogen werden. Insbesondere soll der Sachverständigenrat die Ursachen von aktuellen und möglichen Spannungen zwischen der gesamtwirtschaftlichen Nachfrage und dem gesamtwirtschaftlichen Angebot aufzeigen, welche die in Satz 2 genannten Ziele gefährden.

9.4   *Beziehungen zwischen wirtschaftspolitischen Zielen*

Im Folgenden werden drei Vermutungen über den Zusammenhang wirtschaftspolitischer Ziele dargestellt.

● Stellen Sie für jede dieser drei Vermutungen fest, welche der untenstehenden Grafiken A–C diese Vermutung darstellt!

Vermutungen:

1. Eine Politik der Vollbeschäftigung dient gleichzeitig dem Ziel des Wirtschaftswachstums.

2. Wenn eine Politik der Geldwertstabilität betrieben wird, dann hat das keine Auswirkungen auf das wirtschaftspolitische Ziel der Erhaltung einer lebenswerten Umwelt.

3. Aufgrund statistischer Untersuchungen in einigen Ländern wurde von dem englischen Nationalökonom Phillips folgende Hypothese aufgestellt:

   Zwischen dem Beschäftigungsstand und dem Preisniveau einer Volkswirtschaft besteht der Zusammenhang, dass eine Verminderung der Arbeitslosigkeit immer mit steigendem Preisniveau verbunden ist.

Grafische Darstellung:

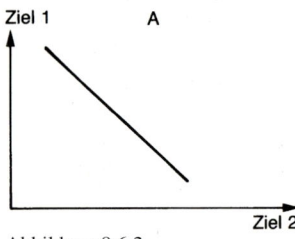 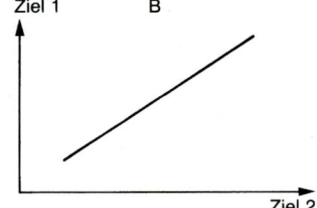 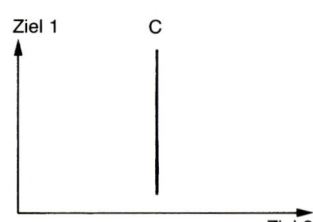

Abbildung 9.6.2

9.5   *Marktwirtschaft und Dirigismus*

● Welche der folgenden aufgezählten Maßnahmen oder Ereignisse haben dirigistischen Charakter?

1. Vergesellschaftung der Banken, Versicherungen und Schlüsselindustrien.

2. Einführung eines „Strukturrates der öffentlichen Hand", der sich aus einem Konjunkturrat und einem Finanzrat zusammensetzt und vor allem ein Anhörungs- und Vorschlagsrecht hat.

3. Meldepflicht für alle Investitionen mit einem Gesamtvolumen über 250 000,00 EUR.

4. Genehmigungspflicht für alle Investitionen über 500 000,00 EUR.

5. Die öffentliche Hand sammelt bei der Zentralbank eine Konjunkturausgleichsrücklage an, um eine die volkswirtschaftliche Leistungsfähigkeit übersteigende Nachfrageausweitung zu bremsen.

6. Zur Förderung von Investitionen werden Sonderabschreibungen auf Investitionsgüter zugelassen.

9.6 *Wettbewerbspolitik in der Bundesrepublik Deutschland*

● Stellen Sie fest, welche §§ des Gesetzes gegen Wettbewerbsbeschränkung (Kartellgesetz) für die folgenden Fälle zutreffen.

● Begründen Sie für jeden der zugeordneten Fälle, ob die für ihn zutreffende Regelung des Kartellgesetzes zur Gestaltung der Sozialen Marktwirtschaft in der Bundesrepublik Deutschland ordnungspolitisch zweckmäßig ist!

A Die Spezialfirmen des Rohrleitungsbaues für industrielle Anlagen (chemische Industrie, Kraftwerke, Brauereien) vereinbaren, dass jedes Unternehmen nur in einem ihm zugewiesenen Gebiet sich an Ausschreibungen beteiligen und Aufträge annehmen darf.

B Hersteller von Haushaltsgeräten vereinbarten Lieferbedingungen. Vereinbart wird u. a., dass bei Zahlung innerhalb 14 Tagen 2 % Skonto gewährt werden soll.

C Hersteller von Verpackungsmaterial beschließen, nur noch Dosen mit bestimmten Abmessungen herzustellen.

D Die Betonmatten-Hersteller vereinbaren, innerhalb von 3 Jahren ihre Kapazität um 40 % zu reduzieren. Grund ist ein nachhaltiger Absatzrückgang.

E Ein Pharma-Konzern hat mit einem von ihm hergestellten Beruhigungsmittel bei Apotheken einen Marktanteil von 55 % und im Krankenhausbereich von 85 %. Die Umsatzrentabilität für dieses Produkt liegt mit 60 % weit über dem Branchendurchschnitt.

Gesetz gegen Wettbewerbsbeschränkungen (Kartellgesetz)
In der Fassung vom 1. Januar 1999 (Auszug)
Wettbewerbsbeschränkungen

Kartellvereinbarungen, Kartellbeschlüsse und abgestimmtes Verhalten

§ 1. Kartellverbot. Vereinbarungen zwischen miteinander im Wettbewerb stehenden Unternehmen, Beschlüsse von Unternehmensvereinigungen und aufeinander abgestimmte Verhaltensweisen, die eine Verhinderung, Einschränkung oder Verfälschung des Wettbewerbs bezwecken oder bewirken, sind verboten.

§ 2. Normen- und Typenkartelle, Konditionenkartelle. (1) Vereinbarungen und Beschlüsse, die lediglich die einheitliche Anwendung von Normen oder Typen zum Gegenstand haben, können vom Verbot des § 1 freigestellt werden.

(2) Vereinbarungen und Beschlüsse, die die einheitliche Anwendung allgemeiner Geschäfts-, Lieferungs- und Zahlungsbedingungen einschließlich der Skonti zum Gegenstand haben, können vom Verbot des § 1 freigestellt werden, soweit die Regelungen sich nicht auf Preise oder Preisbestandteile beziehen.

§ 3. Spezialisierungskartelle. Vereinbarungen und Beschlüsse, die die Rationalisierung wirtschaftlicher Vorgänge durch Spezialisierung zum Gegenstand haben, können vom Verbot des § 1 freigestellt werden, wenn die Wettbewerbsbeschränkung nicht zur Entstehung oder Verstärkung einer marktbeherrschenden Stellung führt.

§ 5. Rationalisierungskartelle. (1) Vereinbarungen und Beschlüsse, die der Rationalisierung wirtschaftlicher Vorgänge dienen, können vom Verbot des § 1 freigestellt werden, wenn sie geeignet sind, die Leistungsfähigkeit oder Wirtschaftlichkeit der beteiligten Unternehmen in technischer, betriebswirtschaftlicher oder organisatorischer Beziehung wesentlich zu heben und dadurch die Befriedigung des Bedarfs zu verbessern. Der Rationalisierungserfolg soll in einem angemessenen Verhältnis zu der damit verbundenen Wettbewerbsbeschränkung stehen. Die Wettbewerbsbeschränkung darf nicht zur Entstehung oder Verstärkung einer marktbeherrschenden Stellung führen.

(2) Soll die Vereinbarung oder der Beschluss die Rationalisierung in Verbindung mit Preisabreden oder durch Bildung von gemeinsamen Beschaffungs- oder Vertriebseinrichtungen verwirklichen, kann unter den Voraussetzungen des Absatzes 1 vom Verbot des § 1 freigestellt werden, wenn der Rationalisierungszweck auf andere Weise nicht erreicht werden kann.

§ 6. Strukturkrisenkartelle. Im Falle eines auf nachhaltiger Änderung der Nachfrage beruhenden Absatzrückgangs können Vereinbarungen und Beschlüsse von Unternehmen der Erzeugung, Herstellung, Bearbeitung oder Verarbeitung vom Verbot des § 1 freigestellt werden, wenn die Vereinbarung oder der Beschluss notwendig ist, um eine planmäßige Anpassung der Kapazität an den Bedarf herbeizuführen und die Regelung unter Berücksichtigung der Wettbewerbsbedingungen in den betroffenen Wirtschaftszweigen erfolgt.

Marktbeherrschung, wettbewerbsbeschränkendes Verhalten

§ 19. Missbrauch einer marktbeherrschenden Stellung. (1) Die missbräuchliche Ausnutzung einer marktbeherrschenden Stellung durch ein oder mehrere Unternehmen ist verboten.

(2) Ein Unternehmen ist marktbeherrschend, soweit es als Anbieter oder Nachfrager einer bestimmten Art von Waren oder gewerblichen Leistungen

1. ohne Wettbewerber ist oder keinem wesentlichen Wettbewerb ausgesetzt ist oder

2. eine im Verhältnis zu seinen Wettbewerbern überragende Marktstellung hat.

Zwei oder mehr Unternehmen sind marktbeherrschend, soweit zwischen ihnen für eine bestimmte Art von Waren oder gewerblichen Leistungen ein wesentlicher Wettbewerb nicht besteht und soweit sie in ihrer Gesamtheit die Voraussetzungen des Satzes 1 erfüllen.

(3) Es wird vermutet, dass ein Unternehmen marktbeherrschend ist, wenn es einen Marktanteil von mindestens einem Drittel hat...

(4) Ein Missbrauch liegt insbesondere vor, wenn ein marktbeherrschendes Unternehmen als Anbieter oder Nachfrager einer bestimmten Art von Waren oder gewerblichen Leistungen

1. die Wettbewerbsmöglichkeiten anderer Unternehmen in einer für den Wettbewerb auf dem Markt erheblichen Weise ohne sachlich gerechtfertigten Grund beeinträchtigt;

2. Entgelte oder sonstige Geschäftsbedingungen fordert, die von denjenigen abweichen, die sich bei wirksamem Wettbewerb mit hoher Wahrscheinlichkeit ergeben würden...

9.7 *Umweltpolitik*

Der ökologische Vorteil der Pfandflasche gegenüber den Einwegbehältern (z. B. Einwegflasche für Fruchtsaft und Pergabeutel für Milch) ist seit Jahren bekannt und belegt:

Abfall: Die Einwegflasche verursacht – bezogen auf das Gewicht – zwölfmal so viel Abfall wie eine vergleichbare Mehrwegflasche.

Energieverbrauch: Der Energieverbrauch zur Herstellung der Verpackung beträgt bei Einwegbehältern das Sechsfache.

Umweltbelastung: Die Luftbelastung durch Staub, Schwefeldioxid und Stickoxid ist bei der Produktion von Einwegbehältern 2- bis 30-mal so hoch.

Kosten: Die Kosten der Leergutrücknahme liegen bei der Pfandflasche etwa in der Größenordnung der Kosten für die Abfallbeseitigung der Einwegflaschen.

Trotzdem nimmt der Anteil der Einwegbehälter ständig zu.

- 1. Wen halten Sie für den Verursacher der ökologischen Verschwendung?
- 2. Was sollte die Bundesregierung Ihrer Ansicht nach unternehmen? Begründung.

▰▰▰ *ZUR WIEDERHOLUNG DES GRUNDWISSENS*

1. Wie unterscheidet sich der Neoliberalismus als Leitidee der Sozialen Marktwirtschaft von der Leitidee der freien Marktwirtschaft?

2. Wie unterscheidet sich die Stellung des Staates in der Sozialen Marktwirtschaft von der Stellung des Staates in der freien Marktwirtschaft?

3. Welche wirtschaftspolitischen Ziele nennt das „Gesetz zur Förderung der Stabilität und des Wachstums der Wirtschaft"?

4. Warum werden die im „Gesetz zur Förderung der Stabilität und des Wachstums der Wirtschaft" genannten wirtschaftspolitischen Ziele als magisches Viereck bezeichnet?

5. Wer ist in der Bundesrepublik Deutschland Entscheidungsträger der Wirtschaftspolitik?

6. In welche Gruppen lassen sich die in der Sozialen Marktwirtschaft eingesetzten wirtschaftspolitischen Mittel einteilen?

7. Was versteht man unter Ordnungspolitik?

8. Nennen Sie Bereiche der Ordnungspolitik!

9. Was versteht man unter Ablaufpolitik (Prozesspolitik)?

10. Nennen Sie eine Maßnahme zur Globalsteuerung und einen dirigistischen Eingriff in die Wirtschaft. Erläutern Sie an diesen Beispielen den grundsätzlichen Unterschied zwischen Maßnahmen der Globalsteuerung und dirigistischen Eingriffen!

11. Schreibt das Grundgesetz der Bundesrepublik Deutschland eine bestimmte Wirtschaftsordnung vor?

12. Welche wesentlichen Bestandteile des Ordnungsrahmens der Sozialen Marktwirtschaft legt das Grundgesetz für die Bundesrepublik Deutschland fest?

13. Was versteht man in der Wirtschaft unter Kooperation?

14. Was versteht man unter Unternehmenskonzentration?

15. Was ist ein Konzern?

16. Was ist ein Trust?

17. Was ist ein Kartell?

18. Erläutern Sie den Unterschied zwischen einem horizontalen und einem vertikalen Konzentrationsvorgang!

19. Welche wesentlichen Regelungen enthält das Gesetz gegen Wettbewerbsbeschränkungen für die Bildung von Kartellen, die Bildung von Konzernen und die Fusion von Unternehmen?

20. Nennen Sie Beispiele für Maßnahmen des Verbraucherschutzes und der Verbraucheraufklärung in der Bundesrepublik Deutschland!

21. Was versteht man unter der Sozialquote?

22. Zählen Sie Mittel auf, mit denen in der Sozialen Marktwirtschaft der Bundesrepublik Deutschland ausgleichende Sozialpolitik betrieben wird!

23. Nennen Sie Prinzipien, nach denen Umweltschutzpolitik betrieben werden kann, und erläutern Sie die Prinzipien!

24. In welche Gruppen kann man die Instrumente der Umweltpolitik einteilen?

Handlungsorientierte Themenbearbeitung

Fallstudien: Volks- und betriebswirtschaftliche Auswirkungen von Unternehmensverbindungen am Beispiel der Fusion von Daimler-Benz und Chrysler

Ausgangssituation

Am 7. Mai 1998 wurde der bis dahin größte Zusammenschluss in der Industriegeschichte besiegelt. Die Daimler-Benz AG fusionierte mit dem drittgrößten US-Autohersteller Chrysler zur Daimler-Chrysler AG mit Sitz in Stuttgart und Auburn Hills (Michigan/USA). Beide Gesellschaften repräsentieren einen Börsenwert von 166 Mrd. EUR. Die Daimler-Chrysler AG firmiert als deutsches Unternehmen. Mit einem Fahrzeugabsatz von mehr als 3,6 Mio. Stück und einem Umsatzvolumen von ca. 235 Mrd. EUR nimmt das neue Unternehmen Position 3 in der Rangliste der weltweit größten Autoproduzenten nach General Motors und Ford ein. Fachleute sehen in dem Zusammenschluss nicht nur ein Signal für weitere Fusionen im Automobilsektor. Nach ihrer Ansicht sind damit auch weit reichende Konsequenzen für die nationale und internationale Industrielandschaft verbunden.

Arbeitsaufträge:

1 Beurteilen Sie die Fusion aus volkswirtschaftlicher und betriebswirtschaftlicher Sicht sowie aus der Perspektive der Mitarbeiter und Aktionäre der beteiligten Unternehmen zum Zeitpunkt des Zusammenschlusses.

Mögliche volkswirtschaftliche Fragestellungen betreffen v. a. die Themen Arbeitsteilung, Preisbildung (Wertpapierbörse), Wettbewerbspolitik und Außenhandelspolitik.

2 Prüfen und beurteilen Sie, ob sich die in die Fusion gesetzten Erwartungen erfüllt haben.

3 Insider gehen davon aus, dass zukünftig nur noch weniger als 10 Autohersteller weltweit überleben können. Mit weiteren Fusionen und Firmenübernahmen ist deshalb zu rechnen.

3.1 Erwarten Sie durch den Konzentrationsprozess in der Automobilbranche eine Verschärfung oder Verminderung des Wettbewerbs?

Begründen Sie Ihre Ansicht und skizzieren Sie die Folgen für den Verbraucher.

3.2 Beschaffen Sie sich Informationen über wichtige Wettbewerber der Daimler-Chrysler AG und entscheiden Sie, welches Unternehmen als weiterer Übernahmekandidat infrage kommen könnte.

Für die Bearbeitung der Fragen steht Ihnen folgendes Quellenmaterial zur Verfügung, das den Charakter von Basisinformationen hat und durch eigene Maßnahmen der Informationsbeschaffung ergänzt, aktualisiert und erweitert werden sollte, um individuelle und differenziert begründete Lösungsansätze zu formulieren.

Informationsmaterial

Info 1

Daimler-Chrysler startet noch 1998

**Schrempp und Eeaton unterschreiben Vertrag –
Kein Werk soll geschlossen, niemand entlassen werden**

LONDON/STUTTGART. Nur einen Tag nach Bekanntgabe der Pläne zur Fusion von Daimler-Benz und Chrysler haben die Vorstände der Unternehmen gestern in London einen entsprechenden Vertrag unterzeichnet. ... Chrysler-Chef Robert Eaton sprach von einer „idealen Ergänzung" der Produkte von Daimler-Benz und Chrysler. Die Daimler-Chrysler AG soll spätestens im vierten Quartal 1998 starten. Werksschließungen und Entlassungen sind nach Angaben der Partner nicht geplant. Schrempp und Eaton sagten, Daimler-Chrysler wolle zum weltweit führenden Autohersteller werden.

... Der Aufsichtsrat von Daimler-Benz wird sich am nächsten Donnerstag mit der Fusion befassen. Für den Herbst ist eine außerordentliche Hauptversammlung geplant. Entsprechende Beschlüsse der Chrysler-Gremien sowie die Zustimmung der Kartellbehörden in Europa und den USA sind ebenfalls erforderlich. ... Um das Zusammenwachsen der beiden Teile des Großkonzerns mit 421 000 Beschäftigten zu beschleunigen, soll auch im Vorstand ein siebenköpfiges Gremium („Integration council" oder Integrationsausschuss) gebildet werden. Bereits im nächsten Jahr will Daimler-Chrysler unter anderem durch den Austausch von Autoteilen und die Bündelung des Einkaufs die Kosten um ungefähr 2,5 Mrd. EUR senken. Der sonst übliche Personalabbau ist nicht Bestandteil des Programms. Vielmehr stellen die Fusionspartner weitere Arbeitsplätze in Aussicht. Vertreter des Daimler-Betriebsrats und der IG-Metall äußerten allerdings Zweifel. ... Die bisherigen Aktionäre von Daimler-Benz, die für jede Aktie künftig eine Daimler-Chrysler-Aktie halten werden, können nach Darstellung von Chrysler-Chef Eaton mit einer Verdoppelung der Ausschüttung rechnen.

Quelle: Stuttgarter Zeitung vom 8.5.1998, S. 1.

Info 2

Unternehmensfusion / Daimler-Benz und Chrysler wollen heiraten
Die Brautleute ergänzen sich fast ideal
Wenig Überschneidungen bei Absatzmärkten und Produktprogramm – Börsianer reagieren euphorisch

Daimler-Benz will mit Chrysler fusionieren – diese Nachricht schlug gestern wie eine Bombe ein. Die größte Elefantenhochzeit weltweit würde zwei Partner zusammenbringen, die sich ideal ergänzen: Jeder hat seine Stärke auf dem heimischen Kontinent.

... Zumindest die Börsianer reagierten euphorisch: Während die Kurse allgemein nachgaben, legten Daimler Benz um über 7 % zu. Erhoffen sich doch Beobachter durch den Zusammenschluss kräftig steigende Gewinne dank „Synergieeffekten", etwa günstigerem Einkauf, Verkauf und Entwicklung. So verblüffend die Nachricht zunächst klingt – näher besehen ergänzen sich die Brautleute fast ideal. Chrysler verkauft über 90 % seiner Jahresproduktion von zuletzt knapp 2,9 Mio. Autos in den USA und Kanada. Ganze 105 000 Stück fanden 1997 in Europa einen Liebhaber, davon 22 000 in Deutschland. Daimler-Benz dagegen hat seinen Schwerpunkt in der alten Welt. Allerdings konnte der Absatz in Nordamerika in den vergangenen Jahren kräftig, zuletzt auf 130 000 Pkw, gesteigert werden.

Zudem ist Chrysler im für Daimler besonders wichtigen Luxuswagengeschäft kaum vertreten. Der in Auburn Hills nahe Detroit ansässige Konzern hat seine Stärken in anderen Nischen: bei Geländewagen unter der Marke Jeep, bei Großraumlimousinen (Voyager) und bei Pickups. Überschneidungen gibt es im Produktionsprogramm hauptsächlich beim M-Klasse-Geländewagen, den Mercedes seit 1997 in seinem US-Werk in Tuscaloosa baut. . . . Chrysler baut im Gegensatz zu Daimler keine Nutzfahrzeuge und hat auch keine Luft- und Raumfahrtaktivitäten.

... Mit Chrysler käme Daimler-Benz-Chef Jürgen Schrempp auf einen Schlag seinem Ziel nahe, Deutschlands größten Konzern zu einem „Global Player" zu machen, einem echten Weltkonzern. Gut denkbar ist eine Arbeitsteilung, bei der die Deutschen die Luxusklasse bedienen und die Amerikaner das Standardsegment. Chrysler würde von der weltweiten Daimler-Präsenz profitieren, die Deutschen vom engen US-Vertriebsnetz des potenziellen Partners. Zudem hat Chrysler den Prototypen für ein Billigauto entwickelt, das millionenfach besonders in Entwicklungsländern verkauft werden soll. Bei Daimler wird – auch im Zusammenhang mit dem Smart – über eine zusätzliche „Billigmarke" nachgedacht.

Quelle: Bietigheimer Zeitung vom 7.5.1998, S. 3.

Info 3

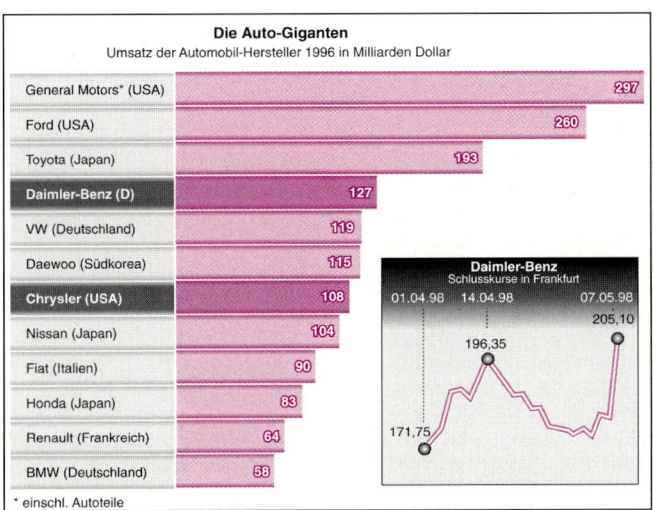

Quelle: Stuttgarter Zeitung vom 8.5.1998, S. 13.

Info 4

Auszüge aus dem Gesetz gegen Wettbewerbsbeschränkungen

§ 19 GWB Missbrauch einer marktbeherrschenden Stellung.

(1) Die missbräuchliche Ausnutzung einer marktbeherrschenden Stellung durch ein oder mehrere Unternehmen ist verboten.

(2) Ein Unternehmen ist marktbeherrschend, soweit es als Anbieter oder Nachfrager einer bestimmten Art von Waren oder gewerblichen Leistungen

1. ohne Wettbewerber ist oder keinem wesentlichen Wettbewerb ausgesetzt ist oder
2. eine im Verhältnis zu seinen Wettbewerbern überragende Marktstellung hat; hierbei sind insbesondere sein Marktanteil, seine Finanzkraft, sein Zugang zu den Beschaffungs- und Absatzmärkten, Verflechtungen mit anderen Unternehmen, rechtliche oder tatsächliche Schranken für den Marktzutritt anderer Unternehmen ... , zu berücksichtigen.

(3) Es wird vermutet, dass ein Unternehmen marktbeherrschend ist, wenn es einen Marktanteil von mindestens einem Drittel hat. ...

§ 35 GWB Geltungsbereich der Zusammenschlusskontrolle.

(1) Die Vorschriften über die Zusammenschlusskontrolle finden Anwendung, wenn im letzten Geschäftsjahr vor dem Zusammenschluss

1. die beteiligten Unternehmen insgesamt weltweit Umsatzerlöse von mehr als einer Milliarde Deutsche Mark und
2. mindestens ein beteiligtes Unternehmen im Inland Umsatzerlöse von mehr als fünfzig Millionen Deutsche Mark erzielt haben.

§ 39 GWB Anmelde- und Anzeigepflicht.

(1) Zusammenschlüsse sind vor dem Vollzug beim Bundeskartellamt ... anzumelden. ...

Info 5

Wettbewerb
Verzerrung durch Fusionen

Die Fusionswelle schwillt weiter an. Den nationalen Richtern sind oft die Hände gebunden, wenn es um Wettbewerbsverzerrungen geht.

Karlsruhe – Durch die Welle internationaler Fusionen drohen nach Ansicht des Präsidenten des Bundesgerichtshofs, Karlmann Geiß, Wettbewerbsverzerrungen, die mit juristischen Mitteln derzeit kaum zu verhindern sind. ... Die Instrumente des Kartellrechts reichen nicht aus, um solche Fusionen zu untersagen, die zu einer Verengung der internationalen Märkte führten, warnte der Richter. ... „Im Moment dominieren die wirtschaftlichen Kriterien die rechtlichen Kriterien." ...

Quelle: Bietigheimer Zeitung vom 1.3.1999, S. 4.

Info 6

Zambelli: Fusion wird Stellen kosten

Betriebsrat und IG Metall sehen auch Chancen – BMW gratuliert – Volkswagen zurückhaltend

StZ. STUTTGART. Die Fusion der beiden Autokonzerne Daimler-Benz und Chrysler wird nach Ansicht des baden-württembergischen IG-Metall-Bezirksleiters Gerhard Zambelli in Deutschland langfristig zu einem Stellenabbau bei dem Stuttgarter Autobauer führen. „Ich befürchte, die Euphorie, die Fusion werde keine Arbeitsplätze kosten, ist so etwas wie eine Beruhigungspille für die Beschäftigten", sagte Zambelli. Natürlich könne der Zusammenschluss der beiden Autohersteller auch eine Stärkung für Daimler-Benz bedeuten. „Ich bin aber Realist genug, dass so etwas längerfristig insgesamt auch Personal kosten wird", betonte er.

Nur wenn es dem neuen Unternehmen gelinge, neue Märkte beispielsweise in Asien zu erschließen, könne die Fusion auch ein Signal für den Standort Deutschland werden. Der stellvertretende IG-Metall-Vorsitzende und Daimler-Aufsichtsrat Walter Riester sagte hingegen, er erwarte einen positiven Beschäftigungseffekt. ...

Quelle: Stuttgarter Zeitung vom 8.5.1998, S. 13.

Info 7

Geschätzte Kosten der Fusion	
Gutachter, Wirtschaftsprüfer und Rechtsanwälte	340 Mio. DM
Investmentbanken und die Zulassung der Daimler-Chrysler-Aktie an den Börsen der Welt	210 Mio. DM
Grunderwerbsteuer	160 Mio. DM
Einmalige Kosten der Fusion insgesamt	710 Mio. DM

Quelle: Bietigheimer Zeitung vom 12.8.1998, S. 5.

Info 8

Finanzmärkte / Verluste in Asien
Daimler-Aktie jagt hoch

An den inländischen Aktienbörsen drehte sich zur Wochenmitte alles um die Fusionspläne der deutschen Daimler-Benz AG und der amerikanischen Chrysler Corp. Der Deutsche Aktienindex (Dax) konnte sich dank der starken Daimler-Kursgewinne knapp behaupten.

rp DÜSSELDORF. Die deutschen Aktien erhielten am Mittwoch überraschend Unterstützung. Mit einem Kurssprung von mehr als 7,3 % auf 192,90 DM honorierten die inländischen Aktienmärkte bereits zur Präsenzbörse die mögliche Elefantenhochzeit der deutschen Daimler-Benz AG mit dem US-Automobilhersteller Chrysler durch Aktienumtausch.

... Chrysler-Aktien spurteten im frühen Handel um 6 $ auf über 47 $ vor; Tendenz weiter steigend. Zur Präsenzbörse konnte sich der Dax dank des kräftigen Kursgewinns der schwergewichtigen Daimler-Aktie (im Dax mit 7,7 %) knapp behaupten, obwohl die negativen Vorzeichen ansonsten überwogen. ...

Quelle: Handelsblatt vom 7.5.1998, S. 37.

Info 9

Daimler-Chrysler Synergiepotenziale in Mio. DM

	1999	ab 2001
Einkauf	900	2700
Gesamtintegration, Finanzdienstleistung	360	900
Forschung und Technologie	180	900
Vertriebsinfrastruktur	540	540
Höherer Absatz	540	1350
Gesamt	2520	6390

Quelle: Bietigheimer Zeitung vom 12.8.1998, S. 5.

Info 10

Daimler-Chrysler / Dividende wird auf 4,60 DM erhöht
Sternstunde für Aktionäre
Deutsche Autobauer erhalten 2000 DM Ergebnisbeteiligung

Der Daimler-Chrysler-Konzern hat im vergangenen Jahr hohe Gewinne eingefahren. Davon profitieren nicht nur die Aktionäre, deren Dividende mit 4,60 DM fast verdreifacht wird. Auch die Mitarbeiter in Deutschland erhalten eine Ergebnisbeteiligung von fast 2000 DM. ...

Der Zusammenschluss von Daimler-Benz und Chrysler wurde deutlich teurer als erwartet: Beim Ergebnis sind jetzt Aufwendungen von 1,34 Mrd. DM berücksichtigt. Ursprünglich hatten die Beteiligten nur mit 710 Mio. DM gerechnet. ...

Quelle: Bietigheimer Zeitung vom 26.2.1999, S. 6.

Info 11

Autokonzern weiter auf Wachstum

Umsatz in Mio. EUR
117772 (1997) · 131782 (1998)

Jahresüberschuss in Mio. EUR
4057 (1997) · 4820 (1998)

Gewinn pro Aktie in EUR
12337 (1997) · 16681 (1998)

Mitarbeiter
425 649 (1997) · 441 502 (1998)

Quelle: Die Welt vom 1.4.1999, S. 19.

DAIMLERCHRYSLER

Geschäftsfeld Pkw Mercedes + Smart	1997	1998
	in Mio. Euro	
Operativer Gewinn	1716	1993
Umsatz	27555	32587
Geschäftsfeld Chrysler-Marken	in Mio. Euro	
Operativer Gewinn	3368	4212
Umsatz	51942	56340
Geschäftsfeld Nutzfahrzeuge	in Mio. Euro	
Operativer Gewinn	342	946
Umsatz	20012	23162
Chrysler Financial Services	in Mio. Euro	
Operativer Gewinn	586	652
Umsatz	2407	2877
DaimlerChrysler Services (Debis)	in Mio. Euro	
Operativer Gewinn	246	392
Umsatz	7924	9573
DaimlerChrysler Aerospace (Dasa)	in Mio. Euro	
Operativer Gewinn	284	623
Umsatz	7816	8770

Info 12

Fusionstaumel bei DaimlerChrysler ist verflogen
Amerikanische Manager beklagen deutsche Dominanz – Aktie aus dem US-Index S & P 500 aussortiert

New York - Als der Daimler-Benz-Konzern im Sommer vergangenen Jahres seinen Zusammenschluss mit Chrysler bekannt gab, da war von einer „Fusion von Gleichen" die Rede.

Doch mittlerweile verstärkt sich in den USA der Eindruck, dass die Stuttgarter bei Daimler-Chrysler immer mehr das Sagen haben. Der Anteil amerikanischer Aktionäre am verschmolzenen Großunternehmen ist inzwischen von 44 auf 25 % abgesackt. ... Viele Chrysler-Manager haben das Unternehmen verlassen; aus dem Standard & Poors (S & P) 500 Index ist die Aktie DaimlerChrysler herausgeflogen. ... „Unsere Politik seit Jahren lautet, dass nicht-amerikanische Firmen nicht dem Index angehören können", sagte S & P-Sprecher Jordan. Für Daimler-Chrysler hat dies schwerwiegende Konsequenzen. Investmentfonds ziehen sich aus der Daimler-Chrysler-Aktie zurück, weil das Papier eine deutsche Aktie ist. ... Doch die Kritik an den Deutschen geht noch weiter: Nach Darstellung der „New York Times" kritisieren zahlreiche amerikanische Daimler-Chrysler-Manager, dass immer mehr Entscheidungen in Stuttgart getroffen werden – obwohl Auburn Hills bei Detroit formal ein gleichberechtigter Firmensitz sei. Auch der Beschluss, die Verhandlungen über die Übernahme von Nissan abzubrechen, sei in Stuttgart gefallen; ...

Laut „Wall Street Journal" wird in Stuttgart längst nicht mehr von der „Fusion von Gleichen" gesprochen. ... In der Automobilgeschichte hat diese Entwicklung Parallelen: Renault musste seinen Anteil an American Motor 1987 an Chrysler verkaufen, nachdem Spannungen zwischen den Franzosen und Amerikanern zu teilweise chaotischen Zuständen geführt hatten. Auch der geplante Zusammenschluss zwischen Renault und Volvo scheiterte 1993 daran, dass die Chemie zwischen französischen und schwedischen Managern nicht stimmte. So weit wird es Jürgen Schrempp jedoch kaum kommen lassen.

Quelle: Die Welt vom 27.3.1999, S. 19.

Info 13

Deutscher Aktienindex Stand am 5. 5. 1998 (kurz vor der Fusion) 5232,03	Deutscher Aktienindex Stand am 7. 10. 1999 5419,31
Daimler-Benz-Aktie Kurs am 5. 5. 1998 91,92 EUR	DaimlerChrysler-Aktie Kurs am 7. 10. 1999 68,10 EUR

10 Sozialistische Wirtschaftsordnungen

EINFÜHRENDES PROBLEM

Verfassung der ehemaligen DDR

Art. 9

(3) In der Deutschen Demokratischen Republik gilt der Grundsatz der Leitung und Planung der Volkswirtschaft sowie aller anderen gesellschaftlichen Bereiche. Die Volkswirtschaft der Deutschen Demokratischen Republik ist sozialistische Planwirtschaft.

Die zentrale Leitung und Planung der Grundfragen der gesellschaftlichen Entwicklung ist mit der Eigenverantwortung der örtlichen Staatsorgane und Betriebe sowie der Initiative der Werktätigen verbunden.

Wie und von wem wird der Wirtschaftsprozess in einer sozialistischen Planwirtschaft gesteuert?

Wie unterscheidet sich die sozialistische Planwirtschaft von einer Zentralverwaltungswirtschaft?

Ein Sozialist über die Planwirtschaft:

„Das grundlegende Kriterium der gesellschaftlichen Anerkennung verausgabter Arbeit im Sozialismus ist letztlich die (realisierbare) Befriedigung gesellschaftlicher und individueller Bedürfnisse und nicht schlechthin der Verkauf von Waren …"[1]

Werden die Bedürfnisse der Konsumenten in einer sozialistischen Planwirtschaft besser befriedigt als bei marktwirtschaftlicher Steuerung?

Die Meinung eines Gegners sozialistischer Planwirtschaft:

„Planwirtschaft ist und bleibt Kommandowirtschaft. Die Nachfrage auf dem Markt spielt höchstens noch eine untergeordnete Rolle; die demokratische Steuerung nach den Bedürfnissen der Wirtschaftsbürger fällt aus. Die Produktionsziele werden nach staats- und einheitsparteipolitischen Nutzerwägungen von oben festgesetzt. Der leitende Wirtschaftsfunktionär ist bloß das Exekutivorgan einer souveränen, jeden Widerspruch brechenden Plankommission. Damit ist nicht nur ein freies, schöpferisches Unternehmertum liquidiert, sondern auch Konsumentenfreiheit. Der Wirtschaftsbürger wird zum Wirtschaftsuntertan, manipuliert von der Planbehörde."[2]

Welche Stellung hat der Mensch in einer sozialistischen Wirtschaftsordnung?

[1] Nick, Harry, Marktwirtschaft. Legende und Wirklichkeit. Berlin (Ost). 1974, S. 69f.

[2] Schleyer, Hanns Martin, 1915–1977 (ermordet), Präsident der Bundesvereinigung der Dt. Arbeitgeberverbände (seit 1973) und des Bundesverbandes der Dt. Industrie (seit 1977). „Das soziale Modell", Stuttgart o. J., S. 89.

Wichtige Verbindungen zu anderen Themenkreisen		

2.5 Elemente jeder   8 Idealtypen der   9 Soziale Marktwirtschaft
    Wirtschaftsordnung   Wirtschaftsordnung   in der Bundesrepublik
                                                        Deutschland

10 Sozialistische Wirtschaftsordnungen

(10.5 Vergleich und Kritik von Wirtschaftsordnungen)

Abbildung 10.0.1

 **INFORMATION**

10.1 Merkmale und Formen sozialistischer Wirtschaftsordnungen

Sozialismus ist eine Sammelbezeichnung für vielfältige Ideen und politische Strömungen, die Gegenpositionen zum Liberalismus und Kapitalismus beziehen. Nach den von Karl Marx angedeuteten Prinzipien einer sozialistischen Wirtschaftsordnung soll das gesamte Wirtschaftsgeschehen in einem „gesamtgesellschaftlichen Plan" festgelegt werden, da eine Volkswirtschaft nur unter einer zentralen Leitung sinnvoll der Befriedigung menschlicher Bedürfnisse dienen kann. Damit wird im Bereich der Wirtschaft dem Grundprinzip für die Leitung eines sozialistischen Staates entsprochen, das als **„demokratischer Zentralismus"** bezeichnet wird. Werden wirtschaftliche Entscheidungen dezentral von Betrieben getroffen, dann führt dies nach Marx zu einer **„Marktanarchie"**.

Wirtschaftsordnungen, die sich an der Leitidee des Sozialismus orientieren, sind an folgenden gemeinsamen Merkmalen zu erkennen:

1. Die **Produktionsmittel sind verstaatlicht** bzw. vergesellschaftet. Privateigentum an Produktionsmitteln kann nur in geringem Umfang vorhanden sein.
2. Die Entscheidungskompetenz über die Produktion und Verteilung der Güter ist zentralisiert. Sozialistische Wirtschaftssysteme fordern deshalb einen **großen staatlichen Verwaltungsapparat.**

Eine Wirtschaftsordnung mit zentraler Planung bei Staatseigentum (gesellschaftlichem Eigentum) an den Produktionsmitteln wird als **Sozialistische Planwirtschaft** bezeichnet. Eine solche Wirtschaftsordnung bestand z. B. seit 1928 in der ehemaligen UdSSR. Die Voraussetzung für die Vergesellschaftung der Produktionsmittel war 1917 mit der Oktoberrevolution geschaffen worden. Zwischen 1917 und 1928 wurden in der ehemaligen UdSSR zunächst verschiedene Organisationsmodelle gesellschaftlicher Planung diskutiert und erprobt. Die sozialistische Planwirtschaft wurde von den meisten sozialistischen Ländern übernommen, u. a. auch von der ehemaligen DDR. Überall wo diese Wirtschaftsordnung bestand, ist sie gescheitert (s. 10.2.3).

Die erkennbaren Schwächen der sozialistischen Planwirtschaft führten zu verschiedenen Reformversuchen. Man versuchte, die Funktionsmängel der sozialistischen Planwirtschaft dadurch zu beseitigen, dass man insgesamt oder auf Teilgebieten die Steuerung der Wirtschaft Marktpreisen überließ. Beibehalten wurde aber das staatliche Eigentum an den Produktionsmitteln. Eine Wirtschaftsordnung, die staatliches Eigentum an den Produktionsmitteln mit dezentraler Wirtschaftslenkung zu verbinden sucht, ist eine **sozialistische Marktwirtschaft.** Solche Reformen wurden erstmals 1920 in der Sowjetunion versucht. Seit 1950 wurde schrittweise das jugoslawische Wirtschaftssystem reformiert. Auch die unter der Bezeichnung „Prager Frühling" von 1965 bis 1968 in der CSSR durchgeführte Wirtschaftsreform und der 1968 in Ungarn eingeführte „neue Wirtschaftsmechanismus" führten zu sozialistischen Marktwirtschaften.

10.2 Die sozialistische Planwirtschaft am Beispiel der ehemaligen DDR

Eine reale sozialistische Planwirtschaft wird im Folgenden kurz am Beispiel der Wirtschaftsordnung dargestellt, wie sie in der ehemaligen DDR bis zur so genannten Wende im Oktober 1989 bestand.

10.2.1 Das Lenkungssystem der sozialistischen Planwirtschaft

Aufgabe 1:
Art und Menge der Güter, die produziert werden sollen, müssen bestimmt werden.

In der sozialistischen Planwirtschaft der ehemaligen Deutschen Demokratischen Republik wurde die Volkswirtschaft zentral vom Ministerrat geleitet.

Oberstes Entscheidungsgremium für alle politischen und wirtschaftlichen Entscheidungen war das **Politbüro des Zentralkomitees,** dessen Mitglieder vom Parteitag gewählt wurden.

Der **Ministerrat** hatte die Aufgabe, die Grundsatzentscheidungen des Politbüros in Einzelentscheidungen umzusetzen. Der Ministerrat bestand überwiegend aus den Leitern der verschiedenen Industrieministerien und anderen mit Wirtschaftsfragen befassten Ministerien.

Die **Volkseigenen Betriebe** bekamen ihre Anweisungen von der **Staatlichen Plankommission.** Sie war die oberste Planungsinstanz, arbeitete die Einzelpläne aus, fasste sie zu Gesamtplänen zusammen und kontrollierte die Durchführung. Die Volkseigenen Betriebe erhielten von der Staatlichen Plankommission Angaben über die von den Betrieben zu erbringenden Leistungen, ebenso wie über die zu zahlenden Löhne und Sozialleistungen.

Auf allen Ebenen der einzelnen Planbereiche wurden die Leiter vom Staat (der Partei) eingesetzt und entlassen. Dies entspricht der Lehre des Marxismus-Leninismus, nach der die Partei der Arbeiterklasse mit unbegrenzter Autorität die führende Rolle bei der Leitung der sozialistischen Gesellschaft zu übernehmen hat.

Aufgabe 2:
Der Grad der Knappheit von Gütern muss Produzenten und Konsumenten sichtbar gemacht werden.

Die Staatliche Plankommission sollte sich bei der Preisfestsetzung nach sozialistischer Auffassung an dem gesellschaftlich notwendigen Arbeitsaufwand orientieren.

Das ist der Arbeitsaufwand, der insgesamt bei der Produktion eines Gutes entsteht. Dabei muss der Produktionsweg des Gutes bis zur Urproduktion zurückverfolgt werden. Auf allen Produktionsstufen müssen die entstehenden Arbeitszeiten ermittelt und addiert werden.

Die Staatliche Plankommission muss aus zwingenden Gründen häufig von der Regel abweichen und einen Preis festlegen, der in keinem Verhältnis steht zur gesellschaftlich notwendigen Arbeitszeit.

Gesellschaftlich notwendiger Arbeitsaufwand und Preis

Um einen Traktor für die Landwirtschaft herzustellen, sind 800 Arbeitsstunden notwendig; das hat die Staatliche Plankommission in den fortschrittlichsten Betrieben der Branche festgestellt. Dabei ist auch die Arbeitszeit zur Gewinnung des Erzes, zur Stahlverarbeitung und für die Herstellung der bei der Produktion von Traktoren benutzten Maschinen anteilig berücksichtigt.

Der Preis für einen Traktor wird auf 8 000 Mark festgelegt.

Zur Produktion eines Motorsportbootes sind 600 Arbeitsstunden gesellschaftlich notwendig. Der Preis für das Boot wird auf 20 000 Mark festgelegt, da es als Luxus angesehen wird.

Die gesellschaftlich notwendigen Arbeitszeiten verhalten sich wie 8:6, die Preise wie 8:20. Damit wird deutlich, dass der Preis nur die von der Staatlichen Plankommission gewollte Knappheit zeigt, aber sonst keinen Informationswert hat.

Der Preis ist in der sozialistischen Planwirtschaft kein zuverlässiges Informationsmittel, weder für die Betriebe noch für die Konsumenten.

Aufgabe 3:
Die Pläne der Produzenten und Konsumenten müssen aufeinander abgestimmt werden.

Die Staatliche Plankommission hatte die Aufgabe, die Preise so festzulegen, dass die **volkswirtschaftliche Gesamtnachfrage** nach Gütern das volkswirtschaftliche Gesamtangebot nicht übersteigt. Diese Aufgabe ist sehr schwierig, weil dazu der Preis jedes einzelnen Gutes so festgelegt werden muss, dass Angebot und Nachfrage für **jedes einzelne Gut** ausgeglichen sind. Zeigte sich, dass Angebot und Nachfrage bei dem zunächst von der Plankommission festgelegten Preis nicht ausgeglichen waren, dann musste die Plankommission korrigierend eingreifen. Entweder sie änderte den Preis oder sie versuchte, das Angebot der Nachfrage anzupassen.

In der ehemaligen DDR wurden die Preise von der Staatlichen Plankommission so festgelegt, dass sie der Durchsetzung des Planwillens dienten.

Aufgabe 4:
Die wirtschaftenden Menschen müssen am Erfolg des Wirtschaftens interessiert werden.

Die Sozialisten glauben, sich nicht allein auf finanzielle Anreize verlassen zu müssen, um die wirtschaftenden Menschen am Erfolg des Wirtschaftens zu interessieren. Sie rechnen damit, dass in einer sozialistischen Gesellschaft sich eine sozialistische Arbeitsmoral entwickelt und die Werktätigen auch ohne materiellen Anreiz ihre ganze Kraft für die Erfüllung und Übererfüllung der staatlichen Pläne einsetzen. Dies würden die Werktätigen tun, weil sie wissen, dass sie in der sozialistischen Gesellschaft für sich und die ganze Gesellschaft arbeiten und nicht für einen kapitalistischen Unternehmer.

Trotzdem mussten in der sozialistischen Planwirtschaft der ehemaligen DDR Betriebe und Werktätige mit materiellen Anreizen am Erfolg des Wirtschaftens interessiert werden.

Wenn in der ehemaligen DDR Betriebe das von der Staatlichen Plankommission für sie festgelegte Produktionssoll überschritten hatten, erhielten Betriebsleitung und Arbeiter eine Prämie.

10.2.2 Der Ordnungsrahmen der sozialistischen Planwirtschaft

In der sozialistischen Planwirtschaft der ehemaligen DDR war Privateigentum an den Produktionsmitteln grundsätzlich verboten. Die Wirtschaft beruhte auf sozialistischem Eigentum an den Produktionsmitteln.

Sozialistisches Eigentum gab es in zwei Formen:
● als gesamtgesellschaftliches Eigentum;
● als genossenschaftliches Gemeineigentum.

Im **gesamtgesellschaftlichen Volkseigentum** (Staatseigentum) waren die Volkseigenen Betriebe und die Volkseigenen Güter.

Genossenschaftliches Eigentum entstand z. B. durch den Zusammenschluss von Handwerkern oder Bauern. Die Genossenschaften wirtschafteten aber nicht etwa als unabhängige Eigentümer von Produktionsmitteln, sondern als fester Bestandteil der einheitlichen sozialistischen Volkswirtschaft.

Private Betriebe gab es in der Deutschen Demokratischen Republik nur noch in unerheblichem Umfang, z. B. als Handwerksbetriebe, die ohne nennenswerten Kapitaleinsatz arbeiteten, oder als private Betriebe mit staatlicher Beteiligung.

Gewerbefreiheit konnte es in der ehemaligen DDR nicht geben, weil sozialistisches Eigentum an den Produktionsmitteln und zentrale Planung der Wirtschaft Gewerbefreiheit nicht zulassen.

In der sozialistischen Planwirtschaft der ehemaligen DDR hatte der Werktätige **die freie Wahl des Arbeitsplatzes** nur im Rahmen der gesellschaftlichen Erfordernisse (Art. 24 der Verfassung). Die zentrale Planung der Wirtschaft erzwang, dass auch der Einsatz der Arbeitskräfte Bestandteil des volkswirtschaftlichen Gesamtplans war.

Art. 24 der Verfassung der ehemaligen DDR vom 6. April 1968 gewährte jedem Bürger das **Recht auf Arbeit.** Damit übertrug die Verfassung dem Staat die Verantwortung dafür, dass kein Bürger arbeitslos werden konnte. Um diesen Verfassungsauftrag zu erfüllen, wurden oft Arbeitskräfte den Betrieben zugewiesen, obwohl dort gar kein produktiver Arbeitsplatz zu besetzen war. Dies war eine wesentliche Ursache für die mangelnde Leistungsfähigkeit der DDR-Wirtschaft.

Da in der sozialistischen Planwirtschaft der ehemaligen DDR die Wirtschaft von einer Zentrale aus gesteuert wurde, war der Handlungsspielraum der Betriebe und der Verbraucher von der zentral erstellten Planung eingeengt. Zwischen den Betrieben konnten nur Verträge abgeschlossen werden, die der Erfüllung des zentralen Plans nicht widersprachen. In der sozialistischen Planwirtschaft der ehemaligen DDR war die **Vertragsfreiheit** durch die zentralen Pläne eingeengt.

10.2.3 Das Versagen der sozialistischen Planwirtschaft

Überall in der Welt, wo sozialistische Planwirtschaften bestanden, haben sie versagt. Vor der Wende im Oktober 1989 waren die Bürger der ehemaligen DDR weit schlechter mit Gütern versorgt als die Bürger der westlichen Länder. Zudem war die Lebensqualität durch Umweltbelastung außerordentlich beeinträchtigt. Der Rückstand bestand aber nur im Vergleich gegenüber westlichen Industrieländern, z. B. der Bundesrepublik Deutschland. In anderen sozialistischen Ländern waren die wirtschaftlichen Verhältnisse noch schlechter.

10.3 Die sozialistische Marktwirtschaft

Die erkennbaren Mängel der sozialistischen Planwirtschaft führten im sozialistischen Lager zu dem Versuch, die zentrale Planung der Gesamtentwicklung der Volkswirtschaft mit der dezentralen Planung des Wirtschaftsprozesses zu verbinden. Eine solche Wirtschaftsordnung wird als **sozialistische Marktwirtschaft** bezeichnet.

Eine sozialistische Marktwirtschaft hat folgende wesentliche Merkmale:
- Die zentrale Planung beschränkt sich auf die Festlegung der obersten Ziele der Wirtschaft, wie das Wachstum der Wirtschaft, die Verteilung des Volkseinkommens und die Aufteilung der Produktion in Konsum und Investition.
- Die Betriebe erhalten von dem zentralen Planungsamt keine verbindlichen Anweisungen.
- Der Markt soll innerhalb der zentral vorgegebenen Rahmendaten die Steuerung übernehmen.
- Die Wirtschaftspolitik versucht, mit indirekten Methoden die Voraussetzungen dafür zu schaffen, dass die Betriebe aus eigenem Interesse Entscheidungen treffen, die mit den Zielen des Volkswirtschaftsplans übereinstimmen.

Manche Theoretiker und Politiker des Sozialismus suchen nach dem Zusammenbruch der sozialistischen Planwirtschaften nach einem „Dritten Weg" und sehen ihn in einer sozialistischen Marktwirtschaft. Doch die bisher mit den Reformversuchen gemachten Erfahrungen lassen eine große Anzahl ungelöster Probleme erkennen. Da die Unternehmen nicht Eigentümer an den Produktionsmitteln sind, haben die Entscheidungsträger auch nicht den für wirtschaftlich notwendige und gerechtfertigte Entscheidungen unerlässlichen Spielraum. Sie können z. B. weder Grundstücke erwerben noch verkaufen, weder ein Unternehmen gründen noch erweitern oder gar auflösen.

Da das Eigentum an den Produktionsmitteln der Staat besitzt, gibt es für Produktionsmittel auch keinen Markt und keinen Marktpreis. In einer Marktwirtschaft sollen Marktpreise die Knappheit der Güter ausdrücken. Diese Information über die Knappheit der Produktionsmittel ist für Unternehmen aber von zentraler Bedeutung, um die Produktionsfaktoren optimal zu kombinieren. Deshalb kann es ohne Privateigentum an den Produktionsmitteln keine funktionierende Steuerung der Wirtschaft über den Markt geben.

Vergleich der Sozialen Marktwirtschaft in der Bundesrepublik Deutschland mit einer Sozialistischen Planwirtschaft und einer Sozialistischen Marktwirtschaft

	Soziale Marktwirtschaft in der Bundesrepublik Deutschland	Sozialistische Planwirtschaft	Sozialistische Marktwirtschaft
Lenkungssystem und Rolle des Staates	Die Wirtschaft soll über den **Markt** gesteuert werden (Lenkungs-, Planabstimmungs-, Signal-, Anreizfunktion). Der Staat greift nur ein, um – die Voraussetzungen für freie Märkte und Wettbewerb zu schaffen (**Wettbewerbspolitik, Verbraucherpolitik**), – unsoziale Auswirkungen auszugleichen (**Einkommens-, Konjunktur- und Beschäftigungspolitik**). **Die Eingriffe sollen privatwirtschaftliche Entscheidungen nur beeinflussen, nicht vorschreiben.**	**Der Sozialismus lehnt den Marktmechanismus ab.** Die zentrale Steuerung der Wirtschaft erfolgt durch staatliche Organe und die herrschende sozialistische Einheitspartei. Auf allen Stufen der Planung besteht der bestimmende Einfluss der staatlichen Einheitspartei. – Die Staatliche Plankommission schlägt Art und Menge der zu produzierenden Güter vor. – Staatliche Preise zeigen die von der Plankommission gewollte Knappheit der Güter. – Staatlich festgesetzte Preise dienen der Durchsetzung des Planwillens. – Anreiz erfolgt durch materielle Prämien und Ehrungen.	Orientiert an Grundideen des Sozialismus. **Zentrale Planung bestimmt über oberste Ziele.** (Wachstum der Wirtschaft, Verteilung des Volkseinkommens). Betriebe orientieren ihre Entscheidungen am Markt (am Gewinn). Staat gibt **Rahmendaten** vor, damit die Unternehmen Entscheidungen treffen, die mit den Zielen des Volkswirtschaftsplans übereinstimmen.
Ordnungsrahmen	– **Privateigentum** auch an den Produktionsmitteln, Art. 14 GG. Überführung in Gemeineigentum gegen Entschädigung möglich, Art. 15 GG. – **Gewerbefreiheit**, Art. 2 GG und § 1 GO. Genehmigung nur zur Überwachung der Sicherheit und der persönlichen Zuverlässigkeit. – **Freie Berufswahl, freie Wahl des Arbeitsplatzes**, Art. 11, 12 GG. – **Vertragsfreiheit** ist ein Teil der in Art. 2 GG zugesicherten Entfaltungsfreiheit.	– Privateigentum an den Produktionsmitteln **grundsätzlich verboten.** Produktionsmittel sind in **gesamtgesellschaftlichem Volkseigentum oder in genossenschaftlichem Gemeineigentum.** – Ohne Privateigentum an den Produktionsmitteln kann es **keine Gewerbefreiheit geben.** – Freie Wahl des Arbeitsplatzes nur im **Rahmen der gesellschaftlichen Erfordernisse.** – Die **Vertragsfreiheit** wird durch zentrale Pläne **eingeengt.**	**Produktionsmittel sind gesamtgesellschaftliches Volkseigentum** oder genossenschaftliches Gemeineigentum. **Keine Gewerbefreiheit**, aber keine direkten Weisungen an Unternehmen, keine verbindlichen Auflagen des Staates für Betriebe; staatlicher Einfluss auf Zusammensetzung der Unternehmensleitungen.

Tabelle 10.3.1

10.4 Vergleich und Kritik von Wirtschaftsordnungen

Die Wirtschaft ist kein Bereich des menschlichen Lebens, der von den übrigen Bereichen abgegrenzt werden kann. Die Entscheidung für eine Wirtschaftsordnung betrifft alle Bereiche des menschlichen Lebens. Wirtschaftsordnungen sind bestimmende Teile des allgemeinen Gesellschaftssystems. Das macht den Vergleich von Wirtschaftsordnungen so schwierig, wenn er sich nicht nur auf die beschreibende Gegenüberstellung von Regeln beschränken soll, wie das z. B. in der Tabelle 10.3.1 geschieht. Vor allem darf man nicht den Fehler machen, die in einer realen Wirtschaftsordnung erkannten Fehler dem Idealbild einer anderen Wirtschaftsordnung gegenüberzustellen. Wer dies tut, bleibt den Beweis schuldig, dass die von ihm beschriebene ideale Ordnung in der Realität auch funktioniert.

Beispiel für den Vergleich zweier Wirtschaftsordnungen				
individuell ausgewählte Aspekte			Vergleich der Wirtschaftsordnungen	
Nr.	Aspekte	Gewichtung (Punkte)	Entscheidung: Bezogen auf den Aspekt ist die folgende Wirtschaftsordnung überlegen:	
			A	B
1	Konsumfreiheit	5	5	
2	freie Berufswahl	5	5	
3	Geldwertstabilität	2		
4	Vollbeschäftigung	10		10
5	Umweltschutz	10		
6	gesamtwirtschaftliche Produktivität	10	10	
7	gerechte Einkommensverteilung	8		8
	Summe	50	20	18
Nach der Einschätzung des Beurteilenden ist die Wirtschaftsordnung A überlegen.				

Tabelle 10.5.1

Ein kritischer Vergleich von Wirtschaftsordnungen vollzieht sich in folgenden Schritten:

1. Die Gesichtspunkte (Aspekte) müssen ausgesucht werden, die gegenübergestellt werden sollen. Die Auswahl der Aspekte ist eine subjektive Entscheidung und hat schon Auswirkung auf das Ergebnis.

2. Es ist festzulegen, welches Gewicht (in Punkten) jeder Aspekt bei der vergleichenden Kritik haben soll. Diese festgelegte Gewichtung ist Ausdruck eines persönlichen Werturteils des Beurteilenden, die nicht mit wissenschaftlichen Maßstäben als falsch oder richtig bezeichnet werden kann.

3. Der Beurteilende hat zu jedem der von ihm gewählten Aspekte zu entscheiden, welche Wirtschaftsordnung er für überlegen hält und der nach seinem Urteil überlegenen Wirtschaftsordnung die Punkte zuzuteilen.

4. Im Ergebnis hält der Beurteilende die Wirtschaftsordnung für überlegen, der er insgesamt die meisten Punkte zugeteilt hat.

AUFGABEN UND PROBLEME

10.1 *Preiskontrolle und Gewerbeaufsicht in der Sozialen Marktwirtschaft und in der sozialistischen Planwirtschaft*

In einer Informationsschrift für Preiskontrolleure in der ehemaligen Deutschen Demokratischen Republik[1] ist das Muster eines Kontrollauftrags für Fleisch- und Wurstwaren abgedruckt, in dem die Ergebnisse der Preiskontrolle eingetragen werden sollen.

Kontrollauftrag für Fleisch und Wurstwaren (Erläuterungen 1, 2, und 3 siehe S. 195)
Rat des Bezirkes bzw. Rat des Kreises / der Stadt Abteilung Handel und Versorgung.

 1. Datum der Kontrolle _____

 2. Kontrollgruppe _____
    (Name, Betrieb)

 3. Stempel des Objekts _____
    Name des Objekts
    (Tel.-Nr. des Objekts)

 4. Eigentumsform _____

 5. Öffnungszeiten _____

 6. Preisstufe _____

 7. Einstufungsbescheid
    wurde vorgelegt   ja/nein

 8. Sind Preistafeln sichtbar angebracht für
    a) Fleisch   ja/nein
    b) Wurst   ja/nein

 9. Werden Bockwurst, Wiener und Knacker
    nach Gewicht verkauft?
                                             ja/nein

10. Erfolgt die Einzelauspreisung mit Sorten-
    angabe und Mengeneinheit?
                                             ja/nein

11. Welche Abweichungen gibt es?

12. Sind folgende Sorten Wurst
    im Angebot? 1)
    Blutwurst   ja/nein
    Sülzwurst   ja/nein
    Zwiebelleberwurst   ja/nein
    Jagdwurst   ja/nein
    Braunschweiger, fein   ja/nein
    Kammfleischwurst   ja/nein
    Teewurst, fein   ja/nein

13. Sind folgende Fleischsorten
    im Angebot?
    Bauchfleisch   ja/nein
    Spitzbeine   ja/nein
    Schweineköpfe   ja/nein
    Leber   ja/nein

    Vergleiche Bestellung mit Lieferung
    dieser Fleisch- und Wurstsorten (fehlen-
    des Sortiment auf Rückseite des Blattes
    aufführen und kurze Begründung geben.)

14. Kundeneinkäufe kontrollierten: 3)

                           geforderter / richtiger Preis

 1
 2
 3
 4
 5
 6
 7
 8
 9
10

15. Welche Sorten Fleisch- und Wurst-
    konserven werden verkauft (aufführen)?

16. Wie wird Aufschnitt berechnet?
    a) Preis für 100 g
    b)

17. Steht die Neigungswaage auf ±?
    ja/nein (Abweichung)

18. Wann wurde die letzte Eichung vorge-
    nommen (Neigungswaage/Dezimalwaa-
    ge)?
    Datum:

19. Einschätzung der Ordnung und Sauber-
    keit durch die Kontrollgruppe:

20. Stellungnahme des Objekt-/Ver-
    kaufsstellenleiters bzw. des für die
    festgestellten Mängel Verantwort-
    lichen (z. B. Kellner, Verkaufskraft)

_____ den _____
                    Unterschrift des Objekt-/
                    Verkaufsstellenleiters

_____   _____
Unterschrift der   Unterschrift des für die fest-
Kontrollgruppe   gestellten Mängel Verant-
                        wortlichen (Name, Vorname,
                        Anschrift, Telefon-Nr.)

Erläuterungen zu dem Kontrollauftrag s. S. 195.

[1] Heinz Braun, Preiskontrolle, aber wie? Praktische Hinweise für haupt- und ehrenamtliche Kontrollkräfte, dargestellt an den Branchen Fleisch- und Wurstwaren sowie Back- und Konditoreiwaren, Verlag Die Wirtschaft, Berlin (Ost), 1974.

● Welche in dem Kontrollauftrag enthaltenen Fragen oder Feststellungen könnten auch von einem staatlichen Aufsichtsbeamten im System einer Sozialen Marktwirtschaft ausgehen? Welche nicht? Begründung!

Aus den Erläuterungen zu dem Kontrollauftrag:

(1) Bei der Überprüfung der Verkaufseinrichtung ist das tatsächlich vorhandene Warenangebot auf der Grundlage der bestätigten Sortimentsnomenklatur in folgender Hinsicht zu kontrollieren:

– Sind die Sortimente der unteren Preisklasse ausreichend im Angebot?

– Sind die Sortimente der mittleren und oberen Preisklassen im Angebot?

Mit dieser Kontrolle erhält man jedoch noch keine ausreichende Aussage, ob die Bevölkerung ständig kontinuierlich und stabil versorgt wird.

(2) Mit dem Warenangebot soll gleichzeitig die Einkaufstätigkeit des Leiters der Verkaufseinrichtungen überprüft werden. Da bereits mit der Bestellung der Ware entscheidend das Versorgungsniveau bestimmt wird, müssen hohe Anforderungen an die Vorbereitung der Verkaufsstellenerträge gestellt werden. Geprüft werden sollen die Bestellungen der Verkaufseinrichtungen und die Auslieferungen durch die Produktionsbetriebe.

(3) Die Ergebnisse der bisherigen Kontrollen zeigen immer wieder: Die meisten Preisverstöße werden dadurch verursacht, dass Verkaufseinrichtungen einzelne Wurstwaren nicht zu dem in der PAO Nr. 4543 festgelegten EVP verkaufen.

10.2 *Preisfunktionen und Wirtschaftsordnung*

● Wie würden Sie die Wirtschaftsordnung einer Volkswirtschaft bezeichnen, für die der folgende Text gilt?

Der Preis hat in unserer Wirtschaft folgende Funktionen:

Der Preis ist Messinstrument. Der Preis macht den gesellschaftlich notwendigen Arbeitsaufwand sichtbar. Damit wird er zu einem wichtigen Maßstab für die Entscheidungen der Plankommission im Bereich der Produktion und Investition.

Der Preis ist ökonomischer Hebel. Der Preis muss so festgelegt werden, dass er einen wirksamen Druck auf die Durchsetzung der geplanten Zielsetzung ausübt, insbesondere auf die Senkung der Selbstkosten, die Förderung des technisch-wirtschaftlichen Fortschritts und die Erhöhung der Qualität der Erzeugnisse.

Der Preis ist Instrument der Verteilung des Nationaleinkommens. Mit der planmäßigen Gestaltung des Preisgefüges wird gleichzeitig die Einkommensverteilung entsprechend den volkswirtschaftlichen Erfordernissen maßgeblich beeinflußt.

■■■■■ *ZUR WIEDERHOLUNG DES GRUNDWISSENS*

1. Welche Merkmale sind allen sozialistischen Wirtschaftsordnungen gemeinsam?

2. Beschreiben Sie die Durchführung der Volkswirtschaftsplanung in der ehemaligen Deutschen Demokratischen Republik!

3. Wie unterscheidet sich der Ordnungsrahmen einer sozialistischen Planwirtschaft von dem Ordnungsrahmen einer Sozialen Marktwirtschaft?

4. Wie unterscheidet sich die Funktion des Preises in einer sozialistischen Planwirtschaft von der Funktion des Preises in einer Sozialen Marktwirtschaft?

5. Wie unterscheidet sich eine sozialistische Marktwirtschaft von einer sozialistischen Planwirtschaft?

6. Wie unterscheidet sich eine sozialistische Marktwirtschaft von einer Sozialen Marktwirtschaft?

7. In welchen Schritten hat sich ein kritischer Vergleich zweier Wirtschaftsordnungen zu vollziehen?

11 Gesamtwirtschaftliches Rechnungswesen

▰▰ EINFÜHRENDES PROBLEM

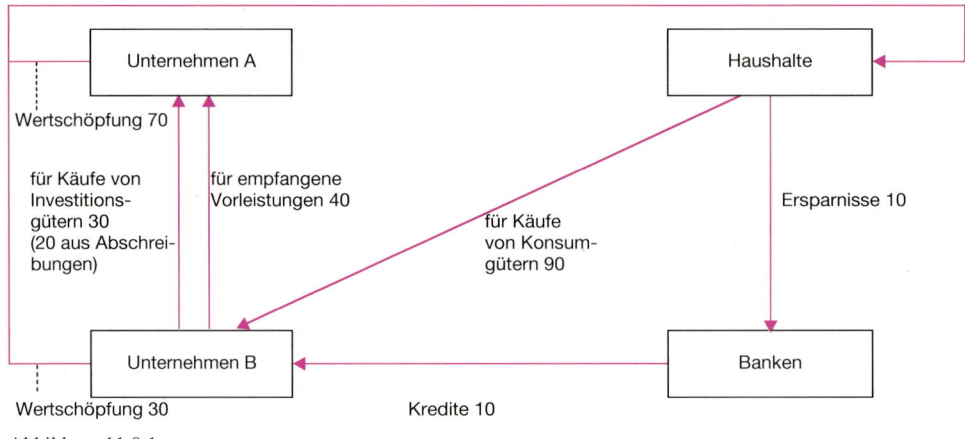

Abbildung 11.0.1

- 1. Vereinfachen Sie die grafische Darstellung einer evolutorischen Wirtschaft, indem Sie die Unternehmen A und B zu einem Block zusammenfassen und die Zwischenstation Banken grafisch nicht mehr darstellen!

- 2. Stellen Sie den grafisch dargestellten Kreislauf der Konten dar! Beschränken Sie sich dabei auf die beiden Konten „Produktionskonto der Unternehmen" und „Einkommenskonto".

- 3. Erstellen Sie in Form eines Kontos (Vermögensänderungskonto) eine Nebenrechnung, in der nachgewiesen wird, wie die auf der Sollseite ausgewiesenen Bruttoinvestitionen finanziert wurden!

- 4. Der oben grafisch dargestellte volkswirtschaftliche Kreislauf ist jetzt in einer volkswirtschaftlichen Gesamtrechnung dargestellt, die aus einem Produktionskonto, einem Einkommenskonto und einem Vermögensänderungskonto besteht.

- Wie lauten für die im Bild oben dargestellten Kreislaufbeziehungen die Buchungssätze zur Entwicklung der volkswirtschaftlichen Gesamtrechnung?

Abbildung 11.0.2

INFORMATION

11.1 Aufgaben eines gesamtwirtschaftlichen Rechnungswesens

Im gesamtwirtschaftlichen Rechnungswesen werden die Ergebnisse des Wirtschaftsprozesses einer Volkswirtschaft für eine vergangene Periode (in der Regel 1 Jahr) festgehalten. Die Zahlen der volkswirtschaftlichen Gesamtrechnung liefern der **Wirtschaftspolitik** wesentliche Informationen. Auf der Grundlage von Zahlen aus der Vorperiode kann sie ihre Zielformulierungen mengenmäßig präzisieren (operationalisieren); mit den ermittelten Ergebnissen kann rückblickend festgestellt werden, welche Wirkung mit wirtschaftspolitischen Maßnahmen erzielt wurde.

Das Zahlenwerk einer volkswirtschaftlichen Gesamtrechnung lässt keine Ursache-Wirkungszusammenhänge erkennen. Trotzdem ist es eine wesentliche Hilfe, um den Wirtschaftsprozeß in einer Volkswirtschaft zu durchschauen und zu verstehen. Für die **Wissenschaft** ist das gesamtwirtschaftliche Rechnungswesen ein unverzichtbares Mittel, um aufgestellte Theorien über Wirkungszusammenhänge in der Volkswirtschaft zu überprüfen.

11.2 Wirtschaftskreislauf und kontenmäßige volkswirtschaftliche Gesamtrechnung (am Beispiel einer stationären Wirtschaft ohne ökonomische Aktivität des Staates und ohne Außenhandel)

Die grafische Darstellung des Wirtschaftskreislaufs (s. 3.3.1) zeigt, wo Einkommen entsteht, welchen Gruppen das Einkommen zufließt, wie das Einkommen verwendet wird und schließlich an den Ort der Entstehung zurückfließt. Die Kreislaufbeziehungen können auch in Form von Gleichungen ausgedrückt werden (s. 3.3.2). Die gleiche Aufgabe wird im gesamtwirtschaftlichen Rechnungswesen mit dem Instrument kontenmäßiger Darstellung erfüllt.

> Der Wirtschaftskreislauf lässt sich grafisch, in Form von Gleichungen oder in Kontenform darstellen.

Abbildung 11.2.1 zeigt für den einfachen Fall einer stationären Wirtschaft (ohne ökonomische Aktivität des Staates und ohne Außenhandel), wie aus einer grafischen Darstellung des Wirtschaftskreislaufs eine kontenmäßige Darstellung abgeleitet werden kann, indem alle Produktionsvorgänge in einer Volkswirtschaft auf einem einzigen Produktionskonto (Nationales Produktionskonto) zusammengefasst werden. Dabei werden zufließende monetäre Ströme auf der Habenseite der Konten und abfließende monetäre Ströme auf der Sollseite verbucht.

Das von den Unternehmen erstellte Produktionsergebnis wird als **Wertschöpfung** bezeichnet. Die Produktion erfolgte unter Einsatz von Produktionsfaktoren, die den Unternehmen gegen Entgelt zur Verfügung gestellt wurden. Das dabei entstandene Einkommen (Löhne, Zins, Gewinn) wird unter der Bezeichnung **Faktoreinkommen** zusammengefasst.

Die von den Unternehmen hergestellten Investitionsgüter verbleiben im Bereich der Unternehmen. In dem dargestellten Fall einer stationären Wirtschaft werden sie ganz aus den Abschreibungen finanziert, da die Bruttoinvestition allein aus Ersatzinvestitionen besteht. Der Abschreibungsstrom fließt innerhalb des Sektors der Unternehmen; es ist ein intersektoraler Strom (In-sich-Strom).

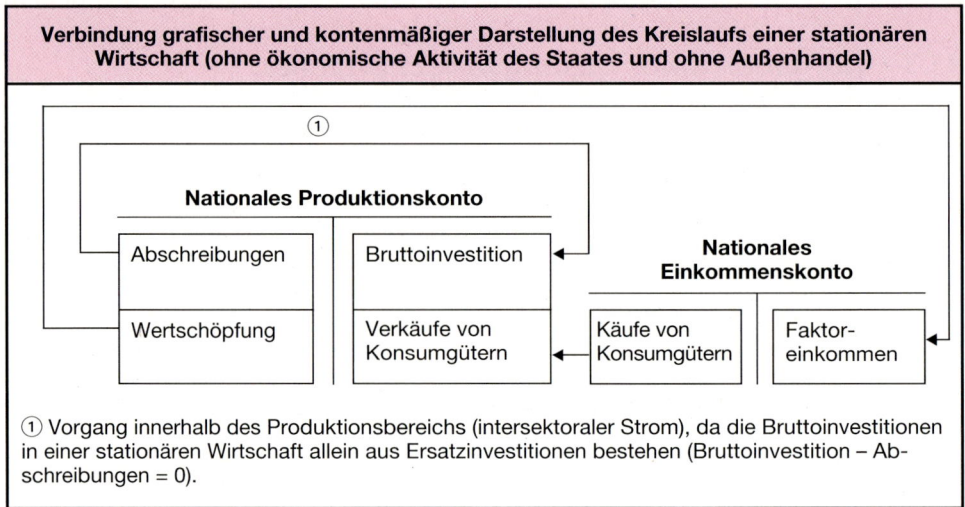

Abbildung 11.2.1

11.3   Der Kreislauf einer evolutorischen Wirtschaft

11.3.1   Grafische Darstellung des Kreislaufs einer evolutorischen Wirtschaft (ohne ökonomische Aktivität des Staates und ohne Außenhandel)

Im Modell der **stationären Wirtschaft** haben wir angenommen, dass die privaten Haushalte ihr gesamtes Einkommen für Konsumausgaben verwenden. Die Unternehmen führen in Höhe der Abschreibungen Ersatzinvestitionen durch. In dieser Volkswirtschaft gibt es keine Nettoinvestition. Wir erweitern jetzt dieses Modell und machen einen Schritt zur Realität, die im gesamtwirtschaftlichen Rechnungswesen erfasst werden soll. Wir nehmen an, dass ein Teil des in dieser Volkswirtschaft entstehenden Einkommens gespart wird und die Unternehmen Nettoinvestitionen durchführen. Wir betrachten das Modell einer **evolutorischen** Wirtschaft. Im Gegensatz zur stationären Wirtschaft ist es eine sich im Zeitablauf verändernde Wirtschaft.

> In einer evolutorischen Wirtschaft gibt es Nettoinvestitionen und Ersparnisse. Sind die Nettoinvestitionen positiv, dann handelt es sich um eine wachsende (fortschreitende) Wirtschaft. Negative Nettoinvestitionen kennzeichnen eine schrumpfende Wirtschaft.

Um den Kreislauf einer evolutorischen Wirtschaft anschaulich darstellen zu können, nehmen wir an, nur die Haushalte sparen und alle Ersparnisse werden bei Banken eingebracht. An dem Ergebnis unserer Betrachtung würde sich aber nichts ändern, wenn wir berücksichtigen würden, dass Unternehmen einen Teil ihres Gewinns **ohne den Umweg über eine Bank** direkt für Nettoinvestitionen verwenden. Wollte man auch diesen Vorgang in der Grafik darstellen und neben den Unternehmen und den privaten Haushalten noch weitere Sektoren berücksichtigen, dann würde die Grenze einer übersichtlichen Darstellung überschritten.

Der Wirtschaftskreislauf einer evolutorischen Wirtschaft

Y (Einkommensstrom I)

Y (Einkommensstrom C)

Unternehmen

Haushalte

I (Ausgabestrom)

C (Ausgabestrom)

S (Ersparnis)

Banken

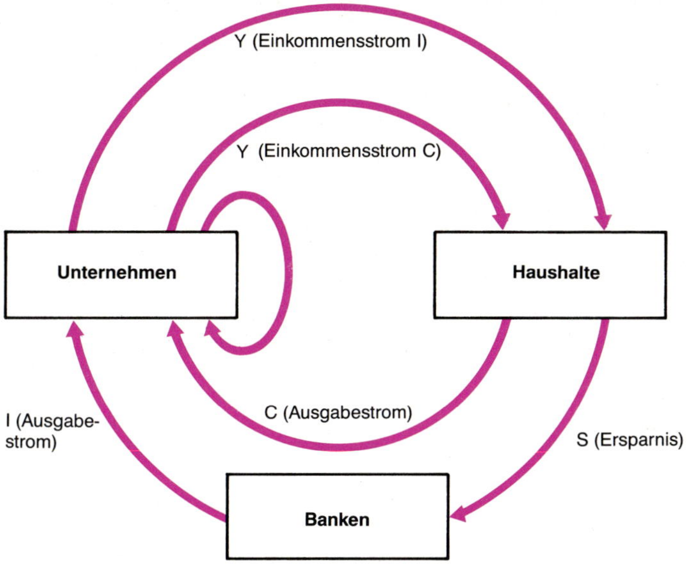

Ausgabeströme
C = Ausgaben für Konsumgüter
S = Ersparnis
I = Kredite für Investitionszwecke

Einkommensströme
Y (Einkommensstrom I) = Einkommen aus der Herstellung von Investitionsgütern
Y (Einkommensstrom C) = Einkommen aus der Herstellung von Konsumgütern

Abbildung 11.3.1

Bringen die Haushalte ihre Sparbeträge bei den Banken ein, dann fließt unmittelbar von den Haushalten nicht C, sondern C – S in den Sektor Unternehmen zurück. Nehmen die Unternehmen in Höhe der Sparbeträge bei den Banken Kredite zur Finanzierung von Investitionen auf, dann fließt das gesparte Geld in den Kreislauf zurück. Es wird zur Nachfrage nach Investitionsgütern. **Der durch die Ersparnisse eingetretene Nachfrageausfall wird durch die Nettoinvestition ausgeglichen.**

Werden die Sparbeträge von den Unternehmen nicht zur Durchführung von Nettoinvestitionen in Anspruch genommen, dann entsteht ein **Nachfrageausfall,** der wahrscheinlich zur Entlassung von Arbeitnehmern führen wird.

11.3.2 Die Darstellung des Kreislaufs einer evolutorischen Wirtschaft (ohne ökonomische Aktivität des Staates und ohne Außenhandel) mithilfe von Gleichungen

Die grafische Darstellung des Wirtschaftskreislaufs einer evolutorischen Wirtschaft (Bild 11.3.1) macht deutlich, dass das Einkommen der Haushalte aus zwei Strömen gespeist wird. Den Haushalten fließt Einkommen zu, das bei der Produktion von Konsumgütern entstanden ist. In Bild 11.3.1

wird dieser Strom als Einkommensstrom C bezeichnet. Ein anderer Teil des Einkommens der Haushalte wird bei der Produktion von Investitionsgütern verdient. Dieser Strom ist in Bild 11.3.1 als Einkommensstrom I bezeichnet. Beide Ströme zusammen ergeben das Gesamteinkommen der Haushalte. Dieser Sachverhalt lässt sich in einer Gleichung ausdrücken, die als **Einkommensentstehungsgleichung** bezeichnet wird:

> Einkommensentstehungsgleichung einer evolutorischen Wirtschaft:
> $$Y = C + I$$

Wir betrachten jetzt die Ausgabenseite und erkennen, dass die Haushalte nur einen Teil ihres Einkommens für Konsumgüter ausgeben. Der Strom, der in Bild 11.3.1 von den Haushalten zu dem Bereich Konsumgüterherstellung führt, wird dort als Ausgabenstrom C bezeichnet. Ein Teil des Einkommens wird von den Haushalten nicht ausgegeben, sondern gespart. Der Ausgabenstrom C und die zurückbehaltene Sparsumme S ergeben zusammen das Gesamteinkommen der Haushalte. Diesen Zusammenhang stellt die **Einkommensverwendungsgleichung** dar.

> Einkommensverwendungsgleichung einer evolutorischen Wirtschaft:
> $$Y = C + S$$

Der Wirtschaftskreislauf ist nur geschlossen, wenn die Banken die Spargelder als Kredite zur Finanzierung von Investitionen an Unternehmen weitergeben, weil nur dann die Summe der Einkommensströme gleich groß ist wie die Summe der Ausgabenströme.

11.3.3 Die Gleichheit von Sparen und Investieren

Aus der Einkommensentstehungsgleichung und der Einkommensverwendungsgleichung lässt sich nachweisen, dass die Nettoinvestition in einer Wirtschaftsperiode immer so groß sein muss wie das Sparen.

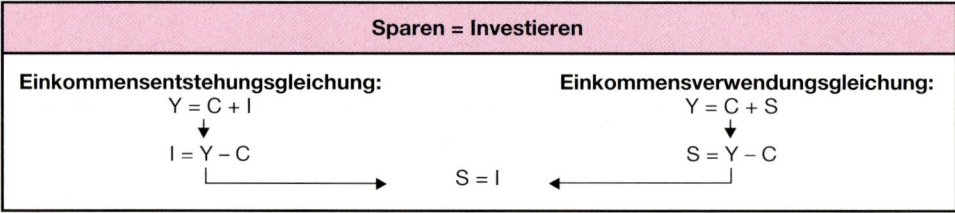

Tabelle 11.3.2

Es gibt allerdings keinen geheimnisvollen Mechanismus, der bewirkt, dass die freiwilligen Ersparnisse der Haushalte immer genau so groß sind wie die geplanten Investitionen der Unternehmen. Was geschieht nun aber, wenn freiwillige Ersparnisse und geplante Investitionen nicht übereinstimmen?

Sind die **freiwilligen Ersparnisse größer als die geplanten Investitionen,** können die Unternehmen einen Teil ihrer Produktion nicht absetzen. Die Lagerbestände erhöhen sich. Dies ist eine **ungeplante Investition.** Die tatsächlichen Investitionen haben sich – nachträglich betrachtet – den geplanten Ersparnissen angepasst **(S = I geplant + I ungeplant).**

Sind die **freiwilligen Ersparnisse kleiner als die geplanten Investitionen,** können die Unternehmen ihre Investitionspläne dennoch durchführen. Sie können die über die freiwilligen Ersparnisse hinausgehenden geplanten Investitionen durch die Banken finanzieren lassen. Banken können nämlich durch Kreditschöpfung selbst Geld schöpfen (siehe 13.5.2). Da weniger Konsumgüter angeboten als von den Haushalten nachgefragt werden, steigen die Preise für Konsumgüter. Die Haushalte bekommen für den für Konsumzwecke bereitgestellten Teil ihrer Einkommen weniger Güter als bisher. Sie müssen unfreiwillig auf Konsum verzichten. Auch das ist Sparen. Die tatsächlichen Ersparnisse haben sich – nachträglich betrachtet – den geplanten Investitionen angepasst **(I = S freiwillig + S unfreiwillig).**[1]

Der Zusammenhang von Sparen und Investieren in der Volkswirtschaft		
Planung	**S > I**	**S < I**
Anpassungsprozess:	Erhöhung der Lagerbestände (Ungeplante Vorratsinvestition)	Konsumverzicht durch Preiserhöhung (Unfreiwilliges Sparen)
Ergebnis:	S = I geplant + I ungeplant $\underbrace{\qquad\qquad}$ I	I = S freiwillig + S unfreiwillig $\underbrace{\qquad\qquad}$ S

Tabelle 11.3.3

Stimmen die freiwilligen Ersparnisse mit den geplanten Investitionen überein, befindet sich die Wirtschaft im Gleichgewicht. Die Güternachfrage entspricht dem Güterangebot. Die Definitionsgleichung I = S kann in der folgenden unmissverständlichen Form geschrieben werden:

I geplant + I ungeplant = S freiwillig + S unfreiwillig

11.4 Das Kontensystem des gesamtwirtschaftlichen Rechnungswesens

Der volkswirtschaftliche Kreislauf ist ein so kompliziertes System, dass er in jeder Darstellungsform (Grafik, Gleichungen, Konto) nur dann übersichtlich dargestellt ist, wenn die vielen in einer Volkswirtschaft tätigen Wirtschaftseinheiten zu Sektoren zusammengefasst werden. Die Abgrenzung erfolgt nach den für die Wirtschaftseinheiten typischen Aktivitäten:

1. **Unternehmen** produzieren Güter. Sie setzen dazu Produktionsfaktoren ein und beziehen Vorleistungen von anderen Unternehmen. Diese Güter verkaufen sie gegen Entgelt. Zu den Unternehmen zählen z. B. Industrie- und Handelsunternehmen, landwirtschaftliche Betriebe, Handwerksbetriebe, Kreditinstitute, auch Unternehmen in der Hand des Staates.

2. **Öffentliche Haushalte** produzieren ebenfalls Güter; sie geben diese Güter aber in der Regel ohne direktes Entgelt an andere Wirtschaftseinheiten ab. Zu den öffentlichen Haushalten gehören u. a. der Bund, die Länder, die Gemeinden und die Sozialversicherungshaushalte. Die Zusammenfassung dieser öffentlichen Haushalte wird als **Staat** bezeichnet.

3. **Private Haushalte** stellen Faktorleistungen an Unternehmen und öffentliche Haushalte bereit (vor allem ihre Arbeitskraft) und erhalten dafür Einkommen. Das Einkommen geben sie für den Kauf

[1] In einer Wirtschaft mit Außenhandelsbeziehungen (offene Wirtschaft) ist die gesamte Ersparnis ex post gleich der Summe aus Nettoinvestition und Außenbeitrag (s. auch 11.8).

von Konsumgütern aus oder verwenden es für die Bildung von Ersparnissen. Statistisch zählen zu den privaten Haushalten auch private Organisationen ohne Erwerbscharakter, z. B. Kirchen, politische Parteien, Gewerkschaften, Sportvereine.

4. Im Sektor **Ausland** werden alle ökonomischen Aktivitäten erfasst, die Inländer mit ausländischen Wirtschaftseinheiten durchführen. Es erfolgt also keine Unterscheidung mehr, ob der Vorgang ein ausländisches Unternehmen oder einen ausländischen öffentlichen Haushalt betrifft. In der Statistik wird dieser Sektor als **„übrige Welt"** bezeichnet.

Die Aufteilung in Sektoren ist eine rein funktionelle und lässt eine personelle Zuordnung nicht zu. Die Dienstleistung eines Rechtsanwalts wird im Sektor Unternehmen erfasst, die Verwendung seines Einkommens im Sektor private Haushalte.

Analysieren wir den Prozess des Wirtschaftskreislaufs, dann lassen sich die **ökonomischen Aktivitäten** dieser Sektoren auf 3 Vorgänge reduzieren:

1. Güterproduktion   2. Einkommensverwendung   3. Vermögensbildung.

Das Kontensystem des gesamtwirtschaftlichen Rechnungswesens entsteht, indem für die Sektoren Unternehmen, Staat und private Haushalte je ein Konto zur Erfassung der 3 ökonomischen Aktivitäten eingerichtet wird. Die Güterproduktion wird auf **Produktionskonten,** die Einkommensverwendung auf **Einkommenskonten** und die Vermögensbildung auf **Vermögensänderungskonten** festgehalten. Nur die Auslandsbeziehungen werden ohne weitere Unterteilung auf einem einzigen Konto **Ausland** erfasst. Durch Zusammenfassung der Produktions-, Einkommens- und Vermögensänderungskonten aller Sektoren erhält man die so genannten Nationalen Konten. Tabelle 11.4.1 zeigt das Kontensystem einer volkswirtschaftlichen Gesamtrechnung.

Kontensystem der volkswirtschaftlichen Gesamtrechnung				
Sektoren Aktivitäten	Unternehmen	Staat	private Haushalte	Gesamtwirtschaft
Güterproduktion	Produktionskonten			Nationales Produktionskonto
Einkommens-verwendung	Einkommenskonten			Nationales Einkommenskonto
Vermögensbildung	Vermögensänderungskonten			Nationales Vermögens-änderungskonto
Auslands-beziehungen	Zusammengefasstes Konto der übrigen Welt (Auslandskonto)			Auslandskonto

Tabelle 11.4.1

11.5 Die kontenmäßige Erfassung der Produktion

Die ökonomische Aktivität der Produktion wird in der volkswirtschaftlichen Gesamtrechnung auf Produktionskonten dargestellt. Das Produktionskonto entspricht der Erfolgsrechnung eines Unternehmens. Auf der Sollseite wird der für die Produktion erforderliche **Input** verbucht, auf der Habenseite der **Output** des Produktionsprozesses.

> Unter Input verstehen wir alle im Produktionsprozess eingesetzten Sachgüter und Dienstleistungen. Als Output wird das gesamte Produktionsergebnis (Sachgüter und Dienstleistungen) bezeichnet.

Bei der grafischen Darstellung des Kreislaufprozesses werden monetäre Ströme dargestellt. Dem von einem Sektor ausgehenden realen Güterstrom des Outputs fließt ein monetärer Strom entgegen; dem in den Sektor fließenden realen Güterstrom des Inputs fließt ein monetärer Ausgabenstrom entgegen. Die Habenseite des Produktionskontos nimmt die dem Sektor zufließenden monetären Ströme, die Sollseite die aus dem Sektor abfließenden monetären Ströme auf.

11.5.1 Das Produktionskonto des Sektors Unternehmen

Abbildung 11.5.1 zeigt das zusammengefasste Produktionskonto aller Unternehmen einer Volkswirtschaft. Auf der **Habenseite** sind die Verkäufe der produzierten Güter nach Verwendungszwecken und nach Empfängern differenziert. Die Unternehmen verkaufen **Konsumgüter** an Haushalte. Außerdem liefern sie **Vorleistungen und Investitionsgüter** an den Staat.

> Unter Vorleistungen verstehen wir den Wert der Sachgüter und Dienstleistungen, die Wirtschaftseinheiten von anderen Wirtschaftseinheiten beziehen und in derselben Periode bei der Produktion verbrauchen.

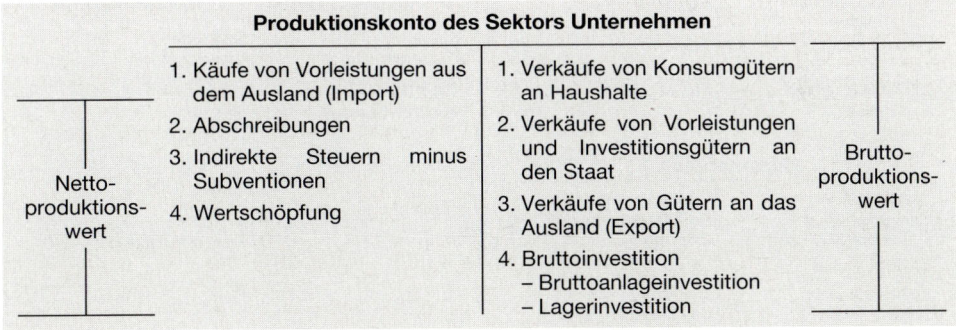

Abbildung 11.5.1

Eigens ausgewiesen sind die Verkäufe von Gütern an das **Ausland** (= Export). Hinzu kommen noch die Güter, die produziert wurden und im Unternehmenssektor verbleiben. Es sind die **Bruttoinvestitionen.** Sie setzen sich aus den Bruttoanlageinvestitionen und den Lagerinvestitionen zusammen.

Die Summe der Habenseite des Produktionskontos ergibt den Bruttoproduktionswert.

> Bruttoproduktionswert ist der Wert der von einer Wirtschaftseinheit während eines Zeitraums erzeugten Sachgüter und Dienstleistungen.

Auf der Sollseite des zusammengefassten Produktionskontos des Unternehmenssektors erscheint die Position „Käufe von Vorleistungen von inländischen Unternehmen" nicht mehr; die Positionen „Käufe von Vorleistungen" auf der Sollseite des Produktionskontos eines einzelnen Unternehmens entspricht der Position „Verkäufe von Vorleistungen" auf der Habenseite eines anderen Unternehmens. Die beiden Positionen werden deshalb gegeneinander aufgerechnet.

Käufe von Vorleistungen aus dem Ausland müssen auch nach der Zusammenfassung der einzelnen Unternehmenskonten auf dem Produktionskonto des Sektors Unternehmen noch ausgewiesen werden. Diese Position kann nicht aufgerechnet werden, da die Produktionsleistung im Ausland erbracht wurde und im Bruttoproduktionswert der inländischen Unternehmen nicht enthalten ist.

> Die Differenz zwischen dem Bruttoproduktionswert und den Vorleistungen ergibt den Nettoproduktionswert.

Der Nettoproduktionswert wird auch als **Bruttowertschöpfung** bezeichnet.

Zusammenfassung der Produktionskonten von Einzelunternehmen zum Produktionskonto des Unternehmenssektors (Produktionskonto der Unternehmen)

Unternehmen A

Käufe von Vorleistungen aus dem Ausland	10	Verkäufe von Vorleistungen an Unternehmen B	20
Käufe von Vorleistungen von Unternehmen B	30	Verkäufe von Vorleistungen und Investitionsgütern an den Staat	30
Abschreibungen	40	Verkäufe von Konsumgütern	130
indirekte Steuern abzüglich Subventionen	20	Verkäufe von Gütern an das Ausland	30
Wertschöpfung	140	Bruttoinvestition	30
=	240	=	240

Unternehmen B

Käufe von Vorleistungen aus dem Ausland	30	Verkäufe von Vorleistungen an Unternehmen A	30
Käufe von Vorleistungen von Unternehmen A	20	Verkäufe von Vorleistungen und Investitionsgütern an den Staat	10
Abschreibungen	60	Verkäufe von Konsumgütern	250
indirekte Steuern abzüglich Subventionen	40	Verkäufe von Gütern an das Ausland	20
Wertschöpfung	220	Bruttoinvestition	60
=	370	=	370

Produktionskonto des Sektors Unternehmen

Käufe von Vorleistungen aus dem Ausland	40	Verkäufe von Vorleistungen an den Staat	40
Abschreibungen	100	Verkäufe von Konsumgütern	380
indirekte Steuern abzüglich Subventionen	60	Verkäufe von Gütern an das Ausland	50
Wertschöpfung	360	Bruttoinvestition	90
=	560	=	560

Tabelle 11.5.1

Tabelle 11.5.1 zeigt am Beispiel einer Wirtschaft mit ökonomischer Aktivität des Staates und unter Berücksichtigung der außenwirtschaftlichen Beziehungen: Unternehmen A hat von Unternehmen B Vorleistungen in Höhe von 30 erhalten. Diese Produktionsleistung ist auf der Habenseite des Produktionskontos des Unternehmens B unter der Position „Verkäufe von Vorleistungen" ausgewiesen. Bei der Zusammenfassung zum Produktionskonto des Sektors Unternehmen (Produktionskonto der Unternehmen) müssen diese beiden Positionen saldiert werden. Ebenso muss die Vorleistung in Höhe von 20, die Unternehmen B von Unternehmen A erhalten hat, mit der entsprechenden Position auf der Habenseite des Produktionskontos des Unternehmens A aufgerechnet werden. Auf dem Produktionskonto des Sektors Unternehmen erscheinen nur noch Vorleistungen, die aus dem Ausland bezogen worden sind.

In den Unternehmen werden dauerhafte Produktionsmittel eingesetzt, die dem Verschleiß unterliegen. Die Wertminderungen werden durch **Abschreibungen** berücksichtigt und als Input auf der Sollseite des Produktionskontos der Unternehmen ausgewiesen.

Zu berücksichtigen sind noch die **indirekten Steuern.** Es sind Steuern, die bei der Berechnung des steuerpflichtigen Gewinns abgesetzt werden dürfen. Sie werden deshalb auch als Kostensteuern bezeichnet. Dazu rechnen u. a. die Mehrwertsteuer und Einfuhrabgaben (Zölle). Auf dem Produktionskonto der Unternehmen werden die indirekten Steuern saldiert mit den Subventionen ausgewiesen.

> Subventionen sind Leistungen öffentlicher Haushalte an Unternehmen, denen keine ökonomische Gegenleistung entgegensteht.

Um die Saldierung von indirekten Steuern und Subventionen zu rechtfertigen, lassen sich Subventionen als eine Steuerrückerstattung interpretieren.

Der auf der Sollseite des Produktionskontos der Unternehmen nach Abzug der Vorleistungen aus dem Ausland, der Abschreibungen und der Differenz von indirekten Steuern und Subventionen verbleibende Saldo ist die **Nettowertschöpfung;** die Nettowertschöpfung wird meist verkürzt auch als **Wertschöpfung** bezeichnet.

In jeder Volkswirtschaft ist die Summe der Wertschöpfungen gleich dem in der Volkswirtschaft erzielten Einkommen (Löhne, Zinsen, verteilte Gewinne, unverteilte Gewinne). Die Wertschöpfung in einem einzelnen Unternehmen, einem Sektor oder in einer Volkswirtschaft kann man deshalb auch so berechnen, dass man die Summe der dort entstandenen Einkommen feststellt.

Die Berechnung der Wertschöpfung

Bruttoproduktionswert
– Vorleistungen
_____

Nettoproduktionswert (Bruttowertschöpfung)

– Abschreibungen

– Indirekte Steuern minus Subventionen
_____

Wertschöpfung (Nettowertschöpfung)

Tabelle 11.5.2

11.5.2 Das Produktionskonto des Sektors Staat

Das Produktionskonto des Sektors Staat hat grundsätzlich den gleichen Aufbau wie das Produktionskonto des Sektors Unternehmen. Auf der Habenseite werden die Sachgüter und Dienstleistungen ausgewiesen, die der Staat den anderen Wirtschaftseinheiten zur Verfügung stellt. Solche Güter und Dienstleistungen werden vom Staat sowohl Unternehmen als auch privaten Haushalten ohne spezielles Entgelt überlassen.

Produktionskonto des Sektors Staat	
1. Käufe von Vorleistungen	1. Unentgeltliche Bereitstellung öffentlicher Güter (Eigenverbrauch)
2. Abschreibungen	
3. Wertschöpfung	

Tabelle 11.5.3

Eigentlich müsste eine öffentliche Dienstleistung, die einem Unternehmen Nutzen bringt, auf dessen Produktionskonto als Vorleistung berücksichtigt werden. Jedes Unternehmen müsste z. B. einen Anteil an den Kosten der Polizei zur Aufrechterhaltung der öffentlichen Sicherheit tragen. Da eine auch nur einigermaßen genaue Zurechnung nicht möglich ist, wird der **Eigenverbrauch** dieser Sachgüter und Dienstleistungen durch den Staat unterstellt. Auch die selbst erstellten Anlagen des Staates werden nicht berücksichtigt, weil sie mengenmäßig ohne Bedeutung sind. Das Produktionskonto des Staates enthält deshalb keine Position Investitionen.

11.5.3 Produktionsleistungen des Sektors private Haushalte

Der private Haushalt wird in der Wirtschaftstheorie als eine Wirtschaftseinheit gesehen, die Unternehmen Faktorleistungen (vor allem Arbeitskraft) anbietet und dafür Einkommen erhält. Produktionsleistungen werden grundsätzlich im Unternehmensbereich erfasst.

Die Tätigkeit von Hausangestellten, Reinemachefrauen und ähnliche häusliche Dienstleistungen gegen Entgelt müssten deshalb als Produktionsleistungen von Unternehmen im Bereich der Dienstleistungen angesehen werden. Ihre Produktionsergebnisse müssten dem Unternehmenssektor zugerechnet werden, genau wie die der Ärzte, Rechtsanwälte, Steuerberater und Reinigungsunternehmen.

Da die im Haushalt tätigen Personen keine eigenen Betriebe mit dauerhaften Produktionsmitteln haben und weder gewerbe- noch umsatzsteuerpflichtig sind, erfasst man ihre Produktionsleistungen auf einem Produktionskonto des Sektors private Haushalte. Die unentgeltlichen Leistungen der Hausfrauen werden überhaupt nicht erfasst.

Produktionskonto des Sektors private Haushalte	
Löhne	Verkäufe von Dienstleistungen an private Haushalte

Tabelle 11.5.4

11.5.4 Das Nationale Produktionskonto

Die Zusammenfassung der Produktionskonten aller Unternehmen, privaten und öffentlichen Haushalte ergibt das **Nationale Produktionskonto.** Bei der Zusammenfassung (Konsolidierung) der Produktionskonten der drei Sektoren fallen die Vorleistungen **zwischen den Sektoren** weg. Sie sind auf der Habenseite des einen Sektors als Output und auf der Sollseite des anderen Sektors als Input ausgewiesen; bei der Zusammenfassung werden diese Positionen deshalb aufgerechnet.

Alle anderen in den Produktionskonten der drei Sektoren ausgewiesenen Positionen bleiben erhalten und werden lediglich zusammengefasst. Die Summe aller Verkäufe von Konsumgütern wird als **Privater Konsum** (C_H) bezeichnet, die Summe des Eigenverbrauchs aller öffentlichen Haushalte als **Staatlicher Konsum** (C_{St}). Unter der Position **Bruttoinvestition** (I^b) werden die Verkäufe von Investitionsgütern, die selbst erstellten Anlagen und die Lagerbestandserhöhungen an Vorprodukten und eigenen Erzeugnissen zusammengefasst. Export und Import werden saldiert ausgewiesen und als **Außenbeitrag** (Ex − Im) bezeichnet.

In Tabelle 11.5.6 wurden die in den Konten festgehaltenen Stromgrößen mit den üblichen Kurzbezeichnungen versehen. Alle Stromgrößen werden mit Großbuchstaben symbolisiert, die durch hoch- oder tiefgestellte Groß- oder Kleinbuchstaben näher bezeichnet werden. Die Bezeichnung für die Abschreibungen ergibt sich aus dem englischen „depreciation", die Abkürzung T steht für „taxes" = Steuern. Für Subventionen wird die Kurzbezeichnung Z (für „Zuschüsse") verwendet.

Nationales Produktionskonto		
1. Abschreibungen	(D)	1. Verkäufe an private Haushalte = privater Konsum (C_H)
2. Indirekte Steuern minus Subventionen (T^{ind} − Z)		2. Eigenverbrauch der staatlichen Haushalte = Staatlicher Konsum (C_{St})
3. Wertschöpfung	(Y)	3. Bruttoinvestition (I^b)
		4. Außenbeitrag (Ex − Im)

Tabelle 11.5.6

11.6 Die kontenmäßige Erfassung der Einkommensverwendung

Das in der Volkswirtschaft als Gegenleistung für Tätigkeit in der Produktion entstehende Einkommen wird auf der Sollseite des Produktionskontos ausgewiesen. In Höhe der auf dem Produktionskonto eines Unternehmens ausgewiesenen Wertschöpfung ist in diesem Unternehmen Einkommen entstanden in Form der Einkommensarten Lohn/Gehalt, Zins und Gewinn.

Die Einkommensverwendung wird auf Einkommenskonten ausgewiesen. Die Einkommenskonten geben auch Hinweise auf die Entstehung und auf die Verwendung des Einkommens.

> Auf den Einkommenskonten aller drei Sektoren wird das zufließende Einkommen auf der Habenseite und die Verwendung des Einkommens auf der Sollseite verbucht.

11.6.1 Das Einkommenskonto des Unternehmenssektors

Auf dem Einkommenskonto des Unternehmenssektors wird der **unverteilte Gewinn** auf der Habenseite verbucht. Der nach Verbuchung des unverteilten Gewinns auf dem Produktionskonto noch auszugleichende Rest der Position Wertschöpfung fließt auf die Einkommenskonten der Sektoren private Haushalte und Staat.

Einkommenskonto des Sektors Unternehmen	
1. Direkte Steuern	1. Unverteilter Gewinn
2. Ersparnis (Verfügbares Einkommen)	2. Transferzahlungen vom Staat

Tabelle 11.6.1

Die Sollseite zeigt die Verwendung des Einkommens. Die indirekten Steuern wurden als Kostensteuern auf der Sollseite des Produktionskontos bereits berücksichtigt und sind in der Wertschöpfung nicht enthalten. Auf dem Einkommenskonto der Unternehmen sind deshalb nur noch die **direkten Steuern** auszuweisen. Diese Position enthält im Wesentlichen die Körperschaftsteuer. Der auf dem Einkommenskonto der Unternehmen verbleibende Rest bildet die **Ersparnis** (das verfügbare Einkommen) der Unternehmen.

11.6.2 Das Einkommenskonto des Sektors Staat

Dem Einkommenskonto des Sektors Staat fließen aus dem Einkommenskonto des Sektors private Haushalte und dem Einkommenskonto der Unternehmen die **direkten Steuern** zu und aus dem Produktionskonto der Unternehmen die indirekten Steuern (Kostensteuern). In den indirekten Steuern sind auch die Sozialversicherungsbeiträge enthalten. Außerdem erhält der Staat Zinsen und ausgeschüttete Gewinne aus Beteiligungen. Sie sind in der Position **Faktoreinkommen** zusammengefasst.

Einkommenskonto des Sektors Staat	
1. Transferzahlungen – an private Haushalte – an Unternehmen (Subventionen) – an das Ausland	1. Direkte Steuern
	2. Indirekte Steuern
	3. Faktoreinkommen
2. Eigenverbrauch	
3. Ersparnis	

Tabelle 11.6.2

> Unter Faktoreinkommen versteht man das Entgelt für die im Produktionsprozess abgegebenen Faktorleistungen.

Die Summe des in einer Volkswirtschaft entstandenen Faktoreinkommens entspricht in ihrer Höhe der Wertschöpfung auf dem Produktionskonto des Unternehmenssektors. Der auf dem Einkommenskonto des Unternehmenssektors ausgewiesene unverteilte Gewinn ist damit auch Faktoreinnahme. Dem Faktoreinkommen steht das **Transfereinkommen** (Übertragungseinkommen) gegenüber.

> Transfereinkommen erhalten Wirtschaftseinheiten ohne Gegenleistung aufgrund rechtlicher Ansprüche (Sozialversicherung, Pensionen) oder freiwilliger Zuwendungen.

Die durch den Staat vorgenommene Umverteilung des Faktoreinkommens wird auf der Sollseite des Einkommenskontos des Sektors Staat ausgewiesen. Das Gegenkonto für die Transferzahlungen an inländische private Haushalte ist das Einkommenskonto der privaten Haushalte. Die Transferzahlungen an Unternehmen (Subventionen) werden auf dem Produktionskonto der Unternehmen mit den indirekten Steuern saldiert. Transferzahlungen an das Ausland fließen dem Auslandskonto zu.

Als Gegenbuchung zum Produktionskonto des Staates wird auf dem Einkommenskonto des Staates noch die gesamte Produktionsleistung des Staates als **Eigenverbrauch** ausgewiesen. Der Saldo auf dem Einkommenskonto des Staates bildet die **Ersparnis.**

11.6.3 Das Einkommenskonto der privaten Haushalte

Vom Produktionskonto der Unternehmen fließt dem Einkommenskonto der privaten Haushalte als Gegenposten zur Wertschöpfung das **Faktoreinkommen** zu. Neben dem für Leistungen in der Produktion erzielten Faktoreinkommen fließen den privaten Haushalten **Transfereinkommen** zu.

Einkommenskonto des Sektors private Haushalte	
1. Direkte Steuern	1. Faktoreinkommen
2. Kauf von Konsum-gütern	2. Transfereinkom-men
3. Ersparnis	

Tabelle 11.6.3

Die Haushalte müssen aus ihrem Bruttoeinkommen zunächst die **direkten Steuern** bezahlen (Lohnsteuer, Einkommensteuer). Der verbleibende Rest wird als **Verfügbares Einkommen** bezeichnet. Was von dem Verfügbaren Einkommen nicht zum **Kauf von Konsumgütern** verwendet wird, bleibt den Haushalten als **Ersparnis**.

11.6.4 Das Nationale Einkommenskonto

Bei der Zusammenfassung der Einkommenskonten der drei Sektoren zu dem Nationalen Einkommenskonto sind einige Positionen aufzurechnen. Die Trennung der Wertschöpfung in unverteilte und ausgeschüttete Gewinne der Unternehmen und die Aufteilung des an private Haushalte und an den Staat geflossenen Einkommens wird aufgehoben. Auf der Habenseite des Nationalen Produktionskontos erscheint die Gesamtsumme des Faktoreinkommens. Das Faktoreinkommen in einer Volkswirtschaft ist wertmäßig gleich der auf dem Produktionskonto des Unternehmenssektors ausgewiesenen Wertschöpfung und wird als **Volkseinkommen** bezeichnet.

Das Volkseinkommen ist die Summe der Wertschöpfungen in einer Volkswirtschaft.

Nationales Einkommenskonto	
1. Nettotransfer an das Ausland	1. Volkseinkommen
2. Privater Konsum	2. Indirekte Steuern minus Subventionen
3. Staatlicher Konsum	
4. Ersparnis	

Tabelle 11.6.4

Aus dem Einkommenskonto des Staates wird der **Saldo der Positionen indirekte Steuern und Transferzahlungen an Unternehmen (Subventionen)** auf die Habenseite des Nationalen Einkommenskontos übernommen.

Die auf der Sollseite des Einkommenskontos des Sektors Staat ausgewiesenen Transferzahlungen an private Haushalte entsprechen dem Ausweis der empfangenen Transferleistungen auf der Habenseite der Einkommenskonten der privaten Haushalte und heben sich deshalb auf.

Auf der Sollseite des Nationalen Einkommenskontos erscheint der im Einkommenskonto des Staates ausgewiesene Eigenverbrauch unter der Bezeichnung **Staatlicher Konsum**, die Konsumausgaben der privaten Haushalte als **Privater Konsum**. Die Ersparnisse aller drei Sektoren werden zu einer Position **Ersparnisse** zusammengefasst.

11.7 Die kontenmäßige Erfassung der Vermögensänderungen

Alle Sektoren können Vermögen bilden. Auf der Habenseite des Vermögensänderungskontos werden die Herkunftsarten (die Finanzierung) der Vermögensbildung dargestellt, auf der Sollseite wird die Art der Vermögensanlage erfasst.

11.7.1 Das Vermögensänderungskonto des Sektors Unternehmen

Vermögensänderungen entstehen im Unternehmen durch Investitionen. Auf der Sollseite des Vermögensänderungskontos der Unternehmen werden die **Bruttoinvestitionen** ausgewiesen; darin enthalten sind also auch die im Unternehmenssektor durchgeführten Ersatzinvestitionen. Die Bruttoinvestitionen bestehen aus den **Bruttoanlageinvestitionen** und den **Lagerinvestitionen.**

Vermögensänderungskonto des Sektors Unternehmen	
1. Bruttoanlage-investition	1. Abschreibungen
2. Lagerinvestition	2. Ersparnis
	3. Finanzierungs-saldo

Tabelle 11.7.1

Die Bruttoanlageinvestition kann untergliedert werden in die Positionen Käufe von Investitionsgütern und selbst erstellte Anlagen. Die Lagerinvestitionen ergeben sich aus dem Mehrbestand an Vorprodukten und dem Mehrbestand an eigenen Erzeugnissen.

Zur Finanzierung der Bruttoinvestition stehen dem Unternehmen die **Abschreibungen** und die **Ersparnisse** zur Verfügung. Reichen die dem Unternehmen zur Verfügung stehenden eigenen Mittel zur Finanzierung der Bruttoinvestitionen nicht aus, dann besteht ein Finanzierungsdefizit. Es wird auf der Habenseite des Vermögensänderungskontos mit der Bezeichnung **Finanzierungssaldo** ausgewiesen. Dieser Posten erfasst die Veränderungen der Verbindlichkeiten und der Forderungen des Sektors Unternehmen. Würde ein Finanzierungsüberschuss bestehen, dann ergäbe sich der Finanzierungssaldo auf der Sollseite des Vermögensänderungskontos.

11.7.2 Das Vermögensänderungskonto des Sektors Staat

Die Bruttoinvestitionen des Sektors Staat bestehen im Allgemeinen nur aus Anlagegütern wie z. B. Krankenhausgebäuden, Universitätsgebäuden, Autobahnen und Fahrzeugen. Auf dem Vermögensänderungskonto des Staates gibt es keine Lagerinvestition. Sonst entspricht das Konto dem Vermögensänderungskonto der Unternehmen.

Vermögensänderungskonto des Sektors Staat	
1. Bruttoanlage-investition	1. Abschreibungen
	2. Ersparnis
	3. Finanzierungs-saldo

Tabelle 11.7.2

11.7.3 Das Vermögensänderungskonto des Sektors private Haushalte

Private Haushalte produzieren nicht. Sie können deshalb auch nicht Vermögen in Form von Investitionen bilden. Die Vermögensbildung privater Haushalte durch Kauf dauerhafter Konsumgüter (Waschmaschinen, Kühlschränke, Fernsehgeräte) wird von der Statistik nicht berücksichtigt.

Vermögensänderungskonto des Sektors private Haushalte	
Finanzierungssaldo	Ersparnis

Tabelle 11.7.3

11.7.4 Das Nationale Vermögensänderungskonto

Bei der Zusammenfassung aller Vermögensänderungen fallen alle Finanzierungssalden weg, die zwischen Inländern entstanden sind. Führt ein Finanzierungsdefizit in einem Sektor zur Aufnahme eines Kredits und damit zur Entstehung einer Schuld, dann führt dieser Vorgang in einem anderen Sektor mit einem Finanzierungsüberschuss zu einer Kreditgewährung und damit zur Entstehung einer Forderung. Diese beiden Positionen heben sich bei der Zusammenfassung auf einem Konto gegenseitig auf.

Das Nationale Vermögensänderungskonto enthält nur noch den **Finanzierungssaldo gegenüber dem Ausland,** der sich aus dem Export- oder Importüberschuss ergibt. Die Positionen Abschreibungen, Ersparnisse und Bruttoinvestitionen ergeben sich als Summe dieser Positionen in den Vermögensänderungskonten der drei Sektoren.

Die Konten einer volkswirtschaftlichen Gesamtrechnung sind auch ohne Vermögensänderungskonto ausgeglichen. Das Vermögensänderungskonto kann man als Nebenrechnung auffassen, in der die Vermögensänderungen und ihre Finanzierung übersichtlich und detailliert nachgewiesen werden.

11.8 Der Sektor Ausland in der volkswirtschaftlichen Gesamtrechnung

Die Wirtschaftsbeziehungen zum Ausland werden auf einem einzigen Konto erfasst; es wird also nicht mehr zwischen den Arten ökonomischer Aktivitäten (Produktion, Einkommensverwendung, Vermögensänderung) unterschieden. Dieses Konto wird als **Auslandskonto** oder **Konto der übrigen Welt** bezeichnet.

Auslandskonto	
1. Exporte	1. Importe
2. Vom Ausland erhaltene Transferzahlungen	2. Transferzahlungen an das Ausland
	3. Änderung der Nettoposition gegenüber dem Ausland (Zunahme der Forderungen)

Tabelle 11.8.1

Auf der Habenseite werden die **Importe** verbucht. Auf der Sollseite des Auslandskontos werden die **Exporte** eingetragen. Die Differenz ergibt den **Außenbeitrag.**

> Die Differenz zwischen Export und Import einer Volkswirtschaft wird als Außenbeitrag bezeichnet.

Sind die Exporte größer als die Importe, dann führt dies zu einem Zuwachs der Forderungen des Inlands gegenüber dem Ausland. Sind die Exporte kleiner als die Importe, dann führt dies zu einer Abnahme der Forderungen gegenüber dem Ausland. In beiden Fällen ändert sich die **Nettoposition gegenüber dem Ausland** (Saldo von Forderungen und Verbindlichkeiten gegenüber dem Ausland). Diese Veränderung der Nettoposition gegenüber dem Ausland ist vermögenswirksam; die Gegenbuchung muss deshalb auf den entsprechenden Vermögensänderungskonten erfolgen.

Grundschema einer volkswirtschaftlichen Gesamtrechnung und die Erweiterung des Grundschemas in der volkswirtschaftlichen Gesamtrechnung der Bundesrepublik Deutschland

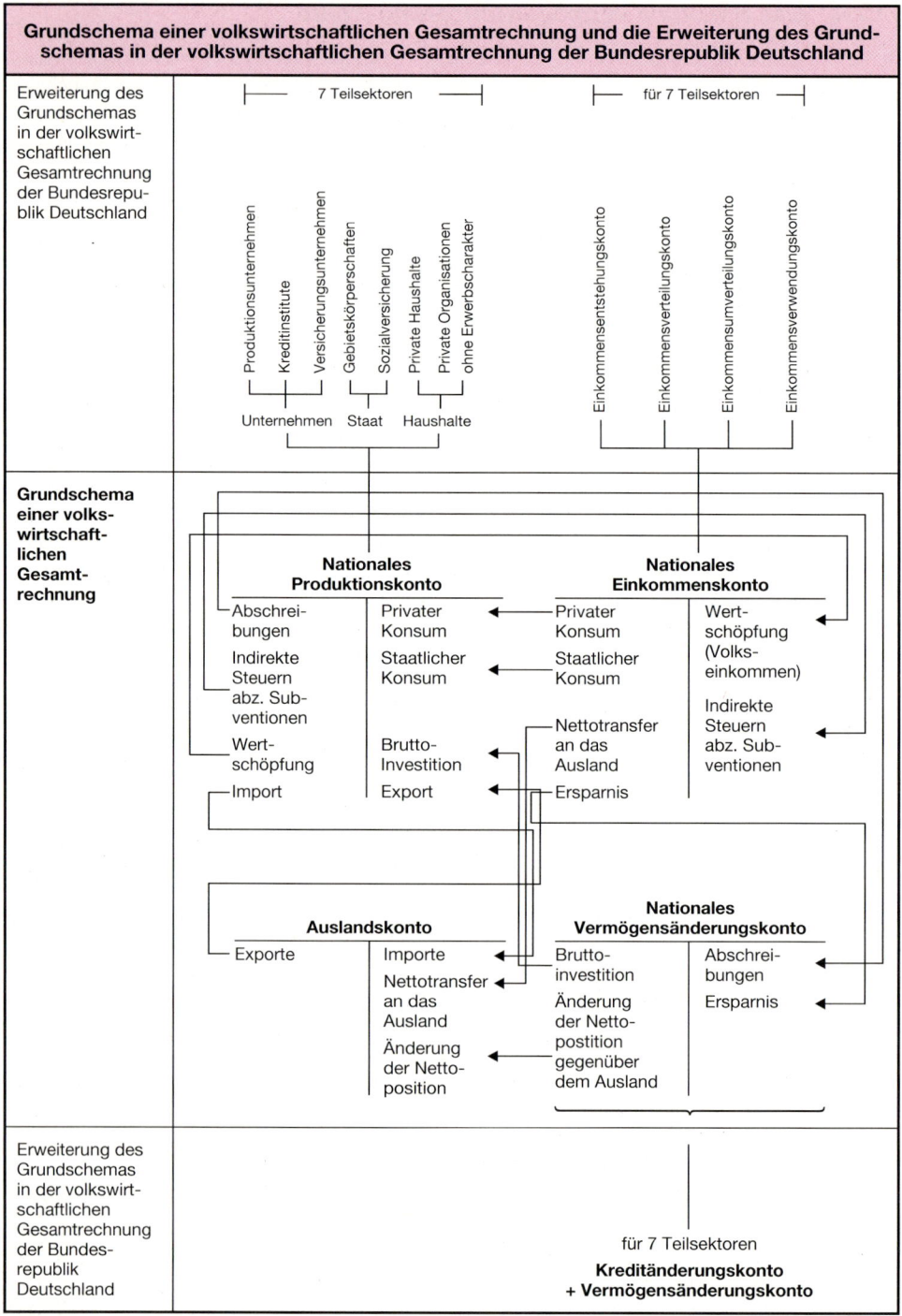

Tabelle 11.9.1

11.9 Das Kontensystem der volkswirtschaftlichen Gesamtrechnung für die Bundesrepublik Deutschland

In den vorangegangenen Erläuterungen wurde ein Grundmodell einer volkswirtschaftlichen Gesamtrechnung dargestellt. Um detailliertere Informationen zu geben, gliedert das Statistische Bundesamt sowohl die wirtschaftlichen Aktivitäten als auch die Sektoren weiter unter (siehe Tabelle 11.9.1, S. 212).

Der Bereich der Unternehmen wird weiter unterteilt in die Sektoren **Produktionsunternehmen, Kreditinstitute** und **Versicherungsunternehmen.**

Der Sektor Staat wird unterteilt in die Bereiche **Gebietskörperschaften** (Bund, Länder, Gemeinden) und **Sozialversicherung.**

Beim Sektor private Haushalte werden **private Haushalte** (im engeren Sinn) und **private Organisationen ohne Erwerbscharakter** (z. B. Sportvereine, Gewerkschaften) unterschieden.

Durch diese Unterteilung entstehen sieben Sektoren. Für jeden dieser sieben Sektoren werden sieben Konten geführt. Sie entstehen auf einer weiteren Untergliederung der wirtschaftlichen Aktivitäten. Zusätzlich wird ein **Zusammengefasstes Güterkonto** vorangestellt, das auf der Sollseite das gesamte Güteraufkommen einer Volkswirtschaft enthält, auf der Habenseite den Verbleib der Güter nachweist. Die Gegenbuchungen erfolgen auf den Aktivitätskonten. Das Einkommenskonto wird aufgeteilt in die Konten **Einkommensverwendung, Einkommensentstehung, Einkommensverteilung** und **Einkommensumverteilung.** Die Änderungen der Forderungen und der Verbindlichkeiten werden auf einem eigenen **Finanzierungskonto** ausgewiesen, das zusätzlich zum Vermögensänderungskonto geführt wird.

 **AUFGABEN UND PROBLEME**

11.1 *Kontenmäßige Darstellung des Kreislaufs einer evolutorischen Wirtschaft (ohne Sektor Staat und ohne Auslandsbeziehungen)*

In einer Volkswirtschaft wurden für eine Rechnungsperiode folgende gesamtwirtschaftlichen Zahlen ermittelt (in Mill. Geldeinheiten):

Produziert wurden Konsumgüter im Wert von 150. Die Bruttoinvestitionen betrugen 30, die Summe der Abschreibungen 10.

Die Haushalte gaben von ihrem Einkommen 150 für Konsumgüter aus und sparten den Rest. An den Bruttoinvestitionen hatten die Lagerinvestitionen einen Anteil von 5.

● Stellen Sie den Wirtschaftskreislauf mithilfe der Konten Nationales Produktionskonto, Nationales Einkommenskonto und Nationales Vermögensänderungskonto dar!

11.2 *Kontenmäßige Darstellung des Kreislaufs einer evolutorischen Wirtschaft (ohne Sektor Staat, ohne Außenhandelsbeziehungen) einschließlich Einkommenskonto der Unternehmen.*

In einer Volkswirtschaft haben sich in einer Abrechnungsperiode die folgenden Werte ergeben (in Mill. Geldeinheiten):

1. Bruttoinvestitionen   100
2. Verkäufe von Konsumgütern   400
3. Abschreibungen   70
4. Einkommen der privaten Haushalte   420

● Verbuchen Sie die Zahlenwerte unter Verwendung der Konten Nationales Produktionskonto, Einkommenskonto der Haushalte, Einkommenskonto der Unternehmen und Nationales Vermögensänderungskonto!

Schließen Sie die Konten der volkswirtschaftlichen Gesamtrechnung ab (Fehlende Werte sind zu berechnen)!

11.3 *Unterscheidung von stationärer und evolutorischer Wirtschaft aus den Nationalen Konten*

1. Gegeben ist das Nationale Produktionskonto einer Volkswirtschaft.

● Handelt es sich um eine evolutorische oder eine stationäre Wirtschaft? Begründung!

Nationales Produktionskonto

Abschreibungen	40	Bruttoinvestitionen	40
Wertschöpfung	210	Verkäufe von Konsumgütern	210
	250		250

2. Gegeben ist das Nationale Einkommenskonto einer Volkswirtschaft.

● Handelt es sich um eine evolutorische oder um eine stationäre Wirtschaft?

Nationales Einkommenskonto

Käufe von Konsumgütern	160	Einkommen	200
Ersparnisse	40		
	200		200

3. Gegeben ist das Nationale Vermögensänderungskonto einer Volkswirtschaft.

● Handelt es sich um eine evolutorische oder um eine stationäre Wirtschaft? Begründung!

Nationales Veränderungskonto

Brutto-Anlageinvestition	30	Abschreibungen	30

11.4 *Nachweis der Einkommensentstehungsgleichung (Y = C + i) und der Einkommensverwendungsgleichung (Y = C + S)*

In einer Volkswirtschaft wurden insgesamt im Wert von 800 (Mill. Geldeinheiten) Konsumgüter und im Wert von 100 Investitionsgüter verkauft. Die Unternehmen haben die Bestände an eigenen Erzeugnissen um 30 erhöht und selbst erstellte Anlagen im Wert von 60 produziert. Die Abschreibungen betrugen insgesamt 90. Von den Haushalten wurden 100 gespart. Die Unternehmen haben den gesamten Gewinn verteilt.

● 1. Erstellen Sie das Nationale Produktionskonto, das Nationale Einkommenskonto und das Nationale Vermögensänderungskonto!

● 2. Berechnen Sie den Wert der Bruttoinvestition und den der Nettoinvestition in einer übersichtlichen Staffelrechnung!

● 3. Überprüfen Sie aufgrund der Werte in dieser Volkswirtschaft
   a) die Gleichung Y = C + I,
   b) die Gleichung Y = C + S!

11.5 *Der Anpassungsprozess von S und I in der Volkswirtschaft*

In einer Volkswirtschaft gibt es nur 1 Gruppe von Produzenten und 1 Gruppe von Konsumenten.

1. Die Produzenten planen, in der kommenden Wirtschaftsperiode Konsumgüter für 8 000 (Mill. Geldeinheiten) herzustellen und zu verkaufen und Anlagen im Wert von 2 000 GE zu erstellen. Der durch den Produktionsprozess verursachte Wertverzehr an den Anlagen wird auf 2 000 GE geschätzt.

● Erstellen Sie das Produktionskonto, das diesem Plan entspricht!

2. Die Konsumenten planen, für Konsumgüter 6 000 GE auszugeben und den Rest des Einkommens zu sparen.

● Erstellen Sie das Einkommenskonto, das diesem Plan entspricht!

● 3. Stellen Sie fest, wie groß die geplanten Ersparnisse und wie groß die geplanten Nettoinvestitionen für diese Wirtschaftsperiode sind!

4. Die Konsumenten realisieren ihren Plan.

- a) In welcher Höhe bleiben - bei unveränderten Preisen - Konsumgüter unabgesetzt auf Lager liegen?

- b) Erstellen Sie das Produktionskonto, das am Ende der Wirtschaftsperiode die tatsächlichen Verhältnisse zeigt!

- c) Wie groß ist die Nettoinvestition am Ende der Wirtschaftsperiode tatsächlich?

5. Nehmen Sie an, es würde behauptet: In jeder Volkswirtschaft gilt die Gleichung S = I. Das bedeutet, dass in jeder Volkswirtschaft die Investitionspläne der Unternehmer und Sparpläne der Haushalte wertmäßig übereinstimmen.

- Nehmen Sie zu dieser Behauptung Stellung!

11.6 *Zusammenfassung der Produktionsleistungen der Wirtschaftsbereiche zum Produktionskonto des Sektors Unternehmen.*

Im Statistischen Jahrbuch einer Volkswirtschaft werden die Produktionsleistungen der einzelnen Wirtschaftsbereiche für ein bestimmtes Jahr in Mill. Euro wie folgt ausgewiesen:

Bereich	Bruttoproduktionswert	Vorleistung	Nettoproduktionswert (= Bruttowertschöpfung)	Abschreibung	Produktionssteuern abz. Subventionen	Nettowertschöpfung
Land- und Forstwirtschaft	39 145	20 950	18 195	7 535	– 5 310	15 970
Produzierendes Gewerbe	1 538 295	966 415	571 880	71 530	42 135	458 215
Handel und Verkehr	1 161 405	917 530	243 875	36 980	– 4 405	211 300
Dienstleistungsunternehmen	902 475	311 195	591 280	94 085	22 090	475 105

- Fassen Sie die Zahlen zum Produktionskonto der Unternehmen dieser Volkswirtschaft zusammen!

11.7 *Volkswirtschaftliche Gesamtrechnung (Darstellung auf den gesamtwirtschaftlichen Konten)*

Im Statistischen Jahrbuch einer Volkswirtschaft sind für ein bestimmtes Jahr die folgenden gesamtwirtschaftlichen Größen in Euro ausgewiesen.

- Erstellen Sie die volkswirtschaftliche Gesamtrechnung unter Verwendung der Konten Nationales Produktionskonto, Nationales Einkommenskonto, Nationales Vermögensänderungskonto und Auslandskonto!

Nicht angegebene Werte sind als Salden zu berechnen.

1. Bruttoinvestition   369 580
2. Privater Konsum   1 041 790
3. Abschreibungen   257 770
4. Indirekte Steuern minus Subventionen   182 890
5. Importe   532 750
6. Exporte   598 360
7. Staatsverbrauch   365 710
8. Transferleistungen an das Ausland   27 610

ZUR WIEDERHOLUNG DES GRUNDWISSENS

1. Welchen Zwecken dient das gesamtwirtschaftliche Rechnungswesen?
2. Welche Formen zur Darstellung des gesamtwirtschaftlichen Rechnungswesens kennen Sie?
3. Wie unterscheidet sich eine evolutorische Wirtschaft von einer stationären Wirtschaft?
4. Wie lautet die Einkommensentstehungsgleichung für eine evolutorische Wirtschaft?
5. Wie lautet die Einkommensverwendungsgleichung für eine evolutorische Wirtschaft?
6. Erläutern Sie die Feststellung, dass die gesamtwirtschaftlichen Nettoinvestitionen und die gesamtwirtschaftlichen Ersparnisse immer gleich groß sind $(I = S)$!
7. Zu welchen Sektoren werden die Wirtschaftseinheiten von der volkswirtschaftlichen Gesamtrechnung zusammengefasst? Nach welchen Gesichtspunkten erfolgt diese Abgrenzung?
8. Beschreiben Sie den Aufbau des Kontensystems der volkswirtschaftlichen Gesamtrechnung!
9. Beschreiben Sie Aufbau und Inhalt des Produktionskontos des Sektors Unternehmen!
10. Definieren Sie die Begriffe Input und Output!
11. Was versteht man unter Vorleistungen?
12. Definieren Sie die Begriffe Bruttoproduktionswert und Nettoproduktionswert!
13. Wie bezeichnet man Transferleistungen öffentlicher Haushalte an Unternehmen?
14. Erstellen Sie eine Staffelrechnung, die vom Bruttoproduktionswert ausgeht und über das Zwischenergebnis Nettoproduktionswert zur Wertschöpfung führt!
15. Beschreiben Sie Aufbau und Inhalt des Produktionskontos des Sektors Staat!
    Nennen Sie Beispiele für die unentgeltliche Bereitstellung von Gütern durch den Staat!
16. Nennen Sie Beispiele für Produktionsergebnisse des Sektors Haushalt, die auf dem Produktionskonto dieses Sektors erfasst werden, und von Leistungen, die nicht erfasst werden!
17. Beschreiben Sie Aufbau und Inhalt des Nationalen Produktionskontos!
    Welche besondere Art von Vorleistung muss auf dem Nationalen Produktionskonto berücksichtigt werden?
18. Wie wird das Einkommen der juristischen Person Aktiengesellschaft bezeichnet?
19. Beschreiben Sie Aufbau und Inhalt des Einkommenskontos des Sektors Staat!
20. Wie unterscheidet sich Transfereinkommen von Faktoreinkommen?
21. Ist das Faktoreinkommen auf dem Einkommenskonto des Sektors private Haushalte ein Einkommen vor oder nach Abzug von Steuern?
22. Beschreiben Sie Aufbau und Inhalt des Nationalen Einkommenskontos!
23. Auf welcher Kontenseite wird das Vermögensänderungskonto des Sektors Unternehmen zum Ausgleich gebracht, wenn die Summe der Abschreibungen und Ersparnisse nicht ausreicht, um die Bruttoinvestition zu finanzieren? Wie wird der Ausgleichsposten genannt?
24. Welche Art der Investitionen gibt es auf dem Vermögensänderungskonto des Sektors Staat nicht?
25. Beschreiben Sie Aufbau und Inhalt des Nationalen Vermögensänderungskontos!
26. Wandeln Sie das Auslandskonto in eine Staffelrechnung um, die zu dem Ergebnis „Änderung der Nettoposition gegenüber dem Ausland" führt!
27. Welche zusätzlichen Konten sind in der volkswirtschaftlichen Gesamtrechnung der Bundesrepublik Deutschland zu dem Nationalen Produktionskonto, dem Nationalen Einkommenskonto, dem Nationalen Vermögensänderungskonto und dem Auslandskonto enthalten?

12 *Sozialprodukt und Volkseinkommen*

EINFÜHRENDES PROBLEM

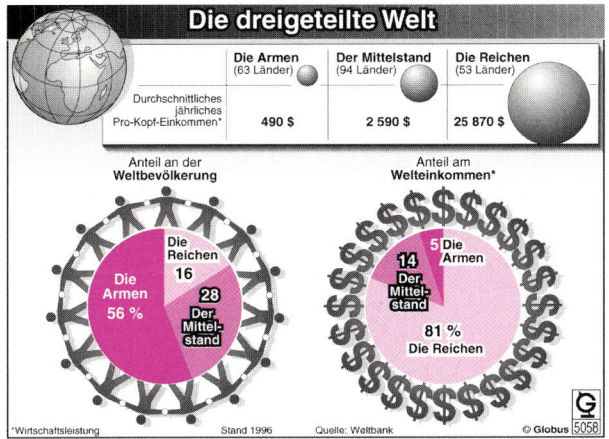

Abbildung 12.0.1

● *Die im nebenstehenden Bild ausgewiesenen Zahlenwerte zum Einkommensvergleich sind aus der Abrechnung des Sozialprodukts abgeleitet.*

Lässt sich Ihrer Ansicht nach das Wohlstandsgefälle zwischen den armen und den reichen Ländern mit diesen Zahlen sachgerecht darstellen?

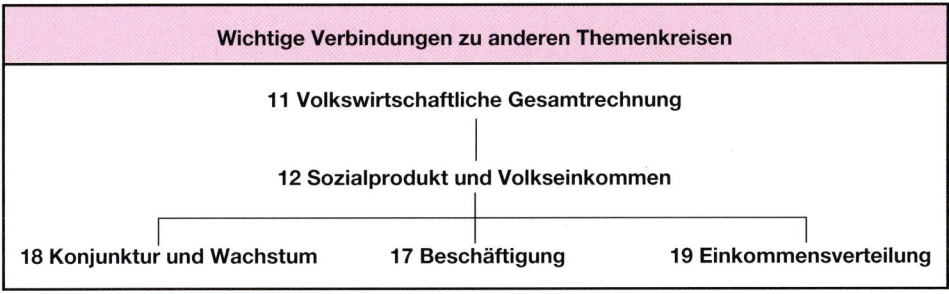

Abbildung 12.0.2

INFORMATION

12.1 Der Begriff des Sozialprodukts

12.1.1 Güter- und Einkommensströme als Grundlage für die Berechnung des Sozialprodukts

Die volkswirtschaftliche Gesamtrechnung liefert den Trägern der Wirtschaftspolitik wichtige Informationen über wesentliche gesamtwirtschaftliche (makroökonomische) Größen, z. B. über den gesamtwirtschaftlichen Konsum oder die gesamtwirtschaftlichen Investitionen. Aus den Aufzeichnungen der volkswirtschaftlichen Gesamtrechnung lassen sich weitere gesamtwirtschaftliche

Größen berechnen, die für die Wirtschaftspolitik von zentraler Bedeutung sind. Ein Hauptergebnis ist der Wert des **Sozialprodukts.** Unter dem Sozialprodukt versteht man die **Summe des Outputs an Sachgütern und Diensten** einer Volkswirtschaft innerhalb einer Zeitperiode (meist ein Jahr), jedoch ohne die Güter, die in der gleichen Periode bei der Produktion als Vorleistung verbraucht wurden. Grundlage für die Bewertung der Sachgüter und Dienstleistungen, die erst die Zusammenfassung der verschiedenartigen Güter zu einer Größe möglich macht, ist der Marktpreis. Das Sozialprodukt wird verwendet als Maß für die wirtschaftliche Leistung und den Wohlstand einer Volkswirtschaft.

Die Analyse des volkswirtschaftlichen Kreislaufs (s. 3.3 und 11) hat ergeben, dass bei jeder produktiven Leistung Einkommen (Faktoreinkommen) entsteht. Im volkswirtschaftlichen Kreislauf fließt jedem realen Güterstrom ein monetärer Einkommensstrom entgegen. Man kann das Sozialprodukt deshalb auch berechnen, indem man statt den **Output an realen Gütern** einer Volkswirtschaft zu addieren, die Gesamtsumme des **montären Stroms an Faktoreinkommen ermittelt.**

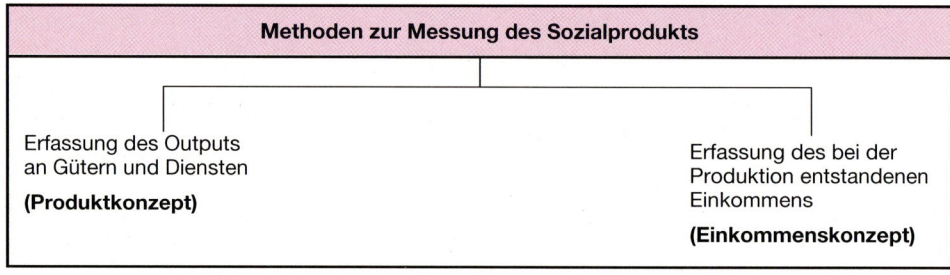

Abbildung 12.1.1

12.1.2 Inlandsprodukt und Sozialprodukt

In einer offenen Volkswirtschaft wie der Bundesrepublik Deutschland sind auch Ausländer Eigentümer inländischer Unternehmen oder an ihnen beteiligt. Sie erhalten ihren Anteil an dem im Inland entstandenen Gewinn. Ausländer besitzen auch festverzinsliche Wertpapiere und erhalten dafür Zinsen. Andererseits besitzen Inländer auch Anteile an ausländischen Unternehmen oder ausländische festverzinsliche Wertpapiere und erhalten daraus Einkommen. Für die Berücksichtigung dieser Einkommensströme zwischen Inland und Ausland gibt es zwei Konzepte:

1. Es werden alle Einkommen zusammengefasst, die im Inland entstehen, gleichgültig, ob sie Inländern oder Ausländern zufließen. Die Abgrenzung erfolgt also rein geografisch. Das Ergebnis dieser Berechnung ist das **Bruttoinlandsprodukt.**

Zur Berechnung des Bruttoinlandsprodukts müssen die Produktionsergebnisse aller inländischen Produktionsbereiche addiert werden. Um Doppelzählungen zu vermeiden, werden vom Bruttoproduktionswert die empfangenen Vorleistungen abgezogen, d.h. die Sozialproduktsberechnung geht vom **Nettoproduktionswert** aus.[1]

Das Bruttoinlandsprodukt ist die Differenz zwischen dem im Inland erzeugten Bruttoproduktionswert und den Vorleistungen.

[1] s. Abschnitt 11.5.1

2. Die wirtschaftliche Leistung einer Volkswirtschaft wird an der Summe der Einkommen gemessen, die Inländern zugeflossen sind. Einkommen, die in inländischen Produktionsstätten entstanden, aber Ausländern zugeflossen sind, werden saldiert mit solchen Einkommen, die im Ausland entstanden, aber Inländern zugeflossen sind. Ein positiver Saldo wird dem Bruttoinlandsprodukt zugeschlagen, ein negativer Saldo wird vom Bruttoinlandsprodukt abgezogen. Das so berechnete Produkt wird als **Inländerprodukt (= Sozialprodukt)** bezeichnet.

Inlandsprodukt und Sozialprodukt (Inländerprodukt) in der Bundesrepublik Deutschland (1997) in Mill. DM

Bruttoinlandsprodukt	3 641,80
– Einkommen aus der übrigen Welt (Saldo)	29,60
Bruttosozialprodukt	3 612,20

Tabelle 12.1.1

Quelle: Stat. Jahrbuch für die Bundesrepublik Deutschland, 1998 Tabelle 24.4

Inlandsprodukt + Saldo der an das Ausland geleisteten und vom Ausland empfangenen Erwerbs- und Vermögenseinkommen = Sozialprodukt.

Inlandsprodukt und Sozialprodukt

Inlandsprodukt			
Im Inland entstandenes Einkommen		**Im Ausland entstandenes Einkommen**	
Ausländern zugeflossen	Inländern zugeflossen	Inländern zugeflossen	
	Sozialprodukt (Inländerprodukt)		

Abbildung 12.1.2

Das Sozialprodukt ergibt sich aus der Summe aller Einkommen, die Inländer für das Zurverfügungstellen von Produktionsfaktoren erhalten, gleichgültig ob die Produktion im Inland oder im Ausland stattfindet.

12.2 Feststellung des Sozialprodukts aus dem Nationalen Produktionskonto

Das Nationale Produktionskonto enthält auf der Habenseite das zu den jeweiligen Marktpreisen bewertete Produktionsergebnis aller im Inland eingesetzten Produktionsfaktoren. Die Werte der ausgewiesenen Einzelpositionen ergeben sich als Summe der Nettoproduktionswerte aller produzierenden Sektoren (Unternehmen Staat, private Organisationen ohne Erwerbscharakter) dieser Volkswirtschaft. Vorleistungen an inländische Unternehmen sind bereits aufgerechnet worden, da die Position Käufe von Vorleistungen in dem Produktionskonto des einen inländischen Unternehmens der Position Verkäufe von Vorleistungen eines anderen inländischen Unternehmens entspricht.[1]

[1] s. Abschnitt 11.5

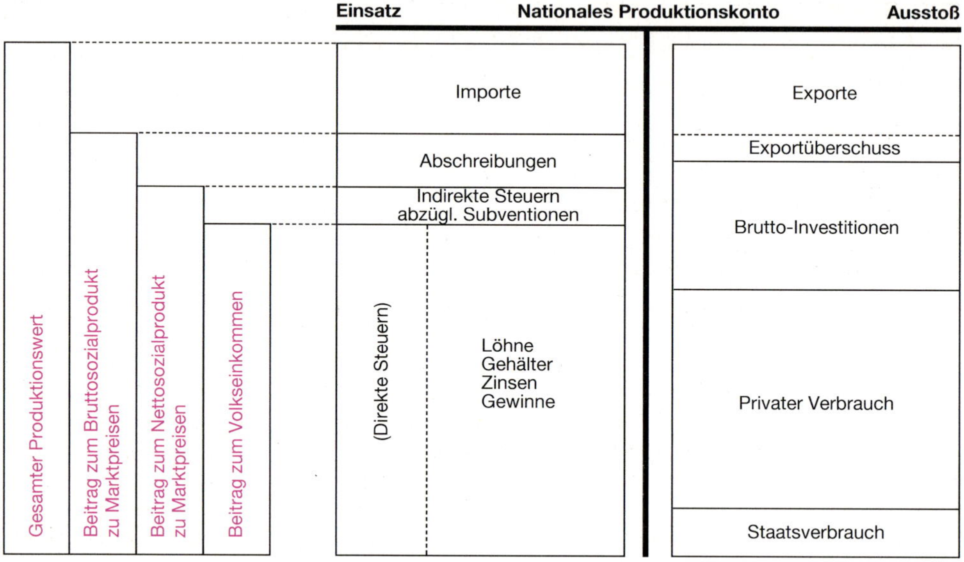

| Einsatz | Nationales Produktionskonto | Ausstoß |

Abbildung 12.2.1

Importe stellen Vorleistungen des Auslands an inländische Unternehmen dar. Sie müssen von der Summe der Nettoproduktionswerte aller inländischen Unternehmen noch abgezogen werden. Die Differenz ergibt das **Bruttoinlandsprodukt.** Im Bruttoinlandsprodukt ist also nur der Überschuss des Exports über die Importe (Außenbeitrag) enthalten. Korrigiert um den Saldo der Erwerbs- und Vermögenseinkommen zwischen Inland und Ausland ergibt sich das **Bruttosozialprodukt zu Marktpreisen.**

Zu den Vorleistungen, die bereits saldiert wurden, zählen nur die von außen bezogenen Güter und Dienstleistungen, die von dem Unternehmen im Berichtszeitraum sofort in das Endprodukt eingebaut oder verbraucht wurden; eine Autofabrik hat von außen bezogene Autoreifen sofort montiert, elektrischer Strom wird sofort verbraucht. Im Bruttosozialprodukt noch enthalten ist der bei der Produktion eingetretene Wertverzehr an dauerhaften Sachgütern, der durch die Berechnung von **Abschreibungen** erfasst wird. Ohne Berücksichtigung der Abschreibung würden in den Unternehmen investierte Maschinen, Werkzeuge und Gebäude allmählich abgebaut. Volkswirtschaftlich bedeutet dies, dass wir über unsere Verhältnisse leben würden, wenn wir das Bruttosozialprodukt verbrauchen würden. Das Bruttosozialprodukt zu Marktpreisen korrigiert um den Wert der Abschreibungen ergibt das **Nettosozialprodukt zu Marktpreisen.**

Die Rechnung wird weitergeführt zum Nettosozialprodukt zu Faktorkosten. Sowohl beim Brutto- wie beim Nettosozialprodukt denkt man zunächst an Güterströme. Den Güterströmen fließen Einkommensströme entgegen. Betrachtet man die Einkommensströme in einer Volkswirtschaft, dann bezeichnet man die Wertgröße des Nettosozialprodukts zu Faktorkosten als Volkseinkommen.

> Das Volkseinkommen umfasst alle Einkommen, die Inländern für das Zurverfügungstellen von Produktionsfaktoren zugeflossen sind.

Indirekte Steuern, z. B. die Umsatzsteuer, alle Verbrauchssteuern und die Zölle, werden weder bei den Unternehmen noch bei den privaten Haushalten zu Einkommen. Ein Tankstellenbesitzer führt z. B. die Mineralölsteuer, die er von seinen Kunden erheben muss, direkt an den Staat ab.

Berechnung des Volkseinkommens
Bruttoinlandsprodukt
+ Einkommen aus der übrigen Welt (Saldo)
Bruttosozialprodukt zu Marktpreisen
– Abschreibungen
Nettosozialprodukt zu Marktpreisen
– indirekte Steuern abzüglich Subventionen
Nettosozialprodukt zu Faktorkosten (Volkseinkommen)

Tabelle 12.2.1

Indirekte Steuern werden deshalb vom Nettosozialprodukt zu Marktpreisen abgezogen. Andererseits zahlt der Staat **Subventionen** an Unternehmen. Subventionen sind Zahlungen des Staates an Unternehmen, für die er keine Gegenleistung erhält. Sie werden z. B. gezahlt, wenn Unternehmen aus wirtschafts- und sozialpolitischen Gründen erhalten werden sollen, die auf dem Markt erzielbaren Preise dies aber nicht zulassen würden. Da Subventionen bei den Unternehmen zu Einkommen werden, müssen sie zu dem Nettosozialprodukt zu Marktpreisen addiert werden. Aus güterwirtschaftlicher Sicht kann man in dem Nettosozialprodukt zu Faktorkosten die Gütermenge sehen, die dem Nettosozialprodukt zu Marktpreisen entspricht, jedoch bewertet zu den Faktorkosten; Faktorkosten sind die Kosten, die für den Einsatz von Produktionsfaktoren im Produktionsprozess entstehen.

Aus den Konten der volkswirtschaftlichen Gesamtrechnung werden noch weitere gesamtwirtschaftliche Einkommensgrößen berechnet. Das **verfügbare private Einkommen** ist das Einkommen der Unternehmen und Haushalte nach der Umverteilung. Das **verfügbare persönliche Einkommen** ist das Einkommen der privaten Haushalte nach der Umverteilung. Als **Masseneinkommen** wird das verfügbare Einkommen aus unselbständiger Arbeit bezeichnet.

Verfügbares Einkommen (= Nettosozialprodukt zu Marktpreisen)				
Private Haushalte der unselbstständigen Erwerbspersonen	Private Haushalte der selbstständigen Erwerbspersonen	Unternehmen mit eigener Rechtspersönlichkeit	Staat	
Faktoreinkommen aus unselbstständiger Tätigkeit	Faktoreinkommen aus selbstständiger Tätigkeit	unverteilter Gewinn	Faktoreinkommen	indirekte Steuern
+ Transfereinkommen	+ Transfereinkommen		+ direkte Steuern	– Subventionen
– direkte Steuern	– direkte Steuern	– direkte Steuern		
Nettosozialprodukt zu Faktorkosten (Volkseinkommen)				
Verfügbares privates Einkommen				
Verfügbares persönliches Einkommen				
Masseneinkommen				

Tabelle 12.2.2

12.3 Nominales und reales Sozialprodukt

Mit dem Bruttosozialprodukt und dem Nettosozialprodukt zu Marktpreisen sollen Güterströme gemessen werden. Tatsächlich gemessen aber wird der Geldwert dieser Güterströme, da nur so die verschiedenartigen Güter zu einer Größe zusammengefasst werden können. Es wäre irreführend, wenn man einfach den Geldwert der Produktionsergebnisse zweier Jahre vergleichen und daraus Schlüsse ziehen würde. Allgemeine Preissteigerungen können den Geldwert der im Sozialprodukt enthaltenen Sachgüter und Dienste nominal erhöht haben, ohne dass der reale Output gestiegen ist. Vergleichen wir das Sozialprodukt zweier Jahre, um die Entwicklung des Wohlstands und der wirtschaftlichen Leistungsfähigkeit einer Volkswirtschaft zu beurteilen, dann interessiert aber allein die **reale Entwicklung des Sozialprodukts.** Um die reale Entwicklung zu erfassen, muss das nominale Sozialprodukt um die in diesem Zeitraum eingetretenen **Preissteigerungen** korrigiert werden, d. h. das Sozialprodukt muss zu konstanten Preisen berechnet werden.

Beispiel für die Berechnung des Sozialproduktes zu konstanten Preisen:

Jahr	Nominales Sozialprodukt (in Mill. Geldeinheiten, GE)	Preisindex
1	1 000	100
2	1 200	105

Das Sozialprodukt ist nominal um 20 % gestiegen.

Berechnung des realen Sozialproduktes:

$$\frac{1\,200 \times 100}{105} = 1\,142{,}86 \text{ Mill. GE}$$

Im Jahr 2 beträgt das reale Sozialprodukt (in Preisen des Jahres 1) 1 142,86 Mill. GE

Berechnung des Prozentsatzes der realen Steigerung

1 000 Mill. = 100 %
1 142,86 Mill. = x %

$$\frac{100}{1\,000} \times 1\,142{,}86 = 114{,}3 \%$$

Das Sozialprodukt ist real um 14,3 % gestiegen.

Entwicklung des Bruttosozialprodukts im früheren Bundesgebiet		
Jahr	Sozialprodukt in jeweiligen Preisen (Mrd. DM)	Sozialprodukt in Preisen von 1991 (Mrd. DM)
1950	98,6	436,9
1960	303,0	1 000,0
1970	675,7	1 545,1
1980	1 477,4	2 025,5
1990	2 448,6	2 543,9

Entwicklung des Bruttoinlandsprodukts und Bruttosozialprodukts in Deutschland			
Jahr	Bruttoinlandsprodukt in Mrd. DM	Bruttosozialprodukt in Mrd. DM	Bruttosozialprodukt je Einwohner in DM
1991	2 882,1	2 853,6	36 000
1992	3 097,6	3 078,6	38 400
1993	3 168,8	3 163,7	39 000
1994	3 320,2	3 328,2	40 800
1995	3 442,7	3 459,6	42 200
1996	3 515,3	3 541,5	42 900
1997	3 612,2	3 641,8	44 000

Quelle: Statistisches Jahrbuch für die Bundesrepublik Deutschland 1998, Tabelle 24.3

Das nominale Sozialprodukt ist berechnet mit den Marktpreisen des Berechnungszeitraums.

Das reale Sozialprodukt wird mit den konstanten Preisen eines Basisjahres berechnet. Es zeigt die Wirtschaftsentwicklung unter Ausschaltung der Preissteigerungen.

12.4 Entstehungs-, Verteilungs- und Verwendungsrechnung

Stellt man den Wirtschaftskreislauf einer abgeschlossenen Wirtschaftsperiode grafisch dar (s. 3.3 und 11), dann ergibt sich ein verzweigtes Netz monetärer Ströme, die sich aufteilen und sich zu neuen Strömen vereinigen. Da in diesem Kreislauf nichts verloren geht, bleibt der Wert der zusammengefassten Ströme immer gleich groß. Man kann den Gesamtstrom an verschiedenen Stellen in verschiedenartiger Aufteilung erfassen, das Gesamtergebnis muss wertmäßig gleich groß sein. Die unterschiedliche Aufteilung vermittelt jedoch wesentliche Einsichten in gesamtwirtschaftliche Zusammenhänge. Zu diesem Zweck wird das Sozialprodukt von der Statistik unter drei Blickwinkeln ermittelt: bei der Entstehung (**Entstehungsrechnung),** bei der Verteilung (**Verteilungsrechnung)** und bei der Verwendung (**Verwendungsrechnung).**

12.4.1 Die Entstehungsrechnung

Bei der Entstehungsrechnung werden alle produzierenden Einheiten einer Volkswirtschaft in Wirtschaftsbereiche gegliedert und festgestellt, welchen Beitrag sie im Berichtszeitraum zum **Bruttoinlandsprodukt** der Volkswirtschaft geleistet haben. Der Beitrag jedes Bereichs besteht in seiner Bruttowertschöpfung (= Nettoproduktionswert). Die Entstehungsrechnung gibt Einblick in die Produktionsstruktur einer Volkswirtschaft; Zeitvergleiche lassen Entwicklungen der Produktionsstruktur erkennen.

Entstehung des Inlandsprodukts in Deutschland (1998, Mrd. DM)	
Land- und Forstwirtschaft	40,1
+ Produzierendes Gewerbe	1 198,6
+ Handel und Verkehr	522,2
+ Dienstleistungsunternehmen	1 365,0
= Bruttowertschöpfung der Unternehmen	3 125,9
+ Staat, private Haushalte	496,2
= Bruttowertschöpfung insgesamt	3 622,1
dsgl. bereinigt[1]	3 475,1
Bruttoinlandsprodukt	3 761,5

[1] Bruttowertschöpfung der Unternehmen minus unterstellte Entgelte für Bankdienstleistungen.

Quelle: Monatsbericht der Deutschen Bundesbank, Februar 1999, Tabelle IX, 1

12.4.2 Die Verteilungsrechnung

Die Verteilungsrechnung geht vom **Volkseinkommen** aus und zeigt die Aufteilung des Volkseinkommens auf zwei Einkommensarten:

- Bruttoeinkommen aus unselbstständiger Tätigkeit (kurz: Lohn),
- Bruttoeinkommen aus Unternehmertätigkeit und Vermögen (kurz: Gewinn).

Das Bruttoeinkommen aus unselbstständiger Tätigkeit enthält nicht nur die vom Arbeitnehmer zu zahlenden direkten Steuern (Einkommensteuer, Lohnsteuer), sondern auch die gesetzlichen und freiwilligen Beiträge zur Sozialversicherung. Auch der vom Arbeitgeber aufzubringende Arbeitgeberbeitrag ist im Bruttoeinkommen aus unselbstständiger Tätigkeit enthalten.

Verteilung des Volkseinkommens in Deutschland (1998, Mrd. DM)	
Einkommen aus unselbstständiger Arbeit	1 934,8
+ Einkommen aus Unternehmertätigkeit und Vermögen	903,7
= Volkseinkommen	2 838,5

Quelle: Monatsbericht der Deutschen Bundesbank, Februar 1999, Tabelle IX, 1

12.4.3 Die Verwendungsrechnung

Die Verwendungsrechnung zeigt die Verwendung des Bruttoinlandsprodukts. Es werden vier Verwendungszwecke unterschieden:

- Privater Konsum,
- Staatlicher Konsum,
- Bruttoinvestition (Ausrüstungen, Bauten, Vorratsinvestitionen),
- Außenbeitrag.

Verwendung des Inlandsprodukts in Deutschland (1998, Mrd. DM)		
Privater Verbrauch		2 150,9
+ Staatsverbrauch		709,8
+ Ausrüstungen		303,3
+ Bauten		422,0
+ Vorratsinvestitionen		+ 93,1
inländische Verwendung		3 679,1
Außenbeitrag		+ 82,4
+ Ausfuhr	1 033,1	
− Einfuhr	950,7	
Bruttoinlandsprodukt		3 761,5

Quelle: Monatsbericht der Deutschen Bundesbank, Februar 1999, Tabelle IX, 1

Zusammenhang zwischen Entstehungs-, Verwendungs- und Verteilungsrechnung		
Entstehungsrechnung	Verwendungsrechnung	Verteilungsrechnung
Land- und Forstwirtschaft **+ Produzierendes Gewerbe** **+ Handel und Verkehr** **+ Dienstleistungsunter-** **nehmen**	**Privater Verbrauch** **+ Staatsverbrauch**	**Einkommen aus** **unselbstständiger Arbeit**
= Bruttowertschöpfung der **Unternehmen** **+ Staat, private Haushalte**	**+ Ausrüstungsinvestitionen** **+ Bauinvestitionen**	
= Bruttowertschöpfung **(unbereinigt)** **+ Unterstellte Entgelte für** **Bankdienstleistungen**	**+ Vorratsinvestitionen** **= inländische Verwendung**	**+ Einkommen aus** **Unternehmertätigkeit** **und Vermögen**
= Bruttowertschöpfung **(bereinigt)** **+ Nichtabzugsfähige** **Umsatzsteuer[1] und** **Einfuhrabgaben**	**+ Ausfuhr** **– Einfuhr**	
= Bruttoinlandsprodukt*	**= Bruttoinlandsprodukt****	
Saldo der Erwerbs- und Vermögenseinkommen zwischen **Inländern und der übrigen Welt**		
Bruttosozialprodukt zu Marktpreisen **– Abschreibungen**		
Nettosozialprodukt zu Marktpreisen **+ Subventionen abzügl. indirekte Steuern**		
Nettosozialprodukt zu Faktorkosten = Volkseinkommen		**= Volkseinkommen*****

* = Bezugsgröße der Entstehungsrechnung
** = Bezugsgröße der Verwendungsrechnung
*** = Bezugsgröße der Verteilungsrechnung

[1]Kassenaufkommen des Staates an Mehrwertsteuer, Einfuhrzöllen, Abschöpfungsbeträgen

Quelle: Sachverständigenrat zur Begutachtung der gesamtwirtschaftlichen Entwicklung; Jahresgutachten 1995/96, S. 342

12.5 Kritik am Sozialprodukt als gesamtwirtschaftliche Messgröße

12.5.1 Ermittlungsprobleme bei der Berechnung des Sozialprodukts

Das Sozialprodukt wird üblicherweise als Messgröße für die Leistungsfähigkeit einer Volkswirtschaft und als Indikator für den Wohlstand der Bevölkerung in dieser Volkswirtschaft benutzt. Gegen das Sozialprodukt als alleinigen Maßstab können gewichtige Gründe vorgebracht werden:

Im Sozialprodukt werden nur Güter erfasst, die auf dem Markt gehandelt werden.

Im Sozialprodukt ist nur erfasst, ob die Produktion der auf dem Markt gehandelten Güter steigt. Nicht zum Ausdruck kommt, unter welchen Arbeitsbedingungen die Arbeitnehmer diese Güter herstellen. Auch berücksichtigt das Sozialprodukt nicht die Befriedigung höherer Bereiche in der Bedürfnisskala, etwa nach Liebe und Zugehörigkeit, Wertschätzung und Selbstverwirklichung. Das Sozialprodukt ist kein Ausdruck von „Lebensqualität". Im Sozialprodukt nicht erfasst sind die Leistungen der Hausfrauen.

Das Sozialprodukt und das Unmessbare

„Wir müssen von dem Aberglauben loskommen, dass nur das wirklich ist, was sich messen lässt. Dieser Glaube führt zur seelischen Verkrüppelung."

Der Schweizer Psychoanalytiker
Professor Medard Boss

Das Sozialprodukt berücksichtigt die Einkommensverteilung nicht.

Wer das Sozialprodukt als alleinigen Maßstab für den Wohlstand benutzt, der nimmt an, dass ein Sozialprodukt in einer bestimmten Höhe immer den gleichen Wohlstand bringt. Nach dieser Annahme ist der Wohlstand gleich groß, ob ein Sozialprodukt von 1 000 Mrd. gleichmäßig auf alle Mitglieder einer Volkswirtschaft verteilt ist oder ob einige im Überfluss leben und andere verhungern.

Das Sozialprodukt berücksichtigt den Wert Freizeit nicht.

Das Sozialprodukt kann z. B. steigen, weil die Arbeitszeit je Arbeitnehmer verlängert wird. Nicht berücksichtigt wird dabei, dass die Freizeit, die für die Mehrproduktion aufgegeben werden musste, auch einen Wert hat.

Das Sozialprodukt berücksichtigt soziale Kosten nicht.

Bei der Produktion von Gütern entstehen Kosten, die nicht von dem verursachenden Unternehmen getragen, sondern auf die Allgemeinheit überwälzt werden. Sie werden als soziale Kosten bezeichnet. Soziale Kosten entstehen z. B. durch die Verschmutzung der Luft durch Abgase, durch die Verunreinigung der Gewässer durch Abwässer der Industrie oder durch Lärmbelästigung der Anlieger durch einen großen Verkehrsflughafen.

Der Marktwert staatlicher Leistungen ist nicht feststellbar.

Die Leistungen des Staates werden nicht auf dem Markt gehandelt. Da es deshalb keinen Marktpreis für diese Güter gibt, werden staatliche Leistungen bei der Berechnung des Sozialproduktes zu Herstellkosten angesetzt. Über die Erstellung dieser staatlichen Leistungen wird in Parlamenten und von Verwaltungen entschieden. Kein Verbraucher oder Verwender hat die Wahlmöglichkeit, ob er diese Güter kaufen will oder nicht; der Wertansatz zu den Herstellkosten ist deshalb letztlich willkürlich.

Bei der Sozialproduktsberechnung werden alle Staatsleistungen als Endverbrauch angesehen.

Staatliche Leistungen, die Vorleistungen an Unternehmen darstellen, werden den Unternehmen nicht in Rechnung gestellt und daher in den Erfolgsrechnungen der Unternehmen nicht vom Bruttoproduktionswert abgezogen. Dadurch kommt eine Doppelzählung zustande.

Nicht berücksichtigte staatliche Vorleistungen an Unternehmen

Vom Staat wird eine Straße gebaut, mit der ein Industriegebiet erschlossen wird. Ohne diese Straße könnten weder Roh-, Hilfs- und Betriebsstoffe zu den in diesem Gebiet angesiedelten Unternehmen gebracht werden noch könnten die Arbeitnehmer ihre Arbeitsstätte erreichen. Die Kosten der Straße müssten als Vorleistungen in den Erfolgsrechnungen der an die Straße angeschlossenen Unternehmen berücksichtigt werden.

12.5.2 Soziale Indikatoren als Messzahlen für den Wohlstand

Ausgehend von der Kritik am Konzept der Sozialproduktsberechnung wird versucht, das Sozialprodukt als Messgröße für Wohlstandsveränderungen durch eine Vielzahl sozialer Indikatoren zu ersetzen. Statt sich an einer einzigen Größe zu orientieren, soll die Darstellung des Wohlstands mit einem ganzen System sozialer Indikatoren erfolgen. Zu diesem Zweck werden statistische Angaben aus den verschiedenen Lebensbereichen zugrunde gelegt und ausgewertet. **Grundsätzlich wird auf die Bewertung mit Geld verzichtet,** wenn andere Messeinheiten den zu untersuchenden Wohlstandseffekt besser darzustellen vermögen.

Leitbegriff für die Entwicklung eines Systems sozialer Indikatoren ist das Konzept der **„Lebensqualität".** Der soziale Fortschritt soll nicht mehr allein am Wachstum der Produktion gemessen werden. In einem System sozialer Indikatoren können objektive und subjektive Indikatoren verwendet werden. Objektive Indikatoren geben mess- und zählbare Sachverhalte wieder, z. B. qm Wohnfläche je Person. Mittels solcher **objektiven Indikatoren** kann das Niveau der Bedürfnisbefriedigung nicht direkt ermittelt werden. Deshalb werden daneben **subjektive Indikatoren** verwendet. Subjektive Indikatoren geben wieder, wie ein Sachverhalt aus der Sicht der betroffenen Individuen bewertet wird; z. B. kann man durch Befragung eine so genannte „Wohnungszufriedenheit" feststellen. Die Befragten werden dabei in die vier Gruppen Mieter in Mietshäusern, Mieter in Einfamilienhäusern, Wohnungseigentümer und Eigentümer von Einfamilienhäusern eingeteilt und sollen durch Zuordnung auf einer 10-teiligen Zufriedenheitsskala ihre persönliche Wohnungszufriedenheit zum Ausdruck bringen. Beim Vergleich subjektiver und objektiver Indikatoren kann sich durchaus ergeben, dass die objektiven Daten eine Verbesserung der Situation erkennen lassen, die subjektive Zufriedenheit in diesem Bereich jedoch zurückgegangen ist.

Die Aufgabe, die Entwicklung des Wohlstands zu messen, wird auch mithilfe sozialer Indikatoren nicht zufrieden stellend und ohne Probleme gelöst. Eine der Hauptschwierigkeiten liegt darin, dass der **Begriff Wohlstand** nicht eindeutig ist. Um ein System sozialer Indikatoren zu entwickeln, müssen zunächst politische Entscheidungen darüber getroffen werden, welche Bereiche berücksichtigt werden und mit welchen Indikatoren der Wohlstandseffekt eines Bereiches erfasst werden soll.

Auch bei den sozialen Indikatoren gibt es **Mess- und Erhebungsfehler.** Außerdem macht es erhebliche Schwierigkeiten, aus Veränderungen von Indikatoren richtige Schlüsse zu ziehen. Ist es z. B. immer als ein Anzeichen für die Erhöhung des Wohlstandes zu deuten, wenn die Zahl der Krankenhausbetten in % der Bevölkerung steigt? Vielleicht war die Steigerung notwendig geworden, weil der Gesundheitszustand der Bevölkerung so schlecht ist. Es könnte auch sein, dass der Bestand an Krankenhausbetten schon so groß ist, dass die Erhöhung der Bettenzahl gar keine Wohlstandsmehrung mehr bewirkt.

Beispiel für ein System von Sozialindikatoren[1]

Bereiche	Indikatoren (Beispiele)
A Bevölkerung	Bevölkerungswachstum Ausländerquote Scheidungsquote Bevölkerungsdichte
B Sozialer Status und Mobilität	Agrarbevölkerung in % Beamte in % Rentner in % Facharbeiter in %
C Arbeitsmarkt und Beschäftigung	Arbeitslosenqote Zahl der Kurzarbeiter Durchschnittlicher Jahresurlaub Arbeitsunfallhäufigkeit
D Einkommen und seine Verteilung	Nettosozialprodukt je Kopf Armutsquote
E Einkommensverwendung und Versorgung	Eiweißverbrauch je Tag und je Kopf Tägliche Hausarbeitszeit pro Haushalt Durchschnittliche tägliche Freizeit Anteil Urlaubsreisender Haushalte mit Geschirrspülmaschinen Sparquote privater Haushalte
F Verkehr	Haushalte mit Pkw Personen mit Zugang zum Nahverkehr
G Wohnung	Wohnraum pro Person Anteil Wohnungen ohne Bad
H Gesundheit	Lebenserwartung bei Geburt Krankheitstage pro Person Invaliden
I Bildung	Anteil ohne Hauptschulabschluss Abiturientenanteil Anteil abgeschlossene Lehre
K Partizipation	Wahlbeteiligung Bundestagswahl Anteil Parteimitglieder Anteil Gewerkschaftsmitglieder

Tabelle 12.5.1

[1] Auszug aus Zapf, W., SPES – Indikatorentableau 76, in: Lebensbedingungen in der Bundesrepublik Deutschland, Sozialer Wandel und Wohlfahrtsentwicklung, New York 1977, S. 29–52.

AUFGABEN UND PROBLEME

12.1 *Beitrag von Unternehmen und Wirtschaftsbereichen zum Bruttosozialprodukt und zum Nettosozialprodukt*

In einer Volkswirtschaft wurde in einem bestimmten Jahr vom Wirtschaftsbereich Land- und Forstwirtschaft ein Bruttoproduktionswert von 78,29 Mrd. EUR erstellt. Der Wirtschaftsbereich hat Vorleistungen in Höhe von 41,90 Mrd. EUR empfangen. Die Abschreibungen betrugen 15,07 Mrd. EUR.

- 1. Wie groß war der Beitrag des Wirtschaftsbereichs zum Bruttosozialprodukt zu Marktpreisen?
- 2. Wie groß war der Beitrag des Wirtschaftsbereichs zum Nettosozialprodukt zu Marktpreisen?

12.2 *Beitrag von Unternehmen und Wirtschaftsbereichen zum Bruttosozialprodukt zu Marktpreisen, zum Nettosozialprodukt zu Marktpreisen und zum Nettosozialprodukt zu Faktorkosten*

Im Statistischen Jahrbuch einer Volkswirtschaft werden für ein bestimmtes Jahr folgende Zahlen (in Mrd. EUR) ausgewiesen.

	Produktions-wert	Vorleistungen	Abschrei-bungen	indirekte Steuern abzügl. Subventionen
Energie- und Wasserversor-gung, Bergbau	219,79	143,76	20,95	1,74
Verarbeitendes Gewerbe	2 157,02	1 357,13	88,68	67,12
Baugewerbe	316,12	163,46	6,47	3,47

In der Statistik werden diese drei Wirtschaftsbereiche häufig zum Sektor Warenproduzierendes Gewerbe zusammengefasst.

- Wie groß war der Beitrag des Warenproduzierenden Gewerbes zum
  – Bruttosozialprodukt zu Marktpreisen,
  – Nettosozialprodukt zu Marktpreisen,
  – Nettosozialprodukt zu Faktorkosten?

12.3 *Bruttoinlandsprodukt – Bruttosozialprodukt – Nettosozialprodukt*

Für eine Volkswirtschaft lassen sich, bezogen auf ein bestimmtes Jahr, folgende Produktionskonten erstellen (in Mill. EUR).

- 1. Berechnen Sie das Bruttoinlandsprodukt. In der Statistik ergibt sich dieser Betrag aus der Summe der Beiträge der drei Wirtschaftsbereiche, zuzüglich der bei der Einfuhr erhobenen Zölle, Abgaben und Abschöpfungsbeträge.

Produktionskonto der Unternehmen

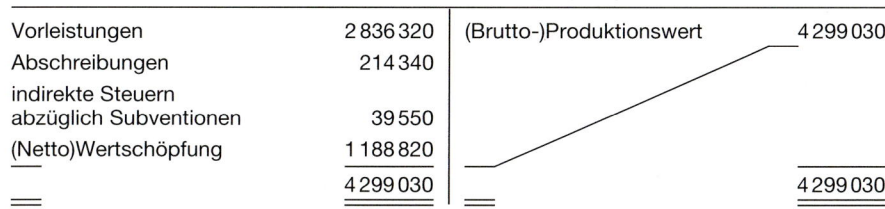

Vorleistungen	2 836 320	(Brutto-)Produktionswert	4 299 030
Abschreibungen	214 340		
indirekte Steuern abzüglich Subventionen	39 550		
(Netto)Wertschöpfung	1 188 820		
	4 299 030		4 299 030

Produktionskonto Staat

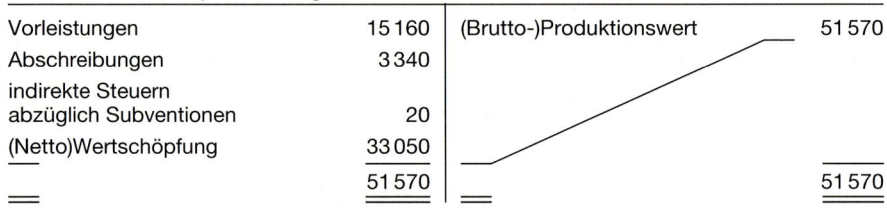

Vorleistungen	213 870	(Brutto-)Produktionswert	421 600
Abschreibungen	13 090		
indirekte Steuern abzüglich Subventionen	260		
(Netto)Wertschöpfung	194 380		
	421 600		421 600

Produktionskonto privater Haushalte und privater Organisationen ohne Erwerbscharakter

Vorleistungen	15 160	(Brutto-)Produktionswert	51 570
Abschreibungen	3 340		
indirekte Steuern abzüglich Subventionen	20		
(Netto)Wertschöpfung	33 050		
	51 570		51 570

In dieser Volkswirtschaft fielen bei der Einfuhr Zölle, Abgaben und Abschöpfungsbeträge in Höhe von 133 060 Mill. EUR an.

2. In der Volkswirtschaftlichen Gesamtrechnung dieser Volkswirtschaft sind die Wirtschaftsbeziehungen mit dem Ausland in dem folgenden zusammengefassten „Konto der übrigen Welt" ausgewiesen.

● Berechnen Sie in einer übersichtlichen Staffelrechnung, die vom Bruttoinlandsprodukt ausgeht,
  – das Bruttosozialprodukt zu Marktpreisen,
  – das Nettosozialprodukt zu Marktpreisen,
  – das Nettosozialprodukt zu Faktorkosten.

(Zölle und Einfuhrabgaben zählen zu den indirekten Steuern)

Zusammengefasstes Konto der übrigen Welt (in Mill. EUR)

Käufe von Waren und Dienstleistungen	598 360	Verkäufe von Waren und Dienstleistungen	532 750
Geleistete Erwerbs- und Vermögenseinkommen	48 980	Empfangene Erwerbs- und Vermögenseinkommen	41 890
Geleistete Übertragungen	13 290	Empfangene Übertragungen	47 900
Veränderung der Forderungen	70 580	Veränderung der Verbindlichkeiten	108 620
		Statistische Differenz	50
	731 210		731 210

12.4 *Bruttoinlandsprodukt, Bruttosozialprodukt zu Marktpreisen, Nettosozialprodukt zu Marktpreisen, Nettosozialprodukt zu Faktorpreisen.*

Die Zahlenwerte der folgenden Tabelle (in Mrd. DM, gerundet) gelten für die Bundesrepublik Deutschland.

● Berechnen Sie die in der Tabelle fehlenden Werte!

Bruttoinlandsprodukt und Bruttosozialprodukt in Deutschland (Mrd. DM)

Jahr	Brutto-inlands-produkt	Einkommen aus der übrigen Welt (Saldo)	Bruttosozial-produkt zu Markt-preisen	Abschrei-bungen	Nettosozial-produkt zu Markt-preisen	indirekte Steuern abzügl. Sub-ventionen	Nettosozial-produkt zu Faktor-kosten
1994	3 328,2	− 8,00	?	435,44	2 884,76	374,74	2 510,02
1995	3 459,6	− 16,90	3 442,7	451,71	?	375,91	2 615,08
1996	3 541,5	− 26,20	3 515,3	461,57	3 053,73	379,51	?
1997	?	− 29,60	3 612,2	?	3 139,66	392,99	?

Quelle: Statistisches Jahrbuch für die Bundesrepublik Deutschland 1998, Tabelle 24.4

12.5 *Entstehungs-, Verwendungs- und Verteilungsrechnung der volkswirtschaftlichen Gesamt-rechnung*

Die grafische Darstellung zeigt in Form eines Kreislaufschemas die Entstehung, Verwendung und Verteilungsrechnung in der volkswirtschaftlichen Gesamtrechnung. Die Zahlen gelten für die Bundesrepublik Deutschland 1997, in Mrd. DM.[1]

1. Wie groß ist das Bruttosozialprodukt?
2. Wie groß ist das Nettosozialprodukt zu Marktpreisen?
3. Wie groß ist das Volkseinkommen?
4. Warum ist in diesem Fall das Bruttoinlandsprodukt größer als das Bruttosozialprodukt?

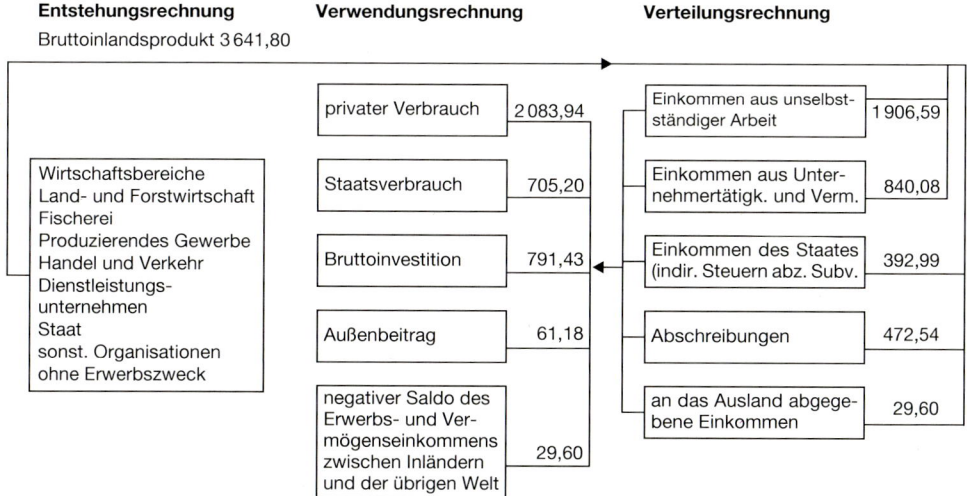

Abbildung 12.5.2

[1] Quelle für die Zahlenwerte: Statistisches Jahrbuch für die Bundesrepublik Deutschland 1998, Tabellen 24.4, 24.7 und 24.13.

▰▰▰ *ZUR WIEDERHOLUNG DES GRUNDWISSENS*

1. Was bezeichnet man als Sozialprodukt?

2. Wie unterscheidet sich das Inlandsprodukt vom Sozialprodukt?

3. Wie wird der wertmäßige Beitrag eines Unternehmens zum Bruttosozialprodukt zu Marktpreisen bezeichnet?

4. Wie unterscheidet sich das Bruttosozialprodukt zu Marktpreisen vom Nettosozialprodukt zu Marktpreisen?

5. Wie muss das Nettosozialprodukt zu Marktpreisen korrigiert werden, damit sich als Ergebnis das Nettosozialprodukt zu Faktorkosten ergibt?

6. Wie berechnet man aus dem Volkseinkommen das Verfügbare Einkommen?

7. Wie wird aus dem nominalen Sozialprodukt das reale Sozialprodukt abgeleitet?

8. In welcher Weise ist das Sozialprodukt in einer Entstehungsrechnung aufgegliedert?

9. Aus welchen Positionen besteht eine Verteilungsrechnung des Sozialprodukts?

10. Welche Verwendungszwecke des Sozialprodukts werden in der Verwendungsrechnung ausgewiesen?

11. Welche Einwendungen können gegen die Verwendung des Sozialprodukts als Messgröße für die wirtschaftliche Aktivität und den Wohlstand in einer Volkswirtschaft vorgebracht werden?

12. Was versteht man unter Sozialindikatoren? Nennen Sie Beispiele!

13 *Geld und Geldschöpfung*

Ein junger Student der Volkswirtschaftslehre praktiziert in den Semesterferien bei einer Bank. Er kommt in ein fachliches Gespräch mit einem Auszubildenden. Er will ihm beweisen, dass auch private, am Gewinn orientierte Banken Geld schöpfen können und nicht nur die Europäische Zentralbank.

Der Auszubildende widerspricht mit folgender Argumentation: Banken können nur das wieder ausleihen, was sie vorher von ihren Kunden als Einlage erhalten haben. Davon können sie sogar nur einen Teil ausleihen, da sie eine Liquiditätsreserve für Barauszahlungen bereithalten müssen. Private Geschäftsbanken vermitteln Geld und sorgen dafür, dass es im Geldkreislauf keine Stockungen gibt. Sie können niemals die Geldmenge einer Volkswirtschaft vergrößern. Dies kann nur die Europäische Zentralbank als Zentralbank für das Euro-Währungsgebiet.

- *Was versteht man unter „Geld"?*
- *Welche Arten des Geldes gibt es?*
- *Wie entsteht Geld?*
  Können auch Geschäftsbanken Geld schöpfen?

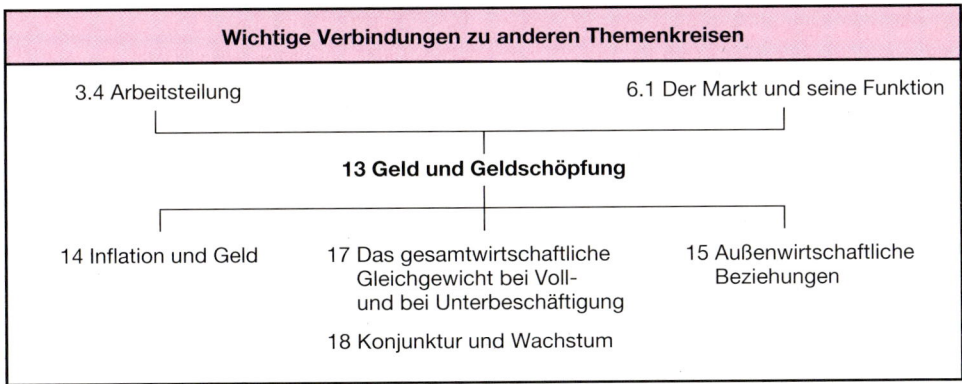

Wichtige Verbindungen zu anderen Themenkreisen

3.4 Arbeitsteilung	6.1 Der Markt und seine Funktion

13 Geld und Geldschöpfung

| 14 Inflation und Geld | 17 Das gesamtwirtschaftliche Gleichgewicht bei Voll- und bei Unterbeschäftigung | 15 Außenwirtschaftliche Beziehungen |

18 Konjunktur und Wachstum

Abbildung 13.0.1

13.1 Die Entwicklung des Geldwesens
13.1.1 Das allgemeine Tauschgut

Heute kann sich kaum noch jemand mit eigener Hand all das schaffen, was er zur Befriedigung seiner Bedürfnisse benötigt. In der arbeitsteiligen Wirtschaft sind wir zu Spezialisten geworden. Die arbeitsteilige Wirtschaft funktioniert nur, wenn der Austausch der Güter reibungslos durchgeführt wird.

Solange die Tauschpartner nur solche Waren als Gegenleistung annahmen, die sie unmittelbar benötigten, so lange war das Tauschgeschäft umständlich und·kam wohl oft gar nicht zustande, weil der passende Tauschpartner nicht gefunden werden konnte. Um den Tausch zu vereinfachen und häufig überhaupt erst zu ermöglichen, nahm man schließlich auch Waren als Tauschgut an, die man selbst nicht unmittelbar benötigte. Es mussten jedoch Waren sein, die jederzeit wieder als Gegenleistung in Zahlung genommen wurden. So entwickelte sich ein allgemeines Tauschgut.

> Mit der Anerkennung eines allgemeinen Tauschgutes entwickelte sich aus der Tauschwirtschaft die Geldwirtschaft.

- **Damit eine Ware zum allgemeinen Tauschgut werden konnte, musste sie vor allem begehrt sein.** Zu verschiedensten Zeiten und in verschiedenen Ländern wurden die unterschiedlichsten Waren als allgemeines Tauschgut benutzt: Salz in Abessinien, Tabak in Virginia, Zucker in den westindischen Kolonien. Adam Smith (1723–1790) berichtet von einem Dorf in Schottland, wo es nichts Ungewöhnliches war, in den Bäckerladen oder ins Wirtshaus Nägel als Gegenleistung mitzubringen.

> **Mühlsteine als allgemeines Tauschgut**
>
> In frühen afrikanischen Negerkulturen waren Mühlsteine allgemein anerkanntes Tauschgut. Sie wurden als sichtbares Zeichen des Wohlstandes vor den Hütten aufgestapelt. Dass Mühlsteine zum allgemeinen Tauschgut wurden, war deshalb möglich, weil in dieser Gegend Steine dieser Art selten vorkamen.

- **Ein allgemeines Tauschgut muss ohne Wertverlust teilbar sein.** In den Frühzeiten der menschlichen Gesellschaft war Vieh das allgemeine Tauschmittel. Der Wert eines Gegenstandes wurde häufig in der Stückzahl Vieh ausgedrückt. Trotzdem war das Vieh kein sehr geeignetes allgemeines Tauschgut. Wer Salz gegen Vieh tauschen wollte, musste den Gegenwert eines ganzen Ochsen oder eines ganzen Schafes tauschen. Das Schaf und der Ochse sind nicht ohne Wertverlust teilbar.

- **Das allgemeine Tauschgut muss sich auch als Wertaufbewahrungsmittel eignen.** Es darf bei der Lagerung nicht der Gefahr des Verderbs, der Vernichtung oder des endgültigen Verbrauchs ausgesetzt sein.

- **Das allgemeine Tauschgut muss einen hohen spezifischen Wert haben.** Es muss bei möglichst geringem Gewicht und geringem Volumen einen hohen Wert repräsentieren. Damit wird der Tausch erleichtert, da das allgemeine Tauschgut zum Zweck des Tauschs ja transportiert werden muss.

> Das allgemeine Tauschgut muss folgende Eigenschaften haben:
> - knapp und allgemein begehrt,
> - als Wertaufbewahrungsmittel geeignet,
> - ohne Wertverlust teilbar,
> - von hohem spezifischen Wert.

Das **Gold** erfüllte alle diese Anforderungen an das allgemeine Tauschgut in idealer Weise. Es ist deshalb kein Zufall, dass es schließlich weltweit als allgemeines Tauschgut anerkannt wurde.

13.1.2　Die staatliche Ordnung des Geldwesens

Auch die Verwendung der Metalle als Tauschgut machte noch viel Umstände: Bei jedem Tauschgeschäft musste das Gewicht des Metallbarrens genau festgestellt werden. Insbesondere bei Edelmetallen konnte man nicht darauf verzichten, den Feingehalt etwa eines Goldbarrens zu prüfen. Schon geringe Beimengungen eines weniger wertvollen Metalls hätten den Wert des Goldbarrens wesentlich verändert. Um den Handel zu erleichtern, kam es schließlich dazu, dass die Metallbarren mit einem staatlichen Prägestempel versehen wurden, der den Feingehalt des Metalls bestätigte. Das Metall musste aber immer noch gewogen werden.

Um den Aufwand des Wiegens zu vermeiden, entstand schließlich die **Münze.** Das Metallstück wurde in staatlichen Prägeanstalten auf der Ober- und auf der Unterseite mit einem Prägestempel versehen. Damit wurde nicht nur der Feingehalt, sondern auch das Gewicht garantiert. Die Münzen wurden symbolhaft bezeichnet (Mark, Dollar, Rubel) und wegen ihres Warenwertes im Tauschgeschäft angenommen. Da die Prägung auf den runden Münzen bis zum Rande ging, hielt man die Münzen für so sicher, dass im täglichen Handel jede weitere Prüfung entfiel.

Damit wurde das Geldwesen zu einer staatlichen Einrichtung. Der Staat übernahm die Gewährleistung für das Gewicht und den Feingehalt der Münzen. So entstand auch der Begriff der **„Währung".**

So wurden früher Münzen von Hand geprägt.

Abbildung 13.1.1

Währung nennt man die staatliche Ordnung des Geldwesens in einer Volkswirtschaft.

Im engeren Sinne versteht man unter Währung auch die Geldeinheit einer Volkswirtschaft. Dies war in Deutschland bis 1948 die **„Reichsmark",** nach der Währungsreform 1948 im Gebiet der 1949 gegründeten Bundesrepublik Deutschland die **„Deutsche Mark" (DM)** und seit 1. Januar 1999 der **„Euro"** (EUR), der im Jahr 2002 endgültig die DM ablöst.

Der Staat gab den Münzen schließlich die Eigenschaft des gesetzlichen Zahlungsmittels. Durch Gesetz wurde angeordnet, dass nicht nur der Staat sie zur Schuldentilgung annehmen musste, sondern auch jeder Privatmann.

Das gesetzliche Zahlungsmittel muss von jedermann zur Schuldentilgung angenommen werden.

13.1.3 Vom Bargeld zum Buchgeld

▶ Bargeld

Weil das Warengeld nicht willkürlich vermehrt werden kann, war es die einzig mögliche Geldart, solange eine staatliche Ordnung des Geldes nicht bestand. Ob das Edelmetall gemünzt war oder nicht, auf alle Fälle war es umständlich, das zur Durchführung größerer Geschäfte notwendige Edelmetall durch das Land zu transportieren; es war auch risikoreich. Deshalb wurde es üblich, das Edelmetall zu zuverlässigen Depotstellen zur Aufbewahrung zu übergeben. Da die Depotstellen, die das Gold gegen **Hinterlegungsschein** zur Aufbewahrung übernahmen, absolut zuverlässig waren, zahlte man der Einfachheit halber

> **Der Hinterlegungsschein als Geld**
>
> In Deutschland nahmen die Fugger Gold und Goldmünzen zur Hinterlegung an. Sie gaben Hinterlegungsscheine aus, mit denen sie bestätigten, dass bei ihnen eine entsprechende Menge Gold hinterlegt ist. In England betrieben dieses Geschäft die Goldschmiede. Auch die ersten Banken, die im Zeitraum des 12. bis 15. Jahrhunderts vor allem in Italien entstanden, wurden ursprünglich zu dem Zweck gegründet, den Zahlungsverkehr zu erleichtern, und waren „Depotbanken".

nur mit dem Hinterlegungsschein. Das Gold wurde gar nicht mehr abgeholt, obwohl der Inhaber des Hinterlegungsscheins jederzeit das Recht dazu hatte. Im Umlauf war der Hinterlegungsschein, nicht das Gold.

Schließlich übernahmen staatliche Banken die Aufgabe, das Gold aufzubewahren. Die dafür ausgegebenen staatlichen Zertifikate wurden **Banknoten** genannt. Als Bargeld im Umlauf waren damit neben den Münzen auch Banknoten.

> Als Bargeld bezeichnen wir jede stoffliche Form des Geldes. Zum Bargeld zählen Münzen und Banknoten.

Für die Geschäfte des täglichen Lebens über kleinere Beträge waren Papierscheine unzweckmäßig. Ebenso unpraktisch für diesen Zweck waren **vollwertige Münzen aus Edelmetall (Kurantmünzen)**. Sie wären zu klein gewesen und wären durch natürlichen Verschleiß sehr schnell unter das so genannte „Passiergewicht" gesunken, das durch staatliche Prägung garantiert war. Deshalb wurden Münzen aus weniger wertvollen, aber härteren Metallen eingeführt, deren Metallwert unter dem durch Prägung garantierten Wert lag. Diese unterwertigen Münzen werden **Scheidemünzen** genannt. Die Münzen wurden schließlich nicht mehr wegen des Metallwertes in Zahlung genommen, sondern wegen des Kaisers, der darauf geprägt war. Er garantierte nicht mehr den Umtausch in Edelmetall, aber er garantierte, dass die Münze immer alle Geldfunktionen erfüllen würde. Mit den unterwertigen Münzen ist die echte Form des Warengeldes überwunden.

▶ Buchgeld

Der Zahlungsverkehr wurde von den Banken dadurch weiter vereinfacht, dass sie den Einlieferern von Edelmetall ein Konto eröffneten. Mit der Einlieferung des Edelmetalls erfolgte die Gutschrift des Gegenwerts auf dem Konto des Einlieferers. Dieses Geld existiert nur noch in der Form einer Gutschrift auf dem **Konto** eines Kunden bei seiner Bank, nicht mehr in der konkreten Form des Bargeldes.

Die Zahlung erfolgt jetzt so, dass der Schuldner die Bank mit Überweisungsauftrag anweist, einen bestimmten Betrag von seinem Konto abzubuchen und auf das Konto seines Gläubigers zu übertragen.

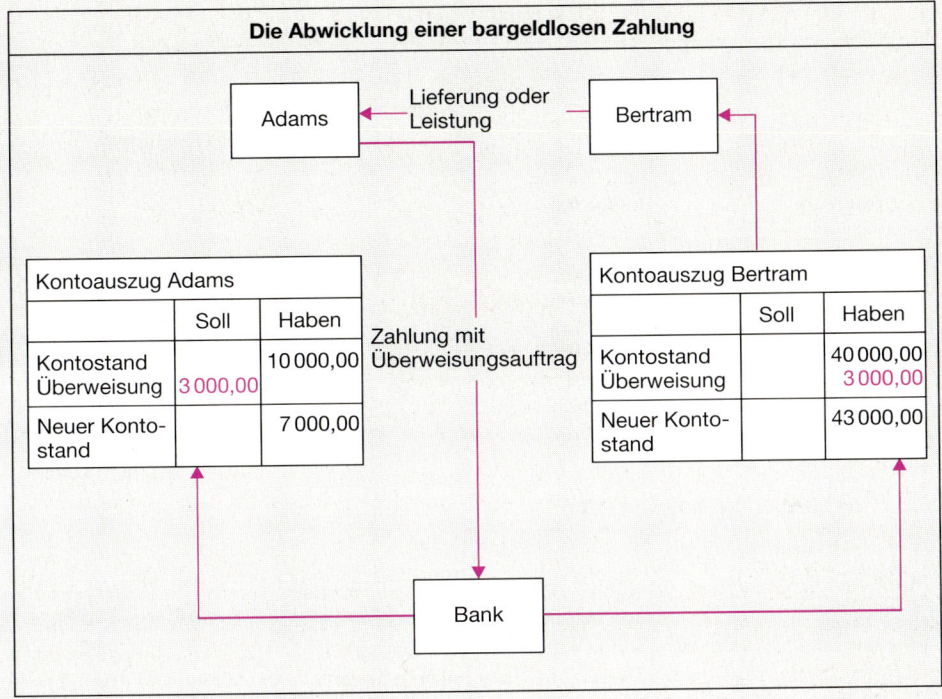

Abbildung 13.1.2

Buchgeld (Giralgeld) besteht in der Form täglich fälliger Guthaben bei Banken.

Täglich fällige Guthaben bei Geschäftsbanken werden auch als **Sichteinlagen** bezeichnet, weil die Geschäftsbank z. B. bei Vorlage eines vom Kontoinhaber ausgestellten Schecks sofort (bei Sicht) zur Auszahlung verpflichtet ist.

Früher durften nach den Bestimmungen der Banken Gutschriften nur ausgeführt werden, wenn der Gegenwert zu 100 % in Edelmetall eingeliefert wurde. Der Kontoinhaber hatte jederzeit das Recht, sich den Gegenwert in Edelmetall auszahlen zu lassen. Heute besteht diese Deckung nicht mehr. Der Bankkunde hat nur noch den Anspruch, dass ihm sein Guthaben in Scheinen oder Münzen ausgezahlt wird.

Geldmenge[1] in der Bundesrepublik Deutschland in Mrd. DM			
Jahr	Bargeldumlauf (ohne Kassenbestände der Kreditinstitute)	Buchgeld (Sichteinlagen inländischer Nichtbanken)	insgesamt
1994	225,9	538,2	764,1
1995	237,5	578,6	816,1
1996	246,8	670,1	916,9
1997	247,0	691,0	938,0
1998	242,6	799,5	1 042,1

[1] Die Bundesbank berechnet die Geldmenge in drei unterschiedlichen Abgrenzungen (s. dazu 13.3.2)

Quelle: Monatsbericht der Deutschen Bundesbank, Februar 1999, Tabelle II,2

Tabelle 13.1.1

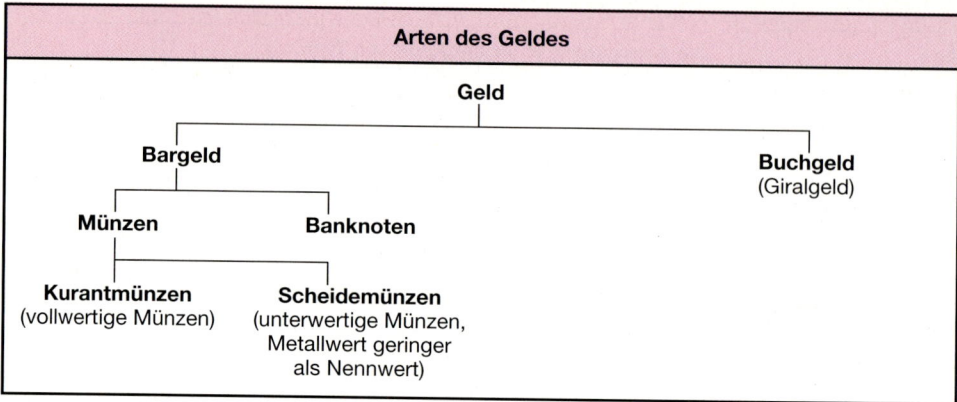

Abbildung 13.1.3

13.2 Das Bankensystem

13.2.1 Zentralbank und Geschäftsbanken

Als **Banken** bezeichnet man wirtschaftliche Unternehmen, die Einlagen von Kunden annehmen, den bargeldlosen Zahlungsverkehr besorgen, Kredite gewähren, Wertpapiergeschäfte und andere Dienstleistungen für ihre Kunden abwickeln. Banken können den bargeldlosen Zahlungsverkehr ermöglichen, da ihre Verbindlichkeiten in Form von Sichteinlagen allgemein als Zahlungsmittel akzeptiert werden. Der Begriff Banken wird als Oberbegriff für alle wirtschaftlichen Institutionen verwendet, die zum Finanzsektor einer Volkswirtschaft gehören (Kreditinstitute, Geschäftsbanken u. a.), ohne staatliche Hoheitsgewalt zu haben. Hier wird dafür im Folgenden der in der Volkswirtschaftslehre übliche Begriff der **Geschäftsbanken** verwendet.

> Geschäftsbanken sind privatwirtschaftlich organisierte Unternehmen, die von jedermann Gelder als Einlage annehmen, Gelddarlehen gewähren, Wertpapiere verwalten und den bargeldlosen Zahlungsverkehr durchführen.

Nach der rechtlichen Stellung und ihren Funktionen ist von den Geschäftsbanken die **Zentralbank** zu unterscheiden. Eine Geldwirtschaft kann unter den heutigen Bedingungen nur funktionieren, wenn eine Institution dieses Geldwesen regelt und überwacht. Diese Aufgabe nimmt die Zentralbank (Währungsbank, Zentralnotenbank) wahr. Zur Erfüllung dieser Aufgaben muss sie mit hoheitlicher Autorität ausgestattet sein. Ihre wirtschaftlichen Aktivitäten sind nicht an der Gewinnmaximierung orientiert, sondern an der Verfolgung globaler wirtschaftspolitischer Ziele. Zentralbanken haben für eine Volkswirtschaft das Monopol der Ausgabe von Banknoten und sind Quelle der Refinanzierung der Geschäftsbanken.

> Die Zentralbank ist eine staatliche Bankeneinrichtung, die für die Währungs- und Kreditpolitik sowie für den Zahlungsverkehr der Volkswirtschaft eines Staates verantwortlich ist.

Die Europäische Zentralbank ist die Zentralbank für das Euro-Währungsgebiet. Die Deutsche Bank, die Kreissparkasse Heilbronn oder die Volksbank Waiblingen (z. B.) sind dagegen Geschäftsbanken, die keine staatliche Währungs- und Kreditpolitik betreiben.

13.2.2   Das System der Europäischen Zentralbanken (ESZB)

Mit der Einführung des Euro hat am 1. Januar 1999 die Europäische Währungsunion begonnen. Gleichzeitig hat das Europäische System der Zentralbanken mit der Europäischen Zentralbank (EZB) an der Spitze die volle geldpolitische Verantwortung für den Euro-Raum übernommen.

> Das Europäische System der Zentralbanken besteht aus der Europäischen Zentralbank (EZB) mit Sitz in Frankfurt/M. und den nationalen Zentralbanken der Mitgliedsländer.

Die nationalen Zentralbanken haben einen Anteil am Kapital der EZB zu übernehmen, der sich nach der Größe des Bruttoinlandsprodukts im Verhältnis zur gesamten Wirtschaftsleistung aller Teilnehmerländer bemisst. Die Bundesbank hat bei den gegenwärtig 11 Teilnehmern einen Kapital- und damit Stimmanteil von 30,89 %.

Hauptziel des ESZB ist die Garantie eines stabilen Geldwerts. Dieses Ziel wird an einem Harmonisierten Verbraucherpreisindex (HVPI) für den Euro-Raum gemessen. Preisstabilität ist demnach dann erreicht, wenn dieser Index im Vergleich zum Vorjahr einen Anstieg von weniger als 2 % aufweist. Daneben hat das ESZB die Wirtschaftspolitik in der Gemeinschaft zu unterstützen, soweit die dabei zu ergreifenden Maßnahmen nicht zu einem Konflikt mit dem Hauptziel eines stabilen Euro führen.

Geleitet wird das ESZB von den Beschlussorganen der EZB.

13.2.3   Die Europäische Zentralbank (EZB)

▶ *Aufgaben*

Die EZB stellt sicher, dass die Ziele des ESZB entweder durch ihre eigene Tätigkeit oder durch die nationalen Zentralbanken erfüllt werden. Bei der Erfüllung ihrer Aufgaben sind die EZB und die nationalen Zentralbanken im ESZB von den Organen und Einrichtungen der EU und den nationalen Regierungen unabhängig.

Grundlegende Aufgaben der EZB:

– Festlegung und Ausführung der Geldpolitik (einschließlich der Zinsen) in den Staaten der Europäischen Währungsunion

– Durchführung von Devisengeschäften

– Halten und Verwalten der offiziellen Währungsreserven der teilnehmenden Mitgliedsstaaten

– Förderung des reibungslosen Funktionierens der Zahlungssysteme in der Europäischen Währungsunion

▶ *Beschlussorgane der EZB*

Höchstes Entscheidungsgremium ist der **EZB-Rat.** Ihm gehören die Mitglieder des Direktoriums der EZB und die 11 Präsidenten der nationalen Zentralbanken der an der Währungsunion teilnehmenden Staaten an. Der EZB-Rat bestimmt mit einfacher Mehrheit die Geldpolitik in den Euro-Ländern und erlässt die dafür notwendigen Leitlinien und Entscheidungen. Jedes Mitglied hat eine Stimme.[1]

---

[1] Für einige Beschlüsse (z. B. Kapitalausstattung der EZB, Übertragung von Währungsreserven und Gewinnausschüttung) gilt ein gewogenes Stimmrecht nach den Anteilen der nationalen Zentralbanken am Kapital der EZB.

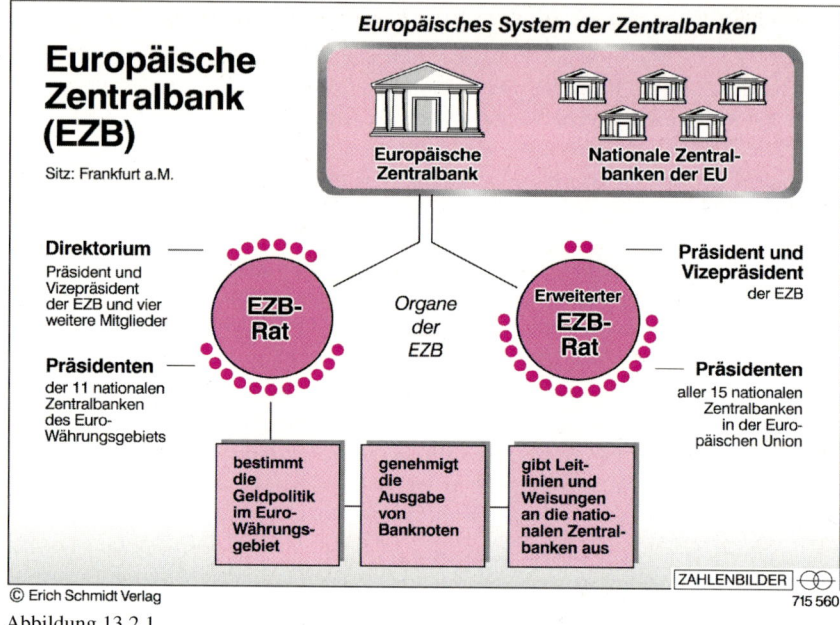

© Erich Schmidt Verlag

ZAHLENBILDER
715 560

Abbildung 13.2.1

Der Rat der EZB legt sein währungspolitisches Instrumentarium selbstständig fest. Er kann damit das gesamte geldpolitische Instrumentarium einsetzen und z. B. Offenmarktgeschäfte durchführen sowie Mindestreserveverpflichtungen festlegen.

Das **Direktorium** führt die Geldpolitik gemäß den Leitlinien und Entscheidungen des EZB-Rates aus. Es besteht aus dem Präsidenten der EZB, einem Stellvertreter und vier weiteren Mitgliedern. Die Mitglieder des Direktoriums werden von den Regierungen der Mitgliedsstaaten einvernehmlich ausgewählt und ernannt. Die Amtszeit beträgt acht Jahre. Eine Wiederernennung ist unzulässig.

13.2.4 Die Deutsche Bundesbank

▶ Rechtsstellung

Die Deutsche Bundesbank ist die nationale Zentralbank der Bundesrepublik Deutschland. Seit 1. Januar 1999 ist sie Bestandteil des ESZB und handelt nach deren Weisungen. Sie hat die währungspolitischen Entscheidungen des EZB-Rates umzusetzen. Trotz ihrer Einbindung in das ESZB ist sie rechtlich selbstständig.

Die Bundesbank hält an der EZB einen Kapitalanteil von 30,9 %.

▶ Organe

Organe der Deutschen Bundesbank sind der Zentralbankrat, das Direktorium und die Vorstände der Landeszentralbanken.

Der **Zentralbankrat** besteht aus dem Präsidenten und dem Vizepräsidenten der Deutschen Bundesbank, den weiteren Mitgliedern des Direktoriums und den Präsidenten der Landeszentralbanken. Er bestimmt die Geschäftspolitik der Bank, aber nicht mehr die Währungs- und Kreditpolitik. Auch darf er seinem Präsidenten keine Vorgaben für die Stimmabgabe im EZB-Rat machen.

© Verlag Gehlen

Das **Direktorium** besteht aus dem Präsidenten und dem Vizepräsidenten sowie bis zu weiteren sechs Mitgliedern. Die Mitglieder des Direktoriums werden vom Bundespräsidenten auf Vorschlag der Bundesregierung bestellt. Das Direktorium ist für die Durchführung der Beschlüsse des Zentralbankrats verantwortlich und leitet und verwaltet die Deutsche Bundesbank.

Die Deutsche Bundesbank unterhält neun Hauptverwaltungen. Diese Hauptverwaltungen tragen die Bezeichnung **Landeszentralbank.** Der Vorstand einer Landeszentralbank besteht aus dem Präsidenten und dem Vizepräsidenten und bis zu zwei weiteren Mitgliedern.

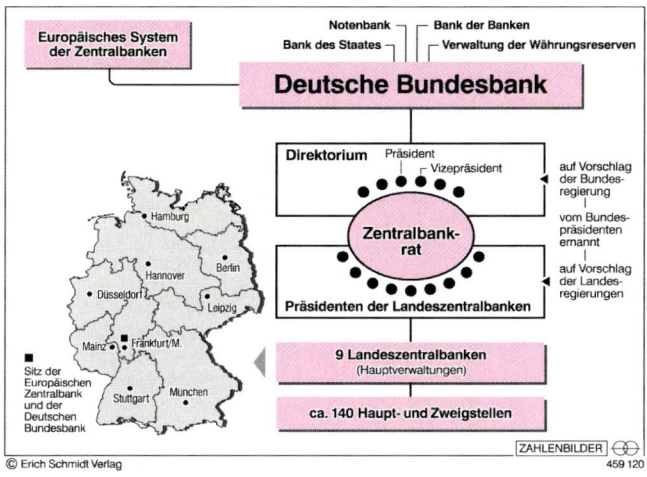

Abbildung 13.2.2

▶ *Aufgaben der Deutschen Bundesbank*

Mit Beginn der dritten Stufe der EWWU haben sich für die Deutsche Bundesbank entscheidende rechtliche Veränderungen ergeben:

> Die Deutsche Bundesbank kann keine nationale Geldpolitik mehr betreiben.

Der Diskontsatz und andere Leitzinsen sind weggefallen. Die EZB bestimmt einen einheitlichen Leitzins für den Euro-Raum.

Obwohl die Bundesbank im Rahmen des ESZB die Aufgabe hat, die währungspolitischen Entscheidungen der EZB umzusetzen, bleiben ihre bisherigen Aufgaben und Funktionen zum Teil erhalten.

– Sie ist weiterhin in den internationalen Organisationen vertreten.
– Sie gibt ab dem Jahr 2002 die Euro-Noten aus.
– Sie wirkt weiterhin mit bei der Kreditaufnahme des Bundes und der Länder.
– Sie ist weiterhin im Bereich der Bankenaufsicht, der Statistik und der Außenwirtschaft tätig.
– Sie verwaltet weiterhin den Teil der bei ihr verbliebenen Währungsreserven.
– Sie übernimmt weiterhin die Refinanzierung der Kreditinstitute in der Bundesrepublik Deutschland.
– Sie unterstützt weiterhin die allgemeine Wirtschaftspolitik der Bundesregierung, künftig aber unter Wahrung ihrer Aufgabe als Bestandteil des ESZB.

Bei der Umsetzung der Entscheidungen des EZB-Rates hat sie einen begrenzten Ermessensraum, um nationale Regelungen und Besonderheiten zu berücksichtigen.

13.3 Geldfunktionen und Geldmenge

13.3.1 Geldfunktionen

Im alltäglichen Sprachgebrauch wird das Wort „Geld" ganz selbstverständlich verwendet; die Wirtschaftswissenschaft tut sich dagegen sehr schwer, eine allgemein gültige Definition des Geldes zu finden. Zweckmäßigerweise geht man dabei von Überlegungen aus, welchen Beitrag das Geld zum reibungslosen Funktionieren des arbeitsteiligen Wirtschaftsprozesses leistet.

Geld ist eine sinnvolle Einrichtung, die unsere arbeitsteilig organisierte Wirtschaft überhaupt erst ermöglicht. Wie sehr das Geld als allgemeines Tauschgut den Güteraustausch erleichtert, wird dann klar erkennbar, wenn in einer außergewöhnlichen Situation das gesetzliche Zahlungsmittel nicht mehr allgemein anerkannt wird und damit seine Funktion als allgemeines Tauschmittel und Schuldentilgungsmittel nicht mehr erfüllt.

Geld ist allgemeines Tausch- und Zahlungsmittel.

> **Von der „Reichsmark" über die „Zigarettenwährung" zur „DM":**
>
> Nach dem Ende des Zweiten Weltkrieges war in Deutschland die Reichsmark gesetzliches Zahlungsmittel. Die Reichsmark war aber so wertlos geworden, dass niemand freiwillig bereit war, Waren gegen Reichsmark zu verkaufen. Allgemein anerkanntes Tauschgut war u. a. die Zigarette. Die Reichsmark war gesetzliches Zahlungsmittel, erfüllte aber nicht mehr die Geldfunktionen. Die Zigarette war kein gesetzliches Zahlungsmittel, hatte aber die Funktionen des Geldes übernommen.
>
> Mit der Währungsreform 1948 entstand die Deutsche Mark, die sofort von jedermann gern genommen wurde. Sie war also gesetzliches und anerkanntes Tauschmittel.

Zwischen der Mittelbeschaffung durch den Verkauf und den Kauf vergeht immer etwas Zeit. Verderbliche Waren werden z. B. erst dann gekauft, wenn man sie braucht. Mittel werden so lange angesammelt, bis sie den für eine Anschaffung notwendigen Wert ausmachen. Geld macht es möglich, Kaufkraft von der Gegenwart in die Zukunft zu übertragen.

Geld ist Wertspeicherungsmittel.

Das Geld als Recheneinheit macht es möglich, verschiedenartige Güter zu addieren. Produzenten können mit dem Geld als Recheneinheit die bei der Produktion eines Gutes eingesetzten Produktionsfaktoren, z. B. die verschiedenen Materialien, den Einsatz der Maschinen und der Arbeitskräfte, zu einer Summe addieren. Das Geld als Recheneinheit ermöglicht die Kostenrechnung.

Den Statistikern ermöglicht das Geld als Recheneinheit, das Sozialprodukt einer Volkswirtschaft zu berechnen.

Geld ist eine Recheneinheit.

13.3.2 Geldmenge

Versucht man, mithilfe der Geldfunktionen den Geldbegriff einzugrenzen, dann kann man zunächst feststellen: **Jedes Objekt, das alle drei Geldfunktionen zugleich erfüllt, rechnet zur Geldmenge** („money is, what money does"). Die Auseinandersetzung um die Abgrenzung der Geldmenge hat als Kern das Problem, über welche monetäre Größen die Zentralbank die gesamtwirtschaftliche Güternachfrage steuern und damit die Entwicklung des Preisniveaus kontrollieren kann. Deshalb kommt es vor allem darauf an, ob die Zahlungsmittelfunktion erfüllt ist.

Für das Euro-Währungsgebiet hat die Europäische Zentralbank (EZB) eine einheitliche Methode zur Berechnung der Geldmenge entwickelt. Die Geldmenge wird in drei unterschiedlichen Abgrenzungen berechnet: Geldmenge M1, Geldmenge M2 und Geldmenge M3.

Zu diesem Zweck werden **folgende Sektoren** unterschieden:

– der „Sektor der monetären Finanzinstitute" (MFI-Sektor),
– der „Geldhaltungssektor" und
– der „Geldneutrale Sektor".

Monetäre Sektoren im Europäischen Währungsgebiet					
Sektor der Monetären Finanzinstitute (Geldschöpfungssektor)		**Geldhaltungssektor**		**Geldneutraler Sektor**	
• Europäische Zentralbank • Nationale Zentralbanken • Geschäftsbanken		• Private Haushalte • Unternehmen • Öffentliche Haushalte der Länder, Gemeinden und Sozialversicherungsträger		• Öffentliche Haushalte der Zentralregierungen	
Bargeld	Buchgeld	Bargeld	Buchgeld	Bargeld	Buchgeld
		Geldmenge M 1			

Abbildung 13.3.1

Die **Geldmenge M1** umfasst das sich außerhalb des „Sektors der monetären Finanzinstitute" befindliche Bargeld und die Sichteinlagen. Nicht zur Geldmenge M1 zählen die Bargeldbestände der Banken sowie die Sichteinlagen der Banken bei anderen Banken, ebenso die Kassenbestände der Zentralregierungen.

Die Geldbestände der Banken sind nicht dazu bestimmt, unmittelbar zur Nachfrage zu werden. Sie sind deshalb für ökonomische Analysen, die den Einfluss der Geldmenge auf die Entwicklung des Preisniveaus untersuchen, nicht von wesentlicher Bedeutung. Wären die Bilanzen außerhalb des Bankensektors (MFI-Sektor) bekannt (z. B. die Bilanzen der privaten Haushalte), dann könnte das sich in diesem Bereich befindliche Bargeld leicht festgestellt werden. Da dies nicht der Fall ist, kann der Bargeldbestand außerhalb des Bankensektors ermittelt werden, indem von der Summe der von der EZB und den nationalen Zentralbanken in Umlauf gebrachten Banknoten und Münzen der Bestand bei den Geschäftsbanken abgezogen wird.

Berechnung der Geldmengen M1 – M3 im Euro-Währungsgebiet

Münzumlauf
+ Notenumlauf
___
Gesamter Bargeldumlauf
– Kassenbestände im Bankensektor
___
Bargeld im Nichtbankenbereich
+ Sichteinlagen im Bankensektor
___
Geldmenge M 1
+ Einlagen mit einer vereinbarten Laufzeit bis zu 2 Jahren
+ Einlagen mit einer vereinbarten Kündigungsfrist bis zu 3 Monaten
___
Geldmenge M 2
+ Schuldverschreibungen mit einer Ursprungslaufzeit von bis zu 2 Jahren
+ Repogeschäfte[1]
+ Geldmarktfondsanteile und Geldmarktpapiere
___
Geldmenge M 3

___
[1] Unter Repogeschäften versteht man Wertpapierkaufgeschäfte zwischen Geschäftsbanken und Versicherungsunternehmen mit gleichzeitiger Rückkaufvereinbarung.

Zählt man zur **Geldmenge M1** die Einlagen mit einer vereinbarten Laufzeit bis zu 2 Jahren sowie die Einlagen mit einer vereinbarten Kündigungsfrist bis zu 3 Monaten hinzu, erhält man die **Geldmenge M2.** Bei der Berechnung der Geldmenge M2 berücksichtigt die EZB, dass die hinzugerechneten Einlagepositionen relativ schnell für Zahlungszwecke verwendet werden und somit nachfragewirksam werden können. Die am weitesten gefasste **Geldmenge M3** ergibt sich, indem man zu M2 bestimmte marktfähige Wertpapiere hinzuzählt.

Wer die so ausgewiesenen Geldmengen für volkswirtschaftliche Analysen verwenden will, muss im Einzelfall entscheiden, welche Gesamtheit zur Untersuchung der vermuteten ökonomischen Zusammenhänge am zweckmäßigsten ist. Um Fehlschlüsse zu vermeiden, sollte man die Analyse an verschiedenen Geldmengenabgrenzungen überprüfen.

13.4 Währungssysteme (Geldsysteme)

Die Geld- und Währungsordnung einer Volkswirtschaft umfasst die Institutionen und Regeln, die für die Geldversorgung in einem nationalen Währungsgebiet bestimmend sind. Unterscheidet man die Währungsordnungen danach, ob die Geldschöpfung an einen Geldstoff (z. B.: Gold oder Silber) gebunden ist oder nicht, ergeben sich die Währungssysteme einer **gebundenen Währung** (Metallwährung) oder einer **freien Währung** (Papierwährung).

13.4.1 Gebundene Währungen

▶ *Das System einer Goldwährung*

Bei einer gebundenen Währung ist für die Recheneinheit des Geldes (z. B. Dollar oder Pfund Sterling) eine bestimmte Gewichtsmenge des Geldstoffes (z. B. Gold) durch Gesetz festgelegt. Nach dem alten Deutschen Reichsbankgesetz von 1873 entsprach 1 kg Gold 2 789 Reichsmark.

Kennzeichen der Goldwährung:
- Der Goldpreis ist durch Bestimmung des Feingoldgehalts der Währungseinheit festgelegt.
- Die Zentralbank hat die Goldankaufs- und Goldeinlösungspflicht.
- Jedermann hat das Recht auf Besitz und freie Verwendung des Goldes.

Bei einer an das Gold gebundenen Währung ist die Geldmenge fest an die vorhandene Goldmenge gebunden. Auch die Zentralbank kann in einem solchen System nur Geld schöpfen, soweit zur Deckung Goldbestände ausgewiesen werden können. Sie ist verpflichtet, jede Menge Gold zu dem gesetzlich festgelegten Preis zu kaufen und gegen inländische Banknoten unbegrenzt Gold im gesetzlich festgelegten Verhältnis abzugeben.

Im System einer Goldwährung bewirkt ein Zufluss von Gold bei der Zentralbank eine Vergrößerung der inländischen Geldmenge. Bei einem Abfluss von Gold von der Zentralbank ergibt sich eine Verringerung der inländischen Geldmenge.

Eine gebundene Währung, die hundertprozentige Deckung verlangt, hat den Vorteil, dass willkürliche Geldvermehrung verhindert werden kann. Sie hat den Nachteil, dass in diesem starren System auf wirtschaftliche Entwicklungen und Notwendigkeiten nicht mit einer Veränderung der Geldmenge reagiert werden kann.

▶ Arten der Goldwährung

Bei der **reinen Goldumlaufswährung** besteht der gesamte Geldumlauf aus vollwertigen Goldmünzen. Dieses Währungssystem hat nie praktische Bedeutung erlangt. Bei der **gemischten Goldumlaufswährung** sind neben vollwertigen Goldmünzen auch Scheidemünzen und Banknoten im Umlauf.

Repräsentativwährungen sind dadurch gekennzeichnet, dass keine Goldmünzen im Umlauf sind. Die Begrenzung des Umlaufs an unterwertigen Scheidemünzen und an Banknoten erfolgt durch die gesetzliche Bindung an die Deckungsgrundlage Gold. Bei der **Goldbarrenwährung** ist das unterwertige Geld bei der Zentralbank in bestimmten Mindestbeträgen gegen Gold einlösbar. Bei der **Goldkernwährung** ist die Einlösung des unterwertigen Geldes bei der Zentralbank nicht möglich. Die Zentralbank verwendet ihre Goldvorräte nur zur Erfüllung ihrer Verpflichtungen gegenüber anderen Zentralbanken.

Um die Anpassung der Geldmenge an wirtschaftliche Notwendigkeiten zu ermöglichen, kann das Währungsgesetz durch Festlegung einer **Deckungsquote** bestimmen, dass nur ein bestimmter Teil der Banknoten durch das Währungsmetall gedeckt sein muss. Unter der deutschen Goldwährung nach der Reichsgründung waren die Banknoten zu einem Drittel in Gold zu decken. Bei dieser so genannten Prozentdeckung kann die Geldmenge bei wirtschaftlicher Notwendigkeit elastisch ausgeweitet werden, bei einer Abnahme des Goldbestandes muss die Geldmenge aber überproportional verringert werden.

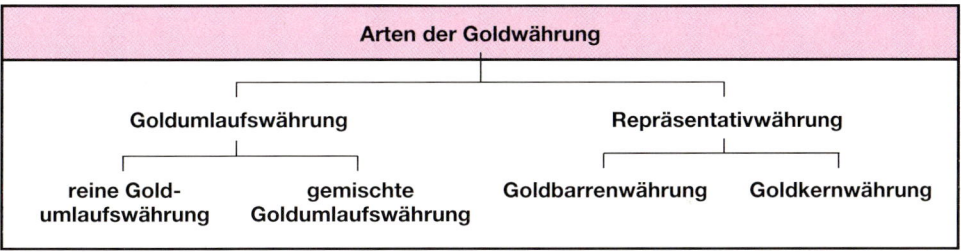

Abbildung 13.4.1

13.4.2 Freie Währung

Alle Währungen sind heute freie Währungen. Für keine Währung der Welt gibt es Deckungsvorschriften, mit der die Ausgabe von Banknoten an den Bestand von Gold oder ein anderes Edelmetall gebunden ist.

> Im System einer freien Währung ist die Geldmenge nicht an die Reserven eines Währungsmetalls gebunden.

Im System einer freien Währung kann sich die Geldpolitik ausschließlich an den Zielen der Wirtschaftspolitik orientieren. Die Zentralbank kann über eine Vergrößerung oder eine Verringerung der Geldmenge völlig unabhängig entscheiden. Da in diesem System eine eingebaute Bremse fehlt, wie sie bei Goldwährung die Deckungspflicht darstellt, werden an das Verantwortungsbewusstsein der Zentralbank hohe Anforderungen gestellt. Das System einer deckungslosen (freien) Währung kann nur funktionieren, wenn allgemein darauf vertraut wird, dass die zuständigen Währungsbehörden konsequent eine Politik des stabilen Geldwerts betreiben.

Gebundene und freie Währung		
	Gebundene Währung (deckungsgebundene Währung)	**freie Währung** (deckungslose Währung)
Verkaufspflicht der Zentralbank für Währungsmetall	Zentralbank ist verpflichtet, jederzeit und jede Menge des Währungsmetalls gegen Zentralbankgeld abzugeben.	Zentralbank ist **nicht** verpflichtet, etwa vorhandene Goldvorräte gegen Zentralbankgeld abzugeben.
Ankaufspflicht der Zentralbank für Währungsmetall	Zentralbank muss jederzeit jede Menge des ihr angebotenen Währungsmetalls zu einem festen Preis kaufen.	Keine Ankaufspflicht für ein Währungsmetall (z. B. Gold)
Unfreiwillige Geldschöpfung durch die Zentralbank	Wegen der Ankaufspflicht für das Währungsmetall ist unfreiwillige Geldschöpfung möglich.	Zentralbank ist zur unfreiwilligen Geldschöpfung nicht gezwungen.
Anpassung der Geldmenge durch die Zentralbank an die volkswirtschaftliche Notwendigkeit	Geldmengenvergrößerung und Geldmengenverringerung durch die Zentralbank hängen von zufälligen Vorräten des Währungsmetalls ab.	Über Geldmengenvergrößerung und Geldmengenverringerung kann die Zentralbank unabhängig entscheiden.

Tabelle 13.4.1

13.5 Geldschöpfung

13.5.1 Die Zentralbank im Prozess der Geldschöpfung

▶ *Ausgabe von Banknoten und Münzen*

Während der Übergangszeit bis Ende 2001 bleibt die DM in Deutschland alleiniges gesetzliches Zahlungsmittel. Nur so lange hat die Bundesbank noch das Recht zur ausschließlichen Ausgabe von DM-Noten (§ 14 BBankG).

Ab 2002 hat die EZB das alleinige Recht, die Ausgabe von Banknoten und Münzen zu genehmigen.

Münzen werden von den nationalen Regierungen mit unterschiedlicher Rückseite geprägt (Deutschland: Bundesadler, Brandenburger Tor, Eichenzweig). Die Münzen sind jedoch im gesamten Euro-Gebiet gültig.

Zentralnotenbanken wie die EZB geben **Banknoten** aufgrund eines Kredites aus oder sie kaufen Vermögenswerte an, z. B. Gold oder Devisen von Geschäftsbanken oder nationalen Zentralbanken. Die ausgegebenen Banknoten erscheinen als Verbindlichkeiten auf der Passivseite der Zentralnotenbank, obwohl der Besitzer der Banknoten kein Recht mehr hat außer dem, dass Banknoten zur Rückzahlung eines Kredites angenommen werden. Auf der Aktivseite der Zentralbankbilanz erscheint als Gegenwert entweder die bei der Notenausgabe entstandene Kreditforderung oder der erworbene Vermögensgegenstand (z. B. Devisen).

▶ *Wirkungen auf die Geldmenge (M1)*

Durch jede Erhöhung der Aktivbestände einer Zentralbank entsteht Zentralbankgeld. Es ist unerheblich, ob die Zentralbank für die erworbenen Aktiva Banknoten ausgibt oder ein Sichtguthaben einräumt. Zum **Zentralbankgeld** rechnen Sichteinlagen bei der Zentralbank ebenso wie Banknoten.[1]

Teile des Zentralbankgeldes werden in der Geldmenge M1 nicht erfasst. Noten, Münzen und Sichtguthaben werden nur dann zur Geldmenge gerechnet, wenn sie sich außerhalb des Bankensektors befinden. Sichtguthaben von Geschäftsbanken bei der Zentralbank erfüllen diese Forderung z. B. nicht, auch die Sichtguthaben der öffentlichen Hand bei der Zentralbank zählen nicht zur Geldmenge. Die Vergrößerung der in einer Volkswirtschaft vorhandenen Menge an Zentralbankgeld ist deshalb nicht gleichbedeutend mit einer Vergrößerung der Geldmenge.

Vergrößert die Zentralbank die Zentralbankgeldmenge (durch Erwerb von Aktiva oder durch Kreditgewährung), dann führt dies nur dann direkt zu einer Vergrößerung der Geldmenge, wenn private Wirtschaftssubjekte Partner des Geschäftes sind.

Erwirbt die Zentralbank Aktiva von einer Geschäftsbank oder gewährt ihr einen Kredit, dann erhöht sich dadurch zwar die Geldschöpfungsmöglichkeit, nicht aber die Geldmenge.

Schaffung von Zentralbankgeld und seine Wirkung auf die Geldmenge
(alle Zahlen in Tsd. EUR)

Erwerb eines Bürogebäudes durch die Zentralbank

Aktiva	Zentralbank		Passiva
bisherige Aktiva	20 000	bisherige Passiva	20 000
Bürogebäude	+ 5 000	Bargeldumlauf	+ 5 000

privater Wirtschaftsbereich
→ Vergrößerung der Geldmenge

Erwerb von Gold und Devisen durch die Zentralbank

Aktiva	Zentralbank		Passiva
bisherige Aktiva	20 000	bisherige Passiva	20 000
Gold und Devisen	+ 1 000	Sichteinlagen der Geschäftsbanken	+ 1 000

Bereich der Geschäftsbanken
→ Nur Erweiterung der Geldschöpfungsmöglichkeit

Kreditgewährung der Zentralbank an Geschäftsbanken

Aktiva	Zentralbank		Passiva
bisherige Aktiva	20 000	bisherige Passiva	20 000
Forderungen an Geschäftsbanken	+ 3 000	Sichteinlagen der Geschäftsbanken	+ 3 000

Bereich der Geschäftsbanken
→ Nur Erweiterung der Geldschöpfungsmöglichkeiten

---

[1] Die Bundesbank verwendet in ihren Veröffentlichungen einen speziellen Begriff der Zentralbankgeldmenge (Summe aus Bargeldumlauf und Mindestreserve - Soll auf Inlandsverbindlichkeiten zu konstanten Reservesätzen). Hier wird der Begriff des Zentralbankgeldes mit der in der volkswirtschaftlichen Theorie allgemein üblichen Abgrenzung verwendet.

13.5.2 Geldschöpfung einer einzelnen Geschäftsbank

▶ Geldschöpfung durch Kreditgewährung

Die Geschäftsbanken sind am Prozess der Geldschöpfung beteiligt, obwohl sie weder Banknoten noch Münzen ausgeben dürfen. Grundlage der Buchgeldschöpfung der Geschäftsbanken sind die Sichteinlagen von Kunden.

Die täglich fälligen Sichteinlagen dienen dem laufenden Zahlungsverkehr. Die Geschäftsbank macht die Erfahrung, dass über die Sichteinlagen überwiegend bargeldlos verfügt wird, d.h. es wird von Konto zu Konto überwiesen. Von einem gewissen Anteil an Barbewegungen abgesehen bleibt das von den Kunden eingezahlte Bargeld in den Kassenschränken der Banken unbewegt liegen.

Kann eine Geschäftsbank über dieses stillliegende Geld durch Kreditgewährung verfügen?

Beispiel: Eine Geschäftsbank verfügt über eine Sichteinlage von 100 Mill. EUR. Zur Erhaltung der Liquidität benötigt sie eine Barreserve von 10 %.

Die Bank gewährt Kredit in Höhe von 90 Mio. EUR und schreibt den Kreditbetrag dem Kreditnehmer auf einem Konto gut. Die Bank hat durch die Kreditgewährung die Sichteinlagen von 100 Mio. EUR auf 190 Mio. EUR erhöht. Da die Sichteinlagen täglich fällige Gelder sind und zu Zahlungszwecken verwendet werden, hat die Geschäftsbank mit dieser Kreditgewährung die Geldmenge erhöht. Die Kreditgewährung von 90 Mio. EUR war nicht nur eine Geldvermittlung, sondern eine Geldschöpfung. **Die Geschäftsbank hat Buchgeld neu geschaffen.**

Die Kreditgewährung einer Geschäftsbank ist nicht nur dann eine Geldschöpfung, wenn Buchgeld neu geschaffen wird, sondern auch dann, wenn Bargeld ausgezahlt wird. Zwar verringern sich durch die Barauszahlung die Sichteinlagen der Geschäftsbank, d.h. die Menge des Buchgeldes wird kleiner; dafür erhält der Bankkunde aber Bargeld aus der Kasse der Geschäftsbank. Die Menge des Bargeldes wird dadurch größer. Solange das Geld in der Kasse der Geschäftsbank lag, war es dem volkswirtschaftlichen Kreislauf entzogen und zählte nicht zur Geldmenge.

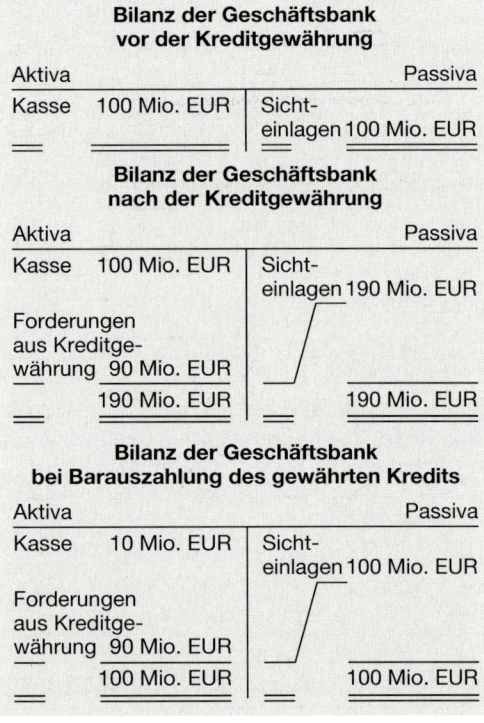

Geschäftsbanken sind nicht nur Geldvermittler, sie schöpfen Geld durch Kreditgewährung.

▶ Grenzen der Buchgeldschöpfung

Die Sichteinlagen bei den Geschäftsbanken können jederzeit durch Scheck oder Überweisung abgerufen oder in Bargeld umgetauscht werden. Die Geschäftsbanken stehen deshalb vor einem Liquiditätsproblem. Sie müssen zur Sicherung der Liquidität eine Reserve an jederzeit flüssigen Mitteln

halten (Bargeld oder Sichtguthaben bei der Zentralbank). Reserven zur Sicherung der Liquidität in Form von Bargeld werden als **Barreserve** bezeichnet. Die Banken wissen aus Erfahrung, dass in normalen Zeiten sich die Zugänge und Abgänge an Zentralbankgeld weitgehend ausgleichen und eine Barreserve nur zum Ausgleich vorübergehender Schwankungen erforderlich ist. Da mit dem Bestand an Bargeld keine Zinsen erwirtschaftet werden können, wird er von den Banken so gering wie möglich gehalten.

Bargeldbestand und Sichteinlagen der Kreditinstitute in der Bundesrepublik Deutschland (in Mrd. DM)

Jahr	Sichteinlagen (Inlandspassiva) von Nichtbanken	Kassenbestand (Inlandsaktiva)	Kassenbestand in % der Sichteinlagen
1996	709,4	30,3	4,3
1997	733,3	30,8	4,2
1998	850,8	30,0	3,5

Quelle: Deutsche Bundesbank, Monatsbericht Februar 1999, Tabellen VI/1 und VI/2

Tabelle 13.5.1

Zentralbanken können den Geschäftsbanken vorschreiben, einen bestimmten Prozentsatz der Einlagen als Sichtguthaben bei ihnen zu unterhalten. Dieser Prozentsatz wird als **Mindestreservesatz** bezeichnet (s. 14.5.6).

Die Zentralbank benutzt den Mindestreservesatz als Instrument zur Steuerung der Geldschöpfungsmöglichkeit der Geschäftsbanken. Es ist realistisch anzunehmen, dass der Mindestreservesatz immer höher ist als der Prozentsatz, der nach den Erfahrungen der Geschäftsbanken zur Sicherung der Liquidität in Form von Zentralbankgeld bereitgehalten werden muss. Deshalb können wir bei unseren weiteren Überlegungen davon ausgehen, dass die Mindestreserven zur Sicherung der Liquidität ausreichen.

Eine Geschäftsbank kann nur dann Kredit und damit Geld schöpfen, wenn sie über Zentralbankgeld verfügt, das nicht schon durch Mindestreserve gebunden ist. Der über die Mindestreserve hinausgehende Bestand an Zentralbankgeld wird als **Überschussreserve** bezeichnet.

Mindestreserve und Überschussreserve

Annahme: Mindestreserve darf zur Sicherung der Liquidität verwendet werden und reicht dafür auch aus.

Sicht- guthaben bei der Bundesbank	Mindestreserve	Über- schuss- reserve
	Sichtguthaben über die Mindest- reserve hinaus	
Bargeld		
Forderungen aus Kreditgewährung		
Wertpapiere		

Abbildung 13.5.2

Eine einzelne Bank kann nur in Höhe ihrer Überschussreserve Kredit gewähren und damit Buchgeld schöpfen.

13.5.3 Geldschöpfung im Geschäftsbankensystem

Eine einzelne Geschäftsbank kann nur in Höhe ihrer Überschussreserve Buchgeld schöpfen. Betrachten wir das Geschäftsbankensystem in seiner Gesamtheit, dann lässt sich zeigen, dass in diesem System der Umfang der Geldschöpfung auf ein Vielfaches der ursprünglich vorhandenen Überschussreserve erhöht werden kann.

▶ *Geldschöpfung bei vollkommenem Bargeldrückfluss ins Bankensystem*

Wir verdeutlichen uns den Zusammenhang an einem Beispiel. Bank I erhält eine zusätzliche Sichteinlage von 1 000,00 EUR. Sie hält eine Liquiditätsreserve von 20 %, die durch den Mindestreservesatz von 20 % gedeckt ist. Nach Abführung der Mindestreserve an die Zentralbank verbleiben Bank I aus der Neueinlage von 1 000,00 EUR freie Mittel (Überschussreserven) in Höhe von 800,00 EUR. In dieser Höhe gewährt sie Kredit. Über den von Bank I gewährten Kredit wird von dem Bankkunden in voller Höhe durch Überweisung an Bank II verfügt. Bank II erhält also eine Neueinlage von 800,00 EUR und führt 20 % Mindestreserve ab. In Höhe der verbleibenden Überschussreserve von 640,00 EUR gewährt Bank II Kredit. Über diesen Kredit verfügt durch Überweisung an Bank III. Wie der Prozess sich fortsetzt, zeigt Tabelle 13.5.3.

Geldschöpfung in einem System von Geschäftsbanken bei vollkommenem Bargeldrückfluss	Δ Einlage	Δ Mindestreserve	Δ Überschussreserve → Δ Kredit
Bank I			
+ Mindestreserve 200,00 + Sichteinlagen 1 000,00 + Überschussreserve 800,00	1 000,00	200,00	800,00
Bank II			
+ Mindestreserve 160,00 + Sichteinlagen 800,00 + Überschussreserve 640,00	800,00	160,00	640,00
Bank III			
+ Mindestreserve 128,00 + Sichteinlagen 640,00 + Überschussreserve 512,00	640,00	128,00	512,00
Bank IV			
+ Mindestreserve 102,40 + Sichteinlagen 512,00 + Überschussreserve 409,60	512,00	102,40	409,60
⋮	⋮	⋮	⋮
Summen	**5 000,00**	**1 000,00**	**4 000,00**

Tabelle 13.5.3

Wir erkennen in Tabelle 13.5.3, dass im Laufe des Prozesses die Überschussreserve, die zu neuer Kreditgewährung führen kann, immer geringer wird. Der Verlauf folgt der Gesetzmäßigkeit einer unendlichen geometrischen Reihe. An den Zahlen unseres Beispiels:

$$1\,000 + \left(1\,000 \cdot \frac{4}{5}\right) + \left[1\,000 \cdot \left(\frac{4}{5}\right)^2\right] + \left[1\,000 \cdot \left(\frac{4}{5}\right)^3\right] \ldots\ldots$$

Ergebnis: $1\,000 \cdot \dfrac{1}{1-\frac{4}{5}} = 5\,000$

Der Nenner $1-\frac{4}{5}$ ergibt den Zahlenwert $\frac{1}{5}$ und ist damit gleich dem Mindestreservesatz von 20 %. In einem System von Geschäftsbanken kann eine ursprüngliche Überschussreserve von 1 000,00 EUR zu einer Ausweitung des Kreditvolumens und damit des Geldvolumens auf 5 000,00 EUR führen. Der vervielfachende Faktor wird als **Kreditschöpfungs- oder Geldschöpfungsmultiplikator** bezeichnet. In unserem Beispiel wurde vollständiger Bargeldrückfluss vorausgesetzt, d. h. dass jede Kreditgewährung wieder zu einer Sichteinlage bei einer Geschäftsbank wird. In diesem Fall ergibt sich der Geldschöpfungsmultiplikator aus dem Quotienten

$$\frac{1}{\text{Mindestreservesatz}}.$$

> Der Geldschöpfungsmultiplikator gibt an, das Wievielfache der ursprünglichen Überschussreserve in einem System von Geschäftsbanken an Giralgeld produziert werden kann.

▶ *Der Geldschöpfungsprozess unter Berücksichtigung einer Barabhebungsquote*

Mit steigendem Kreditvolumen steigt erfahrungsgemäß auch der Bargeldbedarf der Unternehmer und Verbraucher. Das bedeutet, dass ein Teil der gewährten Kredite nicht wieder zu Einlagen bei Banken wird, sondern der Kassenhaltung dient. Diesen Betrag bezeichnen wir als **Barabhebungsquote.** Dadurch wird der Geldschöpfungsmultiplikator kleiner.

Beispiel: Wir verändern das in Tabelle 13.5.3 dargestellte Beispiel und nehmen an, dass bei einem Liquiditätsreservesatz von 20 % (Mindestreserve einschließlich Barreserve der Geschäftsbanken) die Barabhebungsquote 10 % beträgt. Es ergibt sich folgende unendliche geometrische Reihe:

$$1\,000 + \left(1000 \cdot \frac{1}{10}\right) \cdot \left(1 - \frac{1}{5}\right) + 1\,000 \cdot \left(1 - \frac{1}{10}\right)^2 \left(1 - \frac{1}{5}\right)^2 \dots$$

Die Summe dieser geometrischen Reihe ergibt:

$$1\,000 \cdot \frac{1}{1 - \left(1 - \frac{1}{5}\right)\left(1 - \frac{1}{10}\right)} = 1\,000 \cdot 3{,}57 = 3\,570$$

Durch den Einfluss der Barabhebungsquote ist die Geldschöpfungsmöglichkeit des Bankensystems von 5 000 auf 3 570 gesunken.

Bezeichnen wir die Überschussreserve mit Ü, den Liquiditätsreservesatz (Mindestreserve einschließlich Kassenreserve) mit r, die Barabhebungsquote mit c und das Kreditschöpfungspotenzial (Geldschöpfungspotenzial) mit K, dann ergibt sich folgende Formel für die Berechnung der maximalen Kreditschöpfungsmöglichkeit im Geschäftsbankensystem:

$$K = \ddot{U} \cdot \frac{1}{r + c\,(1-r)}$$

Der Geldschöpfungsmultiplikator gibt nur an, bis zu welchem Betrag das Geldvolumen aus einer gegebenen Überschussreserve vergrößert werden kann. Es ist nicht wahrscheinlich, dass die volle Wirkung eintritt, da es gar nicht sicher ist, ob bei den Geschäftsbanken auch in der Höhe Kredite nachgefragt werden, die von den Geschäftsbanken aus ihren Überschussreserven gewährt werden könnten.

████ **AUFGABEN UND PROBLEME**

13.1 *Kurantmünze – Scheidemünze*

Die 5-DM-Münze der Bundesrepublik Deutschland hat ein Gewicht von 11,2 g und besteht zu 62,5 % aus Silber.

- Ist die 5-DM-Münze eine Kurant- oder eine Scheidemünze, wenn für 1 kg Silber (fein) in der Bundesrepublik Deutschland auf dem Markt 181,50 EUR gezahlt werden (1 Euro = 1,95583 DM)?

13.2 *Funktionen des Geldes, Bedeutung eines funktionierenden Geldwesens*

- Zeigen Sie die Berechtigung des folgenden Satzes von M. Lauderdale[1] an der in dem Inserat[2] beschriebenen Situation:

Keine Maschine erspart so viel Arbeit wie das Geld.

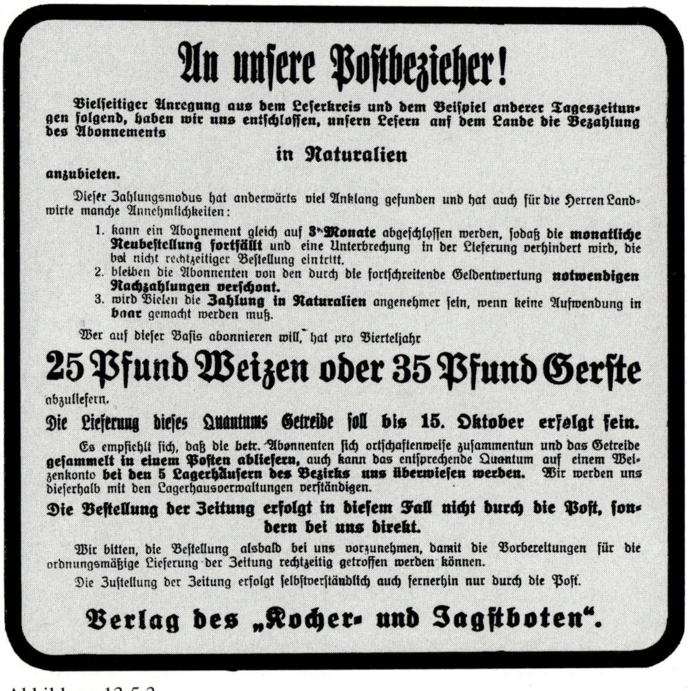

An unsere Postbezieher!

Vielseitiger Anregung aus dem Leserkreis und dem Beispiel anderer Tageszeitungen folgend, haben wir uns entschlossen, unsern Lesern auf dem Lande die Bezahlung des Abonnements

in Naturalien

anzubieten.

Dieser Zahlungsmodus hat anderwärts viel Anklang gefunden und hat auch für die Herren Landwirte manche Annehmlichkeiten:

1. kann ein Abonnement gleich auf **3 Monate** abgeschlossen werden, sodaß die **monatliche Neubestellung fortfällt** und eine Unterbrechung in der Lieferung verhindert wird, die bei nicht rechtzeitiger Bestellung eintritt.
2. bleiben die Abonnenten von den durch die fortschreitende Geldentwertung **notwendigen Nachzahlungen verschont.**
3. wird Vielen die **Zahlung in Naturalien** angenehmer sein, wenn keine Aufwendung in **baar** gemacht werden muß.

Wer auf dieser Basis abonnieren will, hat pro Vierteljahr

25 Pfund Weizen oder 35 Pfund Gerste

abzuliefern.

Die Lieferung dieses Quantums Getreide soll bis 15. Oktober erfolgt sein.

Es empfiehlt sich, daß die betr. Abonnenten sich ortschaftenweise zusammentun und das Getreide **gesammelt in einem Posten abliefern,** auch kann das entsprechende Quantum auf einem Weizenkonto **bei den 5 Lagerhäusern des Bezirks uns überwiesen werden.** Wir werden uns dieserhalb mit den Lagerhausverwaltungen verständigen.

Die Bestellung der Zeitung erfolgt in diesem Fall nicht durch die Post, sondern bei uns direkt.

Wir bitten, die Bestellung alsbald bei uns vorzunehmen, damit die Vorbereitungen für die ordnungsmäßige Lieferung der Zeitung rechtzeitig getroffen werden können.

Die Zustellung der Zeitung erfolgt selbstverständlich auch fernerhin nur durch die Post.

Verlag des „Kocher- und Jagstboten".

Abbildung 13.5.3

13.3 *Ermittlung der Bargeld- und der Buchgeldmenge einer Volkswirtschaft*

- Berechnen Sie aus dem folgenden Modell einer Volkswirtschaft
  - die Menge des Bargelds und
  - die Menge des Buchgeldes!

In den Konten sind nur die für die Aufgabe interessierenden Posten eingetragen.

Zentralbank

Sichtguthaben von Geschäftsbanken	200
Banknoten- und Münzumlauf	740

[1] Lauderdale, James Maitland, 1759–1839, britischer Staatsmann.

[2] „Kocher- und Jagstboten", 17.09.1923, Nachdruck in „Heilbronner Stimme", 15. September 1973.

Öffentliche Haushalte (ohne Zentralregierung)

Banknoten und Münzen	100
Sichtguthaben bei Geschäftsbanken	300

Öffentlicher Haushalt (Zentralregierung)

Banknoten und Münzen	80
Sichtguthaben bei Geschäftsbanken	250

Geschäftsbanken

Sichtguthaben bei der Zentralbank	200	Sichtguthaben öffentl. Haushalte	550
Banknoten und Münzen	60	Sichtguthaben Publikum	400

Unternehmen und private Haushalte („Publikum")

Banknoten und Münzen	500
Sichtguthaben bei Geschäftsbanken	400

13.4 *Geldschöpfung: expansive und kontraktive Vorgänge*

Wir nehmen an: In einem kleinen Staat wird nach einer Revolution das gesamte Bankwesen verstaatlicht. Es gibt nur noch eine allgemeine Staatsbank. Mit der Gründung der Bank verbunden ist eine Währungsreform. Alle bisherigen Guthaben sind ersatzlos verfallen, Noten und Münzen außer Kraft. Die allgemeine Staatsbank hat das Recht, Noten und Münzen auszugeben. Die neue Währung heißt Pfund.

Die ersten Positionen der Bilanz der allgemeinen Staatsbank entstehen durch folgende sechs Geschäftsvorfälle:

A Die Bank kauft von A ein Verwaltungsgebäude. Sie schreibt dem A dafür eine Sichtinlage von 100 000 Pfund gut.

B Der Exporteur B, der Grapefruits nach der Bundesrepublik Deutschland exportierte, verkauft der allgemeinen Staatsbank Euro, Gegenwert 20 000 Pfund. Der Exporteur B erhält dafür ein Sichtguthaben.

C Die Staatsbank kauft einer einheimischen Fabrik für landwirtschaftliche Geräte einen Wechsel ab, der auf einen inländischen Farmer gezogen ist. Der Fabrikant C erhält für den Gegenwert von 10 000 Pfund ebenfalls eine Sichteinlage gutgeschrieben.

D Der Farmer D will eine neue Plantage anlegen. Er erhält einen Kredit von 40 000 Pfund gutgeschrieben, über den er sofort verfügen kann.

E D überweist auf das Konto des C 30 000 Pfund und erhält dafür Maschinen.

F C benötigt zur Zahlung von Löhnen und Material Bargeld. Er hebt 10 000 Pfund in bar ab. Die allgemeine Staatsbank gibt in dieser Höhe an C Banknoten mit der Unterschrift ihres Präsidenten.

- 1. Erstellen Sie nach jedem der sechs Geschäftsvorfälle die neue Bilanz der allgemeinen Staatsbank!
- 2. a) Welche Vorgänge wirkten auf die Geldmenge vergrößernd (expansiv)?
     b) Welche Vorgänge ließen die Geldmenge unverändert (wirkten neutral)?
     c) Suchen Sie nach einem denkbaren Vorgang, der auf die Geldmenge verkleinernd (kontraktiv) wirken würde!
- 3. Überlegen Sie, ob es für eine Bank, die in der Volkswirtschaft die einzige ist, aus banktechnischen Gründen eine Begrenzung der Geldschöpfungsmöglichkeit gibt. Begründen Sie Ihre Ansicht!

13.5 *Geldschöpfungsmöglichkeit einer einzelnen Geschäftsbank*

In einer Volkswirtschaft gibt es mehrere Geschäftsbanken und eine Zentralbank. Die Zentralbank hat das Recht, von Geschäftsbanken eine zinslose Sichteinlage bei der Zentralbank als Mindestreserve zu verlangen. Die Mindestreserve darf von den Geschäftsbanken als Liquiditätsreserve benutzt werden und reicht dafür auch aus.

● Wie groß ist in den folgenden vier Fällen jeweils die Geldschöpfungsmöglichkeit dieser Bank?

1. Mindestreservesatz 25 %

Geschäftsbank

Guthaben bei der Zentralbank	600	Sichteinlagen	600
	600		600

2. Mindestreservesatz 20 %

Geschäftsbank

Guthaben bei der Zentralbank	100	Sichteinlagen	500
Kasse	10		
Forderungen	390		
	500		500

3. Mindestreservesatz 10 %

Geschäftsbank

Guthaben bei der Zentralbank	150	Sichteinlagen	800
Kasse	10		
Forderungen	490		
Wechselforderungen	150		
	800		800

4. Mindestreservesatz 25 %

Geschäftsbank

Guthaben bei der Zentralbank	400	Sichteinlagen	1 000
Forderungen	300		
Guthaben bei der Geschäftsbank II	200		
Wechselforderungen	100		
	1 000		1 000

13.6 *Überprüfung der Behauptung: Jede Kreditgewährung einer Bank ist eine Geldschöpfung*

In einer Volkswirtschaft gibt es eine Zentralbank und zwei Geschäftsbanken, außerdem die Gruppen Publikum A und Publikum B.

Ausgangssituation

Geschäftsbank I

Guthaben bei der Zentralbank	20	Sichteinlagen	20
Kasse	80		
	100		100

Publikum A[1]

Guthaben bei der Kreditbank I	100	Eigenkapital	180
Forderungen an Kunden	80		
	180		180

[1] Publikum = Unternehmen und private Haushalte.

Geschäftsbank II

Kasse	20	Eigenkapital	20
	20		100

Publikum B

Anlagen	90	Verbindlichkeiten gegenüber	
Kasse	10	Lieferern	80
		Eigenkapital	20
	100		100

- 1. Berechnen Sie die Geldmenge (M1) in dieser Volkswirtschaft!
- 2. Die Kreditbank I gewährt einen Kredit an B in Höhe von 80. Der Kredit wird an B in bar ausgezahlt und bleibt in der Kasse des B.
  - a) Wie sehen die Bilanzen nach der Kreditgewährung aus?
  - b) Berechnen Sie die Geldmenge nach der Kreditgewährung!
- 3. Gehen Sie von der oben geschilderten Ausgangssituation aus.
  - a) Wie würden die Bilanzen aussehen, wenn der Kredit in Höhe von 80 an B gewährt, von B aber auf sein Konto bei der Geschäftsbank II überwiesen würde?
  - b) Berechnen Sie die Geldmenge nach der Kreditgewährung!
- 4. Gehen Sie auch jetzt wieder von der oben geschilderten Ausgangssituation aus.
  - a) Wie würden die Bilanzen aussehen, wenn der Kredit in Höhe von 80 gewährt und von B auf das Konto des A bei der Bank I überwiesen würde?
  - b) Berechnen Sie die Geldmenge nach der Kreditgewährung!
- 5. Es wird behauptet: Jede Kreditgewährung einer Bank ist eine Geldschöpfung.
  - Stimmt diese Behauptung? Begründung!

13.7 *Geldschöpfungsmultiplikator*

1. In dem Bankensystem einer Volkswirtschaft erfolgt eine zusätzliche Bargeldeinlage von 1 000 GE (Geldeinheiten). Auf dieser Grundlage erfolgt ein Prozess fortlaufender Kreditgewährung, bei dem alle Kreditschöpfungsmöglichkeiten ausgenutzt werden. Nach jeder Kreditgewährung fließt der Kreditbetrag wieder vollständig als Bargeldeinlage in das Bankensystem zurück.

- Stellen Sie fest, in welcher Höhe in einem Prozess von 20 aufeinander folgenden Kreditgewährungen auf der Grundlage der zusätzlichen Bargeldeinlage von 1 000 GE in der Volkswirtschaft zusätzlich Kredit und damit Geld geschaffen wird bei einem Mindestreservesatz

  a) von 20 %, b) von 25 %, c) von 30 %

  Gehen Sie davon aus, dass die Banken über die Mindestreserve hinaus keine zusätzlichen Liquiditätsreserven halten.

  Fassen Sie die Ergebnisse a) – c) in einer Ergebnistabelle nach folgendem Muster zusammen!

Mindestreservesatz (in %)	20	25	30
Kreditschöpfungsmöglichkeit/Geldschöpfungsmöglichkeit in einem Prozess von 20 Kreditgewährungen (GE)			

- 2. Wie ändert sich die Geldschöpfungsmöglichkeit des Bankensystems, wenn die Geschäftsbanken zusätzlich zur Mindestreserve von 20 % noch eine Kassenreserve von 5 % halten?

- 3. Formulieren Sie als Ergebnis Ihrer Experimente unter 1. und 2. eine Regel, die ausdrückt, wie sich in einem Bankensystem mit dem Liquiditätsreservesatz (Mindestreserve + Kassenreserve) die Geldschöpfungsmöglichkeit ändert!

4. In einer Volkswirtschaft besteht ein Liquiditätsreservesatz von 20 %. Das Bankensystem erhält eine zusätzliche Bargeldeinlage von 1 000 GE. Auf der Grundlage dieser zusätzlichen Einlage erfolgt unter Ausnutzung aller Kreditschöpfungsmöglichkeiten zusätzliche Kreditgewährung. Die Kredite fließen jedoch nur zu 90 % als Bargeld in das Bankensystem zurück, 10 % führen zur zusätzlichen Kassenhaltung im Nichtbankensektor.

- a) Stellen Sie fest, in welcher Höhe in der gegebenen Situation aufgrund der zusätzlichen Einlage von 1 000 GE in einem Prozess von 20 aufeinander folgenden Kreditgewährungen zusätzlich Kredit/Geld geschöpft werden kann!

  b) Vergleichen Sie das Ergebnis mit Ihrem Ergebnis unter 1.a und stellen Sie fest, welchen Einfluss es auf den Geldschöpfungsmultiplikator hat, wenn der Kreditbetrag nur teilweise in den Bankensektor zurückfließt!

5. Die Formel zur Berechnung der Kredit-/Geldschöpfungsmöglichkeit unter Berücksichtigung der Barabhebungsquote lautet wie folgt:

K = Kreditschöpfungspotential

Ü = Überschussreserve

r = Liquiditätsreservesatz

c = Barabhebungsquote

$$K = \frac{\text{Ü}}{r + c\,(1{-}r)}$$

Berechnen Sie die zusätzlichen Kredit-/Geldschöpfungsmöglichkeiten auf der Grundlage einer zusätzlichen Bareinlage von 1 000 GE für die folgenden Situationen:

Liquiditätsreservesatz (r) in %	Barabhebungsquote (c) in %		
	10	20	30
10			
20			
30			

ZUR WIEDERHOLUNG DES GRUNDWISSENS

1. Welche Eigenschaften muss ein allgemeines Tauschgut haben?
2. Was versteht man unter „Währung"?
3. Was zählt zum Bargeld?
4. Wie unterscheiden sich Kurantmünzen und Scheidemünzen?
5. Was bezeichnet man als Buchgeld?
6. Welche Aufgaben hat eine Zentralbank?
7. Wie unterscheiden sich Geschäftsbanken von einer Zentralbank?
8. Welche Organe hat die Deutsche Bundesbank?
9. Stellen Sie die Positionen einer Staffelrechnung dar, die vom Münz- und Notenumlauf ausgeht und über die Geldvolumen M1 und M2 zum Geldvolumen M3 führt!
10. Welche Kennzeichen hat eine Goldwährung?
11. Welche Arten der Goldwährung kennen Sie?
12. Wie unterscheiden sich gebundene Währungen von freien Währungen?
13. Wie ist das Recht, Bargeld zu schöpfen, im Euro-Währungsgebiet geregelt?
14. Erläutern Sie den Vorgang einer Giralgeldschöpfung durch eine einzelne Geschäftsbank!
15. Wie lautet die Formel für den Geldschöpfungsmultiplikator unter Berücksichtigung des Reservesatzes und einer Barabhebungsquote?

14 Inflation und Geldpolitik

Mandel, Ernest: Marxistische Wirtschaftstheorie, 2. Band, edition suhrkamp, S. 665 f.

„Die Schaffung eines eigenständigen und wachsenden Rüstungssektors in der kapitalistischen Wirtschaft erklärt unter anderem eine typische Erscheinung der Periode des niedergehenden Kapitalismus: die permanente Tendenz zur Inflation.

Die Rüstungsproduktion hat, monetär betrachtet, ein besonderes Merkmal; sie vermehrt die zirkulierende Kaufkraft, ohne einen zusätzlichen Zustrom an Waren als Gegenwert hervorzubringen. Selbst wenn diese gestiegene Kaufkraft zur Anschaffung von Maschinen und zur Einstellung von Leuten führt, die vorher arbeitslos waren, entsteht eine zeitweilige Inflation. Die Einkommen der Arbeiter und die Gewinne der Gesellschaften erscheinen auf dem Markt als Nachfrage nach Konsumgütern und Produktionsgütern, ohne dass die Produktion dieser Güter gesteigert worden ist.

Es gibt nur einen Fall, bei dem die Produktion von Rüstungsgütern keine Inflation verursacht: wenn alle Rüstungsausgaben restlos mit Steuern finanziert werden (d. h. wenn die Kaufkraft der Konsumenten wie der Unternehmer vermindert wird) und wenn die Steuern das Verhältnis zwischen der Nachfrage nach Konsumgütern und der Nachfrage nach Produktionsgütern bei gleich bleibendem Güterangebot unverändert lassen. Dieser Fall ist jedoch in der Epoche des niedergehenden Kapitalismus praktisch unbekannt."

- *Was versteht man unter einer Inflation?*
- *Halten Sie die Erklärung, die Mandel für die Entstehung der Inflation gibt, für vertretbar?*

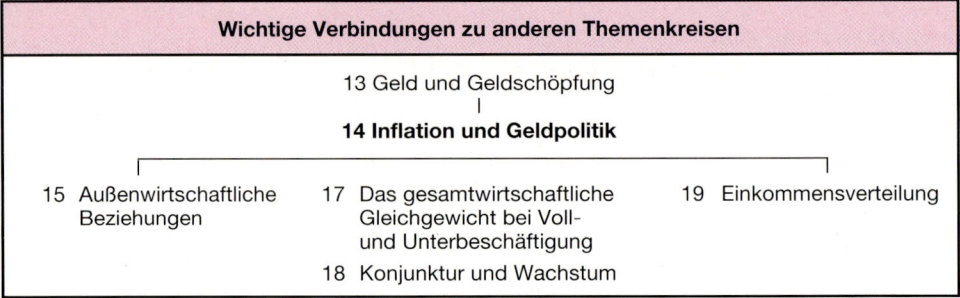

Abbildung 14.0.1

 **INFORMATION**

14.1   Die Messung des Geldwerts
14.1.1   Geldwert und Preisniveau

Geld kann als eine Anweisung auf das Sozialprodukt gesehen werden. Es berechtigt den Inhaber, sich von dem Güterberg des Sozialprodukts einen Teil anzueignen. Auch die in den Zeiten der Kriegswirtschaft des Zweiten Weltkriegs von staatlichen Wirtschaftsämtern ausgestellten Bezugscheine verbrieften das gleiche Recht. Sie unterscheiden sich vom Geld aber dadurch, dass auf dem Bezugschein der Gegenstand genannt wurde, zu dessen Beschaffung er berechtigte. Ein solcher Bezugschein war z. B. auf ein Paar Straßenschuhe oder einen Herren-Wintermantel ausgestellt. Im Gegensatz zum Bezugschein der Kriegswirtschaft überlässt das Geld dem Verbraucher die Entscheidung, welche Güter er sich damit beschaffen und wann und wo er sie kaufen will. Der Geldbesitzer hat jedoch keine Garantie, für eine Geldeinheit (z. B. einen Euro) immer die gleiche Menge an Gütern zu bekommen: Der Geldwert kann sich verändern.

> Der Geldwert (die Kaufkraft des Geldes) wird ausgedrückt durch die Gütermenge, die für eine Geldeinheit zu erhalten ist.

Es kommt dabei nicht darauf an, ob ein bestimmtes einzelnes Gut billiger oder teurer geworden ist. Wenn der Preis des Fleisches gesunken ist, kann man deshalb nicht behaupten, der Geldwert sei gestiegen. Die Preissteigerungen bei anderen Gütern können den gesunkenen Fleischpreis mehr als ausgleichen. Bei der Messung des Geldwerts wird deshalb von einem Durchschnitt aus den Preisen vieler Güter ausgegangen. Eine logisch exakte Berechnung müsste alle Preise in der Volkswirtschaft in diese Berechnung einbeziehen. Das Ergebnis könnte man als das Preisniveau der Volkswirtschaft bezeichnen.

> Das Preisniveau ist der Durchschnitt aller Güterpreise in einer Volkswirtschaft.

Der Wert des Geldes ist gestiegen, wenn für einen bestimmten Geldbetrag nach einiger Zeit mehr Güter als bisher erworben werden können. Der Wert des Geldes ist gesunken, wenn weniger Güter für den gleichen Geldbetrag erworben werden können.

Ist das Preisniveau gestiegen, dann ist der Geldwert gesunken. Ist das Preisniveau gesunken, dann ist der Geldwert gestiegen. Der Geldwert ist der reziproke Ausdruck des Preisniveaus.

Würden tatsächlich alle Preise in einer Volkswirtschaft in diese Durchschnittsrechnung einbezogen, dann wäre das Ergebnis zwar logisch richtig, der so errechnete Geldwert würde aber nicht viel aussagen. Wer keinen Kaviar isst, weil er sich ihn gar nicht leisten kann, dem nützt es nichts, wenn der Kaviarpreis sinkt. Sein Geld wird dadurch nicht mehr wert. Für verschiedene Personen haben die Preise bestimmter Waren ganz unterschiedliche Bedeutung. Es gibt weder ein einheitliches Preisniveau, das für alle Verwendungszwecke aussagekräftig ist, noch einen einheitlichen Geldwert, der für alle gleich ist.

14.1.2 Preisindizes

Statt eines einheitlichen Preisniveaus berechnet die amtliche Statistik eine Vielzahl von Preisindizes. Dabei werden die Güter, deren Preise berücksichtigt werden sollen, nach dem Zweck ausgewählt, für den der Preisindex verwendet werden soll.

Die Berechnung eines Preisindex erfolgt in folgenden Stufen:

① Die Güter werden ausgewählt, deren Preise zu berücksichtigen sind.

② Der Anteil, mit dem der Preis jedes dieser Güter in der Berechnung berücksichtigt werden soll, wird bestimmt. Damit wird das Wägungsschema festgelegt.

③ Die Preise der ausgewählten Güter werden im Berichtszeitraum an verschiedenen Orten festgestellt. Für jedes Gut wird ein Durchschnittspreis ermittelt.

④ Der Gesamtpreis der ausgewählten Güter wird berechnet und auf einen Basiszeitpunkt (z. B. Basisjahr) bezogen, dessen Gesamtpreis als 100 % gesetzt wird. Das Ergebnis ist der Preisindex des Berichtsjahres.

> **Beispiel für die Berechnung eines Preisindex:**
> Preis der ausgewählten Gütergesamtheit Jahr 1: 3000,00 EUR
> Preis der ausgewählten Gütergesamtheit Jahr 2: 3300,00 EUR
> Preisindex: 110.

Als treffender Ausdruck für den Geldwert wird allgemein der **Preisindex für die Lebenshaltung** anerkannt, da er die Entwicklung des Geldwerts an den Preisen für Güter des privaten Verbrauchs misst, der ja letztlich Zweck des Wirtschaftens ist. Die Zusammenfassung der Güter, die bei der Berechnung des Preisindex für die Lebenshaltung berücksichtig werden, wird als **Warenkorb** bezeichnet.

Der Preisindex für die Lebenshaltung gilt immer nur für eine Familie, die ihr Geld in etwa für die Güter und Leistungen ausgibt, die in dem Warenkorb enthalten sind. Die Zusammensetzung des Warenkorbs ändert sich mit der Größe der Familie und der Höhe des Einkommens. Deshalb werden vom **Statistischen Bundesamt** der Bundesrepublik Deutschland verschiedene Preisindizes für die Lebenshaltung berechnet, denen unterschiedliche Haushaltssituationen zugrunde liegen.

Der Warenkorb wird von Zeit zu Zeit an veränderten Geschmack, neue Produkte und veränderte Lebensgewohnheiten angepasst. Damit wird ein neues Basisjahr gewählt. Die neueste Zusammensetzung des Warenkorbs bezieht sich auf 1991.

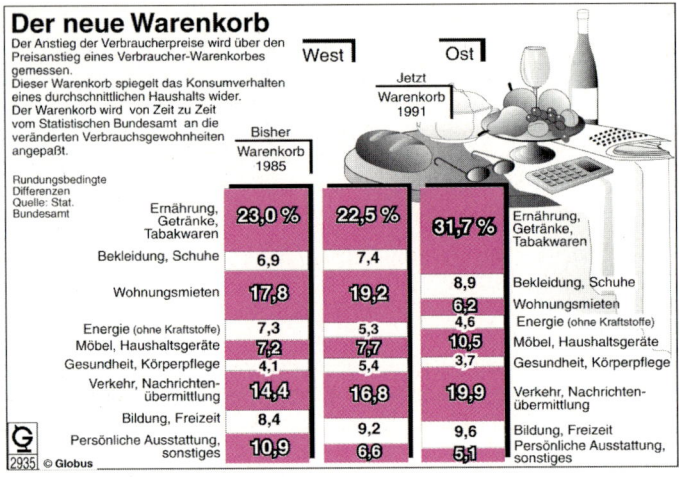

Abbildung 14.1.1

Im Euro-Währungsgebiet wird die Entwicklung des Geldwerts mit dem neu entwickelten **„Harmonisierten Verbraucherpreisindex (HVPI)"** gemessen. Mit seiner Veröffentlichung soll der Öffentlichkeit die Möglichkeit gegeben werden, den Erfolg der einheitlichen Geldpolitik im Euro-Währungsgebiet zu beurteilen. Für den HVPI liegt noch keine lange Reihe zurückliegender Daten vor.

Harmonisierter Verbraucherpreisindex (HVPI) im Euro-Währungsgebiet
(soweit nicht anders angegeben, Veränderung gegen Vorjahr in %)

	Insgesamt (Index. 1996 = 100)	Insgesamt	Waren							Dienst-leistungen
				Nahrungs-mittel	Verarbeitete Nahrungs-mittel	Unver-arbeitete Nahrungs-mittel	Industrie-erzeugnisse	Industrieer-zeugnisse (außer Energie)	Energie	
Gewichte in %	100,0	100,0	63,7	22,3	13,4	9,0	41,3	32,5	8,8	36,3
	1	2	3	4	5	6	7	8	9	10
1995	97,9	-	-	-	-	-	-	-	-	-
1996	100,0	2,2	1,8	1,9	1,9	1,9	1,8	1,6	2,6	2,9
1997	101,6	1,6	1,1	1,4	1,4	1,4	1,0	0,5	-2,8	2,4
1998	102,7	1,1	0,6	1,6	1,4	2,0	0,1	0,9	-2,6	2,0
1999 (Juli)	104,0	1,1	0,7	– 0,1	0,7	– 1,4	1,1	0,6	3,2	1,6

14.2 Geldwert und Reallohn

Der Preisindex für die Lebenshaltung allein sagt nichts aus über die Entwicklung des Standards der Lebenshaltung, der auch als Reallohn oder Realeinkommen bezeichnet wird.

> Das Realeinkommen (der Reallohn) ist die Gütermenge, die mit einem bestimmten Nominaleinkommen gekauft werden kann.

Steigt das in Geldeinheiten ausgedrückte Nominaleinkommen in gleichem Umfang wie der Preisindex, dann kann der Einkommensbezieher die gleiche Gütermenge kaufen wie vor der Verschlechterung des Geldwerts. Das Realeinkommen bleibt unverändert.

Steigt der Nominallohn stärker als der Preisindex für die Lebenshaltung, dann steigt der Reallohn: Der Konsument kann sich mit seinem gestiegenen Einkommen trotz gestiegener Preise mehr Sachgüter und Dienstleistungen kaufen als bisher. Der Sparer allerdings wird geschädigt. Es ist deshalb falsch anzunehmen, Veränderungen des Geldwerts seien ohne Bedeutung, wenn nur der Reallohn erhalten bliebe oder steigen würde.

Sinkt der Geldwert stärker als das Nominaleinkommen steigt, dann sinkt der Reallohn.

14.3 Erscheinungsbild einer Inflation

14.3.1 Inflation und Deflation

Im Jahre 1923 hat man im damaligen Deutschen Reich die Erfahrung gemacht, wie schnell ein Prozess der Geldentwertung verlaufen kann. Die Löhne wurden schließlich täglich ausgezahlt. Ein nachträglich ausgezahlter Wochenlohn hätte nicht mehr für ein Mittagessen ausgereicht. Die Ärzte behandelten die Patienten – außer in Notfällen – nur noch auf private Rechnung. Bis von der gesetzlichen Krankenkasse die Vierteljahresabrechnung kam, reichte das Monatseinkommen eines Arztes nicht einmal mehr zur Zahlung eines Briefportos.

> Als Inflation bezeichnet man einen Prozess anhaltender und erheblicher Steigerungen des Preisniveaus und damit sinkenden Geldwerts.

Die Entwicklung des Briefportos vom 15. Jan. 1923 bis zum 26. Nov. 1923

Datum	Briefporto in Reichsmark
15.01.	50,00
01.03.	100,00
01.07.	300,00
01.08.	1 000,00
24.08.	20 000,00
01.09.	75 000,00
20.09.	250 000,00
01.10.	2 000 000,00
10.10.	5 000 000,00
30.10.	10 000 000,00
01.11.	100 000 000,00
05.11.	1 000 000 000,00
12.11.	10 000 000 000,00
20.11.	20 000 000 000,00
26.11.	80 000 000 000,00

Tabelle 14.3.1

Preissteigerungen einzelner Güter und geringfügige Steigerungen des allgemeinen Preisniveaus werden nicht als Inflation bezeichnet. Im Euro-Währungsgebiet gilt Preisstabilität als erreicht, wenn die Steigerung des HVPI unter 2 % liegt.

Unter **Deflation** versteht man einen anhaltenden und erheblichen Rückgang des Preisniveaus bzw. eine anhaltende und erhebliche Zunahme des Geldwerts.

14.3.2 Arten der Inflation

Offene Inflation. Die oben beschriebene Inflation im Jahre 1923 im Gebiet des damaligen Deutschen Reiches war eine offene Inflation. Bei einer offenen Inflation ist die anhaltende Geldentwertung offen erkennbar, weil der marktwirtschaftliche Preismechanismus in Funktion bleibt.

Verdeckte (zurückgestaute) Inflation. Bei einer verdeckten Inflation bleiben die Preise offiziell durch staatliche Maßnahmen wie Preisstopp, Kontingentierung der Güter oder andere dirigistische Maßnahmen des Staates weitgehend konstant. Deshalb wird eine Steigerung des Preisniveaus auf den offiziellen Märkten nicht erkennbar. Es entstehen „schwarze Märkte", auf denen dann echte Marktpreise und das Sinken des Geldwerts erkennbar werden. Auch in sozialistischen Ländern mit staatlichen Festpreisen kann es deshalb Inflationen geben. Sie werden nicht durch steigende Preise, sondern durch Schlangen vor den Verkaufsläden angezeigt.

Stagflation. Lange war man der Ansicht, dass Inflation nur mit steigender Produktion und Vollbeschäftigung, ja sogar mit Überbeschäftigung verbunden sein kann. Dann musste man die Erfahrung machen, dass mit steigendem Preisniveau auch eine Stockung in der Entwicklung des Bruttosozialprodukts oder sogar rückläufige Produktion und Arbeitslosigkeit verbunden sein können. Ein solcher Zustand wird als Stagflation bezeichnet. Stagflation bedeutet **Stagnation** (Stillstand, Stockung) plus Inflation.

> Die Stagflation ist eine Situation, in der ein steigendes Preisniveau mit rückläufiger Produktion und Unterbeschäftigung zusammentreffen.

14.4 Ursachen der Inflation

Es ist schwierig herauszufinden, welche Ursachen Inflationen haben, da in einer Volkswirtschaft viele Einflussgrößen zuammenwirken. Man müsste im Experiment alle Faktoren bis auf einen unverändert lassen, um auszuprobieren, wie sich die Veränderung des einen Faktors auswirkt. Man müsste also z. B. die Löhne, die Zinsen und die Steuern unverändert lassen und nur das Kreditangebot der Banken erhöhen, um zu erfahren, ob das Kreditangebot Einfluss auf den Geldwert hat. Da man in der Realität solche Experimente nicht durchführen kann, nimmt es nicht wunder, dass es eine ganze Anzahl von Theorien gibt, um die Erscheinung der Inflation zu erklären. Ordnet man die Erklärungsversuche, dann lassen sie sich in zwei Gruppen zusammenfassen: Die eine Gruppe sieht die Ursache der Inflation in einer Vergrößerung der Geldmenge, die andere Gruppe sucht die Ursachen der Inflation auf der Angebots- und der Nachfrageseite des Marktes.

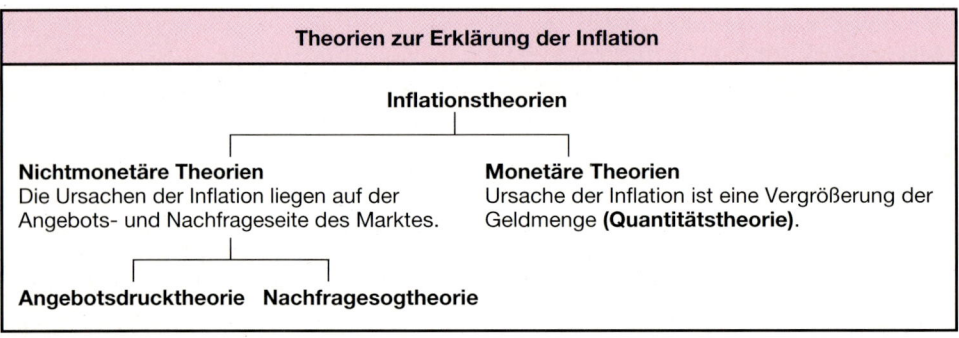

Abbildung 14.4.1

14.4.1 Monetäre Inflationstheorien

Von den monetären Inflationstheorien wird die Ursache allgemeiner Preissteigerungen darin gesehen, dass die Geldmenge stärker steigt als das gesamtwirtschaftliche Güterangebot. Die so genannte **Quantitätstheorie** fasst diesen Zusammenhang in der folgenden Fisher'schen **Verkehrsgleichung des Geldes**[1] zusammen:

Die Verkehrsgleichung des Geldes	
$P = \dfrac{G \times U}{H}$	P = Preisniveau G = Geldmenge U = Umlaufgeschwindigkeit des Geldes H = Handelsvolumen

Tabelle 14.4.1

Unter der **Geldmenge** wird dabei der Bestand an Bar- und Buchgeld bei inländischen Nichtbanken verstanden.

Die **Umlaufgeschwindigkeit des Geldes** gibt an, wie oft eine Geldeinheit pro Periode (z. B. ein Jahr) umgesetzt wird. Je größer die Umlaufgeschwindigkeit ist, umso größer kann bei konstanter Geldmenge die volkswirtschaftliche Gesamtnachfrage einer Periode werden.

Unter dem **Handelsvolumen** versteht man die (physische) Menge aller in einer Volkswirtschaft in einer Periode umgesetzten Güter. Da in einer arbeitsteiligen Volkswirtschaft ein Produkt in seinen Verarbeitungsstufen von der Urproduktion über das verarbeitende Gewerbe, den Großhandel und den Einzelhandel zum Verwender gelangt, ist in einer Volkswirtschaft die Summe der Umsätze größer als die Summe der Wertschöpfungen. Die Erfassung des Handelsvolumens macht den Statistikern erhebliche Schwierigkeiten.

Die **ältere Quantitätstheorie** behauptete, dass eine Erhöhung der Geldmenge G zu einer proportionalen Erhöhung des Preisniveaus führt. Diese These beruht auf der Annahme, dass die Umlaufgeschwindigkeit des Geldes und das Handelsvolumen unverändert bleiben.

Gegen diese Form der Quantitätstheorie werden folgende kritische Einwendungen vorgebracht:

1. Eine Ausweitung der Geldmenge G muss nicht zwangsläufig zu einer gleich großen Steigerung der volkswirtschaftlichen Gesamtnachfrage führen. Zusätzlich geschaffenes Geld könnte ganz oder doch überwiegend zur zusätzlichen Kassenhaltung werden, wenn die Verbraucher nicht mehr auszugeben bereit sind und die Investitionslust der Unternehmer gering ist.

2. Steigt die Geldmenge, ohne dass die volkswirtschaftliche Gesamtnachfrage größer wird, dann ändert sich die Umlaufgeschwindigkeit des Geldes. Es darf nicht für alle Fälle angenommen werden, dass die Umlaufgeschwindigkeit des Geldes konstant bleibt.

3. Selbst wenn die Erhöhung der Geldmenge zu einer Vergrößerung der volkswirtschaftlichen Gesamtnachfrage führt, hängt die Wirkung auf das Preisniveau doch noch von der Ausgangslage der Volkswirtschaft ab. Ist die Volkswirtschaft unterbeschäftigt, dann kann eine Erhöhung der volkswirtschaftlichen Gesamtnachfrage zu einer Steigerung der Produktion führen. Wenn mit einer Erhöhung der Gesamtnachfrage das Gesamtangebot steigt, muss es nicht zu einer Erhöhung des Preisniveaus kommen.

[1] Fisher, Irving, 1867–1947, amerikanischer Volkswirt.

④ Die Wirkung muss nicht ursächlich immer von einer Erhöhung der Geldmenge ausgehen. Es ist denkbar, dass eine Steigerung der Wirtschaftstätigkeit zu einer Vergrößerung der Geldmenge führt. Ursache und Wirkung wären dann gerade umgekehrt.

Diese Einwände führten dazu, dass die Quantitätstheoretiker die Behauptung einer proportionalen Abhängigkeit des Preisniveaus von der Geldmenge aufgegeben haben. Sie behaupten nur noch ganz allgemein, dass das Preisniveau eine Funktion der Geldmenge ist: P = f (G).

Die **neuere Quantitätstheorie** (Neo-Quantitätstheorie) verfeinert die Analyse der Beziehungen zwischen Geldmenge und Preisniveau. Sie berücksichtigt, dass die Umlaufgeschwindigkeit des Geldes nicht konstant sein muss. Den Prozess der Geldwertveränderungen sieht sie nicht mehr einfach als mechanische Anpassung des Güterstroms an die veränderte Größe des Geldstroms, so lange bis ein neues Gleichgewicht eintritt. Sie berücksichtigt, dass die reale Geldmenge ganz entscheidend von den Neigungen der Verbraucher und Produzenten bestimmt wird, Verbrauchs- und Investitionsausgaben zu machen, Wertpapiere zu kaufen oder lieber ihre Kassenhaltung zu vergrößern. Sie versucht den **Transformationsmechanismus** zu erläutern, mit dem Impulse aus dem monetären Bereich (z. B. Zinsveränderungen oder Geldmengenerhöhung) auf gesamtwirtschaftliche Zielgrößen wie Preisniveau und Beschäftigung wirken. Der bekannteste Vertreter dieser Theorie ist M. Friedmann.[1]

14.4.2 Die Nachfragesoginflation (Demand - Pull - Inflation)

Die Theorie der Nachfragesoginflation sieht die Ursachen für Veränderungen des Geldwerts auf der Nachfrageseite: Der Anstieg des Preisniveaus wird dadurch bewirkt, dass die gesamtwirtschaftliche Nachfrage stärker steigt als das (zu konstanten Preisen bewertete) gesamtwirtschaftliche Angebot.

> Steigt die gesamtwirtschaftliche Nachfrage stärker als das gesamtwirtschaftliche Angebot, dann entsteht eine Lücke zwischen dem gesamtwirtschaftlichen Angebot und der gesamtwirtschaftlichen Nachfrage, die über Preiserhöhungen geschlossen wird und damit Ursache der Inflation ist.

Die **gesamtwirtschaftliche Nachfrage steigt,** und dies kann zu einer Senkung des Geldwerts führen:

– wenn die Verbraucher einen kleineren Teil ihres Einkommens sparen als bisher;

– wenn die Unternehmer Investitionen durchführen, die erst später zu einer Ausweitung der Produktion führen, infolge der Investition die Einkommen in der Volkswirtschaft aber durch Kreditgewährung sofort erhöht werden;

– wenn der Staat schon im Vorgriff auf künftige Steuereinnahmen Nachfrage ausübt;

– wenn zusätzliche Auslandsnachfrage auf den Binnenmarkt trifft.

In Abbildung 14.4.2 wird der Zusammenhang zwischen monetärer Gesamtnachfrage und Preisniveau grafisch sichtbar gemacht. Auf der waagrechten Achse ist das reale Sozialprodukt (Y_r) dargestellt, auf der senkrechten Achse das Preisniveau P. Die Line AA_1 bringt zum Ausdruck, dass das Sozialprodukt bei jedem Preisniveau unverändert bleibt.

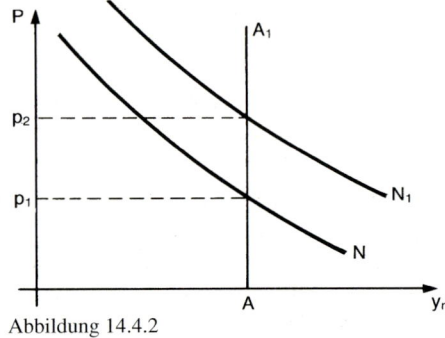

Abbildung 14.4.2

---

[1] Friedman, Milton, 1912, amerikanischer Wirtschaftswissenschaftler, Nobelpreisträger für Wirtschaft 1976.

Die volkswirtschaftliche Kapazitätsgrenze ist erreicht. Jede Vergrößerung der monetären Nachfrage (in Abbildung 14.4.2: $N-N_1$) führt dann zu einer Erhöhung des Preisniveaus (P_1-P_2).

Zu Abbildung 14.4.3: Gibt es in einer Volkswirtschaft noch unausgenutzte Kapazitäten, dann kann eine Erweiterung des realen Güterangebots in weiten Bereichen ohne Erhöhung des Preisniveaus erfolgen (Bereich A–B). Bei einer weiteren Erhöhung der gesamtwirtschaftlichen Nachfrage wird das Güterangebot ausgeweitet und das Preisniveau steigt (Bereich B–C). Ist die gesamtwirtschaftliche Produktionskapazität ausgelastet, dann tritt bei einer Vergrößerung der gesamtwirtschaftlichen Nachfrage nur noch eine Erhöhung des Preisniveaus ein.

Reine Mengenreaktionen ohne eine Erhöhung des Preisniveaus (Bereich A–B) werden in der Praxis ganz selten auftreten.

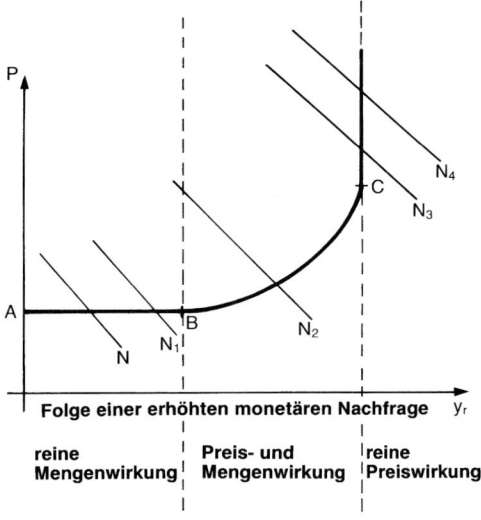

Abbildung 14.4.3

14.4.3 Angebotsdrucktheorie

Die Angebotsdrucktheorie sieht die Ursachen der Inflation auf der Angebotsseite. Sie geht von der Annahme aus, dass die Anbieter letztlich preisbestimmend seien. Ursache der Inflation sind nach dieser Theorie die von den Anbietern durchgeführten Preiserhöhungen, mit denen sie gestiegene Kosten auf die Verbraucher überwälzen (Kostendruckinflation) oder mit denen sie ihre Gewinne erhöhen wollen (Gewinndruckinflation).

Die **Kostendruckinflation** (Cost-Push-Inflation) kann verursacht sein durch eine Lohnerhöhung, eine Erhöhung der Kostensteuern, der Rohstoffpreise oder des Zinssatzes.

Die **Gewinndruckinflation** (Profit-Push-Inflation) entsteht dann, wenn Unternehmen in Monopol- oder Oligopolsituationen so mächtig werden, dass sie zur Erreichung der von ihnen geplanten Gewinne die Preise erhöhen können.

14.4.4 Beziehungen zwischen den Inflationstheorien

Alle Inflationstheorien stimmen darin überein, dass die Inflation dann eintritt, wenn bei gegebenen Preisen die gesamtwirtschaftliche Nachfrage größer ist als das gesamtwirtschaftliche Güterangebot. Da in der Marktwirtschaft nur Nachfrage ausüben kann, wer Geld besitzt, kann es ohne Vergrößerung der Geldmenge keine Inflation geben. Der Unterschied zwischen der monetären und den nichtmonetären Inflationstheorien besteht im Wesentlichen darin, dass aus Sicht der monetären Inflationstheorie die Erhöhung der Geldmenge die Hauptursache für die Inflation ist, während aus Sicht der nichtmonetären Inflationstheorien die Erhöhung der Geldmenge nur den finanziellen Rahmen für die Inflation schafft, die eigentlichen Ursachen aber auf der Nachfrage- oder auf der Angebotsseite gesucht werden.

Theorien zur Erklärung der Inflation und Maßnahmen zu ihrer Bekämpfung			
Theorien	**Angebotsdrucktheorie**	**Nachfragesogtheorie**	**Quantitätstheorie**
	Ursächlich sind die Veränderungen auf der Angebotsseite.	Ursächlich sind Veränderungen auf der Nachfrageseite.	
	• Kosten (Löhne, Rohstoffe, Zinsen, Steuern) steigen. Gestiegene Kosten werden auf Verbraucher überwälzt. • Gewinnerhöhungen durch Marktmacht.	• Verbraucher sparen weniger, konsumieren mehr. • Unternehmer investieren zusätzlich. • Finanzierung durch Kreditgewährung vergrößert die Geldmenge.	$P = \dfrac{G \times U}{H}$ Fisher'sche Verkehrsgleichung des Geldes
	Ohne Veränderung der Geldmenge keine Inflation! ◄────		
Maßnahmen	Staatliche Eingriffe, z. B. Steuerpolitik	– Fiskalpolitik der öffentlichen Haushalte – Geldmengenpolitik der Zentralbank	

Abbildung 14.4.4

14.5 Geldpolitik im Europäischen System der Zentralbanken (ESZB)

14.5.1 Ziele und Orientierungspunkte der Geldpolitik

Vorrangiges Ziel der Geldpolitik im ESZB ist die Sicherung des Geldwerts. Alle Theorien über die Ursachen von Geldentwertungen haben gemeinsam, dass eine wesentliche Ursache eine gegenüber dem gesamtwirtschaftlichen Angebot übergroße gesamtwirtschaftliche Nachfrage ist. Die gesamtwirtschaftliche Nachfrage hängt entscheidend von der Geldmenge ab. Die geldpolitischen Instrumente dienen deshalb vor allem dazu, die gesamtwirtschaftliche Nachfrage zu beeinflussen.

> Die Geldpolitik im ESZB dient dem Ziel der Geldwertstabilität und beruht auf der Regulierung der nachfragewirksamen Geldmenge.

Es ist üblich, dass die Zentralbanken **Geldmengenziele** bekannt geben. Damit haben die am Wirtschaftsprozess Beteiligten einen verlässlichen Orientierungsrahmen. Bei der Festlegung der angestrebten Geldmenge sind die angestrebten und erwarteten Eckwerte folgender ökonomischer Größen zu berücksichtigen:

– Wachstum des gesamtwirtschaftlichen Produktionspotenzials,

– angestrebte Entwicklung des Preisniveaus,

– erwartete Veränderung der Umlaufgeschwindigkeit des Geldes.

Für den Euro-Raum hat der EZB-Rat als Zielgröße für das jährliche Wachstum der Geldmenge M 3 einen Wert von 4,5 % beschlossen.

Zielverfehlungen können vorkommen,

– weil die tatsächliche Geldmenge nicht präzis angesteuert werden konnte,

– weil das Wachstum des Produktionspotenzials nicht den Prognosen entsprach oder

– weil die Umlaufgeschwindigkeit schneller gestiegen ist als erwartet.

14.5.2 Zuständigkeiten für die Geldpolitik im Europäischen System der Zentralbanken (ESZB)

Mit Beginn der dritten Stufe der Europäischen Wirtschafts- und Währungsunion ging die Verantwortung für die einheitliche Geldpolitik im Euro-Währungsgebiet auf das Europäische System der Zentralbanken über. Eine unterschiedliche Geldpolitik in den einzelnen Ländern kann es damit nicht mehr geben.

Die Mitglieder des EZB-Rates sind bei der Gestaltung der Geldpolitik unabhängig. Sie handeln nicht als Wahrer nationaler Interessen. Die Umsetzung der vom EZB-Rat festgelegten Entscheidungen und Leitlinien zur Geldpolitik erfolgt jedoch, soweit dies möglich und sachgerecht erscheint, dezentral durch die nationalen Zentralbanken.

> Mit Beginn der Währungsunion hat die Deutsche Bundesbank ihre generelle geldpolitische Entscheidungskompetenz an den EZB-Rat abgegeben.

Im Bundesbankgesetz mussten die Vorschriften über Diskont-, Kredit- und Offenmarktpolitik aufgehoben werden. Der Rediskontsatz entfällt. Handelswechsel können jedoch noch im Rahmen der Offenmarktpolitik zur Refinanzierung verwendet werden. Die Offenmarktgeschäfte bleiben im ESZB zwar wichtigstes geldpolitisches Instrument. Die Initiative geht jedoch vom ESZB aus.

Auch die devisenpolitische Kompetenz ging an die EZB über. Eigenständige Interventionen der nationalen Zentralbanken zur Beeinflussung des Wechselkurses sind nicht mehr zulässig.

14.5.3 Mittel der Geldpolitik

In der Volkswirtschaft existiert Geld überwiegend nicht als Bargeld, sondern als Buchgeld bei den Geschäftsbanken (Kreditinstitute). Eine Zentralbankpolitik, die die Geldmenge als Grundlage der gesamtwirtschaftlichen Nachfrage kontrollieren will, muss deshalb bei der Geldschöpfungsmöglichkeit der Geschäftsbanken ansetzen. Sie muss mit ihrer Politik auf die Überschussreserven der Geschäftsbanken einwirken, die Grundlage für die Buchgeldschöpfung der Geschäftsbanken sind.

Bestehen im Bereich der Geschäftsbanken Überschussreserven in einer Höhe, die zu einer nicht gewollten Vermehrung der Geldmenge durch Buchgeldschöpfung führen könnten, muss die Zentralbank versuchen, sie abzuschöpfen. Soll zur Unterstützung allgemeiner wirtschaftspolitischer Ziele die gesamtwirtschaftliche Nachfrage erhöht werden, muss die Zentralbank den Geschäftsbanken Überschussreserven zur Verfügung stellen.

Zur Beeinflussung der Überschussreserven gibt es grundsätzlich folgende Möglichkeiten:

– Die Zentralbank gibt Wertpapiere an die Geschäftsbanken gegen Euro ab oder übernimmt Wertpapiere von den Geschäftsbanken gegen Euro (**Offenmarktpolitik**). Mit dem Zufluss von Euro bei den Geschäftsbanken durch die Weitergabe von Wertpapieren an die Zentralbank erhöht sich deren Geldschöpfungsmöglichkeit, im umgekehrten Fall wird sie vermindert.

– Die Geschäftsbanken können verpflichtet werden, einen Teil ihrer Einlagen bei der Zentralbank als **Mindestreserve** anzulegen. Der Betrag der Mindestreserve wird ihnen damit als Grundlage für die Buchgeldschöpfung entzogen.

– Die Zentralbank legt für die Geschäftsbanken „**Fazilitäten**" für die Aufnahme von Krediten oder auch für die zinsbringende Anlage von Geld fest. Fazilität ist ein international gebräuchlicher Begriff für Kreditlinien oder Kreditrahmen.

14.5.4 Offenmarktpolitik

▶ *Varianten der Offenmarktpolitik*

Die EZB will als geldpolitisches Mittel vor allem die Offenmarktpolitik anwenden. Dafür stehen verschiedene Varianten zur Verfügung. Sie können von der EZB selbst oder in ihrem Auftrag von einer der nationalen Zentralbanken durchgeführt werden:

- Kauf oder Verkauf von zentralbankfähigen Wertpapieren (**Wertpapier-Kaufgeschäfte**).
- Kauf von Wertpapieren mit der Bedingung, dass die Geschäftsbanken die Wertpapiere zu einem bestimmten Zeitpunkt zurücknehmen. Die Wertpapiere werden für eine bestimmte Zeit in „Pension" genommen (**Wertpapier-Pensionsgeschäfte**).
- Die Wertpapiere werden für eine befristete Zeit als Pfand für einen Kredit an die Geschäftsbank von der Zentralbank hereingenommen (**Wertpapier-Verpfändungsgeschäfte**).
- Emission von EZB-Schuldverschreibungen.
- Devisenswapgeschäfte.
- Hereinnahme von Termineinlagen.

Im Eurosystem werden von den Zentralbanken Offenmarktgeschäfte mit einer Laufzeit von 2 Wochen oder von 3 Monaten angeboten. Die zentrale Rolle im Handlungsrahmen des Eurosystems erfüllen die Geschäfte mit einer Laufzeit von 2 Wochen (**„Hauptrefinanzierungsgeschäft"**).

▶ *Wirkung der Offenmarktpolitik*

Grundsätzlich haben alle Varianten der Offenmarktpolitik die gleichen Auswirkungen auf die Geldschöpfungsmöglichkeit der Geschäftsbanken und die Geldmenge, unabhängig davon, ob die Wertpapiere von der Zentralbank gekauft, als Pfand für einen Kredit oder „in Pension" genommen werden. Die Geschäftsbanken können sich auf diesem Wege „refinanzieren".

> Kaufen die Zentralbanken Wertpapiere von den Geschäftsbanken, erhalten die Geschäftsbanken (Kreditinstitute) „Zentralbankgeld". Damit erhöhen sich ihre Überschussreserven und ihre Geldschöpfungsmöglichkeit steigt.
>
> Verkaufen die Zentralbanken Wertpapiere an die Geschäftsbanken oder geben sie EZB-Schuldverschreibungen aus, verringern sich die Überschussreserven der Geschäftsbanken und ihre Geldschöpfungsmöglichkeit sinkt.

Die Aktivität geht bei den Offenmarktgeschäften von der Zentralbank aus. Mit regelmäßig durchgeführten Ausschreibungen fordert sie auf, Angebote für ein Offenmarktgeschäft abzugeben. Anschließend nimmt sie die Zuteilung vor (**„Tenderverfahren"**).

Die Offenmarktpolitik hat den Vorteil, dass sie nicht alle Geschäftsbanken gleich behandelt, ohne Rücksicht auf ihre Liquiditätslage zu nehmen. Allerdings können die Geschäftsbanken nicht gezwungen werden, Wertpapiere zu kaufen oder zu verkaufen. Sie werden in der Regel nur kaufen, wenn sie überschüssige Liquidität besitzen. Trotz zinspolitischer Anreize werden sie nicht kaufen, wenn sie dadurch in ihrem Kreditspielraum zu sehr eingeengt werden.

▶ *Definitive Käufe und Verkäufe von Wertpapieren*

Bei diesem Instrument handelt es sich um endgültige Käufe und Verkäufe von Wertpapieren am Markt. Eine Rückkaufsvereinbarung liegt also nicht vor. Die Geschäfte, die in erster Linie der Feinsteuerung dienen, werden i.d.R. dezentral von den nationalen Zentralbanken durchgeführt.

▶ *Befristete Transaktionen*

Die EZB bietet den Kreditinstituten mit einem begrenzten zeitlichen Rahmen Pensionsgeschäfte sowie die Vergabe von Pfandkrediten an.

Bei den **Wertpapierpensionsgeschäften** kauft die Deutsche Bundesbank im Auftrag der EZB Wertpapiere von den Geschäftsbanken unter der Bedingung an, dass die Kreditinstitute diese Wertpapiere zu einem bestimmten Zeitpunkt wieder zurücknehmen. Die Differenz zwischen dem Rückkaufspreis und dem Kaufpreis entspricht den Zinsen, die für den aufgenommenen Betrag zu entrichten sind.

Die Abwicklung von Pensionsgeschäften läuft über so genannte **Tenderverfahren.** Die EZB entscheidet, ob sie die Finanzmittel im Rahmen des Mengentender- oder Zinstenderverfahrens zuteilen will. Beim **Mengentender** gibt die EZB einen Zinssatz vor und die Geschäftsbanken können Gebote über die von ihnen gewünschten Kreditbeträge abgeben. Überschreiten die Kreditanforderungen der Geschäftsbanken die von der EZB bereitgestellten Mittel, dann werden die Gebote der Teilnehmer anteilig gekürzt. Beim **Zinstender** geben die Kreditinstitute neben den Beträgen auch die Zinssätze an, die sie zu zahlen bereit sind.

Nach dem zeitlichen Rahmen unterscheidet die EZB noch zwischen Standard- und Schnelltender. Beim Standardtender liegen 24 Stunden zwischen der Tenderankündigung und der Bestätigung des Zuteilungsergebnisses. Schnelltender werden hingegen in ca. 1 Stunde durchgeführt.

Beispiel 1: Mengentender

Die EZB schreibt ein Wertpapierpensionsgeschäft im Volumen von 200 Mio. EUR zu einem Zinssatz von 3 % aus, um den Markt mit Liquidität zu versorgen. Die Laufzeit des Geschäfts beträgt 2 Wochen. Die Zuteilung erfolgt über das Mengentenderverfahren. Die Gebote der interessierten Kreditinstitute lauten wie folgt:

Teilnehmer	Gebote in Mio. EUR	Zuteilung in Mio. EUR
Bank 1	90	60
Bank 2	60	40
Bank 3	30	20
Bank 4	120	80
Summe	300	200

$$\text{Prozentsatz der Zuteilung} = \frac{200 \text{ Mio. EUR}}{300 \text{ Mio. EUR}} = 66^2/_3 \text{ \%}$$

Die Abrechnung für die Bank 1 stellt sich wie folgt dar. Am Kauftag schreibt die Deutsche Bundesbank dem Kreditinstitut 60 Mio. EUR gegen die Übereignung von Wertpapieren gut. Am Rückkauftag belastet die Deutsche Bundesbank das Konto der Bank 1 mit 60,07 Mio. EUR, d. h. einschließlich der aufgelaufenen Zinsen für 2 Wochen.

Beispiel 2: Zinstender

Die EZB stellt dem Markt über ein Wertpapierpensionsgeschäft 140 Mio. EUR zur Verfügung. Die Zuteilung erfolgt über das Zinstenderverfahren.

4 Geschäftsbanken geben folgende Gebote ab (Beträge in Mio. EUR):

Zinssatz in %	Bank 1	Bank 2	Bank 3	Bank 4	Gebote insg. je Zinssatz	
3,06	5	-	-	5	10	
3,05	5	-	7	8	20	= 80
3,04	10	10	15	15	50	=155
→ 3,03	15	15	20	25	75	
3,02	20	20	30	25	95	
Summe	55	45	72	78	250	

Holländisches Verfahren:

Alle Gebote über 3,03 % werden vollständig zugeteilt. Von dem Ausschreibungsvolumen in Höhe von 140 Mio. EUR verbleiben dann noch 60 Mio. EUR, die anteilig den Banken mit einem Gebot von 3,03 % zugewiesen werden.

$$\text{Prozentsatz der Zuteilung} = \frac{60 \text{ Mio. EUR}}{75 \text{ Mio. EUR}} = 80 \text{ \%}$$

Zuteilungsergebnisse (in Mio. EUR):

Geschäftsbanken	Bank 1	Bank 2	Bank 3	Bank 4	Summe
Gebote insgesamt	55	45	72	78	250
Zuteilung insgesamt	32	22	38	48	140
Erläuterung zur Berechnung der Zuteilung für Bank 1: 5 + 5 + 10 + 12 (80 % von 15) = 32 Mio. EUR					

Die EZB berechnet allen Kreditinstituten für die zugeteilten Beträge den einheitlichen Zinssatz von 3,03 %.

Amerikanisches Verfahren:

Es ist dadurch gekennzeichnet, dass die zugeteilten Beträge mit den jeweiligen Zinsgeboten abgerechnet werden. Bank 1 erhält somit 5 Mio. EUR zu 3,06 %, 5 Mio. EUR zu 3,05 %, 10 Mio. EUR zu 3,04 % und 12 Mio. EUR zu 3,03 %.

▶ *Emission von EZB-Schuldverschreibungen*

Die EZB kann Schuldverschreibungen begeben, um die am Markt vorhandene Liquidität abzuschöpfen. Die Schuldverschreibungen haben den Charakter einer Verbindlichkeit der EZB und werden in abgezinster Form emittiert. Ihre Laufzeit liegt unter einem Jahr. Durch die Ausgabe von Schuldverschreibungen werden die Überschussreserven der Geschäftsbanken vermindert. Dadurch können weniger Kredite vergeben werden mit der Folge, dass die Güternachfrage und damit die Inflation gedämpft wird. Bei der Rückzahlung der Schuldverschreibung tritt der umgekehrte Effekt ein.

▶ *Devisenswapgeschäfte*

Um dem Markt Liquidität zuzuführen, kann die EZB Euro gegen eine Fremdwährung per Kasse (Abschluss heute/Erfüllung 2 Tage später) verkaufen und diese gleichzeitig per Termin zu einem festgelegten zukünftigen Datum wieder kaufen. Der umgekehrte Effekt tritt ein, wenn die EZB Euro gegen Devisen heute kauft und gleichzeitig wieder per Termin verkauft.

▶ *Hereinnahme von Termineinlagen*

Die ESZB kann den Geschäftsbanken die Annahme verzinslicher Termineinlagen anbieten, um im Wege der Feinsteuerung Liquidität am Markt abzuschöpfen.

EZB-Daten	
EZB-Zinsen	
Spitzenrefinanzierungsfazilität	3,50 %
Einlagefazilität	1,50 %
Mindestreserve	2,00 %
Hauptrefinanzierungsgeschäft	
– 2 Wochen (fällig 13. 10.)	2,50 %
– 3 Monate (fällig 28. 10.)	2,65 %
Wachstum Euro-Geldmenge M 3	
Jahresrate 8/1999	5,70 %
3-Monats-Durchschnitt 8/1999	5,60 %
Notenumlauf im Euroraum	
zum 12. Okt. 1999:	345,3 Mrd. Euro
Euro-Inflationsrate	**0,8 %**
Währungsreserven des ESZB	
zum 12. Okt. 1999:	Brutto 236,7 Mrd. Euro

Quelle: FAZ vom 19. 10. 1999, S. 42

14.5.5 Mindestreservepolitik

Mit Einführung der dritten Stufe der Europäischen Wirtschafts- und Währungsunion hat die EZB die Einführung einer Mindesreservepflicht von 2 % beschlossen. Die Einlagen werden mit einem geringen Satz verzinst.

> Durch eine Erhöhung des Mindestreservesatzes kann die EZB Liquidität der Geschäftsbanken abschöpfen und damit die Geldschöpfungsmöglichkeiten verringern. Durch eine Senkung des Mindestreservesatzes kann die EZB Liquidität freigeben und damit zusätzliche Geldschöpfung der Geschäftsbanken ermöglichen.

Bei einer Erhöhung der Mindestreserve müssen sich die Geschäftsbanken die Mittel für die erhöhten Mindestreserven meist durch den Verkauf verzinslicher Liquiditätsreserven beschaffen. Wegen der geringen Verzinsung der Mindestreserven beeinflusst dies auch die Rentabilität der Geschäftsbanken. Sie werden versuchen, die zusätzliche Belastung auf die Kreditkunden zu überwälzen. Die Mindestreservepolitik beeinflusst deshalb auch das Zinsniveau.

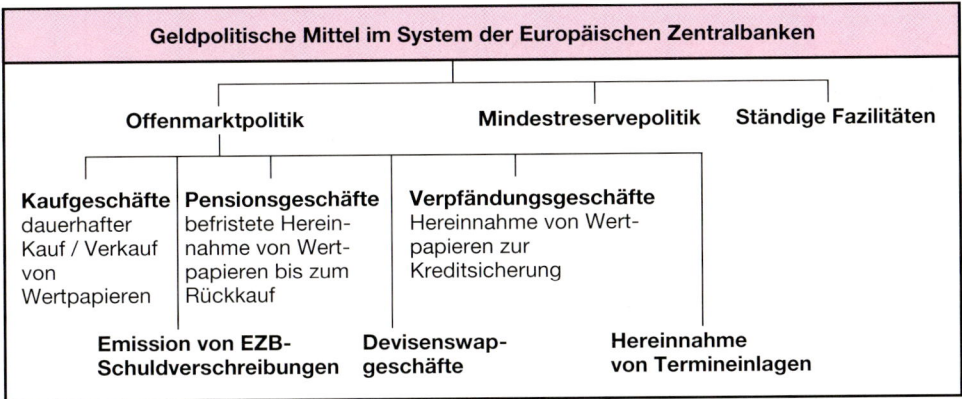

Abbildung 14.5.1

14.5.6 Ständige Fazilitäten

▶ Spitzenrefinanzierungsfazilität

Zur Deckung eines vorübergehenden Liquiditätsbedarfs räumen die nationalen Zentralbanken ihren Geschäftspartnern eine Kreditlinie ein, die es den Banken ermöglicht, sich „über Nacht" Geld zu einem vorgegebenen Zinssatz zu beschaffen. Der Kredit hat eine Laufzeit von einem Tag und dient den Geschäftsbanken vor allem dazu, offene Salden am Ende eines Tages auszugleichen.

▶ Einlagefazilität

Das Pendant zur Spitzenrefinanzierungsfazilität im Anlagebereich ist die Einlagefazilität. Durch ihre Inanspruchnahme können die Geschäftsbanken überschüssige Liquidität als „Übernachtguthaben" bis zum nächsten Geschäftstag anlegen.

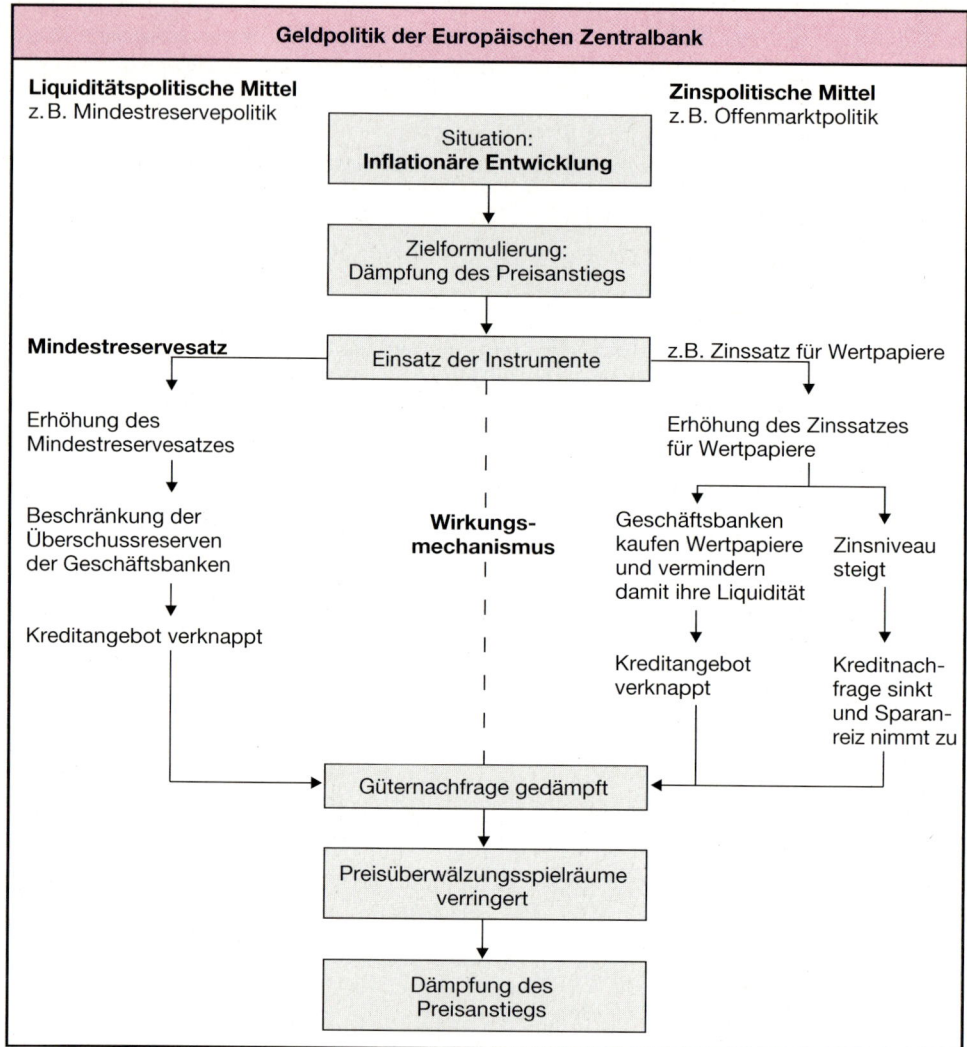

Geldpolitik der Europäischen Zentralbank

Liquiditätspolitische Mittel
z. B. Mindestreservepolitik

Zinspolitische Mittel
z. B. Offenmarktpolitik

Situation:
Inflationäre Entwicklung

Zielformulierung:
Dämpfung des Preisanstiegs

Mindestreservesatz — Einsatz der Instrumente — z.B. Zinssatz für Wertpapiere

Erhöhung des
Mindestreservesatzes

Erhöhung des Zinssatzes
für Wertpapiere

Beschränkung der
Überschussreserven
der Geschäftsbanken

**Wirkungs-
mechanismus**

Geschäftsbanken
kaufen Wertpapiere
und vermindern
damit ihre Liquidität

Zinsniveau
steigt

Kreditangebot verknappt

Kreditangebot
verknappt

Kreditnach-
frage sinkt
und Sparan-
reiz nimmt zu

Güternachfrage gedämpft

Preisüberwälzungsspielräume
verringert

Dämpfung des
Preisanstiegs

Abbildung 14.5.2

■■■■ AUFGABEN UND PROBLEME

14.1 *Preisindex und Geldwert*

- 1. Welchen Grund gibt es für das Statistische Bundesamt, für den 4-Personen-Haushalt mit höherem Einkommen im Warenkorb eine andere Gewichtung zu verwenden als bei dem 2-Personen-Haushalt von Rentnern?

- 2. Der Preisindex für höhere Einkommen ist von 1994 bis März 1998 um 6,1 Punkte gestiegen.
  Welche Hauptgruppe hat daran den höchsten Anteil?

- 3. Wie lässt es sich erklären, dass der Preisindex für 2-Personen-Rentnerhaushalte von 1994 bis März 1999 stärker gestiegen ist (um 8,2 Punkte) als der Preisindex für höhere Einkommen?

Preisindex für die Lebenshaltung

Ausgewählte Haushaltstypen
1991 = 100

| Jahr (Durchschnitt) Monat | Lebenshaltung insgesamt | Nahrungsmittel, Getränke, Tabakwaren | Bekleidung, Schuhe | Wohnungsmieten, Energie (ohne Kraftstoffe) | | | Möbel, Haushaltsgeräte und andere Güter für die Haushaltsführung | Hauptgruppe/Gruppe[1] — Güter für (die) | | | |
				zusammen	Wohnungsmieten (einschl. Nebenkosten)	Energie (ohne Kraftstoffe)		Gesundheits- und Körperpflege	Verkehr und Nachrichtenübermittlung	Bildung, Unterhaltung, Freizeit[2]	persönliche Ausstattung, Dienstlstg. des Beherbergungsgew. sowie Güter sonstiger Art
Früheres Bundesgebiet											
4-Personen[3]-Haushalte von Beamten und Angestellten mit höherem Einkommen[1]											
Gewichtung......	1000	200,68	80,19	229,06	186,48	42,58	76,44	65,44	161,19	113,36	73,64
1988	110,7	106,5	107,3	114,2	116,7	103,3	108,1	106,4	112,2	108,6	121,7
1995	112,7	107,8	108,4	117,8	121,3	102,7	109,7	107,9	113,3	110,4	124,7
1996	114,4	108,8	109,2	120,1	124,8	99,7	110,8	111,4	115,5	111,7	126,2
1997	116,2	110,3	109,8	123,2	128,1	101,8	111,5	113,3	116,3	113,5	129,0
1998 Januar	116,7	111,3	109,9	124,1	129,4	101,2	111,8	114,3	116,0	114,5	127,2
Februar	117,0	111,3	110,0	124,4	129,7	101,1	111,9	114,4	116,0	114,7	130,1
März	116,8	111,1	110,1	124,4	129,9	100,5	112,0	114,4	115,5	114,6	128,7
2-Personen-Haushalte von Renten- und Sozialhilfeempfängern mit geringerem Einkommen[2]											
Gewichtung......	1000	270,75	52,78	342,34	265,47	76,87	58,54	49,54	111,39	65,35	49,31
1994	111,4	106,0	107,5	114,2	117,4	102,9	108,6	120,7	111,7	109,9	121,3
1995	113,6	107,6	108,5	117,7	122,2	102,2	110,0	122,4	112,8	111,4	124,1
1996	115,0	108,5	109,4	120,1	126,1	99,2	111,0	124,0	112,7	112,5	124,5
1997	118,2	110,2	110,0	123,6	130,0	101,7	111,6	144,6	113,8	116,7	126,5
1998 Januar	119,7	111,6	110,2	124,7	131,4	101,3	112,0	159,9	113,7	117,7	124,0
Februar	119,9	111,6	110,3	124,8	131,7	101,1	112,1	160,1	113,6	117,9	127,3
März	119,6	111,2	110,4	124,9	131,9	100,6	112,2	160,1	113,0	117,7	125,2

Quelle: Statistisches Jahrbuch für die Bundesrepublik Deutschland 1998, Tabelle 23, 13.3

[1] Lebenshaltungsausgaben von monatlich rd. 6 270 DM im Jahre 1997
[2] Lebenshaltungsausgaben von monatlich rd. 4 290 DM im Jahre 1997

14.2 *Geldwert - Nominallohn - Reallohn*

Stellen Sie mit der Genauigkeit, die die unten stehende Statistik zulässt, fest:

- 1. Wie hat sich der Geldwert von Jahrzehnt zu Jahrzehnt verändert?
- 2. Wie hat sich der Nominallohn von Jahrzehnt zu Jahrzehnt verändert?
- 3. Wie hat sich der Reallohn eines Industriearbeiters von Jahrzehnt zu Jahrzehnt verändert?
- 4. Wie viel % ist der Reallohn von 1930 auf 1990 gestiegen?

Entwicklung des Preisindex und der Brutto-Wochenverdienste 1930–1990
Früheres Bundesgebiet (1985 = 100)

Jahr	Preisindex für die Lebenshaltung	Indizes der durchschnittlichen Brutto-Wochenverdienste der Arbeiter in der Industrie
1930	24,9	6,6
1940	21,9	6,4
1950	33,0	9,7
1960	39,7	19,0
1970	51,1	41,9
1980	82,8	84,4
1990	106,7	119,6
1997	129,1	152,6

Quelle: Statistisches Jahrbuch 1998 für die Bundesrepublik Deutschland, Tabellen 22.1 und 23.13.

Bis 1940 Reichsgebiet (jeweiliger Gebietsstand), 1950 bis einschließlich 1959 Bundesgebiet ohne Saarland.

14.3 *Ursachen der Inflation*

- Stellen Sie fest, welche Ihnen bekannte Inflationstheorien im Text des Sachverständigengutachtens aufgegriffen werden. Überprüfen Sie, ob diese Theorien akzeptiert oder abgelehnt werden!

Sachverständigenrat zur Begutachtung der gesamtwirtschaftlichen Entwicklung: Vollbeschäftigung für morgen, Jahresgutachten 1974 Nr. 45, S. 149 (Auszug)

Preisniveau- und Beschäftigungswirkungen der Geldpolitik

375. Unbestritten ist, dass ein Zusammenhang zwischen Geldmenge und Inflation besteht. Die für die Entstehung des nominalen Sozialprodukts notwendigen Umsätze müssen finanziert werden. Steigt das nominale Sozialprodukt schneller als das reale, so bedeutet dies, dass auch die gesamtwirtschaftlichen Ausgaben stärker zunehmen als im Falle eines gleich bleibenden Preisniveaus. Zwar können wachsende Ausgaben auch durch die häufigere Verwendung eines konstanten Geldbestandes getätigt werden. Die Umlaufgeschwindigkeit des Geldes kann jedoch nicht beliebig zunehmen oder, anders ausgedrückt, die durchschnittliche Kassenhaltung der Wirtschaftssubjekte im Verhältnis zu den Ausgaben kann in einer arbeitsteiligen Wirtschaft nicht beliebig vermindert werden, so dass schließlich zusätzliches Geld in den Wirtschaftskreislauf gelangen muss, wenn der Anstieg der Ausgaben möglich sein soll. Die Ausweitung der Geldmenge über die Zunahme derjenigen gesamtwirtschaftlichen Ausgaben hinaus, die für die nominale Auslastung eines wachsenden Produktionspotenzials bei gleich bleibendem Preisniveau benötigt wird, ist eine notwendige, wenn auch nicht eine hinreichende Bedingung des Auftretens inflatorischer Prozesse.

Zwischen einer Ausweitung der Geldmenge und zusätzlichen Preissteigerungen steht eine ganze Kette von Anpassungsvorgängen auf den Finanz- und Gütermärkten; diese mögen nicht durchgängig überschaubar sein, der fundamentale Zusammenhang ist dennoch hinreichend bekannt. Angenommen, die Notenbank bewirkt eine Ausdehnung der Geldmenge. Sie kann dies zum Beispiel erreichen, wenn sie von Nichtbanken Wertpapiere erwirbt. Sie kann aber auch den Banken – gleich auf welchem Wege – zusätzliches Zentralbankgeld zuführen, denn diese werden bestrebt sein, das zinslose Zentralbankgeld gegen ertragbringende Aktiva, zum Beispiel auch Wertpapiere, auszutauschen. Beide Vorgänge führen zu Gutschriften auf Sichtkonten bei Banken oder zur Erhöhung des Bargeldumlaufs. Es werden also zunächst die Kassen voller. Bei gleich bleibendem Preisniveau steigt deren realer Wert, ohne dass dadurch ein entsprechender zusätzlicher Nutzen gestiftet würde. Es besteht deshalb ein Anreiz, das zusätzliche Geld besser verzinslich anzulegen, aber auch mehr Güter zu kaufen. Zusätzliches Geldangebot drückt auf den Zins. Investitionen werden angeregt und weitere Güter nachgefragt. Reichen die realen Angebotsmöglichkeiten nicht aus, die gestiegene Nachfrage zu befriedigen, so steigen die Preise, damit aber auch die Nachfrage nach Geld und somit der Zins, bis schließlich das Gleichgewicht der relativen Preise bei einem höheren Preisniveau wiederhergestellt ist. Man kann sich diesen Transmissionsprozess komplizierter oder einfacher ausmalen, stets lässt sich mit einiger Plausibilität ableiten, dass eine Geldmengenexpansion über den Anstieg der realen Angebotsmöglichkeiten hinaus schließlich auch zu einem Anstieg des Preisniveaus führen wird. Was wir über diesen Transmissionsmechanismus wissen, reicht allerdings nicht aus, jeweils voraussagen zu können, wann und in welchem Ausmaß sich bestimmte monetäre Impulse auf die Höhe des Preisniveaus auswirken.

Freilich muss der Anstoß zu Preissteigerungen nicht von einer Geldmengenexpansion kommen. Steigen die Kosten, etwa weil Importgüter teurer werden oder weil das Kapital relativ knapper wird oder weil über den Produktivitätsfortschritt hinausgehende Lohnforderungen durchgesetzt werden, so versuchen die Unternehmen, die gestiegenen Kosten in den Preis weiterzuwälzen. Dies kann ihnen mittelfristig jedoch nur gelingen, wenn zusätzliches Geld zur Verfügung gestellt wird. Andernfalls müssen die Preise der jeweils anderen Faktoren oder die Gewinne entsprechend sinken oder es geht die Beschäftigung zurück.

Wir können also konstatieren: Auf mittlere Sicht gibt es in einer Volkswirtschaft, deren Produktionspotenzial im Durchschnitt normal ausgelastet ist, keine Inflation ohne eine monetäre Expansion, die das Wachstum des Produktionspotenzials übersteigt. Es kann darüber hinaus unterstellt werden, dass in der Regel eine derartige monetäre Expansion eine entsprechende Inflation zur Folge hat.

14.4 *Mindestreservepolitik (Situation: Geschäftsbanken besitzen einen Überschuss an Liquidität)*
Eine Geschäftsbank hat (vereinfacht) die folgende Bilanz:

Aktiva	Geschäftsbank		Passiva
Mindestreserve	20	Sichteinlagen	100
Überschussreserve	80		
	100		100

Von der Zentralbank war bisher der Mindestreservesatz auf 20 % der Sichteinlagen festgelegt und wird jetzt auf 30 % erhöht.

- 1. Erstellen Sie die Bilanz der Geschäftsbank nach Erfüllung der erhöhten Mindestreservepflicht!
- 2. Wie groß war die Geldschöpfungsmöglichkeit der Geschäftsbank vor der Erhöhung des Mindestreservesatzes, wie hoch ist sie danach?
- 3. Überprüfen Sie, ob die zusätzliche Abführung von Mindestreserve durch die Geschäftsbank an die Zentralbank auf die Geldmenge dieser Volkswirtschaft Auswirkungen hatte!

14.5 *Mindestreservepolitik (Situation: Geschäftsbanken besitzen keine Überschussreserven)*

Eine Geschäftsbank hat (vereinfacht) die folgende Bilanz:

Aktiva		Geschäftsbank	Passiva
Zentralbankguthaben	20	Sichteinlagen	100
zentralbankfähige Wertpapiere	25		
Forderungen	55		
	100		100

Der Mindestreservesatz betrug bisher 20 % und wird auf 30 % erhöht.

- 1. Wie kann die Bank in dieser Situation der Erhöhung des Mindestreservesatzes nachkommen?
- 2. Wie wirkt die Abführung der zusätzlichen Mindestreserve auf die Rentabilität der Bank?
- 3. Wie hat die Erhöhung des Mindestreservesatzes auf die Geldschöpfungsmöglichkeit dieser Bank gewirkt?
- 4. Welchen Zweck verfolgt die Zentralbank mit der Erhöhung des Mindestreservesatzes?
- 5. Wie hätte sich eine Senkung des Mindestreservesatzes ausgewirkt auf
    - a) die Geldschöpfungsmöglichkeit dieser Bank,
    - b) die Rentabilität dieser Bank,
    - c) die Geldmenge in der Volkswirtschaft?

14.6 *Offenmarktpolitik*

1. Geschäftsbank I kauft Wertpapiere im Wert von 40 (bar).

- a) Die Wertpapiere werden bei der Geschäftsbank II gekauft. Untersuchen Sie, wie sich diese Transaktion auf die Geldmenge M1 und die Geldschöpfungsmöglichkeit in dieser Volkswirtschaft auswirkt!
- b) Nehmen Sie an, die Wertpapiere würden bei der Zentralbank gekauft. Wie würde sich diese Transaktion auf die Geldmenge M1 und die Geldschöpfungsmöglichkeit in dieser Volkswirtschaft auswirken?

2. Eine Geschäftsbank hat nicht genügend Überschussreserve für ihre beabsichtigte Kreditausweitung. Sie besitzt jedoch zentralbankfähige Wertpapiere. In dieser Situation erhöht die Zentralbank den Zinssatz.

- Welchen Einfluss hat Ihrer Ansicht nach die Politik der Zentralbank auf die Entscheidung der Geschäftsbank?

■■■■ *ZUR WIEDERHOLUNG DES GRUNDWISSENS*

1. Was bezeichnet man als Preisniveau einer Volkswirtschaft?
2. Welchem Zweck dient die Berechnung von Preisindizes?
3. Beschreiben Sie die Stufen der Berechnung eines Preisindex!
4. Welche Preisindizes werden vom Statistischen Bundesamt berechnet?
5. Welche Zahlenwerte benötigt man neben dem Nominaleinkommen, um die Entwicklung des Realeinkommens feststellen zu können?
6. Was bezeichnet man als Inflation?
7. Was bezeichnet man als Deflation?
8. Welche Arten der Inflation können unterschieden werden?
9. Wie lautet die Verkehrsgleichung des Geldes?
10. Welche Einwendungen können gegen die Quantitätstheorie des Geldes vorgebracht werden?

11. Welche Ursachen der Inflation werden von der Nachfragesogtheorie hervorgehoben?

12. Welche Ursachen der Inflation werden von der Angebotsdrucktheorie hervorgehoben?

13. Auf welche Ziele ist die Geldpolitik der Europäischen Zentralbank gerichtet?

14. Zählen Sie die Instrumente auf, die der Europäischen Zentralbank für ihre Geldpolitik zur Verfügung stehen!

15. Erläutern Sie die Wirkungen einer Erhöhung bzw. einer Senkung des Mindestreservesatzes!

16. Erläutern Sie die Wirkung der Offenmarktpolitik auf die Geldschöpfungsmöglichkeit der Geschäftsbanken und auf die Geldmenge!

Handlungsorientierte Themenbearbeitung
Vernetzungsdiagramm: Vernetztes Denken am Beispiel der Wirkungsweise des Leitzinsinstrumentariums der Europäischen Zentralbank

„Wie Sie sehen, tu' ich wirklich mein Bestes!"

Arbeitsaufträge

Beschreiben Sie die Ursachen- und Wirkungszusammenhänge einer Leitzinssenkung durch die Europäische Zentralbank (EZB). Verwenden Sie als Grundlage Ihrer Untersuchungen die beigefügten Quellen aus Tageszeitungen und Pressemitteilungen.

Entwerfen Sie eine Grafik für das Gesamtsystem (Vernetzungsmatrix, Vernetzungsdiagramm), das wechselseitige Aus- und Rückwirkungen zwischen den Größen aufzeigt. Diskutieren Sie über die im Vernetzungsdiagramm dargestellten Wirkungszusammenhänge.

Lösungshinweis

Ausgangslage: stabiles Preisniveau sowie konjunkturelle Schwäche	
Maßnahme der EZB: Leitzinssenkung	

FOLGEN

Ziel: Unterstützung der allgemeinen Wirtschaftspolitik der Gemeinschaft (Konjunkturförderung) bei gleichzeitiger Sicherung der Geldwertstabilität

Ein vereinfachtes Beispiel für eine Vernetzungsmatrix liefert die folgende Darstellung der Auswirkungen einer Einführung der Ökosteuer.

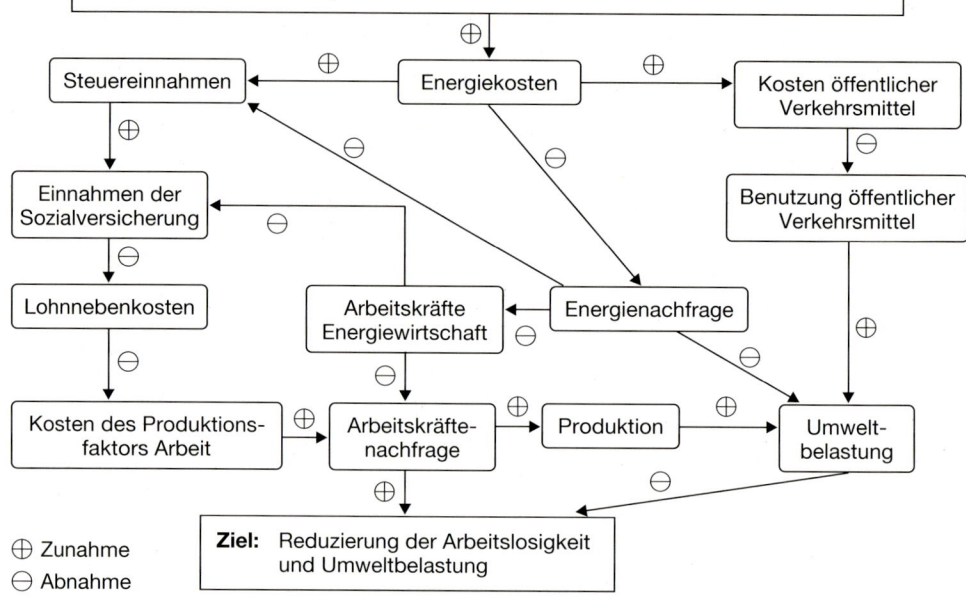

Ausgangslage: Hohe Arbeitslosigkeit und starke Umweltbelastung
Maßnahmen: Höhere Besteuerung des Energieverbrauchs durch Einführung einer Ökosteuer und Verwendung der Mehreinnahmen zur Senkung der Lohnnebenkosten

⊕ Zunahme
⊖ Abnahme

Ziel: Reduzierung der Arbeitslosigkeit und Umweltbelastung

Informationsmaterial

Info 1

Nach den Briten lockert auch die Europäische Zentralbank die Zinszügel
EZB senkt Eurozins deutlich

HANDELSBLATT, Donnerstag, 8.4.99
HB FRANKFURT/M./LONDON. Die Europäische Zentralbank (EZB) hat ihre Leitzinsen am Donnerstag überraschend deutlich gesenkt. Der EZB-Rat beschloss in Frankfurt, den Satz für die Hauptrefinanzierungsfazilität von 3,0 auf 2,5 % zurückzunehmen. Der neue Satz gilt erstmals für den Mengentender in der kommenden Woche, wie die EZB mitteilte. Ferner senkte die Zentralbank den Zinssatz für ihre Spitzenrefinanzierungsfazilität von 4,5 auf 3,5 % und den Satz für die Einlagenfazilität von 2,0 auf 1,5 %... Am Markt war eine Zinssenkung wegen der schwachen Konjunktur im Euroraum zwar erwartet worden, nicht jedoch in diesem Ausmaß. Wenige Stunden zuvor hatte die britische Notenbank ihren geldpolitischen Leitsatz von 5,50 auf 5,25 % zurückgenommen... Auch der von der Bank von England benutzte Inflationsindikator ermöglichte mit zurzeit 2,4 % Spielraum für eine Zinssenkung – die von der Regierung vorgegebene Grenzmarke liegt bei 2,5 %. Ferner erfordert der von der britischen Regierung mittelfristig angestrebte Eurobeitritt eine Harmonisierung der Zinsen mit denen der Eurozone...

Quelle: Handelsblatt vom 09.04.1999, S. 1

Info 2

Auszug aus der Satzung des Europäischen Systems der Zentralbanken (ESZB) und der Europäischen Zentralbank (EZB)

Art. 2: Ziele

Nach Artikel 105 Absatz 1 dieses Vertrags ist es das vorrangige Ziel des ESZB, die Preisstabilität zu gewährleisten. Soweit dies ohne Beeinträchtigung des Zieles der Preisstabilität möglich ist, unterstützt das ESZB die allgemeine Wirtschaftspolitik in der Gemeinschaft, um zur Verwirklichung der in Artikel 2 dieses Vertrags festgelegten Ziele der Gemeinschaft beizutragen.

Info 3

Einleitende Bemerkungen von Dr. Willem Duisenberg, Präsident der Europäischen Zentralbank, anlässlich der Pressekonferenz der EZB in Frankfurt am Main am 8. April 1999

...Ich möchte nun etwas ausführlicher auf die Gründe eingehen, weshalb der EZB-Rat im Rahmen der geldpolitischen Strategie der EZB eine Zinssenkung für angemessen hielt. Was die monetäre Entwicklung im Euro-Währungsgebiet betrifft, kehrte sich das im Januar 1999 verzeichnete beschleunigte Wachstum der Geldmengenaggregate im Februar teilweise um. Die 12-Monats-Wachstumsrate von M3 sank von 5,6 % im Januar auf 5,2 % im Februar... Der EZB-Rat sieht in der gegenwärtigen monetären Entwicklung keine Anzeichen für einen künftigen Preisauftrieb, da die Wachstumsrate von M3 immer noch nahe bei ihrem Referenzwert von 4,5 % liegt... Der EZB-Rat stellte fest, dass die Steigerungsraten des Harmonisierten Verbraucherpreisindex (HVPI) im Euro-Währungsgebiet nunmehr seit mehreren Monaten unter 1 % liegen und die künftigen Aussichten für die Preisentwicklung trotz eines zu erwartenden Anstiegs in den kommenden Monaten aufgrund des Umschwungs in der Entwicklung der Energiepreise längerfristig von dem wirtschaftlichen Umfeld beeinflusst werden. Tatsächlich wurden viele Prognosen des Verbraucherpreisanstiegs im Eurogebiet im Hinblick auf die Konjunkturentwicklung nach unten revidiert. ...Im Euro-Währungsgebiet haben sich die Wachstumsaussichten gegen Ende des vergangenen Jahres insgesamt eingetrübt, wie bereits bei unserer Sitzung im März festgestellt wurde... Die heutige Entscheidung hält die Geldpolitik auf einem längerfristig stabilitätsorientierten Kurs und trägt somit zur Schaffung eines wirtschaftlichen Umfelds bei, in dem das beträchtliche Wachstumspotenzial des Euroraums ausgeschöpft werden kann...

Quelle: Deutsche Bundesbank, Auszüge aus Presseartikeln, Heft 22, S. 1-2.

Info 4

Kursgewinne am Rentenmarkt nach Zinssenkung der EZB

hast/dys. FRANKFURT, 8. April. Die überraschend deutliche Zinssenkung der Europäischen Zentralbank (EZB) hat an den europäischen Anleihemärkten im späten Handel am Donnerstag zu deutlichen Kursgewinnen geführt. Auch am amerikanischen Rentenmarkt sind die Kurse nach der Entscheidung der EZB, die Leitzinsen von 3 auf 2,5 Prozent zu senken, gestiegen. An Europas Zinsterminmärkten kletterte der marktführende Bund-Future im Vergleich zum Vortag bis kurz vor Handelsschluss um rund 0,7 Prozent auf knapp 116 Punkte...

Quelle: Frankfurter Allgemeine Zeitung vom 09.04.1999, S. 25.

Info 5

Zinssenkung löst Kursschub an Börsen aus
Deutscher Aktienindex legt deutlich zu – Euro notiert schwächer

Frankfurt/Main - Die internationalen Finanzmärkte haben überrascht und mit zum Teil deutlichen Kursgewinnen auf die Zinssenkung durch die Europäische Zentralbank (EZB) reagiert...

Der Deutsche Aktienindex (Dax), der den größten Aktienmarkt in der Euro-Zone repräsentiert, legte am Freitag um 1,09 Porzent zu. Auch die Aktienindizes in Großbritannien, Frankreich und Finnland erreichten vorübergehend Rekordstände. Am Vorabend hatte der New Yorker Dow-Jones-Index ein Rekordhoch erreicht...

Die Zinssenkung der EZB zog unterdessen auch außerhalb der Eurozone Kreise. Auch die Zentralbank in Dänemark und der Schweiz folgten der EZB... Die Notenbank in Kopenhagen begründete die Zinssenkung mit der Lockerung der Geldpolitik durch die EZB. Die Zentralbank erklärte, Ziel sei es, den Kurs der dänischen Krone gegenüber dem Euro stabil zu halten. Obwohl Dänemark nicht an der Europäischen Währungsunion (EWU) teilnimmt, ist der Wechselkurs der Krone an die europäische Einheitswährung gebunden...

Quelle: Die Welt vom 10.04.1999, S. 17.

Info 6

Billigeres Geld für die Wirtschaft
Frankfurt zeigt Zuversicht
Von Roland Pichler

Die Entscheidung der Europäischen Zentralbank, die Zinsen zu senken, kommt spät – kommt sie zu spät? Die Deutsche Wirtschaft wird in diesem Jahr wahrscheinlich nur ein Wachstum von weniger als zwei Prozent erreichen. Der Exportmotor, in den vergangenen Jahren die Stütze der Konjunktur, kommt ins Stottern. Die Verbraucher und Unternehmen in Lateinamerika, Asien und Russland können sich deutsche Autos und Maschinen nicht mehr leisten, sie müssen sparen. Weil in Deutschland die Realeinkommen im vergangenen Jahr noch zurückgegangen sind, gaben die Bürger bisher kaum mehr Geld für ihren Konsum aus. Kann in dieser Lage eine Zinssenkung von einem halben Prozentpunkt viel ausrichten? Auf den ersten Blick sieht es so aus, als werde der Schritt verpuffen: Schon heute sind die Zinsen so niedrig wie seit Jahrzehnten nicht mehr. Das wird selbst nach der deutlichen Zinssenkung so bleiben, wenn die Bundesregierung die Betriebe nicht stärker von Steuern und Sozialversicherungsbeiträgen entlastet. Zinssenkungen können da kein Allheilmittel sein. Der frühere Wirtschafts- und Finanzminister Karl Schiller hat das einmal so formuliert: Man kann die Pferde zum Saufen tragen, trinken müssen sie selbst. Insofern hat die europäische Notenbank ihren Teil dazu beigetragen, den Trog mit Wasser zu füllen. Die psychischen Wirkungen einer Zinssenkung sind nicht zu unterschätzen. Die amerikanische Notenbank setzte die Leitzinsen seit September vergangenen Jahres schon dreimal herab. Die US-Finanzmärkte nahmen dies geradezu euphorisch auf...

Der neue Leitzins von 2,5 % wirkt sich auch auf den Wert des Euro aus. Die Gemeinschaftswährung hat in den gut drei Monaten ihres Bestehens ein Zehntel an Wert verloren. Schon jetzt werfen amerikanische Staatsanleihen gut einen Prozentpunkt mehr Rendite ab als Bundespapiere. Wenn die Zinsen weiter nachgeben, werden deutsche Anleihen für Investoren uninteressanter, US-Wertpapiere gewinnen an Attraktivität. Eine Folge könnte sein, dass mehr Anleger ihr Vermögen in die USA verlagern. Dies brächte den Euro weiter unter Druck. Das wäre keineswegs im Sinne der Europäer. Denn die Frankfurter Zentralbank ist nicht nur der Preisstabilität verpflichtet, sondern auch dem Außenwert des Euro. Ein schwacher Euro erleichtert zwar das Geschäft der hiesigen Exporteure, im Gegenzug werden aber die Einfuhren teurer. Der politische Schaden wäre überdies beträchtlich...

Quelle: Stuttgarter Zeitung vom 09.04.1999, S. 1.

Info 7

Unnötige Konjunkturspritze

Eine wirklich überzeugende Begründung für diese Ankurbelungspolitik gibt es indessen nicht. Man kann sie nur dahingehend deuten, dass die Währungshüter der Ansicht sind, die Konjunktur sei in Europa zu schleppend und brauche deshalb etwas Animation... Die Schwierigkeiten liegen jedoch – wohl mit Ausnahme Großbritanniens – anderswo. Erstens ist vor allem in der Schweiz, wo nun ein Diskontsatzniveau von 0,5 % erreicht ist, der Zinssenkungsspielraum fast ausgereizt. Selbst im Euro-Raum steht der Leitzins nun bei 2,5 %. Zweitens lenkt das Palliativ der Zinssenkung von der Binsenwahrheit ab, dass die Belebung letztlich von einer anderen Seite kommen müsste, nämlich von tief greifenden Strukturreformen und von einer Politik, die wieder Glauben an die Zukunft einflösst. Nichts verdeutlicht dies klarer als die lange Phase von Zinssenkungen der letzten Jahre, die keine so nachhaltige Erholung gebracht hat, dass man wieder Gegensteuer hätte geben müssen. Drittens stellt sich schließlich die Frage, ob die Zinsenkung dem Aussenwert des Euro auf Dauer gut tun wird. Dieser ist schon in den ersten Monaten gesunken und hat damit die Konjunktur gestützt. Eine weitere Verbilligung der Währung scheint somit zumal vor dem Hintergrund einer starken Aussenwirtschaft wenig opportun. Bleibt somit als positiver Aspekt einzig, dass die EZB wenigstens den allzu plumpen und offensichtlichen Druckversuchen des ehemaligen deutschen Finanzministers Oskar Lafontaine nicht unmittelbar nachgegeben hat...

Quelle: Neue Zürcher Zeitung vom 09.04.1999.

15 Außenwirtschaftliche Beziehungen

▰▰▰▰ **EINFÜHRENDES PROBLEM**

Wir nehmen an: Im Außenhandelsministerium einer zentralgeleiteten Wirtschaft mit Außenhandelsmonopol des Staates liegt ein Angebot zur Durchführung eines Außenhandelsgeschäftes aus der Bundesrepublik Deutschland vor. Die Verträge sollen auf Dollar-Basis abgeschlossen werden. Ein Chemieunternehmen bietet die Lieferung von Düngemittel an. Das Chemieunternehmen legt mit dem Angebot die Zusage eines deutschen Importeurs vor, als Gegenleistung Krimsekt abzunehmen.

Nach der Feststellung des Staatlichen Komitees für Außenhandelsbeziehungen kann 1 t Düngemittel in der zentralgeleiteten Wirtschaft mit einem volkswirtschaftlichen Gesamtaufwand von (umgerechnet) 200 Dollar hergestellt werden. Das Chemieunternehmen verlangt für 1 t Düngemittel den Preis von 220 Dollar. Für die Herstellung einer Flasche Sekt fällt in der Zentralverwaltungswirtschaft ein volkswirtschaftlicher Gesamtaufwand von 2 Dollar an. Der deutsche Importeur ist bereit, für 1 Flasche Sekt 4 Dollar zu zahlen.

- *Prüfen Sie, ob das angebotene Außenhandelsgeschäft der Zentralverwaltungswirtschaft einen Nutzeffekt bringt!*

- *Wie unterscheidet sich die Durchführung eines Außenhandelsgeschäftes zur Lieferung von Düngemitteln aus der Bundesrepublik Deutschland nach Frankreich von der Abwicklung des Geschäfts mit dieser Zentralverwaltungswirtschaft?*

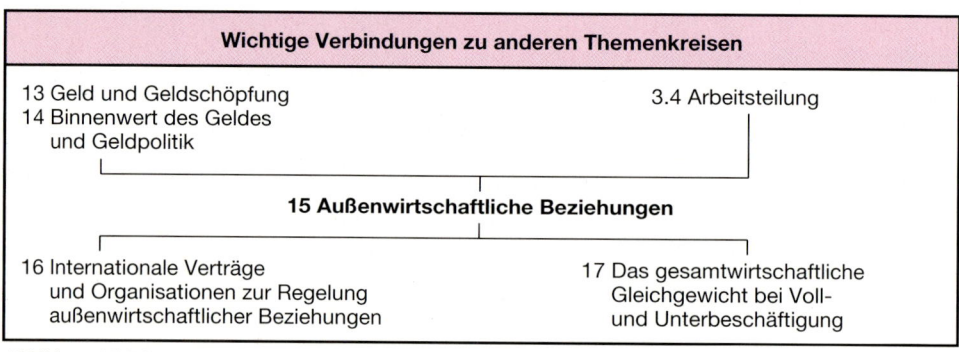

Wichtige Verbindungen zu anderen Themenkreisen

13 Geld und Geldschöpfung
14 Binnenwert des Geldes
    und Geldpolitik

3.4 Arbeitsteilung

15 Außenwirtschaftliche Beziehungen

16 Internationale Verträge
    und Organisationen zur Regelung
    außenwirtschaftlicher Beziehungen

17 Das gesamtwirtschaftliche
    Gleichgewicht bei Voll-
    und Unterbeschäftigung

Abbildung 15.0.1

▰▰▰▰ **INFORMATION**

15.1 Bedeutung des Außenhandels

Wenn zwischen Volkswirtschaften Güter ausgetauscht werden, dann wird damit der gleiche Zweck verfolgt, der auch dem Tausch von Sachgütern und Dienstleistungen zwischen Menschen oder Unternehmen zugrundeliegt: Der Tausch soll beiden Tauschpartnern einen Vorteil bringen.

© Verlag Gehlen

Außenhandel ist schon deshalb zweckmäßig, weil im Allgemeinen **nicht alle Güter** im Inland produziert werden können, die von inländischen Konsumenten nachgefragt werden. Wir können in der Bundesrepublik z. B. keine Orangen, Zitronen oder Bananen anbauen.

Viele in der Industrieproduktion benötigte **Rohstoffe** kommen bei uns gar nicht oder nur in geringen Mengen vor. In anderen Ländern fehlen technische Einrichtungen oder hoch qualifizierte Arbeitskräfte für die Herstellung bestimmter Industrieprodukte. Der Wohlstand in rohstoffarmen Industrieländern, wie der Bundesrepublik Deutschland, beruht auf einem funktionierenden Außenhandel mit rohstoffreichen Ländern.

Außenhandel ist vor allem dann vorteilhaft, wenn sich jede Volkswirtschaft auf die Produktion der Güter spezialisiert, die sie mit **niedrigeren Realkosten** herstellen kann als andere Volkswirtschaften.

> Unter Realkosten versteht man die Summe der bei der Produktion eines Gutes eingesetzten Produktionsfaktoren.

Durch den Tausch anstelle der Eigenproduktion werden Produktivkräfte eingespart, die zu einer Steigerung der Güterproduktion eingesetzt werden können.

Kostenvorteile für einzelne Güter sind oft nicht von Naturbedingungen vorgegeben, sondern kommen erst durch den Außenhandel zustande. Die moderne industrielle Produktion erfordert große technische Anlagen, die hohe fixe Kosten verursachen. Je besser die Anlagen ausgelastet sind, umso kleiner wird der Anteil, den 1 Stück an den fixen Kosten zu tragen hat. So kann es sinnvoll sein, dass ein Land auf die Produktion von Autos verzichtet, ein anderes Land auf die Produktion von Fernsehgeräten und die beiden Güter über den Außenhandel ausgetauscht werden. Beide Länder können so ihre Produktionskosten senken.

Für Marktwirtschaften bringt der Außenhandel den Vorteil, dass die Öffnung der Grenzen für die ausländische Konkurrenz den Wettbewerb im Inland vergrößert und die Monopol- und Kartellbildung erschwert. Über seine wirtschaftlichen Auswirkungen hinaus führt der Außenhandel zum kulturellen Austausch und dient damit der politischen Annäherung.

Vorteile des Außenhandels
• Es können Güter eingeführt werden, die im Inland gar nicht oder nur in schlechterer Qualität produziert werden können.
• Aus dem Ausland können Güter billiger bezogen werden.
• Die ausländische Konkurrenz vergrößert den Wettbewerb auf dem Inlandsmarkt.
• Außenhandel fördert den kulturellen Austausch.

Tabelle 15.1.1

Internationale Arbeitsteilung führt zu einer Spezialisierung, die auch **Nachteile** mit sich bringen kann. Wenn ein Land sich z. B. auf den Kaffeeanbau spezialisiert hat, dann kann eine einzige Missernte für das Land eine wirtschaftliche Katastrophe bedeuten. Es kann deshalb Gründe geben, in einem gewissen Maß auf den Vorteil einer Erhöhung der gesamtwirtschaftlichen Produktivität durch den Außenhandel zu verzichten. Der Staat unterstützt dann z. B. inländische und auf dem Weltmarkt nicht konkurrenzfähige Unternehmen oder Wirtschaftszweige mit staatlichen Subventionen. Eine Außenhandelspolitik, die den Schutz der inländischen Wirtschaft gegen ausländische Konkurrenz betreibt, wird als **Protektionismus** bezeichnet.

15.2 Außenhandel bei absolutem Kostenvorteil

15.2.1 Die Wirkung des absoluten Kostenvorteils

Wir nehmen an: Zwei Länder (Inland und Ausland) produzieren die Güter A und B. Die Produktionskapazität beider Länder ist gleich groß. Jedes Land setzt die Hälfte seiner Ressourcen für die Produktion des Gutes A und die andere Hälfte für die Produktion des Gutes B ein. Das Inland produziert 20 Gütereinheiten des Gutes A und 10 Einheiten des Gutes B; das Ausland stellt 10 Einheiten des Gutes A und 20 Einheiten des Gutes B her. Die Weltproduktion beträgt 30 Einheiten des Gutes A und 30 Einheiten des Gutes B.

Produktion vor Einführung der internationalen Arbeitsteilung			
	Insgesamt hergestellte Einheiten		Nationales Kostenverhältnis
	Gut A	Gut B	
Inland	20	10	1 : 2
Ausland	10	20	2 : 1
Weltproduktion	30	30	

In dieser Situation hat das Inland einen absoluten Kostenvorteil bei der Produktion des Gutes A, das Ausland bei der Produktion des Gutes B.

> Ein Land hat im Außenhandel einen absoluten Kostenvorteil bei der Produktion eines Gutes, wenn es dieses Gut mit niedrigeren Realkosten herstellen kann als ein anderes Land.

Spezialisiert sich das Inland auf die Produktion des Gutes A und verwendet die gleiche Menge seiner Ressourcen, die es bisher für die Produktion des Gutes B verwendet hat, zur Vergrößerung der Produktionsmenge des Gutes A, dann kann das Inland insgesamt 40 Einheiten des Gutes A herstellen. Spezialisiert sich das Ausland auf die Produktion des Gutes B, dann kann es 40 Einheiten des Gutes B herstellen. Infolge der internationalen Arbeitsteilung ist die Weltproduktion gestiegen.

Produktion nach Einführung der internationalen Arbeitsteilung		
	Insgesamt hergestellte Einheiten	
	Gut A	Gut B
Inland	40	—
Ausland	—	40
Weltproduktion	40	40

15.2.2 Einfluss der Terms of Trade

Volkswirtschaften spezialisieren sich im Rahmen der internationalen Arbeitsteilung mit dem Ziel, den Wohlstand im Land durch eine bessere Versorgung mit Gütern zu erhöhen. Ob ein Wohlstandseffekt eintritt und wie sich die Wirkung auf die beteiligten Länder verteilt, hängt nicht nur von dem Verhältnis der Realkosten ab, sondern wird ganz wesentlich von dem Austauschverhältnis der Außenhandelsgüter auf den internationalen Märkten bestimmt. Dieses Austauschverhältnis wird als Terms of Trade bezeichnet.

> Die Terms of Trade geben an, welche Mengen des Importgutes ein Land durch Hergabe einer Einheit des Exportgutes erhalten kann.

Exportquoten von Wirtschaftszweigen in der Bundesrepublik Deutschland 1997

Wirtschaftszweige	Beschäftigte (Tsd.)	Exportquote[1] %
Herstellung von Kraftwagen und Kraftwagenteilen	696	52,1
Rundfunk-, Fernseh- und Nachrichtentechnik	146	48,9
Sonstiger Fahrzeugbau	154	48,0
Maschinenbau	982	46,8
Chemische Industrie	501	45,6
Herstellung von Büromaschinen, Daten-verarbeitungsgeräten und -einrichtungen	46	38,6
Metallerzeugung und -bearbeitung	271	35,6
Herstellung von Geräten der Elektrizitäts-erzeugung, -verteilung u. Ä.	446	34,3

[1] Anteil des Auslandsumsatzes am Gesamtumsatz

Quelle: Statistisches Jahrbuch für die Bundesrepublik Deutschland 1998, Tabelle 9.5.1

Struktur des Außenhandels der Bundesrepublik Deutschland 1997

	Einfuhr (%)	Ausfuhr (%)
Ernährungsgüter	9,5	4,7
Rohstoffe	5,0	0,8
Halbwaren	9,5	4,8
Fertigwaren	68,5	85,4

Quelle: Statistisches Jahrbuch 1998 für die Bundesrepublik Deutschland 1998, Tabelle 12.2

Bedeutung des Außenhandels für die Bundesrepublik Deutschland

Anteil der Ausfuhr am Bruttoinlandsprodukt in der Bundesrepublik Deutschland

	1994	1995	1996	1997	1998
Bruttoinlandsprodukt zu Marktpreisen (Mrd. DM)	3 328,2	3 442,8	3 523,5	3 624,0	3 761,5
Ausfuhr (Mrd. DM)	757,0	821,2	866,2	971,8	1033,1
Ausfuhr in % des Brutto-inlandsprodukts	22,7	23,9	24,6	26,8	27,5

Quelle: Monatsbericht der Deutschen Bundesbank, Februar 1999, Tabelle IX, 1

In unserem Beispiel oben (siehe 15.2.1) hat sich das Inland auf die Produktion des Gutes A spezialisiert, weil es mit dem Einsatz der gleichen Menge Produktionsfaktoren die doppelte Menge des Gutes herstellen kann wie das Ausland. Umgekehrt kann das Ausland mit der gleichen Einsatzmenge an Produktionsfaktoren die doppelte Menge des Gutes B produzieren.

Besteht auf den internationalen Märkten ein Austauschverhältnis zwischen den Gütern A und B von 1:1, dann erhält das Inland im Tausch für die zusätzlich hergestellten 20 Einheiten des Gutes A vom Ausland 20 Einheiten des Gutes B und verbessert damit seine Versorgung mit Gut B von 10 auf 20. Das Ausland verbessert seine Versorgung mit Gut A ebenfalls von 10 auf 20. Die internationale Arbeitsteilung bringt in dieser Situation sowohl dem Inland wie dem Ausland Vorteile.

Versorgung mit Gütern nach Einführung des Außenhandels (Terms of Trade für das Gut A = 1)	Versorgung mit Gut	
	A	B
Inland	20	20
Ausland	20	20
Weltproduktion	40	40

Verschlechtern sich die Terms of Trade für das Gut A so, dass auf dem Weltmarkt 2 Einheiten des Gutes A in Tausch gegeben werden müssen, um 1 Einheit des Gutes B zu erhalten, dann erhält das Inland für die zusätzlich produzierten 20 Einheiten des Gutes A im Austausch nur 10 Einheiten des Gutes B. Gegenüber der Ausgangssituation (siehe 15.2.1) bringt bei diesem Tauschverhältnis die internationale Arbeitsteilung dem Inland keinen Vorteil mehr. Den Vorteil hat dann nur noch das Ausland.

Versorgung mit Gütern nach Änderung fer Terms of Trade (Terms of Trade für das Gut A = 0,5)	Versorgung mit Gut	
	A	B
Inland	20	10
Ausland	20	30
Weltproduktion	40	40

Das Inland hat in dieser Situation vom Außenhandel nur dann einen Vorteil, wenn es für 1 Einheit des Gutes A mehr als 0,5 Einheiten des Gutes B erhält (Terms of Trade des Gutes A = 0,5). Dem Ausland bringt der Außenhandel nur Nutzen, wenn es für 1 Einheit des Gutes A weniger als 2 Einheiten des Gutes B geben muss (Terms of Trade für das Gut A = 2).

Damit alle am Außenhandel beteiligten Länder durch die Spezialisierung und den internationalen Handel einen Vorteil haben, müssen die internationalen Tauschverhältnisse (Terms of Trade) zwischen den nationalen Kostenverhältnissen liegen.

In der Praxis werden die Terms of Trade festgestellt aus dem prozentualen Verhältnis des Preisniveaus für Exportgüter zu dem Preisniveau für Importgüter, jeweils in der Währung des betreffenden Landes.

$$\text{Terms of Trade} = \frac{\text{Preisindex für Exportgüter}}{\text{Preisindex für Importgüter}}$$

15.3 Außenhandel bei komparativem Kostenvorteil
15.3.1 Die Wirkung des komparativen Kostenvorteils

Es leuchtet ein, dass Außenhandel allen beteiligten Ländern Vorteile bringen kann, wenn jedes der Länder für ein Gut einen absoluten Kostenvorteil hat. Schwieriger ist es zu erkennen, dass Außenhandel allen beteiligten Ländern auch dann Nutzen bringen kann, wenn eines der Länder bei der Produktion aller Güter kostenmäßig überlegen ist.

Wir nehmen wieder an, zwei Länder (Inland und Ausland) haben gleich große Ressourcen und setzen sie je zur Hälfte für die Produktion der Güter A und B ein. Das Inland kann mit dem gleichen mengenmäßigen Einsatz an Produktionsfaktoren 60 Einheiten des Gutes A erzeugen, mit dem das Ausland nur 10 Einheiten herstellen kann. Von Gut A kann das Inland mit dem gleichen Einsatz 30 Gütereinheiten herstellen, das Ausland nur 20. In Kosten ausgedrückt: Für die Herstellung einer Einheit des Gutes B sind die Kosten doppelt so hoch wie für die Herstellung einer Einheit des Gutes A. Daraus ergibt sich ein Kostenverhältnis von 1:2.

Situation eines komparativen Kostenvorteils

	insgesamt hergestellte Einheiten		Nationales Kostenverhältnis
	Gut A	Gut B	
Inland	60	30	1 : 2
Ausland	10	20	2 : 1
Weltproduktion	70	50	

Das Inland hat bei der Produktion beider Güter einen **absoluten Kostenvorteil.** Bei der Produktion des Gutes A ist die inländische Produktion 6fach wirkungsvoller, bei der Produktion des Gutes B nur 1,5fach. Vergleichsweise (komparativ) ist der Kostenvorteil des Inlandes bei der Produktion des Gutes A größer. Bei der Produktion des Gutes A hat das Inland nicht nur einen absoluten, sondern auch einen **komparativen Kostenvorteil.**

Das Ausland, das bei der Produktion aller Güter kostenmäßig unterlegen ist, hat bei der Produktion des Gutes B einen komparativen Vorteil, weil dort der Kostennachteil relativ geringer ist.

> Ein komparativer Kostenvorteil liegt dort vor, wo der absolute Kostenvorteil relativ am größten bzw. der absolute Kostennachteil relativ am geringsten ist.

15.3.2 *Terms of Trade und Nutzengewinn durch den Außenhandel*

Das Inland kann die Produktion des Gutes B um 1 Einheit erhöhen, wenn es dafür auf die Produktion von 2 Einheiten des Gutes A verzichtet. Die **Opportunity Costs** für das Gut B betragen im Inland 2 Einheiten des Gutes A. Die Opportunity Costs oder Substitutionskosten des Gutes B werden ausgedrückt durch diejenige Menge des Gutes A, auf deren Produktion verzichtet werden muss, damit 1 Einheit des Gutes B zusätzlich erzeugt werden kann.

$$\text{Opportunity Costs Gut B} = \frac{\text{Verzicht auf Gut A}}{\text{Mehrproduktion Gut B}}$$

Wenn das Inland seine Versorgung mit Gut B ohne Außenhandel (durch Eigenproduktion) um 1 Einheit erhöhen will, dann kostet dies 2 Einheiten des Gutes A. Das Inland kann aber auch einen anderen Weg gehen, um seine Versorgung um 1 Einheit des Gutes B zu erhöhen. Es produziert mehr von dem Gut A, bei dem es einen komparativen Kostenvorteil hat, und tauscht die Mehrproduktion im Außenhandel gegen Gut B. Besteht ein internationales **Tauschverhältnis von 2 (für Exportgut A) zu 1 (für Importgut B),** dann hat das Inland bei diesen Terms of Trade von 0,5 durch den Außenhandel weder einen Vorteil noch einen Nachteil.

Würde ein **Tauschverhältnis von 1:1** bestehen (Terms of Trade 1,0), dann bekäme das Inland auf dem Wege des Außenhandels für 2 Einheiten des Exportgutes A auch 2 Einheiten des Importgutes B. Bei Eigenproduktion würde sich bei Verzicht auf 2 Einheiten des Gutes A die Produktion des Gutes B aber nur um 1 Einheit erhöhen. Durch den Außenhandel hätte auch das Ausland einen Vorteil,

weil es für 1 Einheit des Gutes B im Tausch 1 Einheit des Gutes A bekommt, bei Eigenproduktion durch den Verzicht auf 1 Einheit des Gutes B aber nur 0,5 Einheiten des Gutes A gewinnen kann.

Bei einem **Tauschverhältnis von 3:1** hätte das Inland durch den Außenhandel einen Nachteil, weil es im Tausch für 1 Einheit des Importgutes B 3 Einheiten des Gutes A aufzuwenden hätte, bei Eigenproduktion aber nur 2 Einheiten. Für das Ausland wäre der Außenhandel bei diesen Terms of Trade sehr vorteilhaft.

In der gegebenen Situation bringt der Außenhandel für das Inland und das Ausland einen Vorteil, wenn das Tauschverhältnis zwischen 2:1 und 1:2 liegt, also zwischen 2 und 0,5; dies sind die nationalen Kostenverhältnisse (Opportunity Costs).

> Auch wenn ein komparativer Kostenvorteil besteht, bringt der Außenhandel nur dann allen beteiligten Ländern einen Vorteil, wenn das Tauschverhältnis zwischen den nationalen Kostenverhältnissen liegt.

15.4 Die Zahlungsbilanz
15.4.1 Begriff und Zweck

Die Gesamtheit aller ökonomischen Beziehungen mit dem Ausland innerhalb einer Periode wird in der Zahlungsbilanz festgehalten. Die Zahlungsbilanz ist ein wichtiges Informationsmittel des Wirtschaftspolitikers, da viele wirtschaftliche Maßnahmen Auswirkungen auf den Außenhandel haben oder von den außenwirtschaftlichen Beziehungen einer Volkswirtschaft her notwendig werden.

> Die Zahlungsbilanz ist die Aufzeichnung aller ökonomischen Transaktionen zwischen Inland und Ausland in einem bestimmten Zeitraum.

Der Begriff „Zahlungsbilanz" ist missverständlich. Sie enthält keine Bestände. In ihr werden außenwirtschaftliche Transaktionen erfasst (Stromgrößen). Außerdem betreffen die außenwirtschaftlichen Transaktionen nicht nur Zahlungen.

15.4.2 Hauptgruppen der Zahlungsbilanz
▶ *Faktorleistungen mit Wirkung auf das Einkommen*

Sinn außenwirtschaftlicher Beziehungen ist der Austausch von Leistungen der einheimischen mit ausländischen Volkswirtschaften. Werden im Inland Produktionsfaktoren (Arbeit, Boden, Kapital) eingesetzt und das Produkt ins Ausland ausgeführt, entsteht Faktoreinkommen im Inland. Faktoreinkommen entsteht im Inland aber auch dann, wenn das Inland Dienstleistungen für das Ausland erbringt.

An das Ausland abgegebene Faktorleistungen haben im Inland Auswirkungen auf Einkommen und Verbrauch. Zu berücksichtigen sind aber die Gegenleistungen des Auslands. Nur der Saldo von abgegebenen und empfangenen Leistungen ist entscheidend für die Veränderung des Einkommens.

Faktorleistungen an das Ausland
Warenhandel

Arbeit und Produktionsanlagen werden eingesetzt, um ein Auto zu produzieren, das exportiert wird. Für die Faktorleistungen (Einsatz der Produktionsfaktoren) entsteht Faktoreinkommen im Inland: Löhne, Gewinn und Zins für das investierte Kapital vergrößern das Einkommen im Inland.

Dienstleistung

Eine inländische Versicherungsgesellschaft übernimmt die Transportversicherung für eine ausländische Reederei. Die von der ausländischen Reederei an die inländische Versicherungsgesellschaft gezahlte Risikoprämie wird zu Einkommen im Inland.

Dem Inland kann Einkommen aus dem Ausland auch in Form von Erwerbs- und Vermögensein-kommen zufließen, wenn z. B. ein Inländer im Ausland ein Haus besitzt und dafür Miete erhält.

Alle außenwirtschaftlichen Transaktionen, aus denen im Inland Faktoreinkommen entsteht, werden in der **Leistungbilanz** zusammengefasst. Der Teil der Leistungen, der an das Ausland unentgeltlich ab-gegeben wurde, wird in der Position **„Laufende Übertragungen"** noch innerhalb der Leistungsbilanz ausgewiesen. Dazu gehören z. B. Zahlungen an die EU und andere internationale Organisationen. Da-durch wird erreicht, dass der Saldo der Leistungsbilanz nur die Einkommenssumme ausweist, die dem Inland durch den Außenhandel zugewachsen ist und zur Verwendung noch zur Verfügung steht.

▶ Leistungen ohne Wirkung auf das Einkommen

Übertragungen von Vermögen, z. B. wenn ein Auswanderer sein Vermögen in das Ausland mitnimmt, verändern zwar das Vermögen der Volkswirtschaften, sind aber nicht mit der Entstehung von Einkommen verbunden. Ein Inländer, der ein im Ausland gelegenes Haus erbt und das Eigentum überschrieben bekommt, hat damit noch kein für Verbrauchsausgaben verwendbares Einkommen erhalten. Deshalb werden Vermögenstransfers außerhalb der Leistungsbilanz in einer besonderen Position **„Vermögensübertragungen"** ausgewiesen.

▶ Finanzielle Transfers

Es wäre ein reiner Zufall, wenn sich außenwirtschaftliche Leistungen und Gegenleistungen ausglei-chen würden. Der Saldo der Leistungen insgesamt (Leistungsbilanz + Vermögensübertragungen) muss durch finanzielle Leistungen ausgeglichen werden.

Der Abbau des Saldos der Leistungen kann in Form kurz- oder langfristiger Kreditgewährung erfol-gen und wird dann innerhalb der Zahlungsbilanz in der **Kapitalbilanz** erfasst.

Erfolgt der Ausgleich durch „Barzahlung", dann führt dies zu einer Bestandsveränderung an Devi-sen bei der Zentralbank. In der Zahlungsbilanz der Bundesrepublik Deutschland wird die Bestands-veränderung an Devisen in der Position **„Veränderung der Netto-Auslandsaktiva der Bundes-bank"** ausgewiesen, die auch als **Devisenbilanz** bezeichnet wird.

Hauptgruppen der Zahlungsbilanz für die Bundesrepublik Deutschland (1998, in Mio. DM)[1]				
		Schematische Darstellung		
		Leistungen	**Finanzierung**	
I. Leistungsbilanz		Leistungsbilanz - 6 259 (Überschuß an empfangenen Leistungen)		
1. Warenhandel	+ 124 920			
2. Dienstleistungen	- 61 796			
3. Erwerbs- und Vermögens-einkommen	- 16 123			
4. Laufende Übertragungen	- 53 250	Vermögensüber-tragung		
II. Vermögensübertragungen	+ 1 293	a. d. Ausl. + 1 293	Kapital-import (+) 23 487	
III. Kapitalverkehr (Kapitalexport: -)	+ 23 487		nicht aufgliederbare Posten - 11 406	
IV. Statistisch nicht aufglieder-bare Posten	- 11 403		Abnahme der Devisen-	
V. Veränderung der Netto-Auslandsaktiva (Restposten)	- 7 128		bestände - 7 128	
		Summe - 4 956	+ 4 956	

[1] Quelle: Monatsbericht der Deutschen Bundesbank, April 1999, Tabelle X./1.

Da Leistungen, die unentgeltlich an das Ausland gewährt werden, bereits in der Leistungsbilanz mit den Faktorleistungen saldiert wurden, müsste der Saldo der Leistungen insgesamt eigentlich mit der Summe der beiden Positionen „Kapitalbilanz" und „Devisenbilanz" übereinstimmen. Da aber nicht alle außenwirtschaftlichen Vorgänge statistisch präzise erfasst werden können, gibt es noch die Ausgleichsposition **„statistisch nicht aufgliederbare Positionen"** (Restposten).

15.4.3 Die Teilbilanzen der Zahlungsbilanz

> Die Handelsbilanz ist die Gegenüberstellung des Exports und des Imports von Waren.

In einer marktwirtschaftlich gesteuerten Volkswirtschaft ohne Staatsaußenhandel wäre der Ausgleich der Handelsbilanz ein sehr seltener Zufall. Viele selbstständige Unternehmer bemühen sich um den Export ihrer Waren. Ganz unabhängig davon führen die Importeure Waren ein und sind dabei ganz allein orientiert an den sich bietenden Gewinnmöglichkeiten. Überwiegt die Ausfuhr, dann sprechen wir von einer **aktiven Handelsbilanz.** Ist der Import größer, liegt eine **passive Handelsbilanz** vor.

> Die Dienstleistungsbilanz ist die Gegenüberstellung der an das Ausland gewährten und der vom Ausland erhaltenen Dienstleistungen.

Die Dienstleistungen werden auch als unsichtbarer Export oder Import bezeichnet. Zu den Dienstleistungen gehören z. B. Waren- oder Personenbeförderung mit dem Schiff, der Eisenbahn oder dem Lkw und Einnahmen aus Patenten und Lizenzen.

> In der Bilanz der Erwerbs- und Vermögenseinkommen werden Kapitalerträge und das Einkommen aus unselbstständiger Arbeit erfasst.

Dazu gehören z. B. die Einkommen aus Zinsen und Dividenden, die ebenso wie die von Inländern im Ausland erworbenen Arbeitseinkünfte Faktoreinkommen darstellen.

Erwerbs- und Vermögenseinkommen gehen nicht in das Bruttoinlandsprodukt ein, obwohl dem Inland Faktoreinkommen zufließt. Der Grund liegt darin, dass die Wirtschaftsleistung im Ausland erbracht wurde. Sie werden jedoch im Bruttosozialprodukt berücksichtigt, das die Wirtschaftsleistung der Inländer erfasst (Inländerprodukt), gleichgültig, ob der Produktionsprozess im Inland oder im Ausland stattgefunden hat (s. dazu auch S. 219).

> In der Übertragungsbilanz werden alle Güter- und Forderungsbewegungen ohne ökonomische Gegenleistung erfasst.

Diese Teilbilanz enthält die unentgeltlichen Leistungen. Dazu gehören z. B. Überweisungen ausländischer Gastarbeiter in ihre Heimatländer, Leistungen im Rahmen der Entwicklungshilfe und Zahlungen an internationale Organisationen wie die EU.

> Die Kapitalbilanz weist die Veränderung der Forderungen und Verbindlichkeiten gegenüber ausländischen Volkswirtschaften aus.

Erfasst werden Kreditgewährungen, Wertpapieranlagen (z. B. der Kauf von Aktien) und Direktinvestitionen (z. B. der Erwerb und die Veräußerung von Immobilien).

Wird eine Leistung an das Ausland auf Kredit erbracht, so heißt das, dass auf die Gegenleistung vorläufig verzichtet wird. Die Ansprüche der inländischen Volkswirtschaft gegen das Vermögen der ausländischen Volkswirtschaften sind dadurch gewachsen. Man spricht von **Kapitalexport.** Umgekehrt handelt es sich um **Kapitalimport,** wenn das Ausland dem Inland Leistungen auf Kredit erbringt und damit die Verbindlichkeiten des Inlands gegenüber dem Ausland zunehmen.

> In der Devisenbilanz wird die Veränderung des Devisen- und Goldbestandes in der Abrechnungsperiode bei der Zentralbank ausgewiesen.

Die Veränderung des Devisenbestandes wird in der Zahlungsbilanz der Deutschen Bundesbank unter der Position **„Veränderung der Nettoauslandsaktiva der Bundesbank"** erfasst. Unter dieser Position wird der Teil der in der Abrechnungsperiode ins Land gekommenen Devisen eingestellt, der nicht wieder für Importe verwendet wird und deshalb zu einer Bestandserhöhung bei der Zentralbank geführt hat. Zu den Devisen rechnen alle ausländischen Zahlungsmittel, also auch Schecks und Wechsel. Da Gold als internationales Zahlungsmittel benutzt wird, wird in dieser Teilbilanz auch die Veränderung der Goldbestände erfasst.

Zusätzlich wird die Position der **„statistisch nicht aufgliederbaren Transaktionen"** notwendig, weil nicht alle Vorgänge statistisch exakt erfasst werden können und deshalb ein Rest ungeklärter Beträge verbleibt.

15.4.4 Die Erfassung außenwirtschaftlicher Vorgänge auf Konten

Im Zeitraum, für den die Zahlungbilanz erstellt werden soll, können die außenwirtschaftlichen Vorgänge laufend auf Konten dargestellt werden. Auf dem Konto „Handelsbilanz" wird zum Beispiel die Ausfuhr und Einfuhr von Waren erfasst. Für jede Buchung gibt es eine Gegenbuchung. Bei einem Warenverkauf ins Ausland auf Kredit sind z. B. die Konten Handelsbilanz und Kapitalbilanz betroffen. Das ist der formale Grund dafür, dass die Zahlungsbilanz immer ausgeglichen ist.

Beispiele für die Verbuchung außenwirtschaftlicher Vorgänge (in Geldeinheiten = GE)
Beispiel 1
Warenexport im Wert von 10 000. Die Bezahlung erfolgt durch Kreditaufnahme
Handelsbilanz 10 000 an Kapitalbilanz 10 000
Beispiel 2
Die Bundesrepublik Deutschland leistet einen Beitrag zum EU-Haushalt in Höhe von 500 000
Übertragungsbilanz 500 000
an Devisenbilanz   500 000

Die Konten zur Erfassung außenwirtschaftlicher Vorgänge		
	Inhalt der Konten	
Handelsbilanz	Warenexporte	Warenimporte
Dienstleistungsbilanz	Einnahmen aus Dienstleistungen	Ausgaben für Dienstleistungen
Bilanz der Erwerbs- und Vermögenseinkommen	Einnahmen des Inlands aus dem Ausland für Kapitalerträge und aus unselbstständiger Arbeit	Ausgaben des Inlands an das Ausland für Kapitalerträge und zur Bezahlung unselbstständiger Arbeit
Bilanz der laufenden Übertragungen	vom Ausland empfangene unentgeltliche Leistungen	an das Ausland abgegebene unentgeltliche Leistungen
Bilanz der Vermögensübertragungen	an das Ausland abgegebene Vermögensübertragungen	vom Ausland empfangene Vermögensübertragungen
Kapitalbilanz	Kapitaleinfuhr (Zunahme der Verbindlichkeiten gegenüber dem Ausland/Abnahme der Forderungen gegenüber dem Ausland)	Kapitalausfuhr (Abnahme der Verbindlichkeiten gegenüber dem Ausland/Zunahme der Forderungen gegenüber dem Ausland)
Devisenbilanz	Abnahme des Gold- und Devisenbestandes	Zunahme des Gold- und Devisenbestandes
Restposten (statistisch nicht aufgliederbare Transaktionen)	zum Ausgleich der Zahlungsbilanz	zum Ausgleich der Zahlungsbilanz

15.4.5 Zahlungsbilanz und außenwirtschaftliches Gleichgewicht

Eine Zahlungsbilanz ist formal immer ausgeglichen, da alle Vorgänge doppelt erfasst werden und die Plus- und Minuswerte der erfassten Vorgänge sich gegenseitig ausgleichen. Teilbilanzen wie z. B. die Handelsbilanz, müssen nicht ausgeglichen sein.

Obwohl die Zahlungsbilanz formal immer ausgeglichen ist, wird in Theorie und Praxis von „aktiven" und „passiven" Zahlungsbilanzen gesprochen.

> Eine Zahlungsbilanz wird als aktiv bezeichnet, wenn ihr Ausgleich durch Zunahme der Gold- und Devisenbestände erfolgt.
>
> Eine Zahlungsbilanz wird als passiv bezeichnet, wenn ihr Ausgleich durch Abnahme der Gold- und Devisenbestände erfolgt.

Das Gesetz zur Sicherung der Stabilität und des Wachstums nennt das **außenwirtschaftliche Gleichgewicht** als eines der wirtschaftspolitischen Ziele. Damit ist nicht gemeint, dass die Zahlungsbilanz in jedem Augenblick ausgeglichen sein soll. Gefordert ist nur, dass auf längere Sicht die Währungsreserven an Gold und Devisen unverändert bleiben. Zusätzlich wird von der Situation des außenwirtschaftlichen Gleichgewichts noch gefordert, dass vom Außenhandel die anderen wirtschaftspolitischen Ziele (z. B. hoher Beschäftigungsstand und angemessenes Wachstum) nicht beeinträchtigt werden.

> Außenwirtschaftliches Gleichgewicht besteht dann, wenn in langfristiger Betrachtung die Währungsreserven unverändert bleiben und von der Außenwirtschaft keine Gefahren für binnenwirtschaftliche Ziele ausgehen.

15.5 Wechselkurse und ihre Wirkung auf den Außenhandel

15.5.1 Die Bedeutung der Wechselkurse für den Außenhandel

Wenn der Außenhandel nicht auf dem primitiven Stand einer naturalen Tauschwirtschaft abgewickelt wird, dann ergeben sich besondere Probleme daraus, dass es keine einheitliche Rechnungseinheit und keine Zahlungsmittel gibt, die weltweit anerkannt sind.

Zur Abwicklung von Außenhandelsgeschäften sind Devisengeschäfte notwendig.

> Devisen im engeren Sinn sind die auf ausländische Plätze zahlbaren Anweisungen in fremder Währung, z. B. Schecks und Wechsel.
>
> Im weiteren Sinn zählen zu den Devisen alle ausländischen Zahlungsmittel.

Devisen haben einen Preis, der **Kurs** genannt wird. Der Kurs bildet sich entweder bei der Umwechslung einer Währung in eine andere ohne staatliche Eingriffe frei auf dem Devisenmarkt und ist dann ein freier Marktpreis oder er ist das Ergebnis staatlicher Festsetzung.

Bis Ende 1998 wurde an der Frankfurter Devisenbörse die amtliche Kursnotiz von 20 europäischen und außereuropäischen Währungen börsentäglich festgestellt. Mit der Einführung des Euro wurde das amtliche Devisenfixing durch die Feststellung von so genannten Referenzkursen ersetzt, die beispielsweise für den Euro von der EZB täglich bekannt gegeben werden.

> Der Wechselkurs ist der Preis für eine bestimmte Menge einer Währung, ausgedrückt in einer anderen Währung.

Der Wechselkurs des Euro wird grundsätzlich in ausländischen Währungseinheiten angegeben.

So wie sich der Binnenwert des Geldes darin zeigt, wie viel Gütereinheiten man für eine inländische Währungseinheit im Inland kaufen kann, so zeigt der Wechselkurs den **Außenwert des Geldes** an. Er ermöglicht die Feststellung, wie viel Gütereinheiten man für eine inländische Währungseinheit im Ausland kaufen kann.

Ein deutscher Importeur, der Schweinefleisch einführen will, wird die Preise für Schweinefleisch in all den Ländern prüfen, die als Lieferanten infrage kommen. Um die günstigste Bezugsmöglichkeit festzustellen, muss er die in der jeweiligen Landeswährung angegebenen Fleischpreise in Euro umrechnen.

Der Preis, den ein Importeur für Schweinefleisch zu zahlen hat, hängt damit nicht nur von der Entwicklung der Binnenpreise in den Exportländern ab, sondern auch von der Entwicklung des Wechselkurses. Im Beispiel (siehe Tabelle 15.5.2) ist Frankreich das billigste Importland.

Bleiben die Binnenpreise konstant, ändern sich aber die Wechselkurse, dann verändern sich auch die Bezugspreise für den Importeur. In unserem Beispiel (siehe Tabelle 15.5.3) werden die USA statt Frankreich durch die Wechselkursänderung das billigste Exportland!

Verändern sich die Binnenpreise, dann kann der Preisveränderung durch Veränderung der Wechselkurse entgegengewirkt werden. In unserem Beispiel (siehe Tabelle 15.5.4) steigen in den USA die Binnenpreise um 20%.

Trotzdem bleiben die USA das billigste Exportland, da der Wechselkurs des US-Dollars steigt.

> Der Exportpreis wird nicht nur vom Preis auf dem Inlandsmarkt, sondern auch von den Wechselkursen bestimmt.

Devisenkurse an der Frankfurter Börse
(Jahresdurchschnitte 1998) in DM

1 $	1,7592
1 £	2,9142
100 hfl	88,714
100 bfrs	4,8476
100 dkr	26,258
100 ffrs	29,829
100 Yen	1,3484
100 sfrs	121,414

Quelle: Deutsche Bundesbank, Monatsbericht Februar 1999, Tabelle X.

Tabelle 15.5.1

Preisvergleich für 1 t Schweinefleisch

Export-land	Preis in Landes-währung	Wechselkurs	Preis in EUR
USA	1.650 US-$	1 EUR = 1,10 US-$	1.500
Schweiz	2.800 sfrs	1 EUR = 1,60 sfrs	1.750
Frankreich	1.400 EUR	identische Währung	1.400

Tabelle 15.5.2

Der Binnenpreis in den Exportländern bleibt unverändert.
Der Wechselkurs der USA ändert sich.

Export-land	Preis in Landes-währung	Wechselkurs	Preis in EUR
USA	1.650 US-$	1 EUR = 1,32 US-$	1.250
Schweiz	2.800 sfrs	1 EUR = 1,60 sfrs	1.750
Frankreich	1.400 EUR	identische Währung	1.400

Tabelle 15.5.3

Der Binnenpreis und der Wechselkurs des Exportlandes USA ändern sich.

Export-land	Preis in Landes-währung	Wechselkurs	Preis in EUR
USA	1.980 US-$	1 EUR = 1,60 US-$	1.320
Schweiz	2.800 sfrs	1 EUR = 1,60 sfrs	1.750
Frankreich	1.400 EUR	identische Währung	1.400

Tabelle 15.5.4

Da die Veränderung der Wechselkurse auf den Außenhandel fördernd oder bremsend wirkt, ist die Frage von Bedeutung, wie Wechselkurse gebildet werden.

15.5.2 Das System fester Wechselkurse

▶ *Absolut und relativ feste Wechselkurse*

Feste Wechselkurse können **absolut feste Wechselkurse** oder **relativ feste Wechselkurse** sein.

> Absolut feste Wechselkurse sind Preise für ausländische Währungen, die vom Staat festgesetzt werden und von denen im Inland nicht abgewichen werden darf.

Das staatlich festgesetzte Austauschverhältnis zwischen der eigenen Währung und der ausländischen Währung wird als **Parität** bezeichnet (von „pari", was „gleich" bedeutet).

Bei **absolut festen Wechselkursen** gibt es keinen offiziellen Devisenmarkt. An- und Verkauf von ausländischen Zahlungsmitteln (Devisen) im Inland dürfen nur über dafür zuständige Stellen zu offiziellen Kursen erfolgen. Die Einfuhr von inländischer Währung aus dem Ausland ist verboten oder nur in geringen, betragsmäßig festgelegten Grenzen erlaubt.

> Bei relativ festen Wechselkursen legt der Staat das Wertverhältnis zu den ausländischen Währungen so fest, dass geringe Abweichungen von dem festgelegten Leitkurs erlaubt sind.

Bei **relativ festen Wechselkursen** gibt es einen freien Devisenmarkt. Die Exporteure verkaufen ausländische Währungen, die sie als Exporterlöse erhalten haben, gegen inländische Währung an ihre Bank. Die Importeure kaufen bei der Bank ausländische Währungen und zahlen mit inländischer Währung. Der Wechselkurs ergibt sich aus Angebot und Nachfrage.

Überschreitet der Wechselkurs des Marktes die vom Staat festgelegten Grenzen nach oben oder unten, greifen die Zentralbanken ein. Überschreitet der Wechselkurs die Grenze nach unten, kauft die Zentralbank Devisen auf, um die Kurse zu stützen. Übersteigt der Devisenkurs die obere Grenze, verkauft die Zentralbank Devisen. Der Staat legt also keinen Zwangskurs fest und überwacht die Einhaltung dieses Kurses nicht mit polizeilichen Maßnahmen, er greift auf dem Markt als Anbieter oder Nachfrager ein (er interveniert), wenn der Wechselkurs den festgelegten Höchstkurs oder Niedrigstkurs überschreitet. Die festgelegten Höchst- und Tiefstpunkte werden als **Interventionspunkte** bezeichnet.

> In einem System relativ fester Wechselkurse interveniert die zentrale Währungsbehörde durch An- oder Verkauf auf dem Devisenmarkt, wenn die festgelegten Höchst- oder Tiefstkurse überschritten werden.

▶ *Die Auswirkungen fester Wechselkurse*

Die Einengung des Spielraums der Wechselkurse durch Festlegen einer Schwankungsbreite (Bandbreite) hat verschiedene nachteilige Folgen:

> Bei festen Wechselkursen ist der Ausgleich der Zahlungsbilanz nicht gesichert.

Es wäre ein Zufall, wenn der Wechselkurs als staatlich festgesetzte Parität ein Gleichgewichtspreis wäre. Die Währung eines Landes wird überbewertet, die des anderen Landes unterbewertet sein. Im Land mit der unterbewerteten Währung lässt sich billig einkaufen. Das Land mit der unterbewerteten Währung wird mehr exportieren als importieren, das Land mit der überbewerte-

Die Wirkung einer unterbewerteten Währung

Der Paritätskurs für die griechische Drachme sei auf 350 (1 EUR = 350 GRD) festgelegt. Angenommen, ein Warenkorb der für den Außenhandel maßgeblichen Güter kostet in Griechenland 100 000 GRD, in der Bundesrepublik 250 EUR.

Deutsche Importeure müssen also 285,71 EUR aufwenden, um den Warenkorb in Griechenland zu erwerben. In der Bundesrepublik Deutschland kostet der Warenkorb nur 250 EUR. Es ist billiger im Inland zu kaufen.

Griechische Importeure müssen 87 500 GRD aufwenden und damit 250 EUR erwerben, um den Warenkorb in der Bundesrepublik Deutschland zu kaufen. Sie erhalten den Warenkorb in der Bundesrepublik Deutschland billiger als in Griechenland.

ten Währung mehr importieren als exportieren. Die Zahlungsbilanzen beider Länder sind nicht ausgeglichen.

> Bei festen Wechselkursen hat die aktive Zahlungsbilanz inflatorische Wirkung.

In dem Land, dessen Währung unterbewertet ist, fließen ständig Devisen zu. Für den Import werden wenig Devisen benötigt, da das Ausland wegen des Wechselkurses zu teuer ist. Das Angebot an Devisen ist größer als die Nachfrage. Die Devisenkurse sinken unter den unteren Interventionspunkt. Bei festen Wechselkursen muss die Zentralbank intervenieren und Devisen kaufen. Dieser Ankauf von Devisen durch die Zentralbank ist eine Geldschöpfung, die eine inflatorische Wirkung hat. Wenn die Zahlungsbilanz wegen einer aktiven Leistungsbilanz unausgeglichen ist, dann ist die Wirkung doppelt: Einmal wird die Geldmenge vermehrt, zum anderen wird das inländische Güterangebot um den Aktivsaldo der Leistungsbilanz vermindert.

> Bei festen Wechselkursen ist die Wirksamkeit konjunktur- und währungspolitischer Maßnahmen gering.

Die Mittel der Zentralbankpolitik und der Fiskalpolitik können bei einem fundamentalen Ungleichgewicht der Zahlungsbilanz nicht entscheidend helfen, wenn die Wechselkurse fest sind. Diese Mittel greifen nicht die eigentlichen Ursachen an und können den vom Außenhandel verursachten Geldzufluss nicht verhindern. Würde das Land mit aktiver Zahlungsbilanz im Rahmen seiner Währungspolitik gar die Zinssätze erhöhen, dann würden noch mehr Devisen in dieses Land fließen, da die Geldanlage dort rentabler wäre.

> Bei festen Wechselkursen überträgt sich eine Geldentwertung im Ausland auf das Inland.

Steigen die Preise in dem Land mit der überbewerteten Währung, ohne dass der Wechselkurs geändert wird, dann wird das Land mit der unterbewerteten Währung relativ noch billiger. Der Export in diesem Land steigt, das Devisenangebot wird größer und die Geldmenge wird weiter vergrößert, da die Zentralbank noch mehr Devisen ankaufen muss. Die Inflation wird importiert.

> Bei festen Wechselkursen entstehen internationale Liquiditätsprobleme.

Das Land mit der überbewerteten Währung und der sich daraus ergebenden dauernden passiven Zahlungsbilanz hat bald keine Devisen mehr. Devisenbewirtschaftung oder Kredithilfen werden notwendig, die aber auch nicht auf Dauer helfen können. Die freie Konvertibilität, d. h. die freie Austauschbarkeit der Währungen, ist auf Dauer nicht gesichert.

▶ *Aufwertung und Abwertung*

Lang anhaltenden Zahlungsbilanzüberschüssen oder Zahlungsbilanzdefiziten kann man mit einer Neufestlegung der festen Wechselkurse begegnen. Eine unterbewertete Währung müsste dann aufgewertet, eine überbewertete Währung abgewertet werden.

> Eine Aufwertung ist eine Senkung des Preises für die ausländische Währung.

Bei einer Aufwertung entsteht die Tendenz, dass die Ausfuhr des aufwertenden Landes sinkt und die Einfuhr steigt.

Eine Abwertung ist eine Erhöhung des Preises für die ausländische Währung.

Durch eine Abwertung entsteht die Tendenz, dass die Ausfuhr des abwertenden Landes steigt und die Einfuhr sinkt.

15.5.3 Das System freier Wechselkurse

Erfolgen keinerlei staatliche Eingriffe auf dem Devisenmarkt, dann bildet sich der Kurs frei aus dem Zusammenspiel von Angebot und Nachfrage. Der Wechselkurs ist flexibel.

Beim System freier Wechselkurse spricht man auch vom **Floating** (engl.: Schwimmen, Gleiten). Die Kurse floaten.

Bei freien Wechselkursen gelten die bekannten Gesetze des Marktes.

Steigt das Devisenangebot bei unveränderter Nachfrage, dann sinkt der Preis der Devise.

Sinkt das Devisenangebot bei unveränderter Nachfrage, dann steigt der Preis der Devise.

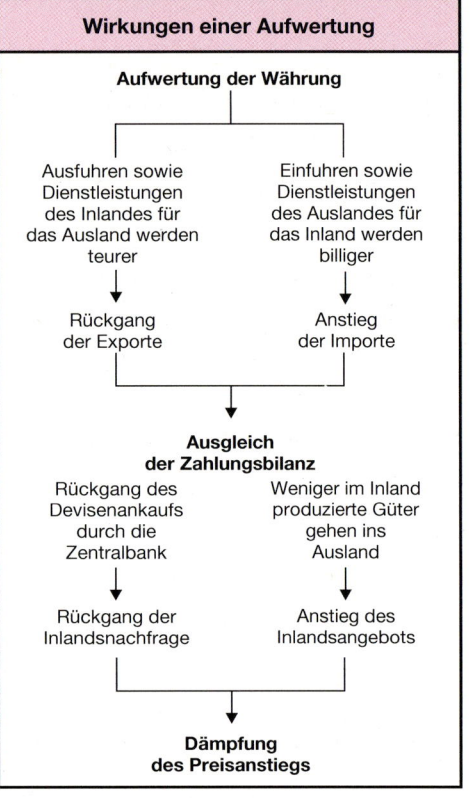

Abbildung 15.5.1

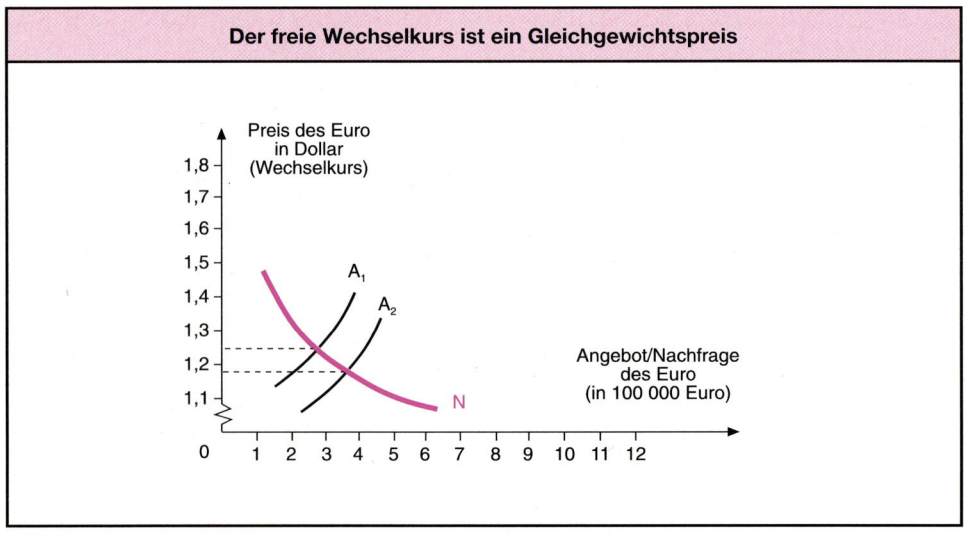

Abbildung 15.5.2

Die Exporteure bieten ihre Devisenerlöse auf dem Devisenmarkt an, da sie inländische Zahlungsmittel für Zahlungen an Arbeitnehmer und Lieferanten benötigen. Die Importeure fragen Devisen nach. Ist bei einem gegebenen Kurs das Angebot an Devisen größer als die Nachfrage, dann sinkt der Kurs. Für Exporteure bringt dies eine Erlösschmälerung. Für Importeure wird die Einfuhr billiger. Der Export geht zurück, der Import nimmt zu.

> Bei flexiblen Wechselkursen besteht die Tendenz zum Ausgleich der Zahlungsbilanz.

Der Gleichgewichtskurs bringt das Devisenangebot und die Devisennachfrage zum Ausgleich und damit auch die Devisenbilanz einer Volkswirtschaft.

Ist der Wechselkurs frei, dann hat die Zentralbank keine Ankaufspflicht für Devisen. Gegen den Willen der Zentralbank gibt es deshalb keine Vermehrung der inländischen Geldmenge aus Außenhandelsüberschüssen.

> Bei flexiblen Wechselkursen gibt es keine inflatorische Wirkung von Außenhandelsüberschüssen.

In einem System flexibler Wechselkurse kann die Konjunktur- und Währungspolitik wirksam sein, weil die Zahlungsbilanz stets ausgeglichen ist. Die Volkswirtschaft ist gegen finanzielle Auswirkungen von Außenhandelsüberschüssen abgeschirmt.

> Bei flexiblen Wechselkursen haben geldpolitische Maßnahmen eine größere Wirksamkeit.

Bei einer Inflation im Ausland wird das Inland relativ billiger, wenn das inländische Preisniveau nicht im gleichen Ausmaß steigt. Der Export kann größer werden. Vermehrte Devisenangebote als Folge des vergrößerten Exports lassen den Kurs der ausländischen Währung aber sinken. Der gesunkene Wechselkurs verteuert die inländischen Produkte für die Ausfuhr, ohne dass sich die Inlandspreise ändern müssen. Eine Wirkung der Inflation im Ausland auf die Außenhandelsbeziehungen wird durch die Veränderung des Wechselkurses vermieden.

> Bei flexiblen Wechselkursen überträgt sich die Inflation anderer Länder nicht auf das Inland.

Die Funktionen des Preises übernehmen die Regulierung des Devisenmarktes. Die Konvertibilität der Währungen ist auf Dauer möglich.

> Bei flexiblen Wechselkursen wird internationalen Liquiditätsproblemen entgegengewirkt.

In dem System freier Wechselkurse ist der Ausgleich der Zahlungsbilanz oberstes wirtschaftspolitisches Ziel. Die Ansteuerung dieses Ziels erfolgt automatisch. Die Wirtschaftspolitik kann dem Ziel der Vollbeschäftigung keine Priorität vor dem Ausgleich der Zahlungsbilanz einräumen.

> Bei flexiblen Wechselkursen sind wirtschaftspolitische Ziele nicht frei wählbar.

Wenn Wechselkurse dauernd schwanken können, entstehen Zufallsgewinne und Zufallsverluste. Spekulation, politischer Druck und politische Machtverhältnisse können den Kurs und damit die Handelsbeziehungen ungünstig beeinflussen.

> Bei flexiblen Wechselkursen stört das Kursrisiko den Handels- und Kapitalverkehr.

Ob der Marktmechanismus über den Wechselkurs tatsächlich wirkt, hängt davon ab, ob das Ausland auch tatsächlich mehr Güter abnimmt, wenn über den Wechselkurs der Preis der Güter sinkt, oder weniger Güter nachfragt, wenn über den Wechselkurs der Preis der Güter steigt. Der Marktmechanismus wirkt über den Wechselkurs, wenn die Nachfrage nach den Außenhandelsgütern elastisch ist.

■ *AUFGABEN UND PROBLEME*

15.1 *Terms of Trade*

● 1. Stellen Sie die Entwicklung der Preise für Ausfuhrgüter grafisch dar!

● 2. Stellen Sie die Entwicklung der Preise für Einfuhrgüter grafisch dar!

● 3. Berechnen Sie die Terms of Trade und stellen Sie die Entwicklung grafisch dar!

● 4. Urteilen Sie, ob die Entwicklung der Terms of Trade im Berichtszeitraum günstig oder ungünstig verlief!

Außenhandelspreise (Indizes, 1991 = 100; Bundesrepublik Deutschland)

Jahr	Einfuhrpreise	Ausfuhrpreise
1991	100,0	100,0
1992	97,6	100,7
1993	96,1	100,7
1994	96,9	101,6
1995	97,3	103,3
1996	97,8	103,5
1997	100,9	105,1

Quelle: Statistisches Jahrbuch 1998 für die Bundesrepublik Deutschland, Tabellen 23.16 und 23.17

15.2 *Nutzeffekt des Außenhandels bei absolutem und komparativem Kostenvorteil*

● Überlegen Sie, ob in den unten dargestellten 4 Situationen den beiden beteiligten Ländern der Außenhandel Nutzen bringen könnte. Begründung!

		Volkswirtschaftlicher Gesamtaufwand für die Herstellung einer Gütereinheit		Austauschverhältnis der Güter (A : B) in Stück
		Gut A	Gut B	
Situation 1	Inland	2	4	3 : 2
	Ausland	2	4	
Situation 2	Inland	3	7	2 : 1
	Ausland	5	6	
Situation 3	Inland	16	18	3 : 2
	Ausland	20	24	
Situation 4	Inland	3	1	2 : 5
	Ausland	4	2	

15.3 *Zahlungsbilanz: Handelsbilanz - Dienstleistungsbilanz - Devisenbilanz*

Alle Angaben in Millionen Geldeinheiten.

1. Land A führte im letzten Jahr Waren aus im Wert von 400. Vom Ausland erhielt es dafür Waren im gleichen Wert.

● Erstellen Sie die Zahlungsbilanz in Kontoform!

2. Land B führte im letzten Jahr Waren im Wert von 800 aus und erhielt dafür vom Ausland Waren im Wert von 500. Der Rest wurde finanziell mit Devisen ausgeglichen.

● Erstellen Sie die Zahlungsbilanz in Kontoform!

3. Im letzten Jahr führte Land C Waren aus im Wert von 1 200 und leistete an das Ausland Dienste im Wert von 400. Vom Ausland erhielt Land C Waren im Wert von 800 und Dienste im Wert von 200. Der Wertausgleich der gegenseitigen Leistungen erfolgte durch Devisen.

● Erstellen Sie die Zahlungsbilanz in Kontoform!

15.4 *Zahlungsbilanz unter Berücksichtigung von Kapitalbewegungen*

Alle Angaben in Millionen Geldeinheiten.

1. Außenwirtschaftliche Transaktionen des Landes D: Ausfuhr 1 600, Einfuhr 1 200, Dienstleistungen an das Ausland 800, vom Ausland empfangene Dienstleistungen 900. Ausgleich durch Devisen 100. Der Restausgleich erfolgte durch Gewährung langfristiger Kredite.

● Erstellen Sie die Zahlungsbilanz in Kontoform!

2. Land E führte Waren für 400 ein und zahlt diese Waren aus seinem Devisenbestand.

● Erstellen Sie die Zahlungsbilanz in Kontoform!

15.5 *Zahlungsbilanz und Außenbeitrag*

Alle Angaben in Millionen Geldeinheiten.

Land F hat an das Ausland Waren im Wert von 600 geliefert und Dienste im Wert von 300 geleistet. Davon waren 100 unentgeltliche Hilfe für unterentwickelte Länder. Vermögensübertragungen an das Ausland 50. Kredite wurden gewährt in Höhe von 650. Der Rest wurde durch Devisen ausgeglichen.

● 1. Erstellen Sie die Zahlungsbilanz in Kontoform!

● 2. Wie groß ist der Außenbeitrag zum Bruttoinlandsprodukt?

● 3. Welche der in der Zahlungsbilanz ausgewiesenen Vorgänge sind ihrem Charakter nach finanzielle Vorgänge, welche weisen Lieferungen oder Leistungen nach?

15.6 *Zahlungsbilanz*

● 1. Erstellen Sie die Zahlungsbilanz in Kontenform!

● 2. Berechnen Sie den Saldo der Leistungsbilanz!

● 3. Lässt sich der Bestand an Forderungen gegenüber dem Ausland aus der Zahlungsbilanz erkennen? Begründung!

Zahlungsbilanz der Bundesrepublik Deutschland für 1998 (in Mio. DM)	
Außenhandel[1]	+ 124 920
Dienstleistungen	– 61 796
Erwerbs- und Vermögenseinkommen	– 16 123
Laufende Übertragungen	– 53 250
Vermögensübertragungen	+ 1 293
Kapitalbilanz	+ 23 487
statistisch nicht aufgliederbare Posten	– 11 403
Veränderung der Netto-Auslandsaktiva[2]	– 7 128

[1] einschl. Ergänzungen zum Warenverkehr

[2] Zunahme = +

Quelle: Deutsche Bundesbank, Monatsbericht April 1999, Tabelle X, 1

15.7 *Gebundene Wechselkurse*

Wir nehmen an:

Die beiden Länder A und B haben Außenhandelsbeziehungen miteinander, sonst aber mit keinem anderen Land. Im Land A ist die Mark die Währungseinheit, im Land B der Franken.

1. Die statistischen Ämter der beiden Länder haben die zwischen den beiden Ländern im Außenhandel ausgetauschten Güter und Dienstleistungen in einem Warenkorb zusammengefasst und stellen ständig den Preis dieses Warenkorbs im Inland fest. Gegenwärtig kostet der Warenkorb im Land A 400 Mark und im Land B 8 000 Franken.

● Stellen Sie die Kaufkraftparität der beiden Währungen fest!

2. Durch die Zentralbanken der beiden Länder wurde ein Wechselkurs von 1 Mark für 10 Franken vereinbart.

● Was kostet zu den vereinbarten „gebundenen Wechselkursen" der Warenkorb
  a) in Mark bei Einfuhr aus dem Land B in das Land A,
  b) in Franken bei Einfuhr aus dem Land A in das Land B?

● 3. Wie wirkt sich die Abweichung des gebundenen Wechselkurses von der Kaufkraftparität auf die Außenhandelsströme zwischen den beiden Ländern und damit auf die Zahlungsbilanz der Länder A und B aus?

4. Die Zentralbanken haben vereinbart, dass sie zur Einhaltung der festgelegten Wechselkurse in unbegrenzter Menge Auslandswährung zum festen Wechselkurs gegen Inlandswährung umtauschen.

● Wie wirkt sich diese Vereinbarung auf die Geldmenge des Landes mit unterbewerteter Währung aus?

5. Das Land mit aktiver Zahlungsbilanz will mit Mitteln der Geldpolitik gegensteuern.

● Urteilen Sie über die Wirkungsmöglichkeit dieser Maßnahme!

6. Im Land B besteht eine beständige inflationäre Entwicklung. Sie ist entstanden, weil die Zentralbank des Landes B eine übermäßige Vergrößerung der Geldmenge zugelassen hat. Im Land A ist der Geldwert relativ stabil geblieben.

● Welche Wirkung erwarten Sie von der Entwicklung im Land B auf den Außenhandel mit dem Land A und damit auf den Geldwert im Land A? Begründung!

● 7. Welche Absichten könnten die Zentralbanken der Länder A und B gehabt haben, die Wechselkurse fest zu binden, statt auf dem Devisenmarkt frei schwanken zu lassen?

● 8. Welche währungspolitische Maßnahme wäre in dieser Situation angebracht, wenn sich herausstellt, dass der zwischen den beiden Ländern festgelegte Wechselkurs von 1 Mark zu 10 Franken zu einem dauernden und erheblichen Ungleichgewicht der Zahlungsbilanz führt?

15.8 *Freie (flexible) Wechselkurse*

Wir nehmen an:
Die beiden Länder A und B haben Außenhandelsbeziehungen miteinander, sonst aber mit keinem anderen Land. Im Land A ist die Mark Währungseinheit, im Land B der Dollar. Die Exporteure stellen die Rechnungen in der Währung ihres eigenen Landes aus. Auf dem Devisenmarkt besteht gegenwärtig ein Gleichgewichtskurs von 4 Mark für 1 Dollar.

1. Exporteure des Landes A haben Forderungen aus der Ausfuhr von Waren und Dienstleistungen gegen Importeure des Landes B in Höhe von 80 Millionen Mark.
   Exporteure des Landes B haben Forderungen an Importeure des Landes A in Höhe von 15 Millionen Dollar.
   Der Zahlungsausgleich soll mit Devisen erfolgen.

● Wie groß sind Angebot und Nachfrage auf dem Devisenmarkt in dieser Situation? (Bisheriger Gleichgewichtskurs von 4:1 soll unterstellt werden)

2. Auf dem Devisenmarkt steigt der Kurs der knappen Währung um 100 %.

● Welcher Gleichgewichtskurs besteht dann auf dem Devisenmarkt?

3. Ein Importeur des Landes A importiert Hähnchen aus dem Land B. Der Preis für 1 t beträgt 1 700 Dollar.

● Wie hoch war der Einkaufspreis für 1 t in Mark beim Kurs von 4:1, wie hoch ist er beim neuen Gleichgewichtskurs?

4. Ein Importeur des Landes B importiert Rotations-Druckmaschinen aus dem Land A. Der Preis für 1 Maschine beträgt 1 260 000 Mark.

● Wie hoch war der Einkaufspreis in Dollar beim bisherigen Gleichgewichtspreis, wie hoch ist er beim neuen Gleichgewichtspreis?

5. Wie wirkt sich die Veränderung des Devisenkurses aus
   a) auf den Import des Landes A aus dem Land B,
   b) auf den Import des Landes B aus dem Land A,
   c) auf die Zahlungsbilanz der beiden Länder?

ZUR WIEDERHOLUNG DES GRUNDWISSENS

1. Was versteht man unter Realkosten?
2. Welche Vorteile kann der Außenhandel bringen?
3. Welche Argumente können für eine Politik des Protektionismus vorgebracht werden?
4. Beschreiben Sie eine Situation, in der ein Land im Außenhandel einen absoluten Kostenvorteil hat!
5. Definieren Sie die Terms of Trade und geben Sie eine Formel an, mit deren Hilfe in der Praxis die Terms of Trade berechnet werden!
6. Welche Bedingungen müssen die Terms of Trade erfüllen, damit der Außenhandel allen beteiligten Ländern Vorteile bringt?
7. Beschreiben Sie eine Situation, in der ein Land im Außenhandel einen komparativen Vorteil hat!
8. Definieren Sie die Zahlungsbilanz!
9. Aus welchen Teilen besteht eine Zahlungsbilanz?
10. Stellen Sie das Zahlungsbilanzschema der Deutschen Bundesbank dar!
11. Welche Bedingung muss gegeben sein, damit außenwirtschaftliches Gleichgewicht besteht?
12. Was versteht man unter Devisen?
13. Was bezeichnet man als Wechselkurs?
14. Wie unterscheiden sich absolut feste und relativ feste Wechselkurse?
15. Was versteht man unter einer Aufwertung, was unter einer Abwertung?
16. Erläutern Sie die Auswirkungen gebundener (fester) Wechselkurse auf den Ausgleich der Zahlungsbilanz und den Geldwert!

███████ **EINFÜHRENDES PROBLEM**

Der Welthandel aus der Sicht der rohstoffreichen Entwicklungsländer

Der Welthandel wird marktwirtschaftlich gelenkt und nutzt nur den Industrieländern. Die Industrieländer sind wirtschaftlich stärker und zahlen für die Rohstoffe keinen angemessenen Preis. Nachfrage- oder Ernteschwankungen werden über den Preis ausgeglichen. Für die meisten Entwicklungsländer bilden die Erlöse aus den Rohstoffverkäufen die Haupteinnahmequelle. Diese Einnahmen sind von Weltmarktschwankungen abhängig, die sie nicht beeinflussen können.

Die Industrieländer erhöhen beständig die Produktivität der Arbeit. Davon profitiert nur die Bevölkerung der Industrieländer, an die der Produktivitätsfortschritt als Lohnerhöhung weitergegeben wird. Der Produktivitätsfortschritt führt nicht zur Preissenkung für Industriegüter, von der auch die Entwicklungsländer ihren Nutzen hätten.

Die Entwicklungsländer fordern deshalb ein weltweites Rohstoffprogramm. In einem Vertrag zwischen den Rohstoffproduzenten und den Rohstoffkäufern der Welt muss eine neue Welthandelsordnung festgelegt werden:

- Die Rohstoffproduzenten verpflichten sich, eine bestimmte Mindestmenge zu einem festgelegten Höchstpreis zu liefern.

- Die Importeure verpflichten sich zur Abnahme einer bestimmten Mindestmenge zu einem festgelegten Mindestpreis.

- Um die Rohstoffpreise immer zwischen dem festgelegten Höchstpreis und dem Mindestpreis zu halten, werden Ausgleichslager gebildet. Ein zentraler Fonds, der überwiegend von den rohstoffabhängigen Industrieländern zu finanzieren ist, kauft Rohstoffe, wenn der Preis unter den Mindestpreis sinkt, und verkauft Rohstoffe, wenn der Preis über den Höchstpreis steigt.

- *Beurteilen Sie den Vorschlag und seine Begründung!*

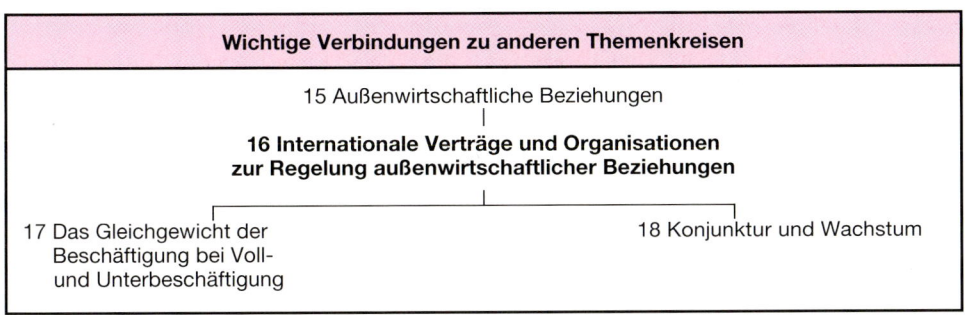

Wichtige Verbindungen zu anderen Themenkreisen

15 Außenwirtschaftliche Beziehungen

**16 Internationale Verträge und Organisationen
zur Regelung außenwirtschaftlicher Beziehungen**

17 Das Gleichgewicht der
Beschäftigung bei Voll-
und Unterbeschäftigung

18 Konjunktur und Wachstum

Abbildung 16.0.1

 **INFORMATION**

16.1 Weltwährungsordnung

16.1.1 Der Internationale Währungsfonds (IWF)

▶ **Ziele des IWF**

Der Internationale Währungsfonds (engl.: International Monetary Fund, IMF) wurde 1944 in Bretton Woods (USA) gegründet. Er ist eine rechtlich selbstständige Organisation der Vereinten Nationen mit Sitz in Washington. Dem Internationalen Währungsfonds gehören, von wenigen Ausnahmen abgesehen, alle Staaten der Welt an.

> Ziele und Aufgaben des Internationalen Währungsfonds:
> 1. Durch internationale Zusammenarbeit Schaffung geordneter Währungsbeziehungen zwischen den Mitgliedsländern,
> 2. Ausweitung des Welthandels,
> 3. Stabilität der Währungen,
> 4. Bereitstellung von befristeten Devisenkrediten zur Behebung von Zahlungsbilanzschwierigkeiten.

Zur Gewährleistung geordneter Währungsverhältnisse bestimmte der Vertrag von Bretton Woods von 1944, dass jedes Mitgliedsland die Parität seiner Währung zum Gold oder zum US-Dollar festzulegen hatte. Vor allem das anhaltend hohe Defizit der amerikanischen Zahlungsbilanz erzwang eine Änderung dieses Systems. Es waren riesige liquide Dollarbestände entstanden, die bei Vertrauensstörungen jederzeit in andere Währungen verlagert werden konnten. Das führte in jenen Ländern zu Inflationsschüben, die durch Ankauf des Dollars zu festem Kurs zur Geldschöpfung gezwungen wurden. Dies musste zum Zusammenbruch des Systems führen. Außerdem wurden die grundsätzlichen Mängel fester Wechselkurse immer deutlicher erkennbar.

Mit der 2. Änderung des Übereinkommens (1978) nahm der IWF Abschied von dem System fester Wechselkurse. Das Währungssystem kann jetzt frei gewählt werden. Untersagt sind den Mitgliedsländern jedoch Manipulationen der Wechselkurse, die eine Anpassung der Zahlungsbilanz verhindern sollen oder auf Erlangung unfairer Wettbewerbsbedingungen abzielen.

© Verlag Gehlen

▶ Organe des IWF

Oberstes Organ des IWF ist der **Gouverneursrat.** Jedes Mitgliedsland entsendet einen Gouverneur und einen Stellvertreter. In der Regel ist dies der für die Währungspolitik verantwortliche Minister oder der Zentralbankpräsident. Deutschland wird durch den Präsidenten der Deutschen Bundesbank vertreten. Der Gouverneursrat tagt jährlich mindestens einmal.

Die laufenden Geschäfte führt das **Exekutivdirektorium.** Der Gouverneursrat hat sich jedoch die Aufnahme neuer Mitglieder und die Änderung der Mitgliedsquoten vorbehalten. Die Mitgliedsländer mit den fünf höchsten Quoten (USA, Deutschland, Japan, Frankreich und Großbritannien) können je einen Direktor ernennen. – Die Gouverneure der anderen Länder werden von den restlichen Direktoren gewählt.

Das Exekutivdirektorium wählt seinen **Geschäftsführenden Direktor** auf fünf Jahre. Er ist zugleich Vorsitzender des Exekutivdirektoriums.

▶ Finanzierung des Fonds

Die Mittelbeschaffung erfolgt dadurch, dass jedem Mitgliedsland eine Quote zugewiesen wird. Die Höhe der Quote wird nach der Wirtschaftskraft des Landes und dem Grade seiner außenwirtschaftlichen Verflechtungen festgelegt. Kriterien sind z. B. das Bruttoinlandsprodukt und die Höhe der Währungsreserven eines Landes.

In Höhe der Quote hat jedes Mitgliedsland eine Einzahlungsverpflichtung. In der Regel sind 75 % der Einzahlungen in der Währung des eigenen Landes und 25 % in der Währung anderer, vom IWF festgelegten Länder oder in Sondererziehungsrechten (s. dazu unten) zu leisten. Einzahlungen, die in fremder Währung erfolgt sind, werden als „Reservetranche" bezeichnet.

Nach der Quote bestimmen sich das Stimmrecht jedes Mitgliedslandes, der Umfang, in dem Devisenkredite in Anspruch genommen werden können und die Verpflichtung der Kreditgewährung an andere Mitgliedsländer.

▶ Ziehungsrecht

Jedes Land hat in Höhe seiner Quote einen **Kreditanspruch (Ziehungsrecht)** gegenüber dem IWF. Das Ziehungsrecht bedeutet, dass es dem Land auf Antrag gestattet ist, die Währung eines anderen Mitgliedslandes gegen die Währung des eigenen Landes zu kaufen. Wirtschaftlich gesehen erhält die Zentralbank, die Devisen gegen eigene Währung kauft, einen Kredit. Sie erhält internationale Liquidität gegen Geld, das sie selber schaffen kann.

> Die Inanspruchnahme eines Kredits beim Internationalen Währungsfonds wird als Ziehung bezeichnet.

Macht eine Zentralbank von ihrem Ziehungsrecht im Rahmen der „Reservetranche" Gebrauch, handelt es sich wirtschaftlich gesehen nicht um einen Kredit. Sie greift nur auf Währungsreserven zurück, die sie beim IWF hinterlegt hat.

Ziehungsrechte nehmen Länder in Anspruch, die ein außenwirtschaftliches Defizit haben und deren Währungsreserven erschöpft sind. Diese Ziehungsrechte sind zeitlich und mengenmäßig begrenzt. Jedes Land kann nur so viel ausländische Währung erhalten, wie es mit seinem Fondsanteil kaufen kann. Außerdem wird die Kreditvergabe meist mit Auflagen für die nationale Währungs- und Wirtschaftspolitik verbunden.

▶ *Sonderziehungsrechte*

Um der Gefahr eines weltweit („global") auftretenden Mangels an internationaler Liquidität entgegenzuwirken, wurde vom IWF zusätzlich zu den Ziehungsrechten im Rahmen der Quote das Instrument des **Sonderziehungsrechts** geschaffen. Jedem Mitgliedsland wurde ein Sonderziehungsrecht zugeteilt, das es auf der Aktivseite seiner Zentralbankbilanz als Währungsreserve einstellen kann. Da die Zuteilung ohne jede Gegenleistung erfolgt, muss auf der Zentralbankbilanz ein Ausgleichsposten eingesetzt werden.

Zuteilung von Sonderziehungsrechten (20)

Bilanz der Zentralbank (Mrd. GE)

Gold und Devisen	45	Banknotenumlauf	200
Sonderziehungsrechte	20	Einlagen von Kreditinstituten	50
Sonstige Aktiva	275	Ausgleichsposten für zugeteilte SZR	20
		Sonstige Passiva	70
	340		340

> Sonderziehungsrechte geben das Recht, von anderen Mitgliedsländern des IWF Devisen gegen Sonderziehungsrechte zu verlangen.

Im Unterschied zu den ordentlichen Ziehungsrechten muss bei der Inanspruchnahme von Sonderziehungen **keine eigene Währung an den Fonds** abgegeben werden. Mit den Sonderziehungsrechten hat der IWF internationales Buchgeld geschaffen. Zur Inanspruchnahme von Sonderziehungsrechten wendet sich das Land an den IWF. Dieser bestimmt ein reservestarkes Land, das zum Umtausch von Sonderziehungsrechten angewiesen wird. Bei der Benutzung von Sonderziehungsrechten wird die Position Sonderzierungsrechte kleiner und der Devisenbestand größer.

Inanspruchnahme von Sonderziehungsrechten (10)

Bilanz der Zentralbank (Mrd. GE)

Gold und Devisen	55	Banknotenumlauf	200
Sonderziehungsrechte	10	Einlagen von Kreditinstituten	50
Sonstige Aktiva	275	Ausgleichsposten für zugeteilte SZR	20
		Sonstige Passiva	70
	340		340

16.1.2 *Die Europäische Wirtschafts- und Währungsunion*

▶ *Historischer Rückblick*

1979 wurde aufgrund einer Entschließung des Rats der Europäischen Gemeinschaft das Europäische Währungssystem (EWS) geschaffen. Die Mitgliedsländer des EWS trafen Vereinbarungen über die Fixierung der Wechselkurse der beteiligten Länder. Dies sollte zu einer stabilen Währungszone in Europa führen. Im Raum der Europäischen Wirtschaftsgemeinschaft sollten vom Handel die Unruhen ferngehalten werden, die über Wechselkursschwankungen vom Weltmarkt kamen. Die Gründung des EWS hatte neben wirtschaftlichen auch politische Ziele. Auch die politische Zusammenarbeit in Europa sollte vorangetrieben werden.

> Das Europäische Währungssystem wurde als ein System relativ fester Wechselkurse konzipiert, bei dem die Wechselkurse der Mitgliedsländer um einen festgesetzten Prozentsatz nach oben und unten vom festgelegten Leitkurs abweichen durften.

Mit dem Europäischen Währungssystem wurde die Europäische Währungseinheit ECU geschaffen. ECU ist die Abkürzung für European Currency Unit, d.h. Europäische Währungseinheit. Der Wert des ECU ergab sich aus einem so genannten „Währungskorb", in dem die einzelnen Länder mit bestimmten Währungsbeträgen vertreten waren. Am 1. Januar 1999 wurde der ECU im Verhältnis 1:1 durch den Euro abgelöst.

▶ *Die Entstehung der Europäischen Wirtschafts- und Währungsunion*

Die Europäische Wirtschafts- und Währungsunion ist auf der Grundlage des EU-Vertrags (siehe 16.2.2) in drei Stufen entstanden.

Stufen zur Entstehung der Europäischen Wirtschafts- und Währungsunion

Stufe 3 (seit 1. 1. 1999):
Beginn der Europäischen Währungsunion und Einführung des Euro. Für die Geld- und Währungspolitik ist die Europäische Zentralbank (EZB) verantwortlich. 2002 Austausch des nationalen Bargeldes gegen Euro-Banknoten und Münzen.

Stufe 2 (seit 1. 1. 1994):
Errichtung des Europäischen Währungsinstituts als Vorläufer der Europäischen Zentralbank mit Sitz in Frankfurt.

Stufe 1 (seit 1. 7. 1990):
Liberalisierung des Kapitalverkehrs zwischen den Mitgliedsländern; engere Koordinierung der Wirtschafts-, Finanz-, Wechselkurs- und Geldpolitik.

Abbildung 16.1

▶ *Der Euro*

Mit Erreichen der 3. Stufe der Europäischen Währungsunion wurde am 1. Januar 1999 der Euro als gemeinsame Währung für die 11 Mitgliedsländer Belgien, Deutschland, Finnland, Frankreich, Irland, Italien, Luxemburg, Niederlande, Österreich, Portugal und Spanien eingeführt. Der Wert der 11 nationalen Währungen wurde zum 1. Januar 1999 unwiderruflich festgelegt.

Unwiderrufliche Euro-Umrechnungskurse (1 EUR =)					
Belgien	BEF	40,3399	Luxemburg	LUF	40,3399
Deutschland	DEM	1,95583	Niederlande	NLG	2,20371
Spanien	ESP	166,386	Österreich	AIS	13,7603
Frankreich	FRF	6,55957	Portugal	PTE	200,482
Irland	IEP	0,787564	Finnland	FIM	5,94573
			Italien	ITL	1936,27
Quelle: Europäische Zentralbank, Monatsbericht Januar 1999, Frankfurt 1999, S. 16					

Tabelle 16.1.1

Der Euro kann bis zum Jahr 2002 nur im bargeldlosen Zahlungsverkehr benutzt werden. Die auf nationale Währungen lautenden Scheine und Münzen bleiben bis zu diesem Termin in Umlauf. Ab 2002 werden Euro-Scheine und -Münzen ausgegeben. Die Einführung des Euro hat nicht nur eine **ökonomische,** sondern auch eine **politische Bedeutung.** Er ist vor allem eine Antwort auf die Heraus-

forderung der Globalisierung. Als ökonomische Wirkung werden u. a. für die Unternehmen eine größere Planungssicherheit wegen der wegfallenden Wechselkursschwankungen und eine größere Transparenz für Preisvergleiche erwartet, wovon der Verbraucher infolge eines stärkeren Wettbewerbs profitiert. Der Wegfall von elf nationalen Währungen wird auch den Reservebedarf an Devisen bei den nationalen Zentralbanken verringern.

Währungsgebiet und **Einwohner**	
Euro-Raum	370 Mio.
USA	269 Mio.
Japan	126 Mio.

Anteil am Welthandel	
Euro-Raum	21,0 %
USA	19,6 %
Japan	10,5 %

Bisher auftretende Kosten für den Devisenumtausch (ca. 20 Mrd. EUR) sowie die Wechselkursabsicherung entfallen zukünftig. Als politisches Ziel soll er das Zusammenwachsen Europas voranbringen und als eine der wichtigsten Handels- und Reservewährungen das Weltwährungsgefüge stabilisieren und Europa als internationalen Wirtschaftspartner stärken.

▶ *Der neue Europäische Wechselkursmechanismus (WKM II)*

Bis zum Beginn der dritten Stufe der Europäischen Wirtschafts- und Währungsunion (EWWU) waren die Währungen der elf Mitgliedsstaaten durch den Wechselkursmechanismus des Europäischen Währungssystems (EWS) miteinander verbunden. Er diente dem Zweck, die Wechselkursschwankungen zu stabilisieren und die politische Zusammenarbeit in Europa voranzutreiben. Am 1. Januar 1999 sind die nationalen Währungen dieser elf Länder im Euro aufgegangen. Damit wurde der Wechselkursmechanismus des Europäischen Währungssystem überflüssig und deshalb außer Kraft gesetzt. Zu diesem Zeitpunkt löste der Euro den ECU im Verhältnis 1 : 1 ab.

Die vier Mitgliedsstaaten Dänemark, England, Griechenland und Schweden führen den Euro zunächst nicht ein und beteiligen sich noch nicht an der gemeinsamen Währungspolitik. Griechenland durfte nicht teilnehmen, weil es die Konvergenzkriterien nicht erfüllte. Um diesen Ländern die Möglichkeit zu geben, ihre Währungen an den Euro anzubinden und sich auf die volle Integration vorzubereiten sowie zur Stärkung des gemeinsamen Binnenmarktes wurde der neue **Europäische Wechselkursmechanismus (WKM II)** geschaffen. Die Mitgliedschaft im WKM II ist grundsätzlich freiwillig. Nur für Länder, die beabsichtigen, den Euro in absehbarer Zeit einzuführen, ist die Teilnahme verpflichtend.

Ankerwährung im WKM II ist der Euro. Zwischen den einzelnen Währungen und dem Euro werden Leitkurse festgesetzt, um die die tatsächlichen Kurse +/– 15 % schwanken können. Beim Erreichen der Interventionspunkte sind Interventionen vorgesehen, die allerdings von der EZB geändert werden können, wenn das Ziel der Preisniveaustabilisierung gefährdet ist.

Leitkurs für die griechische Drachme (GRD)

1 Euro = 353,109 GRD

Oberer Interventionspunkt:
1 Euro = 406,075 GRD

Unterer Interventionspunkt:
1 Euro = 300,143 GRD

Leitkurs für die dänische Krone (DKK)

1 Euro = 7,46038 DKK

Oberer Interventionspunkt:
1 Euro = 7,62824 DKK

Unterer Interventionspunkt:
1 Euro = 7,2925 DKK

Für Länder, die bald in die EWWU eintreten wollen, gilt eine engere Bandbreite von +/– 2,25 %. Bei Erreichen des oberen bzw. des unteren Interventionspunktes werden die Interventionen von den betroffenen Zentralbanken automatisch durchgeführt.

Dänemark und Griechenland nehmen seit 1. Januar 1999 am WKM II teil. Für Dänemark gilt eine Schwankungsbreite von **+/– 2,25 %**, für Griechenland von **+/– 15 %**.

Interventionen auf dem Devisenmarkt im neuen Europäischen Wechselkursmechanismus

GRD für 1 Euro

Intervention: Kauf von GRD gegen Euro

420
410 — Höchstkurs 406,975 (oberer Interventionspunkt)
400
390
380
370 — Bandbreite 15%
360
350 — Leitkurs 353,109 — Schwankungsbreite 30%
340
330 — Bandbreite 15%
320
310
300 — Niedrigstkurs 300,143 (Unterer Interventionspunkt)
290
280
270 — Intervention: Verkauf von GRD gegen Euro

Zeit

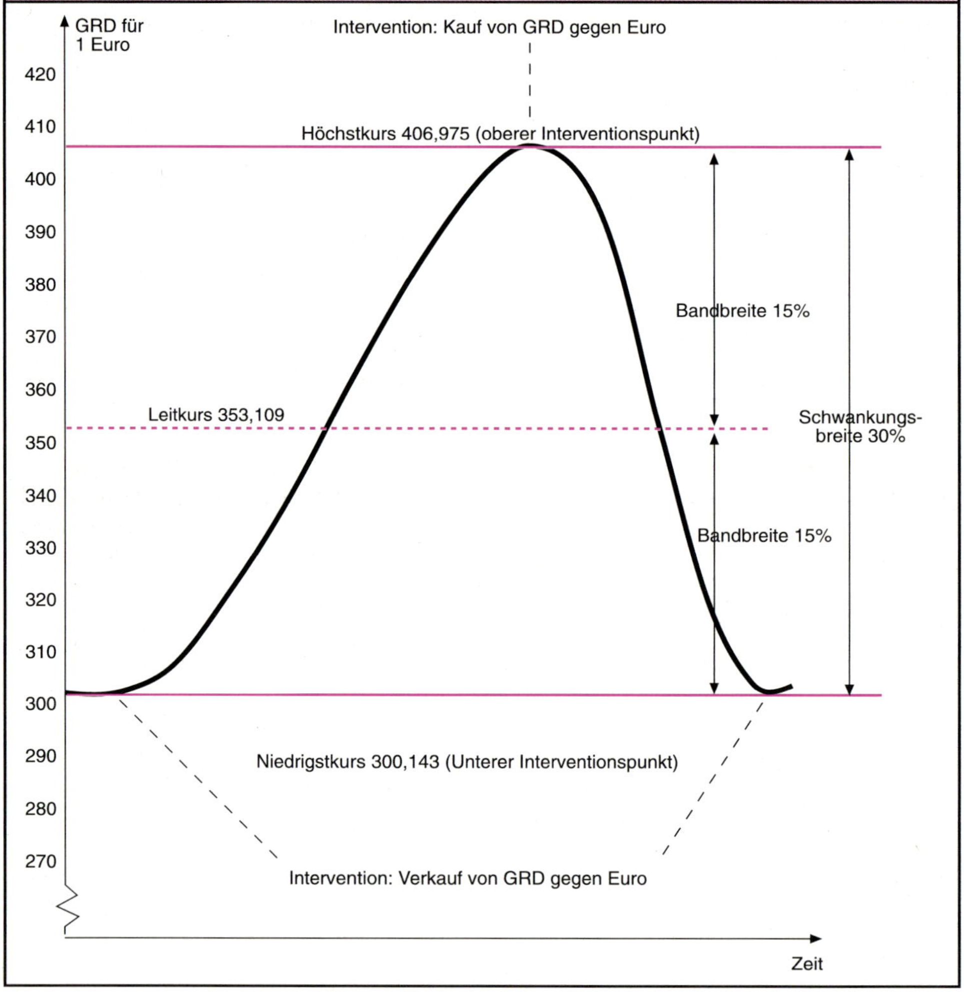

Abbildung 16.1.1

Der neue Europäische Wechselkursmechanismus hat auch Bedeutung für die zu erwartende Erweiterung der Europäischen Union um mittel- und osteuropäische Staaten. Nach Beitritt zur EU werden diese Länder die Möglichkeit haben, ihre Währungen am Euro auszurichten. Damit wird ihnen Gelegenheit gegeben zu zeigen, wie rasch sie ihre Wirtschafts- und Währungspolitik an die Verhältnisse im Euro-Währungsraum anpassen können, um so die Voraussetzungen für die spätere Übernahme des Euro zu erfüllen.

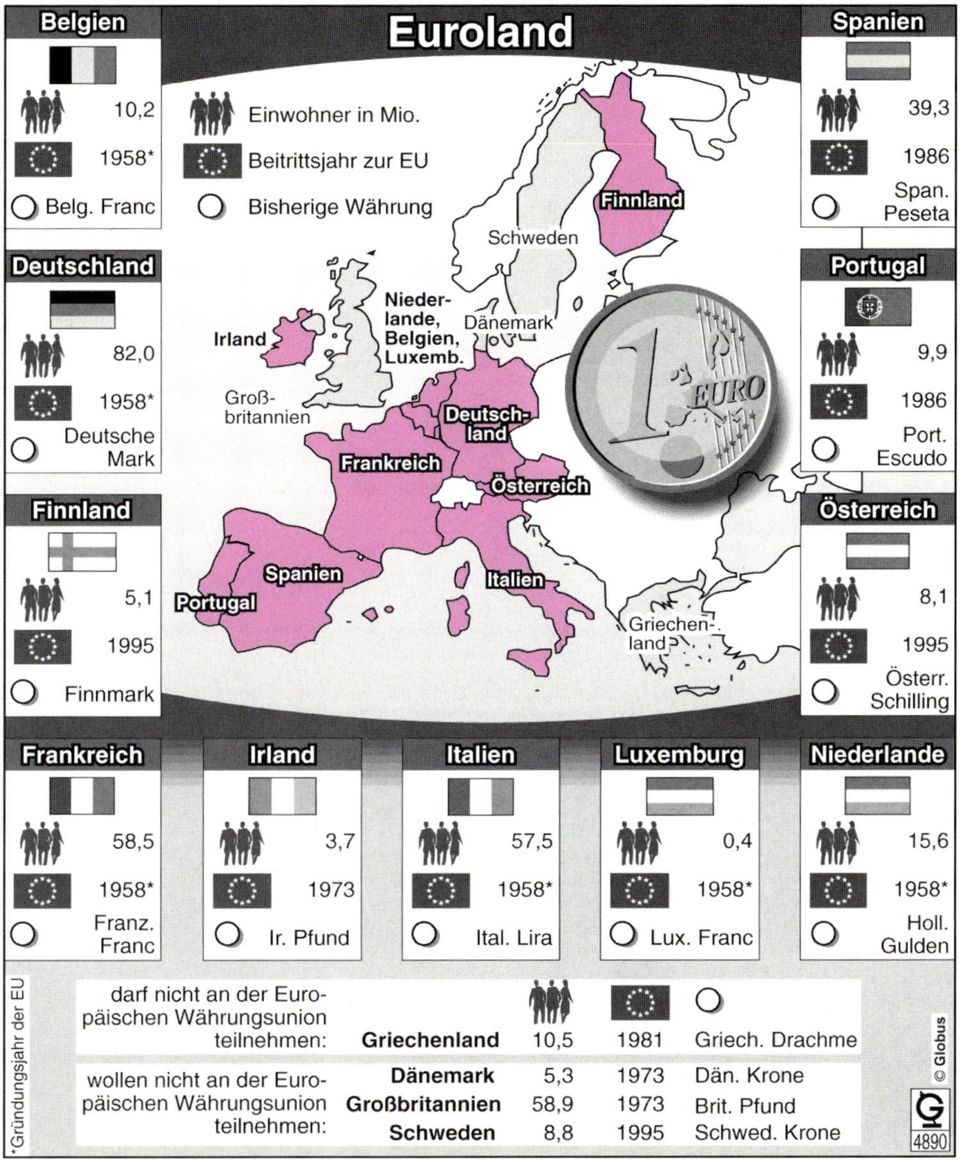

Euroland

Belgien		
👪	10,2	Einwohner in Mio.
⬤ EU	1958*	Beitrittsjahr zur EU
○	Belg. Franc	Bisherige Währung

Deutschland	
👪	82,0
⬤	1958*
○	Deutsche Mark

Finnland	
👪	5,1
⬤	1995
○	Finnmark

Spanien	
👪	39,3
⬤	1986
○	Span. Peseta

Portugal	
👪	9,9
⬤	1986
○	Port. Escudo

Österreich	
👪	8,1
⬤	1995
○	Österr. Schilling

(Karte Euroland mit: Finnland, Schweden, Irland, Großbritannien, Niederlande, Belgien, Luxemb., Dänemark, Deutschland, Frankreich, Österreich, Spanien, Portugal, Italien, Griechenland — sowie 1-EURO-Münze)

Frankreich		Irland		Italien		Luxemburg		Niederlande	
👪	58,5	👪	3,7	👪	57,5	👪	0,4	👪	15,6
⬤	1958*	⬤	1973	⬤	1958*	⬤	1958*	⬤	1958*
○	Franz. Franc	○	Ir. Pfund	○	Ital. Lira	○	Lux. Franc	○	Holl. Gulden

		👪	⬤	○
darf nicht an der Euro-päischen Währungsunion teilnehmen:	Griechenland	10,5	1981	Griech. Drachme
wollen nicht an der Euro-päischen Währungsunion teilnehmen:	Dänemark	5,3	1973	Dän. Krone
	Großbritannien	58,9	1973	Brit. Pfund
	Schweden	8,8	1995	Schwed. Krone

*Gründungsjahr der EU

© Globus
4890

Abbildung 16.1.2

16.2 Welthandelsordnung

16.2.1 Welthandelsorganisation (WTO)

▶ Der GATT-Vertrag als Vorläufer der WTO

Vorläufer der **WTO (engl.: World Trade Organization)** ist das General Agreement on Tariffs and Trade (GATT) von 1947. Das Abkommen hatte zum Ziel, durch eine Liberalisierung und Ausweitung des Außenhandels in allen Mitgliedsländern eine Steigerung des Lebensstandards, der Be-

schäftigung und des Realeinkommens zu erreichen. Die Absicht der Mitgliedsländer, eine Welthandelsorganisation zu schaffen, wurde erst 1994 erreicht. Die neue WTO trat am 1. Januar 1995 in Kraft. Im Endausbau dürfte die WTO etwa 190 Mitglieder haben. Die WTO hat ihren Sitz in Genf.

▶ Prinzipien der WTO

Um Fortschritte auf dem Weg zu einem internationalen Freihandel zu machen, werden Prinzipien vorgegeben, an denen die Länder ihr wirtschaftspolitisches Handeln orientieren sollen:

Prinzipien der WTO
- Prinzip der Liberalisierung
- Prinzip der Gegenseitigkeit
- Prinzip der Nichtdiskriminierung

Das **Prinzip der Liberalisierung** fordert zum Verzicht auf das Heraufsetzen bestehender und der Einführung neuer Zölle auf. Vereinbart wurde, dass die Industriestaaten ihre Zölle um $\frac{1}{3}$ senken. Die meisten Entwicklungsländer frieren ihre Zölle bei höchstens 35–40 % ein.

Das **Prinzip der Gegenseitigkeit** fordert, dass die handelspolitischen Leistungen, die sich die Vertragspartner gewähren, gleichwertig sein müssen.

Das **Prinzip der Nichtdiskriminierung** bedeutet, dass ein Land sich verpflichtet, dem Außenhandelspartner alle Einfuhrerleichterungen zu geben, die es auch Drittländern einräumt. Das Partnerland muss also dem meistbegünstigten Land gleichgestellt werden.

▶ Organisation des WTO

Das bisherige **GATT** ist eine der drei Teilorganisationen des WTO und zuständig für den Warenhandel. **GATS** (General Agreement on Trade in Services) ist zuständig für den Handel mit Dienst-

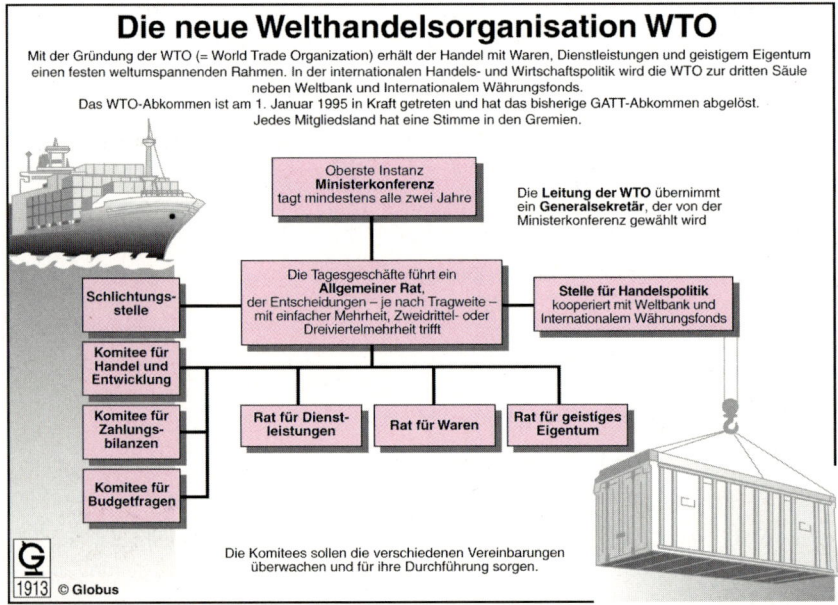

Die neue Welthandelsorganisation WTO

Mit der Gründung der WTO (= World Trade Organization) erhält der Handel mit Waren, Dienstleistungen und geistigem Eigentum einen festen weltumspannenden Rahmen. In der internationalen Handels- und Wirtschaftspolitik wird die WTO zur dritten Säule neben Weltbank und Internationalem Währungsfonds.
Das WTO-Abkommen ist am 1. Januar 1995 in Kraft getreten und hat das bisherige GATT-Abkommen abgelöst.
Jedes Mitgliedsland hat eine Stimme in den Gremien.

Oberste Instanz
Ministerkonferenz
tagt mindestens alle zwei Jahre

Die **Leitung der WTO** übernimmt ein **Generalsekretär**, der von der Ministerkonferenz gewählt wird

Die Tagesgeschäfte führt ein
Allgemeiner Rat,
der Entscheidungen – je nach Tragweite – mit einfacher Mehrheit, Zweidrittel- oder Dreiviertelmehrheit trifft

Schlichtungsstelle

Stelle für Handelspolitik
kooperiert mit Weltbank und Internationalem Währungsfonds

Komitee für Handel und Entwicklung

Komitee für Zahlungsbilanzen

Komitee für Budgetfragen

Rat für Dienstleistungen

Rat für Waren

Rat für geistiges Eigentum

Die Komitees sollen die verschiedenen Vereinbarungen überwachen und für ihre Durchführung sorgen.

1913 © **Globus**

leistungen (z. B. Banken, Versicherungen), **TRIPS** (Agreement on Trade-Related Aspects of Intellectuell Property Rights) für den Schutz geistigen Eigentums. Dazu gehören z. B. das allgemeine Urheberrecht, Computerprogramme, Handelsmarken und Patente.

Oberstes Organ ist die **Ministerkonferenz,** die mindestens alle zwei Jahre tagt. Der **Allgemeine Rat** tagt monatlich zur Behandlung dringender und laufender Angelegenheiten. Außerdem gibt es Ausschüsse und Arbeitsgruppen, z. B. ein besonderer „Rat für Handelsverhandlungen".

16.2.2 Die Europäische Union

▶ Entstehung der Europäischen Union

Die wirtschaftliche Integration Westeuropas hat im Jahre 1951 mit der Gründung der Europäischen Gemeinschaft für Kohle und Stahl (EGKS) begonnen. Zwischen den damals sechs Mitgliedsländern Belgien, Bundesrepublik Deutschland, Frankreich, Italien, Luxemburg und den Niederlanden wurden die Handelsschranken für Kohle, Stahl, Eisenerz und Schrott abgebaut.

Dieselben Mitgliedsländer gründeten 1957 in Rom die Europäische Wirtschaftsgemeinschaft (EWG) und die Europäische Atomgemeinschaft (EAG). Seit der Zusammenlegung der wichtigsten Organe der Gemeinschaften werden sie als „**Europäische Gemeinschaft**" zusammengefasst.

Die erste Säule der Europäischen Union

Europäische Gemeinschaft		
EGKS	EWG	EAG

Im Vertrag zur Gründung der Europäischen Wirtschaftsgemeinschaft wurden vier Grundfreiheiten festgelegt:

- Freiheit des Warenverkehrs
- Freizügigkeit der Arbeitskräfte
- Niederlassungs- und Dienstleistungsfreiheit
- Liberalisierung des Kapitalverkehrs.

Stufen der wirtschaftlichen Integration				
	Freihandelszone	**Zollunion**	**Gemeinsamer Markt**	**Wirtschafts-union**
Harmonisierung der Wirtschaftspolitik				
Mobilität der Produktionsfaktoren				
Gemeinsame Außenzölle				
Abbau der Binnenzölle				

Abbildung 16.2.1

Der EWG sind 1973 Dänemark, Großbritannien und Irland, 1981 Griechenland und 1986 Spanien und Portugal beigetreten. 1987 einigten sich die damals 12 Mitgliedsländer und unterzeichneten die **„Einheitliche Europäische Akte".** Darin wurde festgelegt, dass bis Ende 1992 alle noch bestehenden Handelsbeschränkungen zu beseitigen sind und der Europäische Binnenmarkt bis 1993 beginnen soll. 1995 traten noch Finnland, Österreich und Schweden bei.

Um die EG zu einer Wirtschaftsunion zu entwickeln, bedarf es noch zahlreicher Maßnahmen; z. B. müssten die unterschiedlichen Steuern angeglichen (harmonisiert), Diplome und Berufsabschlüsse gegenseitig anerkannt, das Gesellschaftsrecht weiter angeglichen werden und die Beteiligung von Unternehmen an öffentlichen Ausschreibungen über nationale Grenzen hinweg möglich sein. Der Grad der Umsetzung der Grundforderungen ist in den einzelnen Mitgliedsländern noch sehr unterschiedlich.

Einen entscheidenden Fortschritt brachte der 1993 in Kraft getretene **Vertrag von Maastricht** über die **Europäische Union.** Der Vertrag bildet nicht nur die Grundlage für die Vollendung einer Europäischen Wirtschafts- und Währungsunion. Ganz bewusst wurde das Wortteil „Wirtschafts-" aus der Bezeichnung des Vertrags gestrichen. Mit dem Vertrag von Maastricht soll ein Schritt voran auf dem Weg zu einer **politischen Union** gemacht werden. Diesem Vertrag traten 1995 noch Finnland, Österreich und Schweden bei.

Im Vertrag von Maastricht ist vereinbart, die bisherige außenpolitische Abstimmung der Mitgliedsstaaten zu einer gemeinsamen Außen- und Sicherheitspolitik fortzuentwickeln. Im Rat **(GASP)** findet in **außen- und sicherheitspolitischen Fragen** eine gegenseitige Unterrichtung und Abstimmung mit dem Ziel statt, einen gemeinsamen Standpunkt festzulegen.

Außerdem wurde eine Zusammenarbeit in der **Innen- und Rechtspolitik** vereinbart. Die Regierungen sind u. a. zur Zusammenarbeit in Fragen der Asylpolitik, der Bekämpfung von Drogenabhängigkeit und Drogenhandel, der organisierten Kriminalität und des Terrorismus verpflichtet. Die Europäische Union beruht demnach auf drei Pfeilern: der Europäischen Gemeinschaft (EG), der Gemeinsamen Außen- und Sicherheitspolitik (GASP) und der Zusammenarbeit in der Innen- und Rechtspolitik.

Die Europäische Union		
Europäische Gemeinschaft (EG)	**Gemeinsame Außen- und Sicherheitspolitik (GASP)**	**Zusammenarbeit in der Innen- und Rechtspolitik**
Mehrheitsbeschlüsse auf den Gebieten – Binnenmarkt – Währungsunion – Außenhandel – Landwirtschaftspolitik usw.	Einstimmige Beschlüsse über gemeinsame Aktionen	Einstimmige Beschlüsse z. B. über Einwanderungs- und Drogenpolitik
(Teil-)Souveränität übertragen (Mehrheitsbeschlüsse)	Nur Kooperation, keine Übertragung von Souveränität	Nur Kooperation, keine Übertragung von Souveränität

Abbildung 16.2.2

► **Organe der EU**

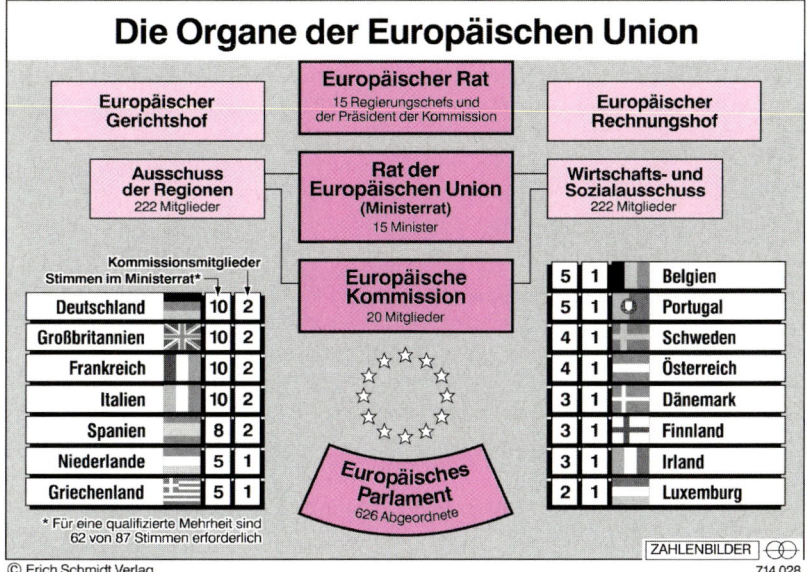

Die Organe der Europäischen Union

| Europäischer Gerichtshof | Europäischer Rat
15 Regierungschefs und
der Präsident der Kommission | Europäischer Rechnungshof |

| Ausschuss der Regionen
222 Mitglieder | Rat der Europäischen Union
(Ministerrat)
15 Minister | Wirtschafts- und Sozialausschuss
222 Mitglieder |

Europäische Kommission
20 Mitglieder

Kommissionsmitglieder
Stimmen im Ministerrat*

Deutschland		10	2
Großbritannien	⊞	10	2
Frankreich		10	2
Italien		10	2
Spanien		8	2
Niederlande		5	1
Griechenland		5	1

* Für eine qualifizierte Mehrheit sind
62 von 87 Stimmen erforderlich

Europäisches Parlament
626 Abgeordnete

5	1		Belgien
5	1	◉	Portugal
4	1		Schweden
4	1		Österreich
3	1		Dänemark
3	1	✚	Finnland
3	1		Irland
2	1		Luxemburg

ZAHLENBILDER

© Erich Schmidt Verlag   714 028

Abbildung 16.2.3

► ***Probleme des Europäischen Agrarmarkts***

Die Mitgliedsländer der EWG hatten vor Vertragsabschluss ihre Landwirtschaften in großem Umfang mit Subventionen, Preisgarantien, Einfuhrbeschränkungen, Ausfuhrzuschüssen und Ausgleichszahlungen gestützt. Der Abbau der Zölle und mengenmäßigen Beschränkungen hätte deshalb gar nicht ausgereicht, um einen gemeinsamen Agrarmarkt herzustellen. Aus politischen Gründen können die Stützungsmaßnahmen für die Landwirtschaft nur allmählich abgebaut werden. Die Landwirtschaft erhielt deshalb im Vertrag eine Sonderstellung.

> Ziele der europäischen Agrarpolitik:
> 1. Die Produktivität der Landwirtschaft zu erhöhen.
> 2. Durch Erhöhung des Pro-Kopf-Einkommens den in der Landwirtschaft Tätigen eine angemessene Lebenshaltung zu gewährleisten.
> 3. Die Märkte zu stabilisieren.
> 4. Die Nahrungsversorgung der Bevölkerung sicherzustellen.
> 5. Für die Belieferung der Verbraucher zu angemessenen Preisen Sorge zu tragen.

Gegenwärtig wird die Landwirtschaft in der Gemeinschaft durch Sonderregelungen noch erheblich vor den Weltagrarmärkten geschützt. Die wichtigsten Lenkungsinstrumente sind staatliche Eingriffe in die Preisbildung, direkte Subventionen und Abschöpfungen bei der Einfuhr bzw. Erstattungen bei der Ausfuhr landwirtschaftlicher Produkte.

Maßnahmen der Agrarpolitik. Um die Landwirtschaft vor einem durch **Überproduktion innerhalb der Gemeinschaft** hervorgerufenen Preisverfall und der damit verbundenen Einkommensminderung zu schützen, werden für wichtige Agrarprodukte (Getreide, Butter, Milchpulver, Rind- und Schweinefleisch) Mindestpreise festgelegt. Sinkt der Marktpreis im Raum der Gemeinschaft unter diesen Mindestpreis, dann wird die Ware von einer **staatlichen Vorratsstelle** aufgekauft und eingelagert.

Diese Mindestpreise werden als **Interventionspreise** bezeichnet. Um die überfüllten Lager zu räumen, werden die eingelagerten Überschüsse oft noch unter dem Weltmarktpreis in Länder außerhalb der Gemeinschaft verkauft oder gar vernichtet!

> Interventionspreise sind garantierte Mindestpreise, zu denen die staatlichen Interventionsstellen die ihnen angebotenen Erzeugnisse ankaufen müssen.

Zur Absicherung nach außen werden **Schwellenpreise** festgelegt, die über den Weltmarktpreisen liegen. Sollen in den Raum der EG landwirtschaftliche Produkte eingeführt werden, deren Weltmarktpreis über dem Schwellenpreis liegt, dann wird der Differenzbetrag zwischen dem Schwellenpreis und dem Weltmarktpreis von den Zollbehörden des Einfuhrlandes abgeschöpft. Werden landwirtschaftliche Produkte ausgeführt, deren auf dem Weltmarkt erzielbarer Preis unter dem festgelegten Schwellenpreis liegt, dann wird dem Exporteur die Differenz erstattet.

> Abschöpfungen sind Einfuhrabgaben, mit denen importierte Produkte in Höhe der Differenz zwischen dem niedrigeren Einfuhrpreis und dem festgelegten höheren Schwellenpreis belastet werden.

1992 wurde eine Reform der gemeinsamen Agrarpolitik verabschiedet, mit der eine grundlegende Neuorientierung der EG-Agrarpolitik erfolgen sollte. Die staatlich festgelegten Mindestpreise wurden erheblich gesenkt. Zum Ausgleich erhielten die Landwirte flächengebundene Ausgleichszahlungen. Zur Verminderung der Produktionsüberschüsse sollten Flächenstilllegungen erfolgen, für die die Landwirte entschädigt wurden.

Unter dem Sammelbegriff **Agenda 2000** hat die EU-Kommission 1998 einen Vorschlag zur Reform der EU-Agrarpolitik gemacht, der im Zeitraum der Jahre 2000–2006 verwirklicht werden soll. Die Maßnahmen zur Preisstützung landwirtschaftlicher Produkte sollen je nach Produkt zwischen 15 und 30 % abgebaut werden. Der Einkommensverlust der Landwirte soll durch direkte Prämienzahlungen ersetzt werden. Von der Landwirtschaft wird dieser Plan überwiegend scharf abgelehnt, weil erhebliche Einkommensverluste erwartet werden.

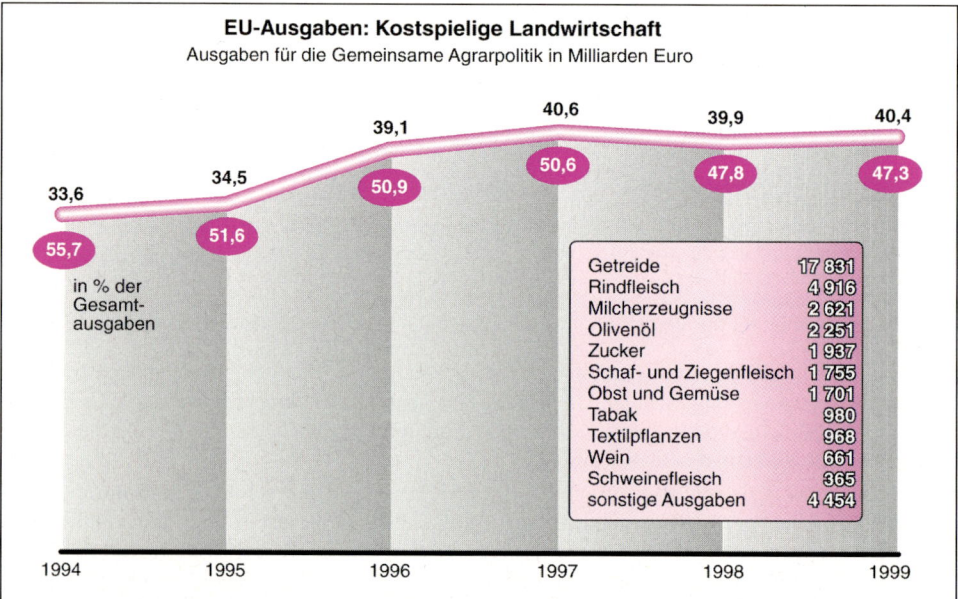

Abbildung 16.2.4

AUFGABEN UND PROBLEME

16.1 *Wechselkurssystem und Außenhandel*

- Wie unterscheidet sich die Situation eines Exporteurs in der Bundesrepublik Deutschland, der überwiegend in die Vereinigten Staaten exportiert, von der Situation eines Exporteurs, der seine Außenhandelsgeschäfte überwiegend mit Ländern betreibt, die dem neuen Europäischen Wechselkursmechanismus angehören?

16.2 *Das Interventionssystem im neuen Europäischen Wechselkursmechanismus (WKM II)*

Nehmen Sie an, in Dänemark, einem Mitglied des WKM II, wäre das Preisniveau um 15 % gestiegen, während es im Raume der Europäischen Währungsunion nahezu konstant geblieben wäre.

- 1. Welche Auswirkungen könnte das auf den Wechselkurs des Euro gegenüber der dkr haben?
- 2. Welche Interventionsmaßnahme müsste in dieser Situation die Europäische Zentralbank ergreifen?
- 3. Welche Anpassungsmaßnahme könnte notwendig werden, wenn auf dem Devisenmarkt eine Rückkehr des Euro-Kurses der dkr in die festgelegte Bandbreite nicht zu erwarten ist?

16.3 *Agrarpolitik in der Europäischen Wirtschaftsgemeinschaft*

Die unten stehende Grafik zeigt für Butter, Rindfleisch und Getreide die „Interventionsbestände", wie sie als Ergebnis der Agrarpolitik der EG zur Stützung der europäischen Landwirtschaft entstanden sind.

Beurteilen Sie diese Situation

- – aus der Sicht eines Landwirts in der EG,
- – aus der Sicht eines Verbrauchers,
- – aus der Sicht der Entwicklungsländer.

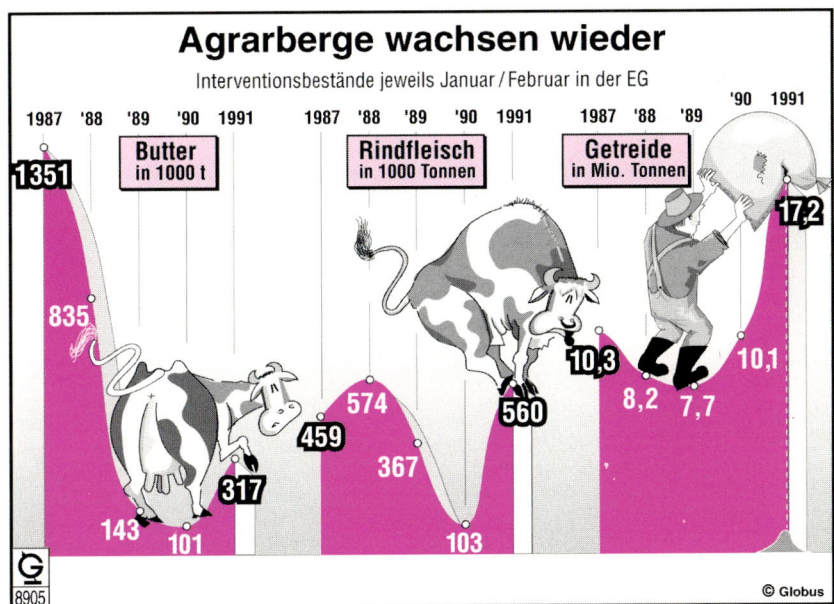

ZUR WIEDERHOLUNG DES GRUNDWISSENS

1. Welches Ziel verfolgt der Internationale Währungsfonds?

2. Welche Bedingung muss gegeben sein, damit die Währung eines Landes als konvertibel bezeichnet werden kann?

3. Was versteht man im Rahmen des IWF unter Sonderziehungsrechten?

4. Welche Stationen sieht der Zeitplan zur Verwirklichung der Europäischen Wirtschafts- und Währungsunion vor?

5. Welche EU-Staaten nehmen derzeit an der Europäischen Wirtschafts- und Währungsunion teil?

6. Wie funktioniert der neue Europäische Wechselkursmechanismus?

7. Erläutern Sie die Grundprinzipien der WTO!

8. Aus welchen Teilgemeinschaften besteht die Europäische Union?

9. Welche Staaten gehören der Europäischen Union an?

10. Nennen Sie die vier Grundfreiheiten, die im Vertrag zur Europäischen Wirtschaftsgemeinschaft festgelegt wurden!

11. Begründen Sie, dass die Europäische Wirtschaftsgemeinschaft noch keine Wirtschaftsunion ist!

12. Was versteht man in der europäischen Agrarpolitik unter Interventionspreisen?

13. Welchem Zweck dient die Festlegung von Schwellenpreisen im Rahmen der europäischen Agrarpolitik?

14. Nennen Sie die Organe der Europäischen Union und beschreiben Sie die Aufgaben jedes dieser Organe!

17 Das gesamtwirtschaftliche Gleichgewicht bei Voll- und Unterbeschäftigung

Wachstum, Arbeitsproduktivität und Beschäftigung in der Bundesrepubik Deutschland (West)					
Jahr	Bruttoinlandsprodukt		Produktivität je Erwerbstätigenstunde		Erwerbstätige (in 1000)
	(in Mrd. DM in Preisen von 1991)	Veränderung gegenüber Vorjahr in v. H.	(DM, in Preisen von 1991)	Veränderung gegenüber Vorjahr in v. H.	
1990	2 520,4		54,60		28 479
1991	2 635,0	+ 4,5	56,18	+ 2,9	29 227
1992	2 694,3	+ 2,3	56,55	+ 0,7	29 452
1993	2 648,6	– 1,7	57,53	+ 1,7	28 994
1994	2 709,6	+ 2,3	60,00	+ 4,2	28 619

Quelle: Institut der deutschen Wirtschaft, Köln; Zahlen zur wirtschaftlichen Entwicklung der Bundesrepublik Deutschland, 1995, Tabelle 30

● Untersuchen Sie anhand der Zahlen für die Bundesrepublik Deutschland von 1990–1994, ob ein Zusammenhang zwischen der Entwicklung des Bruttoinlandsprodukts, der Produktivität der Arbeit und der Zahl der Erwerbstätigen besteht!

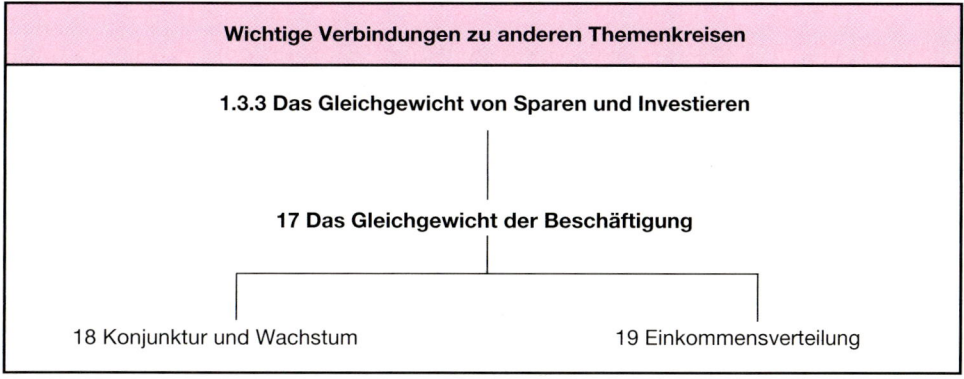

Abbildung 17.0.1

© Verlag Gehlen

17.1 Erwerbspersonen und Beschäftigte

Das Ergebnis der gesellschaftlichen Produktion in einer Volkswirtschaft hängt davon ab, welcher Anteil der Gesamtbevölkerung in irgendeiner Weise zur Herstellung des volkswirtschaftlichen Gesamtprodukts beiträgt und welcher Anteil nicht in den Arbeitsprozess eingegliedert ist.

Zu den **Erwerbspersonen** zählen all die Personen, die während einer bestimmten Periode in den Arbeitsprozess eingegliedert waren oder versuchten, in ihn eingegliedert zu werden.

Nicht-Erwerbspersonen sind z.B. Kinder, Rentner, Arbeitsunfähige, aber auch Schüler und Studenten. Die Erwerbsquote sagt aus, wie viel % der Gesamtbevölkerung am Arbeitsprozess beteiligt sind oder doch beteiligt werden wollen.

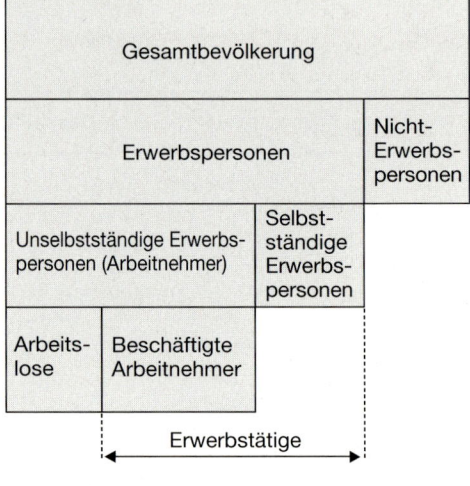

Abbildung 17.1.1

Erwerbsquote = Erwerbspersonen in Prozent der Gesamtbevölkerung

Je weiter die Industrialisierung in einer Volkswirtschaft fortgeschritten ist, umso größer ist der Anteil der **Unselbstständigen,** d.h. der Arbeitnehmer und der Auszubildenden, an den Erwerbspersonen. Zu den **Selbstständigen** zählen Personen, die einen Betrieb oder eine Arbeitsstätte als Eigentümer oder Pächter leiten, Handwerker und alle freiberuflich Tätigen wie Handelsvertreter, Rechtsanwälte und Ärzte. Zieht man von den Arbeitnehmern den Teil ab, der arbeitslos ist, dann ergibt sich die Zahl der **beschäftigten Arbeitnehmer.** Die Arbeitslosenquote gibt an, welcher Prozentsatz der unselbstständigen Erwerbspersonen unfreiwillig arbeitslos ist.

Arbeitslosenquote = Arbeitslose in Prozent der unselbstständigen Erwerbspersonen.

Die beschäftigten Arbeitnehmer zusammen mit den Selbstständigen sichern mit ihrem Arbeitsprodukt die Versorgung der Nicht-Erwerbspersonen und der Arbeitslosen.

17.2 Arbeitslosigkeit als ökonomisches und soziales Problem

Je größer in einer Volkswirtschaft die Produktivität der Arbeit ist, umso mehr kann man es sich leisten, die Kinder länger zur Schule zu schicken, das Rentenalter herabzusetzen und die Arbeitszeit zu verkürzen. Die Produktivtität hängt nicht nur vom Stand des technischen Wissens, sondern auch von den in der Volkswirtschaft vorhandenen Bodenschätzen und der Qualifikation der Arbeitskräfte ab.

Nur wenn die in einer Volkswirtschaft vorhandenen Produktionsfaktoren auch optimal genutzt werden, wird die bestmögliche Versorgung der Bevölkerung einer Volkswirtschaft erreicht. Ob es gelingt, hängt in hohem Umfang von der gewählten Wirtschaftsordnung ab. Die Produktionsfaktoren sind sicher dann nicht optimal genutzt, wenn es in einer Volkswirtschaft unfreiwillig Arbeitslose gibt.

> **Wirtschaftliche Auswirkungen von Arbeitslosigkeit**
>
> Eine Begleiterscheinung hoher Arbeitslosigkeit sind hohe Einbußen im Bereich der Produktion im Sinne verloren gegangener oder nicht erstellter Ausbringungsmengen - gerade so, als hätte man die eingebüßten Mengen an Autos, Nahrungsmitteln und Wohnungen einfach ins Meer gekippt.
>
> Paul A. Samuelson

> Jeder nichtbeschäftigte Arbeitnehmer bedeutet eine Schmälerung der möglichen Produktion.

Arbeitslosigkeit ist nicht nur ein Problem der Kapazitätsauslastung einer Volkswirtschaft. Allzu leicht wird bei der gesamtwirtschaftlichen Betrachtung von Beschäftigungsproblemen vergessen, was Arbeitslosigkeit als Einzelschicksal bedeutet. Trotz Arbeitslosenunterstützung bringt Arbeitslosigkeit für den Betroffenen eine Minderung seines Einkommens und damit eine Senkung des Lebensstandards seiner Familie.

Die Arbeit ist für den Menschen aber nicht nur ein Mittel der Existenzsicherung. Sobald die primitiven menschlichen Bedürfnisse befriedigt sind, kommen andere Interessen auf. Der Mensch will Probleme lösen, Risiken auf sich nehmen oder auch einfach nur tätig sein. Die Berufstätigkeit dient der Selbstverwirklichung des Menschen. Da der Mensch als Grundbedürfnis das Streben nach Anerkennung und Geltung hat, empfinden Arbeitsfähige und Arbeitswillige, die keine Beschäftigung finden, ihre Arbeitslosigkeit als soziale Degradierung.

> **Soziale Auswirkungen der Arbeitslosigkeit in der Weltwirtschaftskrise**
>
> Wer jetzt durch die Wohnstraßen des Berliner Westens schlendert, durch die sauberen, ruhigen, gepflegten Straßen, erlebt auf Schritt und Tritt, dass ein, meist alter, Mensch auf ihn zukommt, Mann oder Frau, vielmehr Herr oder Dame - denn sie sind nicht anders gekleidet als wir selbst -, und um Geld bittet. Manche kommen lächelnd auf einen zu, so, als wollten sie einen guten Bekannten begrüßen; andere betteln stumpf und ausdruckslos; noch keiner hat, vorläufig, den weinerlichen Jammerton des berufsmäßigen Bettlers.
>
> Vossische Zeitung, am 16. September 1931

> Dem Arbeitslosen ist nicht nur die Möglichkeit zur eigenverantwortlichen Existenzsicherung für sich und seine Familie genommen, sondern auch die Möglichkeit der Selbstverwirklichung in der Arbeit.

Die Arbeitnehmer fordern deshalb, dass von der Wirtschaftspolitik Vollbeschäftigung und soziale Sicherheit als vorrangige Ziele angestrebt werden. In den Ländern mit marktwirtschaftlichen Wirtschaftsordnungen wird deshalb zur zentralen Frage der Volkswirtschaftslehre, aus welchen Gründen Arbeitslosigkeit entstehen kann, ob man sie vermeiden kann und welche wirtschaftspolitischen Mittel gegen die Arbeitslosigkeit eingesetzt werden können.

17.3 Gleichgewicht auf dem Arbeitsmarkt
17.3.1 Vollbeschäftigung

Nur wenn alle in einer Volkswirtschaft verfügbaren Produktionsfaktoren optimal genutzt werden, wird die bestmögliche Versorgung der Bevölkerung einer Volkswirtschaft erreicht. Der Zustand der optimalen Nutzung der Produktionsfaktoren einer Volkswirtschaft wird als **Vollbeschäftigung** bezeichnet.

Im Zustand der Vollbeschäftigung erreicht die Volkswirtschaft ihr Produktionspotenzial.

Auch die in § 1 des **Gesetzes zur Förderung der Stabilität und des Wachstums** aufgeführte Zielkomponente „hoher Beschäftigungsgrad" bezieht sich auf alle Produktionsfaktoren und nicht nur auf den Produktionsfaktor Arbeit.

Häufig berücksichtigt man bei Aussagen über den Beschäftigungsstand einer Volkswirtschaft allein den Faktor Arbeit und richtet die Aufmerksamkeit dabei besonders auf die unselbstständigen Erwerbspersonen. Es wird beobachtet, ob Arbeitslosigkeit besteht oder nicht. **Bezogen auf den Produktionsfaktor Arbeit besteht Vollbeschäftigung, wenn die Zahl der verfügbaren Arbeitsplätze so groß ist wie die Zahl der Arbeitsfähigen und Arbeitswilligen, mit denen diese Arbeitsplätze besetzt werden können.**

Für den Produktionsfaktor Arbeit besteht **Unterbeschäftigung,** wenn die Zahl der Arbeitsplätze kleiner ist als die Zahl der unselbstständigen Erwerbspersonen. Im Zustand der **Überbeschäftigung** sind mehr Arbeitsplätze in der Volkswirtschaft vorhanden, als unselbstständige Erwerbspersonen, um diese Arbeitsplätze zu besetzen. Der Nachfragedruck nach Arbeit führt zu Lohnsteigerungen, die eine Inflationsspirale in Gang setzen können.

Die Arbeitslosigkeit ist allein nur ein unvollkommenes Kennzeichen für den Grad der Auslastung der volkswirtschaftlichen Produktionskapazität, weil nur die Auslastung eines einzigen Produktionsfaktors beobachtet wird.

17.3.2   *Gleichgewicht der Beschäftigung*

Wenn in einer Volkswirtschaft ein allgemeiner Abschwung der wirtschaftlichen Aktivitäten festgestellt wird, insbesondere aber wenn die Arbeitslosigkeit ansteigt, treten die Fragen nach den Bestimmungsgründen für die Entwicklung einzelner Preise und die Gleichgewichtssituation einzelner Unternehmen zurück.

Mikroökonomische Fragen verlieren an Bedeutung, **makroökonomische Fragen** treten in den Vordergrund. Gegenstand der Betrachtung werden dann vor allem volkswirtschaftliche Gesamtgrößen wie Gesamteinkommen (Volkseinkommen), Gesamtbeschäftigung und Preisniveau.

Ganz allgemein besteht ein ökonomisches Gleichgewicht, wenn die Pläne aller Wirtschaftssubjekte übereinstimmen und deshalb keine Kräfte mehr wirken, welche den erreichten Zustand verändern. Wir wollen hier der Frage nachgehen, unter welchen Bedingungen das **Gleichgewicht der Beschäftigung** erreicht ist. Unter Beschäftigung verstehen wir dabei allein die Auslastung des Produktionsfaktors Arbeit. Der Umfang der Beschäftigung hängt unmittelbar von der Größe der gesamtwirtschaftlichen Produktion ab, diese wiederum von der gesamtwirtschaftlichen Nachfrage.

Das Gleichgewicht der Beschäftigung ist erreicht, wenn die geplante gesamtwirtschaftliche Nachfrage so groß ist wie das gesamtwirtschaftliche Angebot.

Außerdem wollen wir die Frage stellen, ob das Gleichgewicht der Beschäftigung mit Vollbeschäftigung verbunden sein muss.

17.4   Arten der Arbeitslosigkeit

Auf die Frage nach den Ursachen der Arbeitslosigkeit gibt es viele Antworten, weil es verschiedene Arten der Arbeitslosigkeit gibt.

Jeder selbstständige Landwirt kennt die Schwankung seiner Arbeitsbelastung, die ihm vom natürlichen Jahresrhythmus aufgezwungen wird: Vom Frühjahr bis zum Herbst hat er viel zu arbeiten, im Winter hat er eine ruhigere Zeit. Er ist selbstständig und tritt deshalb nicht als Arbeitsloser in Erscheinung. Arbeitnehmer, die in Wirtschaftszweigen mit jahreszeitlicher Schwankung beschäftigt sind, werden meist bestimmte Zeiten des Jahres arbeitslos. Diese saisonale Arbeitslosigkeit ist kurzfristig und dauert höchstens einige Monate im Jahr.

> Die saisonale Arbeitslosigkeit beruht auf dem regelmäßig wiederkehrenden Unterschied des Arbeitskräftebedarfs eines Wirtschaftszweigs.

Wirtschaftszweige mit solchen jahreszeitlichen Schwankungen sind z. B. die Landwirtschaft und die Bauindustrie, da dort nur zu bestimmten Jahreszeiten oder unter bestimmten Wetterbedingungen gearbeitet werden kann. Im Fremdenverkehr konzentriert sich die Nachfrage auf wenige Monate im Jahr, die Nachfrage nach Erfrischungsgetränken ist im Sommer weit größer als im Winter.

Als Arbeitslose erscheinen in der Statistik auch all die Arbeitnehmer, die ihren bisherigen Arbeitsplatz gerade aufgegeben oder verloren haben und in eine neue Stelle überwechseln. In einer modernen industrialisierten Volkswirtschaft ist ein kleiner Prozentsatz der Arbeitnehmer immer gerade dabei, den Arbeitsplatz zu wechseln. Die Ursache von Entlassungen kann die Einführung einer neuen Produktionsmethode sein, die Arbeitnehmer durch Maschinen ersetzt oder aber Arbeitnehmer mit anderer Qualifikation erfordert. In der Volkswirtschaft werden ständig Betriebe gegründet oder Betriebe erweitert, andere Betriebe werden geschlossen oder die Produktion wird eingeschränkt. Die freigesetzten Arbeitskräfte werden von anderen Betrieben wieder eingestellt. Aber es dauert einige Zeit, bis die Arbeitnehmer wieder einen Arbeitsplatz gefunden haben, der im Bereich ihres Wohnortes liegt und für den sie mit ihrer beruflichen Ausbildung geeignet sind. So entsteht die friktionelle Arbeitslosigkeit (Reibungsarbeitslosigkeit).

> Friktionelle Arbeitslosigkeit ist kurzfristig und entsteht beim Überwechseln von einem Arbeitsplatz zu einem anderen.

Die Arbeitslosigkeit ist meist längerfristig, wenn in einer Volkswirtschaft mit den vorhandenen Arbeitsplätzen die Erwerbspersonen nicht beschäftigt werden können. Diese Arbeitslosigkeit ist strukturell bedingt. Das kann daran liegen, dass es insgesamt nicht so viele Arbeitsplätze wie Erwerbspersonen gibt. Strukturelle Arbeitslosigkeit besteht auch dann, wenn die Arbeitskräfte nicht geeignet sind, die freien Arbeitsplätze zu besetzen oder wenn es in einer Region der Volkswirtschaft Arbeitslose gibt, in einer anderen Region freie Arbeitsplätze.

Strukturelle Arbeitslosigkeit

Nach dem Ende des Zweiten Weltkriegs waren die Produktionsanlagen im Gebiet der heutigen Bundesrepublik Deutschland weitgehend zerstört.

In dieses Gebiet waren noch 10 Millionen Vertriebene und Flüchtlinge gekommen, die Beschäftigung suchten.

Es bestand eine strukturelle Arbeitslosigkeit, die durch die Schaffung neuer Arbeitsplätze beseitigt wurde.

Die strukturelle Arbeitslosigkeit hat ihren Grund darin, dass die in einer Volkswirtschaft vorhandenen Arbeitsplätze nicht ausreichen oder nicht geeignet sind, die Erwerbspersonen zu beschäftigen.

Die Arbeitslosigkeit kann ihre Ursachen auch in Schwankungen der wirtschaftlichen Aktivität haben, die nicht nur einzelne Wirtschaftszweige, sondern die gesamte Wirtschaft erfassen und nicht kurzfristige (saisonale) Schwankungen sind. Arbeitslose gibt es dann in allen Wirtschaftszweigen. Diesen Arbeitslosen stehen unausgenutzte Arbeitsplätze gegenüber.

Konjunkturelle Arbeitslosigkeit wird durch rhythmische Schwankungen verursacht, von denen die gesamte Wirtschaft erfasst wird und nicht nur Teilbereiche.

Der Wirtschaftspolitiker, der Beschäftigungspolitik betreibt, muss die Ursachen der Arbeitslosigkeit sorgfältig untersuchen, da die verschiedenen Arten der Arbeitslosigkeit auch ganz unterschiedliche Mittel zu ihrer Bekämpfung erfordern.

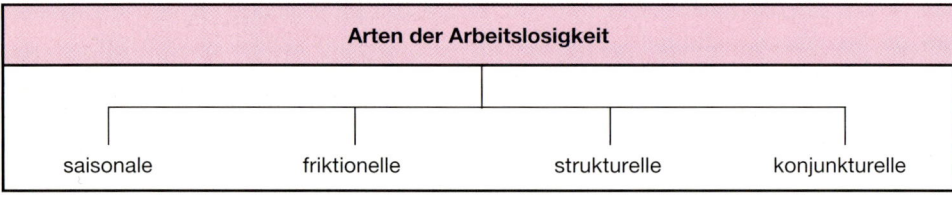

Abbildung 17.4.1

17.5   Die klassische Beschäftigungstheorie

Der Lohn ist ein Preis für Arbeitsleistung. Von einem Preis, der die Funktionen des Preises tatsächlich erfüllt, wird erwartet, dass er Angebot und Nachfrage zum Ausgleich bringt. Das würde auf dem Arbeitsmarkt bedeuten, dass ein funktionierender Preismechanismus für Vollbeschäftigung sorgt. Vor der Weltwirtschaftskrise in den 30er Jahren vertraten die meisten Volkswirte noch die von Adam Smith dargestellte und begründete „klassische" Beschäftigungstheorie. Sie besagt: Wenn sich Löhne, Zinsen und Güterpreise frei bewegen können, d.h. wenn sich der Staat in das Wirtschaftsgeschehen nicht einmischt, wird in einer Marktwirtschaft Vollbeschäftigung über den Markt immer wiederhergestellt. Dafür sorgen der **Lohnmechanismus,** der **Zinsmechanismus** und der **Mechanismus der Güterpreise.** Arbeitslosigkeit kann nach der klassischen Beschäftigungstheorie nur dann bestehen, wenn die Löhne so hoch sind, dass es sich für die Arbeitgeber nicht lohnt, zusätzlich Arbeitnehmer einzustellen.

Der Lohnmechanismus. Auf einem funktionierenden Markt werden die Arbeitslosen im Kampf um den Arbeitsplatz als Konkurrenten antreten und sich gegenseitig unterbieten. Nach der Lohnsenkung lohnt es sich für die Arbeitgeber wieder, Arbeitnehmer einzustellen. Die Menge der produzierten Güter wird größer oder die Produktion neuer Güter wird aufgenommen. Bei den früheren Lohnsätzen konnten diese Güter nicht mit Gewinn verkauft werden. Die Nachfrage nach Arbeit wird mit sinkenden Lohnsätzen größer!

In Abbildung 17.5.1 wird angenommen, dass die Arbeitnehmer nur in geringem Umfang auf Lohnänderungen reagieren können, da sie kein sonstiges Einkommen haben und auf das Arbeitseinkommen dringend angewiesen sind. L_0 ist dann der Lohnsatz, bei dem Angebot und Nachfrage nach Arbeit ausgeglichen sind und Vollbeschäftigung besteht. Bei einem höheren Lohnsatz als L_0 können nicht alle Arbeitnehmer beschäftigt werden. Beim Lohnsatz L_1 gibt es in der Volkswirtschaft 80 000 Arbeitslose.

Dass das Produktionsergebnis, das bei einer Vollbeschäftigung erreicht wird, nicht verkauft werden kann und deshalb Arbeitslosigkeit entsteht, das wurde vor der Weltwirtschaftskrise für höchst unwahrscheinlich gehalten. Bei der Produktion entsteht ja Einkommen, das dem Wert der Produktion genau entspricht. Auf dem Markt ist deshalb immer die Kaufkraft vorhanden, um die Produkte zu kaufen.

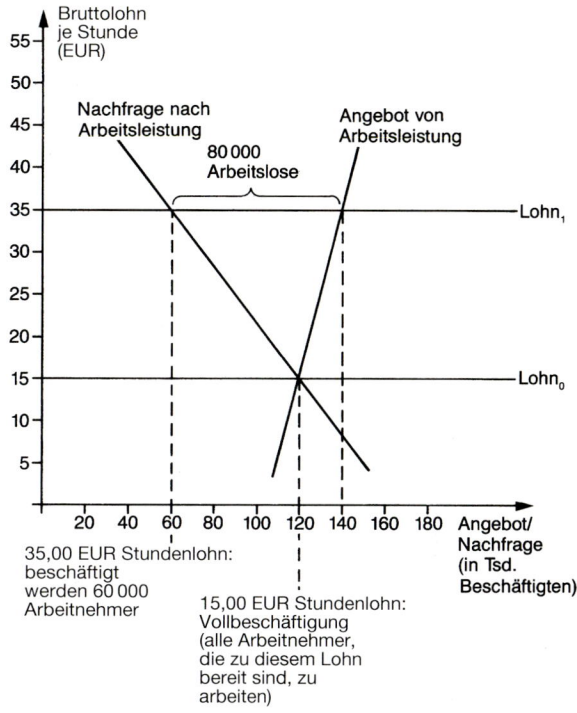

Abbildung 17.5.1

Auch wenn ein Teil des Einkommens gespart wird, fällt dieser Teil nicht als Nachfrage aus. Die Spargelder werden von den Unternehmen als Kredite für Investitionen aufgenommen. Die Investitionsgüternachfrage füllt die Nachfragelücke aus, die durch das Sparen entstanden ist.

Der Zinsmechanismus. Dafür, dass die gesamten Ersparnisse zu Investitionen werden, sorgt der Zins. Wird viel gespart, dann ist das Angebot an Krediten groß. Der Preis für die Kredite ist der Zins. Der Zins sinkt, weil das Angebot größer geworden ist. Dadurch werden die Unternehmer veranlasst, mehr zu investieren.

Die Preisfunktion des Zinses soll für das Gleichgewicht von Ersparnissen und Investitionen sorgen.

Der Mechanismus der Güterpreise. Man nahm an, dass selbst dann, wenn der Zins versagen würde, in der freien Marktwirtschaft noch ein zweites Sicherungssystem wirken würde. Werden nicht alle Ersparnisse zu Investitionen, dann sinkt die gesamtwirtschaftliche Nachfrage. Die Unternehmen können zu den bisherigen Preisen ihre Produkte nicht mehr absetzen. Deshalb sinken die Preise, bis die Unternehmen zu den gesunkenen Preisen ihre Produkte insgesamt absetzen können. Den Gewinn der Unternehmen würde das - so nahm man an - nicht schmälern, da auch die Preise für die bezogenen Vorleistungen und auch die Löhne sinken würden.

Vor der Weltwirtschaftskrise vertraten die meisten Wirtschaftswissenschaftler die Überzeugung, dass in einer freien Marktwirtschaft Vollbeschäftigung über den Markt hergestellt wird, wenn sich Löhne, Zinsen und Güterpreise vollkommen frei bewegen können.

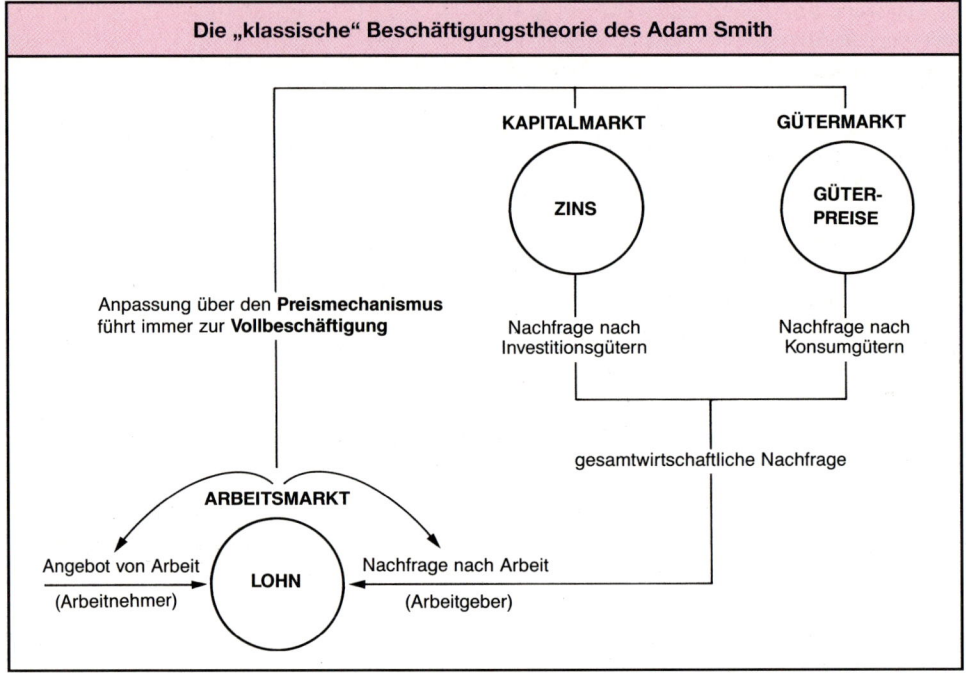

Abbildung 17.5.2

17.6 Die Beschäftigungstheorie des J. M. Keynes

Die Auffassung, dass es in einer freien Marktwirtschaft keine lang anhaltende Arbeitslosigkeit geben könne, stand im Gegensatz zu den Erfahrungen in der Weltwirtschaftskrise der 30er Jahre. Im Jahre 1932 waren in Deutschland über 30 % der Arbeitnehmer arbeitslos!

Viele Wirtschaftswissenschaftler blieben standhaft bei ihren Theorien. Nur weil die Gewerkschaften sich weigerten, Lohnsenkungen zuzustimmen, und die Unternehmungsmonopole Preissenkungen verhinderten, sei diese Krise nicht rasch überwunden worden.

Im Jahre 1936 brachte der englische Wirtschaftswissenschaftler **John Maynard Keynes** eine neue Erklärung für die Ursachen der Arbeitslosigkeit in einer freien Marktwirtschaft, die einer Revolution in den Wirtschaftswissenschaften gleichkam. Dabei wurde die moderne Beschäftigungstheorie begründet.

Keynes bestreitet, dass sich jedes Angebot seine Nachfrage selbst schafft. Wohl entsteht bei jeder Produktion Einkommen, das in der Lage wäre, die Produkte am Markt zu kaufen. Aber ein Teil des Einkommens wird gespart und fällt als Nachfrage aus. Über die Beträge, die gespart werden sollen, entscheiden in großem Umfang die Haushalte und auch Unternehmen, indem sie Gewinne nicht ausschütten. Über die Investitionen wird in den Unternehmen entschieden. Es wäre ein Zufall, wenn die Sparer genau den Betrag zu sparen planten, den die Unternehmen zu investieren beabsichtigen. Keynes bestreitet, dass die Sparbeträge und die Investitionsbeträge über den Zins einander angepasst werden. Er stellt fest, dass der Zins sowohl auf die Höhe der Ersparnisse als auch auf die Höhe der Investitionen kaum einen Einfluss hat.

In den Haushalten wird gespart, weil größere Anschaffungen gemacht werden sollen, die man aus einem Monatseinkommen nicht abzweigen kann. Man spart, um für Wechselfälle des Lebens vorzusorgen oder einfach, um eine gewisse Barreserve zu haben. Der Sparbetrag wird kaum deshalb verändert, weil der Zins für Spareinlagen um $\frac{1}{2}$ % gestiegen ist. Nach den Beobachtungen von Keynes steigen die *Sparbeträge aber dann, wenn die Einkommen* steigen. Eine Familie mit geringem Einkommen kann nichts oder wenig für größere Anschaffungen zurücklegen. Je höher das Einkommen, umso mehr kann gespart werden.

> J. M. Keynes geht in seiner Beschäftigungstheorie davon aus, dass die Höhe des gesamtwirtschaftlichen Sparbetrags von der Höhe des Volkseinkommens abhängt, nicht aber von der Höhe des Zinses.

Wonach richten sich die Unternehmen bei ihren Investitionsentscheidungen? In den Unternehmen einer Marktwirtschaft wird der größtmögliche Gewinn angestrebt. Der Zins hat sicher einen gewissen Einfluss auf die Investitionen, weil er Kostenbestandteil ist. Doch was nutzen den Unternehmen die niedrigen Zinsen, wenn sie in einem Konjunkturabschwung ihre Produkte nicht absetzen können? Die Investitionen hängen viel stärker als von dem Zins von den Gewinnerwartungen ab. Die Investitionen nehmen deshalb nicht automatisch zu, wenn die Sparleistungen in einer Volkswirtschaft wachsen.

Sparen, Investieren und Beschäftigung:

Die Parabel von der Bananeninsel[1]

Auf einer Insel werden nur Bananen erzeugt und nur Bananen verbraucht. Die Erzeugung erfolgt in Plantagen, die Unternehmern gehören. Sie beschäftigen Arbeitnehmer, die für ihre Arbeit Lohn in Form von Geld erhalten. Die Arbeitnehmer kaufen von dem Geld Bananen oder sie sparen. Die Spargelder werden an die Unternehmer weitergegeben, die genau diesen Betrag verwenden, um neue Plantagen anlegen zu lassen.

Jetzt entschließt sich die Bevölkerung, mehr zu sparen. Sie gibt also weniger Geld für Bananen aus. Was wird geschehen? Die Nachfrage nach Bananen nimmt ab, aber das Angebot ist gleich groß. Da die Bananen nicht lange gelagert werden können, müssen die Farmer die Bananen billiger verkaufen. Alles scheint in Ordnung zu sein: Die Bevölkerung bekommt die gleiche Menge Bananen für weniger Geld.

Aber das böse Ende kommt noch! Die Gewinne der Unternehmer nehmen ab, einige machen sogar Verluste. Diese werden entweder die Löhne senken oder Arbeiter entlassen. Es kann für diese Unternehmer günstiger sein, die Bananen auf den Bäumen verfaulen zu lassen, als die zu hohen Löhne zu zahlen. Senken die Unternehmer aber die Löhne, dann nimmt die Nachfrage noch weiter ab und weitere Arbeitnehmer müssen entlassen werden.

Dieser Vorgang geht so lange weiter, bis

- die gesamte Produktion aufhört und die Bevölkerung verhungert ist oder
- die Spartätigkeit nachlässt oder
- die Unternehmer mehr investieren.

Was geschieht dann aber tatsächlich in einer Volkswirtschaft, wenn mehr gespart als investiert wird? In dieser Situation ist das Gesamtangebot in der Volkswirtschaft größer als die Gesamtnachfrage, da die Sparbeträge als Nachfrage ausfallen, die von den Unternehmen nicht als Kredit zur Nachfrage nach Investitionsgütern aufgenommen worden sind. Die Unternehmen können ihre Preise senken, bis sie zu den gesunkenen Preisen ihre Produkte absetzen können. Sie müssen dann allerdings Verluste hinnehmen und werden ihre Produktion einschränken. Senken die Unternehmen die Preise nicht, dann können sie ihre Produkte nicht vollständig absetzen. Auch dann werden sie ihre Produktion einschränken. Es werden weniger Arbeitnehmer beschäftigt, das Einkommen sinkt, deshalb sinkt die Sparleistung. Dieser Prozess wird fortgesetzt, bis die gesamtwirtschaftliche Sparleistung und die Investitionsausgaben übereinstimmen.

---

[1] nach J. M. Keynes, A. Treatise on Money

Sind die gesamtwirtschaftlichen Ersparnisse größer als die Investitionsausgaben, dann wird der Anpassungsprozess über eine Verringerung der Produktion und damit der Beschäftigung durchgeführt.

In der Marktwirtschaft können die Investitionsausgaben auch größer sein als die Ersparnisse. Das wäre nicht möglich, wenn die Investitionsausgaben nur aus solchen Einkommen getätigt werden könnten, die in der Produktion verdient wurden. Dann könnten die Unternehmen nur nicht ausgeschüttete Gewinne oder aber über die Banken ausgeliehene Ersparnisse der Haushalte für Investitionen verwenden. Da die Geschäftsbanken aber die Möglichkeit haben, Buchgeld zu schöpfen, können die Investitionen auch mit zusätzlich geschaffenem Geld finanziert werden. Dann ist die Gesamtnachfrage in der Volkswirtschaft größer als das Gesamtangebot. Die Lager der Unternehmen werden abgebaut und die Preise steigen. Da die Unternehmen zusätzliche Gewinne machen, werden sie ihre Produktion ausweiten. Da mehr Arbeitnehmer beschäftigt werden, entsteht auch mehr Einkommen; deshalb steigen auch die Ersparnisse. Die Ersparnisse steigen so lange, bis sie ausreichen, um die Investitionsausgaben zu finanzieren.

Keynes sah darin einen Fehler im marktwirtschaftlichen System, dass die Anpassung der Ersparnisse an die Investitionsausgaben über die Veränderung der Beschäftigung geschieht. Das bedeutet nämlich, dass in einer Marktwirtschaft die Preisfunktionen ihre Wirkungen einstellen, ohne dass Vollbeschäftigung erreicht ist. Die Situation, in der vom Markt her keine Kräfte mehr auf eine Veränderung hinwirken, bezeichnen Volkswirte als „Gleichgewicht".

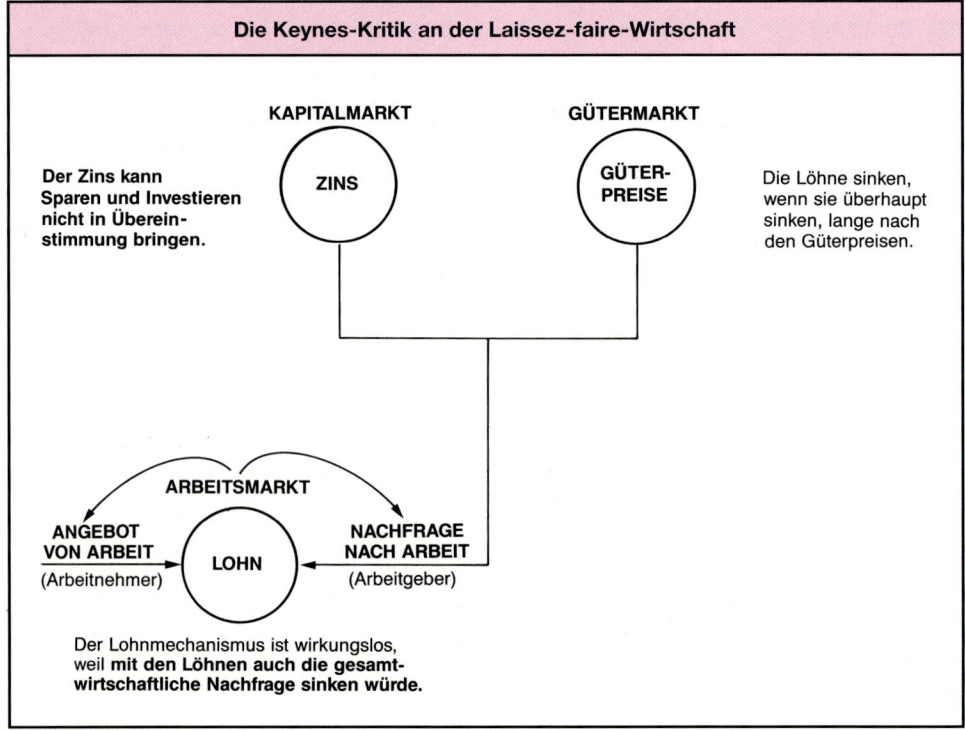

Abbildung 17.6.1

17.7 Die Konsum- und die Sparfunktion als Bestimmungsgründe der Beschäftigung

17.7.1 Die Konsumfunktion

Wenn Konsumenten aus einer Vielzahl von Gütern auszuwählen haben, welches Gut und in welchen Mengen sie ein bestimmtes Gut kaufen, dann hängt die Entscheidung vor allem vom Preis dieses Gutes im Verhältnis zu den Preisen aller anderen Güter ab. Die **mikroökonomische Nachfragefunktion** drückt aus, dass die Nachfrage nach einem bestimmten Gut eine Funktion des Preises ist.

Untersuchen wir den Verlauf der **gesamtwirtschaftlichen Nachfragefunktion** (Konsumfunktion), dann nehmen wir die Preise der Güter als gegeben an und richten unsere Aufmerksamkeit darauf, welchen Teil des ihnen zur Verfügung stehenden Einkommens die Konsumenten zum Kauf von Konsumgütern verwenden und welchen Teil sie sparen. Diese Entscheidung kann ausgedrückt werden durch die Identitätsgleichung $Y \equiv C + S$. Daraus ergibt sich $S \equiv Y - C$.

Vor Keynes herrschte die Meinung vor, dass die Entscheidung der Haushalte, welchen Teil des Einkommens sie konsumieren und welchen Teil sie sparen, vor allem von der Höhe des Zinses abhängig sei. Keynes erkannte an, dass auch die Höhe des Zinses auf die Konsumentscheidung Einfluss hat, hielt jedoch die Höhe des Einkommens für den entscheidenden Faktor. Die Keynes'sche Konsumfunktion kann mit der Gleichung $C = f(Y)$ ausgedrückt werden. Damit gilt $S = f(Y)$.

Abbildung 17.7.1 zeigt die Konsumfunktion nach Keynes. Die 45°-Linie stellt dabei alle Punkte dar, bei der der geplante Konsum so groß ist wie das Volkseinkommen. Die Linie C zeigt, wie sich die Konsumgüternachfrage bei einer Veränderung des Volkseinkommens entwickelt. Wir erkennen in der Darstellung, dass auch bei einem Volkseinkommen von 0 Nachfrage nach Konsumgütern besteht. Das ist nur möglich, wenn die Nachfrager Ersparnisse auflösen d. h. entsparen.

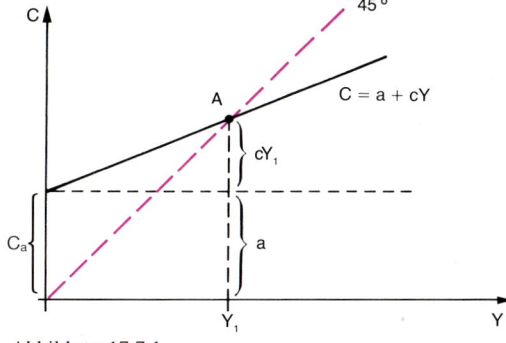

Abbildung 17.7.1

Die gesamtwirtschaftliche Konsumfunktion schneidet die 45°-Linie im Punkt A. Das bedeutet, dass bei einem Einkommen von Y_1 die Konsumenten planen, ihr gesamtes Einkommen für Konsumzwecke zu verwenden.

Die gesamtwirtschaftliche Nachfrage nach Konsumgütern besteht aus zwei Elementen:

Autonomer Konsum (C_a). Ein Teil der gesamtwirtschaftlichen Nachfrage nach Konsumgütern ist unabhängig von der Höhe des Volkseinkommens.

Einkommensabhängiger Konsum. Ein Teil des Konsums steigt mit steigendem Volkseinkommen. Das Steigerungsmaß c drückt die Grenzneigung zum Konsum aus, die auch als **marginale[1] Konsumquote** bezeichnet wird. Bezeichnen wir den Zuwachs am Volkseinkommen als ΔY und die Erhöhung der Konsumausgaben als ΔC, dann gibt der Quotient $\frac{\Delta C}{\Delta Y}$ in dezimaler Weise an, in welchem Ausmaß sich die Konsumausgaben bei einer Erhöhung des Volkseinkommens ändern.

---

[1] marginal: am Rande stehend, an der Grenze stehend.

Die marginale Konsumquote (Grenzneigung zum Konsum) wird ausgedrückt durch den Quotienten der Veränderung der Konsumausgaben zur Veränderung des Volkseinkommens.

Marginale Konsumquote = $\dfrac{\Delta C}{\Delta Y}$

In unserem Beispiel ist die Keynes'sche Konsumfunktion realisiert: Der geplante Konsum steigt nicht im gleichen Umfang wie das Volkseinkommen, sondern langsamer, d. h. die marginale Konsumquote ist kleiner als 1. Aus der Tabelle 17.7.1 erkennen wir: Auch wenn die marginale Konsumquote bei jeder Höhe des Volkseinkommens unverändert ist, so sinkt doch mit zunehmendem Volkseinkommen der durchschnittliche Anteil der Konsumausgaben am Volkseinkommen, d. i. die **durchschnittliche Konsumquote** $= \dfrac{C}{Y}$

Volks-einkom-men Y	Konsum-aus-gaben C	marginale Konsum-quote $\dfrac{\Delta C}{\Delta Y}$	durchschnitt-liche Konsumquote $\dfrac{C}{Y}$
0	20		
50	65	0,9	1,3
100	110	0,9	1,1
150	155	0,9	1,03
200	200	0,9	1,0
250	245	0,9	0,98
300	335	0,9	0,97

Tabelle 17.7.1

17.7.2 Die Sparfunktion

Das Sparen ist der nicht verbrauchte Teil des Einkommens. Deshalb ergänzen sich die Konsumquote und die Sparquote zu 1. Beträgt die marginale Konsumquote 0,9, dann muss die marginale Sparquote 0,1 betragen. Auch die durchschnittliche Konsumquote und die durchschnittliche Sparquote ergänzen sich zu 1.

Die marginale Sparquote wird ausgedrückt durch den Quotienten der Änderung des Sparbetrags zur Änderung des Volkseinkommens.

Marginale Sparquote
(Grenzneigung zum Sparen) = $\dfrac{\Delta S}{\Delta Y}$

17.7.3 Die Investitionsfunktion

Die Aufstellung einer Verhaltensgleichung für die Investitionen der Unternehmer stößt auf große Schwierigkeiten. Sehr viele Faktoren wirken auf den Investitionsentschluss des Unternehmers ein.

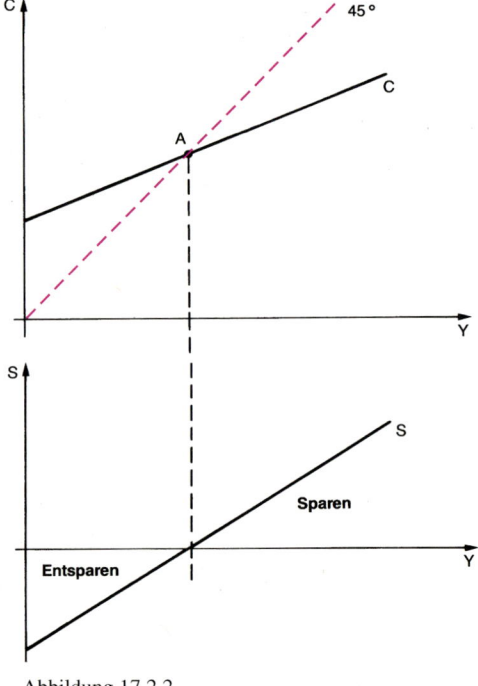

Abbildung 17.2.2

Neben den rationalen **Rentabilitätserwägungen** können auch **psychologische Momente,** wie das Streben nach Macht oder Prestigeerwägungen, Einfluss auf die Entscheidung haben.

Unterstellen wir, dass das Gewinnstreben den größten Einfluss auf die Investitionsentscheidung hat, dann ist der Bestimmungsgrund nicht der gegenwärtig erzielte Gewinn, sondern die **Gewinnerwartung.**

Ein Unternehmer, der eine Maschine kauft, wird prüfen, welche Einnahmen die Nutzung der Maschine ihm in der Zukunft bringen wird. Übersteigen nach seiner Schätzung die zu erwartenden Einnahmen die Ausgaben für die Produktion mit dieser Maschine und bleibt ihm ein angemessener Gewinn, dann wird er investieren. Der Überschuss der aus der Nutzung der Maschine zu erwartenden Einnahmen über die Ausgaben stellt noch nicht den Gewinn des Unternehmens aus der Investition dar. Er hätte sein Geld z. B. auch in festverzinslichen Wertpapieren anlegen können. Die Investition bringt aus der Sicht des Unternehmens deshalb nur dann einen angemessenen Gewinn, wenn sie über die Verzinsung des investierten Kapitals hinausgeht. Bei gegebener Ertragskraft einer Investition wird der Unternehmer deshalb sich umso eher für die Investition entscheiden, je niedriger der Marktzins ist, weil er ja umso eher mit der Investition eine Verzinsung über den Marktzinssatz hinaus erreicht.

> Gilt als Bestimmungsgrund für die Investitionsneigung allein die Gewinnerwartung, dann werden in einer Volkswirtschaft umso mehr Investitionen durchgeführt, je geringer der Marktzinssatz ist.

Da kein Unternehmer weiß, welche Nettoeinnahmen er tatsächlich aus der Investition erzielt, wird er in seiner Berechnung Sicherheitszuschläge berücksichtigen. Das erschwert wiederum die Aufstellung einer Investitionsfunktion.

Tatsächlich schwanken die Investitionsausgaben in einer Volkswirtschaft stärker als die Konsumausgaben. Da sie zusammen mit den Konsumausgaben die Gesamtnachfrage der Volkswirtschaft ausmachen, sind diese Schwankungen für die Beschäftigungstheorie von großer Bedeutung.

Wir nehmen in unserer Modellbetrachtung an, dass die Investitionen unabhängig von der Höhe des Volkseinkommens sind, berücksichtigen also nur **autonome Investitionen.** Unter dieser Bedingung wird das Steigerungsmaß der gesamtwirtschaftlichen Nachfragekurve N (C + I) allein von der Verlaufsform der Konsumfunktion bestimmt.

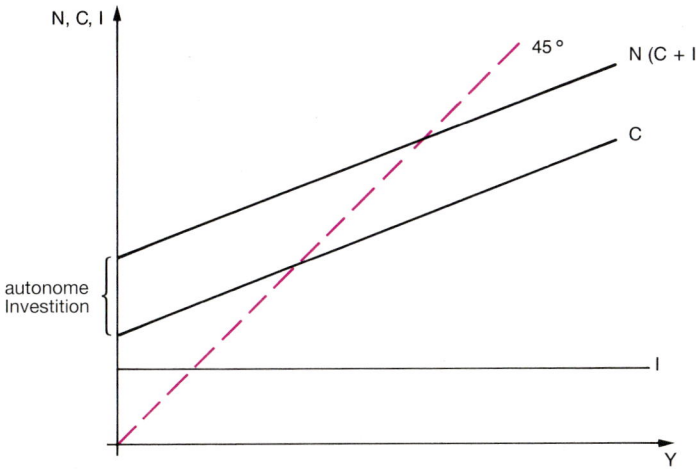

Abbildung 17.7.3

17.8 Gleichgewicht bei Vollbeschäftigung und bei Unterbeschäftigung

17.8.1 Die Bedingungen des Gleichgewichts der Beschäftigung

Die 45°-Linie erfüllt die Bedingung, $Y = C + I$, d.h. die gesamtwirtschaftliche Nachfrage ist so groß wie das Volkseinkommen. Das ist aber auch die Bedingung für das Gleichgewicht der Beschäftigung. Die 45°-Linie stellt demnach den Gleichgewichtszustand bei unterschiedlicher Höhe des Volkseinkommens dar.

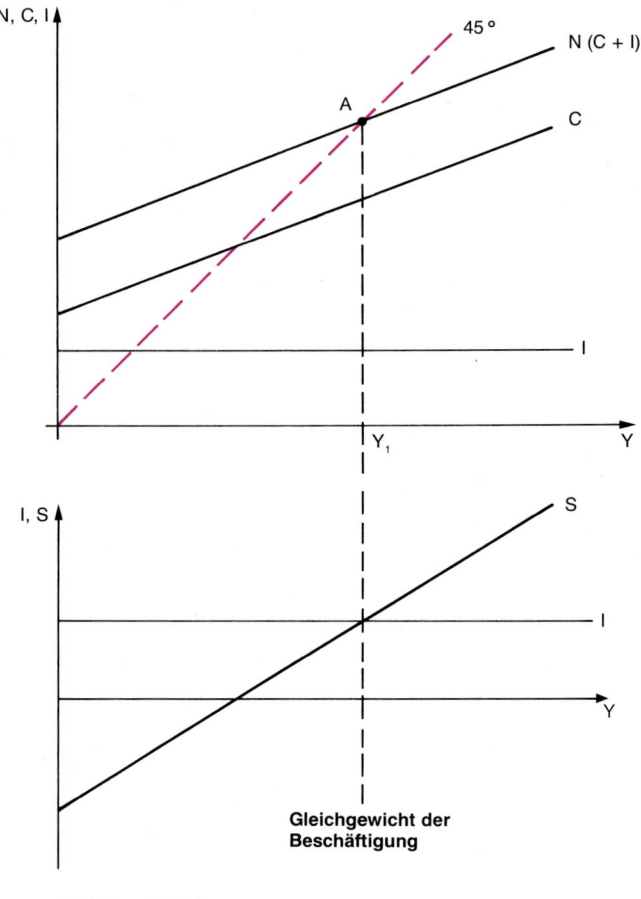

Das Gleichgewicht der Beschäftigung liegt im Punkt A, d.i. der Schnittpunkt zwischen der gesamtwirtschaftlichen Nachfragekurve C + I und der 45°-Linie. Die geplante gesamtwirtschaftliche Nachfrage kann nur dann so groß sein wie das Volkseinkommen, wenn die Ersparnisse über Investitionen zu Nachfrage werden; dann wird der durch das Sparen hervorgerufene Nachfrageausfall durch die Nachfrage nach Nettoinvestitionen ersetzt.

Abbildung 17.8.1

Das Gleichgewicht der Beschäftigung ist bei dem Volkseinkommen erreicht, bei dem die geplante Nettoinvestition so groß ist wie das geplante Sparen.

17.8.2 Der Anpassungsprozess zum Gleichgewicht der Beschäftigung

Die Gesamtnachfrage kann in einer Volkswirtschaft größer sein als das Gesamtangebot, weil der Umfang der Investitionen nicht vom Umfang des Sparens abhängig ist. Die Banken sind bei ihrer Kreditgewährung nicht auf das beschränkt, was ihnen als Spargelder zugeflossen ist. Wir wissen: Banken vermitteln nicht nur Geld, sie schöpfen Geld. Wird die volkswirtschaftliche Gesamtnachfrage aufgrund der durch Geldschöpfung finanzierten Investitionen größer als das Gesamtangebot, dann überbieten sich die Käufer, das Preisniveau der Volkswirtschaft steigt.

Bleiben die Preise aber konstant und würden auch keine Lieferfristen entstehen, dann könnte die Nachfrage nur durch den Abbau von geplanten Lagerbeständen befriedigt werden. Auch in diesem Fall wäre das Veranlassung für die Unternehmer, die Produktion zu vergrößern.

Planen die Unternehmer eine Nettoinvestition, die unter dem geplanten Sparen liegt, dann ist die Gesamtnachfrage der Volkswirtschaft kleiner als das Angebot. Die Unternehmer können ihre Preise senken und damit Verluste hinnehmen oder sie müssen einen Teil ihrer Produktion auf Lager nehmen. In beiden Fällen werden sie die Produktion drosseln (siehe Abbildung 17.8.2).

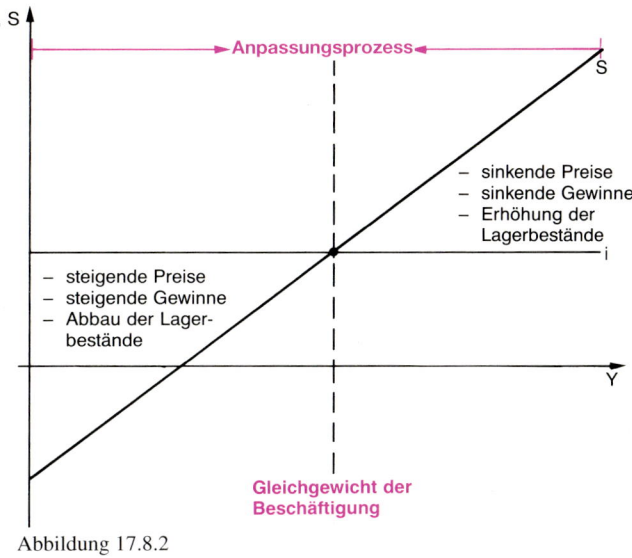

Abbildung 17.8.2

Der Unterschied zwischen geplanten und realisierten Größen löst in der Marktwirtschaft eine Bewegung aus, die zum Gleichgewicht der Beschäftigung führt.

17.8.3 Inflatorische und deflatorische Lücke

Ist in einer Volkswirtschaft das Gleichgewicht der Beschäftigung erreicht, dann bedeutet das nicht, dass auch Vollbeschäftigung bestehen muss. Es ist das Verdienst von Keynes, nachgewiesen zu haben, dass das Gleichgewicht der Beschäftigung auch bei Unterbeschäftigung bestehen kann.

In Abbildung 17.8.3 ist bei der gegebenen gesamtwirtschaftlichen Nachfragefunktion das Gleichgewicht der Beschäftigung in Punkt A bei dem Volkseinkommen Y_1 erreicht.

Nehmen wir an, dass das Volkseinkommen Y_1 nicht ausreicht, alle arbeitswilligen Arbeitskräfte zu beschäftigen. Nehmen wir weiter an, dass mit dem Volkseinkommen Y_2 Vollbeschäftigung erreicht werden könnte. Dann ist eine ungenügende Gesamtnachfrage die Ursache der Arbeitslosigkeit. Die Nachfragelücke zur Erreichung der Vollbeschäftigung wird als **deflatorische Lücke bezeichnet.**

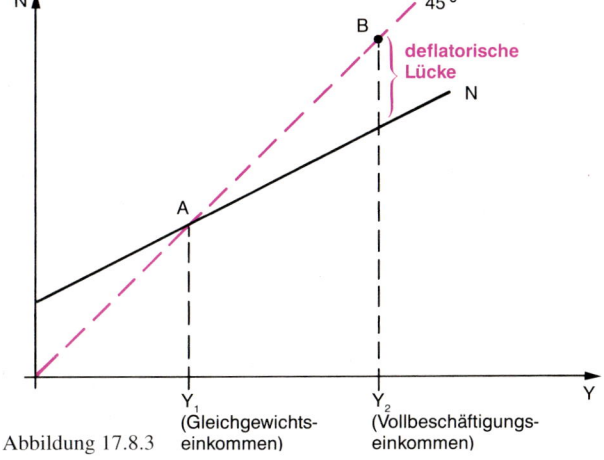

Abbildung 17.8.3

> Deflatorische Lücke ist die gesamtwirtschaftliche Nachfragelücke, die zur Erreichung der Vollbeschäftigung geschlossen werden muss.

In Abbildung 17.8.4 wird bei dem Volkseinkommen Y_1 (Punkt A) Vollbeschäftigung erreicht. Die gesamtwirtschaftliche Nachfrage ist aber größer. Die Nachfrage kann nicht befriedigt werden. Deshalb steigen die Preise, bis bei einem nur nominal erhöhten Volkseinkommen Y_2 das Gleichgewicht der Beschäftigung bei Punkt B erreicht ist. Die Anpassung erfolgt in einem inflatorischen Prozess.

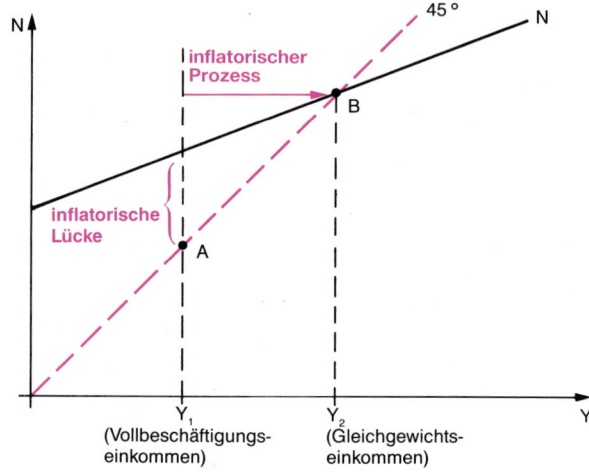

Abbildung 17.8.4

> Inflatorische Lücke ist die Angebotslücke zwischen der tatsächlichen volkswirtschaftlichen Gesamtnachfrage und der Gesamtnachfrage, die zur Erreichung der Vollbeschäftigung erforderlich ist.

17.9   Der Multiplikator

Mithilfe der Theorie vom Gleichgewicht der Beschäftigung kann man sich eine Vorstellung davon verschaffen, welche mengenmäßige Auswirkung von einem eingesetzten wirtschaftspolitischen Mittel, z. B. der Erhöhung der Staatsausgaben, auf die volkswirtschaftliche Gesamtnachfrage und damit auf die Beschäftigung ausgeht.

Gesamtnachfragefunktion N_1	
Volkseinkommen	Gesamtnachfrage
0	300
200	400
400	500
600	600
800	700

Tabelle 17.9.1

Wir gehen von einer Ausgangsposition aus, wie sie in Tabelle 17.9.1 dargestellt ist. Das Gleichgewicht der Beschäftigung ist bei einem Volkseinkommen von 600 gegeben. Wir nehmen an, die volkswirtschaftliche Gesamtnachfrage steigt autonom (unabhängig vom Volkseinkommen) um 300. Die Auswirkung ist in Tabelle 17.9.2 zu erkennen. Das Volkseinkommen, bei dem Gleichgewicht der Beschäftigung besteht (Gleichgewichtseinkommen), steigt von 600 auf 1 200. Die Nachfragesteigerung um 300 bewirkt eine Erhöhung des Gleichgewichtseinkommens um 600.

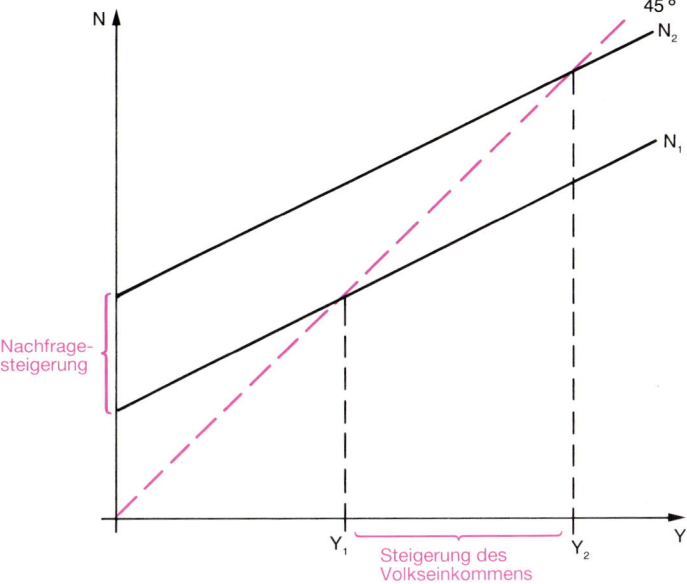

Abbildung 17.9.1

Bei einer Erhöhung der volkswirtschaftlichen
Gesamtnachfrage steigt das Gleichgewichtseinkommen um ein Mehrfaches der Erhöhung
der Gesamtnachfrage.

Die Wirkung auf das Gleichgewichtseinkommen ist in unserem Beispiel doppelt so groß wie
die dafür ursächliche Erhöhung der Gesamtnachfrage. Der Einkommensmultiplikator beträgt 2,0.

Gesamtnachfragefunktion N_2	
Volkseinkommen	Gesamtnachfrage
000	600
200	700
400	800
600	900
800	1000
1000	1100
1200	1200
1400	1300

Tabelle 17.9.2

Der Einkommensmultiplikator stellt den Faktor dar, mit dem vervielfacht eine autonome Änderung
der Nachfrageausgaben auf das Gleichgewichtseinkommen wirkt.

Da mit der Erhöhung des Gleichgewichtseinkommens entsprechend auch die Beschäftigung steigt,
ist der Einkommensmultiplikator auch ein **Beschäftigungsmultiplikator.**

Nach einer Erhöhung der Nachfrageausgaben wird das neue Gleichgewichtseinkommen in einem
Anpassungsprozess erreicht, der Zeit benötigt. Wird z. B. die volkswirtschaftliche Gesamtnachfrage
durch eine Erhöhung der Konsumausgaben um 100 erhöht, dann werden bei einer marginalen Konsumquote von 0,8 davon 80 wieder ausgegeben und 20 gespart. Von den 80, die den Einkommensbeziehern zufließen, werden 64 ausgegeben und 16 gespart. Der Prozess setzt sich fort, bis das neue
Gleichgewichtseinkommen erreicht ist. Je kleiner die marginale Sparquote (Grenzneigung zum Sparen) ist, umso größer ist die Wirkung auf die Vergrößerung des Gleichgewichtseinkommens.

Der Einkommensmultiplikator ist der Kehrwert der marginalen Sparquote.

$$\text{Einkommensmultiplikator} = \frac{1}{\text{marginale Sparquote}}$$

Bei einer marginalen Sparquote von 0,2 berechnet sich der Einkommensmultiplikator aus dem Kehrwert von $\frac{2}{10}$ und beträgt 5. Eine primäre Steigerung der Gesamtnachfrage von 100 führt damit zu einer Erhöhung des Gleichgewichtseinkommens um 500.

Je nach der Art der Ausgaben, die erhöht werden, bezeichnet man den Einkommensmultiplikator auch als **Staatsausgabenmultiplikator oder Investitionsausgabenmultiplikator.**

17.10   Der Akzelerator

Um die Gesamtwirkung einer zusätzlichen Ausgabe auf das Gleichgewichtseinkommen abschätzen zu können, müssen wir neben der Multiplikatorwirkung berücksichtigen, dass eine zusätzliche Konsumausgabe zu zusätzlichen Investitionen führen kann. Voraussetzung ist, dass die Unternehmen keine freien Kapazitäten mehr haben und den Nachfragezuwachs an Konsumgütern als dauerhaft ansehen. Die Investitionsgüter, die zur Erhöhung der Produktion benötigt werden, haben in der Regel eine mehrjährige Nutzungsdauer. Wir gehen davon aus, dass die Unternehmen ein optimales Verhältnis zwischen der Produktionsausstattung, die sie besitzen, und die Größe ihres Outputs beibehalten werden. Unter den beschriebenen Bedingungen führt eine Erhöhung der Konsumausgaben zu einer Erhöhung der Nachfrage nach Investitionsgütern, die das Mehrfache der zusätzlichen Konsumausgabe beträgt.

In unserem Beispiel steigt der Absatz an Konsumgütern von Zeitraum 2 auf 3 um 100 %. Als Folge steigt die Nachfrage nach Investitionsgütern um 500 %. In der nächsten Periode steigt der Absatz an Konsumgütern um 50 %, die Nachfrage nach Investitionsgütern bleibt aber konstant. Sie geht in der Periode 6 sogar zurück, obwohl die Nachfrage nach Konsumgütern konstant bleibt.

Das Akzeleratorprinzip							
Zeitraum	Absatz an Konsumgütern		Maschinenbestand	Investitionen			
	Stück	Veränderung in %		Ersatz-	Neu-	Gesamt-	Veränd. in %
1	10000		10	2	0	2	
2	10000		10	2	0	2	
3	20000	+ 100	20	2	10	12	+ 500
4	30000	+ 50	30	2	10	12	0
5	40000	+ 33	40	2	10	12	0
6	40000	0	40	2	0	2	– 83,3

Tabelle 17.10.1

Eine Vergrößerung der Nachfrage nach Konsumgütern verursacht eine prozentual größere Steigerung der Nachfrage nach Investitionsgütern. Das Verhältnis wird mit dem **Akzelerationskoeffizienten** ausgedrückt.

> Mit dem Akzelerationskoeffizienten wird das Verhältnis der prozentualen Steigerung der Nachfrage nach Konsumgütern zu der prozentualen Steigerung der Nachfrage nach Investitionsgütern ausgedrückt.

Die Größe des Akzelerators ist vor allem abhängig vom Umfang der nicht ausgenutzten Kapazitäten und der Lebensdauer der Investitionsgüter. Durch den Akzelerator werden in der Regel nur die Schwankungen des Gleichgewichtseinkommens verstärkt, letztlich aber nicht verändert. Die Instrumente des Multiplikators und des Akzelerators sind Bindeglieder zwischen der Beschäftigungs- und der Konjunkturtheorie.

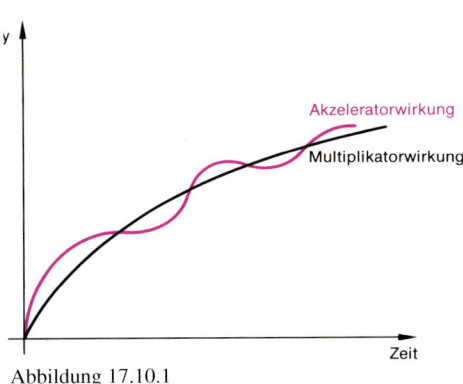

Abbildung 17.10.1

AUFGABEN UND PROBLEME

17.1 *Erwerbsquote und Arbeitslosenquote in der Bundesrepublik Deutschland*

Für die Bundesrepublik Deutschland galten im Jahre 1997 die folgenden Zahlen (in Tsd.):[1]

Gesamtbevölkerung (Wohnbevölkerung)	82 060
Erwerbspersonen	38 261
Selbstständige und mithelfende Familienangehörige	3 620
Arbeitslose	3 021
Erwerbstätige	33 936

- 1. Wie groß war die Erwerbsquote?
- 2. Wie groß war die Arbeitslosenquote?

17.2 *Konsumfunktion – Sparfunktion – marginale Konsumneigung – marginale Sparneigung*

In der Tabelle ist für eine Volkswirtschaft der Zusammenhang zwischen der Höhe des Volkseinkommens und den Konsumausgaben dargestellt. Die Konsumfunktion verläuft linear.

- 1. Ergänzen Sie die Spalten 2, 3, 4 und 5 der Tabelle.
- 2. Wie lautet die Gleichung für die Konsumfunktion in dieser Volkswirtschaft?
- 3. Wie lautet die Gleichung für die dazugehörige Sparfunktion?

[1] Quelle: Zahlen zur wirtschaftlichen Entwicklung der Bundesrepublik Deutschland, Institut der Deutschen Wirtschaft Köln, verschiedene Tabellen, gerundet.

1	2	3	4	5
Volksein-kommen Y	geplante Konsum-ausgaben C	geplante Ersparnisse S	marginale Konsum-neigung $\dfrac{\Delta C}{\Delta Y}$	marginale Sparneigung $\dfrac{\Delta S}{\Delta Y}$
100	120			
200	180			
300	240			
400				
500				

17.3 *Gleichgewichtseinkommen*

Für eine Volkswirtschaft gelten (in Geldeinheiten ausgedrückt) die folgenden Daten:

Volkseinkommen	800	900	1 000	1 100	1 200
geplante Konsumausgaben	700	750	800	850	900
geplante Nettoinvestitionen	200	200	200	200	200

● Stellen Sie die Höhe des Gleichgewichtseinkommens fest!

17.4 *Grafische Bestimmung des Gleichgewichtseinkommens - Anpassungsprozess zum Gleich-gewichtseinkommen*

In der folgenden Tabelle ist für eine Volkswirtschaft der Zusammenhang zwischen dem Volks-einkommen (Y) und dem geplanten Konsum, dem geplanten Sparen und der geplanten In-vestition dargestellt (in Geldeinheiten = GE).

Volkseinkommen	geplanter Konsum	geplantes Sparen	geplante Investition
0	30	− 30	50
100	110	− 10	50
200	190	+ 10	50
300	270	+ 30	50
400	350	+ 50	50
500	430	+ 70	50
600	510	+ 90	50
700	590	+ 110	50

● 1. Stellen Sie das Gleichgewichtseinkommen grafisch fest und begründen Sie, warum bei diesem Einkommen Gleichgewicht besteht!

2. Tatsächlich beträgt das Volkseinkommen in dieser Volkswirtschaft gegenwärtig 200 GE.

● Beschreiben Sie den Anpassungsprozess, der zum Gleichgewichtseinkommen führt!

17.5 *Gleichgewichtseinkommen und Vollbeschäftigungseinkommen – deflatorische Lücke – Einkommensmultiplikator*

Für eine Volkswirtschaft gilt die Konsumfunktion C = 70 + 0,8 Y. Die (ausschließlich autonomen) Investitionen betragen 50 Geldeinheiten (GE).

Das Vollbeschäftigungseinkommen liegt bei 200 GE.

- 1. Wie groß ist die deflatorische Lücke?
   2. Die deflatorische Lücke wird durch zusätzliche Staatsausgaben ausgeglichen.
- Wie groß ist der Einkommensmultiplikator?

17.6 *Inflatorische Lücke*

In einer Volkswirtschaft gilt die Konsumfunktion C = 150 + 0,5 Y. Die (ausschließlich autonomen) Investitionen betragen 50 Geldeinheiten (GE).

Das Vollbeschäftigungseinkommen liegt bei 350 GE.

- Wie groß ist die inflatorische Lücke?

17.7 *Akzelerator*

- Welche Behauptungen sind richtig? Begründung!
   1. Je größer die Nutzungsdauer der Investitionsgüter ist, umso größer ist die Wirkung des Akzelerators.
   2. Je geringer die Nutzungsdauer der Investitionsgüter ist, umso größer ist die Wirkung des Akzelerators.
   3. Der Akzelerator zeigt, wie eine zusätzliche Konsumausgabe auf das Volkseinkommen wirkt.
   4. Der Akzelerator zeigt, wie eine zusätzliche Konsumausgabe auf die Investitionsnachfrage wirkt.
   5. Der Akzelerator zeigt, wie eine zusätzliche Investitionsausgabe auf das Volkseinkommen wirkt.

17.8 *Konsumfunktion – Sparfunktion – Gleichgewichtseinkommen*

In einer Volkswirtschaft besteht zu einem bestimmten Zeitpunkt bei allen Einkommenshöhen das in der folgenden Tabelle dargestellte Konsumverhalten.

1 Volkseinkommen Y	2 geplanter Konsum C	3 geplantes Sparen S
0	500	– 500
100	570	– 470
200	640	– 440

- 1. Wie groß ist in der dargestellten Situation der autonome Konsum?
- 2. a) Wie lautet für die in der Tabelle dargestellte Situation
   – die Konsumfunktion,
   – die Sparfunktion?
- b) Wie groß ist die marginale Konsumquote, wie groß die marginale Sparquote?
   3. In dieser Volkswirtschaft planen die Unternehmen (unabhängig von der Höhe des Volkseinkommens) Nettoinvestitionen in Höhe von 100. Bauen Sie eine Tabelle mit alternativen Volkseinkommen auf (100 – 200 – 300 usw.), aus der das Gleichgewichtseinkommen für die oben geschilderte Situation festgestellt werden kann.

● 4. Untersuchen Sie, wie sich eine Veränderung der marginalen Sparquote auf das Gleichgewichtseinkommen auswirkt. Lassen Sie bei Ihren Experimenten den autonomen Konsum und die autonome Investition unverändert. Nehmen Sie in einem ersten Experiment für die marginale Sparquote den Wert 0,2, in einem 2. Experiment den Wert 0,6 an. Danach können Sie mit beliebigen Werten für die marginale Sparquote weiterexperimentieren.

Die Experimente sollen durchgeführt werden, indem in der unter 3. aufgebauten Tabelle die Eingaben, soweit notwendig, verändert werden.

Tragen Sie die Ergebnisse in eine Ergebnistabelle nach dem folgenden Muster ein!

Muster für die Ergebnistabelle:

Marginale Sparquote $\frac{\Delta S}{\Delta Y}$	Volks-einkommen Y	Konsum geplant C (geplant)	Sparen geplant S (geplant)	Investitionen geplant I (geplant)	Volkswirtschaftliche Gesamt-nachfrage N	Investitionen ungeplant I (ungepl.)
0,3	2 000	1 900	100	100	2 000	0

Formulieren Sie als Ergebnis der Experimente eine Regel, unter welchen Bedingungen Gleichgewicht der Beschäftigung besteht!

17.9   *Konsumfunktion – Gleichgewichtseinkommen – Multiplikatorwirkung*

1. In einer Volkswirtschaft gilt für alle Höhen des Volkseinkommens die Konsumfunktion C = 0,7 Y. Wie groß müssen bei einem Volkseinkommen von 1 000 Mio. GE (Geldeinheiten) die geplanten Investitionen sein, damit sich die Volkswirtschaft im Gleichgewicht (Gleichgewicht der Beschäftigung) befindet?

2. Die geplanten Investitionen erhöhen sich auf 390 Mio. GE.

   a) Bei welchem Volkseinkommen besteht jetzt Gleichgewicht der Beschäftigung? Bauen Sie zur Lösung dieses Problems eine Tabelle auf mit alternativen Höhen des Volkseinkommens von 1 000, 1 050, 1 100, 1 150 usw. bis 1 700.

   b) Um welchen Betrag hat sich das Volkseinkommen (Gleichgewichtseinkommen) durch die Erhöhung der geplanten Investitionen um 90 erhöht?

   c) Erläutern Sie anhand der in der Tabelle ausgewiesenen Werte, wie sich der Anpassungsprozess zum Gleichgewichtseinkommen vollzieht.

3. Wie groß ist das Gleichgewichtseinkommen, wenn die Konsumfunktion

   a) C = 0,8 Y,
   b) C = 0,9 Y

   beträgt? Erweitern Sie dazu die unter 2.a) erstellte Tabelle. Ausgangssituation soll immer ein Gleichgewichtseinkommen von 1 000 sein.

4. Leiten Sie aus den unter 3. gefundenen Experimentierergebnissen eine Gesetzmäßigkeit ab, die den Zusammenhang zwischen dem Ausmaß der Veränderung des Gleichgewichtseinkommens und steigenden und sinkenden Sparquoten zum Ausdruck bringt.

5. Behauptung:

   Der Einkommensmultiplikator ist der Faktor, mit dem vervielfacht eine autonome Änderung der volkswirtschaftlichen Gesamtnachfrage auf das Gleichgewichtseinkommen wirkt. Er ist gleich dem Kehrwert der marginalen Sparquote.

   Überprüfen Sie diese Behauptung durch Vergleich des rechnerischen Ergebnisses bei Anwendung des Einkommensmultiplikators mit den Tabellenergebnissen zu 2.a), 3.a) und 3.b).

1. Erläutern Sie die folgenden Begriffe:
   Erwerbspersonen – Arbeitnehmer – Beschäftigte!
2. Wie wird die Erwerbsquote berechnet?
3. Wie wird die Arbeitslosenquote berechnet?
4. Welche Nachteile bringt es, wenn in einer Volkswirtschaft Arbeitslosigkeit besteht?
5. Welche Arten der Arbeitslosigkeit gibt es und wie unterscheiden sie sich?
6. Beschreiben Sie, wie in einer Marktwirtschaft nach der klassischen Beschäftigungstheorie über frei bewegliche Löhne, Zinsen und Güterpreise das Gleichgewicht der Beschäftigung erreicht werden soll!
7. Erläutern Sie, wie (nach Keynes) das Verhältnis von Sparen und Investieren auf den Grad der Beschäftigung in einer Volkswirtschaft wirkt!
8. Definieren Sie den Zustand der Vollbeschäftigung einer Volkswirtschaft!
9. Unter welchen Bedingungen ist das Gleichgewicht der Beschäftigung erreicht?
10. Was versteht man unter der marginalen Konsumquote?
11. Von welchen Faktoren hängt, nach der Auffassung von Keynes, der Verlauf der Konsumfunktion ab?
12. Wie entwickelt sich in der Konsumfunktion nach Keynes die durchschnittliche Konsumquote?
13. Was versteht man unter der marginalen Sparquote?
14. Welche Faktoren wirken auf den Verlauf der Investitionsfaktoren?
15. Welches Verhältnis muss zwischen der geplanten Nettoinvestition und dem geplanten Sparen bestehen, wenn das Gleichgewicht erreicht ist?
16. Was versteht man unter einer deflatorischen Lücke?
17. Beschreiben Sie den Anpassungsprozess, der von einer inflatorischen Lücke in Bewegung gebracht wird!
18. Was versteht man unter einem Einkommensmultiplikator?
    Wovon hängt die Größe der Multiplikatorwirkung ab?
19. Was versteht man unter dem Akzelerationskoeffizienten und wovon hängt seine Größe ab?

Handlungsorientierte Themenbearbeitung

Zukunftswerkstatt:
„Zukunft ohne Arbeitslosigkeit – Utopie oder machbare Vison"

Ausgangssituation

Die Arbeitslosigkeit verkörpert eines der größten wirtschaftlichen und sozialen Probleme unserer Zeit. Ohne bezahlte Beschäftigung zu sein, bedeutet für Millionen Menschen weltweit neben finanziellen Einbußen und wirtschaftlicher Not vor allem auch eine Beeinträchtigung des Selbstwertgefühls und zum Teil Ausschluss vom gesellschaftlichen Leben sowie ein zwangsweiser Verzicht auf Selbstverwirklichung im Beruf.

Arbeitsaufträge

● Analysieren Sie die aktuelle Situation auf dem Arbeitsmarkt in Deutschland.

● Welches unter II dargestellte Szenario halten Sie für am wahrscheinlichsten? Begründung! Entwickeln Sie ein eigenes Bild der wirtschaftlichen und sozialen Lage in Deutschland für das Jahr 2020.

● Formulieren Sie kreative, fantasievolle, auch zunächst vielleicht unrealistisch erscheinende Vorschläge zur Beseitigung der Arbeitslosigkeit. Benutzen Sie die Thesen unter III als Anregung. Präsentieren Sie die Ergebnisse in der Gruppe und stellen Sie sich möglichen Einwänden der Mitschüler hinsichtlich der Realisierbarkeit Ihrer Vorschläge.

I Materialien zur gegenwärtigen Situation

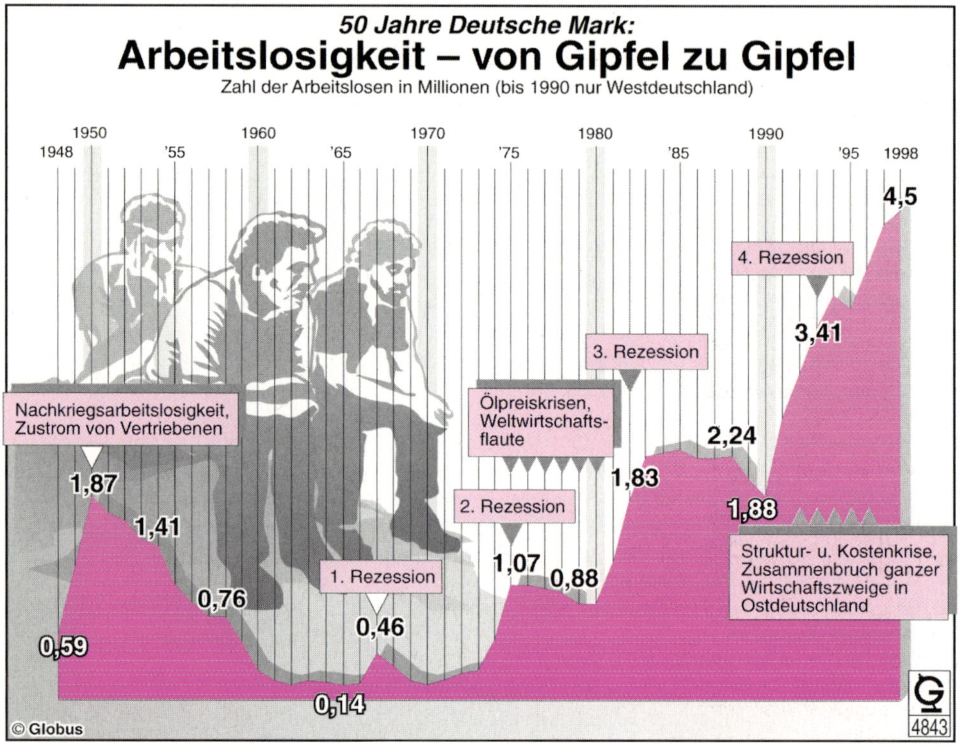

50 Jahre Deutsche Mark:
Arbeitslosigkeit – von Gipfel zu Gipfel
Zahl der Arbeitslosen in Millionen (bis 1990 nur Westdeutschland)

1948 1950 '55 1960 '65 1970 1975 1980 '85 1990 '95 1998

4,5

4. Rezession

3,41

3. Rezession

Nachkriegsarbeitslosigkeit, Zustrom von Vertriebenen

Ölpreiskrisen, Weltwirtschaftsflaute

2,24

1,83

1,87

2. Rezession

1,88

1,41

1. Rezession

1,07   0,88

Struktur- u. Kostenkrise, Zusammenbruch ganzer Wirtschaftszweige in Ostdeutschland

0,76

0,46

0,59

0,14

© Globus

4843

Jugendarbeitslosigkeit in Deutschland:

Unter den Schlechten mit am Besten

Jahresdurchschnittliche Arbeitslosenquote:

Anteil der unter 25-Jährigen an den zivilen Erwerbspersonen in Prozent

	1991	1992	1993	1994	1995	1996	1997
D	5,9	6,4	7,9	8,7	8,8	9,9	10,3
F	21,5	23,3	27,3	29,0	27,5	28,9	27,9
I	26,0	27,1	30,4	32,3	33,3	33,5	33,0
S	7,8	13,6	22,6	22,6	19,6	21,1	20,9
ES	31,1	34,6	43,4	45,0	42,5	41,9	39,1
EU-15	16,2	18,1	21,3	22,0	21,5	21,9	20,9
USA	13,4	14,2	13,3	12,5	12,1	12,0	–
J	4,4	4,5	5,1	5,5	6,1	6,7	–

Quelle: Eurostat

Jugend 97: Die Sorgen der Teens und Tweens
Auf die Frage: „Welches sind denn nach deiner Meinung die Hauptprobleme der Jugendlichen heute?", antworteten so viel Prozent der befragten Jugendlichen:

Arbeitslosigkeit	45
Drogen	36
Familie, Freunde	32
Lehrstellenmangel	28
Schule, Ausbildung	27
Zukunftsangst	21
Gewalt, Kriminalität	20
Geld	19
Gesundheit	19
Freizeitgestaltung	17
Umweltprobleme	11
Unzufriedenheit, Lustlosigkeit	9
Fehler der Politik	9
Erwachsenwerden	7
Konsumdenken	7

Mehrfachnennungen: Umfrage bei 2100 Jugendlichen im Alter von 12 bis 24 Jahren

Quelle: 12. Shell-Jugendstudie

II Mögliche Zukunftsszenarien für das Jahr 2020

Szenario 1:

Das Problem der Arbeitslosigkeit hat sich gravierend verschärft. Die Zahl der registrierten Arbeitslosen in Deutschland ist auf 8 Mio. angestiegen. Einschließlich der nicht erfassten Arbeitslosen (sog. stille Reserve) gehen realistische Schätzungen von 12 Mio. Personen ohne Beschäftigung aus. Die sozialen Sicherungssysteme befinden sich wegen der anhaltend hohen Arbeitslosigkeit in der Krise. Leistungen werden nur noch an Bedürftige gezahlt. Durch den rasanten technischen Fortschritt sind allein im industriellen Sektor über 2 Mio. Arbeitsplätze weggefallen, während in der Dienstleistungsbranche nicht in gleichem Maße neue Stellen geschaffen wurden. Insgesamt reagiert die Bevölkerung nur sehr schleppend und unflexibel auf den sich abzeichnenden bzw. bereits vollzogenen strukturellen Wandel von der Industrie- zur Dienstleistungs- und schließlich zur Wissens- und Informationsgesellschaft. Im internationalen Wettbewerb um Investitionen und Arbeitsplätze gerät Deutschland wegen standortspezifischer Nachteile immer mehr ins Hintertreffen. Insbesondere die vergleichsweise hohen Lohn- und Lohnnebenkosten halten ausländische Investoren von einem Engagement in Deutschland ab. Die Wirtschaft stagniert seit Jahren. Impulse für den Arbeitsmarkt sind aus konjunktureller Sicht nicht zu erwarten.

Szenario 2:

Die Bekämpfung der Arbeitslosigkeit bleibt eines der wichtigsten wirtschaftspolitischen Ziele. Darin sind sich die Bundesregierung und die Tarifpartner einig. Allein umstritten sind die jeweils für notwendig erachteten Maßnahmen. Ein Minimalkonsens im Rahmen von Bündnisgesprächen zwischen diesen Beteiligten führt deshalb nicht zu einem deutlichen Abbau der Arbeitslosigkeit. Insgesamt hat man sich mit einem Sockel von 3 bis 4 Mio. beschäftigungslosen Personen abgefunden. Die Bundesrepublik Deutschland kann ihre Stellung als eine der weltweit führenden Wirtschaftsnationen nur knapp behaupten. Vorbehalte der Bevölkerung und der Politik gegenüber neuen Technologien und veränderten Formen der Arbeit werden aufgegeben. Deutschland findet Anschluss in wichtigen Schlüsselbranchen der Zukunft wie Informations-, Bio- und Gentechnik. Die Abgabenbelastung der Arbeitnehmer hat ein Niveau erreicht, das zusätzliche Leistung kaum noch honoriert. Ein behutsamer Strukturwandel führt zur Verlagerung von Arbeitsplätzen aus dem produzierenden Gewerbe in den Dienstleistungssektor. Das Bildungs- und Ausbildungswesen bereitet die Absolventen umfassend auf die neuen Anforderungen des Arbeitsmarktes vor. Existenzgründungen werden erleichtert und das erreichte Wohlstandsniveau kann insgesamt gehalten werden, wobei wachsende Einkommens- und Vermögensunterschiede in der Gesellschaft festzustellen sind.

Szenario 3:

Es herrscht nahezu Vollbeschäftigung. Arbeitslosigkeit ist ein Relikt der Vergangenheit. Nur ein sehr geringer Prozentsatz friktionell und saisonal bedingter Arbeitslosigkeit ist anzutreffen. Die Anzahl der offenen Stellen übersteigt das Arbeitskräfteangebot bei weitem. 90 % der Beschäftigten arbeiten im Dienstleistungssektor. Feste sozialversicherungspflichtige Beschäftigungsverhältnisse sind die Ausnahme. Die meisten Mitarbeiter sind zugleich Mitunternehmer mit erfolgsabhängiger Bezahlung. Sie sind sehr gut qualifiziert und verfügen über eine ausgesprochen große Bereitschaft zur Mobilität, Flexibilität und Anpassungsfähigkeit. Unternehmerisches und risikobehaftetes Denken wird als Chance erkannt. Eigenvorsorge tritt an die Stelle einer allumfassenden staatlichen Absicherung. In der Gesellschaft besteht eine breite Akzeptanz für technische und wissenschaftliche Innovationen. Das reale Pro-Kopf-Einkommen in der Bundesrepublik Deutschland steigt seit Jahren mit Wachstumsraten zwischen 5 % und 10 %. Allerdings driftet auch die Schere zwischen Arm und Reich weiter auseinander. Die Wirtschaft befindet sich in der Phase der Hochkonjunktur. Aufbruchstimmung und Optimismus sind weit verbreitet. Ausländische Direktinvestitionen in Deutschland erreichen ihre historischen Höchststände. International gilt Deutschland als der führende Wirtschaftsstandort.

III Thesen zu möglichen Wegen aus der Arbeitslosigkeit

These 1:

Es gibt nur drei Wege zur raschen Senkung der Arbeitslosigkeit, die jedoch letztlich in einen münden: die Verminderung des Lebensstandards breiter Bevölkerungsschichten. Der erste Weg ist eine spürbare Senkung der Arbeitskosten, der zweite eine deutliche Verminderung der individuellen Arbeitszeit ohne jeden Lohnausgleich und der dritte die Erschließung oft niedrig produktiver und folglich schlecht bezahlter kleiner Dienste.

Quelle: Miegel, Meinhard: Die Macht des Wissens – sechs Thesen zur Zukunft der Arbeit, in: Future, Heft 2/1998, S. 29.

These 2:

Die meisten Länder Kontinentaleuropas bilden schon lange keine dynamischen Gesellschaften mehr. Um wieder in die Liga der Leistungsgesellschaften des 21. Jahrhunderts aufzusteigen, bedarf es einer grundlegenden Umorientierung. Vor allem wird es darauf ankommen, dass die Leistungs- und Verantwortungsbereitschaft des Einzelnen eine deutlich größere, der Staat hingegen eine geringere Rolle spielen wird.

Quelle: Miegel, Meinhard: Die Macht des Wissens – sechs Thesen zur Zukunft der Arbeit, in: Future, Heft 2/1998, S. 29.

These 3:

Der größte Teil der Arbeitslosigkeit in Deutschland ist struktureller Natur. Ein konjunktureller Aufschwung kann nur wenig dazu beitragen, die von struktureller Arbeitslosigkeit Betroffenen in den Arbeitsmarkt zu integrieren. Der Übergang von der Industrie- zur Dienstleistungswirtschaft muss forciert werden.

Quelle: Bediner, Thesen zum Bündnis für Arbeit, in: Handelsblatt vom 7.12.1998, S. 49.

These 4:

Das knappe Gut Arbeit muss besser auf die Arbeitskräftenachfrage verteilt werden. Eine generelle Verkürzung der Wochen-, Jahres- und Lebensarbeitszeit verbunden mit entsprechenden Einkommensabschlägen ist deshalb ebenso geboten wie die verstärkte Schaffung von Teilzeitarbeitsplätzen.

These 5:

Damit sich mehr Beschäftigung auch im Dienstleistungssektor entwickeln kann, müssen die Deutschen umdenken. Persönliche Dienstleistungen sind keine Arbeit zweiter Klasse.

Quelle: Bediner, Thesen zum Bündnis für Arbeit, in: Handelsblatt vom 7.12.1998, S. 50.

These 6:

Neue Wege in der Aus- und Fortbildung müssen beschritten werden. Der Arbeitsmarkt der Zukunft benötigt flexible und mobile Bewerber mit hoher Lern- und Anpassungsfähigkeit, die in unternehmerischen Kategorien denken können. Existenzgründungen müssen organisatorisch erleichtert und finanziell stärker unterstützt werden.

These 7:

Neben der bezahlten Erwerbsarbeit muss ein Teil der Bevölkerung auch für gemeinnützige produktive Tätigkeiten ohne Entlohnung herangezogen und beschäftigt werden.

18 Konjunktur und Wachstum

18.0 Wirtschaftslage in der Bundesrepublik Deutschland um die Jahreswende 1998/99

● In welcher konjunkturellen Situation befand sich die Bundesrepublik Deutschland Ende des Jahres 1998?

Wirtschaftliche Eckdaten für Deutschland

	Einheit	1993	1994	1995	1996	1997	1998[1]	1999[1]
Bruttoinlandsprodukt	v.H.[2]	− 1,2	2,7	1,2	1,3	2,2	2¾	2
Westdeutschland	v.H.[2]	− 2,0	2,1	0,9	1,1	2,3	2¾	2
Ostdeutschland	v.H.[2]	9,3	9,6	4,4	3,2	1,7	2	2
Inlandsnachfrage[3]	v.H.[2]	− 1,4	2,7	1,4	0,7	1,4	2½	2
Ausrüstungsinvestitionen	v.H.[2]	− 14,4	− 1,0	1,6	1,9	3,9	8	5½
Bauinvestitionen	v.H.[2]	1,3	6,5	− 1,0	− 3,1	− 2,5	− 3¾	¾
Privater Verbrauch	v.H.[2]	0,1	1,2	1,8	1,6	0,5	1½	2¼
Staatsverbrauch	v.H.[2]	− 0,5	2,1	2,0	2,7	− 0,7	1	1¼
Außenbeitrag[4]	Mrd. DM	− 11,15	− 11,17	− 17,04	0,02	24,63	31	32½
Produktionspotenzial	v.H.[2]	2,7	2,8	2,0	2,1	1,8	2	2¼
Westdeutschland	v.H.[2]	2,2	2,2	1,6	1,7	1,5	1¾	2
Erwerbstätige (Inland)[5]	Tausend	− 623	− 235	− 126	− 437	− 461	− 3	74
Westdeutschland	Tausend	− 455	− 346	− 192	− 308	− 272	37	84
Ostdeutschland	Tausend	− 168	111	66	− 129	− 189	− 40	− 10
Registrierte Arbeitslose	Tausend	3 419	3 698	3 612	3 965	4 384	4 273	4 115
Westdeutschland	Tausend	2 270	2 556	2 565	2 796	3 021	2 900	2 775
Ostdeutschland	Tausend	1 149	1 142	1 047	1 169	1 364	1 373	1 340
Arbeitslosenquote[6]	v.H.	8,8	9,6	9,4	10,3	11,4	11,2	10,8
Westdeutschland	v.H.	7,3	8,3	8,4	9,1	9,9	9,5	9,1
Ostdeutschland	v.H.	14,9	14,6	13,5	15,0	17,5	17,7	17,4
Verbraucherpreise[7]	v.H.	4,5	2,7	1,8	1,5	1,8	1	1½
Defizitquote nach „Maastricht"[8]	v.H.	3,2	2,4	3,3	3,4	2,7	1,9	1,8

Quelle: Jahresgutachten des Sachverständigenrats 1998/99

[1] 1998: Eigene Schätzung, 1999: Prognose
[2] In Preisen von 1991; Veränderung gegenüber dem Vorjahr.
[3] Letzte inländische Verwendung (Privater Verbrauch, Staatsverbrauch, Anlageinvestitionen und Vorratsveränderung).
[4] Ausfuhr (Waren und Dienste) abzüglich Einfuhr (Waren und Dienste). In Preisen von 1991.
[5] Veränderung gegenüber dem Vorjahr in Tausend.
[6] Anteil der registrierten Arbeitslosen an den Erwerbspersonen (Erwerbstätige nach dem Inländerkonzept plus Arbeitslose).
[7] Preisindex für die Lebenshaltung aller privaten Haushalte (1991 = 100); Veränderung gegenüber dem Vorjahr.
[8] Finanzierungsdefizit des Staates (Gebietskörperschaften und Sozialversicherung) in der Abgrenzung der Volkswirtschaftlichen Gesamtrechnungen nach dem ESVG in Relation zum nominalen Bruttoinlandsprodukt.

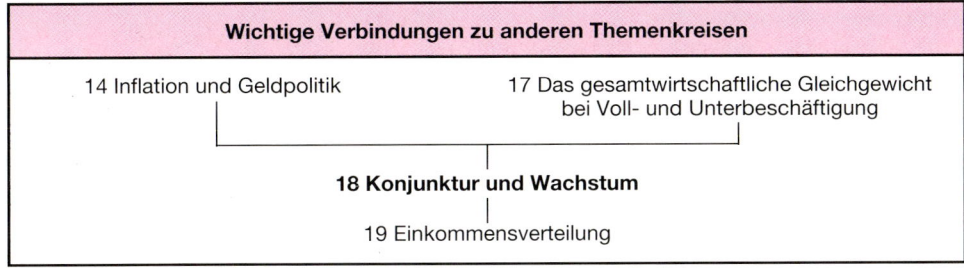

Wichtige Verbindungen zu anderen Themenkreisen

14 Inflation und Geldpolitik

17 Das gesamtwirtschaftliche Gleichgewicht bei Voll- und Unterbeschäftigung

18 Konjunktur und Wachstum

19 Einkommensverteilung

Abbildung 18.0.1

█████ INFORMATION

18.1 Schwankungen wirtschaftlicher Aktivität

In einer Marktwirtschaft hängt der Ablauf des Wirtschaftsprozesses von einer Vielzahl von Einzelentscheidungen ab, die von den einzelnen Haushalten und Unternehmen getroffen werden. Hinzu kommt noch der Staat als Wirtschaftssubjekt. Auf dem Markt werden diese Einzelpläne über die Funktionen des Preises koordiniert. Die Erfahrung zeigt, dass selbst ein funktionierender Preismechanismus nicht verhindern kann, dass sich der Wirtschaftsprozess in mehr oder minder großen Schwankungen vollzieht. Dabei können **saisonale** Schwankungen, **konjunkturelle** Schwankungen und **trendmäßige Entwicklungen** der wirtschaftlichen Aktivität unterschieden werden. Untersucht man Zeitreihen, die eine wirtschaftliche Entwicklung darstellen (z. B. die Entwicklung des Bruttosozialprodukts), dann ist meist der Einfluss aller drei Komponenten festzustellen.

Komponenten wirtschaftlicher Entwicklung

saisonale Schwankungen   **konjunkturelle Schwankungen**   **Trend**

Abbildung 18.1.1

Saisonale Schwankungen sind jahreszeitlich (innerhalb eines Jahres) regelmäßig eintretende Marktveränderungen für bestimmte Erzeugnisse.

Saisonschwankungen

Baugewerbe: Winterpause während der Frostperiode.

Landwirtschaft: Hauptbeschäftigungszeit während der Ernte.

Handel: Umsatzspitzen während des Winter- und Sommerschlussverkaufs.

Saisonale Schwankungen sind meist nur in Teilbereichen der Wirtschaft zu beobachten, z. B. im Bereich der Automobilindustrie oder der Textilindustrie. Sie haben ihre Ursache in dem Wechsel der Jahreszeiten oder in menschlichen Sitten und Gebräuchen.

Konjunkturelle Schwankungen betreffen nicht Teilbereiche der Wirtschaft, sondern das gesamte Wirtschaftsleben. Will man den Konjunkturverlauf beobachten und erklären, dann muss man den saisonalen Einfluss auf die erkennbaren Schwankungen zuerst neutralisieren. Wenn der Absatz von Skiern im Dezember regelmäßig 30 % über dem Jahresdurchschnitt liegt, dann kann für die Konjunkturbeobachtung nur der Teil der Absatzsteigerung Beachtung finden, der über 30 % hinausgeht.

Konjunkturelle Schwankungen sind rhythmisch wiederkehrende Veränderungen der wirtschaftlichen Aktivität in der gesamten Wirtschaft, deren Phasen länger als ein Jahr dauern.

Die in statistischen Zeitreihen erkennbare Grundrichtung der wirtschaftlichen Entwicklung wird als **Trend** bezeichnet. In einer **wachsenden Wirtschaft** weist der Trend von Produktion und Nachfrage eine positive Steigung auf, in einer **stagnierenden Wirtschaft** hat er die Steigung Null, in einer **rückläufigen Wirtschaft** hat er eine negative Steigung.

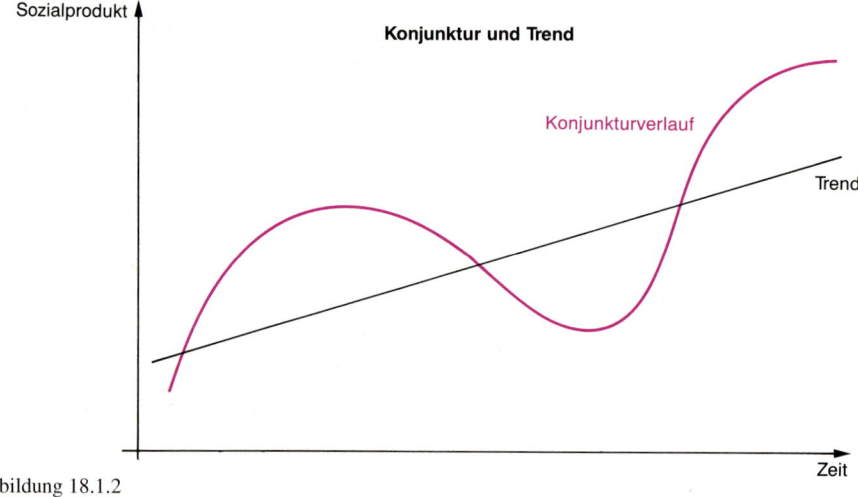

Abbildung 18.1.2

Als Trend bezeichnet man eine von der Zeit abhängige Grundrichtung der wirtschaftlichen Entwicklung, die unabhängig von wirtschaftlichen Schwankungen ist.

18.2 Phasen und Indikatoren des Konjunkturverlaufs

Ein Konjunkturzyklus besteht aus den beiden Abschnitten **Aufschwung** und **Abschwung.** Dazwischen liegt der obere Wendepunkt. Diese beiden Abschnitte lassen sich weiter unterteilen, sodass sich eine Einteilung des Konjunkturverlaufs in vier Phasen ergibt:

● **Erholungsphase.** Nach der Überwindung des unteren Wendepunktes beginnt der Aufschwung mit der Erholungsphase. Produktion und Beschäftigung nehmen zu, die Produktionskapazitäten werden besser ausgelastet.

● **Boom.** Das tatsächliche Bruttosozialprodukt hat einen mittleren Durchschnittswert überschritten und ist nahe dem möglichen (potenziellen) Sozialprodukt. Arbeitskräfte und andere Produktionsfaktoren werden knapp. Das Wachstum verlangsamt sich. Der obere Wendepunkt ist erreicht, wenn der Auslastungsgrad des Produktionspotenzials von 100 % beträgt.[1]

● **Rezession.** Der obere Wendepunkt ist überschritten. Die Wirtschaft wächst nicht mehr, sondern schrumpft. Produktion und Gewinne sinken. Zuerst in der Investitionsgüterindustrie und dann in der Konsumgüterindustrie kommt es zu Entlassungen. Arbeitslosigkeit entsteht. Der mittelfristige Durchschnitt ist jedoch noch nicht erreicht.

[1] Zu dem Begriff des gesamtwirtschaftlichen Produktionspotenzials siehe 1.2.2 und 1.3.2.

- **Depression.** Die Arbeitslosigkeit ist jetzt höher als im mittelfristigen Durchschnitt, die Produktionskapazitäten sind geringer ausgelastet, die Investitionstätigkeit ist sehr gering, die Liquidität der Banken sehr groß. Das Niveau der wirtschaftlichen Aktivität ist so gering, dass der Schrumpfungsprozess zum Stillstand kommt und in einen neuen Aufschwung übergeleitet wird.

Es ist unmöglich, die einzelnen Konjunkturphasen scharf voneinander zu trennen. Deshalb werden in der Praxis der Wirtschaftsforschung in der Regel nur die beiden Abschnitte Aufschwung und Abschwung unterschieden. Dabei legt man den oberen Wendepunkt dort fest, wo die Wachstumsrate des Bruttosozialprodukts negativ wird.

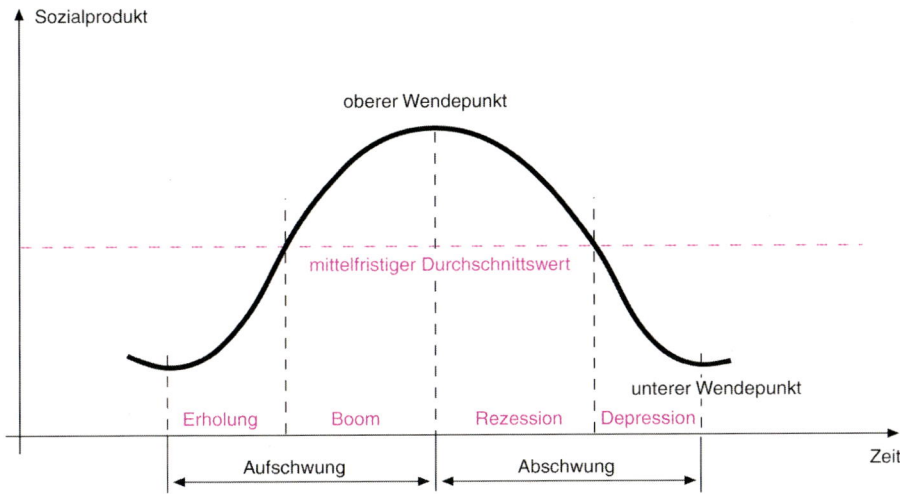

Abbildung 18.2.1

Messgrößen zur Erfassung konjunktureller Schwankungen (**Konjunkturindikatoren**) müssen das Ausmaß der wirtschaftlichen Aktivität widerspiegeln. Dabei werden Präsensindikatoren, Frühindikatoren und Spätindikatoren unterschieden.

Präsensindikatoren zeigen den gegenwärtigen Zustand der Konjunktur. Geeignete Präsensindikatoren sind z. B.

- das Bruttosozialprodukt zu Marktpreisen (zu konstanten Preisen),
- die Auslastung des Produktionspotenzials,
- die Einzelhandelsumsätze,
- die Anzahl der abhängig Beschäftigten,
- die Arbeitslosenquote.

In einem Industrieland wie der Bundesrepublik Deutschland kann die **Industrieproduktion** als repräsentativ für die wirtschaftliche Aktivität in der Volkswirtschaft gelten.

Frühindikatoren zeigen an, wie der Verlauf der Konjunktur in den nächsten Monaten sein wird. Zu den wichtigsten Frühindikatoren zählen der **Auftragseingang in der Industrie** und die **Baugenehmigungen im Hochbau.**

Spätindikatoren hinken hinter der Konjunkturentwicklung nach. Sie zeigen oft noch Aufwärtsbewegungen an, wenn der Abschwung bereits begonnen hat. Spätindikatoren sind z. B. der **Preisindex für die Lebenshaltung aller privaten Haushalte** und das **Masseneinkommen.** Die Preissteige-

rungen fallen oft in die Phase des Abschwungs, weil in der Aufschwungphase die Produktion zunächst noch durch eine verbesserte Auslastung des Produktionspotenzials gesteigert werden kann. Erst danach steigen die Preise. Ein weiterer Grund ist der, dass das Masseneinkommen im Aufschwung mit einer gewissen Verzögerung steigt.

18.3 Ursachen konjunktureller Schwankungen

18.3.1 Endogene und exogene Theorie

Die Theorien zur Erklärung konjunktureller Schwankungen können in die beiden Gruppen der endogenen und der exogenen Theorien eingeteilt werden. Die **endogenen Konjunkturtheorien** sehen die Ursache der konjunkturellen Schwankungen im Wirtschaftssystem. Sie nehmen an und versuchen nachzuweisen, dass die Konstruktion der Marktwirtschaft so beschaffen ist, dass die Antriebskräfte des Aufschwungs notwendigerweise in den Boom, dann in den Abschwung und schließlich in die Depression führen. Auf die Depression folgt zwangsläufig wieder der Aufschwung.

Das Schaukelstuhlbeispiel

Wir vergleichen das Wirtschaftssystem mit einem Schaukelstuhl. Die Konstruktion des Stuhles schafft die Voraussetzung dafür, dass der Stuhl überhaupt schwingen und nicht nur feststehen kann, wie ein gewöhnlicher Küchenstuhl. Damit der Stuhl aber schwingt, bedarf es eines Anstoßes von außen. Die Art der Schwingungen wird von der Konstruktion des Schaukelstuhles bestimmt. Die Konstruktion ist eine **endogene Ursache** für die Schwingungen. Die zur Schwingbewegung notwendigen Anstöße von außen entsprechen den **exogenen Faktoren.**

Exogene Konjunkturtheorien sehen die Ursachen konjunktureller Schwankungen nicht in der Konstruktion des Wirtschaftssystems, sondern in Anstößen von außen. Veränderungen der Bevölkerung, Gebietsabtretungen, Kriege, technische Neuerungen, psychologische Faktoren wie der Optimismus oder Pessimismus der Unternehmer, ja sogar kosmisch-physikalische Gesetzmäßigkeiten wie das Auftreten von Sonnenflecken wurden als exogene Faktoren in Konjunkturtheorien berücksichtigt.

Es ist unmöglich, allein mit exogenen Faktoren einen Konjunkturzyklus zu erklären. Immer muss die Reaktion des Wirtschaftssystems in die Überlegungen einbezogen werden.

18.3.2 Rein monetäre Konjunkturtheorie

Die rein monetäre Konjunkturtheorie erklärt den Konjunkturzyklus allein aus Veränderungen im Geldstrom. Nichtmonetäre Faktoren wie Kriege, Erdbeben, Streiks, Missernten können nach dieser Theorie nur Teildepressionen in einzelnen Wirtschaftszweigen oder auch eine allgemeine Verarmung herbeiführen. Unausgenutzte Produktionskapazitäten und Arbeitslosigkeit in allen Wirtschaftszweigen sind immer von monetären Faktoren hervorgerufen.

Der **Aufschwung** wird durch Kreditexpansion erreicht. Das Hauptinstrument ist die Senkung des Leitzinses (s. 14.5.3). Die Wirtschaft wird damit zu einer vermehrten Kreditaufnahme veranlasst.

Der **Abschwung** beginnt dann, wenn die Kreditexpansion aufhört. Ohne Beendigung der Kreditexpansion ginge der Aufschwung unbegrenzt weiter, wenn auch auf Kosten von Preissteigerungen. Die Erholung folgt auf den Aufschwung, weil sich bei den Banken übernormale Reserven angesammelt haben. Deshalb senken die Banken den Zinsfuß. Es gibt beinahe immer Leute, die bei sehr niedrigem Zinssatz bereit sind, Kredite aufzunehmen. Ist dies nicht der Fall, dann muss die Offenmarktpolitik eingesetzt werden (s. 14.5.4).

Die rein monetäre Konjunkturtheorie weist auf die Wirkungen des Kreditsystems hin, die jede Konjunkturerklärung beachten muss. Man kann auch zustimmen, dass sehr häufig eine Kreditrestriktion Ursache für den Konjunkturumschwung ist. Die Beobachtung der wirtschaftlichen Wirklichkeit zeigt aber, dass es auch andere Ursachen für konjunkturelle Schwankungen gibt. Auch mit einer Kreditexpansion lässt sich der wirtschaftliche Aufschwung nicht endlos fortsetzen. Inflation und Arbeitslosigkeit können durchaus zusammentreffen.

18.3.3 Überinvestitionstheorie

Alle Überinvestitionstheorien sehen die Ursache für die Depression darin, dass die Kapitalgüterindustrien im Vergleich zu den Konsumgüterindustrien überentwickelt sind. Das vertikale Ungleichgewicht hat sich im Aufschwung entwickelt.

Die Entstehung der Überinvestition in der Investitionsgüterindustrie kann mit dem **Akzelerationsprinzip** erklärt werden.

Nachfrage nach Konsumgütern	Maschinen-ausstattung	Nachfrage nach Maschinen		
		Ersatzinv.	Neuinv.	Insgesamt
1 000	500	50	–	50
1 200	600	50	100	150
1 200	600	60	–	60

(> 20% zwischen 1 000 und 1 200; > 200% zwischen 50 und 150)

Tabelle 18.3.1

Die Kapazitäten waren in unserem Beispiel ausgelastet, bevor sich die Konsumgüternachfrage um 20 % erhöhte. Um die Konsumgüter produzieren zu können, musste eine Neuinvestition von 100 vorgenommen werden. Hält diese Nachfragesteigerung einige Zeit an, dann richten sich die Investitionsgüterindustrien auf die Kapazität von 600 ein. Bleibt die Nachfrage nach Konsumgütern eines Tages nur gleich, ohne absolut nachzulassen, dann sind die Kapazitäten der Investitionsgüterindustrie zu groß und nicht mehr ausgelastet. Das vertikale Ungleichgewicht ist entstanden. Die Kapazitäten der Investitionsgüterindustrie können nur noch ausgelastet werden, wenn die Nachfrage nach Konsumgütern ständig wächst!

> In der Überinvestitionstheorie ist die Veränderung der Nachfrage nach Konsumgütern die Krisenursache. Die Veränderung der Konsumgüternachfrage führt aufgrund der Wirkung des Akzelerationsprinzips zu Überinvestitionen in der Investitionsgüterindustrie.

Andere Vertreter der Überinvestitionstheorie betonen mehr die **monetären Ursachen** für das Entstehen der Überinvestition. Nach dieser Auffassung beginnt der Aufschwung mit einer Geld- und Kreditschöpfung. Das vergrößerte Geldangebot führt zu einer Zinssenkung. Die Kreditverbilligung bewirkt eine Zunahme der Investitionen. Der Abschwung folgt, weil das Banksystem entweder nicht in der Lage oder abgeneigt ist, die Kreditexpansion fortzusetzen, oder weil sich im Aufschwung ein vertikales Ungleichgewicht entwickelt hat. Der Aufschwung beginnt dann wieder, wenn der Pessimismus dem Optimismus weicht und der Geldzinsfuß als niedrig empfunden wird.

> Alle Überinvestitionstheorien unterscheiden sich von der rein monetären Konjunkturtheorie darin, dass sie ein tatsächliches vertikales Ungleichgewicht in der Wirtschaft sehen und nicht annehmen, dass die Depression durch monetäre Maßnahmen endlos hinausgeschoben werden kann.

18.3.4 Unterkonsumtionstheorien

Alle Unterkonsumtionstheorien legen den Nachdruck auf die Erklärung des Abschwunges. **Der Abschwung wird dadurch verursacht, dass ein zu großer Teil des laufenden Einkommens gespart wird.** Die Nachfrage nach Krediten ist kleiner als die Ersparnisse. Dadurch entsteht ein Nachfrageausfall, der zur Deflation führt. Die gleiche Wirkung tritt ein, wenn Geld gehortet wird und deshalb nicht zu Investitionen genutzt werden kann.

Dass die Sparsumme übermäßig groß wird, lässt sich mit der Entwicklung der Löhne erklären. Wenn sie im Aufschwung nicht in genügendem Maße steigen, dann entstehen daraus bei den Unternehmern überproportional steigende Gewinne. Das zusätzliche Einkommen fließt damit höheren Einkommensschichten zu, die daraus prozentual mehr sparen als niedrigere Einkommensschichten. Die überproportional gestiegenen Gewinne führen bei den Unternehmern zu übermäßigen Investitionen. Die Investitionsgüterindustrie entwickelt sich im Verhältnis zur Konsumgüterindustrie zu stark, weil die Unternehmer als Folge der ungenügenden Lohnsteigerung die Verbindung mit der Nachfrage verloren haben.

Erklärungsversuche für Konjunkturschwankungen in der Theorie		
Rein monetäre Konjunkturtheorie	**Überinvestitionstheorie**	**Unterkonsumtionstheorie**
Ursache für den Konjunkturzyklus sind ausschließlich Veränderungen im Geldstrom. Der Aufschwung beginnt durch Kreditexpansion. Der Abschwung beginnt dann, wenn die Kreditexpansion aufhört.	Die Ursache für die Depression liegt darin, dass die Investitionsgüterindustrie im Verhältnis zur Konsumgüterindustrie überentwickelt ist. Das Ungleichgewicht hat sich im Aufschwung entwickelt.	Der Aufschwung wird dadurch verursacht, dass ein zu großer Teil des laufenden Einkommens gespart wird. Die Nachfrage nach Krediten ist kleiner als die Summe aller Ersparnisse. Dadurch entsteht ein Nachfrageausfall, der zur Deflation führt.

Tabelle 18.3.1

Die verschiedenen Konjunkturtheorien unterscheiden sich hauptsächlich in der Betonung bestimmter Faktoren, die Theorien müssen sich nicht gegenseitig ausschließen oder widersprechen. Die Erfahrung zeigt, dass es Theorien, die Konjunkturschwankungen auf nur eine Ursache zurückführen wollen (monokausale Theorien), nicht gelingt, die Konjunktur hinreichend zu erklären.

18.4 Konjunkturpolitik

18.4.1 Grundpositionen der Konjunkturpolitik

Unter **Konjunkturpolitik** wird die Gesamtheit aller Maßnahmen verstanden, die auf die Dämpfung der konjunkturellen Schwankung einwirken sollen. Man unterscheidet zwei stabilitätspolitische Konzepte:

● **Stabilisierungspolitik** (antizyklische Stabilitätspolitik) und
● **Verstetigungspolitik**

Der **antizyklische Ansatz** der so genannten **Fiskalisten** beruht auf den Theorien des englischen Wirtschaftswissenschaftlers **John Maynard Keynes.** Danach soll staatliche Wirtschaftspolitik mit Mitteln der Globalsteuerung **fallweise** zur Stabilität der Konjunktur eingreifen, da es ohne staatliches Eingreifen zu schweren wirtschaftlichen Störungen kommen werde (s. 17.6).

Er wies in seinem 1936 veröffentlichten Buch „General Theory of Employment, Interest and Money" darauf hin, dass Unterbeschäftigung in der Marktwirtschaft nicht nur eine vorübergehende Erscheinung, sondern auch ein dauerhafter Zustand sein kann. Die Begründung dafür, dass man nicht auf das von der klassischen Theorie behauptete Wirken des Marktmechanismus warten könne, gab er mit der treffenden Bemerkung: „In the long run, we all are dead."[1]

Diesem Ansatz stehen die **Monetaristen** gegenüber, die von dem Nobelpreisträger für Wirtschaftswissenschaften **Milton Friedman**[2] angeführt werden (s. 18.4.5). Nach dieser Auffassung sind die staatlichen Eingriffe in den Wirtschaftsprozess oft erst die Ursachen für wirtschaftliche Schwankungen. Schon wegen der großen Unsicherheit bei der Einschätzung der Wirkungen staatlicher Eingriffe soll der Staat solche fallweisen Eingriffe unterlassen. Die Wirtschaftspolitik soll den Nachdruck auf die Schaffung stabiler Rahmenbedingungen legen. Dazu gehört auch die Formulierung von Regeln für die stetige Entwicklung von ökonomischen Größen, die den Wirtschaftsprozess bestimmen. Solche Regeln sind vornehmlich für die Geldpolitik formuliert und praktiziert worden. Die Deutsche Bundesbank gab z.B. regelmäßig für das kommende Jahr die geplante Zuwachsrate für die Geldmenge bekannt.

Die Konjunkturpolitik der Bundesregierung ist weder eindeutig der Stabilisierungspolitik noch der Verstetigungspolitik zuzuordnen. Die Skepsis gegenüber der antizyklischen Stabilitätspolitik nimmt jedoch allgemein zu.

18.4.2 Fiskalismus

In allen Konjunkturphasen besteht die Grundsituation, dass das gesamtwirtschaftliche Angebot und die gesamtwirtschaftliche Nachfrage nicht gleich groß sind. Im Aufschwung besteht eine inflationäre, im Abschwung eine deflationäre Lücke (s. 17.8.3). Konjunkturschwankungen kann man als Anpassungsbewegungen ansehen, die aus inflationären oder deflationären Lücken entstehen.

Nach Keynes hat die staatliche Konjunkturpolitik die Aufgabe, diese inflationären bzw. deflationären Lücken zu schließen. Die Geldpolitik der Zentralbank (s. 14.5) hält er als Mittel der Konjunkturpolitik für ungeeignet. Nach seiner Meinung wirken geldpolitische Mittel, wie etwa eine Veränderung des Mindestreserve- oder des Leitzinses, erst mit einer langen Verzögerungszeit, wenn sie überhaupt wirken. Es bestehe sogar die Gefahr, dass z.B. eine geldpolitische Maßnahme zur Überwindung des Abschwungs erst wirkt, wenn der Aufschwung bereits begonnen hat; diese Maßnahme würde dann prozyklisch statt antizyklisch wirken. Außerdem sei die Wirkungskette, mit der beim Einsatz geldpolitischer Mittel gerechnet wird, sehr unsicher. Es sei ungewiss, ob eine Erleichterung der Geldschöpfungsmöglichkeiten für die Geschäftsbanken auch zu einer erhöhten Kreditnachfrage und damit auch zu einer erhöhten gesamtwirtschaftlichen Nachfrage führe. „Man kann die Pferde zur Tränke führen, aber man kann sie nicht zum Saufen zwingen."

Nach Auffassung der Fiskalisten soll der Staat mithilfe der staatlichen Ausgaben- und Steuerpolitik Einfluss auf die gesamtwirtschaftliche Nachfrage nehmen und dadurch antizyklisch und stabilisierend wirken. In einem Abschwung soll er die Lücke der gesamtwirtschaftlichen Nachfrage ausfüllen, die durch die Zurückhaltung der privaten Investoren und der Verbraucher entstanden ist. Über die öffentlichen Haushalte soll **Fiskalpolitik** betrieben werden.

> Als Fiskalpolitik bezeichnet man den Einsatz der öffentlichen Finanzen zur Verwirklichung gesamtwirtschaftlicher Ziele.

---

[1] „Die lange Sicht ist ein schlechter Führer in Bezug auf die laufenden Dinge. Auf lange Sicht sind wir alle tot." Keynes, J. M., Ein Traktat über die Währungsreform, München und Leipzig 1924, S. 85, zitiert nach Zimmerer, Kompendium der Wirtschafts- und Sozialpolitik, Düsseldorf 1959, S. 238.

[2] Friedman, Milton, geb. 1912, amerikanischer Wirtschaftswissenschaftler, Nobelpreisträger für Wirtschaft 1976.

In einer Phase nachlassender wirtschaftlicher Aktivität soll der Staat mehr ausgeben als er einnimmt. Staatsausgaben bei ausgeglichenem Haushalt würden nur Privatausgaben ersetzen, die gesamtwirtschaftliche Nachfrage aber nicht verändern. Soll die gesamtwirtschaftliche Nachfrage über Staatsausgaben erhöht werden, dann entsteht im öffentlichen Haushalt ein Finanzierungsdefizit. Die damit betriebene Politik wird als **Deficit Spending** bezeichnet.

> Deficit Spending ist ein Instrument der Konjunkturpolitik, bei dem über ein geplantes Defizit im öffentlichen Haushalt die gesamtwirtschaftliche Nachfrage erhöht werden soll.

Die zusätzlichen Ausgaben des Staates werden durch die Multiplikator- und Akzeleratorwirkung noch verstärkt (s. 17.9 und 17.10). Die für die zusätzliche Nachfrage benötigte Geldmenge entsteht nach Meinung der Fiskalisten von selbst, da die Geldmenge weitgehend von der Größe des Sozialprodukts abhängt. Die Geldpolitik hat für die Fiskalisten im Rahmen der Konjunkturpolitik keine zentrale Bedeutung. Sie kann die Fiskalpolitik aber unterstützen, indem sie günstige Rahmenbedingungen schafft.

Bei überhitzter Konjunktur kann der Staat im Rahmen der Fiskalpolitik mit Haushaltsüberschüssen bewirken, dass die gesamtwirtschaftliche Nachfrage sinkt. Setzt der Staat Haushaltsüberschüsse und Haushaltsdefizite als Mittel der Konjunkturpolitik ein, dann betreibt er **antizyklische Finanzpolitik.**

> Finanzierungsdefizite des öffentlichen Haushalts wirken konjunkturbelebend, Kassenüberschüsse wirken konjunkturdämpfend.

18.4.3 Das Gesetz zur Förderung der Stabilität und des Wachstums

Mit dem Gesetz zur Förderung der Stabilität und des Wachstums der Wirtschaft (Stabilitätsgesetz), das 1967 in Kraft trat, wurde in der Bundesrepublik Deutschland die Möglichkeit geschaffen, die gesamtwirtschaftliche Nachfrage über den öffentlichen Haushalt zu steuern. Das Gesetz beruht auf den Anregungen der Keynes'schen Theorie, d. h. in dem Gesetz steht die Nachfragesteuerung gegenüber der Einflussnahme auf das Angebot deutlich im Vordergrund.

Als **Ziele der Wirtschaftspolitik** nennt das Gesetz Stabilität des Preisniveaus, hoher Beschäftigungsstand, außenwirtschaftliches Gleichgewicht und stetiges sowie angemessenes Wirtschaftswachstum (s. 9.2). Den Trägern der Wirtschaftspolitik, insbesondere den öffentlichen Haushalten, stellt das Gesetz **haushalts-, steuer- und kreditpolitische Instrumente** zur Verfolgung dieser Ziele zur Verfügung.

▶ Antizyklische Haushaltspolitik

In der Hochkonjunktur soll dem Wirtschaftskreislauf Kaufkraft entzogen und stillgelegt werden. Bund und Länder können einen Teil ihrer Mittel einer **Konjunkturausgleichsrücklage** in Form einer unverzinslichen Einlage bei der Deutschen Bundesbank zuführen. Die stillgelegten Mittel bewirken einen Liquiditätsentzug bei den Geschäftsbanken. Die Zuführung zur Konjunkturausgleichsrücklage ist freiwillig. Ist eine Störung des gesamtwirtschaftlichen Gleichgewichts bereits eingetreten, dann kann die Bundesregierung die Zuführung zur Konjunkturausgleichsrücklage in begrenztem Umfang anordnen. Die Stilllegung von Mitteln kann auch durch **Rückzahlung von Krediten** erfolgen.

Bei einer Abschwächung der Konjunktur soll die Auflösung der Konjunkturausgleichsrücklage dem öffentlichen Haushalt zusätzliche Ausgaben ermöglichen, um die gesamtwirtschaftliche Nachfrage zu erhöhen.

▶ *Antizyklische Steuerpolitik*

Haushaltspolitische Maßnahmen erfassen nur den öffentlichen Bereich. Bei den steuerpolitischen Instrumenten des Gesetzes soll die Möglichkeit gegeben werden, auf die gesamtwirtschaftliche Nachfrage im privaten Sektor Einfluss zu nehmen. Die Dauer der steuerpolitischen Maßnahmen ist im Gesetz zeitlich begrenzt. Zur Anregung der Nachfrage nach Investitionsgütern sieht das Gesetz eine „Investitionsprämie" für bestimmte Investitionen in Form eines **Abzugs von der Einkommen- und Körperschaftsteuer** vor. Zur Anregung der Nachfrage nach Konsumgütern kann eine **Senkung der Einkommens- und Körperschaftsteuer** um bis zu 10 % durchgeführt werden. Zur Konjunkturdämpfung ist die vorübergehende **Aussetzung aller Formen von Sonderabschreibungen** möglich.

▶ *Kreditpolitische Instrumente*

Das Stabilitätsgesetz gibt der Bundesregierung die Möglichkeit, mit Zustimmung des Bundesrates für alle öffentlichen Haushalte die Neuaufnahme von Krediten einzuschränken. Diese **Kreditlimitierung** ist eines der schärfsten Mittel der Gesetze.

18.4.4 Monetarismus

Die Widerlegung der klassischen Theorie, die bis zur großen Wirtschaftskrise in den 30er Jahren allgemein anerkannt wurde, bedeutet eine revolutionäre Wende der Wirtschaftstheorie. Die Ideen von Keynes blieben aber nicht ohne Widerspruch. Als Grundbewegung entstand der Monetarismus. Hauptvertreter der Monetaristen ist der Nobelpreisträger für Wirtschaftswissenschaften **Milton Friedman.**

Die Monetaristen gehen - im Gegensatz zu Keynes - davon aus, dass in einer Marktwirtschaft der private Sektor grundsätzlich stabil ist. In einer Marktwirtschaft mit freien Märkten, ohne staatliche Eingriffe und ohne Monopolsituationen führt der **Marktmechanismus** zur Anpassung der gesamtwirtschaftlichen Nachfrage und des gesamtwirtschaftlichen Angebots und stellt Vollbeschäftigung der Produktionsfaktoren her. Ansatzpunkt für die Monetaristen ist damit die vor Keynes vorherrschende Denkweise. Die Monetaristen werden deshalb auch als **Neoklassiker** bezeichnet.

Die Monetaristen halten alle staatlichen Eingriffe in die Wirtschaft für schädlich. In staatlichen Eingriffen zur Nachfragesteuerung wird sogar die Ursache für konjunkturelle Schwankungen gesehen. Sie fordern eine **angebotsorientierte Konjunkturpolitik.** Angebotsorientierte Wirtschaftspolitik knüpft an die Bestimmungsfaktoren des gesamtwirtschaftlichen Angebots an und versucht, die Bedingungen für die Produktion zu verbessern. Neben einer stabilitätsorientierten Veränderung der Geldmenge gehören z. B. auch Steuersenkungen zu den Maßnahmen angebotsorientierter Wirtschaftspolitik.

Die Monetaristen vertreten die Meinung, dass die Geldmenge der wichtigste Bestimmungsgrund für das Preisniveau und das nominelle Sozialprodukt in einer Volkswirtschaft ist. Die Inflation ist für sie ein rein monetäres Problem. Schwankt die Geldmenge, so können Konjunkturzyklen die Folge sein. Auf die realen Größen einer Volkswirtschaft hat nach monetaristischer Auffassung eine Geldmengenveränderung nur eine vorübergehende Wirkung. So kann eine Geldmengenerhöhung nur kurzfristig die Beschäftigung erhöhen, langfristig wirkt sie nur auf das Preisniveau.

Konjunkturpolitik ist aus der Sicht der Monetaristen vor allem **Geldmengenpolitik.** Dabei ist Friedman sehr skeptisch gegenüber situationsgebundenen Maßnahmen der Geldpolitik, z. B. einer Senkung des Mindestreservesatzes in der Phase eines konjunkturellen Abschwungs. Er befürchtet, dass wegen der langen Wirkungsverzögerung die Maßnahme letztlich prozyklisch wirkt. Damit durch die Geldpolitik keine Unruhe in den Marktprozess hineingetragen wird, fordert Friedman eine kontinuierliche statt einer situativen Geldpolitik. **Die Geldmenge soll, ganz unabhängig von der konjunkturellen Situation, um einen konstanten und den Wirtschaftssubjekten bekannten Betrag erhöht werden.** Voraussetzung dafür ist, dass das Produktionspotenzial der Volkswirtschaft nicht ausgelastet ist.

Monetarismus und Fiskalismus		
	Fiskalismus	**Monetarismus**
Grundposition	nachfrageorientiert	angebotsorientiert
Ursache wirtschaftlicher Schwankungen	Schwankungen der wirtschaftlichen Aktivität ergeben sich aus von inflationären und deflationären Lücken hervorgerufenen Anpassungsprozessen.	Ursache wirtschaftlicher Schwankungen sind fehlerhafte staatliche Eingriffe in das Marktgeschehen.
Wirkung des Marktmechanismus	Der Marktmechanismus kann die Abstimmung des geplanten Sparens mit den geplanten Investitionen nicht leisten. Ein Gleichgewicht bei Unterbeschäftigung kann auf Dauer bestehen.	Auf einem von staatlichen Eingriffen freien Markt ohne Monopole stellt sich immer Vollbeschäftigung ein.
Beurteilung der Geldpolitik	Geldmengenpolitik ist kein geeignetes Mittel der Konjunkturpolitik, weil sie zeitlich verzögert wirkt und ihr Wirkungsmechanismus unsicher ist. Sie kann Fiskalpolitik nur unterstützen.	Konjunkturpolitik ist vor allem Geldmengenpolitik. Bei Unterbeschäftigung soll die Geldmenge in konstanten, allgemein bekannten Raten vergrößert werden.
Beurteilung der Fiskalpolitik	Steigerung der Gesamtnachfrage über eine Verschuldung der öffentlichen Haushalte ist das geeignete Mittel der Konjunkturpolitik in einer unterbeschäftigten Wirtschaft.	Auf dem langen Weg von den Beschlüssen zum Vollzug kommt die Wirkung der Fiskalpolitik meist zu spät. Das verursacht wirtschaftliche Schwankungen.

Tabelle 18.4.1

18.5   Wachstum der Wirtschaft
18.5.1   Messung des Wachstums

Neben der Vollbeschäftigung ist das wirtschaftliche Wachstum ein Hauptziel der Wirtschaftspolitik. Gemeint ist damit die stetige Hebung des Wohlstandes aller Personen in einer Volkswirtschaft.

Bei allen politischen und theoretischen Untersuchungen zu diesem Thema wählt man als Maßstab für das wirtschaftliche Wachstum einen aus der volkswirtschaftlichen Gesamtrechnung abgeleiteten Produktionsbegriff, meist das Bruttosozialprodukt. Man geht davon aus, dass der Wohlstand in einer Wirtschaftsgesellschaft gestiegen ist, wenn die Menge der produzierten Sachgüter und Dienste größer geworden ist. Dabei ist es zweckmäßig, Vergrößerungen des Sozialprodukts zu neutralisieren, die durch eine Steigerung des Preisniveaus zustande gekommen sind. Man wählt deshalb meist die Entwicklung des **realen** Sozialprodukts als Maßstab zur Messung des wirtschaftlichen Wachstums.

Als Maßstab für das reale Wirtschaftswachstum wird das zu konstanten Preisen berechnete Bruttosozialprodukt verwendet.

Die Geschwindigkeit, mit der die Wirtschaft wächst, wird durch den Prozentsatz ausgedrückt, um den das Bruttosozialprodukt zu konstanten Preisen gestiegen ist. Dieser Prozentsatz wird als Wachstumsrate bezeichnet.

> Die Wachstumsrate stellt die prozentuale Veränderung des zu konstanten Preisen berechneten Bruttosozialprodukts im Vergleich zur Vorperiode dar.

Nicht jede Vergrößerung des realen Sozialprodukts bringt eine Verbesserung des Versorgungsstandes der Wirtschaftsgesellschaft mit sich. Steigt mit dem realen Sozialprodukt im gleichen Maß auch die Bevölkerung, dann nimmt der Pro-Kopf-Anteil nicht zu, sondern bleibt konstant. Um die Entwicklung des Wohlstands in verschiedenen Volkswirtschaften zu vergleichen, ist deshalb eine Berechnung auf der Grundlage des Sozialprodukts je Kopf der Bevölkerung am besten geeignet. Bei der Untersuchung des Wachstumsprozesses innerhalb einer Volkswirtschaft erleichtert es die Analyse, ohne ihre Ergebnisse zu beeinträchtigen, wenn wir jede **Vergrößerung des realen Sozialprodukts** als Wachstum anerkennen.

Welcher Begriff des Sozialprodukts zur Messung des wirtschaftlichen Wachstums verwendet wird (Brutto- oder Nettosozialprodukt zu Marktpreisen, Nettosozialprodukt zu Faktorkosten), ist eine Frage der Zweckmäßigkeit, über die von Fall zu Fall entschieden werden kann. Von grundsätzlicher Bedeutung ist die Frage, ob das Sozialprodukt als alleiniger Maßstab des Wachstums verwendet werden darf, weil es allein die messbare Produktion von Sachgütern und Dienstleistungen erfasst und negative Begleiterscheinungen einer ständig steigenden Produktion (z. B. die Umweltverschmutzung) nicht berücksichtigt (s. 12.5).

Die Kritiker fordern: Nicht die mengenmäßige Zunahme der Versorgung mit Sachgütern und Dienstleistungen soll das Ziel der Wirtschaftspolitik sein, sondern die Verbesserung der **Lebensqualität.** Unter Lebensqualität versteht man dabei das subjektive Wohlbefinden der Menschen in einer Gesellschaft. Die Veränderung der Lebensqualität bringe das Sozialprodukt nicht zum Ausdruck. Die Orientierung der Wirtschaftspolitik am Sozialprodukt führe zu **quantitativem Wachstum,** gefordert wird aber **qualitatives Wachstum.** Die Lebensqualität soll mit einem differenzierten System von Sozialindikatoren gemessen werden (s. 12.5.2).

> Unter qualitativem Wachstum wird eine Verbesserung der Lebensqualität verstanden, mit der eine mengenmäßige Vergrößerung der im Sozialprodukt gemessenen Güter nicht verbunden sein muss.

Der Begriff **Lebensqualität** ist höchst unscharf, weil er immer das Ergebnis subjektiver Wertungen ist. Auch mithilfe von Sozialindikatoren lässt er sich nicht präzisieren. Wie beeinflusst z. B. die Zahl der Ehescheidungen in einer Gesellschaft die Lebensqualität? Hinzu kommt, dass sich die einzelnen Indizes nicht zu einer Größe zusammenfassen lassen (z. B. die Zahl der Morde und die Krankenhausdichte). Untersuchungen haben ergeben: Auch für die Messung des qualitativen Wachstums ist das Sozialprodukt den Sozialindikatoren überlegen. Zwischen der Größe des Sozialprodukts je Kopf und den meisten Sozialindikatoren besteht ein sehr enger Zusammenhang.[1]

In der Diskussion um die Umweltgefährdung wird der Begriff des **qualitativen Wachstums** in einer noch umfassenderen Bedeutung verwendet. Man versteht darunter eine Zunahme der Lebensqualität, die sich ohne gesteigerten Einsatz an nicht regenerierbaren Ressourcen (z. B. Rohöl) und ohne zunehmende Umweltbelastung vollzieht. Man denkt dabei meist an Dienstleistungen. Es ist daber kaum eine Dienstleistung denkbar, die letztlich nicht auch zu einem höheren Energieeinsatz führt!

[1] E. Dürr, Wachstumspolitik; Bern, Stuttgart 1977.

18.5.2 Einflussgrößen auf das wirtschaftliche Wachstum

Die Produktion beruht auf dem Zusammenwirken der drei Produktionsfaktoren Arbeit, Natur und Kapital. Das Wirtschaftswachstum in einer bestimmten Volkswirtschaft kann zwei Ursachen haben: entweder muss der **mengenmäßige Einsatz** an Produktionsfaktoren erhöht oder die **Produktivität** der Produktionsfaktoren muss erhöht werden.

Neben messbaren (quantitativen) wirkt noch eine Menge nicht messbarer (qualitativer) Einflussgrößen auf das wirtschaftliche Wachstum. Qualitative Einflussgrößen sind z. B. das Klima und die Bodenbeschaffenheit oder auch die Einstellung der Menschen zur Arbeit. Auch die gewählte Wirtschaftsordnung ist von Bedeutung. Da sich ihr Einfluss auf das Wachstum des Sozialprodukts zwar schätzen, aber nicht berechnen lässt, werden diese Einflussfaktoren bei der Analyse des Wachstumsprozesses innerhalb einer bestimmten Volkswirtschaft als gegeben unterstellt.

▶ Erhöhter Einsatz an Produktionsfaktoren.

Der mengenmäßige Einsatz des Faktors Arbeit wird erhöht, wenn die Zahl der Beschäftigten steigt. Die Steigerung der Zahl der Beschäftigten kann durch Abbau von Arbeitslosigkeit erfolgen oder aber dadurch, dass bisher Nicht-Erwerbstätige eine Beschäftigung aufnehmen, z. B. wenn Frauen ihren Haushalt verlassen und eine Beschäftigung in der Wirtschaft aufnehmen. Auch über die Aufnahme ausländischer Arbeitskräfte kann die Zahl der Beschäftigten gesteigert werden.

Das Arbeitsvolumen einer Volkswirtschaft hängt nicht nur von der Zahl der Beschäftigten, sondern auch von der **Arbeitszeit** ab. Eine Verlängerung der täglichen Arbeitszeit würde das Arbeitsvolumen genauso erhöhen wie eine Erhöhung des Rentenalters. Durch eine weitere Verkürzung der Arbeitszeit je Beschäftigten und durch Herabsetzung des Rentenalters würde das Arbeitsvolumen verringert werden.

Sollen Arbeitskräfte in der Wirtschaft zusätzlich eingesetzt werden, dann müssen Arbeitsplätze neu geschaffen werden. Ohne eine **Vergrößerung des Bestandes an Kapital** kann die Zahl der Beschäftigten in einer modernen Industriegesellschaft nicht gesteigert werden. Für die zusätzliche Produktion werden Roh-, Hilfs- und Betriebsstoffe benötigt. Wirtschaftliches Wachstum kann nur mit einer **erhöhten Beanspruchung des Produktionsfaktors Natur** erreicht werden.

▶ Steigerung der Produktivität

Steigt in einer Volkswirtschaft die Produktion, ohne dass vermehrt Produktionsfaktoren eingesetzt wurden, dann hat sich die gesamtwirtschaftliche Produktivität erhöht. **Die gesamtwirtschaftliche Produktivität ergibt sich aus dem Verhältnis des preisbereinigten (realen) Bruttoinlandsprodukts zu den in der Volkswirtschaft geleisteten Arbeitsstunden.** Ursachen für die Produktivitätserhöhung können eine technische Fortentwicklung oder eine Rationalisierung des Arbeitsablaufs sein.

Abbildung 18.5.1

Die **Rationalisierung des Arbeitsablaufs,** vor allem durch die Arbeitszerlegung in den Industriebetrieben, hat die Produktivität der Arbeit entscheidend erhöht und damit zum Wirtschaftswachstum beigetragen. Die Wirkung der Arbeitsorganisation auf Produktivitätserhöhung wird im Vergleich zu der von der **technischen Entwicklung** ausgehenden Wirkung meist zu gering eingeschätzt (s. 3.4).

18.5.3 Ein Modell wirtschaftlichen Wachstums

▶ *Der Prozess gleichgewichtigen Wachstums*

Unser Modell zur Analyse des Wachstumsprozesses schließt an die Theorien von Keynes an (s. 17.6). Im Mittelpunkt der Analyse steht damit die Wirkung von Nettoinvestitionen auf die Wirtschaftsentwicklung. Keynes hat erläutert, wie sich das Gleichgewichtseinkommen aufgrund einer Nettoinvestition verändert, und damit auf den **Einkommenseffekt** von Investitionen hingewiesen. Zusätzliche Investitionen bewirken neben einer Vergrößerung des Volkseinkommens noch eine Erhöhung der Produktionsmöglichkeiten dieser Volkswirtschaft, d. h., Investitionen haben neben dem Einkommenseffekt auch einen **Kapazitätseffekt.**

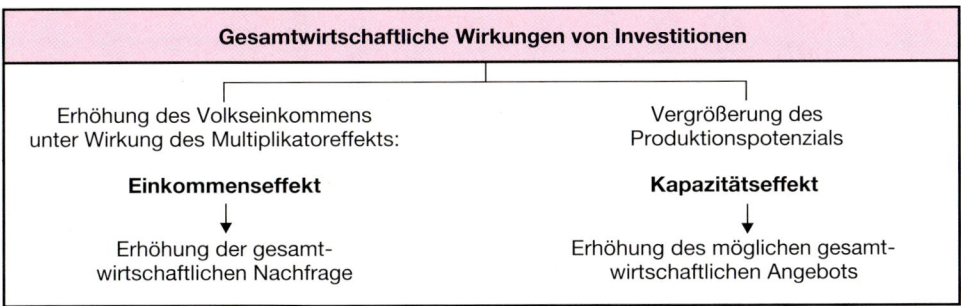

Abbildung 18.5.2

Wir gehen bei unseren Überlegungen von einer Gleichgewichtssituation im Sinne von Keynes aus, in der die gesamtwirtschaftliche Nachfrage so groß ist wie das gesamtwirtschaftliche Angebot. Untersucht werden soll, in welcher Höhe die gesamtwirtschaftliche Nachfrage wachsen muss, um die durch eine zusätzliche Investition gewachsene Produktionskapazität auszulasten. Wenn die zusätzliche Nachfrage so groß ist wie das zusätzliche Angebot, dann wird auch nach der Investition wieder ein Gleichgewichtszustand erreicht. Der Wachstumsprozess geht dann von einem Gleichgewichtszustand aus und führt wieder zu einem Gleichgewichtszustand, es ist ein Prozess gleichgewichtigen Wachstums.

Den Einkommenseffekt einer Investitionsausgabe kann man berechnen, wenn die Grenzneigung zum Sparen bekannt ist. Der Kapazitätseffekt tritt erst ein, wenn die Investition fertig gestellt ist. Wir wollen diesen Zeitunterschied (in der Fachsprache Time-Lag genannt) aus Gründen der Vereinfachung nicht beachten. Um den Kapazitätseffekt abzuschätzen, muss bekannt sein, wie viel Gütereinheiten in dieser Volkswirtschaft mit einer Kapitaleinheit hergestellt werden können. Für eine ganze Volkswirtschaft könnte dieser Koeffizient hergestellt werden, indem man den Quotienten aus dem Nettosozialprodukt von 2 000 Mio. Geldeinheiten (GE) und einem Bestand an Anlagen von 5 000 Mio. GE beträgt der sog. **Produktionskoeffizient** 2/5 = 0,4. Wir nehmen eine lineare gesamtwirtschaftliche Produktionsfunktion an, d. h. der durchschnittliche Produktionskoeffizient und der marginale Produktionskoeffizient sind gleich groß.

Der Produktionskoeffizient $(\frac{Y}{K})$ sagt aus, wie viel Gütereinheiten mit 1 Kapitaleinheit hergestellt werden können.

Abbildung 18.5.3 soll die Zusammenhänge des gleichgewichtigen Wachstumsprozesses zeigen.

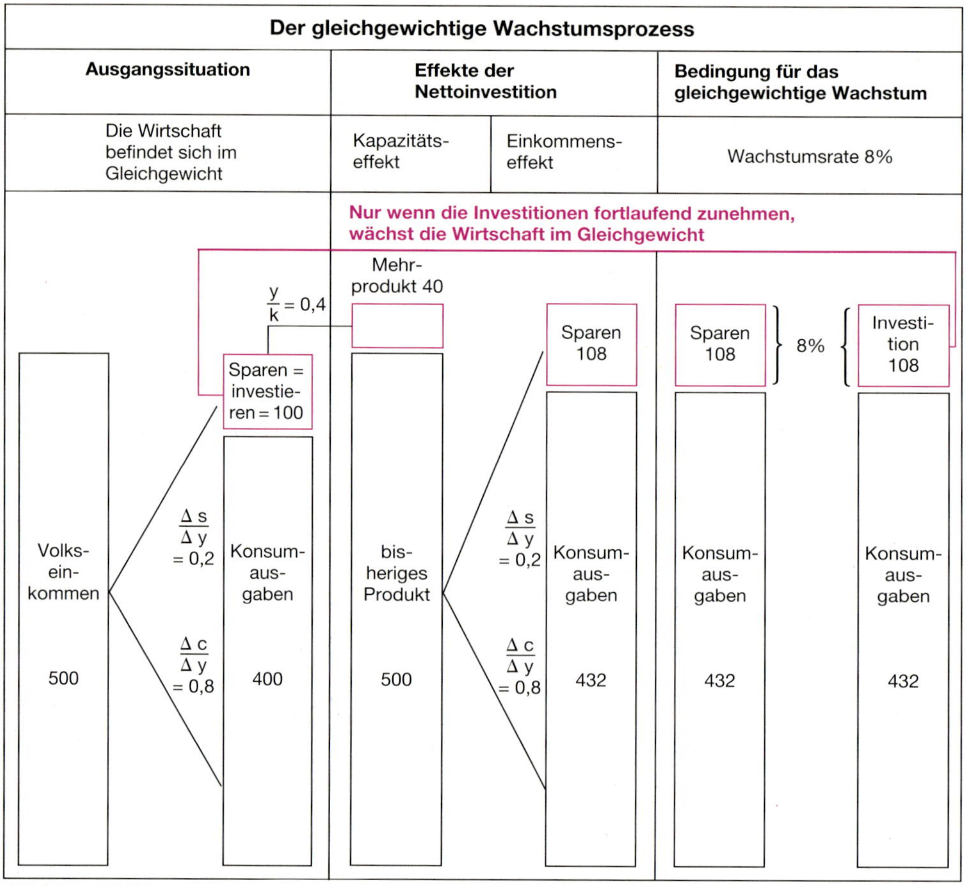

Der gleichgewichtige Wachstumsprozess

Ausgangssituation	Effekte der Nettoinvestition		Bedingung für das gleichgewichtige Wachstum
Die Wirtschaft befindet sich im Gleichgewicht	Kapazitäts-effekt	Einkommens-effekt	Wachstumsrate 8%

Nur wenn die Investitionen fortlaufend zunehmen, wächst die Wirtschaft im Gleichgewicht

$\frac{y}{k} = 0,4$ — Mehr-produkt 40

Sparen = investie-ren = 100

Sparen 108 — Sparen 108 — 8% — Investi-tion 108

Volks-ein-kommen 500

$\frac{\Delta s}{\Delta y} = 0,2$ — Konsum-aus-gaben 400

$\frac{\Delta c}{\Delta y} = 0,8$

bis-heriges Produkt 500

$\frac{\Delta s}{\Delta y} = 0,2$ — Konsum-aus-gaben 432

$\frac{\Delta c}{\Delta y} = 0,8$

Konsum-aus-gaben 432

Konsum-aus-gaben 432

Abbildung 18.5.3

In der Ausgangssituation befindet sich die Wirtschaft im Gleichgewicht. Die Grenzneigung zum Sparen beträgt 0,2. Vom Volkseinkommen von 500 werden 100 gespart und auch investiert. Die Investition von 100 hat einen Kapazitätseffekt. Bei einem Produktionskoeffizient von 0,4 bewirkt die Investition ein Mehrangebot von 40. Das Gesamtangebot beträgt 540.

In der Höhe des neuen Gesamtangebots entsteht Einkommen. Das Gesamteinkommen ist um 40 gestiegen. Bei einer konstanten Grenzneigung zum Konsum von 0,2 werden insgesamt 108 gespart und 432 für Konsumausgaben verwendet. In dem auf die ursprüngliche Investition von 100 folgenden Zeitraum besteht nur Gleichgewicht, wenn die Unternehmen eine Investition von 108 geplant haben. Die Investition muss sich gegenüber der Vorperiode um 8 % erhöhen. Genau um den gleichen Prozentsatz ist auch das Gesamteinkommen gestiegen. Die für das gleichgewichtige Wachstum notwendige Wachstumsrate ergibt sich aus dem Produkt Produktionskoeffizient x Grenzhang zum Sparen = 0,4 x 0,2 = 0,08 = 8 %.

Für ein gleichgewichtiges Wachstum gilt:
Wachstumsrate = Produktionskoeffizient x Grenzhang zum Sparen.

Den Verlauf des Wachstumsprozesses bei einer Grenzneigung zum Sparen von 0,2 und einem Produktionskoeffizient von 0,4 zeigt Tabelle 18.5.2.

Zeit-raum	\multicolumn{5}{Entstehung des Volkseinkommens}	Verwendung des Volkseinkommens			
	Volksein-kommen C + S	Zunahme Volksein-kommen in %	davon C	davon S	C	I	Zunahme I in %	Nachfrage insgesamt C + I
1	500	–	400	100	400	100	–	500
2	540	8	432	108	432	108	8	540
3	583,2	8	466,56	116,64	466,56	116,64	8	583,2
4	629,86	8	503,89	125,97	503,89	125,97	8	629,86

Entwicklung eines gleichgewichtigen Wachstums

Tabelle 18.5.2

Wir erkennen aus der Tabelle 18.5.2:

In einem Prozess gleichgewichtigen Wachstums bleibt die Wachstumsrate immer gleich, die absolute Zunahme des Volkseinkommens wird dabei immer größer. Bei einer Wachstumsrate von z. B. 5 % wird sich das Volkseinkommen in 13,86 Jahren verdoppeln! Damit das Produktionspotenzial einer Volkswirtschaft in einem Wachstumsprozess ausgelastet bleibt, müssen sich die Investitionen im Zeitraum weniger Jahre verdoppeln.

> Für einen Prozess gleichgewichtigen Wachstums ist es Voraussetzung, dass die geplanten Investitionen so groß sind wie die geplanten Ersparnisse. Deshalb wäre es ein großer Zufall, wenn der Wachstumsprozess auf dem Pfad gleichgewichtigen Wachstums verlaufen würde.

▶ Abweichungen vom Pfad gleichgewichtigen Wachstums

Was geschieht aber dann, wenn die Investitionspläne der Unternehmer mit den Sparplänen der Haushalte nicht übereinstimmen? Nehmen wir an, im Zeitraum 2 würden von den Unternehmern nur 70 investiert statt 108, die zum Gleichgewicht notwendig sind. Die Nachfrage geht auf 502 zurück, und damit auch das Einkommen. Die Unternehmer können wegen der gesunkenen Nachfrage ihre Kapazitäten nicht voll auslasten. Sie werden deshalb noch weniger investieren. Die Wirtschaft entfernt sich noch weiter vom Gleichgewicht.

Sind die geplanten Investitionen größer als das geplante Sparen, dann führt das zu Preissteigerungen. Die Gewinne der Unternehmer steigen. Das wird sie zu noch größeren Investitionen veranlassen.

> Der Pfad des gleichwertigen Wachstums führt auf des Messers Schneide zwischen Depression und Inflation.

▶ Realitätsbezug des Modells

Unser Modell berücksichtigt die wesentlichen Elemente der modernen Wachstumstheorie. Die Wachstumsrate soll vor allem durch die Höhe der **Investitionsquote** (Anteil der Investitionen am Sozialprodukt) erklärt werden, d. h. durch die Veränderung des mengenmäßigen Einsatzes des Produktionsfaktors Kapital. Statistische Untersuchungen haben jedoch nur einen unbeständigen und sehr losen Zusammenhang zwischen der Investitionsquote und der Wachstumsrate ergeben. Man hat

deshalb versucht, die Wachstumsrate mithilfe einer gesamtwirtschaftlichen Produktionsfunktion auf den **mengenmäßigen Einsatz der beiden Produktionsfaktoren Kapital und Arbeit** zurückzuführen, die sich gegenseitig ersetzen können. Auch hier ergaben statistische Untersuchungen keinen eindeutigen Zusammenhang. Man muß deshalb vermuten, dass die Wachstumsrate nicht hauptsächlich vom mengenmäßigen Einsatz der Produktionsfaktoren abhängt, sondern von der Effizienz, mit der diese Produktionsfaktoren eingesetzt werden. Die **Effizienz der eingesetzten Produktionsfaktoren** wird durch ihre Produktivität ausgedrückt. Die Produktivität wird letztlich bestimmt von der Dynamik, mit der die Unternehmen die technische Entwicklung und die Rationalisierung des Arbeitsablaufs vorantreiben. Diese Einflüsse sind nicht mengenmäßig zu erfassen und können deshalb in einem rechenhaften Wachstumsmodell nicht berücksichtigt werden.

18.6 Die Wirkungen des Wachstums auf das Gleichgewicht der Natur

18.6.1 Die Umweltgefahren

Bis vor kurzem hat man noch Abfälle, Abwässer und Abgase, die bei der Produktion anfallen, ohne Bedenken einfach an die Natur abgegeben. Man glaubte, die Natur werde mit den Abfällen schon fertig werden. Man nahm an, unter der Einwirkung von Luft, Wasser, Wärme und Kälte würden die Abfallstoffe in ungefährliche Stoffe verwandelt werden. Diese Fähigkeit der Natur wird als **Assimilationsfähigkeit** bezeichnet. Heute weiß man, dass die Assimilationsfähigkeit der Umwelt zur Aufnahme von Schadstoffen weitgehend erschöpft ist. Das gilt nicht nur für besonders dicht besiedelte Gebiete. Die Umweltschäden haben ein weltweites Ausmaß angenommen. Die Beseitigung dieser globalen Umweltschäden übersteigt die Möglichkeiten einzelner Länder bei weitem.

> **Die Assimilationskraft der Natur ist begrenzt**
>
> Man hatte bis vor kurzem angenommen, dass eine wohlwollende Natur die Abfallprodukte der menschlichen Gesellschaft in der Luft, im Boden und in den Flüssen und Meeren für immer absorbieren und neutralisieren würde. Die Annahme lässt sich jedoch nicht länger aufrechterhalten: Wir scheinen eine kritische Schwelle überschritten zu haben, jenseits derer die Folgen menschlicher Einwirkung die Umwelt ernsthaft zu schädigen drohen, mit möglicherweise irreversiblen Folgen.
>
> Die globale Revolution, Bericht des Club of Rome 1991.

Toxische Stoffe verbreiten sich in der Umwelt. Es handelt sich um biologisch nicht abbaubare Chemikalien (z. B. bestimmte Pflanzenschutzmittel wie DDT) und atomaren Müll. Einige Industrieländer haben damit begonnen, ganze Schiffsladungen von Gift in arme afrikanische Länder zu exportieren, die bereit sind, die Fracht gegen Bezahlung zu löschen. Dieses unmoralische Geschäft schädigt auf Dauer nicht nur die Empfängerländer, sondern die ganze Welt.

Die Säuerung von Seen und Wälder durch Schadstoffe. Die Schadstoffe werden über die Schornsteine von Kohlekraftwerken, Stahlwerken usw. an die Luft abgegeben. Die Abgase verbreiten sich weit. So werden z. B. die Seen und Wälder Skandinaviens durch sauren Regen geschädigt, für den Mittelengland und das Ruhrgebiet verantwortlich sind.

Die Verseuchung der oberen Schichten der Atmosphäre durch Fluorkohlenwasserstoff (FCKW). Diese Substanzen finden in Kühlschränken und als Treibgas in Spraydosen Verwendung. Die Stoffe zersetzen sich, wenn sie in die oberen Schichten der Atmosphäre gelangen, und greifen die Ozonschicht an. Als Folge dringen mehr UV-Strahlen zur Erdoberfläche vor. Eine starke Zunahme von Hautkrebs ist dann zu erwarten.

Der Treibhauseffekt. Man hat einen starken Anstieg von CO_2 (Kohlendioxid) in der Luft festgestellt. Ursache ist die Zunahme der Verbrennung fossiler Brennstoffe wie Öl und Kohle. Dadurch wird die Reflexion der solaren Strahlung von der Erde in den Weltraum eingeschränkt. Außerdem

sinkt mit der extensiven Abholzung der tropischen Regenwälder die Fähigkeit der Natur, das Gas zu absorbieren. Diese als Photosynthese bezeichnete Umwandlung findet in den Blättern der Bäume statt. Man befürchtet, dass durch die ansteigende Erdtemperatur die Polkappen abschmelzen, wodurch sich der Meeresspiegel weltweit etwa um fünf Meter heben würde. Küstenstädte wie New York, San Franzisko, Los Angeles, Tokio, Nizza, Marseille, Genua, Venedig und Triest würden größtenteils überflutet und große fruchtbare Landstriche verschwänden von der Erde. Die ansteigende Erdtemperatur würde wahrscheinlich auch die Niederschlagsstruktur verändern. Man erwartet, dass die Böden in wichtigen Agrarregionen, wie den Kornkammern im amerikanischen Mittleren Westen oder in der Ukraine, austrocknen werden!

18.6.2 Gefahren einer intensiveren Bodennutzung

Es wird sehr große Schwierigkeiten machen, die gewaltig wachsende Weltbevölkerung mit Nahrungsmitteln zu versorgen. Um größere Mengen an Nahrungsmitteln zu produzieren, muss die Landwirtschaft intensiver betrieben werden, d. h. der Ertrag je ha Boden muss erhöht werden. Eine solche Ertragssteigerung kann nur erreicht werden, wenn immer mehr Maschinen, Pflanzenschutzmittel und Dünger eingesetzt werden. Zur Herstellung von chemischem Dünger und Pflanzenschutzmitteln wird aber vor allem Rohöl oder Erdgas benötigt. Für die Herstellung einer Tonne stickstoffhaltigen Düngers benötigt man fast eine Tonne Öl oder Erdgas! Es ist noch nicht gesichert, dass die für die Ausweitung der Nahrungsmittelproduktion notwendige Menge Energie in Zukunft zur Verfügung stehen wird. Intensive Landwirtschaft erfordert außerdem weitaus mehr Wasser als die bisherigen Anbaumethoden. Für die Entsalzung und die Bewässerungssysteme wird ebenfalls Energie in großen Mengen benötigt. Außerdem führt die Bewässerung mit diesem Wasser, das auch nach der Entsalzung noch einen kleinen Rest Salz enthält, heute schon vielfach zur Versalzung der Böden und zur Zerstörung ihrer Fruchtbarkeit.

Schon gegenwärtig ist die zu intensive Nutzung eine der Hauptursachen für die Verödung des Bodens.

18.6.3 Die Erschöpfung der Ressourcen

Weltweit werden bereits viele Rohstoffe knapp. Einige Rohstoffe wird es in absehbarer Zukunft einfach nicht mehr geben, weil ihr Vorrat erschöpft ist. Für diese Rohstoffe gilt es, möglichst rasch einen Ersatz zu finden oder ihren Verbrauch drastisch einzuschränken. Manche knappen Rohstoffe können mit Materialien ersetzt werden, die in der Natur reichlich vorkommen, z. B. durch Magnesium und Aluminium. Die Verarbeitung dieser Rohstoffe fordert aber einen ungeheuren Energieeinsatz.

Vor allem die hauptsächliche natürliche Energiequelle, das Erdöl, wird immer knapper. Rohstoffe müssen mit zunehmendem Energieeinsatz gewonnen werden, die Steigerung der landwirtschaftlichen Produktion zur Versorgung der gestiegenen Weltbevölkerung macht einen riesigen Energieeinsatz erforderlich.

Ob wir die nächsten 50 Jahre erfolgreich bestehen werden, wird vor allem davon abhängen, ob wir genügend Energie zur Verfügung haben werden. Von der zur Verfügung stehenden Energie dürfen wir aber nur so viel einsetzen, dass Klimaveränderungen mit katastrophalen Folgen nicht eintreten.

> **Energie ist knapp**
>
> Wenn es den Menschen gelingt, genügend Energie an den richtigen Orten zur richtigen Zeit bereitzustellen, so kann es auch gelingen, weiteren vier Milliarden Menschen auf der Erde Platz zu machen. Andernfalls aber droht eine weltweite Katastrophe auf uns zuzukommen, ja sie wird mit großer Sicherheit eintreffen.
>
> Der zweite Planet, Bericht des Club of Rome (Colombo/Turani), 1986.

18.7 Lösungsstrategien

Das Vertrauen in die Selbstregulierungskräfte des Marktes ist wohl einer der wesentlichen Gründe, warum trotz der klaren Erkenntnis von der weltweiten ökonomisch-ökologischen Situation bisher zu wenig gehandelt wurde. Der Markt hat den westlichen Industrieländern Wohlstand gebracht. Man erwartet, dass das Wirken der von A. Smith beschriebenen „unsichtbaren Hand Gottes" auch die globale Krisensituation bewältigen wird. Diese Hoffnung ist trügerisch. **Nachdem der Mensch sich die Erde untertan gemacht hat, ist ihm auch die Verantwortung für den Lauf der Dinge zugefallen.** Es ist unabdingbar geworden, dass er für sie Verantwortung und Sorge trägt, dass er in Obhut nimmt, was er bisher nur überwältigte.[1]

> **Warum funktioniert der Selbsterhaltungstrieb nicht mehr?**
> Alle Daten sind der Öffentlichkeit zugänglich und weithin bekannt. Die nahezu unglaubliche Tatsache ist jedoch, dass bisher keine ernsthaften Anstrengungen unternommen wurden, um das uns verkündete Schicksal abzuwenden. Während im Privatleben nur ein Wahnsinniger bei der Bedrohung seiner gesamten Existenz untätig bleiben würde, unternehmen die für das öffentliche Wohl Verantwortlichen praktisch nichts, und diejenigen, die sich ihnen anvertraut haben, lassen sie gewähren. Wie ist es möglich, dass der stärkste aller Instinkte, der Selbsterhaltungstrieb, nicht mehr zu funktionieren scheint?
> Erich Fromm, Haben oder Sein, 1976

Der sich frei auf dem Markt bildende Preis soll die Knappheit eines Gutes zum Ausdruck bringen und Produzenten und Konsumenten zum sparsamen Umgang mit diesem Gut veranlassen. Er soll auch bewirken, dass die Verwender die Kosten der Produktion des Gutes tragen. Der auf einem vollkommenen Markt gebildete Preis erfüllt diese Aufgabe zur Zufriedenheit für alle Güter, die regenerierbar und Ergebnis eines industriellen Produktionsprozesses sind. Ein Unternehmen, das seine Produktionskosten nicht ersetzt bekommt, stellt die Produktion ein. Der Staat könnte mit Steuern und Abgaben die Unternehmen dazu zwingen, die Kosten der Umweltbelastung in die Kalkulation aufzunehmen. Allerdings ist es sehr schwierig, ja fast unmöglich, diese Kosten sachgerecht einzuschätzen und festzulegen.

Der Marktpreis versagt als Steuerungsinstrument völlig, wenn es sich um Güter handelt, die zu den nicht regenerierbaren, begrenzten Vorräten der Natur zählen. Der Markt setzt nur kurzfristige Signale. Die Anbieter von Rohöl fragen nicht nach dem Schicksal unseres Planeten in 100 Jahren. Sie bieten so viel Rohöl an, dass sie mit dem Erlös die Ansprüche ihrer eigenen Bevölkerung heute und in allernächster Zukunft befriedigen können. Den sich dabei ergebenden Preis nehmen sie einfach hin. Dieser Preis entspricht in keiner Weise der Knappheit, die sich

> **Marktsteuerung und Langzeitfolgen**
> Der Markt kümmert sich nicht um Langzeitfolgen, um das Wohl künftiger Generationen oder um Ressourcen, die Gemeingut sind. Dafür ist er denkbar ungeeignet. Der Markt reagiert im Wesentlichen auf kurzfristige Signale, deshalb kann der Versuch, aus gewissen Hinweisen, die er liefert, auf langfristige Erfordernisse zu schließen, in eine völlig falsche Richtung führen.
> Die globale Revolution, Bericht des Club of Rome 1991.

unter weltwirtschaftlicher Betrachtung ergibt, bei der auch die Überlebensfähigkeit der Menschheit auf unserer Erde mit einzubeziehen wäre.

Für eine nationale Wirtschaftspolitik, die den Preis für Güter aus dem begrenzten Vorrat der Natur durch Steuern und Abgaben der naturgegebenen Knappheit anzupassen versucht, bestehen fast unüberwindliche Schwierigkeiten. Bei der heutigen internationalen wirtschaftlichen Verflechtung müsste dies in allen Ländern der Erde im Gleichschritt geschehen. Die Bundesrepublik Deutschland wäre z. B. nicht mehr wettbewerbsfähig, wenn sie den Ölpreis über die Steuerpolitik stark erhöhen würde, andere Industrieländer dem aber nicht folgen würden.

---

[1] Nach Hubert Markl, Ökonomie und Ökologie, zitiert bei Herbert Gruhl, Himmelfahrt ins Nichts, München 1992, S. 331.

Entwicklung der Weltbevölkerung

Wachstum der Weltbevölkerung

je Sekunde	7 Menschen
je Tag	250 000 Menschen
je Monat	7 500 000 Menschen
je Jahr	100 000 000 Menschen

Eine Prognose der Vereinten Nationen für das 21. Jahrhundert:

„Sollte die Fruchtbarkeit weiterhin langsamer als angenommen zurückgehen, so könnte die Weltbevölkerung schließlich auf 14 Milliarden Menschen anwachsen."

Quelle: DIE ZEIT, Nr. 52, 21. Dez. 1990

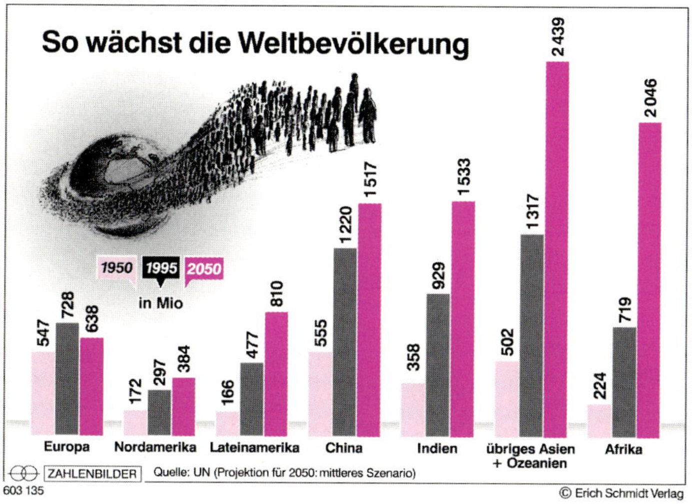

So wächst die Weltbevölkerung

1950   1995   2050
in Mio

	Europa	Nordamerika	Lateinamerika	China	Indien	übriges Asien + Ozeanien	Afrika
1950	547	172	166	555	358	502	224
1995	728	297	477	1220	929	1317	719
2050	638	384	810	1517	1533	2439	2046

ZAHLENBILDER   Quelle: UN (Projektion für 2050: mittleres Szenario)

603 135

© Erich Schmidt Verlag

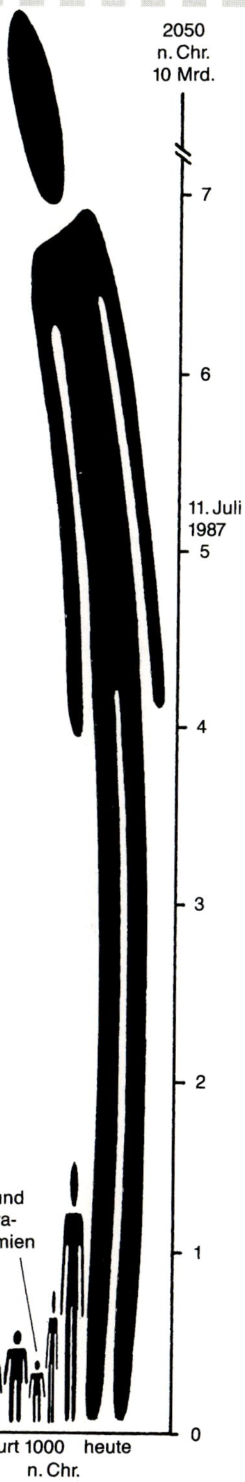

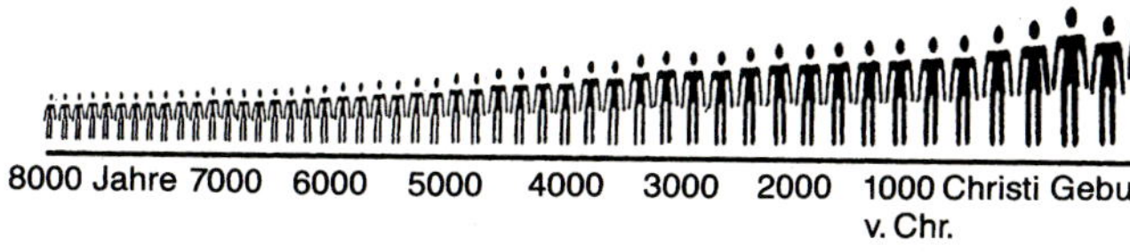

2050 n. Chr. 10 Mrd.

7

6

11. Juli 1987
5

4

3

2

Pest- und Cholera-Epidemien

1

8000 Jahre   7000   6000   5000   4000   3000   2000   1000   Christi Geburt   1000   heute
v. Chr.   n. Chr.

0

Das weltweite ökonomisch-ökologische Problem kann innerhalb nationaler Grenzen nicht mehr gelöst werden.

Zu gerne glaubt man an die Regulierungskräfte des Marktes. Damit war die Hoffnung verbunden, dass der Markt die Weltwirtschaft so steuern wird, dass die in riesigem Ausmaß wachsende Weltbevölkerung ausreichend ernährt und das Umweltproblem bewältigt wird. Außerdem erwartete man, dass sich das beständige Wirtschaftswachstum fortsetzte und damit der allgemeine Wohlstand weiter stieg. Als man zunehmend die Zusammenhänge zwischen Wirtschaftswachstum und Umweltbelastung erkannte, suchte man die Lösung darin, dass das **Wirtschaftswachstum** künftig **qualitativ** statt **quantitativ** sein sollte (s. dazu 18.2.2).

Dabei dachte man in rein nationaler Sicht wieder nur an die reichen Industrieländer. Wenn wir nicht hinnehmen wollen, dass in der Dritten Welt Massen den Hungertod sterben, ein Massensterben, das geradezu einem Völkermord gleichkäme, dann müssen diese Länder mit den zum Leben notwendigsten Gütern versorgt werden. Wie man qualitatives Wachstum auch definiert: Schon allein wegen des damit verbundenen Energieverbrauchs können wir das Problem mit einer Beschränkung auf qualitatives Wachstum allein nicht lösen.

Erste Voraussetzung für die Bewältigung der globalen Krise ist es, dass das Wachsen der Weltbevölkerung zum Stillstand kommt. Wir müssen anerkennen, dass es für die **Bevölkerungstragfähigkeit** dieser Erde eine absolute Grenze gibt. In den Industrieländern müssen wir den verschwenderischen Lebensstil ändern, unseren Egoismus überwinden und verzichten lernen. Auch zeigt sich immer deutlicher, dass wir die globalen Probleme nur auf der Basis eines weltweit anerkannten Wertesystems bewältigen können, das nationalen Egoismus überwindet.

Überwindet die Menschheit den nationalen Egoismus?

Unser genetisches Erbe verfolgt uns. Die negativen Aspekte unserer Natur, die wir sogar uns selbst nur ungern eingestehen – wie Gier, Eitelkeit, Wut, Angst und Hass –, sind Manifestationen der Brutalität unseres Egoismus. Sie haben dem Menschen während des langen Prozesses seiner Entwicklung gute Dienste geleistet, denn sie haben uns geholfen, die Herrschaft über alle anderen Arten der Schöpfung und über schwächere Arten des Homo sapiens sowie Vorläufer des Homo sapiens zu erringen, die schon lange nicht mehr existieren. Nun, auf unserem heutigen Bewusstseinsstand, da wir um unsere Sterblichkeit wissen und fähig sind, die Zukunft als Kontinuum des Lebens und der Generationen zu begreifen, nützen uns die negativen Aspekte des Egoismus weniger als während des Kampfes um die Vorherrschaft. Aber sie sind immer noch vorhanden und müssen im persönlichen und kollektiven Verhalten berücksichtigt werden.

Die globale Revolution, Bericht des Club of Rome 1991.

Eine globale Gesellschaft ist kaum vorstellbar ohne eine Grundlage gemeinsamer oder miteinander verträglicher Werte, die das Handeln aller Menschen prägen, ohne die gemeinsame Entschlossenheit der Menschen, die Herausforderungen anzunehmen, ohne die moralische Kraft, auf sie zu antworten, und ohne die zielbewusste Steuerung des Wandels...

Vor allem ... ist der Text für die Jugend bestimmt. Sie soll den Zustand der Welt, die sie von früheren Generationen geerbt hat, besser beurteilen können und angeregt werden, für den Aufbau einer überlebensfähigen Gesellschaft zu arbeiten, die ihren Kindern und kommenden Generationen ein lebenswertes Leben in bescheidenem Wohlstand bieten kann.

Die globale Revolution, Bericht des Club of Rome 1991.

AUFGABEN UND PROBLEME

18.1 *Antizyklische Finanzpolitik*

Auf einer Wahlversammlung wird einem Abgeordneten des Deutschen Bundestages die folgende kritische Frage zum Gesetz zur Förderung der Stabilität und des Wachstums vorgelegt:

Warum sollen bei einer übergroßen gesamtwirtschaftlichen Nachfrage Schulden des Bundes zurückgezahlt werden? Dass man Schulden zurückzahlt, mag zu einer ordentlichen Haushaltsführung gehören. Dass es Wirtschaftspolitik sein soll, sehe ich nicht ein.

● Wie würden Sie antworten?

18.2 *Entwicklung der Investitionen bei gleichgewichtigem Wachstum*

Das Volkseinkommen einer Volkswirtschaft beträgt 400 Mrd. EUR. Von dem Einkommen werden 320 für den Konsum ausgegeben und 80 gespart. Die Volkswirtschaft befindet sich im Gleichgewicht: I = S. Der Produktionskoeffizient beträgt 0,5, der Grenzhang zum Sparen 0,2.

● Wie groß müssen die Investitionen in der folgenden Periode sein, wenn die Wirtschaft im Gleichgewicht wachsen soll?

18.3 *Entwicklung des Volkseinkommens bei gleichgewichtigem Wachstum*

Eine Volkswirtschaft befindet sich im Gleichgewicht. Das Volkseinkommen beträgt 500 Mrd. EUR. Der Produktionskoeffizient wird mit 0,3 angenommen, der Grenzhang zum Konsum mit 0,8.

● Um welchen Betrag wird das Volkseinkommen in der nächsten Periode wachsen, wenn die Wirtschaft im Gleichgewicht wachsen soll?

18.4 *Der Pfad gleichgewichtigen Wachstums*

In einer Volkswirtschaft gilt der Produktionskoeffizient 0,25, der Grenzhang zum Sparen beträgt 0,2. Die Wirtschaft soll im Gleichgewicht wachsen.

● Stellen Sie den Wachstumsprozess für 10 Zeitperioden in einer Tabelle dar.

18.5 *Quantitatives und qualitatives Wachstum*

● Vergleichen Sie die beiden unten stehenden Texte und beantworten Sie folgende Fragen:

1. Was versteht Nell-Breuning unter „herkömmlichem" Wachstum und Rich unter „qualitativem" Wachstum?
2. Überprüfen Sie, ob die Forderungen der beiden Autoren zur Wachstumspolitik übereinstimmen!

Text 1:

Oswald von Nell-Breuning. Unsere Verantwortung, Freiburg 1987, S. 26f.

… Wachstum soll ausschließlich aus besseren Dienstleistungen bestehen, die keinen Materialaufwand erfordern; im Übrigen aber sollen alle Kräfte auf Umweltschutz und Wiederherstellung zerstörter oder verwüsteter Umwelt verwandt werden … Für die unterentwickelten Ländern kommt … ein solcher Ausweg schon gar nicht infrage. Um ihren „basic need" abzuhelfen, bedarf es nur an zweiter Stelle reichlicherer und besserer Dienstleistungen; an erster Stelle und im allergrößten Maße brauchen sie mehr Sachgüter, insbesondere Verbrauchsgüter, vor allem mehr Lebensmittel; all das ist nur durch mehr Produktion zu beschaffen. Diese Länder benötigen vorerst und noch für lange Zeit wirtschaftliches Wachstum im herkömmlichen Sinn. Und die Bevölkerung dieser Länder ist der größte Teil der Weltbevölkerung!

Text 2:

Arthur Rich, Wirtschaftsethik Band II, Gütersloh 1990, S. 127f.

Qualitatives Wachstum kann nicht besagen, dass es kein Wachstum am Bruttosozialprodukt mehr geben soll, wohl aber, dass sich dessen Zusammensetzung zu ändern hat. Soweit sich das Sozialprodukt aus Leistungen zusammensetzt, die notorische Schädigungen von Mensch und Umwelt sowie die Übernutzung der Ressourcen zu vermeiden wissen, kann es ruhig wachsen. Was sich nicht mehr tolerieren lässt, ist allerdings ein Wachstum des Sozialprodukts, für das die qualitative Zusammensetzung keine Relevanz besitzt, also nicht an die Grenzen gebunden ist, die sich aus den Bedingungen des Menschen- und Umweltgerechten ergeben und mithin ins Maßlose expandieren kann. In dem Maße sich aber quantitatives Wachstum an diese Bedingungen hält, in dem Maße steht es nicht im Gegensatz zum qualitativen.

■■■ ZUR WIEDERHOLUNG DES GRUNDWISSENS

1. Wie unterscheiden sich saisonale Schwankungen, konjunkturelle Schwankungen und die als Trend bezeichnete Entwicklung der Wirtschaft?
2. Aus welchen Phasen besteht ein Konjunkturzyklus?
3. Nennen Sie Indikatoren für die allgemeine Konjunkturlage!
4. Welche Ursachen können konjunkturelle Schwankungen haben?
5. Wie unterscheidet sich die Beschäftigungstheorie nach Keynes von der „klassischen Beschäftigungstheorie"?
6. Was bezeichnet man als Fiskalpolitik?
7. Was versteht man unter einer Politik des Deficit Spending?
8. Welche Instrumente stellt das Gesetz zur Förderung der Stabilität und des Wachstums für eine antizyklische Finanzpolitik zur Verfügung?
9. Wie unterscheiden sich die Auffassung der Monetaristen von denen der Fiskalisten?
10. An welchem Maßstab wird wirtschaftliches Wachstum gemessen?
11. Wie wird die Wachstumsrate einer Volkswirtschaft berechnet?
12. Was versteht man unter „qualitativem" Wachstum?
13. Welche Einflussgrößen wirken auf das wirtschaftliche Wachstum?
14. Welche gesamtwirtschaftlichen Wirkungen gehen von Nettoinvestitionen aus?
15. Was versteht man unter einem Produktionskoeffizient?
16. Nennen Sie die Bedingung für ein gleichgewichtiges Wachstum der Wirtschaft!
17. Wie muss ein Wirtschaftswachstum verlaufen, damit es als exponentiell bezeichnet wird?
18. Beschreiben Sie Wirkungen des wirtschaftlichen Wachstums auf das Gleichgewicht der Natur!
19. Warum kann das durch das wirtschaftliche Wachstum entstandene weltweit ökonomisch-ökologische Problem innerhalb nationaler Grenzen nicht mehr gelöst werden?

Handlungsorientierte Themenbearbeitung

Rollenspiel: Angebots- und nachfrageorientierte Wirtschaftspolitik

Situationsbeschreibung

Die wirtschaftliche Lage in der Bundesrepublik Deutschland ist in den vergangenen Jahren gekennzeichnet durch ein moderates Wachstum des Bruttoinlandsprodukts, große Erfolge im Außenhandel, stabile Preise und eine anhaltend hohe Arbeitslosigkeit. Der einsetzende konjunkturelle Aufschwung reichte bisher nicht aus, um das Beschäftigungsproblem merklich zu verringern. In Gesprächen mit der Bundesregierung äußern Gewerkschafts- und Arbeitgebervertreter völlig unterschiedliche Konzepte und Ansatzpunkte für eine Besserung der wirtschaftlichen Situation.

Arbeitsaufträge

● Bilden Sie drei Gruppen mit jeweils ca. vier Schülern. Eine Gruppe vertritt die Interessen der Gewerkschaften, die zweite die Belange der Arbeitgeber und die dritte die Anliegen der Bundesregierung. Lesen Sie aufmerksam die für Sie vorgesehenen Rollenkarten und sammeln Sie jeweils gemeinsam Argumente, um in dem sich anschließenden Rollenspiel Ihre Position überzeugend vertreten zu können. Bestimmen Sie zugleich in der Gruppe einen oder zwei Schüler, die sich an der Durchführung des Rollenspiels beteiligen sollen.

● Die übrigen Schüler der Klasse übernehmen die Rolle der Beobachter. Während der Vorbereitungsphase der Rollenspieler setzen Sie sich mit der nebenstehenden Karikatur auseinander. Formulieren Sie die zentralen Zusammenhänge und Konflikte, die der Karikaturist mit seiner Zeichnung zum Ausdruck bringen will.

Gärtnerteam

Beobachten Sie anschließend aufmerksam den Verlauf des Rollenspiels. Notieren Sie sich insbesondere wichtige Argumente der Rollenspieler. Achten Sie auch auf das Verhalten der Akteure, vor allem auf ihr Durchsetzungsvermögen und ihre Glaubwürdigkeit.

● Führen Sie das Rollenspiel nochmals in einer anderen Besetzung durch und beschaffen Sie sich im Vorfeld Zahlenmaterial, um die im ersten Durchgang gesammelten sowie zusätzlich gefundenen Argumente bei der Wiederholung des Rollenspiels fundiert belegen zu können.

Rollenkarten

Rollenkarte: Gewerkschaftsfunktionär

Sie sind in einer Arbeiterfamilie aufgewachsen und bereits mit 16 Jahren der Gewerkschaft beigetreten. Sie kennen die Sorgen und Probleme der Arbeitnehmer bestens und setzen sich vehement für deren Interessen ein. Sie sind ein entschiedener Verfechter einer nachfrageorientierten Wirtschaftspolitik. Als Beitrag zur Verbesserung der Arbeitsmarktsituation waren Sie in den vergangenen Jahren bereit, sich nur mit geringfügigen Lohnerhöhungen zufrieden zu geben. Leider ist bis heute kein deutlicher Rückgang der Arbeitslosigkeit zu verzeichnen. Auch auf Druck der Gewerkschaftsbasis kündigen Sie ein Ende der Bescheidenheit an. Kräftige Lohnerhöhungen, um die Massenkaufkraft zu stär-

ken und die Binnennachfrage anzuregen, stehen ganz oben auf Ihrem Forderungskatalog. Schließlich profitieren davon auch die Unternehmen über steigende Auftragsbestände und eine bessere Auslastung der Kapazitäten. Ihr grundsätzliches Anliegen ist es, dass der Konsum- und Investitionsgüternachfrage über eine deutliche Senkung der Steuer- und Abgabenbelastung stimuliert wird. In die gleiche Richtung zielt auch Ihre Forderung an die Zentralbank, von der Sie Zinssenkungsmaßnahmen erwarten. Um der Konjunktur neue Wachstumsimpulse zu geben, verlangen Sie auch vom Staat, dass er über zusätzliche Aufträge die Wirtschaft ankurbelt. Eine höhere Staatsver-

schuldung ist für Sie akzeptabel. Die Vorstellungen Ihrer Gegner vom Arbeitgeberlager und konservativer Kreise der Politik, dass der Markt die wirtschaftlichen Probleme selbst lösen wird, lehnen Sie strikt ab. In diesem Zusammenhang verweisen Sie eindringlich darauf, dass die angebotsorientierte Politik seit Mitte der achtziger Jahre nicht zu einem Abbau, sondern zu einer weiteren Erhöhung der Arbeitslosigkeit geführt hat. Zudem ist der Anteil der Ein-

kommen aus unselbstständiger Tätigkeit am gesamten Volkseinkommen seit 1980 deutlich zurückgegangen, während die Einkommen aus Unternehmertätigkeit und Vermögen entsprechend zugenommen haben. Letztlich stellen Sie zur Diskussion, warum deutsche Unternehmen wachsende Exportüberschüsse erzielen, wenn es angeblich so schlecht mit der internationalen Wettbewerbsfähigkeit bestellt ist.

Rollenkarte: Arbeitgebervertreter

Sie sind nicht nur Funktionsträger im Arbeitgeberverband, sondern auch seit vielen Jahren als erfolgreicher Unternehmer tätig. Als überzeugter Vertreter einer angebotsorientierten Wirtschaftspolitik sehen Sie die Hauptursache für die Arbeitslosigkeit in den international zu hohen Lohn- und Lohnnebenkosten sowie den ungünstigen Rahmenbedingungen für unternehmerisches Wirtschaften in Deutschland. Um Investitionsanreize zu schaffen, fordern Sie eine Senkung der Personalkosten und eine deutliche Entlastung der Unternehmen auf der Steuer- und Abgabenseite. Ihr Motto lautet: Mehr Markt und weniger Staat. In diesem Zusammenhang erwarten Sie einen Abbau von Sozialleistungen, die ohnehin nur über eine höhere Abgabenbelastung finanziert werden können, wodurch Leistungsanreize verloren gehen. Sie halten nicht nur eine Rückführung der Staatsquote, sondern auch eine Konsolidierung der Staatsfinanzen für zwingend geboten. Zur Verbesserung der Angebotsbedingungen müssen zudem bürokratische Hemmnisse abgebaut und gesetzliche Bestimmungen vereinfacht bzw. abgeschafft werden. Sie plädieren auch für eine Einschränkung der zu umfassenden arbeitsrechtlichen Schutz-

vorschriften (z. B. Kündigungsschutz). Sie vertreten die Auffassung, dass mit der Verwirklichung Ihrer Vorschläge der Standort Deutschland international an Attraktivität gewinnen wird und verstärkt Direktinvestitionen aus dem Ausland angezogen werden können bzw. die Verlagerung von Unternehmen und Arbeitsplätzen ins Ausland gestoppt werden kann. Von der Regierung verlangen Sie, dass diese dauerhafte und verlässliche Rahmenbedingungen für unternehmerische Aktivitäten setzt. Staatsfinanzierte Beschäftigungsprogramme stellen für Sie nur ein Strohfeuer dar, von dem allenfalls kurzfristige Wachstums- und Beschäftigungsimpulse zu erwarten sind. Letztlich behindern diese Programme den durch den Markt zu vollziehenden notwendigen Strukturwandel. Überdies halten Sie eine weitere Verschuldung der öffentlichen Haushalte derzeit für nicht zu rechtfertigen. Stark wachsende Staatsschulden bewirken nur steigende Zinsen und damit eine Verschlechterung der Investitionsbedingungen. Sie räumen ein, dass Ihre wirtschaftspolitischen Vorstellungen keine kurzfristigen Erfolge zeigen, aber längerfristig die bestehenden Wachstums- und Beschäftigungsprobleme lösen werden.

Rollenkarte: Mitglied der Bundesregierung

Ihre Politik verbindet angebots- und nachfrageorientierte Ansätze, wobei die Nachfrageorientierung dominiert. Konkret verfolgen Sie folgende wirtschaftspolitischen Ziele:

- Abbau der Arbeitslosigkeit (wichtigstes Ziel)
- Stärkung der Wirtschaftskraft durch nachhaltiges Wachstum und Innovationen
- Sanierung der öffentlichen Finanzen
- Reform der Einkommens- und Unternehmensbesteuerung, um die Binnenkonjunktur nachhaltig zu stärken und die Investitionskraft der Unternehmen zu verbessern
- Ökologische Steuerreform zur Senkung der Lohnnebenkosten
- Modernisierung des Staates mit dem Ziel des Abbaus überflüssiger Bürokratie

- Bessere internationale Zusammenarbeit im Bereich der Wirtschafts-, Finanz-, Geld- und Währungspolitik
- Verbesserung der wirtschaftlichen Rahmenbedingungen für den Mittelstand und für Existenzgründer
- Aktive Arbeitsmarktpolitik
- Sicherung der Arbeitnehmerrechte und Stärkung der Mitbestimmung
- Garantie von sozialer Sicherheit gegenüber den wichtigsten Lebensrisiken sowie Vermeidung von Armut

Quelle: Aufbruch und Erneuerung – Deutschlands Weg ins 21. Jahrhundert, Koalitionsvereinbarung zwischen Sozialdemokratischer Partei Deutschlands und BÜNDNIS 90/DIE GRÜNEN, Bonn 1998.

19 *Einkommensverteilung*

Zwei Modelle der Gewinnbeteiligung

① **Betriebliche Gewinnbeteiligung**

Ein Weingut mit Sektkellerei hat eine Mitarbeiter-Gewinn- und Kapitalbeteiligung eingeführt.

Auszug aus der Grundvereinbarung:

§ 3   Die Mitarbeiter als Gewinnbeteiligte

Der Betriebserfolg ist das Ergebnis des Zusammenwirkens von Kapitalgebern und Mitarbeitern. Deshalb sollen auch die Mitarbeiter am Gewinn beteiligt werden.

§ 4   Die betriebsbezogene Vermögensbildung

Die Gewinnbeteiligung soll beitragen zur Ansammlung von Vermögen in den Händen der Mitarbeiter. Die Gewinnanteile werden deshalb nicht bar ausbezahlt, sondern verbleiben in der Firma. Nach 5 Jahren können sie in Kapitalanteile (typische stille Beteiligung) umgewandelt werden. Nach 8 Jahren besteht unter bestimmten Voraussetzungen die Möglichkeit der Barentnahme.

§ 7   Die Rechtsgrundlage der Kapitalbeteiligung

Der Anspruch der Mitarbeiter auf die Beteiligung am Gewinn aus ihren Kapitalanteilen ist durch einen stillen Gesellschaftsvertrag gesichert, den jeder berechtigte Mitarbeiter mit der Geschäftsführung der Firma abschließen kann. Inhalt des stillen Gesellschaftsvertrages sind die entsprechenden Vorschriften dieser Betriebsvereinbarung.

§ 8   Die Gewinnbeteiligungs-Berechtigten

Alle Mitarbeiter, die bei der Firma in einem ungekündigten Arbeitsverhältnis stehen, sind nach einem vollen Kalenderjahr Anwartschaft ab dem darauf folgenden Wirtschaftsjahr gewinnbeteiligt.

§ 9   Der verteilungsfähige Gewinn

Der Gewinnanteil aller berechtigten Mitarbeiter der Firma errechnet sich auf der Basis des Jahresgewinnes der Firma gemäß Steuerbilanz.

Der verteilungsfähige Gewinn ergibt sich nach Abzug der Grundvergütungen für die am betrieblichen Leistungsprozess beteiligten Faktoren sowie durch Hinzurechnung des Vorleistungsbetrages.

§ 10   Der Mitarbeiter-Gesamtanteil

Der verteilungsfähige Gewinn wird im Verhältnis 1 : 1 zwischen Altgesellschaftern und Mitarbeitern aufgeteilt.

Die auf die Mitarbeiter entfallende Hälfte abzüglich des Vorleistungsbetrages ist der Mitarbeiter-Gesamtanteil.

§ 11   Der Gewinnanteil des einzelnen Mitarbeiters

Vom Mitarbeiter-Gesamtanteil, der den Mitarbeitern insgesamt zusteht, werden 50 % auf alle Gewinnbeteiligungsberechtigten gleichmäßig aufgeteilt.

Die restlichen 50 % werden entsprechend der Bruttojahreslohnsumme der einzelnen Mitarbeiter aufgeteilt.

Der Mindestbeteiligungsbetrag eines vollzeitbeschäftigten Mitarbeiters darf nicht mehr als 20 % unter dem Durchschnittsbeteiligungsbetrag liegen.

§ 12 Die intensive Verwendung der Gewinnanteile

Die Gewinnanteile der Mitarbeiter verbleiben als Darlehen in der Firma. In den ersten 3 Jahren werden die Gewinnanteile – jährlich abgestuft – teilweise bar ausgeschüttet.

§ 13 Die Verzinsung der Darlehen

Das Darlehen (Summe der festgelegten Gewinnanteile des Mitarbeiters) wird von der Firma während der Dauer der Betriebszugehörigkeit entsprechend der Altkapitalverzinsung mit grundsätzlich 8 % p. a. verzinst.

§ 14 Die Auszahlung der Gewinnanteile

Die Gewinnanteile und Darlehen werden ganz oder teilweise ausgezahlt:

a) wenn der Mitarbeiter seine Mindesteinlage als stiller Gesellschafter geleistet hat,
b) bei Beendigung des Arbeitsverhältnisses,
c) nach Erreichen von Altersgrenzen („betriebliche" oder gesetzliche Altersgrenze),
d) bei Tod des Mitarbeiters und bei Erwerbsunfähigkeit.

② **Programm des Deutschen Gewerkschaftsbundes zur Gewinn- und Kapitalbeteiligung**[1]

1. Der DGB fordert die überbetriebliche Beteiligung der Arbeitnehmer an den Vermögenszuwächsen von Unternehmen ab einer bestimmten Gewinnhöhe.

2. Die Unternehmen sollen die Gewinne in der Form von Beteiligungswerten (Aktien, GmbH-Kommanditanteile) an zu gründende Fonds abführen. Die zu übertragenen Gesellschaftsanteile sollen grundsätzlich stimmberechtigt sein.

   Barabführungen sollen nur in Ausnahmefällen möglich sein.

3. Die Anteile und Barmittel sind an zentral gegliederte, nicht miteinander konkurrierende Fonds weiterzuleiten.

   Die Fonds geben wertgleiche und verzinsliche Zertifikate an alle Arbeitnehmer aus, deren zu versteuerndes Jahreseinkommen 24 000,00 DM (Verheiratete 48 000,00 DM) nicht übersteigt. Die Einkommensgrenzen werden an die Einkommensentwicklung kontinuierlich angepasst.

4. Die Fonds werden von den Arbeitnehmern unter Beteiligung des öffentlichen Interesses selbst verwaltet. Die Fonds müssen zu diesem Zweck in der Rechtsform der Anstalt oder Körperschaft des öffentlichen Rechts oder als Stiftung gegründet werden.

5. Die Zertifikate, die von den Fonds an die Arbeitnehmer ausgegeben werden, sind vererbbar. Sie sind jedoch in der Regel nicht zu veräußern und nicht zu beleihen, lediglich in Notfällen können sie an die Fonds verkauft werden.

   Alternativvorschlag: Die Anteile können nach Ablauf des zehnten Jahres nach ihrem Erwerb veräußert oder beliehen werden. Sie sind zum Börsenhandel zugelassen.

● Vergleichen und beurteilen Sie die beiden Modelle der Gewinnbeteiligung!

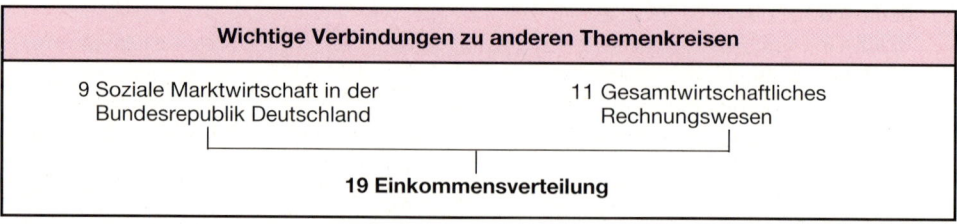

Wichtige Verbindungen zu anderen Themenkreisen	
9 Soziale Marktwirtschaft in der Bundesrepublik Deutschland	11 Gesamtwirtschaftliches Rechnungswesen
19 Einkommensverteilung	

Abbildung 19.0.0

[1] Nach den Anträgen 27 bis 32 zur Vermögensbildung auf dem DGB-Bundeskongress 1972 und den Anlagen zu diesen Anträgen sowie anderen Äußerungen des DGB bis 1977.

19.1 Die gesellschaftliche Entstehung des verteilungsfähigen Produkts

In unserer modernen Wirtschaft entsteht das Arbeitsprodukt in arbeitsteiliger Zusammenarbeit. Bei der Produktion eines Fernsehgerätes wirken viele Menschen zusammen: Konstrukteure, Facharbeiter, angelernte Arbeiter, Sekretärinnen, Pförtner, Fahrer usw. Das Fernsehgerät entsteht in gesellschaftlicher Produktion. Bei gesellschaftlicher Produktion kann der Einzelne sich das Ergebnis einer Arbeit nicht einfach aneignen. Sein Anteil ist außerdem nicht mehr ohne weiteres feststellbar.

Individuelle und gesellschaftliche Leistungserstellung

Der Sieger im Herren-Einzel des jährlichen Tennisturniers in Wimbledon hat diese Leistung individuell erbracht. Der Sieg ist das Produkt einer Einzelleistung und dem Turniersieger eindeutig zurechenbar.

Eine Fußballmannschaft, die deutscher Pokalmeister wird, hat diese Leistung in gesellschaftlicher Zusammenarbeit erbracht. Der Anteil des einzelnen Spielers am Sieg ist nicht eindeutig feststellbar.

Hinzu kommt, dass die Produktion heute wirtschaftlich nur noch unter Einsatz von Kapital durchgeführt werden kann. Der Einzelne besitzt nur noch in Ausnahmefällen das für die Verwendung seiner Arbeit notwendige Kapital. Kapitalgeber stellen das für die Produktion benötigte Kapital zur Verfügung und beschäftigen Arbeitnehmer. Durch diese Trennung von Arbeit und Kapital entsteht zusätzlich das Problem, welchen Anteil am gesellschaftlichen Produkt die Kapitalgeber und welchen Anteil die Arbeitnehmer erhalten sollen.

Die Aufteilung des gesellschaftlich entstandenen Produktes auf Arbeitnehmer und Arbeitgeber ist politisch das Kernproblem der Einkommensverteilung.

Einkommen entsteht in der Regel als Entgelt für die Beteiligung an der Produktion. Im Betrieb wird die Auseinandersetzung um die Einkommensverteilung deshalb am deutlichsten sichtbar.

Geldlohn statt Naturallohn schafft Probleme

Dem Arbeitnehmer, der in einem Unternehmen beschäftigt ist, das Kühlschränke herstellt, ist nicht damit gedient, dass er monatlich eine bestimmte Zahl von Kühlschränken als Entgelt für seine Arbeit bekommt. Er will Geld, um sich damit auf dem Markt Güter nach seiner Wahl zu beschaffen. Das Unternehmen erhält Geld, wenn es die produzierten Kühlschränke auf dem Markt verkaufen kann. Was zur Verteilung an die an der Produktion Beteiligten zur Verfügung steht, kann also erst dann exakt berechnet werden, wenn die Kühlschränke verkauft sind und der Erlös bekannt ist.

Die Summe des Marktwertes aller im Betrieb erstellten Leistungen ergibt den **Bruttoproduktionswert.** Dieser Bruttoproduktionswert steht aber nicht zur Verteilung zur Verfügung. Das Unternehmen hat Zahlungen an andere Unternehmen zu leisten, von denen es Material und andere Vorleistungen bezogen hat. Ein Teil des Bruttoproduktionswertes muss an den Staat als **indirekte Steuer** abgeführt werden; die im Verkaufspreis enthaltene Mehrwertsteuer steht damit ebenfalls nicht nur Verteilung zur Verfügung. Würden von dem verbleibenden Rest nicht auch die **Abschreibungen** abgezogen, dann würde die Vermögenssubstanz des Unternehmens in Raten verteilt. Eines Tages könnte das Unternehmen

Produktionskonto eines Unternehmens

Vorleistungen	
Abschreibungen	Brutto-produktions-wert
indirekte Steuern	
Wertschöpfung = verteilungsfähiges Produkt	

Abbildung 19.1.1

nicht mehr produzieren und damit auch keine Arbeitnehmer mehr beschäftigen, weil er die abgenutzten Maschinen nicht mehr ersetzen kann.

Der nach Abzug der **Vorleistungen,** der indirekten Steuern und der Abschreibungen vom Bruttoproduktionswert verbleibende Rest wird als **Wertschöpfung** bezeichnet und steht im Unternehmen zur Verteilung zur Verfügung. Die Summe der Wertschöpfungen einer Volkswirtschaft ergibt das **Nettosozialprodukt zu Faktorkosten** oder das Nettovolkseinkommen.

> Im Unternehmen steht die Wertschöpfung zur Verteilung zur Verfügung, in der Volkswirtschaft das Nettosozialprodukt zu Faktorkosten.

19.2 Die Darstellung der Einkommensverteilung in einer Volkswirtschaft

19.2.1 Die personelle Einkommensverteilung

Unter den komplizierten Verhältnissen der arbeitsteiligen Volkswirtschaft ist der Prozess der Einkommensverteilung undurchsichtig geworden. Nur mithilfe gesamtwirtschaftlicher Statistiken lässt sich noch feststellen, an wen und in welchem Verhältnis das volkswirtschaftliche Gesamtprodukt aufgeteilt wurde. Je nach der Fragestellung, unter der die Einkommensverteilung untersucht werden soll, muss die Statistik unterschiedlich aufgebaut und gegliedert werden.

Im Vordergrund der Überlegungen steht immer die Frage nach der **Gerechtigkeit der Einkommensverteilung.** Als Maßstab für eine gerechte Verteilung wird dabei meist die Gleichmäßigkeit der Verteilung gewählt. Um dieser Frage nachzugehen, wird für verschiedene Einkommenshöhen dargestellt, welche Zahl von Einkommensbeziehern dieses Einkommen bezieht. Die Statistik kann sich auf alle Einkommensbezieher insgesamt beziehen, die Einkommensbezieher können aber auch weiter untergegliedert werden, z. B. in Selbstständige, Arbeiter, Angestellte und Beamte. Dabei wird nicht unterschieden, aus welchen Quellen das Einkommen erzielt wurde. Zum Einkommen eines Arbeitnehmers zählt dann neben seinem Lohneinkommen aus unselbstständiger Arbeit auch die Mieteinnahme aus der Vermietung einer Einliegerwohnung in seinem Einfamilienhaus. Diese Statistik zeigt die personelle Einkommensverteilung.

> Bei der Darstellung der personellen Einkommensverteilung werden die Einkommensbezieher nach der Höhe ihres Einkommens gruppiert, ohne Berücksichtigung der Art des Einkommens.

Die Tabelle zeigt eine der gebräuchlichsten Darstellungen der personellen Einkommensverteilung. Die Einkommensbezieher werden der Größe ihres Einkommens nach geordnet und in zehn ihrer Zahl nach gleich große Gruppen eingeteilt (Dezilgruppen). Die zehn Prozent der Bevölkerung mit dem niedrigsten Einkommen beziehen insgesamt ein Prozent des Einkommens. Zu den 20 Prozent der Bevölkerung, die das niedrigste Einkommen haben, gehören die zehn Prozent mit den allerniedrigsten Einkommen wieder dazu. Die Tabelle weist aus, dass diese 20 Prozent der Gesamtbevölkerung vier Prozent des Gesamteinkommens beziehen. Es lässt sich feststellen, dass die neu in die Berechnung aufgenommenen zehn Prozent der Gesamtbevölkerung drei Prozent des Gesamteinkommens beziehen.

Personelle Einkommensverteilung	
Prozent der Einkommensbezieher	Prozent des Gesamteinkommens
10	1
20	4
30	8
40	12,5
50	20
60	29
70	40
80	52
90	66
100	100

Tabelle 19.2.1

Die grafische Darstellung der in Tabelle 19.2.1 gezeigten Einkommensverteilung ergibt die **Lorenz-Kurve.** Die Gerade B stellt den Zustand völliger Gleichverteilung dar. 20 % der Einkommensbezieher erhalten auch 20 % des Einkommens, 40 % der Einkommensbezieher erhalten 40 % des Einkommens usw. Die Gleichverteilung des Einkommens dient als Norm zur Beurteilung der tatsächlichen Einkommensverteilung, wie sie von der Lorenz-Kurve gezeigt wird.

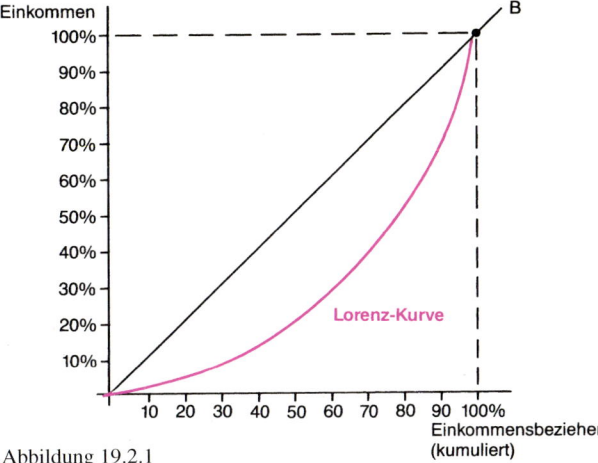

Abbildung 19.2.1

19.2.2 Funktionelle Einkommensverteilung

Die ungleiche personelle Einkommensverteilung führt zu der Frage nach den Ursachen. Wenn die Ursache nicht in der persönlichen Leistungsfähigkeit liegt, dann könnte sie darin begründet sein, dass die Einkommen der Einkommensbezieher aus verschiedenen Quellen mit unterschiedlicher Ergiebigkeit gespeist werden. Quellen sind die Arbeitsleistung, das Eigentum an Boden und Kapitalgütern und das Einkommen aus Unternehmertätigkeit, das darüber hinaus noch anfällt.

Für die Leistung selbstständiger oder unselbstständiger Arbeit wird Lohn gezahlt, für die Zurverfügungstellung von Kapital wird Zins gewährt, für die Überlassung von Boden fällt Grundrente an, das darüber hinausgehende Einkommen von Selbstständigen ist Unternehmergewinn. Diese Einteilung des Einkommens ist orientiert an den Funktionen, bei deren Erfüllung es entsteht.

Eine Statistik mit dieser Gliederung zeigt die funktionelle Einkommensverteilung. Nicht berücksichtigt wird dabei die Verteilung des Einkommens auf Personen.

> Bei der Darstellung der funktionellen Einkommensverteilung wird das Einkommen nach seiner ökonomischen Herkunft eingeteilt in Lohn, Zins, Grundrente und Unternehmergewinn.

Funktionelle und personelle Einkommensverteilung		
Verteilungsfähiges Produkt	**Personelle Einkommensverteilung**	**Funktionelle Einkommensverteilung**
Nettosozialprodukt zu Faktorkosten (Volkseinkommen)	Einkommensbezieher Gruppe A	Lohn
	Einkommensbezieher Gruppe B	
	Einkommensbezieher Gruppe C	Zins
	Einkommensbezieher Gruppe D	Grundrente
		Unternehmergewinn

Abbildung 19.2.2

Über die Entwicklung der funktionalen Einkommensverteilung gibt die **Lohnquote** Auskunft.

> Die Lohnquote stellt den prozentualen Anteil der Einkommen aus unselbstständiger Arbeit am Volkseinkommen dar.

Die **Gewinnquote** zeigt den prozentualen Anteil des Einkommens der Selbstständigen am Volkseinkommen. Bei einer Beurteilung der Entwicklung der Lohnquote ist zu beachten, dass seit Jahren der Anteil der Unselbstständigen an den Erwerbstätigen steigt.

Entwicklung der Lohnquote in der Bundesrepublik Deutschland			
West		**Deutschland**	
Jahr	**Lohnquote**	**Jahr**	**Lohnquote**
1950	58,2	1993	74,1
1960	60,1	1994	72,7
1970	68,0	1995	72,0
1980	75,8	1996	71,1
1990	69,6	1997	69,4

Quelle: Institut der Deutschen Wirtschaft, Köln, Zahlen zur wirtschaftlichen Entwicklung der Bundesrepublik Deutschland 1998, Tabelle. 33

19.3 Leitbilder für eine gerechte Einkommensverteilung

Auf die Frage nach dem gerechten Lohn gibt es mehrere Antworten, hinter denen verschiedene Vorstellungen von Gerechtigkeit stehen. Unterschiedliche Leitbilder für eine gerechte Einkommensverteilung führen zu unterschiedlichen Verteilungsprinzipien.

19.3.1 Das Leistungsprinzip

Dem Leistungsprinzip zufolge soll ein Erwerbstätiger einen Anteil des Sozialprodukts erhalten, der so groß ist wie der Beitrag, den er zum Sozialprodukt geleistet hat. Das Prinzip wird deshalb auch als **Beitragsprinzip** bezeichnet.

> Nach dem Leistungsprinzip ist die Einkommensverteilung dann gerecht, wenn jeder nach dem Beitrag entlohnt wird, den er zum Gesamtprodukt geleistet hat.

Das Leistungsprinzip ist eines der wichtigsten Elemente einer liberalen Wirtschafts- und Gesellschaftsanschauung, wird aber vom heutigen Neoliberalismus nicht mehr in dieser reinen Form vertreten (s. 9.1.1).

Für die praktische Durchsetzung hat dieses Prinzip einen entscheidenden Nachteil: Der Beitrag des Einzelnen zum Gesamtprodukt ist nicht eindeutig feststellbar. Die Feststellung seines Beitrags scheitert daran, dass die Produktion heute so gut wie immer eine Gemeinschaftsleistung ist. Dabei wirken so viele Kräfte zusammen, dass die Auswirkung einer einzelnen Tätigkeit nicht mehr festgestellt werden kann. Die Last auf einem Stuhl wird von 4 Stuhlbeinen getragen. Nimmt man auch nur 1 Stuhlbein weg, dann kann der Stuhl die Last nicht mehr tragen. Daraus darf man nicht folgern, gerade dieses versuchsweise weggenommene Stuhlbein habe die ganze Last getragen. Genauso wenig darf man schließen, die Arbeit allein leiste einen produktiven Beitrag. Die Produktion ist heute ohne Kapitaleinsatz ge-

Lässt sich der produktive Beitrag eines Arbeitnehmers berechnen?

In einer Fernsehgeräte-Fabrik wirken u. a. Konstrukteure, Facharbeiter, angelernte Arbeiter, Buchhalter, Sekretärinnen, Telefonistinnen, Pförtner, Fahrer, der Koch in der Werksküche zusammen, um Fernsehgeräte herzustellen.

Ein Farbfernsehgerät wird für 1 000,00 EUR verkauft. Von anderen Betrieben werden Vorleistungen von insgesamt 200,00 EUR empfangen; z. B. werden die Gehäuse fertig bezogen.

Je Fernsehgerät wurde also eine Wertschöpfung von 800,00 EUR erzielt.

- Der produktive Beitrag der Sekretärin zu dieser Wertschöpfung ist nicht feststellbar.
- Auch der produktive Beitrag, der durch Kapitaleinsatz erzielt wurde, ist nicht feststellbar.

nauso wenig denkbar wie ohne Arbeit. Auch die Aufteilung der Wertschöpfung auf den produktiven Beitrag der Arbeit und des Kapitals und anderer Faktoren ist nicht durchführbar.

> Da der Beitrag eines Einzelnen zu einem gesellschaftlich entstandenen Produkt nicht messbar ist, kann die Wirtschaftswissenschaft keinen Maßstab für die gerechte Verteilung des Sozialprodukts liefern.

19.3.2 Das Bedürfnisprinzip

Da es keinen ökonomischen Maßstab für die gerechte Einkommensverteilung gibt, müssen wir nach anderen Maßstäben auf der Basis menschlicher Grundwerte suchen. Die Einkommensverteilung nach der Devise **„Jedem nach seinen Bedürfnissen"** ist die Forderung nach einer Einkommensverteilung, die anstelle der Leistung des Arbeitnehmers soziale Gesichtspunkte berücksichtigen soll.

> Nach dem Bedürfnisprinzip soll die Verteilung des Einkommens ohne Berücksichtigung der Leistung allein nach den Bedürfnissen erfolgen.

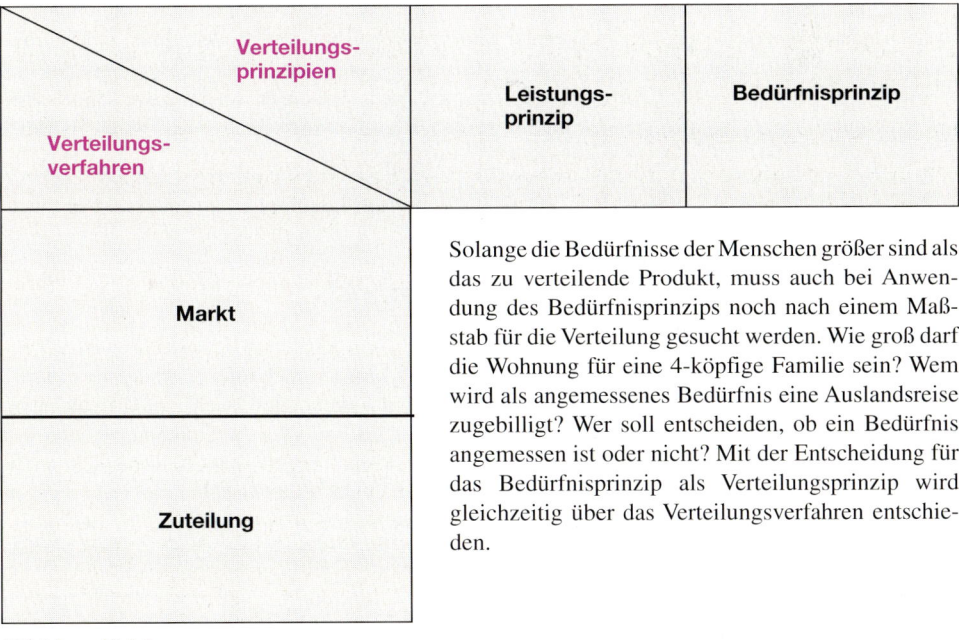

Solange die Bedürfnisse der Menschen größer sind als das zu verteilende Produkt, muss auch bei Anwendung des Bedürfnisprinzips noch nach einem Maßstab für die Verteilung gesucht werden. Wie groß darf die Wohnung für eine 4-köpfige Familie sein? Wem wird als angemessenes Bedürfnis eine Auslandsreise zugebilligt? Wer soll entscheiden, ob ein Bedürfnis angemessen ist oder nicht? Mit der Entscheidung für das Bedürfnisprinzip als Verteilungsprinzip wird gleichzeitig über das Verteilungsverfahren entschieden.

Abbildung 19.3.1

> Die Verteilung des Einkommens kann entweder über den Markt oder muss durch zentrale Zuteilung erfolgen.

Eine liberale Grundhaltung ist mit der Auffassung verbunden, dass ein freier Markt ohne staatliche Eingriffe alle am Wirtschaftsgeschehen Beteiligte nach ihrer Leistung entlohnt. **Soll die Verteilung nach den Bedürfnissen erfolgen, dann kann die Einkommensverteilung nicht mehr einem frei wirkenden Marktmechanismus überlassen werden.** Über das Verteilungsergebnis muss zentral bestimmt werden. In seltenen Fällen ist das schon über Zuteilung bestimmter Güter an einzelne Per-

sonen durch eine staatliche Zentrale erfolgt, z. B. in Kriegszeiten über Bezugscheine. Grundsätzlich kann man aber jeden Einkommensbezug, der nicht nach den Gesetzen des Marktes erfolgt, dem Verteilungsverfahren der **Zuteilung** zuordnen. Subventionen, Sozialunterstützungen und Steuerermäßigungen sind Mittel des Verteilungsverfahrens der Zuteilung.

19.3.3 Das Gleichheitsprinzip

Die Forderung nach Gleichheit bei der Einkommensverteilung ist nur ein besonderer Fall der Einkommensverteilung nach den Bedürfnissen. Sie wird häufig damit begründet, dass alle Menschen gleich seien. Diese Aussage bezieht sich aber doch mehr auf humanistische Wertvorstellungen: Vor Gott und dem Gesetz sind alle Menschen gleich. Die Menschen unterscheiden sich nicht nur in angeborenen Fähigkeiten und Veranlagungen, sondern auch in ihrem Leistungswillen. Auch ihre Bedürfnisstrukturen sind sehr unterschiedlich. In der Praxis hat deshalb die Forderung nach völlig gleicher Verteilung keine praktische Bedeutung, nicht einmal in sozialistischen Ländern. Das Prinzip hat mehr Bedeutung als Orientierungspunkt für die Richtung der Einkommenspolitik.

Es gibt sicher nicht solche Unterschiede in der Qualifikation von Menschen, wie sie die Einkommensverteilung zeigt. In einer Marktwirtschaft muss es trotzdem eine Obergrenze der Gleichheit geben. Der Fleißige, der besonders verantwortungsbewusste oder vielleicht risikoreiche Arbeit leistet, muss einkommensmäßig unterschieden werden. In einer Marktwirtschaft ist eine gewisse Einkommensdifferenzierung als **Leistungsanreiz** notwendig. Eine Aufhebung des Leistungsprinzips zugunsten des Bedürfnisprinzips, etwa gar in der Form des Gleichheitsprinzips, würde die private Initiative lähmen. Der Leistungsanreiz müsste auf andere Weise ersetzt werden. Die Marktwirtschaft wäre dadurch abgelöst.

> Die Einkommensverteilung in der Bundesrepublik Deutschland beruht auf dem Leistungsprinzip, das durch Eingriffe des Staates nach dem Bedürfnisprinzip korrigiert wird.

19.4   Lohnbildung auf dem Arbeitsmarkt
19.4.1   Der Arbeitsmarkt

Der Lohn ist ein Preis, der für Arbeit gezahlt wird. In einer Marktwirtschaft ohne staatliche Eingriffe ist der Lohn das Ergebnis aus dem Zusammentreffen von Angebot und Nachfrage. Die Nachfrage nach dem Produktionsfaktor Arbeit geht vom Arbeitgeber aus. Die Arbeitnehmer bieten ihre Arbeitsleistung an. Um im Lohnkampf nicht machtlos zu sein, haben sich die Arbeitnehmer in Gewerkschaften zusammengeschlossen. Die Arbeitgeber werden bei Lohnverhandlungen von dem für ihren Wirtschaftszweig zuständigen Arbeitgeberverband vertreten.

Abbildung 19.4.1

> Auf dem Arbeitsmarkt bestehen auf der Angebots- wie auf der Nachfrageseite monopolartige Situationen.

Die Auseinandersetzung zwischen dem Arbeitgeberverband und der Gewerkschaft spielt sich im Rahmen rechtlicher Regelungen für den Arbeitskampf ab, die durch Gesetz und durch Vereinbarung zwischen den beiden Gruppen festgelegt sind.

Im Arbeitskampf ist die Gewerkschaft umso stärker, je größer der Prozentsatz der Arbeitnehmer ist, der bei ihr organisiert ist. Neben dem Organisationsgrad ist die Streikbereitschaft der Arbeitnehmer für die Stärke der Gewerkschaft von Bedeutung. Die Macht der Arbeitgeber hängt vor allem davon ab, ob es in der Volkswirtschaft Arbeitslose gibt oder ob Überbeschäftigung besteht.

19.4.2 Lohngrenze aus der Sicht eines einzelnen Unternehmens

Lohnverhandlungen werden zwischen den Gewerkschaften und den Arbeitgeberverbänden als Tarifpartner geführt. Trotzdem wird die mögliche und in Verhandlungen erreichbare Lohnhöhe durch die wirtschaftliche Situation in den einzelnen Unternehmen bestimmt.

Grundlage für die Überlegung der Arbeitgeber ist die Menge, die ein Arbeitnehmer in der Zeiteinheit herstellt. Multipliziert mit dem für das Produkt zu erzielenden Preis ergibt es das Bruttowertprodukt der Arbeit. Davon zieht der Arbeitgeber alle Kosten ab, die außer dem Lohn anfallen. Das ergibt das Nettowertprodukt der Arbeit. Der Einsatz einer Arbeitskraft vergrößert den Gewinn, wenn der dem Arbeitnehmer zu zahlende Lohn unter dem Nettowertprodukt der Arbeit liegt. **Ein Arbeitnehmer wird in der Marktwirtschaft nur dann beschäftigt, wenn er mit seiner Arbeit einen Überschuss erwirtschaftet, der den Gewinn erhöht.**

> **Nettowertprodukt der Arbeit und Lohn**
>
> Ein Möbelhersteller hat sich auf die Produktion von Schlafzimmern spezialisiert. Ein Arbeiter stellt im Monat 5 Schlafzimmer her. Für ein Schlafzimmer erhält der Hersteller 1 000,00 EUR.
>
> Ein Arbeiter erbringt damit einen **Bruttoproduktionswert** von 5 000,00 EUR je Monat. Neben dem Lohn fallen je Schlafzimmer 400,00 EUR Kosten für Material, Abschreibungen, Steuern usw. an. **Das Nettowertprodukt** der Arbeit eines Arbeitnehmers beträgt je Monat 5 000,00 EUR − (5x 400,00 EUR) = 3 000,00 EUR.
>
> Der Lohn eines Arbeitnehmers muss unter 3 000,00 EUR je Monat liegen, damit mit seiner Arbeit Gewinn erwirtschaftet wird.

> In einer Marktwirtschaft muss der Lohn eines Arbeitnehmers unter dem Nettowertprodukt seiner Arbeit liegen, damit er beschäftigt wird.

19.4.3 Lohngrenzen bei Verhandlungen zwischen einem Arbeitgeberverband und der Gewerkschaft

Das Nettowertprodukt der Arbeit, das die Arbeitnehmer erbringen, ist in den Unternehmen eines Wirtschaftszweiges unterschiedlich hoch. Dies kann daran liegen, dass das eine Unternehmen besser geführt wird und deshalb wirtschaftlicher arbeitet als das andere. Aber auch vom Markt her können die Unternehmen eines Wirtschaftszweiges in einer ganz unterschiedlichen Situation stehen.

Abbildung 19.4.2 zeigt die Situation in einem Wirtschaftszweig, der sich aus 5 Betrieben zusammensetzt. Die Betriebe sind in der Reihenfolge nach der Höhe des in diesen Betrieben von einem Arbeitnehmer durchschnittlich je Stunde

> **Unterschiedliche Ertragslage der Unternehmen innerhalb eines Arbeitgeberverbandes**
>
> Vom Arbeitgeberverband Metall werden die Automobilhersteller ebenso vertreten wie die Hersteller von Druckmaschinen. Lässt eine gute Auftragslage auf dem Automobilmarkt hohe Preise zu und gehen die Preise für Druckmaschinen unter starkem Konkurrenzdruck aus dem Ausland bei nachlassender Nachfrage zurück, dann ist das Nettowertprodukt der Arbeit in der Automobilindustrie wahrscheinlich höher, weil das Nettowertprodukt sich aus dem mengenmäßigen Arbeitsergebnis multipliziert mit dem Preis ergibt.

erzielten Nettowertprodukts der Arbeit angeordnet. Im Betrieb A wird je Arbeitnehmer ein Nettowertprodukt von 40,00 EUR je Stunde erzielt, beschäftigt werden 4 000 Arbeitnehmer. Das insge-

samt im Betrieb A erzielte Nettowertprodukt je Arbeitsstunde beträgt damit 40 x 4000 = 160000,00 EUR und wird durch die Fläche des Rechtecks dargestellt. In den 5 Betrieben werden insgesamt 14000 Arbeitnehmer beschäftigt.

Wenn die Gewerkschaft nicht das Risiko eingehen will, dass im Betrieb E Arbeitnehmer entlassen werden, dann darf der Lohn höchstens das Nettowertprodukt der Arbeit im Betrieb E erreichen.

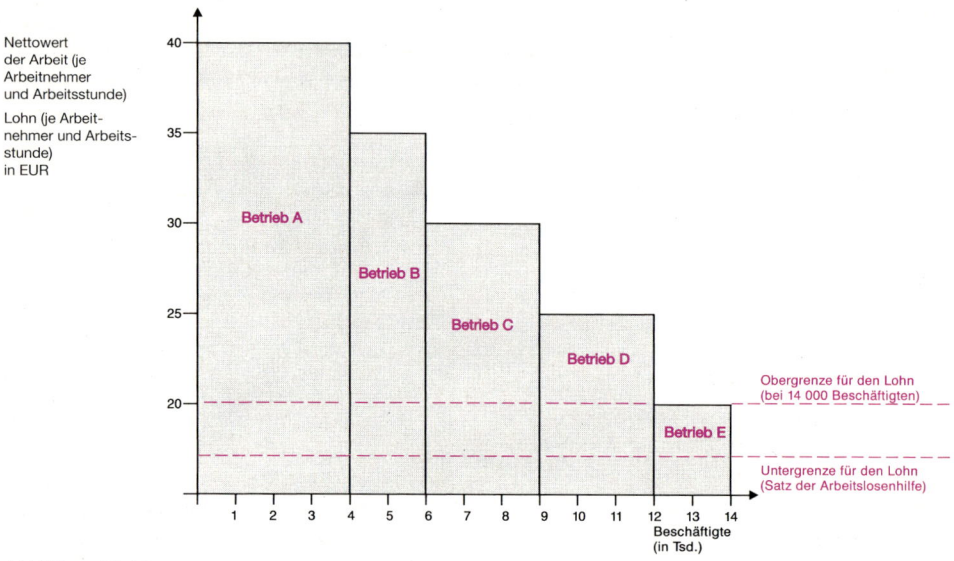

Abbildung 19.4.2

> Das Nettowertprodukt der Arbeit in dem am ungünstigsten wirtschaftenden Betrieb eines Wirtschaftszweiges ist die Obergrenze für den Lohn, wenn die Gefahr von Entlassungen vermieden werden soll.

Ob die Obergrenze erreicht wird, hängt davon ab, wie die Machtpositionen auf die beiden Parteien verteilt sind und inwieweit jede der Parteien entschlossen ist, diese Macht auch auszunutzen. Da eine Senkung des Nominallohns heute politisch kaum noch durchsetzbar ist, wird der Lohn nach einem Arbeitskampf irgendwo zwischen dieser Obergrenze und dem bisherigen Lohn liegen. Eine absolute **Untergrenze für den Lohn** ist die von der Bundesanstalt für Arbeit gezahlte Arbeitslosenhilfe.

19.5   Verteilungspolitik
19.5.1 Mittel der Verteilungspolitik

In der Bundesrepublik Deutschland gilt das Leistungsprinzip als Leitlinie für die Einkommensverteilung. Die Einkommensverteilung erfolgt vor allem über den Preismechanismus. Das Ergebnis der Einkommensverteilung, wie es sich in reiner Form über das Marktgeschehen ergeben würde, wäre aus sozialen Gründen nicht annehmbar. Eine ganze Reihe von Menschen, die ohne eigenes Verschulden keinen Beitrag zum Sozialprodukt leisten können (Alte, Kranke, Arbeitslose), würden ohne Einkommen bleiben. Bei aller Unklarheit des Begriffs „sozial" besteht doch Übereinstimmung darüber, dass eine Einkommensverteilung nur dann sozial ist, wenn die breite Masse der Bevölkerung, einschließlich der Arbeitsunfähigen, ein Einkommen bezieht, das ihr ein menschenwürdiges Dasein sichert. Das macht ein staatliches Eingreifen notwendig.

Die Einflussnahme auf die Einkommensverteilung kann so erfolgen, dass die marktmäßig entstandene Einkommensverteilung (Primärverteilung) korrigiert wird, d. h. der Staat betreibt **Umverteilungspolitik,** die zu einer Sekundärverteilung führt. Das Ergebnis der lohnpolitischen Auseinandersetzungen zwischen den Tarifpartnern ist wesentlich abhängig von Gesetzen und dem Verhalten staatlicher Institutionen, z. B. der Europäischen Zentralbank. Deshalb hat der Staat die Möglichkeit, mit seinem Verhalten und über Gesetze schon **Einfluss auf die Primärverteilung** zu nehmen.

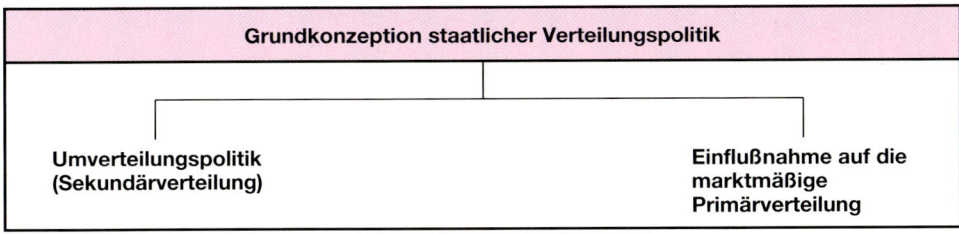

Abbildung 19.5.1

19.5.2 *Lohnpolitik der Gewerkschaften*

Über die Verteilung der Einkommen zwischen Arbeitnehmern und Arbeitgebern wird vor allem in Tarifverhandlungen zwischen Arbeitgeberverbänden und den Gewerkschaften entschieden. In Tarifverhandlungen haben die Gewerkschaften das Hauptziel, die Arbeitnehmer durch Lohnerhöhungen am Wachstum der Wirtschaft teilhaben zu lassen und auf lange Sicht möglichst die **Lohnquote zu erhöhen.** Die Arbeitgeber versuchen, einer Umverteilung der Einkommen entgegenzuwirken.

Ein Mittel tarifvertraglicher Einkommenspolitik zur Veränderung der Lohnquote ist die **Gewinnbeteiligung.** Über die Gewinnbeteiligung soll den Arbeitnehmern ein leistungsgerechter Anteil an dem im Betrieb entstandenen Produkt gesichert werden. Bei **betrieblicher Gewinnbeteiligung** wird vom Standpunkt der Lohngerechtigkeit als unbefriedigend empfunden, dass z. B. das Einkommen eines Metallfacharbeiters bei gleicher Arbeitsleistung davon abhängt, ob er in einem ertragsstarken oder in einem weniger erfolgreichen Unternehmen arbeitet. Deshalb wird von der Gewerkschaft schon seit langem eine **überbetriebliche Gewinnbeteiligung** zur Diskussion gestellt, bei der alle Unternehmen einen bestimmten Anteil ihres Gewinns an einen Fonds abführen, aus dem alle Arbeitnehmer eine angemessene Zuteilung erhalten. Da die den Arbeitnehmern zugewiesenen Anteile auf eine gewisse Zeit fest angelegt werden sollen, ist die überbetriebliche Gewinnbeteiligung auch eine Form der Vermögenspolitik.

Die Wirkung von Tarifverhandlungen beschränkt sich nicht auf die Verteilung des Volkseinkommens zwischen Arbeitgebern und Arbeitnehmern. Gewerkschaften treiben Verteilungspolitik auch durch **Änderung der Lohnstruktur.** Die Lohnstruktur wird z. B. geändert durch

- ersatzlose Streichung unterer Lohngruppen,
- überproportionale Lohnsteigerungen für untere Lohngruppen,
- Vereinbarung von Arbeitszeitverkürzungen mit Lohnausgleich nur für untere Lohngruppen.

Die Arbeitgeber sind daran interessiert, die Differenzierung im Lohngefüge zu erhalten. Sie befürchten, dass sonst eine Schmälerung des Leistungswillens der Arbeitnehmer in höheren Lohngruppen eintritt.

19.5.3 Steuer- und Sozialpolitik

Der Staat betreibt Umverteilungsmaßnahmen vor allem mit den Mitteln der Steuer- und Sozialpolitik. Als Ergebnis dieser Politik sind in der Bundesrepublik Deutschland die Nettoeinkommen wesentlich gleichmäßiger verteilt als die Bruttoeinkommen.

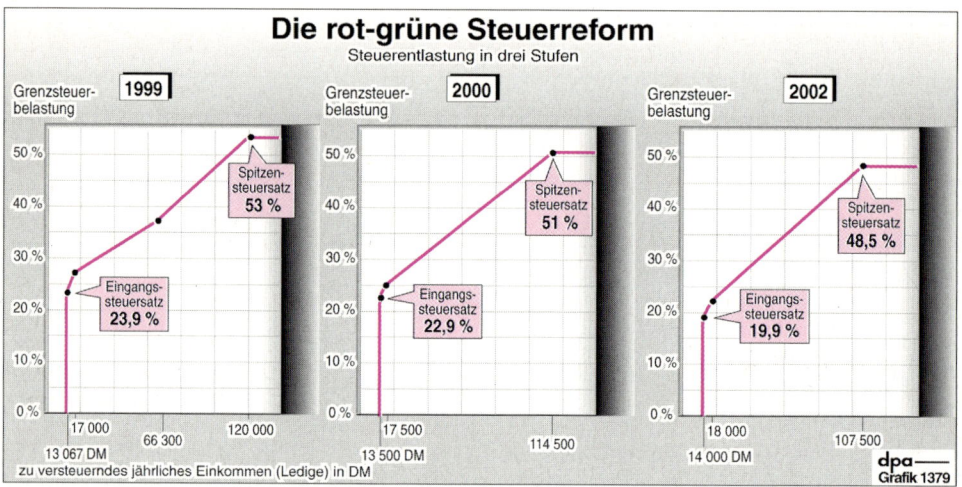

Abbildung 19.5.2

In der Bundesrepublik Deutschland ist der Tarif für die Einkommensteuer so gestaltet, dass die Bezieher der mittleren und höheren Einkommen einen höheren Prozentsatz ihres Einkommens an Einkommensteuer zu entrichten haben als die Bezieher niederer Einkommen. Die überproportionale Besteuerung höherer Einkommen wird als **Steuerprogression** bezeichnet. Damit wird eine Umverteilung des Einkommens erreicht.

Die gleiche Wirkung wird erzielt, wenn in der **sozialen Krankenversicherung** die Beitragshöhe allein von der Höhe des Einkommens abhängig ist, nicht aber von der Anzahl der zu versichernden Personen. Ein Familienvater mit 2 Kindern zahlt damit nicht mehr Beiträge an die soziale Krankenversicherung als ein Junggeselle mit gleichem Einkommen, obwohl mit dem Familienvater Frau und Kinder mitversichert sind.

Subventionen werden vom Staat an wirtschaftliche Unternehmen meist als verlorene Zuschüsse bezahlt. Solche den Unternehmen direkt gewährte Zuschüsse sind offene Subventionen, da sie im Haushaltsplan erkennbar ausgewiesen sind. Daneben könnten den Unternehmen verdeckte Subventionen, z. B. durch Steuererleichterungen und Schutzzölle, gewährt werden. Der Umfang solcher verdeckter Subventionen wird im Haushaltsplan nicht sichtbar. In der Bundesrepublik Deutschland steht die Landwirtschaft mit Abstand an der Spitze der Subventionsempfänger.

Transferzahlungen an private Haushalte erfolgen z. B. als Kindergeld, Wohngeld und Leistungen der Sozialhilfe.

Die Korrektur der Einkommensverteilung durch Subventionen und Transferleistungen an eine bestimmte Gruppe der Gesellschaft lässt sich nicht durchführen, ohne andere Mitglieder der Gesellschaft zu belasten. Die staatliche Politik muss ständig darauf achten, dass der **Leistungswille** der Gebenden wie der Nehmenden erhalten bleibt.

19.5.4   Vermögenspolitik

Unter Vermögenspolitik versteht man alle Maßnahmen des Staates und der Tarifvertragsparteien mit dem Ziel, die Vermögensverteilung zu beeinflussen. Vermögenspolitik kann darauf abzielen, die bestehenden Vermögen umzuverteilen oder in die Entstehung von Vermögen lenkend einzugreifen.

Mittel staatlicher Vermögenspolitik sind
- Sparförderung über Steuervergünstigungen,
- Gewährung von Sparprämien,
- Gestaltung der Erbschafts-, Schenkungs- und Vermögensteuer.

Vermögenspolitik ist immer auch Verteilungspolitik, weil der Arbeitnehmer mit den Vermögenserträgen neben dem Arbeitslohn noch eine andere Quelle des Einkommens erhält.

Da in der Bundesrepublik Deutschland das Privateigentum und das Erbrecht garantiert sind, hat der Staat nur begrenzte Möglichkeiten der Vermögensumverteilung. Vermögenspolitik muss sich deshalb auf die verteilungspolitische Steuerung des Vermögenszuwachses richten.

Die Tarifpartner wirken vermögenspolitisch, wenn sie **Investivlohn** vereinbaren. Beim Investivlohn verzichtet der Arbeitnehmer auf die Auszahlung des Lohnes zugunsten einer längerfristigen Vermögensanlage. Da der Arbeitnehmer auf die Barauszahlung des Lohnes verzichtet, wird über den Investivlohn die Vermögensbildung breiter Schichten gefördert, ohne dass die Investitionsfähigkeit der Unternehmen geschmälert wird. Diese Situation verstärkt auch die Macht der Gewerkschaften bei Tarifverhandlungen.

In der Bundesrepublik wird die investive Lohnbindung dadurch gefördert, dass Arbeitnehmer für die in eine Vermögensanlage überführten Löhne eine **Arbeitnehmer-Sparzulage** erhalten.

▓▓▓▓ *AUFGABEN UND PROBLEME*

19.1   *Entstehung des verteilungsfähigen Produkts im Unternehmen*

Zwei Brüder betreiben eine Fabrik zur Herstellung von Holzspielzeugen. Der eine leitet die Produktion, der andere den Verkauf und die kaufmännische Verwaltung. Der Betrieb arbeitet ohne Kredite, also nur mit Eigenkapital. Die Betriebsergebnisrechnung für das vergangene Jahr enthält folgende Positionen (in Tausend EUR):

Umsatzerlös 500, Materialaufwendungen 160, Energiekosten 15, Abschreibungen 20, indirekte Steuern 5.

- 1. In welcher Höhe entsteht in diesem Unternehmen Einkommen, das auf Unternehmer und Arbeitnehmer verteilt werden kann?
- 2. Das Unternehmen zahlte im vergangenen Jahr tatsächlich eine Lohnsumme von 240 aus. Die kinderlosen Inhaber der Spielzeugfabrik haben ein Angebot, ihr Unternehmen an eine große Spielzeugfabrik zu verkaufen und als leitende Angestellte tätig zu sein. Sie versuchen deshalb zu analysieren, welcher Teil ihres Einkommens letztlich aus der selbstständigen Tätigkeit zur Herstellung von Holzspielzeugen entstanden ist.
- In welche Teile würden Sie zu diesem Zweck den im Betrieb entstandenen Gewinn zerlegen?

19.2   *Grundproblem der gerechten Einkommensverteilung*

Nehmen wir an: Der Eigentümer eines Fischkutters ist zu alt geworden, um noch selbst auf See hinauszufahren. Er schließt sich deshalb mit einem Kapitän und drei Seeleuten zusammen, um gemeinsamen Fischfang zu betreiben. Das Fangergebnis wollen sie täglich aufteilen und jeder auf eigene Rechnung verkaufen.

Der Schiffseigner ist verheiratet und hat nur für seine Frau zu sorgen. Der Kapitän und die drei Seeleute können nur ihre Arbeit zur Verfügung stellen. Der Kapitän ist verheiratet und hat zwei schulpflichtige Kinder. Er führt das Schiff und leitet den Fang. Von den Seeleuten ist der eine

20 Jahre alt und nicht verheiratet. Die beiden anderen Seeleute sind verheiratet. Der eine hat zwei, der andere drei schulpflichtige Kinder. Die Seeleute leisten alle gleichwertige Arbeit.

● 1. Wie würden Sie ein Fangergebnis von 100 Zentner Fisch verteilen?

● 2. Begründen Sie, nach welchem Grundsatz Sie vorgegangen sind! Beschreiben Sie die Schwierigkeiten, diese Grundsätze auf praktische Verteilungsaufgaben anzuwenden!

19.3 *Lorenz-Kurve*

In der Grafik sind die Einkommensverteilungen in zwei Volkswirtschaften mithilfe der Lorenz-Kurve dargestellt.

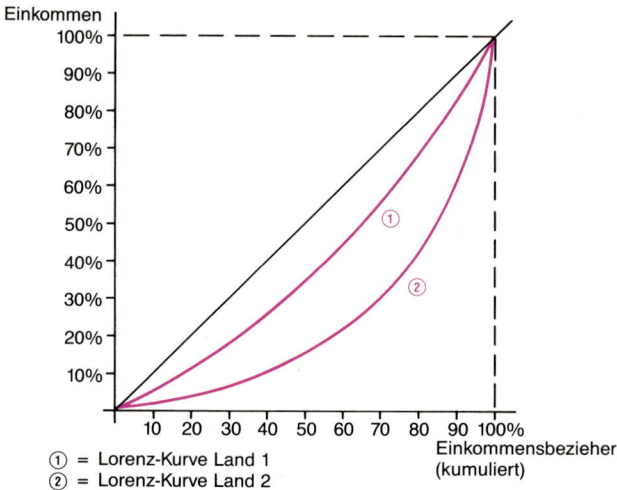

① = Lorenz-Kurve Land 1
② = Lorenz-Kurve Land 2

Abbildung 19.5.3

● 1. In welchem Land kommt die Einkommensverteilung ihren Zielvorstellungen am nächsten?

● 2. Prüfen Sie, ob die Grafik Aussagen über die absolute Höhe des Wohlstandes in den beiden Ländern zulässt!

19.4 *Verfahren und Prinzipien der Einkommensverteilung*

Aus der Kombination von Verteilungsverfahren und Verteilungsprinzipien können folgende Fragen abgeleitet werden:

Verteilungs- prinzipien / Verteilungs- verfahren	Leistungsprinzip	Bedürfnisprinzip
Markt	Verwirklicht der Markt das Leistungsprinzip?	Kann bei dem Verfahren der Verteilung über den Markt das Bedürfnisprinzip verwirklicht werden?
Zuteilung	Lässt sich bei Verwendung des Zuteilungsverfahrens das Leistungsprinzip besser verwirklichen als bei der Verteilung über den Markt?	Gibt es in der westdeutschen Wirtschaftsordnung Zuteilungen nach dem Bedürfnisprinzip?

● Beantworten Sie die Fragen!

ZUR WIEDERHOLUNG DES GRUNDWISSENS

1. Wie wird der Wertbetrag bezeichnet, der im Unternehmen zur Einkommensverteilung zur Verfügung steht?

2. Wie wird der Wertbetrag bezeichnet, der in einer Volkswirtschaft zur Verteilung zur Verfügung steht?

3. Wie ist die Darstellung einer personellen Einkommensverteilung gegliedert?

4. Wie ist die Darstellung einer funktionellen Einkommensverteilung gegliedert?

5. Welche Information liefert die Lorenz-Kurve?

6. Definieren Sie die Lohnquote!

7. Erläutern und beurteilen Sie die Leitvorstellung der Einkommensverteilung nach dem Leistungsprinzip!

8. Erläutern und beurteilen Sie das Bedürfnisprinzip als Leitvorstellung für die Einkommensverteilung!

9. Auf welchem Prinzip beruht die Einkommensverteilung in der Bundesrepublik Deutschland?

10. Welche Lohngrenzen bestehen bei Verhandlungen zwischen einem Arbeitgeberverband und der Gewerkschaft?

11. Wie unterscheiden sich Primär- und Sekundärverteilung?

12. Nennen Sie tarifvertragliche Regelungen, mit denen die Gewerkschaft Umverteilungspolitik betreiben kann!

13. Nennen Sie Maßnahmen der Steuer- und Sozialpolitik, mit denen der Staat Umverteilungspolitik betreibt!

14. Nennen Sie Mittel staatlicher und tarifvertraglicher Vermögenspolitik!

Handlungsorientierte Themenbearbeitung

Projekt: Wirtschaftsmacht Erdöl – ein fachübergreifendes Projekt zur aktuellen und zukünftigen Bedeutung des Erdöls als Rohstoff und Energieträger

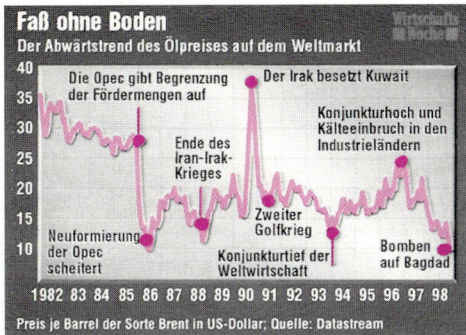

. . Küste von Alaska, . . Golf, . . Adria, . . spanische Küste, . . Shetlandinseln . . .

Arbeitsaufträge:

- Welche Gedanken verbinden Sie mit den Bildern dieser und der vorhergehenden Seite?

- Sammeln Sie im Rahmen eines Brainstormings Ideen zur Leitfrage: Erdöl - ein Energieträger mit Zukunft?

  Formulieren Sie hierbei in gut lesbaren Stichworten eigene Interessen, Wünsche und Vorkenntnisse zum Thema. Grundsätzlich gilt in dieser Unterrichtsphase, dass Kritik zunächst unterbleiben muss und alle Ideen willkommen sind.

- Bilden Sie aufgrund der getroffenen Aussagen thematische Schwerpunkte. Konkrete Vorschläge für das Projektthema enthält die Projektskizze auf der folgenden Seite.

- Bearbeiten Sie die von Ihnen gewählten Schwerpunkte des Projektthemas. Hilfestellung bei der Projektplanung und -durchführung erhalten Sie von Ihrem Fachlehrer. Beachten Sie, dass am Projektende eine Präsentation der Gruppenergebnisse sowie ein kleiner Rückblick zu den Erfahrungen mit der Projektarbeit vorgesehen ist.

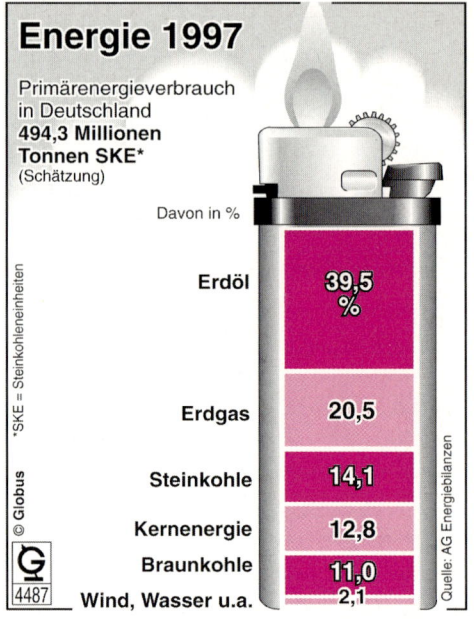

Energie 1997

Primärenergieverbrauch in Deutschland
494,3 Millionen Tonnen SKE*
(Schätzung)

*SKE = Steinkohleneinheiten

© Globus

4487

Davon in %

Erdöl	**39,5 %**
Erdgas	**20,5**
Steinkohle	**14,1**
Kernenergie	**12,8**
Braunkohle	**11,0**
Wind, Wasser u.a.	**2,1**

Quelle: AG Energiebilanzen

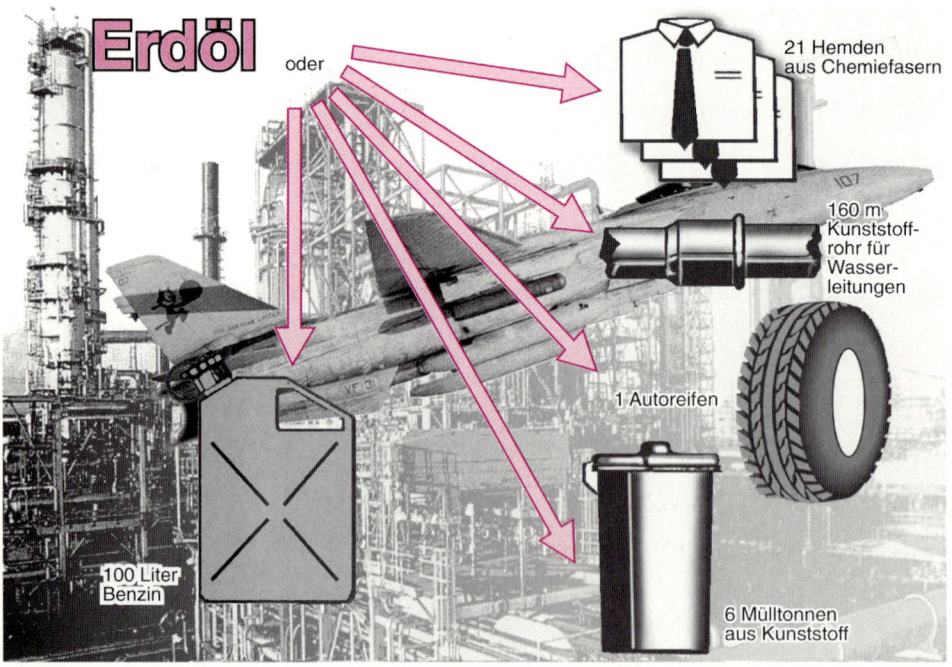

Erdöl oder

21 Hemden aus Chemiefasern

160 m Kunststoffrohr für Wasserleitungen

1 Autoreifen

100 Liter Benzin

6 Mülltonnen aus Kunststoff

Projektskizze
Interessen und Betätigungswünsche der Schülerinnen und Schüler

Thema: Wirtschaftsmacht Erdöl – aktuelle und zukünftige Bedeutung des Erdöls als Rohstoff und Energieträger

Schwerpunktaspekte

Unternehmenssicht	Verbrauchersicht	Volkswirtschaftliche Sicht	Politische Sicht	Ökologische Sicht

Mögliche Fragestellungen

(Ergebnisse des Brainstormings und evtl. gezielte Anregungen durch den Lehrer)

Unternehmenssicht	Verbrauchersicht	Volkswirtschaftliche Sicht	Politische Sicht	Ökologische Sicht
Welche Abhängigkeiten vom Erdöl bestehen für deutsche Unternehmen als Energieverbraucher? Inwieweit sind bestimmte Branchen (z. B. Fahrzeugindustrie) mittelbar vom Erdöl abhängig?	Welche Bedeutung hat das Erdöl als Treibstoff und Heizmaterial für die Verbraucher? Wie wirkt sich eine Ölpreiserhöhung auf den Lebensstandard und die Verbrauchsgewohnheiten der privaten Haushalte aus?	Welche Faktoren bestimmen die Nachfrage nach Erdöl? Wodurch verändert sich das Ölangebot auf dem Weltmarkt? Welche Geld- und Warenströme sind international mit den Ölexporten und -importen verbunden?	Welchen politischen Einfluss nehmen die Ölförderländer auf die erdölabhängigen Industrienationen? Welche internationalen Konflikte hatten ihre Ursache in der Auseinandersetzung um den strategisch wichtigen Rohstoff?	Welche negativen Folgen für die Umwelt gehen mit der Verbrennung von Erdöl in Motoren und Heizungen einher? Welche umweltfreundlichen Energieformen könnten in Zukunft die Bedeutung des Erdöls als Energieträger infrage stellen?
Teilnehmerinnen/ Teilnehmer Name, Vorname	Teilnehmerinnen/ Teilnehmer Name, Vorname	Teilnehmerinnen/ Teilnehmer Name, Vorname	Teilnehmerinnen/ Teilnehmer Name, Vorname	Teilnehmerinnen/ Teilnehmer Name, Vorname
....	....	....	....	....

Gruppen finden zusammen und stellen erste Überlegungen zu Inhalt, Zeitbedarf sowie Formen der Informationsbeschaffung und Zusammenarbeit an

Sachwortverzeichnis

A

Ablaufpolitik 163
Abschöpfungen 314
Absoluter Kostenvorteil 284 f.
Abwertung 295 f.
Agrarpolitik 313
Akzelerationskoeffizient 335
Akzelerator 334
Allgemeines Tauschgut 233 ff.
Allokation der Produktions-
  faktoren 21 f.
Alternativkosten 23
Amerikanisches Verfahren 270
Angebot am Gütermarkt 85 ff.
  Markt – 100 f.
  – des Unternehmens 94 ff.
Angebotsdrucktheorie 265
Angebotselastizität 101
Angebotskurve der Unter-
  nehmung 98 ff.
Angebotslücke 331
Angebotstheorie 86 ff.
Anlageinvestition 54
Anreizfunktion des Preises 147
Antizyklische Finanzpolitik 352
Arbeitskampf 379
Arbeitslosenquote 318
Arbeitslosigkeit 318 ff.
  Arten der – 321 f.
  friktionelle – 321
  konjunkturelle – 322
  saisonale – 321
  strukturelle – 322
Arbeitsmarkt 376 f.
Arbeitsproduktivität 51
Arbeitsteilung 48 ff.
  betriebliche – 49
  volkswirtschaftliche – 50
Aufwertung 295 f.
Ausrüstungsinvestition 55
Außenbeitrag 211
Außenhandel, Vorteile des – 283
Außenwirtschaft 282 ff.
Außenwirtschaftliches Gleichge-
  wicht 292
Außenwirtschaftliche Vorgänge,
  Erfassung auf Konten 291
Autonomer Konsum 327

B

Barabhebungsquote 251
Bargeld 236
Barreserve 249
Bauinvestition 55

Bedarf 17
Bedürfnishierarchie 15
Bedürfnisprinzip 375 f.
Bedürfnispyramide 15
Bedürfnisse 14 ff.
Beschäftigte 318
Beschäftigungsgrad 94
Beschäftigungsmultiplikator 333
Beschäftigungspolitik 160
Beschäftigungstheorie
  klassische – 322 ff.
  – des J. M. Keynes 324 ff.
Betrieb 43
Betriebsoptimum 96 f.
Bilanzgerade 77 ff.
Bogenelastizität 72
Boom 346
Break-Even-Point 94
Bruttoanlageinvestition 54
Bruttoinlandsprodukt 218 f.
Bruttoinvestition 55
Bruttoproduktionswert 203
Buchgeld 236 f.
Bundesbank 240 ff.

C

Ceteris-Paribus-Klausel 65
Cournot'scher Punkt 129

D

Deficit Spending 352
Deflation 261
Deflatorische Lücke 331 f.
Demand-Pull-Inflation 264 f.
Depression 347
Devisen 292
Devisenbilanz 290
Devisenswapgeschäfte 270
Dienstleistungsbetrieb 49
Dienstleistungsbilanz 290
Direkte Steuern 46
Dirigismus 166
Durchschnittsertrag 89

E

Einkommenselastizität der Nachfrage 73 f.
Einkommenskonto
  – der privaten Haushalte 209
  – des Sektors Staat 208
  – des Unternehmenssektors 207 f.

Einkommensmultiplikator 333 f.
Einkommensstrom 217 f.
Einkommensverteilung 369 ff.
  funktionelle – 373 f.
  personelle – 372 f.
Einkommensverwendung, konten-
  mäßige Erfassung der – 207
Einzelwirtschaften 43
Elastizität der Nachfrage 69 ff.
Ersatz-Anlageinvestition 54
Erwerbspersonen 318
Erwerbsquote 318
Erziehungsfunktion des Preises
  147
Euro 306 f.
Europäische Union 311 ff.
Europäische Zentralbank 239 ff.
Europäische Wirtschafts- und
  Währungsunion 305 ff.
Europäische Wirtschaftsgemein-
  schaft 311
Europäischer Agrarmarkt 313 f.
Europäischer Wechselkursmecha-
  nismus 307 ff.
Europäisches Währungssystem
  305
Evolutorische Wirtschaft 198 ff.
Existenzbedürfnisse 15

F

Faktoreinkommen 197, 208
Feste Wechselkurse 294 f.
Finanzierungsdefizit 352
Fiskalismus 351
Fiskalpolitik 351 f.
Flexible Wechselkurse 294 ff.
Freie Währung 245 f.
Freie Wechselkurse 294 ff.
Freie Marktwirtschaft 142, 145 ff.
  Lenkungssystem der – 145 ff.
  Ordnungsrahmen der – 148
Freie Güter 30
Freihandelszone 311
Frühindikatoren 347
Fusionskontrolle 170 f.

G

GATT s. General Agreement on
  Tariffs and Trade
Gebrauchsgüter 30 f.
Geldfunktionen 242
Geldkapital 18
Geldmenge 242 f.

Geldpolitik 258 ff.
– im Europäischen System der
Zentralbanken 266 ff.
Mittel der – 267 ff.
Geldschöpfung 233 ff., 246 ff.
– einer Geschäftsbank 248 ff.
– im System der Geschäftsban-
ken 250 ff.
– der Zentralbank 246 f.
Geldschöpfungsmultiplikator 251
Geldstrom 45
Geldwert
Messung des – 258 ff.
– und Reallohn 261
Gemeinlastprinzip 175
Gemeinsamer Markt 311
General Agreement on Tariffs and
Trade 309 ff.
Gesamtangebot 100 ff.
Gesamtertrag 88
Gesamtkosten 93
Gesamtnachfrage 67 f.
Gesamtwirtschaftliches Rech-
nungswesen 196 ff.
Aufgaben des – 197
Kontensystem des – 201 ff.
Gesamtwirtschaftliches Gleichge-
wicht 317 ff.
Geschäftsbank 238 ff.
Gesetz zur Förderung der Stabilität
und des Wachstums 352 f.
Gesetz gegen Wettbewerbsbe-
schränkung 170 f.
Gewerbefreiheit 148
Gewerkschaften 377 f.
Gewinnmaximierung, – als Unter-
nehmensziel 86 f.
Gewinnmaximum 98
Gewinnmaximum des Monopoli-
sten 129
Gewinnschwelle 94
Giralgeld 237
Gleichgewicht
– auf dem Arbeitsmarkt 319 f.
– der Beschäftigung 320
gesamtwirtschaftliches – 317 ff.
– der Unternehmung 98
– bei Vollbeschäftigung 330 f.
Gleichgewichtspreis 117 ff.
Gleichheitsprinzip 376
Globalsteuerung 163, 165
Goldwährung 244 f.
Gossen'sches Gesetz 62
Grenzerlös 129
Grenzertrag 89
Grenzhang
– zum Konsum 328
– zum Sparen 328
Grenzkosten 95
Grenzkurven 97

Grenznutzen 62
Grenzrate der Substitution 35
Grenzrate der Transformation 23
Güter
Arten der – 29 f.
freie – 29
wirtschaftliche – 29
Güterstrom 45, 217 f.

H

Handelsbilanz 290
Handelsvolumen 263
Harmonisierter Verbraucherpreis-
index 260
Haushalt 43
Haushaltsgleichgewicht 63
Haushaltsoptimum 63 f.
Holländisches Verfahren 270
HVPI, siehe Harmonisierter Ver-
braucherpreisindex

I

Idealtypen der Wirtschaftsordnung
142 ff.
Indifferenzkurve 75 ff.
Indirekte Steuern 47
Individualbedürfnisse 15 f.
Individualprinzip 37 f.
Inflation 258 ff.
Arten der – 262
importierte – 295
offene 262
Ursachen der – 262 ff.
verdeckte – 262
Inflationstheorien 263 ff.
Angebotsdrucktheorie 265
monetäre – 263 f.
Nachfragesogtheorie 264
Inflatorische Lücke 331 f.
Inlandsprodukt 218 f.
Input 203
Internationaler Währungsfonds
303 ff.
Interventionspreise 314
Investition 53 ff.
Arten der – 54
Investitionsfunktion 328 f.
Isokostenlinie 36
Isoquante 35
IWF s. Internationaler Währungs-
fonds

K

Kapazität 94
Kapazitätseffekt 357
Kapazitätslinie 22
Kapitalbilanz 290

Kapitalbildung 52 ff.
Kardinale Nutzenfeststellung 61
Kartell 172
Kartellgesetz 170 f.
Kartellverbot 170 f.
Kombination der Produktionsfak-
toren 33 f.
Kollektivbedürfnisse 15 f.
Kollektivprinzip 37 f.
Komparativer Kostenvorteil 286 ff.
Konjunktur 345 ff.
Ursachen der – 348 ff.
Konjunkturelle Schwankungen 346
Konjunkturpolitik 160, 350 ff.
Konjunkturtheorie
endogene – 348
exogene – 348
monetäre – 348 f.
Überinvestitionstheorie 349
Unterkonsumtionstheorie 350
Konjunkturverlauf
Indikatoren des – 346 ff.
Phasen des – 346 ff.
Konsumfunktion 327 f.
Konsumgüter 30 f.
Konsumquote 327
Konzern 169
Kostenfunktion 91 ff.
– Produktionsfunktion
Typ A 95 ff.
Kreislauf, – einer evolutorischen
Wirtschaft 199 ff.
Kreuzpreiselastizität 73 f.
Kulturbedürfnisse 15

L

Lagerinvestition 54
Laissez-faire-Prinzip 144
Lebensqualität 355
Leistungsbilanz 289
Leistungsprinzip 374 f.
Lenkungsfunktion des Preises 146
Lenkungssystem
– der freien Marktwirtschaft
145 ff.
– der sozialistischen Planwirt-
schaft 189 f.
– der Zentralverwaltungswirt-
schaft 150 ff.
Liberalismus 144
Limitationale Produktionsfaktoren
33
Lohnbildung 376 ff.
Lohnpolitik, – der Gewerkschaften
379
Lohnquote 374
Lorenz-Kurve 373
Luxusbedürfnisse 15

M

Magisches Vieleck 161
Makroökonomie 68
Marginale Sparquote 328
Marginale Konsumquote 328
Markt
  Begriff 113
  Dynamik des – 121 f.
  Funktion des – 114
  unvollkommener – 116
  vollkommener – 116
Marktangebot 100 ff.
Marktbeherrschende Unternehmen
  170 f.
Märkte, Einteilung der – 114
Marktnachfrage 67 f.
Masseneinkommen 221
Maximalprinzip 32
Mengentender 269
Mikroökonomie 68
Mindestreservepolitik 271
Minimalkostenkombination 34 f.
  mathematisch-grafische Bestim-
  mung der – 34 f.
Minimalprinzip 32
Monetarismus 353
Monopol 115 f.
Multiplikator 332 ff.

N

Nachfrage 17, 60 ff.
  Markt – 67 f.
Nachfragefunktion 64 ff.
Nachfragekurve,
  individuelle – 64 ff., 80
Nachfragelücke 332
Nachfragesoginflation 264 f.
Nachfragetheorie 60 ff.
Nationales Einkommenskonto, –
  für eine stationäre Wirtschaft
  198
Naturalökonomie 42
Neoliberalismus 144
Nettoinvestition 46, 55
Nettoproduktionswert 204
Nettowertprodukt der Arbeit 378
Nettowertschöpfung 205
Neu-Anlageinvestition 54
Nutzen 61 ff.
  kardinale Nutzenfeststellung 61
  ordinale Nutzenfeststellung 61
Nutzengrenze 97
Nutzenschwelle 94

O

Offenmarktpolitik 268 f.
Ökonomisches Prinzip 32
Oligopol 115 f.

Opportunity Costs 23, 287
Optimale Güterkombination 78
Ordinale Nutzenfeststellung 61
Ordnungspolitik 163
  – in der Bundesrepublik
  Deutschland 167 f.
Ordnungsrahmen
  – der freien Marktwirtschaft 148
  – der sozialistischen Planwirtschaft 190 f.
  – der Zentralverwaltungswirtschaft 154 f.
Output 203

P

Planabstimmungsfunktion des
  Preises 146
Polypol 115 f.
  – auf dem unvollkommenen
  Markt 132
  – auf dem vollkommenen Markt
  116
Präferenzen 116
Präferenzordnung 61
Präsensindikatoren 347
Preisbildung
  Anpassungsprozess bei der –
  119 ff.
  – des Monopols 127 ff.
  – des Oligopols 134 ff.
  des Polypols – auf dem unvoll-
  kommenen Markt 132 ff.
  – bei unvollkommenen Wettbe-
  werb 126 ff.
  – bei vollkommenem Wettbe-
  werb 112 ff.
Preisdifferenzierung, – auf dem
  unvollkommenen Markt 139 ff.
Preiselastizität der Nachfrage 69 f.
Preisfunktionen 145 ff.
Preisindizes 259 f.
Preisniveau 258 f.
Privateigentum 149, 166
Produktion, Begriff 30
Produktionsfaktoren 17 ff.
  abgeleitete – 18
  Allokation der – 21 ff.
  Ausstattung eines Wirtschaftsraums mit – 10 f.
  Kombination der – 33 ff.
  limitationale – 33
  Substitution der – 33 f.
  ursprüngliche – 18
Produktionsfunktion
  lineare – 87 ff.
  – mit veränderlichem Grenzer-
  trag 879 ff.
  Typ B 87 ff.
Produktionsgüter 30 f.

Produktionskoeffizient 357
Produktionskonto
  Nationales – 206 f.
  – des Staates 206
Produktionsleistungen, des Sektors
  private Haushalte 206
Produktionsmittel 53
Produktionsmöglichkeitenkurve
  21 f.
Produktionspotenzial 22
Produktivität 356

Q

Qualitatives Wachstum 355
Quantitätstheorie des Geldes
  263

R

Rationalprinzip 32
Re-Investition 54
Realeinkommen 261
Realkapital 17 f.
Realkosten 283
Reallohn 261
Ressourcen 13
  Erschöpfung der – 361 f.
Rezession 346

S

Sachkapital 17
Saisonale Schwankung 345 f.
Schwellenpreis 314
Signalfunktion des Preises 146 f.
Sonderziehungsrechte 305
Soziale Marktwirtschaft 158 ff.
  – Einfluss von Keynes 160
  Leitidee der – 159 f.
  Ziele der Wirtschaftspolitik in
  der – 160 ff.
Soziale Indikatoren 227 f.
Sozialismus 144 f.
Sozialistische Marktwirtschaft
  191 f.
Sozialistische Planwirtschaft
  189 ff.
Sozialökonomie 42
Sozialpolitik 173 f.
Sozialprodukt 217 ff.
  Entstehungsrechnung 223 f.
  Ermittlungsprobleme 225 ff.
  Feststellung aus dem Nationalen
  Produktionskonto 219 ff.
  nominales – 222 f.
  reales – 222 f.
  Verteilungsrechnung 224
  Verwendungsrechnung 224

Sparen und Investieren 200 f.
Staat
    Haushalt des – 48
    – im Wirtschaftskreislauf 46 f.
Stabilisierungspolitik 350 f.
Stabilitätsgesetz 352
Stagflation 262
Stagnation 268
Ständige Fazilitäten 271 f.
Stationäre Wirtschaft 45 ff.
Steuern
    direkte – 46
    indirekte – 47
Steuerpolitik 380 f.
Stützungskäufe 164
Subventionen 164, 205
System der Europäischen Zentral-
    banken 239

T

Terms of Trade 284 f.
Transfereinkommen 208
Trend 346
Trust 169

U

Überinvestitionstheorie 349
Übertragungsbilanz 290
Umweltgefahren 360 ff.
Umweltschutzpolitik 174 f.
Unterkonsumtionstheorie 350
Unternehmen 43
Unternehmenskonzentration 168
Unvollkommener Markt 116
Unvollkommener Wettbewerb 127
Urproduktionsbetrieb 49

V

Verbraucherschutz 172 f.
Verbrauchsgüter 30 f.
verfügbares Einkommen 221
Verkehrsgleichung des Geldes 263 f.
Vermögensänderungen, konten-
    mäßige Erfassung der – 210
Vermögenspolitik 381
Verstetigungspolitik 30 f.
Verteilungspolitik 378 ff.
Verteilungsfähiges Produkt 371
Vertragsfreiheit 148
Verursacherprinzip 175
Volkseinkommen 209, 217 ff.
Volkswirtschaftliche Gesamt-
    rechnung
    – für die Bundesrepublik
      Deutschland 212 f.
    Sektor Ausland in der – 211
Vollkommener Wettbewerb 87,
    116 f.
Vollkommene Konkurrenz 87
Vorleistungen 203
Vorratsinvestition 54
Verarbeitendes Gewerbe 49

W

Wachstum 345 ff.
    Messung des – 354 f.
Wachstumspfad 359
Wachstumsrate 355
Währung 235
Wechselkurse 292 ff.
Welthandelsorganisation 309 ff.
Weltwährungsordnung 303 ff.
Werbung 13
Wertpapierpensionsgeschäfte 269 f.
Wertschöpfung 197

Wettbewerbspolitik in der Bundes-
    republik Deutschland 168
Wirtschaftsordnung, geistige
    Grundlagen der – 143 f.
Wirtschaftliche Güter 30
Wirtschaftlichkeitsprinzip 32
Wirtschaftskreislauf
    – mit Einbezug des Staates 46 f.
    Hauptströme des – 43 f.
    – einer evolutorischen Wirt-
      schaft 198 ff.
    – einer stationären Wirtschaft
      44 ff., 197 ff.
Wirtschaftsliberalismus, Versagen
    des – 149 f.
Wirtschaftsordnung
    Begriff 36 f.
    Idealtypen 142 ff.
    sozialistische – 187 f.
    Vergleich von – 193
Wirtschaftspolitik
    marktkonforme Mittel der – 164
    marktkonträre Mittel der – 164
    Träger der – 162 f.
Wirtschaftsunion 311
WKM II, siehe Europäischer
    Wechselkursmechanismus
World Trade Organization 309 ff.
WTO,
    siehe World Trade Organization

Z

Zahlungsbilanz 288 ff.
Zentralbank 238 ff.
Zentralverwaltungswirtschaft 142
Zielkonflikt 161
Zinstender 269 f.
Zollunion 311

Personenverzeichnis

Cournot, Antoine Augustin 129
Engels, Friedrich 145
Eucken, Walter 149
Fisher, Irving 263
Friedman, Milton 264
Ford, Henry 50
Fromm, Erich 58

Giffen, Robert 65
Gossen, Hermann Heinrich 62
Hayek, Friedrich August 142
Keynes, John Maynard 160
Lauderdale, James Maitland 252
Marx, Karl 245
Maslow, Abraham 14

Möller, Alex 158
Pigou, Arthur Cecil 81
Schleyer, Hanns Martin 156
Schumpeter, Alois 32
Smith, Adam 144
Sombart, Werner 57
Taylor, Friedrich W. 50